Más allá de nuestras mentes

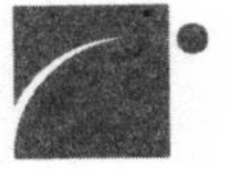

Más allá de nuestras mentes

Qué pensamos y cómo llegamos a pensarlo

Felipe Fernández-Armesto

Traducción de Librada Piñero

Rocaeditorial

Título original: *Out of Our Minds: What We Think and How We Came to Think It*

Primera edición: septiembre de 2020

Av. Marquès de l'Argentera 17, pral.
08003 Barcelona
actualidad@rocaeditorial.com
www.rocalibros.com

Impreso por EGEDSA

ISBN: 978-84-17968-08-3
Depósito legal: B. 12422-2020
Código IBIC: HB; HBL

RE68083

Y, del mismo modo que el pensamiento es imperecedero
y deja tras de sí un sello en el mundo natural, aunque
quien lo pensara haya abandonado este mundo, también
la mente de los vivos podría despertar y resucitar
los pensamientos que albergaron los muertos,
tal como esos pensamientos eran en vida...

E. BULWER-LYTTON, *La casa y el cerebro*

What is Mind? No matter.
*What is Matter? Never mind.**

Punch (1863)

* Juego de palabras. En inglés, *matter* es materia, pero *no matter* significa «no tiene importancia». En cuanto a *mind*, es «mente», pero *never mind* significa «no tiene importancia». Así, las respuestas podrían leerse como: ¿Qué es la mente? No es materia / No tiene importancia. ¿Qué es la materia? Nunca mente / No tiene importancia. Vuelve a hacer referencia a ello en el capítulo 1. *(N. de la T.)*

Índice

Prólogo

A veces, los pensamientos que salen de nuestra cabeza pueden hacer que parezca que la hemos perdido.

Algunas de nuestras ideas más potentes trascienden la razón, la sabiduría recibida y el sentido común. Acechan a niveles ctónicos y emergen en los recovecos científicamente inaccesibles, racionalmente insondables. Los malos recuerdos las distorsionan, como hacen también el entendimiento deformado, la experiencia exasperante, las fantasías mágicas y la pura desilusión. La historia de las ideas está pavimentada con extravagantes baldosas. ¿Existe algún camino recto que la recorra, una sola historia que permita todas las tensiones y contradicciones y aun así tenga sentido?

Merece la pena esforzarse por encontrar una, ya que en historia las ideas son el punto de partida de todo lo demás, dan forma al mundo en que vivimos. Hay fuerzas impersonales que escapan a nuestro control y que limitan lo que podemos hacer: la evolución, el clima, la herencia, el caos, las mutaciones aleatorias de los microbios, las convulsiones sísmicas de la Tierra. Pero no pueden evitar que reimaginemos nuestro mundo y nos esforcemos por alcanzar lo que imaginamos. Las ideas son más robustas que cualquier materia orgánica. Se puede hacer saltar por los aires a los pensadores, quemarlos y enterrarlos, pero sus ideas perdurarán.

Para entender nuestro presente y desvelar posibles futuros necesitamos relatos fieles de lo que pensamos y de cómo y por qué lo pensamos: el proceso cognitivo que desencadena las reimaginaciones que llamamos ideas; los individuos, las escuelas, las tradiciones y los mecanismos por los que se transmiten; las influencias externas de la cultura y la naturaleza que influyen en ellas, las condicionan y las modifican. Este libro es un intento de proporcionar ese relato. No tiene voluntad de ser exhaustivo. Se ocupa solo de las ideas del pasado que continúan vigentes en la actualidad, formando e informando nuestro mundo, haciéndolo y falseándolo. Por «ideas» me refiero a los pensamientos que son producto de la imaginación, aquellos que sobrepasan la experiencia y superan la simple expectación. Difieren de los pensamientos normales no solo en que son nuevos sino en que implican ver lo nunca visto antes. Las que abarca este libro pueden tomar la forma de visiones o inspiración, pero son diferentes de los viajes mentales, trances incoherentes o éxtasis, o de la música mental (al menos hasta que se le ponen palabras, en tanto que constituyen modelos para cambiar el mundo). Mi subtítulo, que incluye «Qué pensamos», está puesto con toda la intención. Algunos historiadores lo llamarán «presentismo» y lo condenarán, pero yo lo utilizo solo como principio de selección, no como lente a través de la cual refractar la luz del pasado para que encaje en el presente. Para evitar malentendidos, quizás deba aclarar que al decir «qué pensamos» no me refiero a todos los sucesos o procesos mentales que llamamos pensamientos, sino solo a las ideas del pasado en las que continuamos pensando: qué pensamos en el sentido del arsenal mental que hemos heredado para afrontar problemas persistentes o nuevos. Ese «nosotros» al que me refiero no es todo el mundo, sino que con ese plural pretendo invocar ideas que han atraído más allá del lugar donde se originaron y han sido adoptadas por todos o casi todos en el mundo, en todas o casi todas las culturas. Tienen tanto defensores como detractores, pero no se puede discrepar de una idea sobre la que no se ha pensado. Mucha gente, quizás la mayoría, apenas esté al tanto o sienta interés alguno por la mayoría de las ideas seleccionadas, que, sin embargo, forman parte del trasfondo de conocimiento compartido o de estupideces contra las que incluso los indiferentes dirigen sus vidas.

Mi intento de narrar la historia de las ideas difiere de cualquier intento anterior de otros autores por tres motivos. En primer lugar, incluyo el problema poco analizado de cómo y por qué, para empezar, tenemos ideas: por qué, en comparación con otros animales selectivamente parecidos, nuestra imaginación está repleta de tantas novedades, por lo que se sabe hasta ahora más allá de la experiencia, y describe tantas versiones diferentes de la realidad. Intento utilizar revelaciones de la ciencia cognitiva para exponer las habilidades que nos hacen excepcionalmente productivos en ideas entre especies comparables. Los lectores que no estén interesados en conversaciones teóricas pueden saltar a la página 58.

En segundo lugar, en vez de seguir la rutina habitual y confiar solo en documentos escritos, empiezo el relato sobre capas profundas de pruebas, reconstruyo pensamientos de nuestros ancestros paleolíticos e incluso, en la medida limitada en que lo permiten las fuentes, recurro a ideas que surgieron de la mente de especies similares o precedentes de homininos y homínidos. Estas son algunas de las revelaciones que espero que sorprendan a la mayoría de los lectores: la antigüedad de muchas de las ideas básicas en las que confiamos; la sutileza y profundidad del pensamiento de los primeros *Homo sapiens*; y lo poco que hemos añadido al inventario de ideas que heredamos del pasado lejano.

En tercer y último lugar, me despego de la convención de escribir la historia de las ideas como si fuera un desfile de ideas de pensadores individuales. No puedo dejar de mencionar a Confucio y a Jesucristo, a Einstein y a Epicúreo, a Darwin y a Diógenes. Pero en este libro las ideas incorpóreas son los héroes y los villanos. Intento seguir sus migraciones hacia dentro y hacia fuera de las mentes que las concibieron y recibieron. No creo que las ideas sean autónomas; al contrario, no operan fuera de la mente porque no pueden hacerlo. Pero me parecen inteligibles solo si reconocemos que la genialidad forma parte de los sistemas que las motivan, y que las circunstancias, los contextos culturales y las restricciones medioambientales, así como las personas, desempeñan papeles importantes en el relato. Y me interesa tanto la transmisión de las ideas, a través de medios de comunicación que a veces las contaminan y las cambian, como su nacimiento, que nunca es inmaculado.

No hay manera de hacer un seguimiento de las ideas a través del tiempo y las culturas, ya que migran de formas muy diferentes en cuanto a ritmo, dirección y medio. A veces se extienden como manchas y se hacen más débiles y superficiales con el tiempo; a veces se agarran como garrapatas y atraen la atención sobre sí mismas molestando a sus huéspedes para que tomen conciencia de ellas. A veces parece que caen como hojas en un día sin viento y se pudren durante un tiempo antes de generar algo nuevo. A veces el aire las transporta, pasan zumbando en grupos erráticos y se posan en lugares impredecibles o sucumben al viento y van a parar a cualquier lugar. A veces se comportan como partículas atómicas que afloran a la vez en lugares distantes entre sí, desafiando las leyes tradicionales del movimiento.

El relato se corresponde con la matriz de la historia en general, mientras que las ideas, como las culturas, se multiplican y divergen, pululan y perecen, se intercambian y vuelven a converger, sin nunca progresar, desarrollarse, evolucionar o ganar en simplicidad o complejidad, o encajar en otra fórmula de un modo prolongado.

En las primeras fases del relato todas las ideas que conocemos parecen propiedad compartida de la humanidad, transportadas y mantenidas en el recuerdo desde una única cultura de origen pese al paso del tiempo y al entorno cambiante de los emigrantes. Sin embargo, cada vez más, por motivos que intento averiguar, algunas regiones y culturas dan muestras de una inventiva peculiar. El enfoque del libro, pues, se centra primero en las zonas privilegiadas de Eurasia y después en lo que tradicionalmente denominamos Occidente. Hacia el final del libro aparecen otras partes del mundo básicamente como receptoras de ideas en su mayoría originadas en Europa y América del Norte. Espero que ningún lector malinterprete esto como miopía o prejuicio: es tan solo el reflejo de cómo son las cosas. De un modo similar, la perspectiva global y el enfoque cambiante de los primeros capítulos son resultado no de la corrección política, relativismo cultural o antieurocentrismo, sino de la realidad de un mundo en el que los intercambios culturales se dieron en direcciones diferentes. Espero que los lectores noten y valoren el hecho de que a lo largo del libro analizo las aportaciones no occidentales a ideas y movimientos intelectuales comúnmente o correctamente considerados de origen occidental. Lo hago no por corrección política sino en honor a la verdad. Incluso en los pasajes largos que se centran en Occidente, el libro no se ocupa de las ideas occidentales sino de las que, independientemente de dónde se originaron, se han extendido tanto que se han hecho completamente inteligibles, para bien o para mal, solo como parte de la herencia cultural de la humanidad. Del mismo modo, claro está, la mayoría de los pensadores que menciono son hombres, ya que el libro trata de una de las muchas áreas del empeño humano en que uno de los dos sexos ha preponderado de forma desproporcionada sobre el otro. Tengo la esperanza y la confianza de que cuando los historiadores de las ideas del siglo XXI aborden el tema con el beneficio de la retrospectiva estén en situación de mencionar a muchas mujeres.

En cada capítulo intento mantener aparte categorías concebidas en común, de manera que trato por separado el pensamiento político y el moral, la epistemología y la ciencia, la religión y las nociones suprarracionales o subracionales. En la mayoría de los contextos, las distinciones son como mucho válidas solo en parte. Respecto a ellas hay una estrategia de conveniencia y en cada etapa he intentado mostrar los cruces, los solapamientos y los bordes difusos.

La compresión y la selección son males necesarios. La selección siempre deja a algunos lectores enfadados por la omisión de cualquier cosa que les parezca más importante a ellos que al autor: les pido indulgencia. Las ideas que identifico y selecciono son diferentes, al menos en los detalles, de las que otros historiadores podrían querer incluir en un libro de este tipo si intentaran escribir uno: confío en la prerrogativa de todo escritor de no tener que escribirle los libros a otros autores. La compresión es, en cierta manera, un mecanismo contraproducente, ya que cuanto más ligero es el ritmo de un libro, más lentos han de ir los lectores para asimilarlo por completo. De todos modos, parece mejor ocupar su tiempo con concisión que malgastarlo con dilación. Conviene que deje claro otro principio de selección: este libro trata sobre las ideas, entendidas como simples sucesos mentales (o quizás cerebrales, aunque por motivos que aclararé más adelante prefiero no utilizar ese término y me gustaría marcar la distinción, al menos provisionalmente, entre mente y cerebro). Si bien intento decir algo sobre por qué cada idea es importante, los lectores principalmente interesados en las tecnologías desencadenadas por las ideas o en los movimientos inspirados por ellas tendrán que buscar en otra parte.

Las páginas que siguen reúnen mucho trabajo que ha estado disperso durante muchos años, procedente de varios libros que he escrito, de decenas de artículos publicados en diferentes revistas y obras en colaboración y de montones de documentos y conferencias escritos para contextos académicos diversos. Dado que en el pasado he dedicado especial atención a la historia ambiental y a la historia de la cultura material, puede parecer que haya adoptado un nuevo enfoque a través de la mente. Pero esta ha sido medio u origen de casi todas las evidencias que tenemos del pasado humano. Los comportamientos mentales dan forma a nuestras acciones físicas. La cultura empieza en la mente y toma forma cuando las mentes se encuentran, en el aprendizaje y los ejemplos que la transmiten a través de las generaciones. Siempre he pensado que las ideas son literalmente primordiales, y en ocasiones las he puesto en un primer plano, especialmente en *Historia de la verdad y una guía para perplejos* (1997), un intento de tipología de técnicas en las que varias culturas han confiado para explicar la verdad desde la falsedad; *Ideas* (2003), una colección de ensayos muy breves, de entre 300 y 500 palabras cada uno, en los que intenté aislar algunas nociones importantes (182 de los mismos reaparecen de varias maneras en este libro); y *Un pie en el río* (2015), una comparación de explicaciones biológicas y culturales sobre el cambio cultural. Aunque algunos lectores de *Civilizaciones* (2002) —donde abordé la historia global tomando como unidades de estudio los biomas en lugar de los países, las comunidades, las regiones o las civilizaciones— y de *The World: a History* (2007) me han dicho que soy un materialista, también hay ideas que planean sobre esos libros y cambian de dirección, lo cual contribuye a agitar la mezcla e impele a que sucedan cosas. En este libro reúno lo que sé de la historia de las ideas de un modo sin precedentes, tejiendo con los hilos una narrativa global y ensartando entre ellos sucesos mentales que nunca antes había tocado. Los editores —Sam Carter, Jonathan Bentley-Smith y Kathleen McCully— me han ayudado mucho, al igual que cuatro lectores académicos anónimos. En cada fase he contado con consejos y reacciones útiles de demasiadas personas para mencionarlas, especialmente de los estudiantes universitarios que durante los últimos años han seguido mis clases de historia de las ideas en la Universidad de Notre Dame y se han esforzado en rectificarme. Al combinar los resultados, me he beneficiado excepcionalmente de las sugerencias de Will Murphy. «Quiero que escribas una historia de la imaginación humana», dijo. Todavía se me antoja necesaria una imaginación inimaginablemente grande para describirla. En caso de que sea posible la victoria, las páginas que siguen son o incluyen una pequeña contribución para llegar a ella.

FELIPE FERNÁNDEZ-ARMESTO
Notre Dame, Indiana,
Día de Todos los Santos, 2017

1

La mente que surge de la materia

El impulso primario de las ideas

Ahora que está muerto, me siento culpable por no haber conseguido que me gustara nunca. Edgar era un colega mayor que yo a quien tuve que deferir en mi juventud. Se había convertido en profesor en la época en que las universidades se expandían incontroladamente y los puestos de trabajo se multiplicaban a mayor velocidad que el talento que había para ocuparlos: bastaba con ser competente e indiferente, la excelencia y la vocación eran prescindibles. Edgar ocultaba su inferioridad tras su autosuficiencia y autocomplacencia. Intimidaba a sus alumnos e infravaloraba a sus colegas. Una de las maneras en que disfrutaba incordiándome era menospreciando a mi querido perro. «Imagina lo poco que pasa dentro de ese cerebrito de tamaño de guisante, incapaz de pensar y que tan solo responde a pequeños estímulos repugnantes como el olor a sobras podridas y el tufillo de orines de otros perros», decía.

«Ya ves qué poco inteligente es», añadía Edgar siempre que el perro le contrariaba al ignorar sus órdenes.

En secreto, yo sospechaba que Edgar se consolaba comparándose con el perro solo porque, desde cualquier otro punto de vista, su propia mente habría parecido deficiente. Con el tiempo, sin embargo, llegué a darme cuenta de que su actitud reflejaba prejuicios y falacias comunes sobre nuestra manera de pensar. Los humanos tendemos a clasificarnos como más inteligentes que otras especies, a pesar de que las inteligencias en cuestión sean de órdenes tan diferentes que el mero hecho de compararlas suponga un despropósito: un perro perdiendo el tiempo ideando un algoritmo no sería más inteligente que un humano husmeando a un semejante. Confundimos con estupidez lo que en realidad es incomprensión de nuestras prioridades o disconformidad con ellas. Por ejemplo, desde su perspectiva, mi decepción por la indiferencia de mi perro ante mis esfuerzos de hacerle ir a buscar cosas y traérmelas no es más desconcertante que mi falta de atención por los huesos viejos o mi incapacidad para detectar un rastro interesante. Decimos que los animales son inteligentes cuando hacen lo que les ordenamos, mientras que si encontráramos el mismo servilismo en nuestros iguales humanos lo despreciaríamos como prueba de falta de iniciativa o de pensamiento crítico.

El tema está más allá de toda prueba, pero toda una vida observando a los perros de mi familia me ha convencido de que discriminan entre órdenes basándose en cálculos racionales de interés. Ivan Pavlov creía que el comportamiento canino estaba condicionado —cosa que, como en ejemplos excepcionales de comportamiento humano, a veces pasa—, pero los perros desafían las expectativas al intentar resolver problemas de perros y no rompecabezas humanos: es decir, problemas concebidos no para interesarnos sino para que nos impliquemos en ellos. Por ejemplo, en una ocasión vi que mi perro, tras muchos experimentos fallidos, desarrollaba una nueva estrategia para cazar ardillas según la cual se colocaba en ángulo recto al camino, entre dos árboles, a un punto equidistante entre ellos. El plan no consiguió ninguna ardilla pero desde cualquier punto de vista estaba pensado con inteligencia. Como dicen dos de los investigadores de la inteligencia canina más consagrados: a su manera, para sus propósitos, «tu perro es un genio».[1] René Descartes decidió que su perro no pensaba o sentía más que una máquina (y presuntamente concluyó que podía castigarle sin escrúpulos morales);[2] en cambio, sospecho que el perro reconocía a Descartes como un compañero sensible y con capacidad de raciocinio. Si esto era así, ¿cuál de los dos demostraba más sentido común o sensatez?

Como en el caso de la inteligencia, la mayoría de los modos de intentar medir la distancia existente entre los humanos y otros animales en lo tocante a las capacidades que compartimos con ellos están destinados al fracaso. La afirmación de que poseemos la propiedad especial de la conciencia no es más que eso, una afirmación, ya que no existe una manera satisfactoria de ver con tanta profundidad en la mente de las demás criaturas. Para saber que los humanos somos excepcionalmente sensibles o empáticos, o existencialmente intuitivos, o conscientes del tiempo, o dotados por Dios o por la naturaleza con una facultad peculiar y privilegiada —como un «mecanismo de adquisición del lenguaje»,[3] o un tic estético, o un sentido moral, o un poder de juicio discriminatorio, o un alma racional eternamente redimible, o un nivel meta-mental de pensamiento sobre el pensamiento, o una habilidad inigualable de inferencia capaz de deducir universales a partir de ejemplos, o cualquiera de las otras posesiones que los humanos nos felicitamos de monopolizar como colectivo— tendríamos que ser capaces de hablar de ello con otras criaturas compañeras de otras especies o, si no, elaborar pruebas objetivas que hasta ahora no nos hemos esforzado por crear.

Todo lo que la observación y los experimentos pueden garantizar hasta la fecha es que los dones humanos de propiedades mentales creativas e imaginativas que compartimos con otros animales son, a todas luces, inmensos. Es apropiado preguntar cómo y por qué surgen divergencias en la cantidad, independientemente de que también sospechemos, o no, diferencias en la calidad.

Este libro trata de la que creo que es la más evidente de esas divergencias. Los humanos sobrepasamos a los perros y, que sepamos, a los demás animales, en una capacidad peculiar y para nosotros emocionante y gratificante: la habilidad de entender (y en algunos humanos excepcionalmente ingeniosos de generar) los actos imaginados (o los productos de esos actos), que llamamos ideas. La brecha existente entre los humanos y el resto de animales en materia de creación es infinitamente mayor que, pongamos, en el uso de herramientas, la conciencia de uno mismo, la teoría de la mente o la eficacia comunicativa. Diría que solo un humano es capaz de imaginar a un Bach canino, a un Poe simio, a un Platón literalmente reptiliano o a un Dostoievski que insista en que quizás dos y dos sean cinco.[4] No me siento del todo autorizado a decirlo porque quizás un chimpancé, un perro o un bacilo puedan albergar figuraciones como esas en secreto; en cualquier caso, de ser así, ninguno de ellos hace nada al respecto, mientras que los humanos manifiestan sus fantasías y las proyectan hacia el mundo, en ocasiones con efectos revolucionarios. Con una frecuencia y una intensidad peculiares, el mundo que nos imaginamos difiere del mundo tal como se presenta o reacciona a nuestros sentidos. Cuando eso sucede, tenemos una idea, tal como yo entiendo la palabra.

Los resultados de esa capacidad son sorprendentes, ya que a menudo nos ponemos a rehacer el mundo del modo en que nos lo hemos imaginado. Por lo tanto, innovamos más que ninguna otra especie: ideamos más modos de vida, más diversidad cultural, más herramientas y técnicas, más artes y oficios y más mentiras rotundas que otros animales. Un humano puede oír una nota y componer una sinfonía, ver un palo y convertirlo mentalmente en un misil, contemplar un paisaje y visualizar una ciudad, probar el pan y el vino y notar la presencia de Dios, contar hasta el infinito y hasta la eternidad, superar la frustración y concebir la perfección, mirar las cadenas que le atan y fantasear con la libertad. No se ven resultados similares de las fantasías que puedan tener otros animales.

Cualquiera que quiera aplicar las palabras «inteligencia» o «razón» a la facultad que hace posibles las ideas puede hacerlo, no faltaba más. Pero la palabra que mejor la denota seguramente sea «imaginación», o quizás «creatividad». Comparado con otros aspectos en que tradicionalmente se ha dicho que los humanos destacamos sobre otros animales, los humanos somos, por lo que sabemos, excepcionalmente creativos.[5] Así pues, las primeras preguntas para una historia de las ideas son: «¿De dónde proviene la imaginación activa, poderosa, torrencial?» y «¿Por qué somos los humanos animales especialmente imaginativos?».

Por extraño que parezca, estas preguntas han sido ignoradas, en parte quizás por una suposición insatisfactoria: que la imaginación es solo un producto acumulativo de pensamiento intensivo y no necesita una explicación especial (ver págs. 31-32). En la literatura disponible, lo más cercano que existe a un relato evolutivo de los orígenes de la imaginación da crédito a la selección sexual: el comportamiento imaginativo, dice la teoría, es un exhibicionismo notorio, probablemente para atraer a las parejas: el equivalente humano de cuando el pavo real despliega la cola.[6] Como mucho, la teoría sitúa la imaginación en una categoría de facultades evolucionadas pero no consigue explicarla: si la imaginación está entre los resultados de la selección sexual, ocupa una posición bastante modesta comparada con la atracción física y las consideraciones prácticas. ¡Si la musculatura mental fuera más sexy que unos buenos abdominales, o un poeta más recomendable como pareja que un fontanero! Recuerdo la historia de una de las amantes de Henry Kissinger que, al ser cuestionada sobre su gusto sexual, supuestamente dijo: «¿Para qué tener un cuerpo capaz de parar un tanque cuando puedes tener un cerebro capaz de parar una guerra?». No tengo nada que comentar acerca de su opinión, su sinceridad o su valor representativo.

Los neurocientíficos, que disfrutan alardeando como pavos reales de sus escáneres cerebrales, en los que relacionan pensamientos de todo tipo con la actividad neuronal, no han sido capaces de cazar a ninguna criatura en un momento de pensamiento especialmente imaginativo. En cualquier caso, el escáner cerebral tiene una capacidad de explicación limitada: los cambios eléctricos y químicos en el cerebro muestran que están teniendo lugar sucesos mentales, pero es igualmente probable que sean efectos más que causas.[7] Con esto no quiero decir que las pruebas neurológicas sean desdeñables: nos ayudan a saber cuándo está activa la memoria, por ejemplo, y a rastrear los constituyentes o componentes de la imaginación cuando está en funcionamiento. Sin embargo, por ahora ningún discurso científico relata satisfactoriamente cómo los humanos llegamos a convertirnos en seres sobrecargados imaginativamente.

Si queremos entender cómo generamos las ideas que son el tema de este libro, un buen modo de comenzar es comparando nuestros recursos relevantes con los de otros animales: no puede ser más que un punto de partida porque los humanos somos cuando menos tan diferentes de los demás animales como las demás especies lo son entre ellas. Ahora bien, en ausencia de ángeles y extraterrestres, nuestros sujetos de estudio obvios son las criaturas con las que compartimos el planeta. Nuestras suposiciones habituales sobre la relativa excelencia de las capacidades humanas no son del todo falsas pero, como veremos, si las comparamos no salimos ganando tanto como solemos suponer. Ahora me centro en el cerebro, no porque crea que mente y cerebro sean sinónimos o coincidan sino porque el cerebro es el órgano en el que nuestros cuerpos registran los pensamientos. Puede que las ideas existan fuera del universo material, pero hemos de mirar al cerebro en busca de la prueba de que las tenemos. Cuando estudiemos la prueba, surgirá una paradoja: algunas de nuestras relativas deficiencias de capacidad mental contribuyen a hacernos profusamente imaginativos y, en consecuencia, muy productivos en ideas.

La evolución es parte ineludible de los antecedentes. Las ideas, hasta donde podemos decir en este momento, probablemente sean psíquicas, no orgánicas o materiales. Salvo en el caso de las personas que creen en los memes (las unidades de cultura que Richard Dawkins fabuló que se comportaban como los genes),[8] las ideas no están sujetas a las leyes de la evolución. Pero sí que funcionan con nuestro cuerpo: nuestro cerebro las procesa y gestiona, nuestras extremidades, dedos, músculos y órganos de fonación las aplican y comunican. Todo cuanto hacemos con nuestros pensamientos, y *a fortiori* con las ideas, que son pensamientos de un tipo especial, ha de implementar las capacidades que la evolución nos ha proporcionado.

En las páginas que siguen intentaré argumentar que la evolución nos ha dotado con una capacidad superabundante de anticipación y una memoria relativamente débil; que la imaginación surge de la colisión de esas dos facultades; que nuestra fertilidad en la producción de ideas es consecuencia de ello y que nuestras ideas, a su vez, son la causa de nuestra historia volátil y mutable como especie.[9]

¿Cerebro grande, grandes pensamientos?

Una de las falacias ampliamente compartidas de Edgar era su convicción de que cuanto más grande tenía el cerebro la persona, mejor pensaba.[10] En una ocasión leí que Turgeniev tenía un cerebro excepcionalmente grande, mientras que Anatole France lo tenía excepcionalmente pequeño. Ya no recuerdo dónde lo leí y no tengo manera de verificarlo, pero *se non è vero è ben trovato*: ambos escritores eran grandes genios. Las mujeres tienen el cerebro más grande que los hombres, de media y en relación al tamaño del cuerpo; el hombre de Neandertal tenía el cerebro más grande que el *Homo sapiens*; las personas del Paleolítico tenían el cerebro más grande que las de la actualidad. ¿Alguien osará decir que esas diferencias se corresponden con diferencias en la capacidad de pensamiento? Hace unos años, en la isla de Flores, en Indonesia, unos arqueólogos descubrieron los restos de una criatura que tenía el cerebro más pequeño que un chimpancé pero que llevaba un juego de herramientas comparable al que esperaríamos encontrar en las excavaciones de nuestros propios ancestros de hace unos cuarenta siglos, cuyos cerebros eran, de media, más grandes que los nuestros.

No hace falta un cerebro grande para tener grandes pensamientos:[11] un microchip es lo bastante grande para hacer la mayoría de las cosas que puede hacer el cerebro de la mayoría de la gente. El cerebro humano estorba casi tanto como sirve: para emular al microchip necesita más alimento, procesa más sangre y utiliza mucha más energía de la necesaria. Por lo que se sabe, la mayoría de las células cerebrales están inactivas la mayoría del tiempo. Los neurocientíficos han especulado sobre el propósito de los astrocitos, en apariencia inertes, cuyo número sobrepasa ampliamente al de neuronas, aunque no se ha llegado a un consenso acerca de para qué sirve la mayor parte del volumen cerebral o de si sirve para algo.[12]

Así pues, el tamaño del cerebro humano no es una condición necesaria para pensar como un humano, pero probablemente sea lo que la jerga evolutiva denomina una enjuta, un subproducto de la evolución de las facultades que nos capacitan para pensar.[13] Hablando en plata, probablemente la mayor parte del cerebro humano sea una masa inútil, como las amígdalas y el apéndice. Decir que no estaría ahí si no fuera de utilidad —solo que no sabemos para qué— es a todas luces una falacia o una expresión de exceso de confianza en la eficiencia de la evolución, que,[14] como reconoció Darwin quizás en un momento de descuido, no tiene un objetivo más consecuente que el que pueda tener el viento.[15]

No cuesta darse cuenta de que el cerebro humano podría

haber sido más grande de lo que es si lo hubiera concebido un diseñador consciente y competente. La dieta condiciona el crecimiento cerebral: los frutos son más nutritivos y difíciles de recoger para los recolectores que las hojas, y la carne lo es más que la fruta. En tanto que los más omnívoros de los simios, nuestros antepasados necesitaban y nutrían los cerebros más grandes.[16] O quizás añadieran neuronas para vivir en grupos más numerosos que la mayoría de las criaturas. Cuanto mayor es el grupo, más datos se tienen que manejar; en lugar de empezar de nuevo y diseñar un cerebro acorde con los objetivos, la naturaleza hace crecer el cerebro ya existente, mete en el cráneo el córtex, multiplica pliegues y carúnculas, expulsa los lóbulos. Quizá por eso el tamaño del cerebro de los simios (si bien no de los primates en general) sea más o menos proporcionado al del grupo.[17] Las ventajas se acumulan: en consecuencia, en nuestro cerebro pueden interactuar más neuronas que en el de otras especies, aunque con una compresión más eficiente podría obtenerse el mismo efecto. Comparado con el de otros animales, nuestro cerebro tiene mucho más espacio para pensar; si bien todas las funciones que podemos identificar —por ejemplo viendo lo que la gente deja de hacer cuando le falla una parte del cerebro o se le extirpa— forman parte de las capacidades de varias especies. En resumidas cuentas, el tamaño del cerebro contribuye a explicar por qué pensamos más que otros simios pero no por qué nuestro pensamiento es de otro orden.

La perspectiva galáctica

Así pues, en lugar de felicitarnos por nuestro gran cerebro o elogiarnos por la superioridad de la inteligencia humana, quizás sea de ayuda que nos centremos en las funciones cerebrales concretas o en los ejemplos de comportamiento inteligente en los que nuestra especie parece especialmente bien dotada o más hábil.

Hemos de afrontar una dificultad inmediata: la mayoría de los humanos no piensa demasiado. «¡Ah —evocan a Keats implícitamente—, están por una vida de sensaciones más que de pensamientos!» Por lo general, el cerebro humano está infrautilizado. La mayoría de nosotros dejamos que los demás piensen por nosotros y nunca tenemos pensamientos más allá de los que otros han metido en nuestra cabeza: de ahí el éxito de los anuncios y la propaganda. Según cómo se mire, imitar, repetir y seguir al líder puede clasificarse como comportamiento inteligente. ¿Por qué no obedecer al tirano que te alimenta? ¿Por qué no imitar a aquellos que parecen más sabios o fuertes que tú? Ante propósitos limitados, como sobrevivir en un entorno hostil o introducir suavemente circunstancias más flexibles, estas pueden ser buenas estrategias. Pero hay no-humanos domesticados que muestran mucha inteligencia de ese tipo, como el sabueso servil o el cordero sumiso. Si queremos identificar el pensamiento únicamente humano nos hemos de centrar en la gran minoría de humanos que lo ejercen ampliamente: aquellos que son responsables de que nuestras vidas sean notoriamente diferentes de las de las demás criaturas.

Para entender cuáles son esas diferencias hemos de cambiar de perspectiva. La detección de diferencias es casi únicamente cuestión de perspectiva. Por ejemplo, si pido a los alumnos de una de mis clases de la Universidad de Notre Dame que identifiquen las diferencias que hay entre sus compañeros de clase, señalarán detalles pequeños y a menudo triviales: Maura tiene más pecas que Elizabeth; Billy siempre lleva manga larga, mientras que Armand siempre va en camiseta; Xiaoxing es un año más joven que todos los demás. Alguien ajeno a la clase, que la observe con un grado de objetividad inalcanzable desde dentro, verá la imagen general y abordará la cuestión de forma impersonal, en busca de diferencias clasificables. «El 40 por ciento son hombres —dirá— y el resto son mujeres. La mayoría de tus alumnos son blancos pero tres tienen rasgos que parecen de Asia Oriental, dos parecen de Asia Meridional y dos son negros. La lista tiene un gran número de nombres de origen irlandés», etcétera. Ambas perspectivas aportan observaciones ciertas, pero para el propósito que nos ocupa queremos datos del tipo más fácilmente visible para una persona ajena al grupo. Para detectar grandes peculiaridades del pensamiento humano en comparación con el de otros animales hemos de intentar alcanzar un grado de objetividad similar.

Un ejercicio mental puede ayudar. Si intento imaginar la postura más objetiva accesible a mi mente, llego a una especie de puesto de vigía cósmico donde un vigilante con facultades divinas puede ver todo el planeta y toda la historia de todas las especies que lo habitan de un vistazo, desde una distancia enorme en el tiempo y el espacio, como el testigo que en «El Aleph», un cuento de Jorge Luis Borges, percibía de forma simultánea todos los sucesos del pasado de cada criatura. ¿Cómo evaluaría la diferencia entre nosotros y otros animales un observador tan privilegiado como ese? Sospecho que el vigilante cósmico diría: «Básicamente sois todos iguales: agrupaciones de células efímeras e ineficaces. Pero en vosotros, los humanos, veo cosas extrañas. Hacéis la mayoría de las cosas que hacen el resto de especies pero las hacéis mucho más. Por lo que puedo decir, pensáis más, afrontáis más tareas, llegáis a más lugares, tomáis más alimentos y elaboráis más formas políticas y sociales, con más estratificación, más especialización y más actividades económicas. Desarrolláis más formas de vida, más ritos, más tecnologías, más edificios, más gustos estéticos, más modificaciones del entorno, más consumo y producción, más artes y oficios, más medios de comunicación; ideáis más culturas y, en resumen, generáis más ideas a más velocidad y con más variedad que ninguna otra criatura de las que veo. Hasta donde puedo decir, invertís más tiempo y esfuerzo que otros animales en la autocontemplación, la identificación de valores, el intento de generalizar o analizar; dedicáis gran cantidad de recursos mentales a explicar historias nunca antes contadas, a crear imágenes de cosas nunca antes vistas y a componer música nunca antes oída. En comparación con la mayoría de las especies que compiten con vosotros, estáis aletargados, sois débiles, no tenéis cola, carecéis de destreza y vuestros colmillos y garras dejan mucho que desear (aunque por suerte sois buenos lanzando misiles y tenéis manos ágiles). Con todo, pese a vuestros cuerpos mal dotados y mal moldeados, vuestra capacidad de reaccionar ante los problemas, más allá de soluciones mínimas, y de repensar vuestro futuro os ha dado un grado sorprendente de dominio sobre vuestro planeta».

Puede que estas observaciones no hicieran que el o la vigilante nos admirara. Se percataría de la singularidad de cada especie y no pensaría que la nuestra fuera de un orden superior a las demás. Pero aunque no seamos los únicos innovadores y creativos (afirmar eso sería autofelicitarse sin motivo, ya que las pruebas lo contradirían), nuestra capacidad de innovar y crear parece única en alcance, profundidad y abundancia. En estos aspectos, las diferencias entre humanos y no humanos nos llevan más allá de la cultura —de la que, como veremos, muchas especies son capaces—, hasta la práctica singularmente humana que llamamos civilización, en la que remodelamos el mundo a nuestra conveniencia.[18]

Volverse imaginativo

¿Cómo podría habernos ayudado nuestro cerebro en este destino inverosímil e inigualable? El cerebro, como todos los órganos evolucionados, es como es porque las condiciones del entorno han favorecido la supervivencia y transmisión de unas mutaciones genéticas sobre otras. Su función es responder al mundo exterior: solucionar los problemas prácticos que plantea el mundo, satisfacer sus exigencias, hacer frente a las trampas que tiende y a las limitaciones que plantea. El repertorio de pensamientos que pertenece a este libro es de otro tipo, de un orden diferente. Constituye el tipo de creatividad que en italiano, de forma encantadora, denominan *fantasia,* con resonancias de fantasía que superan lo real. Crean mundos diferentes a los que habitamos: mundos no comprobables fuera de nuestra mente y no alcanzados en la experiencia existente (como futuros remodelados y pasados virtuales), o inalcanzables con los recursos que, a partir de la experiencia o la observación, sabemos que dominamos (como la eternidad, el cielo o el infierno). V. S. Ramachandran, un neurólogo que ha perseguido con valentía las diferencias entre los humanos y los demás simios, lo expresa así: «¿Cómo puede una masa de gelatina de poco menos de kilo y medio imaginar ángeles, plantearse el significado de infinito e incluso cuestionarse su propio lugar en el cosmos?».[19]

Existen dos respuestas tradicionales a esta pregunta: una de ellas, popular en la tradición científica; la otra, metafísica. La respuesta estrictamente científica es que cuando se cruza un umbral crítico la cantidad se torna calidad; según esta línea de pensamiento, el cerebro humano es tan mayor en tamaño al de otros simios que eso le hace ser de otro tipo. No necesita contar con una función específica de creatividad o de generación de ideas: esos sucesos resultan de la pura abundancia de pensamiento más mundano que emana de los grandes cerebros.

Por otro lado, la respuesta metafísica consiste en decir que la creatividad es una función de una facultad inmaterial, comúnmente llamada mente o alma racional, que es exclusiva de los humanos, o de la cual los humanos poseemos un tipo exclusivo.

Cualquiera de las dos respuestas, aunque no las dos, puede ser cierta, pero ninguna parece plausible a todo el mundo. Para aceptar la primera hemos de poder identificar el umbral a partir del cual el cerebro salta de la capacidad de reacción a la creatividad. Para aceptar la segunda hemos de tener inclinaciones metafísicas. Según los escépticos, «mente» no es más que un término para denominar funciones del cerebro que la neurología no puede definir en el estado de conocimiento actual.

Así pues, ¿cómo podemos mejorar las respuestas tradicionales? Yo propongo reformular la pregunta para hacerla menos vaga, especificando qué función concreta de generación de pensamiento queremos explicar. El término que mejor indica lo que es especial del pensamiento humano probablemente sea «imaginación», que abarca fantasía, innovación, creatividad, reelaboración de antiguos pensamientos, surgimiento de nuevos y todos los frutos de inspiración y éxtasis. «Imaginación» es una palabra grande y abrumadora pero se corresponde con una realidad fácilmente comprensible: la capacidad de ver lo que no está.

Los historiadores, como yo, por ejemplo, tenemos que volver a configurar en la imaginación un pasado desaparecido. Los visionarios descubrieron que las religiones debían de llevar a la mente mundos nunca antes vistos. Los narradores deben ir más allá de la experiencia para relatar lo que en realidad nunca sucedió. Como dijo Shakespeare, los pintores y escultores deben «sobrepasar la vida» e incluso los fotógrafos deben captar perspectivas nunca vistas o reorganizar la realidad si pretenden crear arte y no una mera crónica. Los analistas han de sintetizar conclusiones que de otro modo serían invisibles en los datos. Los inventores y los emprendedores deben pensar mucho más allá del mundo en el que habitan, en uno que puedan rehacer. Los hombres de Estado y los reformadores deben reconsiderar posibles futuros e idear maneras de alcanzar los mejores y prevenir los peores. En el corazón de cada idea que se precie hay un acto de imaginación: experiencia sobrepasada o superada, realidad reprocesada para generar algo más que una instantánea o un eco.

Así pues, ¿qué es lo que nos hace superimaginativos a los humanos? Yo sugiero que son tres las facultades que constituyen la imaginación. Dos de ellas son sin duda producto de la evolución. En cuanto a la tercera, aún está por ver.

Primero está la memoria, una de las facultades mentales a las que recurrimos cuando hemos de inventar: siempre que pensamos o hacemos algo nuevo, empezamos recordando lo que hemos pensado o hecho anteriormente. La mayoría de nosotros queremos que nuestros recuerdos sean buenos: precisos, fieles a un pasado real, fiables como cimientos del futuro. Pero, sorprendentemente, quizás la mala memoria resulte ser lo que más ayuda en el proceso imaginativo.

Recordar mal

Como cabía esperar, en la mayoría de las pruebas sobre cómo se compara el pensamiento humano con el de otros animales, los humanos sacamos buena nota: después de todo, las pruebas las elaboramos nosotros. Somos relativamente buenos pensando más de una cosa a la vez, adivinando lo que deben de estar pensando otras criaturas y manejando grandes repertorios de símbolos seleccionados por humanos.[20] Sin embargo, la memoria es un tipo de pensamiento en el que los demás animales pueden rivalizar con nosotros o superarnos, incluso según estándares humanos. Recordar información relevante es una de las facultades más notables en las que destacan los no humanos. Mi perro *Beau* me da una paliza —metafóricamente, no en el sentido que concibió Descartes— en lo que a recordar personas e itinerarios se refiere: es capaz de reconstruir espontáneamente cualquier paseo que haya dado y, tras seis años sin ver a una vieja amiga mía, cuando volvió a verla la reconoció y salió corriendo hacia ella para ofrecerle un juguete que le había regalado en la visita anterior. *Beau* me hace estar dispuesto a creer la historia de Homero en la que solo el perro de la familia reconoce a Odiseo cuando el héroe regresa de sus andanzas. Va a buscar juguetes o huesos sin equivocarse, mientras que yo pierdo el tiempo buscando notas mal archivadas y mis gafas de lectura, que pierdo constantemente.

Cualquiera que tenga una mascota o un compañero de trabajo no humano tendrá historias similares sobre su envidiable memoria. Con todo, la mayoría de las personas aún recuerdan cómo Robert Burn se dirigía con compasión a su ratón «pequeño, sedoso, temeroso, arrinconado», a quien, pensaba él, «solo el presente te concierne», como si la bestezuela estuviera congelada en el tiempo, aislada del pasado y del futuro.[21] Pero este tipo de distinción entre la memoria de las bestias y la humana probablemente sea otro ejemplo de autofelicitación injustificada. No hemos de confiar en anécdotas de perros desgreñados. Los estudios controlados confirman que, en algunos sentidos, nuestra memoria es pobre comparada con la de otros animales.

La garza azul de Florida, por ejemplo, sabe qué alimentos ha escondido y recuerda dónde y cuándo los escondió. En laberintos complejos, las ratas vuelven a recorrer caminos por los que ya han pasado, incluso sin el incentivo de la comida, mientras que yo me hago un lío en el laberinto de jardín más sencillo que se pueda imaginar. Ellas recuerdan el orden en que encuentran los olores. Así pues, está claro que pasan las pruebas de lo que los especialistas llaman memoria episódica: la supuesta prerrogativa humana de viajar al pasado, por decirlo de algún modo, al recordar experiencias en orden.[22] Clyve Wynne, el apóstol de las mentes no humanas, cuya fama se basa en la intensidad con que puede imaginar cómo sería ser un murciélago, ha resumido algunos experimentos relevantes. Según señala, las palomas retienen durante meses y sin deterioro recuerdos de cientos de patrones visuales arbitrarios asociables a comida. Se dirigen a sus palomares tras largas ausencias. Las abejas recuerdan la localización del alimento y cómo encontrarlo en una colmena laberíntica. Los chimpancés recuperan de lugares en apariencia seleccionados de forma casual las piedras que utilizan como yunques para abrir los frutos secos. En los laboratorios, cuando se les estimula a actuar para obtener recompensas, recuerdan el orden correcto en que presionar las teclas en la pantalla o el teclado de un ordenador. Y «los murciélagos vampiro son capaces de recordar quién les ha hecho una donación de sangre en el pasado y utilizar esa información para decidir si responden ante un demandante que le suplica un poco de sangre».[23]

Quienes restan importancia a la memoria no humana pueden llegar a insistir en que las respuestas de muchos animales no humanos no son mejores como prueba de pensamiento que la adulación y el acobardamiento de los perros de Pavlov, allá en la década de 1890. Según la teoría tristemente conocida como conductismo, aquellos perros empezaban a salivar al ver a su alimentador no porque le recordaran a él sino porque al verle se desencadenaban asociaciones psíquicas. Cualquier conductista que quede vivo afirmaría que las hazañas memorísticas de las ratas, los murciélagos, las palomas y los simios parecen más reflejos condicionados o reacciones a estímulos que recuerdos recuperados de una reserva permanente. Prejuicios aparte, no existe fundamento alguno para establecer tal distinción. San Agustín, a quien venero como modelo de buen juicio en muchos otros aspectos, era un conductista adelantado a su tiempo. Pensaba que un caballo podía recuperar un camino mientras lo iba siguiendo, ya que cada paso desencadenaba el siguiente, pero que no podía recordarlo cuando estaba en el establo. Sin embargo, ni siquiera el santo podía estar seguro al respecto. No hay experimento que pueda confirmar esa suposición. La única base que tenía san Agustín para hacerla era una convicción religiosa: que Dios difícilmente se dignaría a dar a los caballos una mente que se pareciera a la de su especie elegida. En la actualidad hay sucesores igualmente dogmáticos que cometen un error parecido. La mayoría de psicólogos han dejado de creer que el comportamiento humano pueda controlarse con condicionamientos: ¿por qué conservar la misma creencia rebatida al intentar entender a otros animales? Para disponer de material directamente comparable con la experiencia humana podemos recurrir a experimentos con chimpancés y gorilas, ya que se parecen a nosotros en aspectos relevantes. Podemos tener acceso a sus propios relatos sobre su comportamiento. Podemos conversar con ellos —dentro de la limitada esfera que permiten nuestros intereses comunes— en un lenguaje ideado por los humanos. Los simios no humanos no tienen la boca y la garganta formadas para articular el mismo rango de sonidos propios de los lenguajes hablados de los humanos, pero son extraordinariamente buenos aprendiendo a utilizar sistemas de símbolos —es decir, lenguajes— de otros tipos. Siguiendo ejemplos e instrucciones, igual que hacen o deberían hacer los aprendices humanos si son buenos estudiantes, los simios pueden utilizar muchos de los signos manuales y letras o imágenes representativas que utilizamos los humanos.

Panzee, por ejemplo, es una chimpancé excepcionalmente hábil con los símbolos que está en la Universidad Estatal de Georgia. Se comunica con sus cuidadores enseñando tarjetas y tocando teclados para acceder a unos signos determinados. En un experimento típico, mientras *Panzee* observaba, los investigadores escondieron decenas de frutas suculentas, serpientes de juguete, globos y siluetas de papel. Sin sugestionarla más que enseñándole el símbolo de cada objeto cuando tocaba, *Panzee* recordó dónde estaban los tesoros y fue capaz de guiar a los cuidadores hasta ellos. Incluso tras intervalos de tiempo relativamente largos, de hasta dieciséis horas, la chimpancé recordó las localizaciones de más del 90 por ciento de los objetos. Y sin trampas. *Panzee* nunca antes había tenido que conseguir comida señalando lugares fuera de su recinto. Sus cuidadores no le proporcionaron ayuda alguna, consciente o inconsciente, ya que previamente no se les había proporcionado información sobre los lugares en los que se esconderían los objetos. Así pues, *Panzee* no solo demostró que los chimpancés poseen el instinto de encontrar comida en estado salvaje, también dejó claro que son capaces, o al menos ella lo es, de recordar sucesos especiales. Además de presentar lo que podríamos llamar habilidad retrospectiva, presenta una especie de talento futuro, ya que aplica la memoria para tener ventaja prediciendo el futuro al anticipar dónde se encontrará la comida.[24] En otro intrigante experimento, con la ayuda de su teclado, *Panzee* guio a un cuidador al paradero de objetos escondidos, mayoritariamente cacahuetes pero también objetos no comestibles por los que no tenía ningún interés concreto. El jefe del laboratorio, Charles Menzel, dice: «Siempre se han subestimado los sistemas de memoria animal, pero la verdad es que se desconoce cuáles son sus límites».[25]

Entre los competidores de *Panzee* en materia de memoria está *Ayuma*, una chimpancé muy despierta que habita en unas instalaciones científicas de Kyoto. En 2008 se hizo famosa como estrella de un programa de televisión, donde derrotaba a concursantes humanos en un juego mnemotécnico computerizado. Los participantes tenían que memorizar los numerales que aparecían en una pantalla durante una fracción de segundo. *Ayuma* recordó con exactitud el 80 por ciento. Sus contrincantes humanos obtuvieron todos un cero.[26] Con práctica, los humanos pueden imitar a *Ayuma*.[27] Sin embargo, las pruebas continúan acumulándose a favor de los chimpancés. Si no tenemos en cuenta prodigios inusitados, los humanos normales pueden recordar secuencias de siete números; otros simios son capaces de recordar más y aprenderlos más deprisa. *Ape Memory* es un videojuego para miembros de nuestra especie que quieran intentar alcanzar niveles de excelencia propios de los simios. *King*, un gorila que reside en Monkey Jungle, en Miami, Florida, inspiró una versión llamada *Gorilla Memory*. A *King* se le da bien contar. Se comunica con los humanos moviendo y señalando símbolos impresos en unas tarjetas. Cuando los primatólogos le escogieron para las pruebas de memoria tenía treinta años: demasiado madurito para estar receptivo a aprender nuevos trucos, podríamos pensar. Pero hacía mucho que *King* conocía las peculiaridades humanas y demostró que era capaz de dominar los sucesos pasados y disponerlos en orden. Con un nivel de rendimiento considerablemente superior a la casualidad, fue capaz de recordar cada uno de los tres alimentos y de decir el orden inverso en el que se los había comido.[28] Es capaz de relacionar a los individuos con los alimentos que le han dado, incluso cuando sus cuidadores han olvidado quién le dio qué, del mismo modo que mi perro es capaz de relacionar en la memoria sus juguetes con las personas que se los regalaron. Según estas demostraciones, en una rueda de reconocimiento, tanto *King* como *Beau* serían mejores testigos que la mayoría de humanos. Un equipo puso a prueba a *King* haciendo acciones nuevas para él, incluidos ejercicios físicos y payasadas: fingir robar un teléfono o tocar la guitarra en el aire. Cuando le preguntaron quién había hecho qué, dio respuestas correctas un 60 por ciento de las veces. Puede parecer una puntuación modesta, pero intenten hacer que los humanos la igualen.[29]

Los chimpancés pueden encontrar recuerdos en el tiempo, ordenarlos y utilizarlos para hacer predicciones. El trabajo de Gema Martin-Ordas en el zoológico de Leipzig sobresale entre los experimentos que han desafiado afirmaciones de que ese tipo de facultades son exclusivamente humanas. En 2009, ocho chimpancés y cuatro orangutanes la vieron utilizar un palo para llegar a un plátano. Después escondió aquel palo y otro que era demasiado corto para la tarea en lugares diferentes para que los simios los encontraran. Al cabo de tres años, sin incentivos de por medio, los palos volvieron a aparecer en sus antiguos lugares. También había un plátano oportunamente situado. ¿Serían capaces de alcanzarlo los simios? Salvo un orangután, todos los participantes recordaron sin esfuerzo dónde estaba el palo largo. Otros simios que no habían participado en el ejercicio previo no fueron capaces de hacerlo. Así pues, captar recuerdos y almacenarlos para su uso futuro forma parte de las capacidades cognitivas que los humanos compartimos con otros simios.[30]

En un experimento más sofisticado diseñado por el psicólogo Colin Camerer y el primatólogo Tetsuro Matsuzawa se ponía a prueba la capacidad de los chimpancés y de los humanos para proyectar predicciones de sucesos recordados. Los sujetos de ambas especies jugaban a un juego en el que observaban los movimientos de otros individuos en una pantalla táctil y después tenían una oportunidad de ganar recompensas prediciendo lo que elegirían después. En general, los chimpancés demostraron ser mejores que los humanos detectando patrones, al parecer porque eran capaces de recordar secuencias de movimientos más largas. El juego pone a prueba la memoria superior y la capacidad de estrategia: el grado de acierto con que los jugadores recuerdan las selecciones del oponente, detectan patrones a la hora de elegir o hacen sus propias predicciones. Los resultados sugieren que como mínimo algunos chimpancés destacan sobre algunos humanos en esas habilidades.[31]

Así pues, en las materias que nos ocupan, Edgar se equivocaba al menospreciar el intelecto no humano. No pretendo sugerir que la memoria humana no sea capaz de hazañas prodigiosas. Con frecuencia, los oradores, los actores y los examinandos son capaces de exhibir una cantidad de datos tremenda. Los actores de vodevil solían encadenar enormes ristras de sucesos ante el público, como Mr. Memory en *Treinta y nueve escalones* de Hitchcock. Hay sabios idiotas capaces de recitar la guía telefónica del tirón. Sin embargo, en algunas funciones comparables en las que entra en juego la memoria, los animales no humanos nos aventajan. La mayoría de personas da un paso atrás cuando se les dice que la memoria humana no es la mejor del planeta, pero merece la pena pararse a pensar en esta idea ilógica. Los humanos hemos asumido casi siempre que cualquier habilidad que pudiera justificar que nos clasificáramos aparte de otras bestias debía de ser una habilidad superior. Ahora bien, tal vez tendríamos que habernos fijado en aquellos rasgos inferiores —al menos en algunos sentidos— que poseemos. Comparada con la de otros animales, la memoria no es en ningún aspecto el don humano más espectacular. Es pobre, poco fiable, deficiente y distorsionante. Puede que no nos guste reconocer este hecho, ya que siempre cuesta dejar de lado el amor propio. Apreciamos nuestra memoria y nos enorgullecemos de ella porque parece preciada para nuestro sentido de identidad, algo que tan solo estamos empezando a conceder a otros animales.

Existen publicaciones psicológicas, forenses, imaginativas, llenas de pruebas de la debilidad de la mayoría de recuerdos humanos. Quizás la manera más eficaz de evocar lo mal que funciona la memoria sea mirar uno de los cuadros más famosos de Salvador Dalí: un paisaje desolador con algunos objetos inquietantes y deformes esparcidos por él. Lo tituló *La persistencia de la memoria* en lo que supone una de las ironías características del artista: el tema real es cómo se desvanece y deforma la memoria. Al fondo se ve un cielo de poniente en el que la luz va en retirada sobre un mar poco definido en el que los rasgos parecen disolverse. Junto a él, un acantilado medio desmoronado, erosionado, como la memoria, por el paso del tiempo. Más en primer término, una pizarra vacía, de la que se ha borrado toda impresión. En el centro sobresalen los restos de un árbol muerto, cortado, sobre una costa casi indefinida. En primer plano, unos relojes enormes, parados en diferentes momentos, combados y flácidos, como si proclamaran la mutabilidad infligida por el tiempo, las contradicciones que entraña. Parece que los bichos se comen la carcasa del más cercano, mientras en el centro de la composición una forma monstruosa y amenazante parece haber sido transferida de alguna malvada fantasía de El Bosco. Los recuerdos se convierten en monstruos. El tiempo trastoca el recuerdo. Los recuerdos se deterioran.

La ineficacia de la memoria humana salva la distancia de la diferencia entre memoria e imaginación, una diferencia en ningún caso muy grande. La memoria, como la imaginación, es la facultad de ver algo que no está presente para nuestros sentidos. Si la imaginación es la capacidad de ver lo que no está, como la hemos definido más arriba, la memoria hace posible que veamos lo que ya no está: en cierto modo, es una forma especializada de imaginación. La memoria trabaja formando representaciones de hechos y sucesos, que es también lo que hace la imaginación.

La mnemotecnia, el antiguo arte de la memoria que Cicerón utilizaba para pronunciar discursos en las cortes y el Senado romanos, asigna una imagen vívida —que puede no ser un símbolo naturalmente sugestivo— a cada apartado que quiere hacer el orador. Una mano ensangrentada puede representar un apartado monótono de trámite; una rosa bonita o una fruta sabrosa, los vicios deplorables del oponente del orador.[32] Las observaciones sobre cómo funciona el cerebro confirman la contigüidad de la memoria y la imaginación: por lo que podemos decir, ambas se dan en áreas solapadas. Cuando la imaginación y la memoria están en funcionamiento, en el cerebro se produce una actividad eléctrica y química casi idéntica.

La memoria y la imaginación se solapan, por mucho que algunos filósofos se muestren reacios a reconocer este hecho.[33] Yo culpo a Aristóteles, que, con su habitual sentido común, insistía en que los recuerdos habían de referirse al pasado —y el pasado, señalaba, era básicamente distinto de los sucesos imaginarios porque había sucedido realmente—. Sin embargo, a veces la vida desacredita al sentido común. En la práctica, los recuerdos y las imaginaciones se mezclan.

No obstante, los recuerdos están más cerca de las imaginaciones cuando son falsos. Su capacidad creativa estriba en distorsionarlos. Cuando no recordamos bien algo, se produce una remodelación de la realidad como fantasía, de la experiencia como especulación. Cada vez que no recordamos bien algo antiguo, imaginamos algo nuevo. Mezclamos y aplastamos el pasado con características que nunca tuvo en realidad. De no hacerlo así, la vida sería insoportable. Daniel Schacter, el psicólogo cognitivo de la Universidad de Harvard que monitoriza lo que ocurre en el cerebro cuando se graban y recuperan los recuerdos, señala que la evolución nos ha concedido la mala memoria para ahorrarnos tener que cargar con una mente atestada de cosas. Hemos de hacer espacio en el trastero y descartar datos relativamente poco importantes para centrarnos en lo que de verdad necesitamos.[34]

Las mujeres que recuerdan fielmente el dolor real del alumbramiento se mostrarán reacias a repetirlo. Los famosos y los miembros de redes sociales han de filtrar los nombres y las caras de la gente a la que no necesitan. Los soldados no volverían nunca a la trinchera si no suprimieran o idealizaran los horrores de la guerra. Según Shakespeare, los mayores recuerdan las hazañas vividas «con ventajas a su favor». A estas modificaciones egoístas de la memoria añadimos errores indiscutibles. Confundimos nuestros recuerdos transformados imaginativamente con copias literales de los sucesos que recordamos. Los recuerdos que creemos «recuperar» mediante hipnosis o psicoterapia pueden ser en realidad fantasías o distorsiones, pero tienen la capacidad de cambiar la vida para bien o para mal.

Podemos vivir con los deslices impredecibles de nuestra memoria individual, pero cuando los compartimos en formas duraderas el resultado es la memoria social: una versión común del pasado que se puede remontar a tiempos que ningún individuo puede afirmar recordar. Esa visión adolece de los mismos vicios: egoísmo, perspectiva color de rosa y pecados de transmisión. La propaganda graba mentiras en pedestales, las copia en los libros de texto, las estampa en carteles y las introduce en rituales. Como consecuencia de ello, con frecuencia la memoria social se muestra indiferente ante los hechos o reacia a la revisión histórica. Si los psicólogos pueden detectar el síndrome de la falsa memoria en los individuos, los historiadores podemos revelarlo en sociedades enteras.

Quienes trabajen en jurisprudencia puede que tengan algo que objetar. El parecido entre memoria e imaginación trastoca el valor del testimonio legal. Para los tribunales de justicia sería conveniente separar las versiones imaginarias de los relatos verídicos. Sin embargo, sabemos que en la práctica las declaraciones de los testigos rara vez coinciden entre ellas. El texto más ampliamente citado es ficticio pero fiel a la realidad: «En el bosque», un cuento de Ryūnosuke Akutagawa escrito en 1922, inspiró una de las grandes obras del cine, *Rashomon*, de Akira Kuroshawa. Los testigos de un asesinato ofrecen testimonios contradictorios, una bruja transmite el testimonio del fantasma de la víctima. Pero el lector, o el público de la versión cinematográfica, continúa sin estar convencido. Cada prueba, cada comparación de testimonio, confirma la falta de fiabilidad de la memoria. «Ibas de dorado», canta un amante ya mayor al recordar en la versión musical de *Gigi*. La dama le corrige: «Iba vestida de azul». «Ay, sí —replica él—. Lo recuerdo bien.» Cada cual a su manera, todos recordamos igual de mal.

Esa memoria pobre contribuye a que los humanos seamos extraordinariamente imaginativos. Cada falso recuerdo es un destello de un posible nuevo futuro que, si así lo elegimos, podemos intentar crearnos.

Anticipar con exactitud

Las distorsiones de la memoria amplían la imaginación pero no la explican por completo. Necesitamos también lo que el investigador biomédico Robert Arp denomina «visualización de escenarios»: una forma elegante de denominar lo que más sencillamente podríamos llamar imaginación práctica. Arp la vincula a una adaptación psicológica que podría haber surgido —él cree que de forma excepcional— entre nuestros ancestros homininos durante la confección de herramientas complicadas, como artilugios para lanzar jabalinas para cazar.[35] Entre las especies supervivientes, ninguna otra criatura posee una imaginación lo bastante potente como para transformar un palo en una jabalina y después ir más allá y añadir un artilugio que la impulse.

El análisis, expresado en estos términos, puede ser injusto: otros animales conciben ideas diferentes de los palos: los chimpancés, por ejemplo, son capaces de verlos como un útil para buscar termitas, guiar objetos flotantes hacia la orilla del río, romper frutos secos o blandir para conseguir más efecto durante un alarde de agresividad. Si no los ven como jabalinas en potencia puede ser porque a ningún otro animal se le da tan bien lanzarlas como a los humanos.[36] Los simios no humanos, que lanzan relativamente poco con un efecto relativamente pequeño, encuentran usos prácticos para los palos, y todos ellos implican algo de «visualización de escenarios» o capacidad para prever una solución imaginativa. Muchos animales, sobre todo de especies con pasados evolutivos como depredadores o presas, hacen uso de la imaginación para solucionar problemas. Cuando una rata encuentra el camino en un laberinto, es sensato asumir que el animal sabe adónde se dirige. Cuando, de joven, mi perro se pasó semanas desarrollando por prueba y error su ingeniosa, aunque finalmente infructuosa, estrategia para cazar ardillas (ver pág. 22), demostró tener previsión imaginativa.

Los perros también sueñan. Y los gatos. Los ves retorciéndose mientras duermen, agitando las pezuñas y haciendo ruiditos congruentes con estados de vigilia de entusiasmo o ansiedad. Mueven los ojos mientras duermen, de igual modo que los humanos experimentan movimientos oculares rápidos.[37] En sueños, las mascotas pueden ensayar o disfrutar jugando o anticipando aventuras con presas u otros alimentos. Eso no significa que cuando están despiertos puedan imaginar la irrealidad con la misma libertad que la mente humana: el sueño es una forma especial y atípica de conciencia que confiere licencias excepcionales. Ahora bien, al soñar, los no humanos comparten una propiedad visionaria de la mente humana.

También nos ayudan a concebir las circunstancias en las que nuestros ancestros adquirieron la capacidad de imaginar. Al igual que los fabricantes de herramientas de Arp, mi perro caza: de hecho, los perros y los humanos cuentan con un largo historial de caza juntos. Un psicólogo evolutivo canino, en caso de que tal cosa existiera, identificaría gran parte del comportamiento de los perros, incluso del faldero más tranquilo, como producto de la depredación: destripar un peluche, jugar a pelear de mentira, arañar una alfombra al oler un rastro como si intentara desenterrar una madriguera de conejos o de zorros. No quisiera evocar el concepto del «hombre cazador», que la crítica feminista ha impugnado (si bien para mí «hombre» es una palabra de género neutro, sin limitación de sexo). Puesto que la caza es una forma de buscar comida, puede que «el recolector» sea un término más apropiado. Con todo, en las especies depredadoras y depredadas, a la larga la caza realmente estimula el desarrollo de la imaginación. Yo sugiero que lo hace porque las criaturas que cazan y las cazadas necesitan desarrollar una facultad intermedia, que yo denomino anticipación.

Si la imaginación es la capacidad de ver lo que no está y la memoria es la capacidad de ver lo que ya no está, la anticipación es algo similar: la propiedad de ser capaz de ver lo que todavía no está, concibiendo los peligros o las oportunidades que pueda haber más allá de la próxima cuesta o tras el próximo tronco, previendo dónde podrá haber comida o acechar un peligro. Como la memoria, pues, la anticipación es una facultad que se encuentra en el umbral de la imaginación, a punto para cruzar, como un vendedor indiscreto o una visita inoportuna. Como la memoria, de nuevo, la anticipación compite con la imaginación en áreas solapadas del cerebro. Las tres facultades evocan escenas ausentes. Mezcle una mala memoria con una buena anticipación: el resultado será la imaginación.

La anticipación probablemente sea producto de la evolución, una facultad seleccionada para sobrevivir y codificada en la herencia genética. Hace aproximadamente un cuarto de siglo, el descubrimiento de las «neuronas espejo» —partículas del cerebro de algunas especies, incluida la nuestra, que responden de forma parecida cuando observamos una acción y cuando la llevamos a cabo nosotros mismos— estimuló las expectativas de revelar las raíces de la empatía y la imitación. Sin embargo, por sorprendente que resulte, las mediciones de esa actividad en macacos mostraron capacidad de anticipación: en experimentos de 2005, había monos que solo veían moverse a la gente para coger comida; otros presenciaban la acción completa. Ambos grupos tuvieron una respuesta idéntica.[38]

La cultura puede incentivar la anticipación, pero solo si la evolución proporciona material con el que trabajar. Lo necesitan tanto el depredador como la presa, ya que cada uno necesita anticipar los movimientos del otro.

Los humanos tenemos mucho porque necesitamos mucho. Necesitamos más que nuestras especies competidoras, ya que tenemos muy poco de casi todas las otras cosas que importan. Somos lentos escapando de los depredadores y cazando presas y no solemos aventajar a nuestros rivales en la carrera por conseguir alimentos. Nuestra torpeza trepando a los árboles hace que muchos alimentos queden fuera de nuestro alcance y nos niega muchos refugios. No somos tan observadores como la mayoría de animales rivales. Nuestra destreza para olfatear a las presas o el peligro, o para oír en la distancia, seguramente haya ido a la baja desde los tiempos de los homínidos, pero no cabe pensar que igualara en ningún momento a la de los cánidos, por ejemplo, o a la de los felinos. Tenemos unos colmillos y unas garras lamentablemente flojos. Nuestros antecesores tuvieron que dedicarse a cazar pese a que otras especies más dotadas dominaban esa especialidad: la capacidad digestiva de los homininos, desde las mandíbulas hasta los intestinos, no era adecuada para la mayoría de plantas; así pues, el carnivorismo se hizo obligatorio hace tanto como tres o cuatro millones de años. Primero como carroñeros y después cada vez más como cazadores, los homininos de la línea de evolución que derivó en nosotros tuvieron que encontrar maneras de conseguir carne para alimentarse.

La evolución nos concedió ventajas físicas para compensar nuestros defectos. El bipedismo liberó las manos y elevó la cabeza, pero nuestra agilidad general continúa rezagada y nuestras extremidades inferiores, al convertirse solamente en pies, dejaron de estar disponibles como manos adicionales. La mayor adaptación que la evolución hizo a nuestro favor es que ninguna especie puede desafiarnos en destreza a la hora de lanzar y fabricar objetos que lanzar y herramientas con las que lanzarlos; así pues, podemos utilizar misiles contra la presa que no podemos cazar y contra los depredadores que pueden cazarnos. Sin embargo, para apuntar a objetos en movimiento necesitamos una anticipación muy desarrollada, con el fin de predecir cómo se desplazará el objetivo. La anticipación fue la capacidad evolucionada que minimizó nuestras deficiencias y maximizó nuestro potencial. Muchos de los argumentos que ayudan a explicar la anticipación humana son de aplicación a otros primates. De hecho, todos los primates parecen bien dotados de la misma facultad. Algunos de ellos incluso muestran potencial para, al menos, hacer volar la imaginación de forma evidente, como lo hacen los humanos. Los hay que pintan cuadros (como el chimpancé *Congo*, cuyos lienzos atraen miles de dólares en las subastas); otros acuñan nuevas palabras, como hizo *Washoe*, la simia del Instituto Yerkes experta en lingüística, al referirse a una nuez del Brasil como una «nuez roca» en lenguaje de signos norteamericano, y convertirse en la primera simio en construir un término que denominara un objeto no etiquetado previamente por sus cuidadores. También ideó «pájaros de agua» para designar a los cisnes incluso cuando estaban fuera del agua. Otros simios no humanos inventan tecnologías, introducen prácticas culturales y cambian su aspecto adornándose con lo que parece ser una sensibilidad estética versátil, si bien para nada llevan estas prácticas tan lejos como los humanos.

Así pues, ¿qué nos hace a los primates más imaginativos? En parte, sin duda la memoria selectiva superior que observamos en chimpancés y gorilas explica la diferencia: como hemos visto, se necesita mala memoria para ser imaginativo al máximo. En parte, también, podemos señalar diferentes niveles en la consecución de hazañas físicas: necesitamos una anticipación mayor a la de los otros primates, ya que tenemos menos fuerza y agilidad que ellos. La psicología evolutiva —esa disciplina que cuenta tanto con detractores como con discípulos— proporciona el resto de la respuesta.

Entre los primates existentes, los humanos tenemos detrás de nosotros una historia de caza excepcionalmente larga. Dependemos de forma extrema de los alimentos que cazamos. Los chimpancés cazan, como lo hacen, aunque en menor medida, los bonobos (a los que antes se clasificaba como «chimpancés enanos»), pero significa mucho menos para ellos que para nosotros. Son asombrosamente diestros haciendo el seguimiento de la presa y posicionándose para la caza, pero nadie les había observado cazando hasta la década de 1960: quizás no sea una prueba demasiado buena pero el estrés medioambiental que les infligió la intrusión humana puede que les obligara a desarrollar nuevas fuentes de alimento en aquella época. En cualquier caso, cazar es una actividad marginal para los chimpancés, mientras que para los humanos ha sido la base de la viabilidad de sus sociedades durante el 90 por ciento del tiempo que ha existido el *Homo sapiens*. Por lo general, los chimpancés que cazan obtienen de esa carne hasta un tres por ciento del contenido calórico de su dieta; por otra parte, en un estudio sobre diez pueblos típicamente cazadores que vivían en entornos tropicales parecidos a los preferidos por los chimpancés se obtuvieron unas cifras muchísimo más altas. De media, las comunidades seleccionadas conseguían casi el 60 por ciento de su ingesta de la carne cazada.[39]

Además, los chimpancés carnívoros se centran casi unánimemente en un abanico de especies limitado, que incluye los jabalíes y los antílopes pequeños, con preferencia por los colobos, como mínimo en Gombe, donde se ha llevado a cabo la mayor parte de las observaciones. En cambio, todas las comunidades humanas cuentan con una amplia variedad de presas. Quizás porque la caza continúa siendo una práctica relativamente poco frecuente entre los chimpancés y los jóvenes tienen solo ocasiones puntuales para aprenderla, se tardan hasta veinte años en entrenar a un chimpancé para que sea un cazador de primera capaz de interceptar a un colobo a la fuga o de cortarle el paso y atraparlo; los principiantes empiezan, como los ojeadores humanos durante la caza, haciendo saltar la trampa, asustando a la presa para que huya. En cambio, los humanos jóvenes pueden acabar siendo diestros tras unas cuantas expediciones.[40] Incluso en el transcurso de su corta experiencia como cazadores, se puede ver a los chimpancés cultivar la facultad de la anticipación cuando estiman el camino probable de su presa y planean y aúnan esfuerzos para dirigirla e interceptarla, todo ello con la elegancia de un defensa de fútbol americano que sigue la pista a un corredor o un receptor. La caza perfecciona la anticipación de todas las criaturas que la practican. Pero no es de extrañar que el *Homo sapiens* tenga la facultad de anticipación más desarrollada que otras criaturas comparables, incluso que las especies supervivientes más cercanamente emparentadas con él.

La capacidad de anticipación muy desarrollada suele preceder a una imaginación prolífica. Cuando anticipamos, imaginamos la presa o el depredador tras el siguiente obstáculo. Nos planteamos de antemano de dónde surgirá una amenaza o una oportunidad. Pero la imaginación es más que la anticipación. En parte es la consecuencia de una facultad de anticipación superabundante ya que, una vez que podemos concebir a los enemigos, las víctimas, los problemas o los resultados antes de que aparezcan, es de suponer que podremos concebir otros objetos menos probables, hasta llegar a lo no experimentado, lo invisible, lo metafísico o lo imposible —como una especie nueva, un alimento no probado, música no oída, historias fantásticas, un color nuevo, un monstruo, un trasgo, un número mayor que infinito o Dios—. Podemos incluso pensar en Nada, quizás el salto más desafiante que haya dado nunca una imaginación, ya que, por definición, la idea de la Nada no tiene precedentes en la experiencia y en realidad es incomprensible. Así, a través de la imaginación, es como nuestra capacidad de anticipación nos guía hacia las ideas.

La imaginación va más allá del alcance de la anticipación y la memoria; a diferencia de los productos normales de la evolución, supera las exigencias de la supervivencia y no otorga ventajas competitivas. La cultura la estimula, en parte recompensándola y en parte acentuándola: alabamos al poeta, pagamos al gaitero, tememos al brujo, obedecemos al sacerdote, veneramos al artista. Liberamos visiones en las que intervienen danza, tambores, música, alcohol, excitantes y narcóticos. Con todo, espero que los lectores estén de acuerdo en ver la imaginación como el resultado de dos facultades que han evolucionado en combinación: nuestra mala memoria, que distorsiona la experiencia hasta el punto de volverse creativa, y nuestra capacidad de anticipación desarrollada en exceso, que nos colma la mente de muchas más imágenes de las que necesitamos.

Si aún queda algún lector sin convencer de que la memoria y la anticipación constituyen la imaginación, quizás tenga a bien someterse a un ejercicio mental: intente imaginar cómo sería la vida sin ellas. Sin el efecto recordatorio de la memoria o mirando hacia un futuro desprovisto de memoria, no se puede hacer. Lo mejor que puede hacer es referirse —de nuevo haciendo uso de la memoria— a un personaje ficticio que carezca de ambas facultades. Para el sargento Troy de *Lejos del mundanal ruido*, «los recuerdos suponían una carga y la anticipación era superflua». En consecuencia, su vida mental y emocional estaba empobrecida, carente de empatía hacia los demás y de logros estimables hacia sí mismo.

El pensamiento con lenguas

Junto a la memoria y la anticipación, el lenguaje es el último ingrediente de la imaginación. Por «lenguaje» me refiero a un sistema de símbolos: un patrón o código de gestos y expresiones acordado que no necesariamente ha de tener un parecido obvio con las cosas que representa. Si alguien me muestra la foto de un cerdo, me hago una idea de a qué se refiere, ya que una foto es representativa, no simbólica. Pero si me dicen «cerdo», no sabré a qué se refieren a menos que conozca el código, porque las palabras son símbolos. Hasta ese punto contribuye el lenguaje a la imaginación: lo necesitamos para convertir las imaginaciones, que pueden tomar la forma de imágenes o de ruidos, en ideas comunicables.

Hay quien piensa o afirma pensar que no se puede concebir nada a menos que se tenga un término para denominarlo. Jacob Bronowski estaba entre ellos. Fue uno de las últimos grandes polímatas y creía fervientemente que la imaginación era un don exclusivamente humano. En 1974, poco antes de morir, dijo: «Concebir las cosas que no están presentes a los sentidos es crucial para el desarrollo del hombre. Y esa capacidad requiere que dentro de nuestra mente haya un símbolo que represente algo que no está allí».[41] Algunos tipos de pensamiento sí que dependen del lenguaje. Los hablantes de inglés o neerlandés, por ejemplo, entienden la relación entre sexo y género de forma diferente que las personas que piensan, pongamos, en castellano o francés, y que por lo tanto no tienen a su disposición palabras de género neutro y, sin embargo, están acostumbradas a designar a criaturas macho con términos femeninos y viceversa. En consecuencia, las feministas españolas acuñan términos femeninos para designar, por ejemplo, a abogadas y ministras mujeres y dejan intactas otras designaciones, mientras que sus homólogos anglófonos, de forma igualmente ilógica, reniegan de ese tipo de palabras femeninas de las que disponen renunciando, por ejemplo, a vocablos como «*actress*» o «*authoress*».

Con todo, los académicos exageraban al comentar hasta qué punto las lenguas que hablamos tienen efectos mensurables en el modo en que percibimos el mundo.[42] De acuerdo con las pruebas disponibles en la actualidad, parece más que ideamos las palabras para expresar nuestras ideas, y no al revés. Por ejemplo, los experimentos muestran que, antes de hacer expresiones simbólicas, los niños humanos hacen elecciones sistemáticas.[43] Tal vez no seamos capaces de explicar cómo puede darse el pensamiento sin lenguaje, pero al menos es posible concebir una cosa primero y después inventar un término u otro símbolo para designarlo. Como dijo en su día Umberto Eco resumiendo a Dante: «Los ángeles no hablan. Porque se entienden entre ellos mediante una especie de lectura mental instantánea y saben todo lo que les está permitido saber... no porque utilicen el lenguaje sino porque observan la Mente Divina».[44] Tiene tanto sentido decir que el lenguaje es el resultado de la imaginación como decir que es una precondición necesaria.

Los símbolos —y el lenguaje es un sistema de símbolos en el que las expresiones u otros signos representan a sus referentes— se parecen a las herramientas. Si mi supuesto hasta aquí es válido, los símbolos y las herramientas similares son resultado de una única propiedad de las criaturas que los idean: la aptitud para ver lo que no está, de llenar los vacíos de la visión y de volver a concebir una cosa como si fuera otra. Así es como un palo puede hacer las veces de una extremidad ausente o una lente puede transformar un ojo. De forma similar, en el lenguaje los sonidos representan emociones u objetos y evocan entidades ausentes. Mientras escribo estas líneas, mi esposa y mi perro están a más de seis mil kilómetros de distancia, pero puedo citarlos simbólicamente mencionándolos. He acabado mi taza de café pero puesto que conservo en mi cabeza la imagen de ella rebosante y humeante, puedo evocar su fantasma escribiendo. Evidentemente, cuando llegamos a contar con un repertorio de símbolos, el efecto sobre la imaginación resulta liberador y fertilizante; y cuantos más símbolos, más prolíficos los resultados. El lenguaje (o cualquier sistema simbólico) y la imaginación se nutren mutuamente pero pueden originarse de forma independiente.

Presuntamente, el lenguaje fue el primer sistema de signos desarrollado por personas. Ahora bien, ¿cuánto hace de eso? Casi todo nuestro pensamiento sobre el lenguaje se sustenta en falacias, o al menos en suposiciones injustificadas. A la hora de fechar la primera lengua, las disputas sobre la configuración de las mandíbulas y los paladares han dominado la controversia; sin embargo, la aptitud vocal es irrelevante: puede afectar al tipo de lenguaje que se utilice pero no a la viabilidad del lenguaje en general. En cualquier caso, tendemos a dar por sentado que el lenguaje es para comunicarnos y socializar, para crear vínculos de entendimiento mutuo y facilitar la colaboración: el equivalente humano del espulgarse mutuamente en los monos o del intercambio de olisqueos y lametazos en los perros. Pero puede que el lenguaje se iniciara como un simple medio de expresión personal, manifestado para comunicar dolor, alegría, frustración o satisfacción solo para uno mismo. Las primeras vocalizaciones de nuestros antepasados presumiblemente fueran efectos físicos de convulsiones corporales, como estornudos, tos, bostezos, expectoraciones, exhalaciones, pedos. Las primeras manifestaciones con un significado más profundo puede que fueran ronroneos de satisfacción, chasqueos de los labios o murmullos pensativos. Y cuando las personas utilizaron conscientemente sonidos, gestos o expresiones por primera vez, es tan seguro como probable que fuera para decir algo hostil, ahuyentar a depredadores o rivales con un gruñido, un grito o una demostración de bravura, en un intento de establecer una asociación más allá de la mera naturaleza sexual.

Además, si el lenguaje es para comunicarse, no cumple su función demasiado bien que digamos. Ningún símbolo se corresponde exactamente con su significado. Incluso los significantes específicamente designados para parecerse a objetos concretos son a menudo oscuros o engañosos. Un día, estando en un restaurante ostentoso, vi que un comensal buscaba el servicio. Por un instante se debatió indeciso entre unas puertas en las que se veía una fresa y un plátano respectivamente, antes de caer en la cuenta. A menudo me quedo mirando los iconos que los diseñadores desperdigan por la pantalla de mi ordenador y no entiendo nada. Una vez leí un artículo de periódico quizás algo fantasioso en el que el autor intentaba comprar un pequeño colgante de una cruz de oro como regalo de bautizo. El dependiente le preguntaba: «¿Quiere uno con un hombrecillo encima?». Puesto que la mayoría de signos que utiliza el lenguaje son arbitrarios y no se parecen al objeto que representan, las posibilidades de confusión se multiplicaban.

Los malentendidos —a los que normalmente condenamos por romper la paz, arruinar matrimonios, bloquear las clases y amenazar la eficiencia— pueden ser fructíferos: pueden hacer que se multipliquen las ideas. Muchas ideas nuevas son ideas antiguas incomprendidas. El lenguaje contribuye a la formulación de ideas y al flujo de innovación tanto a través de la comunicación exitosa como de distorsiones y errores.

Generar culturas

La memoria y la anticipación, pues, quizás con algo de ayuda del lenguaje, son las fábricas de la imaginación. Si mi razonamiento es correcto hasta ahora, las ideas son el producto final del proceso. Y entonces, ¿qué? ¿Qué diferencia marcan las ideas en el mundo real? ¿Acaso las grandes fuerzas —el clima y las enfermedades, la evolución y el entorno, las leyes de la economía y los determinantes históricos— no lo modelan más allá de la capacidad humana de cambiar lo que está destinado a ocurrir de todos modos? No se puede pensar en salir de la maquinaria del cosmos. ¿O sí? ¿Se puede escapar de las ruedas sin que te aplasten los engranajes?

Mi propuesta es que son las ideas, y no las fuerzas impersonales, las que hacen el mundo; que casi todo lo que hacemos empieza en nuestra cabeza, con mundos que reimaginamos e intentamos construir en la realidad. A menudo fracasamos, pero incluso nuestros fracasos tienen un impacto en los acontecimientos, los agitan y forman nuevos patrones, nuevos rumbos.

De nuevo, si nos comparamos con otros animales, sin duda nuestra experiencia es una rareza. Hay muchas otras especies que tienen sociedades: viven en jaurías, manadas, colmenas u hormigueros de complejidad diversa, pero en todas las especies y hábitats hay patrones uniformes que marcan su modo de vida. Por lo que podemos decir, el instinto regula sus relaciones y predice su comportamiento. Hay especies que tienen cultura, que yo distingo entre tipos de socialización no-cultural o precultural siempre que las criaturas aprendan comportamientos por experiencia y los transmitan a las generaciones posteriores mediante el ejemplo, la enseñanza, el aprendizaje y la tradición.

El primer descubrimiento de una cultura no humana se dio en Japón en 1953, cuando los primatólogos observaron que una hembra joven de macaco, a la que llamaron *Imo*, tenía comportamientos sin precedentes. Hasta entonces, los miembros de la tribu de *Imo* preparaban boniatos para comer rascándoles la suciedad; *Imo* descubrió que se podían lavar en una fuente o en el mar. A sus compañeros macacos les costaba separar los granos de comida de los de arena, que se les pegaban; *Imo* descubrió que al sumergirlos en agua se separaban fácilmente, ya que la arena, más pesada, se hundía, y la materia comestible se quedaba entre las manos. *Imo* no solo era una genio: también era profesora. Su madre, sus hermanos y hermanas y, poco a poco, el resto de la tribu, aprendieron a imitar sus técnicas. Hasta el día de hoy, los monos continúan con las prácticas de *Imo*. Se han hecho culturales en un sentido indiscutible: practican sus rituales para mantener la tradición, no con un fin práctico. Y es que los monos continúan metiendo los boniatos en el mar, por mucho que se les ofrezcan ya lavados.[45]

En los últimos setenta años, la ciencia ha desvelado un número creciente de ejemplos de cultura más allá de la esfera humana, primero entre los primates, y posteriormente entre los delfines y las ballenas, los cuervos y los pájaros cantores, los elefantes y las ratas. Un investigador ha sugerido incluso que la capacidad de cultura es universal y detectable en las bacterias, de manera que, en potencia, cualquier especie puede desarrollarla dados un tiempo y unas presiones u oportunidades medioambientales apropiadas.[46] Pese a esa posibilidad, con las pruebas que tenemos, ningún animal se ha acercado ni de lejos a la trayectoria cultural del *Homo sapiens*.

Podemos medir cómo divergen las culturas: a más variación, mayor cantidad total de cambio cultural. Sin embargo, solo los humanos exhiben material de estudio a este respecto. Las ballenas mantienen unas relaciones sociales bastante parecidas allá donde campen y den coletazos. Y lo mismo pasa con la mayoría de especies sociales. Los chimpancés presentan divergencias: en algunos lugares, por ejemplo, rompen los frutos secos con piedras mientras que en otros utilizan palos para atrapar termitas. Pero las diferencias humanas empequeñecen esos ejemplos. Los hábitos de apareamiento de los babuinos cubren un interesante abanico que va desde las uniones monógamas hasta la poligamia en serie y los harenes al más puro estilo de los sultanes, pero parecen incapaces de igualar la variedad de cópulas de los humanos.

Las culturas de otros animales no están estancadas, aunque lo parezcan comparadas con la nuestra. En la actualidad existe una subdisciplina académica dedicada a la arqueología de los chimpancés. Julio Mercader, de la Universidad de Calgary, junto con sus colegas y estudiantes, lleva a cabo excavaciones en lugares que los chimpancés han frecuentado durante miles de años. Hasta la fecha han encontrado una continuidad notable en la selección y el uso de herramientas, pero no demasiadas evidencias de innovación, ya que los animales empezaron hace mucho a romper frutos secos con la ayuda de piedras. La política de los chimpancés también es un campo de estudio rico. Frans de Waal, del Yerkes Institute, ha convertido en especialidad el estudio de lo que él denomina «maquiavelismo» de los chimpancés.[47] Y, por supuesto, las sociedades de los chimpancés experimentan cambios políticos en forma de disputas por el liderazgo, que a menudo provocan reveses violentos de la fortuna para uno u otro macho alfa y para las bandas de matones que rodean y dan apoyo a los candidatos para el papel de simio principal.

De vez en cuando se ve el potencial de los chimpancés para un cambio revolucionario cuando, por ejemplo, un chimpancé inteligente usurpa por un tiempo el papel del macho alfa. El caso clásico es el de *Mike*, un chimpancé de Gombe, pequeño y débil pero listo, que se hizo con el poder de su tribu en 1964. Acentuó sus demostraciones de agresividad haciendo chocar unas latas grandes que había birlado del campamento de los primatólogos e intimidó al macho alfa hasta someterlo y hacerse con el control de la tribu durante seis años.[48] Fue el primer chimpancé revolucionario del que tenemos noticia, que no solo usurpó el liderazgo sino que cambió la forma de erigirse en líder. Así pues, es de suponer que podrían haberse dado revoluciones similares en las profundidades del pasado homínido. Sin embargo, ni siquiera *Mike* fue lo bastante listo como para idear una manera de traspasar el poder sin la intervención de otro golpe de Estado llevado a cabo por un macho alfa resurgido.[49]

En 1986 se dio una transformación extraordinaria de la cultura política de algunos babuinos cuando toda su élite resultó aniquilada, quizás como consecuencia de ingerir en un vertedero humano comida en mal estado, tal vez infectada de tuberculosis. No hubo ningún macho alfa que tomara el relevo: en lugar de eso, surgió un sistema amplio de reparto de poder en el que las hembras desempeñaban papeles de peso.[50] A veces las tribus de chimpancés se dividen cuando los machos jóvenes se separan con la esperanza de encontrar parejas fuera del grupo. Con frecuencia, esto acaba en guerras entre los secesionistas y la vieja guardia, pero estas fluctuaciones se dan en un marco general de continuidad apenas perturbada. Las estructuras de las sociedades de los chimpancés casi no sufren alteraciones. En comparación con la extraordinaria diversidad y los rápidos giros de los sistemas políticos de los humanos, la variación que se da en las políticas de los demás primates es mínima.

El poder del pensamiento

Así pues, el problema que los historiadores están llamados a resolver es: «¿Por qué sucede la historia?». ¿Por qué está la historia de la raza humana tan repleta de cambios, tan atestada de incidentes, mientras que la vida social y cultural de otros animales presenta como mucho variaciones mínimas entre épocas y lugares?

Hay dos teorías sobre la mesa: la primera, que todo tiene que ver con la materia; la segunda, que todo tiene que ver con la mente. Antes se creía que la mente y la materia eran dos tipos de cosas muy diferentes. El sátiro que acuñó la broma de *Punch* que aparece como epígrafe a este libro expresó perfectamente la exclusividad mutua de los conceptos: la mente no era materia y la materia nunca era mente. Esta distinción ya no parece fiable. Los académicos y científicos rechazan lo que denominan «dualismo cuerpo-mente». En la actualidad sabemos que cuando tenemos ideas o, de forma más general, cuando surgen pensamientos en nuestra mente, en el cerebro se dan procesos físicos y químicos que los acompañan. Además, nuestra manera de pensar está atrapada en el mundo físico. No podemos escapar a las restricciones de nuestro entorno ni a las tensiones y presiones ajenas que invaden nuestra libertad de pensamiento. Somos prisioneros de la evolución y estamos limitados a las capacidades con que nos ha dotado la naturaleza. Los impulsos materiales —como el hambre, la lujuria o el miedo— tienen efectos mensurables sobre nuestro metabolismo e invaden y deforman nuestros pensamientos.

No obstante, no creo que el comportamiento humano pueda explicarse tan solo en términos de respuesta a exigencias materiales, en primer lugar porque las tensiones que surgen del marco físico de la vida también afectan a otros animales, de modo que no pueden argüirse para explicar lo que es característicamente humano; en segundo lugar, porque el ritmo de cambios en la evolución y el entorno tiende a ser relativamente lento o irregular, mientras que el volumen de comportamientos novedosos en los humanos es apabullantemente rápido.

En cambio, o además, yo propongo que la mente —y con mente me refiero simplemente a la propiedad de generar ideas— es la causa principal de cambio: allí es donde empieza la diversidad humana. En este sentido, la mente no es lo mismo que el cerebro, ni una parte o partícula inserida en él. Quizá se parezca más a un proceso de interacción entre funciones cerebrales: el fogonazo y el choque creativo que se ve y se oye cuando la memoria y la anticipación chisporrotean y disputan una con otra. La afirmación de que nosotros hacemos nuestro propio mundo resulta aterradora para aquellos de nosotros que tememos las tremendas responsabilidades que se derivan de la libertad. Las supersticiones atribuyen nuestras ideas a las incitaciones de diablillos o ángeles, de demonios o dioses, o asignan las innovaciones de nuestros antepasados a charlatanes y manipuladores extraterrestres. Para los marxistas y otros historicistas, nuestra mente es el juguete de fuerzas impersonales y está condenada o destinada por el curso de la historia, a la que debemos acceder dado que no podemos contenerla ni revertirla. Según los sociobiólogos, solo podemos pensar lo que está en nuestros genes. Para los memetistas, las ideas son autónomas y evolucionan de acuerdo a una dinámica propia, y nos invaden el cerebro igual que los virus nos invaden el cuerpo. Desde mi punto de vista, todas estas evasiones no afrontan nuestra experiencia real de las ideas. Tenemos ideas porque las pensamos, no gracias a ninguna fuerza externa a nosotros. El hecho de que procuremos acumular y yuxtaponer información tal vez sea un modo instintivo de intentar darle sentido. Sin embargo, llega un punto en que el «sentido» que le damos al conocimiento trasciende a cualquier cosa que hayamos experimentado, o en que el placer intelectual que nos proporciona supera la necesidad material. Llegado ese punto, nace una idea.

Los modos de vida humanos son volátiles porque cambian en respuesta a las ideas. Nuestra facultad más extraordinaria como especie, comparada con el resto de la creación, es nuestra capacidad de generar ideas tan poderosas y persistentes como para hacernos buscar maneras de aplicarlas, alterar nuestro entorno y generar más cambio. Podríamos decirlo así: nos replanteamos el mundo imaginando un cobijo más eficaz que el que nos proporciona la naturaleza, o un arma más fuerte que nuestros brazos, o mayor abundancia de posesiones, o una ciudad, o una pareja diferente, o un enemigo muerto, o una vida después de la muerte. Cuando tenemos esas ideas luchamos por hacerlas realidad si nos parecen deseables o por frustrarlas si nos inspiran temor. En cualquiera de los dos casos, desatamos el cambio. Por eso son importantes las ideas: porque realmente son la fuente de la mayoría de los otros tipos de cambio que distinguen la experiencia humana.

2

Recolectando ideas

El pensamiento antes de la agricultura

Si lo expuesto hasta el momento es correcto, la conclusión lógica es que la historia del pensamiento debería incluir a criaturas no humanas. Con todo, tenemos poco o ningún acceso a los pensamientos de los animales, incluso con los que tenemos una interacción más estrecha. Sin embargo, las especies extinguidas de ancestros homínidos u homininos dejaron pruebas tentadoras de sus ideas.[1]

Los caníbales morales: ¿las primeras ideas?

El primer ejemplo del que tengo conocimiento está entre los detritos de un festín caníbal que se produjo hace unos 800 000 años en una cueva de Atapuerca, España. Los especialistas discuten sobre cómo clasificar a los participantes del festín, que probablemente pertenecieran a una especie ancestral que precedió a la nuestra tanto tiempo —unos 600 000 años— que parece increíble que tuvieran algo en común con nosotros. Rompían huesos de individuos de su propia especie para sorberles la médula. Pero aquel festín no solo era por hambre o gula: aquellos caníbales pensaban. Nos hemos enseñado a apartarnos del canibalismo y a verlo como traición a nuestra especie, una forma de salvajismo infrahumana. Sin embargo, las pruebas sugieren lo contrario: el canibalismo es típicamente —casi se podría decir que característicamente, incluso definitoriamente— humano y cultural. Bajo las piedras de cada civilización hay huesos humanos rotos y sorbidos. Al igual que los chimpancés que contemplan aberraciones caníbales entre sus iguales, en la actualidad, la mayoría de nosotros reaccionamos confundidos. Pero en el pasado, en la mayoría de sociedades humanas deberíamos haber aceptado el canibalismo como algo normal, incrustado en el modo de funcionar de la colectividad. Ningún otro mamífero la practica con tanta regularidad ni a tan gran escala como nosotros: de hecho, todos los demás tienden a evitarla salvo en circunstancias extremas, cosa que sugiere que no llegó a nuestros ancestros de forma «natural» sino que tuvieron que pensarla.

A tenor de todo lo que sabemos sobre la naturaleza del canibalismo, es congruente suponer que los caníbales de Atapuerca llevaban a cabo un ritual meditado, sustentado en una idea. Un intento de conseguir un efecto imaginado aumentando los poderes de los comensales o remodelando su naturaleza. En ocasiones los caníbales comen personas para sobrevivir al hambre y a las carencias o para reponer dietas con déficit de proteínas.[2] Sin embargo, por abrumador que resulte, les inspiran más propósitos reflexivos, morales, mentales, estéticos o sociales: la autotransformación, la apropiación de poder, la ritualización de la relación del comensal con el comido, la venganza o la ética de la victoria. Generalmente, allí donde es normal, el canibalismo se da en la guerra, como acto simbólico de dominación del derrotado. O la carne humana es el alimento de los dioses y el canibalismo, una forma de comunión divina.

En 1870, en Dordoña, los aldeanos de Hautefaye, en un frenesí delirante, devoraron a uno de sus vecinos, a quien un rumor disparatado había identificado por error como un invasor o espía prusiano, y lo hicieron porque nada salvo el canibalismo podía saciar la furia que sentían.[3] Hasta que las autoridades de Papúa Nueva Guinea lo prohibieron en la década de 1960, para los orokaiva el canibalismo era su modo de «atrapar a los espíritus» en compensación por los guerreros perdidos. Los hua de Nueva Guinea se comían a sus muertos para conservar los fluidos vitales, que no creían renovables en la naturaleza. En las mismas tierras altas, las mujeres gimi garantizaban la renovación de su fertilidad comiéndose a los hombres muertos de su comunidad. «¡No dejaremos que un hombre se pudra! —era su grito tradicional—. ¡Nos apiadamos de él! ¡Ven a mí y no te pudrirás en la tierra: deja que tu cuerpo se disuelva dentro de mí!»[4] Inconscientemente, se hacían eco de lo que decían los brahmanes, quienes, en una anécdota de Heródoto, defendían el canibalismo con el argumento de que los demás modos de deshacerse de los muertos eran impíos.[5] Hasta la «pacificación» de la década de 1960, los wari de la Amazonia se comían a los enemigos que sacrificaban a modo de venganza y de algo parecido a la compasión: para ahorrarles la indignidad de pudrirse. Los guerreros aztecas ingerían trozos del cuerpo de los prisioneros que habían hecho en la batalla para hacerse con sus cualidades y coraje.[6] Los homínidos de Atapuerca emprendieron una aventura del pensamiento.[7]

La suya fue la primera idea recuperable, bien grabada en las capas de la estratigrafía cognitiva: la idea de que los pensadores pueden cambiarse a sí mismos, hacerse con cualidades que no les son propias, convertirse en algo diferente a lo que son. Todas las ideas posteriores repiten las de las paredes de la cueva de Atapuerca: continuamos intentando remodelarnos a nosotros mismos y rehacer el mundo en que vivimos.

Hace unos 300 000 años, aún mucho antes de la aparición del *Homo sapiens*, cuando un desprendimiento selló la boca de la cueva y convirtió Atapuerca en una especie de cápsula del tiempo, los lugareños apilaban los huesos de sus muertos en patrones reconocibles. No hay manera de descifrar lo que significaba aquel ritual, pero era un ritual. Tenía un significado. Eso sugiere, como mínimo, otra idea: la distinción entre la vida y la muerte; y quizás una especie de sensibilidad religiosa según la cual los muertos merecen los honores o las molestias de los vivos.

Indicios de vida después de la muerte

Existen pruebas parecidas pero más fácilmente interpretables de entierros de hace unos 40 000 años, lo bastante recientes como para haber coincidido en el tiempo con el *Homo sapiens* pero pertenecientes a una especie distinta denominada neandertal. En principio no hay ninguna razón de peso para suponer que los neandertales fueran menos imaginativos o productivos en ideas que los humanos de nuestra especie. A partir de la datación del uranio-torio realizada en 2018 de los materiales paleoantropológicos, algunas pinturas representativas y simbólicas de las cuevas del norte de España (como las analizadas en el apartado anterior) han sido reasignadas al septuagésimo milenio a.e.c.; entre ellas hay bocetos de animales, huellas de manos y dibujos geométricos de tipos anteriormente asignados a artesanos *Homo sapiens* de hace treinta o cuarenta mil años.[8] La misma técnica de datación ha producido fechas de más de 115 000 años de antigüedad para pigmentos y utensilios hechos de conchas.[9] Si estas revisiones son válidas, los artistas responsables de estas obras eran de una especie muy anterior a las primeras evidencias conocidas de *Homo sapiens* en la zona, en un período en que los neandertales ya vivían allí. Así pues, no deberían sorprendernos las pruebas de una imaginación activa y un pensamiento poderoso en las sepulturas neandertales.

Por ejemplo, en una tumba de La Ferrassie, en Francia, dos adultos de diferente sexo yacen en la posición fetal típica de los sepulcros neandertales. Tres niños de entre tres y cinco años y un recién nacido descansan cerca de ellos entre utensilios de sílex y fragmentos de huesos de animales. Los restos de dos fetos fueron enterrados con igual dignidad. Otros muertos neandertales eran honrados en sus sepulcros con ajuares funerarios incluso más extensos: un par de cuernos de cabra montesa acompañaban a un joven en la muerte, un poco de ocre engalanaba a otro. En Shanidar, en el actual Irak, un anciano que había sobrevivido al cuidado de su comunidad durante muchos años tras haber perdido la movilidad en un brazo y ambas piernas y la visión en un ojo descansa con rastros de flores y hierbas medicinales. Los académicos escépticos han intentado «explicar» estos y otros muchos casos de lo que parecen confinamientos rituales como el resultado de accidentes o fraudes, pero son tantas las sepulturas encontradas que el consenso del sentido común las reconoce como auténticas. En el otro extremo, hay deducciones irresponsables que atribuyen a los neandertales un amplio sentido de humanidad, un sistema de bienestar social, creencia en la inmortalidad del alma y un sistema político dominado por filósofos-gerontócratas.[10]

Sin embargo, los entierros revelan un pensamiento intenso, no solo porque esos materiales acaban protegiendo a los muertos de los carroñeros o enmascarando la putrefacción, sino porque también diferencian la vida de la muerte. La distinción es más sutil de lo que se suele suponer. Aparte de la concepción, que algunas personas refutan, no hay ningún momento que se defina como el comienzo de la vida. En cuanto a su final, incluso hoy en día hay unas comas impenetrables que dificultan la tarea de definirlo. Ahora bien, hace treinta o cuarenta mil años, los neandertales hacían la misma distinción conceptual que nosotros mediante rituales de diferenciación de los muertos. Celebrar a los muertos reverencia la vida. Quienes lo hacen demuestran que confían en que la vida merece ser venerada, que es la base de toda acción moral humana.

Resulta tentador tratar los entierros ceremoniales como pruebas de que las personas que los practican creen en la vida después de la muerte, aunque puede que no fueran más que un acto de conmemoración o una señal de respeto. Quizás los ajuares funerarios estuvieran destinados a obrar magia propiciadora en este mundo. Por otra parte, hace unos treinta y cinco o cuarenta mil años, en todo el mundo habitado los muertos se enterraban con equipos de supervivencia completos —comida, ropa, valores negociables y las herramientas del gremio del difunto—, como para proveerles para la vida en la tumba o más allá de ella. Los cadáveres de niveles sociales muy modestos contaban al menos con ocre como presente; los de mayor rango tenían herramientas y objetos decorativos, es de suponer que conforme a su estatus.

Es probable que a quienes pensaron por primera vez que se podía sobrevivir a la muerte la idea se les ocurriera fácilmente. Las transformaciones constantes que observamos en nuestro cuerpo vivo parecen no afectar nunca a nuestra identidad individual. Sobrevivimos a la pubertad, a la menopausia y a lesiones traumáticas sin dejar de ser nosotros mismos. Aunque el más radical de todos, la muerte, no es más que otro de esos cambios. ¿Por qué cabría esperar entonces que marcara nuestra extinción? A juzgar por los objetos normalmente seleccionados para las sepulturas, los dolientes esperaban que la vida después de la muerte se pareciera a la vida que conocían por experiencia. Lo que importaba era que sobreviviera el estatus, no el alma. Hasta el primer milenio a.e.c. no se detecta ningún cambio en ese principio, y cuando aparece es solo en algunas partes del mundo.[11]

Sin embargo, más adelante se introdujeron ajustes que modificaron la idea de vida después de la muerte: la expectativa de una recompensa o un castigo en el otro mundo o la imaginación de una oportunidad de reencarnación o presencia renovada en la Tierra. La amenaza o la promesa de vida después de la muerte se pudo convertir entonces en una fuente de influencia moral en este mundo y, en las manos apropiadas, en un medio para moldear la sociedad. Por ejemplo, si está bien ver el entierro de Shanidar como la prueba de que un lisiado medio ciego sobrevivió gracias a que sus compañeros neandertales lo alimentaron durante años hasta que murió, pertenecía a una sociedad que prescribía el cuidado de los débiles: eso implica bien que el tipo de costoso código moral por el que abogan los socialdemócratas en la actualidad ya se implementaba entonces, bien que sus cuidadores intentaban asegurarse el acceso a su sabiduría o a su conocimiento esotérico.

La primera ética

Todo el mundo, en cualquier momento, puede citar motivos prácticos por los que hace las cosas. Ahora bien, ¿por qué tenemos escrúpulos lo bastante fuertes como para hacer caso omiso a las consideraciones prácticas? ¿De dónde proviene la idea de código moral, un conjunto de normas sistemático para distinguir el bien y el mal? Es tan común que es probable que sea muy antiguo. En los mitos sobre el origen de la mayoría de sociedades, la discriminación moral figura entre los primeros descubrimientos o revelaciones entre los humanos. En el Génesis, es el tercer logro de Adán, tras la adquisición del lenguaje y la sociedad; «el conocimiento del bien y el mal» es el paso más importante, domina el resto de la historia.

En un intento de encontrar el surgimiento de la moralidad, podemos rastrear los registros arqueológicos en busca de pruebas de acciones en apariencia desinteresadas. Sin embargo, puede que haya cálculos no revelados en el registro que estuvieran implicados: por ejemplo, puede que rindamos homenaje al altruismo de los neandertales a falta de información sobre el *quid pro quo* de los cuidadores de Shanidar. Además, muchos animales no humanos llevan a cabo acciones desinteresadas, hasta donde sabemos, sin tener códigos éticos (si bien en ocasiones se deprimen si sus esfuerzos no obtienen recompensa. Existe una historia fiable sobre perros de rescate en terremotos desmoralizados tras un largo período sin tener que salvar a nadie. Sus cuidadores tuvieron que reclutar a actores que fingieran ser supervivientes). El altruismo puede hacernos creer, erróneamente, en la existencia de una ética, aunque quizás se trate simplemente de un mecanismo de supervivencia que nos impele a ayudarnos los unos a los otros en aras de una reacción o una colaboración. La moral puede ser una forma de egoísmo, y la «moralidad» un término engañosamente noble para conseguir una ventaja encubiertamente calculada. Quizás nos comportemos bien no porque se nos haya ocurrido la moralidad sino porque hay determinantes evolutivos que nos obligan a hacerlo. Quizás el «gen egoísta» nos hace altruistas para conservar nuestro acervo genético. En las fuentes preliterarias, las pruebas de la diferencia entre lo bueno y lo malo nunca son inequívocas más que en un sentido práctico.

En cuanto a la diferencia, continuamos en la ambigüedad. Según una tradición filosófica formidable, bueno y malo son palabras con las que designamos ratios específicas entre el placer y el dolor. Desde una tradición escéptica, el bien y el mal son nociones imprecisas, aspectos definibles de la búsqueda del egoísmo. Incluso los filósofos que conceden a la moralidad la condición de código sinceramente adoptado arguyen a veces que se trata de una fuente de debilidad que inhibe a las personas de maximizar su poder. Sin embargo, es más probable que con la bondad ocurra como con todos los grandes objetivos: raramente se alcanza pero conduce al esfuerzo, la disciplina y la autosuperación.[12] Los beneficios son adicionales: ciudadanos comprometidos con sociedades que se enriquecen de la lealtad y el sacrificio personal. Podemos acercarnos más a los primeros pensamientos identificables sobre el bien y el mal, como sobre casi cualquier otra cosa, si acudimos a la explosión de pruebas, o al menos de pruebas que sobreviven, de hace unos 170 000 años. Comparado con Atapuerca puede parecer reciente, pero es mucho más lejos de lo que las historias de las ideas anteriores se han atrevido a ir.

Los primeros pensamientos del Homo sapiens

Cuanto más tiempo lleva una idea por el mundo, más tiempo tiene de modificarlo. Así pues, para identificar las ideas más influyentes hemos de empezar con el primer pasado que podamos reconstruir o imaginar. Cuesta recuperar ideas de la antigüedad remota, en parte porque las pruebas se disipan y en parte porque las ideas y los instintos se confunden con facilidad. Las ideas surgen en la mente. Los instintos «ya» están en ella: innatos, presumiblemente incorporados por la evolución; o, según algunas teorías, dándose en primer lugar como respuestas a condiciones del entorno o a experiencias accidentales —así es como Charles Lamb imaginó el descubrimiento de la cocina, como consecuencia de un cerdo parcialmente inmolado en el incendio de una casa. Darwin describió el inicio de la agricultura del mismo modo, cuando un «salvaje sabio» se dio cuenta de que brotaban semillas en un estercolero (ver pág. 112).

En estos ejemplos, como en todos los casos iniciales de ideas emergentes, los juicios que hacemos han de estar imperfectamente bien fundados. Por ejemplo, ¿hablamos y escribimos porque a algún ancestro se le ocurrió la idea de lenguaje, de símbolos utilizados sistemáticamente para referirse a unas cosas diferentes a ellos mismos? ¿O es porque estamos «programados mentalmente» para expresarnos de forma simbólica? ¿O porque los símbolos son productos de un «subconsciente» humano colectivo?[13] ¿O porque el lenguaje evolucionó debido a una propensión a los gestos y las muecas?[14] ¿Acaso la mayoría de nosotros nos vestimos y decoramos nuestro entorno porque nuestros antepasados imaginaron un mundo vestido y decorado? ¿O es porque las necesidades animales llevan a los buscadores de calor y cobijo a recursos de los que se deriva el arte? Algunas de nuestras nociones más antiguas quizás se originaron «de forma natural», sin artificio humano.

Así pues, las siguientes tareas de este capítulo son configurar medios de evaluación de las pruebas estableciendo la antigüedad de los primeros registros de pensamiento, la utilidad de los utensilios como pistas de pensamiento y la aplicabilidad de las observaciones recientes de recolectores por parte de antropólogos. Después podremos pasar a enumerar las ideas que se formaron, congeladas como carámbanos, en las profundidades de la última era glacial.

El choque de símbolos

Afirmar que podemos remontarnos tanto en el tiempo puede resultar sorprendente, ya que muchas personas suponen que el punto de partida obvio para la historia de las ideas no se adentra en el tiempo más allá del primer milenio a.e.c., en la antigua Grecia.

Sin duda, los griegos alrededor de los siglos VIII a III a.e.c. han ejercido una influencia desproporcionada sobre muchos. Como los judíos, los británicos, los españoles en diferentes épocas, y quizás como los florentinos del *quattrocento*, o los nativos de Mánchester del siglo XIX, o los de Chicago del siglo XX, los antiguos griegos probablemente aparecerían en la lista de cualquier historiador de los pueblos del mundo con un impacto más sorprendente. Sin embargo, su contribución llegó tarde en la historia de la humanidad. El *Homo sapiens* había existido 200 000 años antes de que los griegos aparecieran en escena y, claro está, ya se había pensado mucho. Algunas de las mejores ideas del mundo habían aparecido muchos miles de años antes.

Si buscamos registros fiables, quizás deberíamos comenzar la historia por el origen de la escritura. Existen tres motivos para hacerlo, todos ellos malos.

En primer lugar, la gente da por sentado que solo las pruebas escritas pueden revelar ideas. Sin embargo, en gran parte del pasado, en la mayoría de sociedades la tradición oral atrajo más admiración que la escrita. Las ideas se grababan de otros modos: los arqueólogos las criban de entre los restos fragmentados que hallan; los psicólogos las exhuman de las profundidades de la estratigrafía subconsciente —capas bien enterradas— de la mente moderna; a veces los antropólogos las obtienen en las prácticas antiquísimas que las sociedades tradicionales han preservado. No hay mejor prueba que la explícitamente documentada, la que podemos leer, pero gran parte del pasado se dio sin ellas. Apropiarnos de tanta historia sería un sacrificio injustificable. Al menos a trozos, podemos esclarecer la opacidad del pensamiento preliterario utilizando con cuidado los datos de que disponemos.

En segundo lugar, una suposición impertinente —que antes compartían casi todos los occidentales— presume que la gente «primitiva» o «salvaje» está confundida por los mitos, y que pocas o ninguna idea valen nada.[15] El pensamiento «prelógico» o «superstición» los demora o frena su desarrollo. En 1910, Lucien Lévy-Bruhl, uno de los fundadores de la antropología moderna, afirmó: «Para la mente primitiva todo es un milagro o nada lo es; y, por lo tanto, todo es creíble y no hay nada imposible o absurdo».[16] Aunque ninguna mente es literalmente primitiva: todas las comunidades humanas tienen las mismas aptitudes mentales, acumuladas a lo largo de la misma cantidad de años; piensan cosas diferentes pero en principio todas tienen las mismas probabilidades de pensar con claridad, de percibir la verdad o de caer en errores.[17] El salvajismo no es propiedad del pasado, solo un defecto de algunas mentes que renuncian a las prioridades del grupo, a las necesidades o a las sensibilidades de los demás.

En tercer lugar, las nociones de progreso pueden resultar engañosas. Incluso las investigaciones no influenciadas por el desprecio hacia nuestros ancestros remotos pueden ser vulnerables a la doctrina de que los mejores pensamientos son los más recientes, como el último artilugio o la droga más nueva o, al menos, que lo más nuevo y brillante es lo mejor. No obstante, aunque pasa, el progreso no invalida todo lo antiguo. El conocimiento se acumula, sin duda, y quizás se amontona tan alto como para romper un techo antes respetado y dejar entrar nuevos pensamientos; como un ático al que antes no se podía acceder, por así decirlo. Como tendremos ocasión de ver en repetidas ocasiones a lo largo de este libro, las ideas se multiplican cuando la gente intercambia puntos de vista y experiencias, de manera que determinados períodos y lugares —como la antigua Atenas, la Florencia del Renacimiento, la Viena secesionista o cualquier encrucijada de culturas— producen más creatividad que otros. Pero es falso suponer que el pensamiento mejora a medida que pasa el tiempo o que siempre avanza hacia el futuro. Las modas cambian. Las revoluciones y los renacimientos miran atrás. La tradición resucita. Lo olvidado se recupera con una originalidad más sorprendente que la de las verdaderas innovaciones. La idea de que hubo un tiempo del que no merece la pena recordar nada es contraria a la experiencia.

En cualquier caso, aunque de la Edad de Hielo no haya sobrevivido nada que podamos reconocer fácilmente como escritura, en el arte de hace entre veinte y treinta mil años aparecen símbolos representativos con una claridad inconfundible: una colección de gestos y posturas humanos que se repiten tan a menudo que podemos estar seguros de que en aquella época significaban algo —en el sentido, al menos, de provocar respuestas uniformes en quienes los veían—.[18] Las muestras de arte de la época a menudo exhiben lo que parecen anotaciones, incluidos puntos y muescas que sugieren números, y marcas convencionales innegablemente enigmáticas pero también indudablemente significativas. Por ejemplo, hoy en día nadie puede leer un fragmento de hueso de Lortet, en Francia, con meticulosos losanges grabados sobre un relieve elegantemente ejecutado de un reno cruzando un vado; pero quizás el artista y su público compartían el conocimiento de lo que significaban las marcas en su día. Hay una espiral parecida a una P que se repite ampliamente en el arte rupestre y atrae a los aspirantes a descifradores, que han percibido una semejanza con las curvas que los artistas esbozaban para evocar las formas del cuerpo femenino. Quizás sea fantasioso interpretar que la forma de la P signifique «mujer», pero resulta irresistible reconocerla como símbolo.

La idea de que una cosa pueda significar otra cosa parece extraña (aunque para nosotros, que estamos tan acostumbrados a ello, la rareza es escurridiza y requiere un momento de autotransposición a un mundo carente de símbolos en el que lo que se ve es siempre exactamente lo que hay y nada más, como una biblioteca para un analfabeto o un desguace lleno de señales de tráfico pero sin ninguna calle a la vista. Es de suponer que la idea de un símbolo es un desarrollo de la asociación —el descubrimiento de que unos acontecimientos inducen a otros, o de que unos objetos anuncian la proximidad de otros—. Las asociaciones mentales son producto del pensamiento, el ruido que se produce al agitarse las cadenas de ideas. Cuando apareció por primera vez la idea de la representación simbólica, los inventores de símbolos tuvieron un medio para expresar información y dejarla disponible para un examen crítico: esto dio a los humanos una ventaja sobre las especies rivales y, a la larga, una manera de ampliar la comunicación y extender algunas formas de memoria.

La presencia de un signo plantea la cuestión de su fiabilidad, es decir, de su conformidad con los hechos que está diseñado para representar. Cuando atraemos la atención sobre un suceso o emitimos una alerta porque, digamos, se acerca un mastodonte o un dientes de sable, o existe la amenaza de un fuego o de que se rompa el hielo, detectamos que lo que pensamos es real. Representamos su realidad con palabras (o gestos, gruñidos, muecas o marcas sobre la superficie del mundo —quizás en la arena, en la corteza de un árbol o sobre una roca—). Le «ponemos nombre», como hacía el primer humano en tantos mitos sobre cómo había encontrado su camino en el mundo incipiente. Según el Génesis, lo primero que hizo Dios con la luz, la oscuridad, el cielo y el mar tras crearlos fue ponerles nombre. Después delegó en Adán el acto de poner nombre a las criaturas vivas. El peligro o la oportunidad parecen transmisibles sin la intención consciente de un animal aullador o gesticulante. Pueden captarse a partir de una sensación, un ruido o un pinchazo de dolor. En muchas especies, el instinto solo es capaz de transmitir la conciencia de peligro entre individuos.

No obstante, cuando una criatura quiere transmitir conscientemente a otra la realidad de peligro, dolor o placer, lanza una búsqueda de la verdad: de un medio de expresar un hecho. Sobre las primeras personas, en tanto que los grandes sofisticados filosóficos modernos, podemos preguntar: «¿Cómo separaron la verdad de la falsedad? ¿Cómo decidieron cuándo hacerlo y si las expresiones eran ciertas?».

La Edad de Piedra moderna: las mentes recolectoras

Si los símbolos de los antiguos recolectores se resisten a ser interpretados, ¿qué otras cosas pueden ayudarnos a detectar sus pensamientos? En primer lugar, de los utensilios materiales se pueden obtener lecturas mediante técnicas que los especialistas denominan «arqueología cognitiva». Las observaciones antropológicas modernas pueden proporcionar más orientación.

De las verdades dichas en broma, *Los Picapiedra* dijeron algunas de las más divertidas. La «moderna familia de la Edad de Piedra» de los estudios Hanna-Barbera brincó por las pantallas de televisión de todo el mundo a principios de la década de 1960, reviviendo en sus cuevas las aventuras cotidianas de la Norteamérica de clase media moderna. El concepto era fantástico; las historias, tontas. Pero la serie funcionó, en parte porque los «cavernícolas» se parecían mucho a nosotros: tenían el mismo tipo de mente y muchos pensamientos del mismo tipo.

Así pues, en principio no hay motivo para pensar que las personas de la era cazadora-recolectora no debieron de tener ideas que anticiparan las nuestras. Su cerebro era al menos igual de grande que el nuestro, aunque, como hemos visto, el tamaño del cerebro y la capacidad cerebral guardan una relación vaga. En toda la historia de nuestra especie no hay ni una sola prueba de cambio general perceptible, para bien o para mal, en la habilidad con la que pensamos los humanos. Tal vez hubo una era, mucho antes de la aparición del *Homo sapiens*, en que la vida fuera «pobre, desagradable, bruta y corta» y los homínidos rebuscaran carroña sin tiempo libre para el raciocinio; pero, a partir de ahí, durante cientos de miles de años después de eso, todos nuestros antepasados fueron recolectores ociosos más que carroñeros apresurados y agobiados, hasta donde sabemos.[19] Los utensilios que dejaron son pistas para atribuirles mentes creativas. Desde hace unos setenta mil años, y en mayor cuantía desde unos cuarenta mil años después y a partir de entonces, el arte exhibe un repertorio de símbolos que dan a entender cómo las personas de la Edad de Hielo reimaginaron lo que veían.[20] Las obras de arte son documentos. Si se quiere saber qué pensaba la gente del pasado hay que revisar su arte, incluso de antes que aparecieran sus escritos, ya que su arte describe literalmente su mundo tal como lo experimentaba.

Junto con el arte, en muchas excavaciones se obtienen pistas materiales sobre lo que sucede en la mente. Una sencilla prueba determina las posibilidades: si hoy en día se revisa lo que come la gente, cómo embellece su cuerpo y cómo decora su casa se pueden extraer conclusiones fundadas sobre, por ejemplo, su religión, su ética, su visión de la sociedad, su ideología política o su naturaleza. ¿Tienen las paredes llenas de trofeos de caza disecados, alfombras de pieles? ¿O les gusta el *chintz* y el *toile de Jouy*, o los tapices y las molduras de roble, o los azulejos y la fórmica? ¿Conducen un Lincoln o un Lada? Los gustos paleolíticos proporcionan pistas similares. Por ejemplo, quienes, hace más de veinte mil años, durante la Edad de Hielo, cazaron mamuts hasta provocar su extinción de las estepas de lo que actualmente es el sur de Rusia, construían viviendas en forma de cúpula hechas con colmillos de mamut. De plano circular y un diámetro habitual de tres metros y medio o cuatro, las casas de hueso parecen triunfos sublimes de la imaginación. Los constructores tomaban la naturaleza del mamut y la reconstruían, reimaginada desde su perspectiva humana, quizás para adquirir la fortaleza de las bestias o para conjurar magia sobre ellas. Ver a un mamut e imaginar sus huesos convertidos en una vivienda requiere un compromiso creativo tan deslumbrante como cualquier innovación conseguida en eras posteriores. La gente dormía, comía y seguía rutinas de la vida familiar dentro de estructuras de huesos. Pero ninguna vivienda es meramente práctica. La casa de cada uno refleja sus ideas sobre el lugar que ocupa en el mundo.

Junto con el arte y la arqueología cognitiva, la antropología comparativa también puede conseguir pistas. Al proporcionarnos una forma de medir la antigüedad de las ideas, los antropólogos pueden ayudar a interpretar las pruebas de los restos artísticos o materiales. En sentido estricto, puesto que no hay mentes primitivas tampoco hay pueblos primitivos: todos llevamos el mismo tiempo en el planeta; todos nuestros ancestros evolucionaron en algo reconocible como humano hace la misma gran cantidad de tiempo. Sin embargo, algunos pueblos tienen, en cierto sentido, pensamientos más primitivos que otros; no necesariamente más retrasados, simplistas, supersticiosos, crudos, inferiores o menos abstractos: simplemente pensamientos que ya se habían dado antes. Las sociedades decididamente conservadoras, resistentes al cambio, muy en contacto con sus tradiciones más antiguas, tienen más probabilidades de preservar sus pensamientos más antiguos. Para comparar o explicar las evidencias de hallazgos arqueológicos podemos utilizar las prácticas y creencias de las sociedades más consecuentemente retrospectivas y más prósperamente conservadoras que sobreviven en la actualidad: las que aún viven de la caza y la recolección.

Por supuesto, el hecho de que hoy en día los pueblos cazadores-recolectores tengan determinadas ideas no significa que los pueblos de culturas similares se anticiparan a ellos decenas, veintenas, cientos o miles de años antes. Pero aumenta las posibilidades. Contribuye a hacer inteligible la arqueología. En términos generales, cuanto más ampliamente difundida está una idea, más antigua sea probablemente, ya que la gente la comunicaba o la llevaba consigo al comerciar o emigrar de un lugar a otro. Este precepto no es infalible, puesto que, como sabemos por el fuego incontrolado que es la globalización en nuestros tiempos, las ideas tardías pueden difundirse por contagio, junto con las hamburguesas que «saltan» de St. Louis a Beijing, o las iniciativas informáticas que lo hacen de Silicon Valley al estrecho de la Sonda. Sabemos mucho acerca de cómo se han difundido las ideas en la historia reciente, en el transcurso de la transmisión internacional de la cultura mediante las tecnologías globales. Podemos identificar la popularidad mundial del jazz, los pantalones vaqueros, el fútbol o el café como consecuencia de acontecimientos relativamente recientes. Pero cuando nos encontramos ante rasgos culturales anteriores a períodos bien documentados, podemos estar bastante seguros de que se originaron antes de que el *Homo sapiens* se dispersara más allá de África y de que los transmitieron emigrantes que poblaron la mayor parte del mundo hace entre 15 000 y 100 000 años.

Casos sin resolver: entorno y evidencias de ideas en la Edad de Hielo

Las migraciones en cuestión tuvieron lugar aproximadamente durante la última gran glaciación, período del que se conservan bastantes notaciones simbólicas y pruebas materiales y al que son suficientemente aplicables las observaciones antropológicas modernas en un intento de reconstruir buena parte de su pensamiento, en ocasiones con espectacular lujo de detalles.

Necesitamos saber qué la hizo propicia para la creatividad y por qué al parecer el clima frío resultó mentalmente estimulante. Podemos relacionar el surgimiento del *Homo sapiens* con un período frío hace entre 150 000 y 200 000 años. Hace unos 100 000 años, la dispersión sobre una franja no vista del planeta coincidió con la glaciación del hemisferio norte hasta llegar tan al sur como el curso inferior de los ríos Missouri y Ohio y cubrir buena parte de lo que hoy son las islas Británicas. El hielo cubrió Escandinavia. Hace unos 20 000 años, la mayor parte del resto de Europa era tundra o taiga. En Eurasia central, la tundra llegaba casi a las latitudes actuales del mar Negro. Las estepas llegaban hasta las costas del Mediterráneo. En el Nuevo Mundo, la tundra y la taiga se extendían hasta lo que hoy en día es Virginia.

Mientras el hielo iba cubriendo el mundo, los humanos que emigraban de la cuna de África Oriental llevaban consigo utensilios que podemos relacionar con ideas y sensibilidades similares a las nuestras, como joyas hechas con conchas o trozos de ocre con dibujos grabados. En la cueva de Blombos, en Sudáfrica, donde en aquella época se instalaron los emigrantes de África Oriental, quedan restos de conchas y espátulas para mezclar pigmentos.[21] Del mismo período son algunos objetos de arte demasiado delicados como para tener un uso práctico: fragmentos de cáscara de huevo de avestruz grabados meticulosamente con motivos geométricos encontrados en el refugio en la roca de Diepkloof, a 180 kilómetros al norte de Ciudad del Cabo. Hacia la misma época, en la cueva de Rhino, en las montañas de Tsodilo, Botsuana, los decoradores de puntas de lanza molían pigmentos y recogían piedras de colores a muchos kilómetros de distancia. Ante tantas evidencias de imaginaciones tan creativas y constructivas, cuesta resistirse a la idea de que los pueblos que hacían esos objetos tenían una «teoría de la mente», consciencia de su propia conciencia. Tenían la aptitud mental necesaria para poder reimaginarse a sí mismos.[22] De lo contrario, como hicieron la mayoría de simios que sobrevivieron, habrían permanecido en el entorno en el que habían evolucionado sus antepasados, o en biomas contiguos y muy parecidos, o en espacios limítrofes donde las circunstancias —como los conflictos, los depredadores o el cambio climático— los obligaran a adaptarse. Quienes llegaron a la cueva de Blombos hicieron una cosa mucho más ingeniosa: superar el entorno desconocido, como si pudieran anticipar el cambio de las circunstancias. Vieron un nuevo mundo ante ellos y se acercaron a él, pasito a pasito o a zancadas.

El frío que soportaron puede no parecer favorable para el ocio —hoy en día asociamos el frío con entumecimiento, falta de energía y trabajo exigente— pero debemos replantearnos la imagen que tenemos de la Edad de Hielo y entender que para quienes la vivieron fue un período productivo que propició la aparición de élites especializadas y de mucho pensamiento y trabajo creativos.[23] Había a quienes el frío les iba realmente bien. Para los cazadores de la vasta tundra que cubría la mayor parte de Eurasia, el mejor lugar donde estar era el límite del hielo: podían vivir de los grandes mamíferos que mataban y que se habían adaptado almacenando eficientemente su propia grasa corporal. La grasa en la dieta se ha ganado mala fama, pero durante la mayor parte de la historia la mayoría de los pueblos la buscaban desesperadamente. La grasa animal es, de todas las fuentes de alimento, la que más energía proporciona. Produce de media tres veces más aporte calórico que cualquier otra. En partes de la tundra había animales pequeños que el hombre podía explotar: liebres polares fáciles de capturar, por ejemplo, o criaturas vulnerables a los arcos y las flechas que aparecieron hace unos veinte mil años. Sin embargo, los cazadores de la Edad de Hielo preferían especies grandes y voluminosas capaces de alimentar muchas bocas durante largos períodos de tiempo mientras las bajas temperaturas mantuvieran comestible la carne muerta. Los animales gregarios, como el mamut y el alce, el buey y el ciervo árticos eran especialmente fáciles de conseguir, ya que se podían matar en grandes cantidades conduciéndolos hasta el borde de acantilados o a lodazales o lagos.[24] Mientras duraban las existencias, para los cazadores había una bonanza de grasa, conseguida con un gasto de esfuerzo relativamente modesto.

De media estaban mejor alimentados que la mayoría de poblaciones posteriores. En algunas comunidades de la Edad de Hielo, la gente consumía unos dos kilos de comida al día. Absorbían cinco veces más vitamina C que un ciudadano estadounidense actual ingiere de media, y lo hacían reuniendo cantidades relativamente grandes de fruta y raíces, si bien no dejaban de comer los granos ricos en almidón que pudieran encontrar, e ingerían suficiente ácido ascórbico de los órganos y la sangre de los animales. Los altos niveles de nutrición y los largos días de ocio, sin parangón en la mayoría de sociedades posteriores, significaban que la gente tenía tiempo de observar la naturaleza y pensar en lo que veía.

Las elecciones estéticas, emocionales e intelectuales reflejaban preferencias en la comida. Para los artistas de la Edad de Hielo, la grasa era bella. Con casi treinta mil años, la *Venus de Willendorf* es una de las obras de arte más antiguas: una escultura de una mujer fabulosa, bajita y rechoncha, que recibe el nombre del lugar de Alemania donde fue encontrada. Algunos rivales la han calificado de diosa, gobernante o artilugio para conjurar la fertilidad, esto último debido a que parece estar embarazada. Sin embargo, su doble algo más reciente, la *Venus de Laussel,* tallada en relieve en la pared de una cueva de Francia hará quizás unos veinticinco mil años, evidentemente engordó como la mayoría de nosotros: divirtiéndose y mimándose con caprichos. Nos mira desde la pared de la cueva, alzando un cuerno en su mano: literalmente, ya que es un cuerno de la abundancia, es de suponer que lleno de comida o bebida.

En plena Edad de Hielo tomó forma un estilo de vida ingenioso. Hace entre veinte y treinta mil años, los pintores de cuevas recorrían a gatas túneles tortuosos para trabajar en secreto bajo la luz tenue de las antorchas, en la profundidad de las cavernas. Se esforzaban sobre andamios alzados laboriosamente para adaptar sus composiciones a los contornos de la roca. En su paleta sostenían tan solo tres o cuatro tipos de barro y tinte. Sus pinceles estaban hechos de ramitas y bramante o de huesos y pelos. Pese a todo, dibujaban con firmeza y libertad, observando a sus sujetos con perspicacia, captándolos con sensibilidad y haciendo que la mente evocara la apariencia y la agilidad de los animales. Aquellas imágenes fueron producto de una tradición madura de unas manos expertas y especializadas. El resultado, según Picasso y otros muchos observadores modernos sensibles y bien informados, fue un arte sin igual en ninguna otra época posterior.[25] Otras tallas de la misma época —incluidas esculturas de bulto realistas hechas de marfil— están igualmente logradas. Por ejemplo, los caballos de Vogelherd, al sur de Alemania, de treinta mil años de antigüedad, tienen el cuello arqueado con elegancia. En Brassempouy, Francia, el retrato de una belleza cuidadosamente peinada, unos cinco mil años posterior, muestra con orgullo los ojos almendrados, la nariz respingona y el hoyuelo en la barbilla. En el mismo período se grababan bestias de las cacerías en las paredes de las cuevas o en las herramientas. Un horno de veintisiete mil años de antigüedad de Věstonice, en la República Checa, coció modelos de arcilla de osos, perros y mujeres. Sin duda, otros ejemplos de arte se han borrado de las superficies rocosas desprotegidas en las que estaban pintados, o han desaparecido junto con los cuerpos o escondites en los que estaban pintados, o el viento las ha desvanecido del polvo sobre el que estaban garabateadas.

Decidir cuál era la función del arte de la Edad de Hielo es, y probablemente siempre sea, un debate sin resolver. Pero a buen seguro que explicaba historias, acompañaba rituales e invocaba la magia. En algunas pinturas rupestres, las imágenes de animales tenían reiteradas muescas o agujeros, quizás marcas de sacrificios simbólicos. Algunas parece como si formaran parte de la mnemotecnia de los cazadores: el inventario de imágenes de los artistas representa la forma de pisadas de pezuñas, las huellas de las bestias, sus hábitos estacionales y sus alimentos preferidos. Quizás fueran fuentes de inspiración las huellas de los pies y de las manos sobre la arena o la tierra, ya que el estarcido y la impresión de las huellas de las manos eran técnicas comunes en la Edad de Hielo. Las paredes de las cuevas están salpicadas de huellas de manos, como si intentaran alcanzar la magia escondida en la roca. En la actualidad, con veinte mil años de antigüedad, el estarcido de manos humanas y utensilios se desvanece de una pared de roca de Kenniff, Australia. Pese al efecto estético, que se comunica a través de las eras, lo que trasciende es la función práctica. Quizás no se tratara de «el arte por el arte» pero sin duda era arte: un nuevo tipo de poder que, desde entonces, ha sido capaz de despertar el espíritu, captar la imaginación, inspirar acciones, representar ideas y reflejar la sociedad o desafiarla.[26]

Recelar de los sentidos: debilitar el materialismo estúpido

Las fuentes que nos han dejado los artistas abren ventanas a dos tipos de pensamiento: religioso y político. Abordemos primero la religión. Por sorprendente que pueda parecer a las sensibilidades modernas, la religión comienza con el escepticismo: dudas sobre la realidad única de la materia o, por decirlo en jerga actual, sobre si lo que vemos es cuanto hay. Así pues, deberíamos empezar con el escepticismo antiguo antes de avanzar hacia ideas posteriores sobre espíritus, magia, brujería, tótems, maná, dioses y Dios, que veremos en el resto de este capítulo.

¿Sobre qué eran escépticos los primeros escépticos del mundo? Obviamente, sobre la ortodoxia dominante. Menos obviamente, sobre el hecho de que la ortodoxia dominante probablemente fuera materialista y los pensadores que la desafiaban fueron los primeros en especular acerca de lo sobrenatural. En la actualidad tendemos a condenar esas especulaciones por infantiles o supersticiosas (como si las hadas solo habitaran en la mente de los místicos), sobre todo cuando toman forma de pensamiento religioso que sobrevive a un pasado remoto. Las circunscripciones poderosas se congratulan de haber escapado hacia la ciencia, especialmente haciendo proselitismo de ateístas, críticos filosóficos de las visiones tradicionales de «conciencia», neurocientíficos deslumbrados por la actividad química y eléctrica del cerebro (que algunos de ellos confunden con el pensamiento) y entusiastas de la «inteligencia artificial» que favorecen un modelo de mente-máquina popularizado en su momento por los materialistas del siglo XVIII y de principios del XIX.[27] Es hábil —o *bright,* brillante, según alguna jerga científica—,[28] decir que la mente es lo mismo que el cerebro, que los pensamientos son descargas electroquímicas, que las emociones son efectos neurales y que, como dijo Denis Diderot, el amor es «una irritación intestinal».[29]

En resumen, algunos pensamos que ser materialista es moderno. Pero ¿lo es realmente? Resulta más probable que sea la manera más antigua de ver el mundo —la de una larva o un reptil, formada por barro y limo, en la que lo que se siente absorbe toda la atención disponible—. Nuestros antepasados homininos tenían que ser materialistas a la fuerza. Todo cuanto conocían era físico. Sus primeras ideas fueron las impresiones de la retina. Sus emociones empezaron con temblores en las extremidades y agitación en la tripa. Para las criaturas con imaginación limitada, el materialismo es el sentido común. Como los discípulos del cientificismo que rechazan la metafísica, confiaban en lo que percibían con sus sentidos y no reconocían otros medios para llegar a la verdad ni se daban cuenta de que puede haber realidades que no veamos, toquemos, oigamos, gustemos u olamos.

No obstante, la superficie rara vez desvela lo que hay en el interior. «La verdad está en las profundidades», como dijo Demócrito de Abdera a finales del siglo V.[30] Resulta imposible decir cuándo tuvo lugar la primera corazonada de que los sentidos eran engañosos, pero debió de ser al menos en la época del *Homo sapiens*: una criatura que normalmente se preocupa por comparar experiencias y extraer conclusiones de ellas es probable que se percate de que un sentido contradice a otro, de que los sentidos acumulan percepciones por prueba y error y de que nunca podemos dar por sentado que hemos llegado al final de las apariencias.[31] Un trozo grande de balsa es sorprendentemente ligero; un poquito de mercurio es imposible de agarrar. El ángulo que se ve en una refracción es engañoso. A cierta distancia, confundimos las formas. Sucumbimos ante un espejismo. Un reflejo deformado puede intrigarnos u horrorizarnos. Hay venenos dulces y medicinas amargas. Llevado al extremo, el materialismo es poco convincente: desde Einstein, la ciencia se ha esforzado por dejar las fuerzas puramente inmateriales, como la energía y la antimateria, fuera de nuestra imagen del universo. Así pues, a este respecto, quizás los primeros animistas estuvieran más al día que los materialistas modernos. Quizás previeran mejor el pensamiento actual.

Fue necesario un paso loco de conjeturas para superar el alcance de los sentidos y suponer que, en el mundo, o más allá de él, debía de haber algo más que lo que se puede ver, tocar, oler o probar. La idea de que no hemos de confiar únicamente en nuestros sentidos era una idea clave, una llave maestra hacia mundos espirituales que abría panoramas de especulación: campos de pensamiento que las religiones y las filosofías colonizaron después.

Resulta tentador intentar imaginar cómo los pensadores llegaron por primera vez a una teoría más ingeniosa que el materialismo. ¿Se la sugerirían los sueños? ¿La confirmarían los alucinógenos, los bulbos de gladiolo salvaje, por ejemplo, las «setas sagradas», la mescalina o las campanillas? Para los tikopia de las Islas Salomón, los sueños son «relaciones sexuales con los espíritus». Para los lele de Kasai, en la República Democrática del Congo, los adivinos son soñadores.[32] Las decepciones de que son víctimas las imaginaciones humanas nos llevan más allá de los límites de lo material: por ejemplo, un cazador que visualiza correctamente el resultado exitoso de una cacería puede recordar el triunfo imaginado como una experiencia de realidad física, como cuando se vislumbra la sombra de una presencia delante del bulto. Por otra parte, el cazador que falla sabe que lo que había en su mente nunca ocurrió fuera de ella. Se pone alerta ante la posibilidad de acontecimientos puramente mentales. Los pintores de la Edad de Hielo, en la mente de los cuales, como hemos visto, los acontecimientos imaginados chocan con los observados y recordados, seguramente tuvieran esas experiencias.

Cuando los descubridores de mundos desconocidos empezaron a trastocar las suposiciones derivadas de la percepción de los sentidos y a sospechar que los datos que sentían podían ser ilusorios, se convirtieron en filósofos. Abordaron los dos mayores problemas que han preocupado a la filosofía desde entonces: cómo diferenciar la verdad de la mentira y cómo diferenciar el bien del mal. Quizás habría ayudado compararse con los animales que los artistas de la Edad de Hielo admiraban, ya que habría reforzado la conciencia de que los humanos poseen unos sentidos relativamente débiles. La mayoría de nuestros competidores animales poseen órganos extremadamente mejores para oler que los nuestros; la vista de muchos de ellos tiene un alcance y una agudeza mucho mayores que la nuestra; y son capaces de oír sonidos que escapan por mucho a nuestra capacidad auditiva. Como vimos en el capítulo 1, hemos de compensar nuestras deficiencias físicas de modos imaginativos. De ahí, quizás, que nuestros antepasados se dieran cuenta de que la mente podía llevarles más lejos que los sentidos. Desconfiar de los sentidos para confiar en capacidades imaginativas era peligroso pero atractivo. Invitaba al desastre, pero abría la puerta a grandes logros.

A juzgar por su ubicuidad, el salto se produjo hace mucho. Los antropólogos siempre tropiezan en lugares insospechados con personas que rechazan el materialismo tan de lleno que descartan el mundo como una ilusión. Los maoríes tradicionales, por ejemplo, pensaban en el universo material como una especie de espejo que simplemente reflejaba el mundo real de los dioses. Antes de que el cristianismo influenciara el pensamiento de las llanuras norteamericanas, los sacerdotes dakota adivinaron que el cielo real era invisible: lo que vemos es su proyección azul. Evidentemente, pensaban en el cielo de un modo más inquisitivo que los escritores de libros de texto de ciencias que explican que la luz azul predomina porque se refracta con facilidad. Cuando contemplamos la tierra y una roca, sostenían los dakota, solo vemos su *tonwampi,* normalmente traducido como «apariencia divina».[33] Esta percepción, similar a la idea de Platón sobre el tema, quizás no fuera correcta pero era más reflexiva y profunda que la de los materialistas que contemplan con complacencia la misma tierra y la misma roca y no buscan nada más allá de ellas.

Descubrir lo imperceptible

La idea de ilusión liberó las mentes para que pudieran descubrir o suponer que existen realidades invisibles, inaudibles e intocables —en tanto que inmateriales—, inaccesibles a los sentidos pero asequibles a los humanos por otros medios. Eso abrió una nueva posibilidad: que los seres incorpóreos dan vida al mundo o infestan lo que percibimos y lo hacen animado.[34] Pese al rechazo simplista a creer en el espíritu, divagaciones de mentes primitivas, se trató de un primer paso esclarecedor en la historia de las ideas. Una vez empezamos a rechazar el mundo de los sentidos, podemos empezar a sospechar la presencia de fuerzas vivas que hacen que los vientos sean más fuertes, los narcisos bailen, las llamas centelleen, las mareas viren y las hojas se desvanezcan. Metafóricamente, aún utilizamos el lenguaje de un universo animado —forma parte del gran legado que nos dejaron los primeros pensadores— y hablamos de él como si estuviera vivo. La tierra gime, el fuego salta, los riachuelos barbotean, las piedras son testigo.

Atribuir acciones animadas a los espíritus probablemente sea equivocado, pero no ordinario ni «supersticioso»: más bien se trata de una deducción, aunque no comprobable, de cómo es el mundo. Es creíble que de la propiedad de actividad surjan la agitación del fuego, por ejemplo, o de las olas o el viento, o la persistencia de la piedra o el crecimiento de un árbol. Tales, el sabio de Mileto que fue lo bastante científico como para predecir el eclipse del año 585 a.e.c., explicó el magnetismo atribuyendo a los imanes almas que despertaban atracción y provocaban repulsión. «Todo está lleno de dioses», dijo.[35] El pensamiento, así como la observación, sugiere la ubicuidad del espíritu. Si unas cualidades humanas son inmateriales —por ejemplo la mente, o el alma o la personalidad o lo que sea que nos haga ser en esencia nosotros mismos—, nunca podemos estar seguros de quién o qué las poseerá: otros individuos, sin duda; quizás personas de fuera del grupo que reconocemos como nuestro; puede que incluso, aún más improbable, animales, plantas y rocas. Y, como preguntan los brahmanes en *Pasaje a la India*, ¿qué hay de las naranjas, los cactus, los cristales y el barro? Vayamos más allá del materialismo y el mundo al completo parecerá cobrar vida.

La ciencia expelió a los espíritus de lo que denominamos materia «inanimada», epíteto que equivale a «sin espíritu». Entretanto, sin embargo, han proliferado los espíritus incorpóreos o «trasgos», conocidos en Occidente como hadas y diablos. Incluso en las sociedades científicamente sofisticadas vagan por determinadas mentalidades. Cuando se intuyeron los espíritus por primera vez, fueron concebidos de forma sutil y sorprendente. Para quienes eran capaces de imaginarlos, representaron todo un avance en sus perspectivas de vida. Las criaturas antes sumisas a las restricciones de la vida en un mundo material podían disfrutar en la libertad de un futuro infinitamente proteico, infinitamente impredecible. Un entorno vivo es más estimulante que el universo monótono que habitan los materialistas. Inspira poesía e invita a la veneración. Se resiste a la extinción y eleva presunciones de inmortalidad. Se puede sofocar el fuego, romper las olas, talar árboles, hacer añicos rocas, pero el espíritu pervive. Creer en el espíritu hace que la gente dude sobre si intervenir en la naturaleza: los animistas suelen pedir el permiso de la víctima antes de arrancar un árbol o matar a un animal.

Cuando las pintaban y esculpían, los pensadores de la Edad de Hielo conocían, o creían conocer, la realidad de criaturas imperceptibles a los sentidos. Podemos confirmarlo apelando de nuevo a las pruebas que nos proporcionan los datos antropológicos. La analogía con los pintores de rocas y cuevas de períodos posteriores nos ayuda a comprender que el arte de la Edad de Hielo era un medio para acceder a mundos más allá del mundo, al espíritu que había más allá de la materia. Representaba un reino al que se accedía mediante trances místicos, habitado por los espíritus de los animales que la gente necesitaba y admiraba.[36] En las paredes de las cuevas encontramos, en efigie, a personas distinguidas del resto del grupo como especiales. Las máscaras de animales, con cuernos o imitando a un león, transformaban a quienes las llevaban. Generalmente, en casos documentados, los chamanes que llevan máscara se esfuerzan por comunicarse con los muertos o con los dioses. En la agonía de la autotransformación psicotrópica, o con la conciencia alterada por los bailes o los tambores, viajan en espíritu hacia encuentros extracorpóreos. Cuando los chamanes se disfrazan de animal esperan apropiarse de la velocidad, la fuerza u otra característica de una especie extraña para identificarse con un «antepasado» totémico. En cualquier caso, los animales no humanos son probablemente inteligibles como más cercanos a los dioses que el hombre: eso explicaría, por ejemplo, su mayor destreza, agilidad o dotes sensoriales. En estados de exaltación extrema, los chamanes se convierten en los médiums a través de los cuales los espíritus hablan a este mundo. Sus ritos son los que Virgilio describió tan gráficamente en la *Eneida* en su relato de los trances de la Sibila de Cumas: «Se la ve hinchada, emite sonidos extraños, como inhumanos, mientras el aliento del dios soplaba en su interior... De repente, el tono de sus vociferaciones cambió: se le transfiguró el rostro, se le alteró el color, se le enmarañaron los cabellos. Su pecho se hinchó y un delirio fiero se apoderó de su corazón».[37] En la actualidad, las representaciones chamánicas continúan en la misma tradición en las praderas de Eurasia, en los templos japoneses, en las madrasas de los derviches y en la tundra boreal, donde los chukchi del norte de Siberia llevan un modo de vida similar al de los artistas de la Edad de Hielo en un clima aún más frío. Se encuentran entre las muchas sociedades en las que los chamanes aún experimentan las visiones como viajes imaginados.

Al combinar pistas como estas, podemos forjar una imagen de la primera religión documentada del mundo: el trabajo de los chamanes, que aún bailan en las paredes de las cuevas, sin dar muestras de cansancio por el paso del tiempo, era estar en contacto con los dioses y los antepasados, que vivían en lo más profundo de las rocas. Desde allí salían sus espíritus y dejaban marcas sobre las paredes de las cuevas, donde los pintores avivaban sus contornos y atrapaban su energía. Los visitantes apoyaban las manos teñidas de ocre sobre lugares cercanos, tal vez porque el ocre que adornaba los entierros puede entenderse como «sangre para los fantasmas» (como la que Odiseo ofreció a los muertos a las puertas del Hades). De la escultura de la Edad de Hielo surgen pistas de lo que podría ser otra dimensión de la religión, con estatopigeos estilizados y contoneantes, como las *Venus* de Willendorf y Laussel: durante muchos miles de años, por lugares tan lejanos como la Siberia oriental, los escultores imitaron sus barrigas protuberantes y sus anchas caderas. En algún lugar del cosmos mental de la Edad de Hielo había mujeres de poder, o quizás culto a una diosa, representadas en esas esculturas de caderas prominentes.

Otra prueba, que trasciende lo que entendemos estrictamente como religión y nos adentra en lo que podríamos llamar filosofía temprana, proviene del trabajo de campo de la antropología sobre cómo explican la naturaleza y las propiedades de las cosas los pueblos tradicionales. La pregunta «¿Qué hace reales los objetos de percepción?» parece una trampa para un examinando en filosofía. Como lo parecen también las preguntas relacionadas: «¿Cómo se puede cambiar y continuar siendo uno mismo?», «¿Cómo puede cambiar un objeto y aun así conservar su identidad?» o «¿Cómo pueden desarrollarse los acontecimientos sin romper la continuidad del entorno en el que suceden?». Pero los primeros humanos se hacían todas estas preguntas e indagaban para diferenciar entre lo que es una cosa y las propiedades que tiene, entendiendo que lo que «es» —su esencia o «sustancia» en argot filosófico— no es lo mismo que sus «accidentes» o «cómo es». Para explorar la relación que existe entre ambas cosas es necesario un pensamiento perseverante. En castellano se hace una distinción importante entre el verbo «ser», que denota la esencia del objeto, y «estar», que se refiere solo a su estado mutable, a sus características transitorias. Con todo, rara vez captamos la importancia de esta distinción, que debería hacernos tomar conciencia, por ejemplo, de que la belleza (ser) puede sobrevivir a la apariencia bella (estar) o coexistir con la fealdad. De un modo parecido, por ejemplo, mente y cerebro podrían separarse, aunque estén unidos en nosotros.

Así pues, surgen dos preguntas: ¿qué hace que una cosa sea lo que es? Y: ¿qué hace que sea como es? Para los inventores del animismo temprano, la respuesta a ambas podía ser: «los espíritus». De existir tales cosas, debe de haberlos por todas partes, pero estar por todas partes no es lo mismo que ser universal. Los espíritus son característicos de los objetos en los que habitan, pero existe una idea al menos igual de antigua, ampliamente confirmada en la literatura antropológica según la cual una presencia invisible lo infunde todo.

La idea surge de preguntar, por ejemplo: «¿Qué hace que el cielo sea azul, o el agua húmeda?». En el caso del cielo, la calidad de azul no parece esencial, ya que aunque cambie de color no deja de ser cielo. Pero ¿qué hay de la humedad del agua? Parece diferente, una propiedad esencial, ya que el agua, si fuera seca, no sería agua. Tal vez una sustancia única, subyacente a todas las propiedades, resuelva la tensión aparente. Si hacemos un arpón o una caña de pescar, sabemos que funcionan. Pero si después preguntamos por qué funcionan, estamos haciendo una pregunta profundamente filosófica sobre la naturaleza de esos objetos en cuestión. Si hemos de guiarnos por las pruebas antropológicas, una de las primeras respuestas fue que la misma fuerza universal, invisible y única explica la naturaleza de todo y hace efectivas todas las operaciones. Para denominar esta idea, los antropólogos han tomado prestada la palabra «maná» de las lenguas de los Mares del Sur.[38] El maná de la red posibilita la captura. El maná del pez hace que el pez sea pescable. El maná de la espada inflige heridas. El de las hierbas, las hace sanar. En otras partes del mundo se habla de un concepto parecido o idéntico que es sujeto de relatos y rituales y se le da nombres diversos, como *arungquiltha* en zonas de Australia o *wakan*, *orenda* y *manitou* en zonas indígenas de América.

Si no nos equivocamos al deducir que el grado de dispersión indica antigüedad, la idea de maná probablemente sea antigua. Sin embargo, intentar poner fecha a su primera aparición sería lanzar conjeturas. La arqueología no es capaz de establecerla; solo lo son tradiciones no documentadas hasta un pasado bastante reciente. La parcialidad hace que se tuerza el debate debido a la ferocidad de la controversia sobre qué fue antes, el espíritu o el maná. Si fue este último, el animismo parece una actitud relativamente «avanzada» hacia el mundo, no tan solo «primitiva»: posterior a la magia y, por tanto, más madura. Estas preguntas pueden quedar sin resolver: el espíritu y el maná podrían haberse imaginado por primera vez en cualquier orden, o al mismo tiempo.

La magia y la brujería

Una pregunta que se hace a menudo y que no se puede responder bien es: «¿Se puede alterar, influenciar o dominar el maná?». ¿Fue el punto de partida de la magia, que se originó como intento de engatusarlo o controlarlo? Bronislaw Malinowski, primer referente mundial en antropología social, así lo creía. Como escribió hace más de cien años: «Mientras que la ciencia se basa en la concepción de fuerzas naturales, la magia surge de la idea de cierto poder místico e impersonal… lo que algunos melanesios llaman maná… una idea casi universal que surge allí donde florece la magia».[39] Los primeros humanos conocían la naturaleza de una manera tan íntima que eran capaces de ver que todo en ella está interconectado. Se puede hacer palanca sobre algo sistemático controlando cualquiera de sus partes. En el esfuerzo de manipular la naturaleza de este modo, la magia fue uno de los primeros y más duraderos métodos que se concibieron. Según dos de las figuras más relevantes de la antropología de principios del siglo XX: «Los primeros científicos eran magos… La magia emana por miles de grietas de la vida mística… Tiende a lo concreto, mientras que la religión tiende a lo abstracto. La magia era básicamente el arte de hacer las cosas».[40] Henri Hubert y Marcel Mauss tenían razón: la magia y la ciencia pertenecen a un único continuo. Ambas pretenden dominar la naturaleza intelectualmente con el fin de someterla al control humano.[41]

El concepto de magia comprende dos ideas distintas. En primer lugar, los efectos resultan de unas causas que los sentidos no pueden percibir pero que la mente puede imaginar; en segundo lugar, la mente puede invocar y poner en acción esas causas. Accediendo a lo invisible se consigue poder sobre lo palpable. La magia tiene un gran poder sobre los humanos, pero no sobre el resto de la naturaleza; y sucede lo mismo en todas las sociedades. No hay grado de decepción capaz de cambiarlo. No funciona, al menos no hasta ahora. Con todo, pese a sus fracasos, los magos han encendido esperanzas, quemado miedos y atraído sumisión y recompensas.

La prehistoria de la magia probablemente precede a las primeras pruebas, en un lento proceso de retroalimentación entre la observación y la imaginación, en el pasado homínido profundo. Cuando buscamos pruebas, debemos centrarnos en la aspiración de los magos: conseguir procesos transformadores que conviertan una sustancia en otra. Los accidentes pueden provocar transformaciones que parezcan mágicas. Por ejemplo, la materia dura y en apariencia incomestible se hace digerible bajo la influencia de unas bacterias benignas. El fuego aporta color a los alimentos, los carameliza y los hace crujientes. La arcilla húmeda se endurece al calor. Se puede agarrar un palo o un hueso sin pensar y se convierte en una herramienta o en un arma. Las transformaciones accidentales se pueden imitar. Sin embargo, las de otro tipo solo se inician a través de actos de imaginación radicales. Tomemos por ejemplo el acto de tejer, una tecnología milagrosa que combina fibras para conseguir un tejido de una fortaleza y anchura inalcanzables por una sola hebra. Los chimpancés lo hacen rudimentariamente retorciendo ramas o tallos para hacer nidos, lo cual constituye prueba de una historia larga y acumulativa que se remonta a antes de los humanos. En casos análogos, ciertas medidas prácticas improvisadas para satisfacer determinadas necesidades materiales pueden estimular el pensamiento mágico: las casas descomunales de las estepas en la Edad de Hielo, por ejemplo, parecen mágicas por cómo transforman los huesos en edificios que por tamaño podrían ser templos. Si bien el tiempo y el contexto en que surgió la magia son irremediablemente distantes, los testimonios de la Edad de Hielo están llenos de ella. El ocre rojo, la primera sustancia (al parecer) que tuvo un papel en los rituales, quizás fuera la primera ayuda que recibiera un mago, a juzgar por los hallazgos adornados con marcas entrecruzadas, de más de setenta mil años de antigüedad, que se han hecho en la Cueva de Blombos (ver pág. 73). El color vivo del ocre, que imita la sangre, acompañaba a los muertos quizás como ofrenda de los vivos, quizás para reinfundir vida a los cadáveres.

En principio, la magia puede ser «blanca» —buena o moralmente indiferente— o negra. Pero para alguien que piensa que causa y efecto tienen una relación invisible y son manipulables mediante la magia, existe otra posibilidad: que la magia maligna puede causar estragos y ruina. Si la gente puede emplear y cambiar la naturaleza, puede hacer el mal igual que el bien. Puede ser o intentar ser bruja, por así decirlo. La brujería es una de las ideas más generalizadas del mundo. Hay culturas en las que es la primera explicación que da todo el mundo ante cualquier enfermedad.[42] En la década de 1920, E.E. Evans-Pritchard realizó un trabajo de campo antropológico pionero que centró los esfuerzos académicos en comprender la brujería de los azande de Sudán, cuyas prácticas y creencias son muy inusuales.[43] Para ellos, la brujería es una condición física heredada: literalmente, una bola peluda en la barriga, que es la fuente de la brujería, no solo símbolo de ella. Ninguna bruja necesita invocar conscientemente su poder: simplemente está allí. La autopsia revela su presencia. «Los oráculos del veneno» entran en acción: cuando una víctima o parte involucrada denuncia a una bruja por algún acto maligno, la verdad o falsedad de la acusación se comprueba haciendo tragar veneno a un pollo. Si el pájaro se repone, la presunta bruja queda absuelta (y viceversa). En otras culturas, entre los modos habituales de detectar brujas se encuentran los rasgos físicos peculiares, las deformidades —Roald Dahl alude a ello en sus brujas con muñones— o la fealdad, que algunos pueblos ven como causa de la propensión al mal de las brujas.

En todas las épocas han surgido nuevas ideas sobre la brujería.[44] En la primera literatura imaginativa mundial, que data del segundo milenio a.e.c. en Mesopotamia, los conjuros contra ella con frecuencia invocan a los dioses, al fuego o a sustancias químicas mágicas como la sal y el mercurio; y solo la gente y los animales pueden ser víctimas de las brujas, mientras que la Tierra y el cielo están exentas.[45] Las brujas de la antigua Roma, a juzgar por cómo las representa la literatura que ha sobrevivido, estaban especializadas en dejar a los machos impedidos y castrados.[46] En la Europa del siglo XV, un pacto diabólico proporcionaba a las brujas su supuesto poder. Los estudios modernos no se centran en explicar la brujería sino en por qué cree en ella la gente: para sobrevivir al paganismo, según una teoría; o como medio de control social;[47] o como simple engaño.[48] La primera teoría es falsa casi con toda seguridad: aunque en el pasado los perseguidores de la brujería y el paganismo a menudo condenaban ambas prácticas como «adoración al diablo», no existe prueba alguna de ninguna conexión real o solapamiento. La segunda teoría fue avanzada en el siglo XVI por Paracelso, científico innovador y egoísta. En las décadas de 1560 y 1570, el físico holandés Johann Weyer publicó casos reales de pacientes mentalmente anormales que creían ser brujas. En 1610, el inquisidor Salazar confirmó la teoría: trabajando entre presuntas brujas en el País Vasco, descubrió que eran víctimas de sus propias fantasías. Le asaltó entonces la duda de si existía realmente la brujería.[49] Con todo, en la Europa y la América del siglo XVII hubo perseguidores excesivamente fervientes que malinterpretaron muchos casos de locura, histeria o imaginación sobreestimulada.

Más recientemente, los historiadores han examinado y en ocasiones aprobado la teoría de que la brujería es un mecanismo social, una estrategia de empoderamiento personal que los marginados utilizan cuando las instituciones de justicia les fallan o simplemente quedan fuera de su alcance. Reconociendo que la brujería es un engaño, otros estudios se centran en la persecución de supuestas brujas como medio para erradicar a individuos socialmente indeseables, de nuevo a falta de tribunales y leyes capaces de ocuparse de todas las disputas que surgen entre vecinos. Esto se ve apoyado por cómo se distribuye la persecución de la brujería en los inicios de Occidente: era intensa en las zonas protestantes pero relativamente poco frecuente en España, donde la Inquisición proporcionaba un remedio alternativo barato a los denunciantes pobres o que por interés propio querían lanzar procesos judiciales vejatorios contra vecinos, patrones, parientes o rivales a los que odiaban y que habrían sido intocables en un juicio justo. Parece que las persecuciones proliferaron allí donde las instituciones judiciales eran incompetentes para resolver las tensiones sociales. Sin embargo, de entrada la brujería parece suficientemente explicada como una inferencia más que razonable de la idea de magia.

¿Es la brujería cosa del pasado? Sus supuestos practicantes y seguidores, un millón en Estados Unidos, afirman ahora haber recuperado la benéfica Wicca pagana. Durante la odisea de una escritora moderna por la cultura pagana alternativa, admira a un profanador de tumbas, visita «Lesbianville», identifica la «disonancia cognitiva» de las brujas y va de fiesta entre los paganos que llevan «huesos de animal a modo de ingeniosas horquillas, el pelo por la cintura y la barba por los pezones». Una única broma, repetida hasta la saciedad, aligera la patética letanía: cada bruja parece tener una tarea del día cómicamente incongruente, entre ellas hacer tatuajes, bailar danza del vientre y hornear bollos. Entre las brujas, pocas cosas son características aparte del nudismo (debido a la «creencia de que, desnudo, el cuerpo humano puede emanar poder en bruto»), la fe en «consagrar» el sexo y la afirmación absurda de que los wiccanos mantienen una tradición pagana intacta desde la Edad del Bronce.[50]

Al parecer, las variantes continúan multiplicándose. Pero, entendida al nivel más general como la capacidad de una persona de hacer daño mediante medios sobrenaturales, la creencia en la brujería se encuentra en prácticamente todas las sociedades, un hecho que hace que su origen probable se aleje más hacia el pasado.

En la naturaleza: el maná, Dios y el totemismo

El maná —para quienes creen en él— es lo que hace que el mundo que percibimos sea real. Una pregunta más profunda sería: «¿Es válido?». No «¿es la idea de maná el mejor modo de entender la naturaleza?», sino «¿es un modo que las mentes ingeniosas puedan haber concebido para afrontar los hechos?». Quizás ayude compararlo con un paradigma moderno que utilizamos para explicar los mismos hechos. Mientras que distinguimos básicamente entre materia orgánica e inorgánica, pensamos que toda la materia se caracteriza por relaciones esencialmente similares entre partículas. Las cargas cuánticas, al ser dinámicas y formativas, se parecen al maná en tanto que son fuente de «fuerza» (aunque no intencionada, como parece ser el maná en la mayoría de versiones). En cualquier suceso, de acuerdo con lo expuesto hasta ahora en este capítulo, el maná se describe bastante como un concepto intelectualmente impresionante.

Surge entonces otra pregunta: ¿De qué modo pensar en el maná contribuyó, si es que lo hizo, al origen de una idea que tendremos que considerar a su debido tiempo (puesto que está entre las más intrigantes y, parece ser, más persuasivas del mundo): la idea de un Dios único y universal? En el siglo XIX, los misioneros de Norteamérica y la Polinesia pensaban que Dios y el maná eran lo mismo. Como mínimo resulta tentador decir que el maná podría haber sido la idea —o una de las ideas— a partir de la cual se desarrolló ese Dios. No obstante, existe un paralelismo más cercano con algunas de las creencias extrañas o esotéricas que parecen imposibles de erradicar de la mente moderna: por ejemplo, «el aura» que aparece en el hablar propio de la salud alternativa; o la imprecisa «energía cósmica orgánica» que los defensores de la «nueva física», influenciada por el Lejano Oriente, detectan en la materia;[51] o la filosofía vitalista, que intuye la vida como una cualidad inherente a las cosas vivas.

Estas nociones, que probablemente la mayoría de gente clasificaría a grandes rasgos como religiosas, y que casi con toda seguridad sean falsas, son sin embargo también científicas, ya que surgen de la observación real y del conocimiento fiable de cómo son las cosas en la naturaleza. La antropología comparativa divulga otras ideas igual o casi igual de antiguas que se pueden clasificar como científicas de un modo algo diferente, ya que conciernen a la relación de los humanos con el resto de la naturaleza. El totemismo, por ejemplo, es la idea de que una relación íntima con las plantas o los animales —habitualmente expresada como una ascendencia común, en ocasiones como una forma de reencarnación— determina el lugar que ocupa un individuo en la naturaleza. Se trata de una idea claramente científica. Después de todo, la teoría de la evolución dice algo parecido: que todos descendemos de otra biota. En líneas generales, la gente habla de totemismo para referirse casi a cualquier pensamiento que una estrechamente a los humanos con otros objetos naturales (especialmente animales); en su forma más potente, aquí considerada, el tótem es un recurso para volver a imaginar las relaciones sociales de los humanos. Quienes comparten un tótem forman un grupo unido por la identidad compartida y las obligaciones mutuas, y distinguible del resto de la sociedad a la que pertenece. La gente con antepasados comunes, sean supuestos o reales, puede seguirse la pista mutuamente. El tótem genera una vida de ritual común. Los miembros observan unos tabúes peculiares, sobre todo al abstenerse de comerse su tótem. Pueden verse obligados a casarse dentro del grupo, de modo que el tótem sirve para identificar el abanico de parejas posibles. El totemismo también hace posible que las personas sin vínculo de sangre se comporten unas con otras como si lo tuvieran: uno puede unirse a un «clan» totémico independientemente de sus circunstancias de cuna; en la mayoría de sociedades totémicas, los sueños revelan (y se repiten para confirmarlos) los tótems de quienes los sueñan, si bien los estudiosos continúan debatiendo sin llegar a una conclusión cómo empiezan realmente las conexiones y qué significa la elección de objeto totémico, si es que significa algo. Todas las teorías comparten un rasgo común y de sentido común: el totemismo abarca la diferencia entre dos categorías de pensamiento tempranas: «la naturaleza», representada por los animales y plantas totémicos, y «la cultura», las relaciones que unen a los miembros del grupo. El totemismo, en resumen, es una idea temprana y eficaz de forjar una sociedad.[52]

Pese al animismo, el totemismo, el maná y todos los recursos útiles que la gente ha imaginado para el comportamiento práctico en la vida, desconfiar de lo que perciben los sentidos conlleva peligros. Induce a cambiar la fe por fuentes de percepción como visiones, imaginaciones y delirios de locura y éxtasis, que parecen convincentes solo porque no se pueden comprobar. A menudo confunden pero también es cierto que siempre sirven de inspiración. Abren posibilidades que sobrepasan la experiencia y, por lo tanto, por paradójico que parezca, hacen posible el progreso. Incluso las alucinaciones pueden hacer algún bien. Pueden contribuir lanzando ideas motivadoras en pro de la transcendencia, la magia, la religión y la ciencia. Alimentan las artes. Hacen posible concebir ideas inalcanzables por la experiencia, como la eternidad, el infinito y la inmortalidad.

Imaginar el orden: el pensamiento político de la Edad de Hielo

Las visiones también confeccionan la política. Apenas podemos saber nada del pensamiento político de la Edad de Hielo pero en cambio sí estamos en posición de decir algunas cosas sobre el liderazgo, la idea de orden en sentido amplio y lo que podríamos llamar la economía de la Edad de Hielo.

Obviamente, las sociedades de homínidos, homininos y primeros *Homo sapiens* tenían líderes. Por analogía con otros simios, es de suponer que los machos alfa impusieran la ley mediante la intimidación y la violencia (ver pág. 54). Pero las revoluciones políticas multiplicaron los modos de asignar autoridad y seleccionar jefes. Las pinturas y esculturas de la Edad de Hielo revelan un nuevo pensamiento político: la emergencia de nuevas formas de liderazgo en las que las visiones confieren poder a los visionarios y favorecen el carisma por encima de la fuerza bruta, a los dotados espiritualmente por encima de los físicamente fuertes.

Las paredes de la cueva de Les Trois Frères, en el sur de Francia, son un buen punto para empezar a analizar las pruebas. Las figuras sacerdotales con disfraces animales o divinos que emprenden viajes fantásticos o que se muestran como cazadores amenazantes son prueba del aumento de personas que ostentan un poder sin precedentes: el de ponerse en contacto con los espíritus, los dioses y los muertos —las fuerzas responsables de hacer que el mundo sea como es—. Desde otro mundo en el que se forja el nuestro, los chamanes obtienen acceso privilegiado a información interna sobre lo que sucede en el presente y en el futuro. Pueden incluso influir en los dioses y los espíritus para cambiar sus planes, inducirles a reordenar el mundo para hacerlo agradable a los humanos: provocar la lluvia, detener las inundaciones o inducir a que brille el sol para hacer madurar la cosecha.

Los chamanes de las paredes de la cueva ejercían una influencia social enorme. Por el favor de una élite que estaba en contacto con los espíritus, la gente pagaba regalos, deferencia, servicio y obediencia. El talento del chamán puede ser una fuente de autoridad impresionante: el empujón que lo eleva por encima de los machos alfa y los patriarcas gerontocráticos. Si analizamos las cuevas, vemos que hay una clase del conocimiento, armada con el don de comunicarse con los espíritus, que surge junto a una clase del valor, que desafía o reemplaza a los fuertes por los videntes y/o los sabios. La consagración del don de comunicarse con los espíritus fue claramente una alternativa temprana —quizás la primera— a la sumisión a un leviatán que carecía de cualquier atisbo de moralidad más allá de la fortaleza física.

En consecuencia, el acceso especial a lo divino o a los muertos ha sido parte importante de algunas formas poderosas y duraderas de legitimidad política. Sobre la misma base, las iglesias han fingido supremacía temporal. Por el mismo medio, los reyes han aparentado sacralidad. En la Mesopotamia del segundo milenio a.e.c., los dioses eran los gobernantes nominales de las ciudades en las que empezaban a vivir. Para sus representantes humanos, las deidades municipales confiaban visiones que transmitían órdenes: emprender una guerra, erigir un templo, promulgar una ley. Los ejemplos más gráficos —aunque más tardíos— aparecen en el arte maya y en la epigrafía de los siglos VII, VIII y IX e.c. en lo que actualmente son Guatemala y las tierras adyacentes. Los gobernantes del siglo VIII de Yaxchilán, en lo que hoy en día es el sur de México, aún se pueden ver en bajorrelieves inhalando el humo psicotrópico procedente de cuencos llenos de cortezas ardientes empapadas en droga, en los que recogían la sangre de sus lenguas tras pincharse con correas de pinchos (en el caso de las reinas) o pinchándose en los órganos sexuales con cuchillos de concha o espinas de cactus. El rito inducía a tener visiones de espíritus ancestrales que normalmente salían de las fauces de una serpiente, junto con una citación a la guerra.[53]

Más o menos durante el último milenio de la Edad de Hielo, la arqueología cognitiva revela la emergencia de un nuevo tipo de liderazgo: por herencia. Todas las sociedades humanas se enfrentan al problema de cómo transmitir el poder, el bienestar y el rango sin agitar conflictos. ¿Cómo evitar que todas las competiciones por el liderazgo acaben en sangría y desencadenen una guerra civil? Y, más en general, ¿cómo se regulan las desigualdades en cualquier nivel de la sociedad sin que haya conflicto de clases o se multipliquen los actos violentos por resentimientos individuales? La herencia, si se consigue el consenso a su favor, es una manera de evitar o limitar las disputas de sucesión. Con todo, no existen paralelismos en el reino animal, a excepción de las representaciones de Disney; y la excelencia de los padres no garantiza el mérito de los hijos, mientras que el liderazgo ganado en una competición se puede justificar de forma objetiva. Aun así, en la mayoría de sociedades, en la mayor parte del pasado —sí, hasta bien entrado el siglo XX—, la herencia fue el camino habitual hacia los niveles elevados de poder. ¿Cómo y cuándo empezó a ser así?

Si bien no podemos estar seguros de la naturaleza hereditaria de la clase de poder de la Edad de Hielo, sabemos que existía gracias a las desigualdades flagrantes en el modo en que se enterraba a la gente. En un cementerio de Sungir, cerca de Moscú, con tantos como quizás 28 000 años de antigüedad, yace enterrado un anciano junto a gran cantidad de objetos: un gorro con dientes de zorro cosidos, miles de cuentas de marfil cosidas en sus ropas y unos veinte brazaletes de marfil; tal vez recompensas por una vida activa. Sin embargo, cerca de él se pudren un niño y una niña de entre ocho y doce años junto a objetos aún más espectaculares: esculturas de animales y armas bellamente forjadas, entre ellas lanzas de marfil de mamut, todas de más de metro ochenta de longitud, así como brazaletes de marfil, collares y botones de diente de zorro. Sobre cada niño, los dolientes esparcieron unas 3 500 cuentas de marfil finamente trabajadas. Tales riquezas difícilmente debían de haber sido ganadas: los ocupantes de la tumba eran demasiado jóvenes para acumular trofeos; al menos la chica sufría una ligera deformidad en las extremidades inferiores, cosa que habría impedido que fuera eficiente realizando tareas físicas o un ejemplo físico a admirar por algo.[54] Por lo tanto, esta prueba muestra una sociedad que distribuía las riquezas en función de criterios no relacionados con el mérito objetivo, un sistema que marcaba a los líderes de la excelencia al menos desde la infancia.

Así pues, parece como si en aquella época la herencia ya desempeñara un papel en la selección de los individuos de estatus elevado. En la actualidad, la teoría genética aporta explicaciones sofisticadas para una cuestión de observación común: muchos atributos mentales y físicos son hereditarios, incluidos quizás algunos de los que caracterizan a los buenos gobernantes. Por lo tanto, un sistema que favorece a los hijos de los líderes forjados a sí mismos es racional. El instinto de cría puede desempeñar un papel: es probable que los padres que quieran traspasar sus propiedades —incluidas la posición, el estatus o la oficina— a su prole respalden el principio hereditario. Al crearse desigualdades de ocio entre clases, la especialización libera a los padres que tienen papeles especializados y pueden enseñar a sus hijos para que les sucedan. Por encima de todo, en contextos políticos, el principio hereditario conduce a la paz porque desalienta la competición. Retira a las élites de los escenarios conflictivos y las campañas electorales corruptas. Por estas ventajas, algunos países continúan eligiendo a sus jefes de Estado de forma hereditaria (y, en el caso del Reino Unido, una legislatura en parte hereditaria). Desde un punto de vista práctico, si hemos de tener líderes, la vía hereditaria no es una mala manera de elegirlos.[55]

En nuestro intento por comprender dónde recae el poder en las sociedades de la Edad de Hielo, los últimos fragmentos de pruebas son las migajas de las mesas de los ricos. Aunque podían darse festines de forma espontánea cuando los carroñeros tropezaban con una buena pieza o cuando los cazadores conseguían una gran pieza, el foco habitual era una ocasión política, cuando un líder exhibía su generosidad para mediar poder y forjar lealtades. Dado que implican mucho esfuerzo y gastos, para celebrarlos los festines requerían una justificación: simbólica o mágica a un nivel o práctica a otro. La primera prueba clara que se tiene de ello se encuentra en los restos de plantas y presas que dejaban caer los comensales de Hallan Çemi Tepesi, en Anatolia, hace unos diez u once mil años, entre la gente que empezaba a producir comida en lugar de confiarlo todo a la caza o la recolección. Pero existen concentraciones anteriores sugerentes de pruebas parecidas en yacimientos del norte de España que son casi el doble de antiguas que las de Hallan Çemi. En Altamira, por ejemplo, los arqueólogos han encontrado cenizas de cocinados a gran escala y los restos calcificados de alimentos de hace quizás veintitrés mil años, con registros de lo que podrían ser los gastos grabados en palos de cuentas. Las analogías con los pueblos cazadores modernos sugieren que en esas ocasiones quizás se celebraran alianzas entre comunidades. Es probable que el pretexto no fuera la vinculación masculina: de ser así, los festines se habrían servido lejos de los lugares de residencia para mantener a distancia a las mujeres y los niños. En cambio, en las primeras sociedades agrarias y pastorales, los jefes utilizaban los festines para supervisar la distribución del excedente de producción entre la comunidad y, por tanto, para destacar el poder del organizador del festín, su estatus o su red de clientes; o para crear lazos de reciprocidad entre los asistentes al festín; o para concentrar el trabajo allí donde querían los organizadores del mismo. En etapas posteriores, en ocasiones los festines privilegiados, con acceso limitado, servían para definir a las élites y proporcionarles la oportunidad de forjar vínculos.[56]

El orden cósmico: el tiempo y los tabúes

Las élites privilegiadas y especializadas, que disfrutaban de la continuidad del poder garantizada por la herencia, tenían tiempo para dedicarse a pensar. Se pueden percibir algunos pensamientos que se les ocurrieron, mientras rastreaban el cielo en busca de los datos que necesitaban para su trabajo. A falta de libros, para los primeros humanos el cielo era de lectura obligatoria. Hay ojos para los que las estrellas son agujeritos en el velo del cielo a través de los cuales vislumbrar la luz de un Cielo de otro modo inaccesible.

El tiempo fue una de las primeras ideas revolucionarias en

la historia del pensamiento. La mayoría de la gente comparte la desesperación de san Agustín ante su incapacidad a la hora de definirlo. (Decía saber lo que era, hasta que alguien se lo preguntó.) La mejor manera de entenderlo es pensando en el cambio. Si no hay cambio, no hay tiempo. Nos acercamos a un sentido de tiempo o reflexionamos sobre él siempre que calculamos los posibles efectos de procesos de cambio interconectados —cuando por ejemplo aceleramos para escapar de un perseguidor o capturar una presa, o cuando nos damos cuenta de que una baya madurará para la cosecha antes que un tubérculo—. Cuando se comparan cambios, de hecho se miden sus ritmos respectivos. Así pues, podemos definir el tiempo como el ritmo al que se dan una serie de cambios, comparados con otros. No es necesaria una medida universal. Se puede medir lo que tarda en cruzar el cristal de la ventana una gota de lluvia comparado con el movimiento del reloj —aunque a falta de un reloj se puede hacer con el paso de una nube o el gateo de una criatura—. Como veremos en el capítulo 4 (ver pág. 166), la tribu nuer calcula el paso del tiempo en función del ritmo al que crece su ganado, mientras que otras culturas utilizan todo tipo de medidas irregulares, entre ellas cambios de dinastía, de gobernante o «cuando Quirino era gobernador de Siria». Los lakota de Norteamérica tradicionalmente usaban la primera nevada del año para empezar una nueva «cuenta larga».[57]

Con todo, si se busca un estándar de medición indefectiblemente regular, hay que mirar al cielo. La congruencia entre los ciclos celestiales y otros ritmos naturales —sobre todo los de nuestro cuerpo y los de los ecosistemas a que pertenecemos— hicieron posibles los primeros sistemas de medición del tiempo. Decía Platón: «La visión del día y la noche, los meses y las revoluciones de los años han creado el número y nos han dado una concepción del tiempo».[58] El ciclo del sol, por ejemplo, se adapta a las necesidades de sueño y vigilia. El de la luna coincide con los intervalos de la menstruación. Las vacas engordan con el paso de las estaciones, a su vez determinadas por el sol. Los estándares celestiales son tan predecibles que pueden servir para medir todo lo demás. Al tiempo de las estrellas —por ejemplo el ciclo de Venus, que ocupa 584 años— se le da importancia en culturas que favorecen los registros temporales a largo plazo y la aritmética de grandes números. Algunas sociedades, como la nuestra, intentan elaboradas reconciliaciones de los ciclos del sol y la luna, mientras que otras mantienen ambos grupos de cálculos en un tándem imperfecto. Hasta donde sabemos, todos los pueblos llevan un registro tanto del día y el año solares como del mes lunar.

Cuando apareció por primera vez la idea de utilizar el movimiento celestial como estándar universal de medida, revolucionó la vida de los pueblos que la aplicaron. Ahora los humanos contaban con una forma única de organizar el recuerdo y la anticipación, priorizar tareas y coordinar esfuerzos colaborativos. Desde entonces la utilizaron como base para organizar toda acción y llevar registro de toda experiencia. Y fue la base de la medición del tiempo —y por lo tanto de la coordinación de toda acción colaborativa— hasta nuestra época (en que hemos sustituido la observación celestial por la medición del tiempo en cesio atómico). Cómo no, surgió de la observación: de la conciencia de que algunos cambios —sobre todo los de la posición relativa de los cuerpos celestiales— son regulares, cíclicos y por lo tanto predecibles. El entendimiento de que se pueden utilizar como estándar regular a partir del cual medir otros cambios transciende a la observación: fue un acto de genialidad que sucedió en todas las sociedades humanas hace tanto tiempo que, irónicamente, no lo podemos datar.

El primer utensilio similar a un calendario del que se tiene conocimiento es un hueso plano en el que hay grabado un patrón de mediaslunas y círculos —que sugiere las fases de la luna—, de hace unos 30 000 años en la Dordoña. Con frecuencia han aparecido objetos con incisiones regulares en yacimientos mesolíticos, aunque podrían ser garabatos o señales de juegos, ritos o cálculos. Después aparecen más pruebas de cálculos caléndricos: aparatos para marcar el horizonte dejados entre los megalitos del quinto milenio a.e.c., cuando se empezaron a erigir piedras contra las cuales el sol proyectaba sombras alargadas como dedos, o entre las cuales brillaba señalando extraños santuarios. Al ser quienes mediaban con el cielo, los gobernantes se convirtieron en los guardianes del tiempo. Las ideas políticas no solo tienen que ver con la naturaleza y las funciones de los líderes, sino también con cómo controlan las vidas de sus seguidores. En este sentido, ¿en qué momento se puede detectar el surgimiento del pensamiento político? Es de suponer que la vida cotidiana de los primeros homínidos se pareciera a la de las manadas de primates, unidos por la alianza, la fuerza y la necesidad. ¿Cuáles fueron las primeras leyes que los convirtieron en nuevos tipos de sociedades, reguladas por las ideas?

Una conjetura que funciona en un sentido de orden cósmico inspiró las primeras nociones sobre cómo organizar la sociedad. Bajo el aparente caos de la naturaleza, o dentro de él, con un poquito de imaginación se puede ver el orden que la respalda. Para percatarse de ello puede que no haga falta pensar mucho. Incluso los bichos, por decir algo, o los bovinos —criaturas a las que no se alaba por sus capacidades mentales— son capaces de ver las relaciones entre los hechos que son importantes para ellos: presa muerta y comida disponible, por ejemplo, o la perspectiva de cobijo ante la tormenta o el frío inminentes.

Las criaturas dotadas de memoria suficiente pueden llegar más lejos que un bicho o un bisonte. La gente relaciona los casos esporádicos de orden que percibe en la naturaleza: por ejemplo, la regularidad del ciclo de la vida, del metabolismo humano, de las estaciones y de las revoluciones de las esferas celestiales. El andamio sobre el que los primeros pensadores erigieron la idea de un universo ordenado estaba formado por observaciones como esas. Pero tener conciencia de relaciones ordenadas es una cosa. Ahora bien, para llegar a inferir que el orden es universal hay que hacer un salto mental enorme. La mayoría del tiempo el mundo parece un caos y los acontecimientos parecen aleatorios. Así pues, la imaginación tuvo un papel importante a la hora de evocar el orden. Hace falta tener una mente vivaz para darse cuenta de que «Dios no juega a los dados», como se supone que dijo Einstein.

La idea de orden es demasiado vieja para ponerle fecha, pero cuando se dio hizo que el cosmos fuera imaginable. Emplazaba a las mentes a esforzarse por imaginar la totalidad de todo en un solo sistema. Las consecuencias de ello quedan captadas en los primeros diagramas cósmicos que se conservan, sean artísticos, religiosos o mágicos. Por ejemplo, en una cueva de Jaora, en Madhya Pradesh, India, se muestra cómo era el mundo para el pintor: dividido en siete regiones y rodeado de evocaciones de agua y aire. Un cuenco egipcio de cuatro mil años proporciona una visión alternativa de un mundo rodeado por un zigzag que parece dos pirámides entre la salida y la puesta de sol.

La hora del sueño de los aborígenes australianos, en la que se formó el tejido inseparable de todo el universo, recuerda a descripciones antiguas. Como también lo hacen la pintura sobre roca o el arte corporal en localizaciones generalizadas: los caduveos del valle del Paraguay, por ejemplo, cuya imagen del mundo está formada por cuatro cuartos diferentes y equivalentes, se pintan la cara a cuartos. Un mundo de cuatro cuartos también aparece en las rocas que los cabreros dogones decoran en Mali. Cuando los alfareros del Congo preparan ritos de iniciación a su oficio, pintan vasijas con las imágenes que se hacen del cosmos. Sin nociones anteriores de orden cósmico, dispuestas en secuencias de causa y efecto predecibles y por lo tanto tal vez manipulables, cuesta imaginar cómo podrían haberse desarrollado la adivinación mágica y profética.[59]

En política, orden puede significar una cosa diferente para cada persona. Pero al menos podemos percibirlo en todos los esfuerzos por regular la sociedad, por hacer que el comportamiento de la gente se amolde a un modelo o patrón. Es posible identificar normas sociales de gran antigüedad, tan extendidas que probablemente sean previas a la población del mundo. De acuerdo con las pruebas antropológicas, es probable que las primeras fueran de dos tipos: para prohibir alimentos y para prohibir el incesto.

Para ayudarnos a entender el por qué, los batlokwa, un pueblo pastoral de Botsuana, presentan el caso más instructivo. Prohíben una cantidad de alimentos incomparablemente enorme y variada. A ningún batlokwa se le permite comer oso hormiguero o cerdo. Se prohíbe comer las naranjas cultivadas en la zona pero no las adquiridas por comercio. Otros alimentos están sujetos a restricciones en función de la edad y el sexo del posible comensal. Solo los mayores pueden tomar miel, tortuga y pintada. El embarazo hace que las mujeres no puedan disfrutar de algunos tipos de víscera de vaca. Hay prohibiciones que solo se aplican en estaciones determinadas, otras en condiciones particulares, como en presencia de niños enfermos.

En conversaciones enmarcadas en el trabajo de campo, los batlokwa ofrecen explicaciones asistemáticas a los antropólogos, atribuyendo a cuestiones de salud, higiene o gusto prohibiciones cuya complejidad, aunque extrema, es representativa del alcance de las prohibiciones alimentarias en todo el mundo.[60] Todos los esfuerzos por racionalizarlas han fracasado.

El caso típico es el de los escrúpulos que están codificados en uno de los textos antiguos más famosos, las escrituras hebreas, todo un desafío para el análisis. Las criaturas de la lista prohibida no tienen nada en común (excepto, paradójicamente, como señaló la antropóloga Mary Douglas, que son anómalas en algunos métodos de clasificación, incluidos presumiblemente los de los antiguos hebreos). La misma falta de sentido aparente hace que no se puedan analizar exhaustivamente todas las demás cuestiones. Las teorías más conocidas fracasan: en la mayoría de casos conocidos, las reivindicaciones de economía e higiene —que las prohibiciones existen para conservar fuentes de alimento valiosas o para proscribir sustancias dañinas— sencillamente no funcionan.[61] Las explicaciones racionales y materiales fracasan porque las restricciones en la dieta son básicamente suprarracionales. Los significados atribuidos a los alimentos son, como todos los significados, convenciones acordadas sobre el uso. Las prohibiciones alimentarias unen a quienes las respetan y estigmatizan a quienes las rompen. Las reglas no tienen por qué tener sentido —si así fuera, los ajenos a ellas las seguirían— pero existen precisamente para excluir a los ajenos y dar coherencia al grupo. Los alimentos permitidos alimentan la identidad, mientras que los excluidos contribuyen a definirla.[62]

Al buscar las primeras normas sociales, la alternativa más probable a las prohibiciones alimentarias son las prohibiciones de incesto. Existen en todas las sociedades humanas conocidas en una variedad de formas casi tan extraordinaria como las normas alimentarias de los batlokwa: en algunas culturas los hermanos pueden casarse, pero no así los primos. Otras permiten los matrimonios entre primos, pero solo de diferentes generaciones. A veces se aplican prohibiciones incluso cuando no hay vínculos sanguíneos, como ocurre en Derecho Canónico en las relaciones formales entre familiares políticos.

Para entender el origen de las prohibiciones de incesto se ha de tener en cuenta su ubicuidad y su variedad. Así pues, no las explicaría la mera repugnancia, aunque fuera cierto que en general los humanos la sienten. «Uno debería probarlo todo una vez, excepto el incesto y los bailes folclóricos», recomendaba el compositor Arnold Bax. Sin embargo, ninguna actividad resulta aberrante para todo el mundo. Tampoco es convincente representar la discriminación en el control del deseo sexual como un instinto desarrollado para fortalecer la especie contra los efectos supuestamente malignos de la endogamia: en la mayoría de casos conocidos esos efectos no se dan. Las alianzas incestuosas suelen dar como fruto a niños sanos. Tampoco fue la responsable la eugenesia primitiva: la mayoría del tiempo, la mayoría de gente de la mayoría de sociedades han sabido poco y se han preocupado menos sobre las supuestas virtudes genéticas de la exogamia. Hay sociedades que imponen prohibiciones a parientes lejanos con pocas probabilidades de hacer un mal papel reproductivo. Por otro lado, otras autorizan alianzas de parientes sorprendentemente cercanos entre los que son más probables efectos genéticos desafortunados: los hermanos de la realeza egipcia, por ejemplo; o las hijas de Lot, cuyo deber era «yacer con su padre». Los primos hermanos pueden contraer matrimonio legítimo en veintiséis estados de Estados Unidos en los que se prohíben otras formas de incesto. A diferencia de la mayoría de los cristianos, los amish incentivan el matrimonio entre primos. En algunas sociedades árabes tradicionales, los tíos tienen derecho a reclamar a sus sobrinas como esposas.

En un escrito de la década de 1940, Claude Lévi-Strauss concibió la explicación más famosa y plausible a la ubicuidad y complejidad de las normas sobre el incesto. Según dijo, se le ocurrió tras observar cómo los hombres franceses vencían la vergüenza social de tener que compartir mesa en un *bistro* abarrotado de gente. Intercambiaban copas idénticas de vino de la casa. Ningún comensal salía ganando, en ningún sentido material, de aquella transacción cómica y superficial, pero, como en todo intercambio de regalos en apariencia desinteresado, el gesto mutuo creaba una relación entre las partes. A partir de aquella observación en el *bistro*, Lévi-Strauss desarrolló un argumento sobre el incesto: las sociedades obligan a las familias que las constituyen a intercambiar a las mujeres. Así, los linajes potencialmente rivales están vinculados y es probable que cooperen. En consecuencia, las sociedades con muchas familias ganan coherencia y fuerza. A las mujeres se las ve como mercancías de valor (desgraciadamente, la mayoría de personas de la mayoría de sociedades funcionan como mercancías entre explotadores que las explotan y negocian con ellas), con cuerpos mágicos que repiten los movimientos de los cielos y producen bebés. Si no estuvieran obligados a intercambiarlas, los hombres intentarían monopolizarlas. Al igual que en las prohibiciones alimentarias, las prohibiciones sexuales existen no porque tengan sentido por sí mismas, sino porque ayudan a construir el grupo. Al regular el incesto, las sociedades se hicieron más colaborativas, unidas, grandes y fuertes. El motivo por el que las prohibiciones de incesto son universales quizá sea así de simple: sin ellas, las sociedades estarían mal equipadas para sobrevivir.[63]

Las ideas de comercio: la primera economía política

Si las primeras ideas para regular la sociedad llevaron a prohibiciones sobre la comida y el sexo, ¿qué hay de la regulación de las relaciones entre sociedades? El contexto obvio al que mirar es el comercio.

Generalmente, los economistas han pensado en el comercio como un sistema bien calculado para deshacerse del excedente de producción. Pero cuando empezó el comercio, como los controles de incesto, como un intercambio de regalos, tenía más que ver con necesidades rituales que con conveniencia material o mero provecho. A partir de pruebas arqueológicas o inferencias antropológicas, parece que los primeros bienes intercambiados entre comunidades incluían fuego —que quizás por inhibiciones rituales algunos pueblos nunca encendieron y prefirieron adquirir fuera del grupo— y ocre, el imprescindible más extendido de los ritualistas de la Edad de Hielo. Los arqueólogos, cuyos predecesores veían las cabezas de hacha con unos patrones concretos o los pedernales tallados de una manera particular como pruebas de la presencia en un lugar concreto de quienes las habían fabricado, reconocen ahora que incluso en la antigüedad más remotamente identificable esos utensilios podrían haber sido objetos de comercio,[64] aunque quizás no entendido como lo haría Walmart o Vitol: los primeros comerciantes intercambiaban bienes exclusivamente para hacer rituales. Como escribió en 1944 Karl Polanyi, destacado crítico del capitalismo:

> El destacado descubrimiento de las investigaciones histórica y antropológica recientes es que, por norma, la economía del ser humano está sumergida en sus relaciones sociales. No actúa para salvaguardar su interés individual en la posesión de bienes materiales; lo hace para salvaguardar su estatus social, sus reivindicaciones sociales, sus activos sociales. Valora los bienes materiales solo en la medida en que le sirven para ese fin.[65]

Los bienes rituales no solo forman parte de redes comerciales sólidamente establecidas sino que, en buena parte del mundo, se practica el comercio como si fuera una especie de rito.

En la década de 1920, los antropólogos descubrieron y difundieron lo que se convirtió en su ejemplo estándar del mar de Salomón, al este de Nueva Guinea. Allí, los habitantes llevaban trabajosamente de isla a isla ornamentos de conchas pulidas y utensilios, siguiendo rutas consagradas por el hábito.[66] La tradición regulaba las condiciones de pago. Los bienes existían con el único propósito de ser intercambiados. De un lugar a otro, las manufacturas apenas variaban en forma o sustancia. Objetivamente no había diferencia de valor, a excepción de que los objetos antiguos tenían un recargo. Sin embargo, el sistema asignaba a cada objeto una naturaleza y un coste particulares en una escala en apariencia arbitraria pero reconocida universalmente. El *kula*, como se denomina el sistema, muestra que los bienes ordinarios, sin singularidades o utilidades concretas, pueden convertirse en objetos de comercio. El trabajo antropológico de Mary W. Helms, de alcance internacional, ha demostrado la frecuencia con que, en gran variedad de entornos culturales, los bienes ganaban valor al viajar, ya que llevan consigo la asociación simbólica con horizontes divinos o con la santificación del peregrinaje: la custodia que Hermes ejercía sobre los artesanos, músicos y atletas se extendió a los mensajeros, mercaderes y «cruzadores de frontera profesionales».[67] Aunque de forma débil, las prácticas comerciales modernas conservan algo de esa aura primitiva. En el colmado de la esquina de mi casa, el parmesano local es tres veces más barato que el importado de Italia. Desafío a cualquier gourmet a diferenciarlos una vez espolvoreados sobre los espaguetis; ahora bien, los clientes pagan con gusto un recargo por la virtud añadida de un exotismo imposible de cuantificar. Adam Smith escribió: «Todo hombre se convierte hasta cierto punto en un comerciante».[68] No obstante, aunque ahora la demos por hecha, la idea de que el comercio añade valor a los bienes y se practica para obtener beneficio no siempre ha sido obvia para todo el mundo. Hubo un tiempo en que parecía una innovación sorprendente.

Pese a la lejanía y la opacidad de mucho del material, la lección a extraer de este capítulo es clara: antes de que acabara la Edad de Hielo ya habían surgido algunas de las mejores ideas del mundo y lo habían modificado: la comunicación simbólica, la distinción entre vida y muerte, la existencia de algo más que un cosmos material, la accesibilidad a otros mundos, espíritus, maná, quizás incluso Dios. El pensamiento político ya había generado varias maneras de escoger líderes —entre ellas el carisma y la herencia, así como la destreza— y una serie de recursos para regular la sociedad, entre ellos las prohibiciones relacionadas con los alimentos y el sexo, y el intercambio de alimentos ritualizado. Pero ¿qué sucedió cuando el hielo se retiró y desaparecieron los entornos hasta entonces atesorados? Cuando se reanudó el calentamiento global, intermitentemente, hace entre diez y veinte mil años, amenazando la comodidad conocida de las formas tradicionales de vida, ¿cómo reaccionó la gente? ¿Qué ideas nuevas surgieron en respuesta al entorno cambiante o con indiferencia de él?

3

Mentes establecidas

El pensamiento «civilizado»

Notaron una bocanada de aire procedente del interior del desprendimiento de rocas. Eliette Deschamps era lo bastante delgada como para serpentear entre ellas mientras sus compañeros espeleólogos ensanchaban el hueco. Vio un túnel ante ella y pidió a Jean-Marie Chauvet y Christian Hillaire que se unieran a ella. Gritaron en la oscuridad para que el eco les permitiera hacerse una idea de las dimensiones de la cueva. Un vacío enorme se tragó el sonido.

Habían encontrado la mayor cueva jamás descubierta en Ardèche, en el sur de Francia, donde la piedra caliza está llena de cuevas y corredores subterráneos. En una cámara contigua les esperaba una visión aún más extraordinaria: un oso alzado, pintado en ocre rojo, conservado durante quién sabe cuántos miles de años.[1]

La cueva de Chauvet, como denominaron al hallazgo de 1994, es una de las colecciones de arte más tempranas, bien conservadas y extensas de la Edad de Hielo. Según algunas autoridades en la materia, alberga imágenes de más de 30 000 años de antigüedad.[2] Sobre las paredes, bisontes y uros que atacan, caballos que salen en estampida, renos contemplativos que pastan. Hay cabras montesas corriendo, rinocerontes rumiando y criaturas que huyen de la caza o caen víctimas de ella. Los estudios anteriores daban por sentado que el arte «había evolucionado» de unos raspados iniciales y «primitivos» a las imágenes sublimes y bien conocidas de finales de la Edad de Hielo encontradas en Lascaux, en Francia; no obstante, en cuanto a técnica y talento, algunas obras de Chauvet son tan conseguidas como pinturas hechas en entornos similares miles de años después. Las pruebas de la antigüedad comparable de otras obras de arte, que sobreviven solo en marcas o fragmentos encontrados en cuevas de lugares tan alejados entre sí como España y Sulawesi, hacen creíble esa datación tan temprana de Chauvet. Con todo, algunas de las escenas de Chauvet podrían trasladarse, por ejemplo, a los estudios indiscutiblemente posteriores de Lascaux, o de Altamira, en el norte de España, y no parecerían fuera de lugar. Si los pintores de Lascaux hubieran visto la obra de sus predecesores de Chauvet, las similitudes les habrían dejado tan asombrados como a nosotros.

La Edad de Hielo no solo proporcionó abundancia material y élites ociosas: también favoreció que hubiera sociedades estables. Si el arte es el espejo de la sociedad, las pinturas demuestran una continuidad sorprendente. En aquella época, sin duda, un cambio como el que había parecía dinámico. A posteriori, difícilmente cuadra con el frenesí y la preocupación de la vida moderna. Parecemos incapaces de mantener una moda artística durante diez minutos, no digamos ya diez siglos o diez milenios. Los habitantes de la Edad de Hielo eran decididamente conservadores, valoraban demasiado su cultura como para cambiarla: a juzgar por los productos de su mente, que ya hemos visto, no se estancaban por falta de iniciativa, sino que mantenían su modo de vida y su actitud porque les gustaban las cosas tal como eran.

El cambio climático amenazó su mundo. Podemos empatizar con ellos. Nosotros también habitamos en un mundo que se va calentando de forma preocupante. Mientras tanto, las fluctuaciones han traído períodos fríos extensos o intensos, y las actividades humanas intensifican la tendencia actual. Sin embargo, si miramos a largo plazo vemos que el calentamiento que hizo que la Edad de Hielo llegara a su fin aún continúa. Cuando empezó la tendencia al alza de la temperatura global, durante una era de inestabilidad climática hace entre diez y veinte mil años, en términos generales la gente reaccionó de dos modos: unas comunidades emigraron en busca de entornos que les resultaran familiares; otras se quedaron e intentaron adaptarse.

Después del hielo: la mente mesolítica

Podemos empezar siguiendo a los emigrantes, rastreando sus paradas y asentamientos en busca de cómo pensaban sobre la marcha. Sus rutas acompañaban o seguían la retirada de los cuadrúpedos voluminosos y nutritivos que vivían en el límite del hielo. La caza continuaba siendo la base del modo de vida de los emigrantes, aunque podemos rescatar pruebas de al menos una nueva idea que se les ocurrió a medida que iban cambiando sus circunstancias.

En 1932, en el norte de Alemania, Alfred Rust estaba excavando campamentos ocupados por cazadores de renos hace unos diez mil años, pero no encontró ningún ejemplo del gran arte que esperaba. Sin embargo, en tres lagos excavó restos de treinta bestias grandes sin descuartizar. Todas ellas habían sido sacrificadas y hundidas con una gran piedra entre las costillas. No se conocían precedentes de aquel tipo de sacrificio. Los rituales de matanza anteriores precedían a los festines o tenían como objetivo a tigres, leones y demás depredadores. Aquellas muertes del lago eran diferentes: los asesinos habían prescindido de la comida. Habían practicado un puro sacrificio, un sacrificio personal absoluto, ofreciendo la comida a los pies de los dioses pero fuera del alcance de la comunidad. Los restos que desenterró Rust fueron los primeros indicios de una nueva idea sobre la trascendencia: la aparición de los dioses celosos de su hambre y el surgimiento de la religión, que aparentemente tenía el propósito de apaciguarlos.

Hasta donde sabemos, en sacrificios posteriores por lo general los sacrificados y los dioses compartían los beneficios más equitativamente. La comunidad podía consumir la materia sacrificada, comer los alimentos que los dioses despreciaban, habitar edificios erigidos en su gloria o aprovechar trabajo ofrecido en su honor. La antropología proporciona una explicación convincente: los regalos solían establecer reciprocidad y consolidar las relaciones entre humanos, de manera que un regalo también podía mejorar las relaciones más allá de los seres humanos y ligar a los dioses o espíritus a los suplicantes humanos, conectar a las deidades con el mundo profano y alertarles de las necesidades y preocupaciones terrestres. Si el sacrificio se dio inicialmente como un intercambio de regalos con los dioses y espíritus, para sus practicantes debió de tener sentido en el contexto de intercambios entre ellos.

La idea de sacrificio probablemente apareció mucho antes de la primera prueba que se conserva. Tal vez no sea demasiado fantasioso relacionarla con las reacciones a la crisis del cambio climático y el surgimiento de nuevos tipos de religión, que supondrían el desarrollo de nuevos centros de culto permanentes y de rituales propiciatorios nuevos y elaborados. El primer templo del que tenemos conocimiento —el primer espacio que se puede demostrar que estaba dedicado a la adoración— data de incluso antes que el sacrificio que identificó Rust: mide unos tres metros por seis y está bajo Jericó, en lo que hoy es la parte palestina de Israel. Sobre el suelo que los adoradores barrían con tesón se alzan dos bloques de piedra perforados para aguantar un objeto de culto desaparecido.

La idea de sacrificio atrajo quizás a practicantes potenciales porque los chivos expiatorios desvían la violencia potencialmente destructiva hacia canales controlables.[3] Los críticos, sobre todo el judaísmo, el islam y el protestantismo, han injuriado el sacrificio como un intento casi mágico de manipular a Dios. Sin embargo, durante los últimos diez mil años no han desalentado a la mayoría de religiones de adoptarlo. En el proceso, el sacrificio se ha llegado a entender de formas encontradas o complementarias: como una penitencia por los pecados, un agradecimiento, un homenaje a los dioses, una contribución para impulsar o armonizar el universo; o como generosidad sacralizada, honrando o imitando a Dios mediante el ofrecimiento a los demás o para los demás.[4]

Pensar con el barro: la mente de los primeros agricultores

Quienes siguieron el hielo se aferraron a su medio de sustento tradicional en nuevas latitudes. Mientras tanto, otros pueblos, que ahora trataremos, prefirieron quedarse en casa y adaptarse. Se enfrentaron al cambio climático cambiando con él. Al detenerse en un lugar, dejaron montones de capas de pruebas que los arqueólogos pueden encontrar. Por lo tanto, podemos decir mucho sobre lo que les pasaba por la cabeza, empezando por las ideas económicas; siguiendo por una excursión entre los profesionales que hicieron la mayor parte del pensamiento podemos tratar el pensamiento político y social; y acabando por centrarnos en materias más profundas de la moral y la metafísica.

El calentamiento global abrió nuevos nichos ecológicos para la explotación humana. Tras el hielo llegó el barro. Ante aquella tierra fácilmente trabajable surgió la idea económica más importante y perdurable de la era: criar para comer, es decir, domesticar plantas y animales que constituyeran fuentes de alimento. Allí donde abundaban el agua y el sol y la tierra era desmenuzable, la gente, equipada con tecnologías rudimentarias como plantadores y coas, pudo ir alejándose de la recolección de alimentos y empezar a cultivar. Lo hizo de forma independiente, con diferentes especializaciones, en zonas del mundo bien alejadas. La siembra del ñame en Nueva Guinea empezó hace al menos siete mil años, quizás nueve.[5] El cultivo del trigo y la cebada en Oriente Medio, de los tubérculos en Perú y del arroz en el sureste asiático tienen como mínimo una antigüedad comparable. Siguieron después el cultivo del mijo en China, el de la cebada en el valle del Indo y el de un cereal de espiga corta conocido como teff en Etiopía. Durante los dos o tres mil años posteriores, la agricultura se extendió y empezó de forma independiente en casi todos los lugares en que las tecnologías disponibles la hacían practicable. La invención de la agricultura hizo que el mundo se precipitara a un crisol alquímico y revirtió millones de años de evolución. Antes, la selección natural había sido la única manera de diversificar la creación. Ahora, la «selección antinatural», llevada a cabo por agentes humanos con propósitos humanos, producía nuevas especies.

Sospecho que los primeros alimentos que la gente seleccionó y crio para mejorar sus existencias fueron los caracoles y moluscos similares. Hasta cierto punto, es una suposición lógica: tiene más sentido empezar con una especie fácil de manejar que con cuadrúpedos grandes y bravos o plantas que hay que labrar trabajosamente. Los caracoles pueden cogerse a mano y retenerse sin tecnología más sofisticada que una zanja. No tienes que hacerlos mover en manada ni entrenar perros o hacer que los controlen otros animales. Vienen dentro de su propia concha. Hay muchas pruebas que apoyan la lógica. En yacimientos antiguos de todo el mundo, en cualquier lugar donde las condiciones ecológicas favorecieran la multiplicación de la población de caracoles en la época, se encuentran cáscaras de hace unos diez mil años a niveles estratigráficos profundos, a menudo más profundos que algunos alimentos cazados que requerían de tecnologías sofisticadas para ser obtenidos.[6] En algunos casos, los moluscos que albergaban pertenecían a variedades ya extinguidas y eran de mayor tamaño que cualquiera que haya sobrevivido, lo cual sugiere que los seleccionaban en función de su tamaño.

La agricultura fue una revolución. Pero ¿fue una idea? ¿Debería incluirse en la historia del mundo una práctica tan sucia y manual, tan física y terrena? Entre las teorías a favor y en contra, hay una que dice que la agricultura se dio «de forma natural» como parte de un proceso gradual de coevolución en el que los humanos compartían determinados entornos con otros animales y plantas, lo que favoreció que gradualmente se fuera desarrollando una relación de dependencia mutua.[7] En algunos aspectos, la transición hacia la agricultura parece que fue un proceso demasiado lento como para que se generara a partir de una idea repentina. Los recolectores suelen replantar algunos cultivos que seleccionan sobre la marcha. Los aborígenes recolectores de Australia replantan tallos de *marsilea drummondii* en la tierra. Los papago del desierto de California siembran alubias por sus rutas de trashumancia. Cualquiera que les observe se da cuenta de que, a la larga, se traba una relación entre recolección y agricultura: una puede transmutar en la otra sin que sus practicantes se lo planteen demasiado. La caza puede acabar en arreo, ya que los cazadores juntan y sacrifican a sus presas. Entre los desperdicios de los campamentos humanos pueden crecer nuevos cultivos de forma espontánea. Hubo animales que se volvieron dependientes del cuidado humano o vulnerables al arreo al compartir los hábitats preferidos de los humanos. En un proceso ejemplar de coevolución, los perros y los gatos quizás adoptaran a los humanos para sus propios fines —explotar concentraciones de pequeños roedores que merodearan por los campamentos humanos en busca de desperdicios y restos— y no al revés.[8]

Una teoría rival convierte la agricultura en el resultado del determinismo ambiental: una población en aumento o una disminución de los recursos requiere nuevas estrategias de producción de alimentos. En épocas recientes documentadas históricamente se dieron ejemplos de pueblos recolectores que adoptaron la agricultura para sobrevivir.[9] Pero el estrés difícilmente puede surgir a la vez del aumento de población y de la pérdida de recursos: lo último frustraría lo primero. Y no existe prueba alguna de ninguna de las dos cosas en épocas relevantes de la historia del surgimiento de la agricultura. Al contrario, en el sureste asiático la agricultura apareció en una época de abundancia de recursos tradicionales, cosa que proporcionó a las élites tiempo libre para pensar en más formas de multiplicar las fuentes de alimento.[10] La agricultura fue una idea de la gente, no un espasmo involuntario o una reacción inevitable.

Según una teoría que en su día se hizo popular, la agricultura empezó como un accidente cuando los recolectores dejaron caer semillas despreocupadamente en una tierra adecuada. Una mujer —los adeptos a esta teoría tienden a subrayar que se trató de una mujer, tal vez porque a las mujeres se les atribuía el papel de proveedoras de alimento o lo adoptaban— o «un salvaje sabio», como pensaba Charles Darwin, debió de emprender los primeros experimentos de nuestros ancestros en materia de agricultura cuando, en palabras de Darwin, «al ver una gran variedad de plantas autóctonas salvajes y excepcionalmente buenas... las trasplantó y sembró sus semillas». Esta historia convierte la agricultura en el producto de una idea, pero, como prosiguió Darwin: «difícilmente implica más premeditación de la que se esperaría en un período de civilización temprano y tosco».[11] Podría ponerse al mismo nivel que las estrategias alimentarias que se inventan y difunden entre las comunidades de monos, como las innovaciones de Imo con los boniatos entre los macacos japoneses (ver pág. 53).

Son tres los contextos intelectuales que hacen comprensibles los comienzos del cultivo. Después de todo, el alimento y la bebida sirven para más cosas que para nutrir el cuerpo y saciar la sed. También alteran estados mentales y confieren prestigio y poder. Simbolizan la identidad y generan rituales. En sociedades organizadas jerárquicamente, las élites casi siempre piden más comida de la que pueden ingerir, no solo para garantizarse su seguridad sino también para alardear de su riqueza al derrochar con las sobras.[12] Así pues, merece la pena considerar la influencia que tienen la política, la sociedad y la religión sobre las estrategias alimentarias.

Los festines, por ejemplo, son políticos. Establecen una relación de poder entre quienes proporcionan los alimentos y quienes los comen. Celebran la identidad colectiva o consolidan las relaciones con otras comunidades. En los festines competitivos, que como hemos visto ya se practicaban antes del surgimiento de la agricultura, los líderes ofrecían comida a cambio de lealtad. Esta estrategia solo es viable cuando se dispone de gran cantidad de alimentos, de modo que las sociedades obligadas por los festines siempre favorecerán la agricultura intensiva y el almacenamiento masivo de alimentos. Incluso cuando las formas de liderazgo son más relajadas o la toma de decisiones se hace en grupo, los festines pueden ser un incentivo poderoso para utilizar la fuerza, de ser necesario, para estimular la producción de alimentos y acumular unas existencias considerables. Sea como fuere, la idea de agricultura es inseparable del egoísmo de dirigir las mentes.[13]

De este modo, o de modo alternativo, quizás la religión proporcionara parte de la inspiración. En la mayoría de los mitos culturales, el poder de hacer que la comida aumente es un don o una maldición de los dioses, o un secreto que un héroe les robó. El trabajo es una especie de sacrificio que los dioses recompensan con alimento. Se nos hacen imaginables las ideas de plantar como rito de fertilidad, regar como libación o poner un cercado como reverencia hacia una planta sagrada. La gente tiene animales domesticados para utilizarlos en sacrificios y profecías además de para comer. Muchas sociedades cultivan plantas para el altar, no para la mesa. Ejemplos de ello serían el incienso y las drogas extáticas o alucinatorias, así como el maíz para sacrificios de algunas comunidades de los Andes altos y el trigo que en la tradición cristiana ortodoxa es el único grano permitido para la eucaristía. Si la religión inspiró la agricultura, la capacidad del alcohol para inducir el éxtasis podría haberse sumado a su atractivo de seleccionar plantas apropiadas para la fermentación. Los actos de arar, hacer agujeros con un plantador, sembrar semillas y regar las plantas podrían haber comenzado como ritos de nacimiento y nutrición del dios del que se iban a alimentar. En resumen, allí donde los cultivos son dioses, cultivar es adorar. Quizás la agricultura naciera en la cabeza de los guías sacerdotales, quienes por supuesto podrían haber ejercido también de líderes seglares.

Finalmente, el conservadurismo podría haber desempeñado un papel importante, ya que, como sugiere el arqueólogo Martin Jones, los recolectores establecidos en entornos cada vez más cálidos se vieron obligados a cuidar cada vez más de los cultivos amenazados por el clima. Para preservar su modo de vida ya existente, los limpiaban de malas hierbas, se ocupaban de ellos, los regaban y los aventaban, incentivando el crecimiento de los especímenes más provechosos, canalizando el agua hasta ellos e incluso trasplantándolos a los lugares más favorables. Prácticas similares como gestionar el pasto aún con más celo conservaban las especies cazadas. Al final los humanos y las especies que se comían acabaron atrapados en una dependencia mutua, incapaces de sobrevivir los unos sin los otros. La gente que se esforzaba por mantener intactas sus fuentes de alimento en un clima cambiante no buscaban un nuevo modo de vida, lo que querían era perpetuar el antiguo. La agricultura era una consecuencia accidental. El proceso que la trajo fue reflexivo, pero estaba dirigido a otros fines.[14]

La agricultura no era para todo el mundo. Entre sus consecuencias negativas estaban el trabajo agotador y una concentración de personas nada saludable, además de un aumento de la población peligroso desde el punto de vista ecológico, el riesgo de hambre por sobredependencia de unos cultivos limitados, la deficiencia vitamínica allí donde uno o dos alimentos básicos monopolizaban las dietas y nuevas enfermedades en nuevos nichos ecológicos en los que los animales domésticos formaban núcleos de infecciones, como ocurre también hoy en día. Con todo, allí donde arraigaron las nuevas formas de vida, se vieron acompañadas de nuevas ideas, a las que siguieron nuevas formas de organización social y política, en las que nos centraremos a continuación.

La política de los agricultores: la guerra y el trabajo

La agricultura requería algo más que las condiciones materiales apropiadas: también era producto de un acto de imaginación: darse cuenta de que las manos humanas podían remodelar la tierra a imagen de la geometría, con campos cultivados delimitados por bordes rectos y segmentados por surcos y acequias. Las mentes alimentadas por la agricultura imaginaban ciudades monumentales. Surgieron nuevos Estados fuertes para gestionar, regular y redistribuir el excedente de alimentos de cada estación. Los jefes dieron paso a los reyes. Las élites especializadas revoloteaban y se multiplicaron las oportunidades de patrocinio para artistas y eruditos, cosa que estimuló el ciclo de las ideas. El trabajo, organizado a gran escala, había de ser sumiso y los almacenes debían estar controlados: la conexión entre agricultura y tiranía era inevitable. Con toda probabilidad las guerras empeoraron cuando los sedentarios se desafiaron mutuamente por la tierra. Los ejércitos crecieron y aumentó la inversión para mejorar las tecnologías de combate.

Los rituales de intercambio ayudaban a mantener la paz, pero cuando fracasaban la guerra obligaba a los participantes a idear nuevos modos de comportamiento. A menudo se sostiene que los humanos son criaturas pacíficas «por naturaleza» que vieron como los procesos de corrupción social los sacaban a la fuerza de una edad de oro de paz universal: pues bien, según la influyente antropóloga Margaret Mead, la guerra «es una invención, no una necesidad biológica».[15] Hasta hace poco había escasez de pruebas con las que rebatir esta teoría, debido a los registros arqueológicos relativamente escasos sobre conflictos entre comunidades en el Paleolítico. Sin embargo, en la actualidad parece un punto de vista indefendible: en estudios sobre guerras entre simios, guerras en sociedades recolectoras supervivientes, agresión psicológica y derramamiento de sangre y huesos rotos en arqueología de la Edad de Piedra han aparecido pruebas que demuestran la omnipresencia de la violencia.[16] Esto apoya al mariscal de campo Bernard Law Montgomery, que remitía a quienes le preguntaban por las causas del conflicto a *La vida de las hormigas*, de Maurice Maeterlinck.[17]

Así pues, la agresión es natural; la violencia aparece fácilmente.[18] Como modo de conseguir ventaja en la competición por los recursos, la guerra es más antigua que la raza humana. Sin embargo, la idea de llevarla a cabo para exterminar al enemigo apareció sorprendentemente tarde. No se requiere un gran esfuerzo mental para emprender una guerra con el fin de obtener recursos o defenderlos, reivindicar la autoridad, mitigar el miedo o evitar un ataque contrario: todas ellas son causas de violencia detectables entre bestias de carga. Sin embargo, para idear una estrategia de masacre se requiere una mente inteligente. La masacre implica un objetivo visionario: un mundo perfecto, una utopía libre de enemigos. La perfección es una idea de difícil acceso, puesto que dista mucho de la experiencia real. Lo que la mayoría de la gente entiende por perfección es aburrido: más de lo mismo, sin más, mera saciedad y exceso. La mayoría de visiones del paraíso son empalagosas. Pero los primeros etnocidas y genocidas, los primeros teóricos de la masacre, eran auténticos utopistas radicales. En algunas versiones del destino de los neandertales, nuestra especie los aniquiló. En la que consideraba su mejor novela, *Los herederos*, William Golding volvió a imaginar el encuentro —de un modo romántico pero con un insólito sentido de cómo eran los bosques de hayas hace cuarenta mil años—: sus neandertales son tipos sencillos y confiados, mientras que la «nueva gente» parecen extraterrestres invasores siniestros y espeluznantes —incomprensibles, despiadados, extrañamente violentos incluso al hacer el amor—. Los neandertales parecen incapaces de sospechar la estrategia de exterminio que tienen los recién llegados hasta que ya es demasiado tarde.

No se dispone de pruebas suficientes para apoyar la descripción de Golding u otras afirmaciones de que nuestros antepasados tramaran la extinción de los neandertales. Y a partir de los registros arqueológicos cuesta identificar guerras menores, como las que disputan los chimpancés contra tribus vecinas o grupos secesionistas que amenazan con mermar los recursos alimentarios o las hembras de sus enemigos.[19] Sin duda la guerra se dio antes de lo que indican las pruebas de que disponemos: la primera batalla a gran escala de que tenemos noticia se luchó en Jebel Sahaba, hace entre once y trece mil años, en un contexto en el que la agricultura estaba en ciernes. Entre las víctimas hubo mujeres y niños. Muchos fueron atacados violentamente con múltiples heridas. Una mujer fue apuñalada veintidós veces. No se tienen pruebas de los motivos de los asesinos pero el escenario agrario hace sospechar que el territorio, el prerrequisito básico para la supervivencia y prosperidad de los granjeros, era lo bastante valioso como para luchar por él.[20] Por otra parte, los veintisiete hombres, mujeres y niños masacrados quizás hace unos once mil años en Nataruk, en lo que hoy es Kenia, eran recolectores, y eso no los salvó de las flechas y los garrotes que les perforaron la carne y les machacaron los huesos.[21] El modo en que los granjeros fortificaban sus asentamientos indica la intensificación del conflicto, como también lo hacen las «fosas de la muerte» en las que hace siete mil años se apiló a centenares de víctimas de las masacres, en zonas que hoy pertenecen a Alemania y Austria.[22] En la actualidad, los pueblos que practican la agricultura rudimentaria suelen ser partidarios de la estrategia de masacrar. Cuando los maring de Nueva Guinea saquean un pueblo enemigo, intentan aniquilar a la población al completo. Muchas veces las sociedades «avanzadas» no parecen muy diferentes a este respecto, excepto en que sus tecnologías para masacrar suelen ser más eficaces.

Entre otras consecuencias de la revolución agrícola se encuentran las nuevas formas de trabajo. El trabajo se convirtió en una «maldición». La agricultura requería trabajo duro, mientras que los gobernantes explotadores resultaron ser expertos en pensar elaboradas justificaciones para hacer que los demás se esforzaran. En la época de abundancia de la Edad de Piedra (ver pág. 69), a la mayoría de comunidades les bastaba con cazar o recoger frutos dos o tres días por semana para alimentarse. Por lo que se sabe, los recolectores no veían su esfuerzo como una rutina, sino que más bien se lo tomaban como un ritual, como las ceremonias y juegos que lo acompañaban. No tenían motivo para separar ocio de trabajo, ni tampoco oportunidad de hacerlo.

La agricultura parece haber cambiado todo eso al «inventar» el trabajo y compartimentarlo en una sección de la vida distinta a la del ocio y el placer. Muchas sociedades agrarias sencillas aún presentan el legado del enfoque del cazador: consideran la labranza de la tierra como un rito colectivo y a menudo como una forma de divertimento.[23] Sin embargo, en su mayoría los primeros agricultores no podían permitirse los niveles de relajación del Paleolítico. Por lo general, la tierra que podían trabajar con herramientas rudimentarias era o muy seca o muy húmeda; así que necesitaban acequias para regar, que cavaban trabajosamente, o montículos para elevar los cultivos sobre el nivel del agua, que alzaban tediosamente. Las horas de entregado esfuerzo se alargaban. El trabajo era cada vez más susceptible a los ritmos de la época de siembra y cosecha, así como de las tareas diarias: quitar las malas hierbas, mantener las acequias y los diques. Hace unos cuatro mil años, las «sociedades hidráulicas»[24] y los «despotismos agrarios» de la antigua Mesopotamia, Egipto, el Indo y China habían revertido los antiguos índices de trabajo y ocio organizando poblaciones densas con una producción de alimentos incesante, solo interrumpida, estación tras estación, por enormes obras públicas realizadas para mantener a los campesinos y peones demasiado ocupados como para rebelarse.

Surgió entonces una amplia clase ociosa con plenos poderes. No obstante, las consecuencias políticas fueron funestas para los trabajadores. Contrariamente a la creencia popular, la «ética laboral» no es una invención moderna del protestantismo o la industrialización, sino un código que tenían las élites para imponerse cuando el trabajo dejaba de ser agradable. Los antiguos poetas chinos y mesopotámicos loaban el esfuerzo sin escatimar en los campos. «Seis días trabajarás», era la maldición de los expulsados del Edén. La desagradable vocación de Caín era ser labrador.[25] Al parecer las mujeres fueron quienes más perdieron, al menos durante un tiempo: en las sociedades cazadoras, los hombres tendían a especializarse en actividades para conseguir comida relativamente peligrosas y físicamente exigentes. En cambio, al inicio del trabajo agrícola, las mujeres eran como mínimo igual de buenas que los hombres plantando, quitando malas hierbas y almacenando. En consecuencia, a medida que la agricultura se fue extendiendo, las mujeres tuvieron que ampliar su contribución a la familia, sin relajarse en las tareas ineludibles de la crianza de los hijos y el cuidado de la casa. La vida sedentaria significaba que podían engendrar, alimentar y criar a más bebés que sus antepasados nómadas. Es probable que las mujeres se retiraran de algunas tareas de los campos cuando había que vérselas con arados pesados y bestias de tiro reacias, pero en cierto sentido la maldición del trabajo nunca ha disminuido para ninguno de los dos sexos. Una paradoja de las sociedades «desarrolladas» es que aumentar el ocio nunca nos libera, sino que convierte el trabajo en una lata y multiplica el estrés.

La vida cívica

La agricultura impuso problemas tremendos pero también propició grandes oportunidades. Las nuevas élites ociosas tenían más tiempo que nunca para pensar. Si bien las sociedades agrarias sufrían de hambruna recurrente, el trasfondo era una rutina de abundancia. La agricultura hizo posible la aparición de las ciudades. Podía alimentar a asentamientos lo bastante grandes como para abarcar todas las formas de actividad económica especializada, y donde se podían perfeccionar y mejorar las tecnologías. «En todos existe por naturaleza un instinto social, pero el primero que fundó la polis fue el mayor de los benefactores.»[26]

La ciudad es el medio más radical que la mente humana ha ideado para alterar el entorno: asfixiar el paisaje con un nuevo hábitat, meticulosamente imaginado, creado para propósitos solo concebibles por los humanos. Obviamente, nunca hubo una edad de oro de la inocencia ecológica. Hasta donde sabemos, la gente siempre ha explotado el entorno para obtener de él lo que pudiera. Parece como si los cazadores de la Edad de Hielo hubieran querido extinguir justo las especies de las que dependían. Los granjeros siempre han agotado los suelos y han trabajado tierras desérticas. Con todo, los entornos construidos representan hasta el extremo la idea de naturaleza desafiante: conduciendo a la guerra contra otras especies, remodelando la tierra y el entorno, reconstruyendo el ecosistema para que se adecúe a los usos de los humanos y esté a la altura de sus imaginaciones. Diez mil años a.e.c., las edificaciones de ladrillo de Jericó ya parecían oprimir la Tierra con muros de más de medio metro de ancho y profundos cimientos de piedra. La primera Jericó cubría poco más de cuatro hectáreas. Unos tres mil años después, Çatalhöyük, en la actual Turquía, era tres veces mayor: un laberinto de viviendas unidas no por calles como las entendemos hoy día sino por pasarelas que discurrían sobre los tejados planos. Las casas eran todas iguales, contaban con paneles, entradas, hogares y hornos de forma y medida estándar, e incluso ladrillos de escala y patrón uniforme. En la actualidad, en uno de los muros sobrevive el dibujo pintado del paisaje urbano de una ciudad similar.

Los habitantes de aquellas ciudades debían de considerar que la ciudad era el marco ideal para vivir. Sin duda, tres mil años a.e.c. esa era la opinión predominante en Mesopotamia, donde las ideas heredadas definían el caos como un tiempo en el que «no se había colocado un ladrillo... no se había construido una ciudad».[27] Hacia el año 2000 a.e.c., el 90 por ciento de la población del sur de Mesopotamia vivía en ciudades. Solo ahora se está poniendo al día el resto del mundo. Todo ese tiempo hemos tardado en acercarnos a superar los problemas de salud, seguridad y viabilidad que provocan las ciudades en sus habitantes. Nos estamos convirtiendo en una especie ciudadana pero no sabemos si podremos evitar los desastres que hasta ahora han vencido a todas las civilizaciones que han construido ciudades y las han hecho una con Nínive y Tiro.[28]

El liderazgo en los estados emergentes

Además de estimular la ciudad, la agricultura solidificó el Estado. De hecho, ambos efectos estaban relacionados. Para gestionar el trabajo y las existencias de alimentos, las comunidades reforzaron a sus gobernantes. Cuanto más aumentaba la producción de alimentos, más bocas había para alimentar y más mano de obra para gestionar. El poder y la alimentación se enredaban como plantas trepadoras en una espiral ascendente. Los politólogos suelen distinguir entre «estructura de liderazgo tribal» —la estructura de autoridad política típica de las culturas recolectoras— y «Estado», al que favorecen las sociedades agricultoras y pastoriles. En las estructuras de liderazgo tribales las funciones de gobierno no están divididas: los gobernantes cumplen con todas ellas, de modo que elaboran leyes, dirimen conflictos, imparten justicia, controlan las vidas. Por su parte, los Estados distribuyen las mismas funciones entre especialistas. Según Aristóteles, el Estado era la respuesta al aumento de población: la primera sociedad había sido la familia, después la tribu, después el pueblo y finalmente el Estado. El pueblo representó una fase decisiva: la transición hacia la vida sedentaria, la sustitución de la caza y la recolección por la agricultura y el pastoreo. El Estado supuso la culminación: «La unión de las familias y los pueblos en una vida perfecta y autosuficiente».[29] Todavía confiamos en esa especie de narración sobre el pasado inescrutablemente lejano. En el modelo habitual de sociólogos y politólogos, los jefes tribales gobernaban a «manadas» errantes, pero cuando la gente se estableció las manadas se convirtieron en Estados y las sociedades de liderazgo tribales, en reinos.

Sea como fuere, en el imaginario político del tercer y segundo milenios a.e.c. se pueden distinguir ideas de Estado que rivalizan. En el antiguo Egipto, por ejemplo, la imagen más común de Estado era la de un rebaño al que el rey atendía en el papel de pastor, cosa que tal vez reflejara una diferencia real entre las ideas políticas de pastores y recolectores. La agricultura aumenta la competencia por el espacio y por lo tanto fortalece las instituciones de gobierno, mientras las disputas y las guerras se multiplican; en los conflictos, los líderes elegidos por su destreza o sagacidad tienden a desplazar de los mandos supremos a los patriarcas y ancianos. En tales circunstancias, la «libertad primitiva», si es que alguna vez existió, dio paso a un ejecutivo fuerte. Los textos mesopotámicos de la época imponen obediencia a ejecutores draconianos: al visir de los campos, al padre de familia, al rey de todo. «La palabra del rey es justa —dice un texto representativo—, su palabra, como la de un dios, no puede cambiarse.»[30] En los relieves mesopotámicos, el rey sobrepasa en altura a cualquier otra figura representada mientras toma un refrigerio, recibe a los suplicantes y a los tributarios y coloca ladrillos para construir ciudades y templos. El rey tenía el privilegio de poner el primer ladrillo de barro de cualquier edificio público. Los hornos del Estado grababan en los ladrillos los nombres de la realeza. Una magia efectuada regiamente transformaba el barro en civilización. Con todo, la autocracia estaba allí para servir a los ciudadanos: para mediar con los dioses, coordinar los cultivos y los riegos, almacenar la comida para los tiempos difíciles y distribuirla para el bien común.

Incluso el Estado más benévolo tiraniza a alguien, ya que

una buena ciudadanía requiere lealtad —que en ocasiones se consigue por consentimiento pero siempre por la fuerza— hacia lo que los politólogos denominan el contrato social: la renuncia, en favor de la comunidad, a algunas de las libertades de las que un individuo en solitario esperaría disfrutar. Sin embargo, nadie ha encontrado todavía un modo más justo o práctico de regular las relaciones entre un gran número de personas.[31]

Las cosmologías y el poder: el binarismo y el monismo

Para controlar unos Estados cada vez más poblados, los gobernantes necesitaban nuevas estructuras de trabajadores profesionales, así como modos convincentes de legitimar su propio poder. Su punto de partida era la visión del mundo que los granjeros habían heredado de los recolectores que les habían precedido. En cualquier época, la gente busca la coherencia: el conocimiento que se consigue al combinar los sentimientos o percepciones con otra información. La búsqueda de un patrón universal —un esquema significativo en el que encajar toda la información disponible sobre el universo— se propaga por la historia del pensamiento. Por lo que se sabe, la primera idea que se le ocurrió a la gente para intentar darle sentido a todo fue dividir el cosmos en dos. Yo la denomino binarismo (tradicionalmente llamada «dualismo», término que es mejor evitar, ya que también se ha usado para otras muchas cosas e induce a confusión).

El binarismo concibe un universo en dos partes, satisfactoriamente simétrico y por tanto organizado. En la mayoría de modelos, dos principios opuestos o complementarios son responsables de todo lo demás. El equilibrio entre ellos regula el sistema. El flujo lo hace mutable. Es probable que la idea surgiera en una experiencia o en ambas. En primer lugar, en cuanto pensamos en algo, lo separamos de todo lo demás: así pues, contamos con dos categorías completas y complementarias entre ellas. El simple hecho de concebir x implica una segunda clase, que llamaremos no-x. Como señaló una vez alguien ingenioso: «Existen dos tipos de personas: los que creen que el mundo está dividido en dos tipos de personas y los que no». En segundo lugar, el binarismo surge de la observación de la vida —que, tras un análisis superficial, parece ser tanto masculina como femenina— o del medio ambiente, que pertenece en su totalidad a la tierra o al aire. Los sexos se interpenetran. El cielo y la tierra se besan y se enfrentan. Los conceptos del binarismo impresionan a las mentes observadoras.

El binarismo moldea los mitos y la moral de la gente que cree en él —y, a juzgar por los registros antropológicos sobre cosmologías comunes, esas personas han sido y son numerosas y habitan en un mundo concebido por los ancestros más remotos de los que tienen conocimiento—. Entre las descripciones conflictivas del cosmos, una de las imágenes que se citan más a menudo es de incómodo equilibrio o complementariedad entre fuerzas duales, como la luz y la oscuridad o el bien y el mal. Una generación pasada de estudiosos interpretó las pinturas de las cuevas europeas de la Edad de Hielo como pruebas de una mentalidad en la que todo lo que veían los cazadores se clasificaba en dos categorías, en función del género[32] (aunque los falos y las vulvas que encontraron en los dibujos bien podrían ser también armas y huellas de pezuñas, o parte de algún código de símbolos desconocido). Algunos de los primeros mitos de la creación de los que tenemos conocimiento representan el mundo como resultado de un acto de procreación entre la tierra y el cielo. En la Atenas clásica continuaba teniendo influencia una imagen de este tipo de cópula creativa. Un personaje de una obra de Eurípides decía que «me lo contó mi madre. El cielo y la tierra eran una única forma y cuando se separaron uno de otra se crearon todas las cosas: la luz, los árboles, todo cuanto vuela, las bestias, la sal de los mares y la especie humana».[33] Aunque en los últimos tres mil años la mayoría de sistemas de pensamiento nuevos que han afirmado describir el universo han rechazado el binarismo, las excepciones incluyen el taoísmo, que ha tenido influencia formativa en China y ha hecho contribuciones importantes a la historia del pensamiento dondequiera que haya llegado la influencia china. En la corriente principal del judaísmo, el universo es uno pero Dios empezó a crearlo separando la luz de la oscuridad. El cristianismo rechaza formalmente el binarismo pero ha asimilado mucha influencia de este, incluida la noción, o al menos el imaginario, de poderes angelicales de luz perpetuamente comprometidos contra las fuerzas satánicas de la oscuridad.

En fecha desconocida, el binarismo vio cómo lo desafiaba

una nueva cosmología: el monismo, la doctrina de que en realidad solo hay una cosa, que abraza toda la aparente diversidad del cosmos. En el primer milenio a.e.c. esta idea se hizo corriente. Los sabios presocráticos que decían que el mundo era uno probablemente lo pensaran literalmente: todo forma parte de todo lo demás. A mediados del siglo VI a.e.c. Anaximandro de Mileto pensaba que debía de haber una realidad infinita y atemporal que «abarque todos los mundos».[34] Una o dos generaciones después, Parménides, a quien volveremos a encontrar como exponente temprano del racionalismo puro, lo expresó del siguiente modo: «No hay ni habrá nada más allá de lo que es... Todo es continuo, ya que lo que es permanece leal a lo que es».[35] Según esta línea de pensamiento, entre uno e infinito no hay ningún número, ya que son iguales y comparten límites, de modo que lo unen y lo envuelven todo. Todos los números que supuestamente están entre ellos son ilusorios o meros mecanismos de clasificación que utilizamos por conveniencia. Dos es un par, tres es un trío, y así sucesivamente. Se pueden enumerar cinco flores pero no existe el «cinco» independientemente de las flores o de cualquier otra cosa que se considere. La «cincuidad» no existe; en cambio, sí que existe la «unidad». Un sátiro de alrededor del año 400 a.e.c. se quejó de los monistas de su época: «Dicen que cualquier cosa que exista es uno, que es al mismo tiempo uno y todo, pero no se ponen de acuerdo en cómo llamarlo».[36] Sin embargo, al parecer los monistas se mostraron indiferentes al sátiro. Siempre que se documentaban ideas, aparecían los monistas. «Identifícate con la no-distinción», dijo el legendario taoísta Zhuangzi.[37] En el siglo IV a.e.c., Hui Shi expresó el mismo tipo de pensamiento de este modo: «Preocuparse indiscriminadamente por infinidad de cosas: el universo es uno».[38]

La idea monista tuvo tanta importancia en los siglos de formación de la historia del pensamiento eurasiático que resulta tentador suponer que ya debía de venir de muy antiguo. La primera prueba está en los Upanishads, unos documentos notoriamente difíciles de datar. La Kenopanishad es uno de los primeros de ellos y consagra tradiciones que podrían remontarse al segundo milenio a.e.c. Explica la historia de una rebelión cósmica. Las fuerzas de la naturaleza se rebelaron contra la propia naturaleza. Los dioses menores desafiaron la supremacía de Brahma. Pero el viento no podía soplar ni una brizna de paja sin Brahma. Por sí solos, estos textos podrían sugerir únicamente la doctrina de que Dios es omnipotente o de que existe un dios omnipotente, enseñanza similar a la del judaísmo, el cristianismo y el islam. Sin embargo, en ese contexto parece estar funcionando una convicción mística más general: la de la unidad del universo, infinito y eterno —«una teoría del todo», sin precedentes en las civilizaciones anteriores—. Ciertamente, en los últimos Upanishads «Brahma» se define claramente como la única realidad que todo lo abarca.

Tal vez nacido en la India, el monismo se expandió hacia Grecia y China durante el primer milenio a.e.c. y se convirtió en una doctrina fundamental del hinduismo —podría decirse que en la definitoria—. La unidad de todo y la equiparación «infinito = uno» han continuado ejerciendo su fascinación. En consecuencia, el monismo es una de esas ideas antiguas que nunca han dejado de ser modernas. En la actualidad, el monismo práctico se denomina holismo y consiste en la creencia de que, puesto que todo está relacionado, no se puede abordar ningún problema de forma aislada. Buena receta para no llegar a nada. No obstante, hay una forma débil del holismo que ha conseguido una influencia tremenda en la resolución de problemas modernos: todo se ve como parte de un sistema mayor interrelacionado y todas las dificultades se han de abordar en referencia al todo sistemático.[39] Un holista moderno diría: no trastees con el código tributario sin considerar la economía en su totalidad; no amplíes el alcance del código penal sin pensar en el sistema judicial en su conjunto; no trates dolencias físicas sin tener en cuenta los efectos psíquicos.

Puede que el monismo no tenga consecuencias inmediatas en el terreno político, social o económico, pero sí que da lugar a otras ideas sobre el funcionamiento del mundo que sí tienen consecuencias políticas. Si todo está interrelacionado, las pistas de los sucesos de una esfera deben de estar en otra. Si, por ejemplo, el vuelo de los pájaros, las estrellas, el clima y el destino de los individuos está todo conectado, quizás se pueda localizar esas conexiones. Este es el pensamiento que hay tras la adivinación profética.

Los oráculos y los reyes: las nuevas teorías de poder

La intimidad con los espíritus confiere a los médiums un poder enorme, de manera que la mayoría de sociedades han desarrollado medios alternativos para comunicarse con los dioses y los muertos, en busca de alguna grieta en el muro de la ilusión a través de la cual entren rayos de luz de un mundo que nos parece más real —más cercano a la verdad— que el nuestro. De los nuevos métodos, el primero del que tenemos conocimiento son los oráculos, legibles «en el libro de la Naturaleza». El santuario griego más antiguo estaba en una arboleda de Dodona, donde se oía a los dioses en el borboteo del arroyo y el murmullo de las hojas. Las anormalidades, desviaciones de las normas naturales, también podían tener mensaje. La primera literatura del mundo que ha sobrevivido, la de Mesopotamia del segundo milenio a.e.c., está llena de alusiones a augurios: los dioses revelaban presagios sobre un clima anómalo o alineamientos excepcionales de los cuerpos celestiales. Otras irregularidades parecidas simbolizan otras fuentes de sabiduría profética. Las señales o variaciones extrañas del cielo por la noche podían ser reveladoras. También podían serlo los virajes en el vuelo de los pájaros o las manchas raras en las entrañas de los animales sacrificados: para los antiguos mesopotámicos, los hígados de las ovejas eran «las tablas de los dioses». La mismísima fuerza divina podía bramar sus mensajes en volcanes, terremotos o llamas en aparente combustión espontánea. El comportamiento de las criaturas especialmente designadas para ese propósito, como el ganso sagrado de la antigua Roma o los pollos envenenados de los brujos-médicos zande del Sudán nilótico, podían tener profecías que revelar. Las hojas del té de los gitanos son los posos de una tradición de libaciones a los dioses.

Algunos de los primeros oráculos dejaron registro de sus dictámenes. En China, por ejemplo, en el limo del gran meandro del río Amarillo, sobreviven cientos de miles de documentos del segundo milenio a.e.c.: fragmentos de huesos y conchas calentados hasta el punto de quiebre, momento en el que revelaban sus secretos, como mensajes garabateados en tinta invisible. Las predicciones que hicieron o los recuerdos que encerraron los espíritus ancestrales podían leerse en la forma de las grietas. Los intérpretes o sus ayudantes a menudo grababan interpretaciones junto a las fisuras, a modo de traducción. Aparecen soluciones a crímenes, revelaciones de tesoros escondidos y los nombres de personas a quienes los dioses escogieron para altos cargos.

La mayoría de las interpretaciones, como los oráculos celestiales de Mesopotamia, son mensajes oficiales claramente forzados para legitimar las políticas del Estado. En sociedades en las que el poder del Estado emergente desafiaba a las élites sacerdotales para obtener influencia sobre la vida de las personas, estos oráculos cobraban un valor inestimable. Al romper el monopolio de los chamanes como mensajeros de los espíritus, los oráculos diversificaban las fuentes de poder y multiplicaban la competencia política. Quienes sabían descifrarlos eran sacerdotes especializados o gobernantes seglares, que podían encontrar en los oráculos recomendaciones diferentes a las que los chamanes afirmaban recibir de los dioses. Las autoridades políticas podían controlar los santuarios y manipular los mensajes. Del mismo modo que los chamanes del Paleolítico se habían abierto camino hasta posiciones de mando bailando y tocando los tambores por el hecho de tener acceso al mundo de los espíritus, los reyes de los Estados agrarios se apropiaron de la autoridad de los chamanes usurpándoles sus funciones. El auge de los oráculos podría considerarse una de las primeras grandes revoluciones políticas del mundo. Con el poder que les conferían los oráculos, paulatinamente los Estados fueron retirando su apoyo a los médiums espirituales y sometiéndolos a control o persecución. Los chamanes resistieron —y en China, mientras duró el imperio, continuaron interviniendo en la toma de decisiones políticas a capricho de determinados emperadores— pero cada vez más se iban retirando o se les excluía de la política. Se convirtieron en mediadores o ministros de magia del pueblo y profetas de los pobres.[40]

Reyes divinos e ideas de imperio

Según un proverbio del Antiguo Testamento: «Oráculo hay en los labios del rey». Los gobernantes que adquirían papeles proféticos ocupaban una posición crucial entre los hombres y los dioses, y esta relación propició una afirmación que iba más allá: que un gobernante era un dios. Los antropólogos y especialistas en historia antigua han reunido cientos de ejemplos de ello, quizás miles. Se trata de un método práctico para legitimar el poder y prohibir la oposición. ¿Cómo sucedió esto?

El sentido común sugiere una consecuencia probable: primero estaban los dioses; les seguían los reyes; después los reyes se reclasificaron como dioses para apuntalar su poder. Pero, claro está, los acontecimientos no siempre se avienen al sentido común. Hay historiadores que creen que los gobernantes se inventaron a los dioses para entorpecer a la oposición y desarmarla. Lo insinuaba Voltaire y lo creía Karl Marx. En algunos casos parece que tenían razón. «Escúchame —reza una inscripción faraónica que captura, como la mayoría de las primeras declaraciones de gobernantes, el timbre del discurso y evoca la presencia del rey—.[41] Cuesta hacerse una idea de a qué se referían los egipcios al decir que su rey era un dios. Teniendo en cuenta que un faraón podía llevar los nombres de muchos dioses y ejercer las funciones de estos, no se solapaba la identidad de ninguna deidad en concreto. Quizás facilite la comprensión saber que en el antiguo Egipto existía el hábito de construir imágenes y erigir santuarios para que los dioses, si lo deseaban, pudieran manifestarse. La imagen «era» el dios cuando el dios elegía mostrarse y habitarla. En algunas caracterizaciones, entre las que quizás se encuentren algunas de las más antiguas, la diosa suprema Isis era su propio trono deificado. En el mismo sentido, el faraón podía ser un dios: tal vez los escritores del Génesis quisieran decir algo parecido cuando decían que el hombre era la imagen de Dios.

Verdaderamente, la idea del rey-dios hizo que el poder real fuera más eficaz. En la correspondencia diplomática antigua que se conoce como las cartas de Amarna, el lenguaje abyecto de los tributarios de Egipto se hace casi audible. A mediados del siglo XIV a.e.c., un gobernante de Siquem, en Canaán, escribió: «Al rey, mi señor y mi dios Sol. Soy Lab'ayu, vuestro sirviente y la inmundicia sobre la que pisáis. Siete veces siete caigo a los pies de mi rey y mi dios Sol».[42] Alrededor del 1800 a.e.c., el tesorero Sehetep-ib-Re escribió «un consejo de eternidad y un modo de vivir correctamente» para sus hijos. En él aseguraba que el rey era el dios Sol Re, solo que mejor. «Él ilumina Egipto más que el Sol; él, más que el Nilo, hace verdes los campos.»[43]

En épocas posteriores, la realeza divina del modelo egipcio se convirtió en algo corriente. En su día, sin embargo, hubo otras civilizaciones en las que prevalecieron otras formas de gobierno. Por ejemplo, no han sobrevivido pruebas de la presencia de reyes en el valle del Indo, donde quienes dirigían los Estados eran grupos colaborativos que se alojaban en unos palacios parecidos a residencias. En China y Mesopotamia, los monarcas no eran dioses, si bien los dioses los legitimaban y justificaban sus guerras. La ascensión hacia el cielo de los gobernantes les ayudaba a mantener unos horizontes amplios, puesto que mediaban con el cielo, conservaban el favor de los dioses y respondían a los signos de futuro que los dioses tuvieran a bien confiarles. Los dioses adoptaban a los reyes, cosa que los elevaba no necesariamente al rango de divinidades pero sí a un estatus representativo y les daba la oportunidad o la obligación de reivindicar los derechos divinos en el mundo. Los gobernantes elegidos no solo recibían su propia herencia sino también título de soberanía sobre el mundo. A Sargón, rey de Acad, en Mesopotamia, alrededor de 2350 a.e.c., se le atribuye el primer imperio universal en aspiraciones. Desde su fortaleza en las tierras altas, sus ejércitos avanzaron río abajo en dirección al golfo Pérsico. «Con hachas de bronce conquisté poderosas montañas»,[44] afirmaba en el fragmento de una crónica que se conserva.

Desafió a los reyes que le persiguieron a hacer lo mismo. En China, durante el segundo milenio a.e.c., la expansión del Estado a la altura del centro del río Amarillo estimuló las ambiciones políticas de conseguir que el Estado fuera infinito.

La religión y la política conspiraban. El cielo era una deidad cautivadora: inmensa, aparentemente incorpórea, aunque repleta de regalos de luz, calor y lluvia, y plagada de amenazas de tormenta, fuego e inundaciones. Los límites del cielo se veían en el horizonte, lo cual indicaba a los Estados que habían de alargar la mano hacia ellos y satisfacer una especie de «destino manifiesto», un reflejo del orden divino. El imperialismo convenía al monismo. Un mundo unificado se correspondería con la unidad del cosmos. En el Imperio Medio de Egipto, el pueblo egipcio creía que su Estado abarcaba todo el mundo que importaba: más allá de sus fronteras solo había salvajes infrahumanos. En China, hacia principios del primer milenio a.e.c. empezó a utilizarse la expresión «Mandato del Cielo». En Asia central, los amplios horizontes, las inmensas estepas y los anchos cielos propiciaron unas ideas similares. Gengis Kan recordó una antigua tradición al proclamar: «Como hay un solo sol en el cielo, solo puede haber un Señor en la Tierra».[45] Durante cientos, quizás miles de años, todos los imperios de Eurasia aspiraron a ser universales. Todos los conquistadores que reunificaron una parte sustancial de China, la India o Europa después de cada disolución apoyaron el mismo programa. Algunos, como Alejandro Magno en el siglo IV a.e.c. o Atila en el siglo V e.c. lo consiguieron con éxito, o al menos lograron establecer imperios que por poco tiempo traspasaron los límites tradicionales. Incluso tras la caída de los imperios romano y persa, el cristianismo y el islam medievales heredaron la ambición de abarcar el mundo. En China, los gobernantes aceptaron la existencia de reinos «bárbaros» más allá de sus límites, pero continuaban reivindicando la supremacía teórica sobre ellos. Incluso hoy en día, cuando la amarga experiencia de los universalismos fracasados ha dejado un planeta políticamente plural como única realidad viable, los idealistas continúan recuperando la idea de un «gobierno mundial» como parte de su visión del futuro. Los primeros defensores de este concepto fueron los gobernantes de la antigüedad, que pretendían conseguirlo conquistando.

La entrada en escena de los profesionales: los intelectuales y legistas en los primeros Estados agrarios

Los Estados necesitan intelectuales que hagan funcionar las administraciones, maximicen los recursos, persuadan a los sujetos, negocien con los Estados rivales y regateen con las fuentes de autoridad rivales. No conocemos el nombre de ningún pensador político anterior al primer milenio a.e.c. (a menos que los gobernantes tuvieran su propio pensamiento original, cosa no imposible pero sí inusual). Lo que sí podemos es detectar algunos de sus pensamientos gracias a una tecnología desarrollada por profesionales: una notación simbólica sistemática, o lo que actualmente denominamos escritura. Mediante ella se podían inscribir mandatos y experiencias reales sobre monumentos, comunicarlos en misivas y hacerlos inmortales. Tenía la capacidad de extender el alcance de un gobernante más allá de los límites de su presencia física. Desde entonces, todas las ideas importantes se han expresado mediante la escritura.

Más allá de la esfera política, casi todo el mundo se adhiere al romance de la escritura como una de las ideas más inspiradoras y liberadoras que hayan existido jamás. La escritura despertó la primera explosión de información. Confirió nuevas habilidades de comunicación y expresión personal. Amplió la comunicación. Dio pie a todas las revoluciones del pensamiento posteriores. Hizo posible que los recuerdos tuvieran una extensión sin precedentes, aunque no necesariamente fueran rigurosos. Contribuyó a la acumulación de conocimiento. Sin ella, el progreso estaría estancado o sería lento. No hemos encontrado ningún código mejor, ni siquiera entre los emojis y las telecomunicaciones. La escritura era tan poderosa que los mitos documentados sobre el origen de la mayoría de pueblos la atribuyen a los dioses. Las teorías modernas sugieren que la escritura se originó entre las jerarquías políticas o religiosas, que necesitaban códigos secretos para mantener bien asido el poder y documentar su magia, sus adivinaciones y sus supuestas comunicaciones con los dioses.

Sin embargo, el origen real de la escritura fue sorprendentemente aburrido.

Por prosaico que parezca, fue una invención mundana que, por lo que se sabe, comenzó entre los mercaderes hace entre cinco mil y siete mil años. Dejando a un lado los sistemas de símbolos encontrados en el arte paleolítico (ver pág. 50), los primeros ejemplos aparecen en tres discos de arcilla enterrados en Rumanía hace más de siete mil años, sin indicación alguna de para qué servían. En la mayoría de civilizaciones, los primeros ejemplos conocidos son sin lugar a dudas etiquetas o cálculos de los mercaderes, o registros que llevaban los recaudadores de impuestos, o tributos para registrar tipos, cantidades y precios de bienes. En China, donde hace poco se descubrieron los primeros ejemplos conocidos, las marcas estaban hechas en recipientes; en Mesopotamia, antes aclamada como la cuna de la escritura, se incrustaban en losas finas de arcilla unos símbolos parecidos a calces; en el valle del Indo, estaban grabadas sobre sellos que se utilizaban para marcar las balas de productos agrícolas. En resumen, la escritura se originó con finalidades triviales. Mediante ella se registraban cosas aburridas que no merecía la pena confiar a la memoria.

La gran literatura y los documentos históricos eran lo bastante valiosos como para aprenderlos de memoria y transmitirlos de palabra. Las obras maestras de los poetas y la sabiduría de los sabios empezaron como tradiciones orales; por lo general solían pasar siglos antes de que sus admiradores las consignaran a la escritura, como si el mero acto de caligrafiarlas ya fuera profanarlas. Los tuaregs del Sahara, que tienen su propia escritura, continúan no poniendo por escrito sus mejores poemas. Cuando empezó la escritura, los hierofantes la trataban con desconfianza o desprecio. En el relato jocoso de Platón sobre la invención de la escritura, el sacerdote Theuth decía: «Este conocimiento, ¡oh, rey!, hará más sabios a los egipcios y vigorizará su memoria». La respuesta de Thamus fue: «No, Theuth ... Esto, en efecto, producirá en el alma de los que lo aprendan el olvido por el descuido de la memoria... No es, pues, el elixir de la memoria, sino el de la rememoración, lo que has encontrado».[46] Esta respuesta anticipaba las quejas que se suelen oír hoy en día sobre los ordenadores e internet. Con todo, la escritura ha sido una tecnología mundialmente irresistible. La mayoría de gente que sabe escribir lo hace con la finalidad de conservar o comunicar cualquier pensamiento, sentimiento o hecho que desee.[47]

Los profesionales que adaptaron la escritura a las necesidades del Estado concibieron la idea de codificar la ley. No se conservan los primeros códigos, pero probablemente fueran generalizaciones de casos ejemplares transformados en preceptos aplicables a clases completas de casos. En Egipto, dado que la ley continuaba hablando por boca del faraón divino, no hacía falta codificar. Los primeros códigos que se conocen proceden de Mesopotamia, donde, como hemos visto, el rey no era un dios. De los códigos de Ur del tercer milenio a.e.c. solo han sobrevivido listas incompletas de multas. Sin embargo, el código del rey Lipit-Ishtar de Sumer y Acad, de principios del siglo XIX a.e.c., es un intento de regular la sociedad en su conjunto. En él se exponen leyes inspiradas y decretadas «conforme a la palabra» del dios Enlil, con el fin de hacer que «los hijos apoyen al padre y el padre a los hijos [...] erradicar la hostilidad y la rebelión, desterrar el llanto y las lamentaciones [...] atraer la honestidad y la verdad y proporcionar bienestar a Sumer y Acad».[48]

Un accidente ha hecho que Hammurabi, gobernante de Babilonia en la primera mitad del siglo XVIII a.e.c., fuera excesivamente celebrado: dado que su código fue llevado a Persia como trofeo de guerra, sobrevive intacto, grabado en piedra, coronado por un relieve en el que se ve al rey recibiendo el texto de manos de un dios. El epílogo deja claro el motivo por el que se escribió. «Dejad que cualquier oprimido que tenga un motivo se presente ante la estatua de mí, el rey de la justicia, y después lea atentamente mi piedra grabada y haga caso de mis preciosas palabras. Que mi piedra le aclare su caso.»[49] El código estaba allí para sustituir la presencia física y la voz del gobernante.

En aquellos primeros códigos legales sin duda estaba presente la idea de una alianza divina. Sin embargo, las Leyes de Moisés, un código hebreo del primer milenio a.e.c., tenían una característica novedosa: estaban presentadas como un tratado que un legislador humano negociaba con Dios. Incluso aunque Moisés mediara, la ley aún dependía de la sanción divina para legitimarse. Dios escribió algunos mandamientos, al menos, «con su propio dedo», e incluso se dignó a publicar una segunda edición después de que Moisés rompiera las tablas originales. En el capítulo 24 del Éxodo, en lo que podría ser una versión alternativa, o quizás un informe de los medios de transmisión de otras leyes, el amanuense de Dios anotó el resto por dictado divino. En todos los otros lugares de que se tiene conocimiento prevaleció la identificación de la ley con la voluntad divina, hasta que hacia mediados del primer milenio a.e.c. surgieron teorías seculares de jurisprudencia en China y Grecia.

Hasta nuestros días ha habido ideas que han competido con la ley codificada: que la ley es un organismo tradicional heredado de nuestros antepasados y cuya codificación puede reducirse y hacerse más rígida; o que la ley es una expresión de justicia que se puede aplicar y volver a aplicar con independencia en cada caso, haciendo referencia a unos principios. En la práctica, la codificación ha demostrado ser insuperable: hace que las decisiones de los jueces se puedan comprobar objetivamente comparándolas con el código; cuando las circunstancias lo requieren, se puede analizar y revisar; conviene a las democracias, ya que se desplaza el poder de los jueces —una élite que en la mayoría de sociedades, en diferente grado, se elige a ella misma— a los legisladores, que se supone que representan al pueblo. Paulatinamente, casi todas las leyes se han ido codificando. Incluso allí donde los principios de la jurisprudencia difieren —como en Inglaterra y otros lugares en los que, gracias al modo en que el Imperio británico dio forma a las tradiciones de jurisprudencia, equidad y costumbre, aún conservan una posición afianzada en la toma de decisiones de los jueces—, a la hora de formar decisiones judiciales tienden a prevalecer los estatutos sobre la costumbre y los principios.

El rebaño y el pastor: el pensamiento social

La ley es un vínculo entre la política y la sociedad, el medio que tienen los gobernantes de intentar influir en la manera de comportarse de la gente con el prójimo. Por entre las mismas burocracias proteicas que redactaron leyes y generaron noticias, en ocasiones justificaciones aterradoras del poder del Estado, podemos entrever también un nuevo pensamiento social. En líneas generales, las doctrinas en cuestión reflejan los objetivos benévolos de muchos de los primeros códigos legales. La mayoría concernían a problemas de regulación de las relaciones en clases, sexos y generaciones.

La idea de la igualdad entre todas las personas es un buen ejemplo de ello. Nos la planteamos como un ideal moderno pero durante los últimos doscientos años aproximadamente se han llevado a cabo serios esfuerzos sostenidos por conseguirla. Sin embargo, en cada época vuelve a surgir como de la nada. Ahora bien, ¿cuándo se originó?

La primera doctrina de igualdad que se documentó se encuentra en un famoso texto egipcio surgido de boca de Amun-

Re. En él, el dios dice que creó «a cada hombre como a su prójimo» y que envió los vientos «que cada hombre respirará igual que su prójimo» y las aguas «sobre las que el pobre habrá de tener igual derecho que el rico»;[50] pero la maldad había producido desigualdades que eran responsabilidad únicamente humana. El texto aparecía regularmente en los ataúdes egipcios del segundo milenio a.e.c., pero es posible que tuviera una larga historia previa. Algunos pensadores han sostenido que era una especie de memoria colectiva de una fase anterior, una «edad de oro» de inocencia primitiva en la que había menos desigualdades que en las épocas documentadas; o de un pasado anterior a la sociedad, como imaginó Rousseau; o de un pasado recolector supuestamente comunitario. Esta idea cuenta con algunas mentes destacadas a su favor. Como buen cristiano y buen marxista, Joseph Needham, historiador de ciencia china sin parangón, compartió el odio a los propietarios común en las canciones chinas del siglo VII a.e.c. Como dijo un cantor sobre los terratenientes: «No sembráis. No segáis. ¿Cómo obtenéis entonces la producción de esas trescientas granjas?».[51] Needham veía esas canciones como ecos de «una etapa de la sociedad incipiente antes de [...] el protofeudalismo de la edad del bronce y la instauración de la propiedad privada».[52]

Nunca hubo una era tal que recordar, aunque tal vez sí fuera imaginada. La mayor parte de las culturas invocan el mito de los buenos tiempos pasados para denunciar los vicios del presente: «los tiempos que vinieron después de los dioses», como los llamaba la sabiduría proverbial egipcia, cuando los «libros de sabiduría eran sus pirámides: ¿hay aquí alguien como ellos?».[53] En el segundo milenio a.e.c., en Mesopotamia, *Gilgamesh*, la epopeya más antigua que se conserva, esbozaba un tiempo anterior a los canales, los capataces, los mentirosos, la enfermedad y la senectud. En los siglos IV y V a.e.c., el *Mahabharata*, supuestamente el poema más largo del mundo, condensaba antiguas tradiciones indias sobre el mismo tema: un mundo que no estaba dividido entre ricos y pobres en el que todos estaban bendecidos por igual.[54] Poco después, el libro chino conocido como *Zhuangzi* describía un antiguo «estado de pura simplicidad», cuando todos los hombres y criaturas eran uno, antes de que los sabios, los funcionarios y los artistas corrompieran la virtud y la libertad natural.[55] En el resumen de la tradición griega y romana que hace Ovidio, los primeros humanos pasaron sus vidas cómodamente con el único gobierno de la razón, la ley codificada en sus corazones, de modo que establecer jerarquías no habría tenido sentido.[56]

La idea de igualdad se originó como un mito, ensalzado por muchos y creído por pocos. Cuando en alguna ocasión los idealistas se lo han tomado en serio, por lo general ha provocado rebeliones violentas de los más desfavorecidos contra el orden predominante. La igualdad es imposible, pero resulta más fácil masacrar a los ricos y poderosos que elevar a los pobres y oprimidos. A las rebeliones exitosas las llamamos «revoluciones»: con frecuencia han proclamado la igualdad, sobre todo en los tiempos modernos, como iremos viendo a lo largo de este libro. Sin embargo, nunca la han conservado mucho tiempo.[57]

Así pues, los igualitarios suelen esforzarse por disminuir la desigualdad o por abordarla solo de forma selectiva. Entre las personas a las que normalmente eximen se encuentran las mujeres. En fuentes que se conservan del tercer y segundo milenios a.e.c. surgen de la nada teorías que pretenden explicar o justificar la inferioridad de la mujer, en aparente tensión con las pruebas, o al menos con las afirmaciones frecuentes, de que adorar a una diosa era la religión universal primordial, o al menos una de ellas. A muchas feministas les gustaría que esas afirmaciones fueran ciertas, pero ¿lo son?

Como hemos visto, los cazadores del Paleolítico esculpían figuras femeninas en las que resulta tentador ver representaciones de una Madre Tierra primitiva. Aunque bien podrían haber sido talismanes, accesorios de rituales de parto, ofrendas de fertilidad o consoladores. Por su parte, las primeras sociedades agrícolas, sin lugar a dudas honraban a las deidades femeninas; se conservan numerosos casos en los que las representaciones de diosas exhiben rasgos muy constantes.

En Çatalhöyük, Anatolia, que con justicia podría denominarse el primer yacimiento urbano excavado, una mujer realmente magnífica, con barriga de embarazada, pechos colgantes y caderas prominentes, está sentada sobre un trono de leopardo, desnuda salvo por una diadema. En todo Oriente Próximo se conservan imágenes parecidas de una «señora de los animales». En Tarxien, Malta, uno de los primeros templos de piedra del mundo albergaba una encarnación similar de la maternidad divina, asistida por figuras femeninas más pequeñas que los arqueólogos apodaron «bellas durmientes». Los textos mesopotámicos del segundo milenio a.e.c. aclamaban a una diosa como «la madre-vientre, la creadora de los hombres».[58] Los primeros pensadores no parecen respaldar el tristemente célebre punto de vista de Nietzsche de que «la mujer fue el segundo error de Dios».[59]

Parece improbable que hubiera un culto universal único, si bien existen pruebas indiscutibles de un modo extendido de entender y venerar la feminidad. Incluso en las culturas que no tenían vínculos conocidos, el mismo cuerpo estilizado de caderas anchas (que resulta familiar en el mundo artístico actual para quienes conocen la obra del artista colombiano Fernando Botero) aparece en el arte nativo americano y en el aborigen australiano. La arqueología de la diosa ha estimulado dos teorías influyentes pero inestables: la primera, que los hombres suprimieron el culto a la diosa cuando se hicieron con el control de la religión, hace muchos miles de años; la segunda, que el cristianismo se apropió de lo que quedó de la tradición de la diosa y lo incorporó al culto a la Virgen.

Por inverosímiles que parezcan estas teorías, es probable que el hombre sea responsable de la idea de que la mujer es inferior. Parece contradictorio. La mujer es capaz de hacer casi lo mismo que el hombre. Salvo en los extremos, donde hay hombres con más fortaleza física que ninguna mujer, de media estas pueden hacerlo todo igual de bien. Por su papel en la reproducción de la especie, el papel de la mayoría de hombres es estrictamente superfluo. La mujer es más valiosa, ya que una sociedad puede prescindir de la mayoría de sus hombres y continuar reproduciéndose: por ese motivo se utiliza más a los hombres como carne de cañón en las guerras. Siempre ha sido fácil tomar o confundir a la mujer como sagrada porque su cuerpo recuerda los ritmos de los cielos. En la primera especialización económica por sexos de la historia, que básicamente asignó la caza al hombre y la recolección a la mujer, es probable que el trabajo de esta fuera más productivo desde el punto de vista del valor calórico por unidad de energía gastada. Con todo, lo que hoy en día llamamos sexismo, que en su forma extrema es la doctrina de que la mujer es inferior por naturaleza simplemente por el hecho de ser mujer, parece imposible de erradicar de algunas mentes. Pero ¿cómo se originó?

Parece que hay tres ideas indicativas: el cambio del sistema de descendencia materno al paterno (heredando el estatus del padre en lugar de la madre); el aumento rápido de la natalidad, que quizás atara a las mujeres a la crianza de los hijos y las apartara de competir por otros papeles; y la representación artística de la mujer en condición servil. Entre las primeras se hallan las muchachas de bronce del valle del Indo del segundo milenio a.e.c., que bailan, lánguidas, mientras hacen mohínes. En lo único que todo el mundo parece estar de acuerdo acerca de la subordinación femenina es en que fue culpa de los hombres. Una esposa, dice el *Libro de instrucciones* egipcio, «es un campo rentable. No te enfrentes a ella y evita que tome el control».[60] Eva y Pandora, ambas responsables de todos los males del mundo en sus respectivas culturas, son aún más amenazadoras: flirtear con el diablo en el caso de Eva, con cabeza de perro y deshonestidad en el de Pandora.[61] El sexismo es una cosa; la misoginia, otra. Pero probablemente esta surgiera de aquel, o al menos puede que compartan orígenes comunes.

La primera prueba del concepto de matrimonio como contrato en el que el Estado es socio o parte responsable también procede del segundo milenio a.e.c.: se trata de un resumen tremendamente detallado de lo que evidentemente ya eran tradiciones ancestrales que aparece en el Código de Hammurabi. En él el matrimonio se define como una relación solemnizada mediante un contrato escrito, disoluble por cualquiera de las partes en caso de infertilidad, deserción y lo que hoy en día denominaríamos crisis irreconciliable. El código ordena: «Si una mujer odia tanto a su marido que dice: "No me tendrás", el concejo municipal investigará [...] y si ella no es culpable [...] podrá recuperar su dote y regresar a casa de su padre». El adulterio en ambos sexos es punible con la muerte.[62] Claro está, eso no significa que antes de entonces nadie formalizara las asociaciones sexuales.

Desde un punto de vista, el matrimonio no es una idea sino un mecanismo evolutivo: una especie como la nuestra, muy dependiente de la información, ha de dedicar mucho tiempo a educar e instruir a sus jóvenes. A diferencia de la mayoría de hembras primates, las mujeres suelen criar a más de un hijo a la vez, de modo que se hacen necesarias alianzas a largo plazo entre los padres, que colaboran en la propagación de la especie y en la transmisión del conocimiento acumulado a la siguiente generación. Las funciones de la crianza de los hijos se comparten de modos diferentes en función del lugar, pero la «familia tradicional», la pareja especializada en criar a sus propios hijos, existe desde la época del *Homo erectus*. La vida sexual no necesita la intervención de nadie ajeno a la pareja; y no hay grado de solemnidad que inmunice una unión contra una ruptura. Sin embargo, quizás como efecto secundario de la idea de Estado, o en parte como respuesta a la complementariedad de los papeles masculino y femenino en las sociedades agrícolas, los profesionales que escribieron los primeros códigos legales que se conservan parece que concibieron una nueva idea: la del matrimonio como algo más que un acuerdo privado, como un acto que exigía el compromiso ejecutable de los individuos que lo contraían y, en cierto sentido, el consentimiento de la sociedad. Ahora las leyes abordaban problemas que los contratos no ejecutables dejaban colgando: ¿qué pasa, por ejemplo, si los compañeros sexuales no están de acuerdo en el estatus de su relación o en sus obligaciones mutuas, o si renuncian a la responsabilidad sobre sus hijos, o si la relación se acaba o cambia al introducirse una tercera parte o sustituirse a alguno de los miembros?

El matrimonio es una institución sorprendentemente robusta. En la mayoría de sociedades ha habido disputas intensas por controlarlo, sobre todo entre Iglesia y Estado en el Occidente moderno. Pero la lógica subyacente a él es problemática, salvo para las personas que tienen convicciones religiosas, que podrían solemnizar sus uniones conforme a sus creencias sin tener que remitirse al mundo seglar. Cuesta de ver por qué el Estado debería favorecer a unas uniones sexuales por encima de otras. En el mundo moderno, la intervención del Estado en el matrimonio se mantiene quizás más por la inercia de la tradición que por una utilidad real.

Hay feministas que suponen que la subordinación de la

mujer era un metaprincipio que gobernaba por encima del pensamiento, una idea de base que continuó modelando los patriarcados en los que vivía la mayoría de gente. Pero en muchas épocas y lugares la mujer ha sido cómplice de su propia subordinación formal, y ha preferido hacer uso del poder informal a través del hombre, como una de las heroínas de *La comandante Barbara*, la obra maestra feminista de G. B. Shaw. Con las cintas del delantal se puede dirigir a los hombres títere. Los papeles sexualmente diferenciados convienen a las sociedades en las que los niños son un recurso importante, que piden una mano de obra especializada normalmente femenina que procree y les críe. En la actualidad, allí donde el valor económico de los niños es bajo —porque es ilegal hacerles trabajar, por ejemplo, o porque sus cuerpos y mentes son demasiado inmaduros y les hacen ineficientes, o porque cuestan a los padres grandes sumas de dinero en cuidados, crianza y educación, como gran parte de Occidente— no se apela a la mujer a producirlos en gran cantidad. Como ocurre con las mercancías, se impone la ley de la oferta y la demanda; el abastecimiento de niños disminuye si lo hace la demanda. De ahí que los hombres desvíen a la mujer hacia otras formas de producción. En la práctica, la liberación de la mujer hacia lo que en las sociedades industrial y posindustrial era el trabajo masculino parece haberle ido bastante bien al hombre y haber dejado a la mujer con aún más responsabilidades de las que ya tenía. Mientras que la mujer hace más cosas y trabaja más, la contribución relativa del hombre a la casa y la familia decae y su ocio y su egoísmo aumentan. El feminismo aún busca una fórmula que sea justa para la mujer y realmente saque el mejor partido a sus talentos.[63]

Los frutos del ocio: el pensamiento moral

La clase ociosa que pensó las leyes, definió el Estado, inventó nuevas ideas de soberanía y asignó a la mujer y a la pareja papeles y responsabilidades nuevos, sin duda también tenía tiempo para especulaciones menos urgentes, como las que podríamos catalogar de filosóficas o religiosas. Podemos empezar con tres ideas relacionadas cuyo rastro se puede seguir hasta el segundo milenio a.e.c., todas las cuales sitúan a los hombres especulando sobre el cosmos: se trata de las ideas de destino, inmortalidad y recompensa eterna y castigo.

Empecemos por el destino. La experiencia común sugiere que al menos algunos acontecimientos están preestablecidos, en el sentido de que están destinados a suceder. Aunque tengamos un poder limitado para acelerar o retrasar algunos de ellos, la descomposición, la muerte, el ciclo estacional y otros ritmos recurrentes de la vida son del todo inevitables. Surgen problemas que no pueden haber escapado a la atención de los pensadores de ninguna época: ¿qué relación tienen entre sí los cambios inevitables? ¿Hay una causa única que los ordene? (La mayoría de culturas responden que sí y llaman a esa causa «destino» o algún equivalente.) ¿De dónde procede la fuerza que hace que la acción sea irreversible? ¿Qué limitaciones tiene? ¿Lo controla todo o hay posibilidades que quedan abiertas al esfuerzo humano o se dejan al azar? ¿Se puede vencer al destino, o al menos controlarlo temporalmente o inducirlo a aplazar sus misiones?

Por lo general, la naturaleza humana se rebela contra el destino. Buscamos contenerlo o negarlo por completo; de lo contrario, pocos incentivos nos quedan para los proyectos constructivos típicamente humanos. La experiencia, no obstante, resulta desalentadora.

Entre las primeras pruebas de ello se encuentran los mitos de luchas de héroes contra el destino. El dios sumerio Marduk, por ejemplo, arrebató al cielo las tablas en las que estaba escrita la historia. El relato resulta doblemente interesante: no solo muestra que el destino, en el primer mito conocido relevante, es el tema de una lucha de poder cósmica, sino también que el poder del destino es distinto del de los dioses. Esta misma tensión caracteriza los mitos de la antigua Grecia, en los que Zeus lucha contra los Destinos y en algunas ocasiones los domina pero más a menudo se rinde ante ellos. En Egipto, los primeros textos se mostraban optimistas ante la creencia de que el destino se puede manipular, pero esta convicción no tardó en disiparse. Hacia el siglo XVII a.e.c., los egipcios empezaron a ser pesimistas sobre la libertad de los individuos para modelar sus vidas. «Una cosa es lo que dice el hombre y otra lo que hace el destino.» O, de nuevo: «El destino y la fortuna están esculpidos en el hombre con el cincel del dios». Una máxima del Imperio Medio decía: «No lances tu corazón tras la riqueza, ya que el destino y la fortuna todo lo saben. No dediques tus emociones a obtener cosas mundanas, ya que a todo hombre le llega su hora».[64]

La idea de destino por sí sola no puede cambiar el mundo, pero el fatalismo sí que puede, disuadiendo de actuar. Cuando se intenta explicar que hay diferentes índices de desarrollo, a menudo se afirma que unas culturas son más propensas al fatalismo que otras. Que el «fatalismo oriental» retrasó la civilización musulmana fue, por ejemplo, un tema de lo que algunos académicos denominan ahora la escuela orientalista de las escrituras occidentales sobre el islam a finales del siglo XIX y principios del XX. El joven Winston Churchill, que a este respecto reflejaba perfectamente el espíritu tanto de lo que leía como de lo que observaba sobre el tema, hablaba de los «hábitos sin previsión, los sistemas agrícolas descuidados, las formas de comercio indolentes y la inseguridad de la propiedad» que detectaba entre los musulmanes «hasta la apatía fatalista y temerosa [...] allí donde gobiernan o viven los seguidores del Profeta».[65] La repugnancia de los occidentales hacia la supuesta pasividad oriental parece haber sido resultado de una mala interpretación del concepto musulmán del «Decreto de Dios». Esta estrategia filosófica exime a Dios, cuando él así lo desee, de las restricciones de las leyes de la ciencia o la lógica. Eso no significa que la gente renuncie al libre albedrío que Dios le ha concedido. *Inshallah* no se ha de tomar más literalmente en el islam que en el cristianismo, donde nadie tiene el hábito serio de meter el proverbial *Deo volente* en las expresiones de esperanza.[66]

El fatalismo tiene sentido en una concepción del tiempo —probablemente falsa pero ampliamente apoyada— según la cual cada hecho es causa y efecto: una trenza interminable hace que todo, por transitorio que parezca, forme parte de un patrón eterno. Este contexto ayuda a explicar la popularidad que tenía entre las élites ancestrales otra idea: la de la inmortalidad. La Gran Pirámide de Keops, que la pone de manifiesto a gran escala, continúa siendo la estructura artificial de mayor tamaño y una de las planeadas con más detalle. Está formada por unos dos millones de piedras que pesan hasta cincuenta toneladas cada una, colocadas sobre una base cuadrada de una perfección tal que el mayor error de longitud de un lateral es de menos de 0,00025 centímetros. La orientación de la pirámide sobre el eje norte-sur varía en menos de una décima de grado. Aún da la impresión de fortaleza espiritual o de energía mágica —para las mentes susceptibles— cuando se la ve brillar en la calima del desierto: una montaña en una llanura; una obra de mampostería colosal en medio de la arena; herramientas de precisión con nada más afilado que el cobre. En su día, una funda de piedra caliza lisa y brillante cubría todo el edificio bajo una cúspide brillante, probablemente de oro.

¿Qué hizo que Keops quisiera un monumento de proporciones tan cegadoras y con una forma tan original? En la actualidad se tiende a creer que para conseguir una gran obra de arte es básico que haya libertad artística, pero a lo largo de la historia la mayoría de veces se ha dado lo contrario. En casi todas las sociedades, los logros monumentales necesitan el poder abusivo y el egocentrismo gigantesco de los tiranos o de las élites opresivas para incitar el esfuerzo y movilizar los recursos. La inscripción de un sillar de coronamiento hecho para un faraón posterior resume el propósito de la pirámide: «¡Que la cara del rey quede a la vista para que vea al Señor de los Cielos al cruzar el cielo! ¡Que haga que el rey brille como un dios, señor de la eternidad e indestructible!». Y el texto de una pirámide del siglo XXV a.e.c. reza: «¡Oh, rey Unis, tú no has partido estando muerto, tú has partido estando vivo!».[67] En la antigüedad remota, la mayoría de los edificios monumentales fueron inspirados por una especie de idealismo que les dio forma: un deseo de reflejar y alcanzar un mundo perfecto y trascendente.

Para los constructores de las pirámides, la muerte era lo más importante de la vida: Heródoto informa de que los egipcios disponían ataúdes en las cenas festivas para que los juerguistas tuvieran presente la eternidad. El motivo por el que las tumbas de los faraones han perdurado, mientras que sus palacios han desaparecido, es que las construyeron sólidas para que aguantaran toda la eternidad, y no malgastaron esfuerzos en viviendas endebles para esta vida de transición. Una pirámide elevaba a su ocupante hacia el cielo, le alejaba del reino corruptible e imperfecto para acercarle al terreno inmaculado e invariable de las estrellas y el sol. Nadie que haya visto una pirámide perfilada sobre la luz de poniente dejaría de relacionar esa visión con las palabras que dirigió al sol un faraón inmortalizado: «He derramado esta luz a mis pies a modo de escalera».[68]

Al igual que los faraones, parece que los ideólogos de los primeros conceptos sobre la vida después de la muerte asumieron en general que, al menos en cierto sentido, debía de ser una prolongación de esta vida. Sin embargo, esta suposición resultó ser cuestionable. Como hemos visto, entre los primeros ajuares funerarios había posesiones apreciadas y objetos útiles: herramientas de piedra y hueso, obsequios de ocre y abalorios de hueso ensartados. Los sepultureros esperaban que el otro mundo replicara a este. En un momento dado, surgió una nueva idea de vida después de la muerte: la de otro mundo llamado a existir para corregir los desequilibrios del nuestro. Las fuentes del antiguo Egipto ejemplifican el cambio: parece ser que a finales del tercer milenio a.e.c., entre el Imperio Antiguo y el Imperio Medio, la mayor parte de la élite egipcia cambió de actitud respecto a la vida después de la muerte. Las tumbas del Imperio Antiguo eran antesalas a un futuro para el que este mundo es un entrenamiento práctico; en cambio, para los muertos del Imperio Medio, la vida que llevaban eran oportunidades morales, no prácticas, de prepararse para la otra vida: sus tumbas eran lugares de interrogatorio. Sobre los muros pintados, los dioses sopesan las almas de los muertos. Normalmente Anubis, dios del inframundo con cabeza de chacal, supervisa las balanzas: en un plato está el corazón del difunto; en el otro hay una pluma. El equilibrio es imposible salvo para un corazón ligero por la ausencia de mal. En relatos sobre los juicios de los muertos en los tribunales de los dioses, el alma sometida a examen suele renegar de una larga lista de pecados de sacrilegio, perversión sexual y abuso de poder contra los débiles. Entonces aparecen las buenas obras, que son obedecer a las leyes humanas y a la voluntad divina y hacer actos misericordiosos: ofrendas a los dioses y fantasmas, pan para el hambriento, ropa para el desnudo, «y una barca para el abandonado».[69] La nueva vida aguarda a los examinandos exitosos en compañía de Osiris, en su momento regente del cosmos. Para los que fracasan, el castigo es la extinción. En los proverbios aparecen ideas parecidas, aunque expresadas menos gráficamente. Como se dice en uno de ellos: «Más aceptable es el personaje del hombre solo de corazón que el buey del malvado».[70]

Desde entonces, la idea de recompensa y castigo eternos resulta tan atrayente que ha surgido de la nada en la mayoría de religiones importantes. Probablemente sea una de las ideas que los griegos adoptaron de los egipcios, aunque ellos preferían remontarse a las enseñanzas de Orfeo, el profeta legendario cuya música sublime le otorgaba poder sobre la naturaleza. Esta misma idea proporcionó a los antiguos hebreos una solución oportuna al problema de cómo un dios omnipotente y benévolo podía permitir la injusticia en este mundo: al final, todo acabaría bien. Los taoístas del mismo período, el primer milenio a.e.c., imaginaban un más allá minuciosamente compartimentado entre tortura y recompensa, según las virtudes y los vicios del alma. En la actualidad, los turistas del río Yangtsé pueden mirar boquiabiertos las esculturas cruentas de la ciudad fantasma de Fengdu, donde las escenas de la tortura de los muertos —aserrados, apaleados, colgados de ganchos de carne, sumergidos en ollas hirviendo— ahora resultan gratificantes más que aterradoras. En el caso de los budistas e hinduistas, los errores presentes también podían enmendarse más allá de este mundo. El resultado más asombroso de la idea de justicia divina es que haya dado tan pocos frutos. A menudo los materialistas han afirmado que las élites políticas la concibieron como medio de control social: utilizaban la amenaza de la retribución en otro mundo para complementar el débil poder de los Estados y se valían de la esperanza para provocar responsabilidad social y del miedo para intimidar a quienes estuvieran en desacuerdo. Si es así como surgió la idea, parece que fue un fracaso absoluto.[71]

Leyendo los sueños de Dios: la cosmogonía y la ciencia

Pese a todo, el destino, la inmortalidad y el castigo eterno parecen ideas concebidas para ser socialmente útiles. De los mismos círculos de intelectuales profesionales surgieron dos conceptos igualmente buenos pero aparentemente inútiles, que de paso podemos revisar. Por una parte, la idea de que el mundo es ilusorio. Por la otra, la noción que motiva este libro: la idea del poder creativo del pensamiento, resultado del respeto quizás egoísta del pensador por el pensamiento.

Una cosa es darse cuenta de que hay percepciones que son ilusorias, como vimos en el capítulo 1 que hacían los pensadores de la Edad de Hielo, y otra distinta sospechar que el mundo de la experiencia al completo es una ilusión. Una de las innovaciones más antiguas e insistentes del pensamiento indio es la noción de un mundo espiritual en el que la materia es un espejismo. En los Upanishads y en los himnos que aparecen en la Rigveda, el ámbito de los sentidos es ilusorio o, más exactamente, la distinción entre ilusión y realidad resulta confusa. El mundo es el sueño de Brahma: la creación se parecía a quedarse dormido. Los sentidos no pueden decirnos nada que sea verdad. El discurso es engañoso, ya que depende de labios, lenguas y ganglios; solo es real la dificultad para expresarse que los místicos posteriores llaman la noche oscura del alma. El pensamiento no es de fiar, puesto que se da en el cuerpo, o al menos a través de él. La mayoría de sentimientos son falsos, dado que son los nervios y las tripas los que los registran. La verdad se puede entrever solo en visiones estrictamente espirituales o en emociones que no tengan ningún sentimiento registrado físicamente, como el amor altruista y la tristeza inespecífica.[72]

Pero nos encontramos en el mundo, sea ilusorio o no y, por lo tanto, parece improbable que la doctrina de la ilusión omnipresente tenga efectos prácticos, salvo como estímulo hacia la inercia. Si bien son pocos los que lo creen, la sospecha de que pueda ser verdad nunca desaparece del todo. Cambia el modo de sentir de la gente; anima al misticismo y al ascetismo; divide las religiones: lo apoyaron los cristianos «gnósticos» y una larga serie de herejías sucesoras, lo cual provocó cismas, persecuciones y cruzadas; aliena de la ciencia y el laicismo a algunos pensadores.

Claro está, se requiere a un intelectual o a un idiota para percatarse del poder engañoso del pensamiento. Sin embargo, su poder creativo parece plausible para todo el mundo cuando alguien lo bastante listo como para captarlo lo señala. La experiencia cotidiana muestra que el pensamiento es poderoso como estímulo de la acción. «¿Qué es más veloz que el viento? —pregunta el *Mahabharata*—. La mente es más veloz que el viento. ¿Qué es más numeroso que las briznas de hierba? Los pensamientos son más numerosos.»[73] La «imaginación» que en el primer capítulo de este libro se atribuía al poder creativo es o hace un tipo de pensamiento. La búsqueda de maneras de aprovechar el poder del pensamiento para actuar en la distancia —intentando cambiar las cosas o crearlas pensando en ellas, o alterar el mundo concentrándose en ello— ha inspirado muchos esfuerzos, la mayoría de ellos probablemente quiméricos: el pensamiento positivo, la fuerza de voluntad, la meditación trascendental y la telepatía. Pero ¿de cuánta creatividad es capaz el pensamiento?

Al parecer, los pensadores del antiguo Egipto y la India fueron los primeros en verlo como el punto de partida de la creación —la fuerza a partir de la cual se creó todo lo demás—. En un documento egipcio del British Museum aparece una doctrina conocida como la Teología Menfita.[74] Si bien el texto que se conserva data solo de alrededores del año 700 a.e.c., cuando se escribió su relato de creación supuestamente tenía miles de años de antigüedad: Ptah, el caos personificado pero dotado con el poder del pensamiento, «dio a luz a los dioses». Utilizó su «corazón» —lo que denominaríamos la mente, el trono del pensamiento— para concebir el plan y su «lengua» para realizarlo. «Ciertamente —dice el texto—, surgió todo el orden divino a través de lo que pensaba el corazón y ordenaba la lengua.»[75] El poder de la expresión ya era familiar pero la prioridad del pensamiento sobre la expresión —creación solo por pensamiento— no se encuentra en ningún texto anterior conocido. El Mundaka, uno de los primeros Upanishads y seguramente uno de los más poéticos, que quizás se remonte a finales del segundo milenio a.e.c., tal vez se refiera a algo parecido al representar el mundo como una secreción del brahmán —el que es real, infinito y eterno—, como chispas de una llama o «como una araña expulsa y teje su hilo, como brotan los cabellos de un cuerpo, de este modo todo lo que aparece surge de lo que es imperecedero».[76] Con todo, por atractiva que resulte la idea del pensamiento como creador de todo lo demás, cuesta encontrarle sentido. Sin duda debería haber el prerrequisito de algo en lo que pensar o que considerar, como una mente y unas palabras.[77]

De algún modo, los intelectuales profesionales del período mencionados en este capítulo parecen que abordaron muchos problemas filosóficos o protofilosóficos —o al menos los registraron por primera vez— mientras sopesaban muchas ideas políticas y sociales nuevas. Pese a esto, comparado con períodos posteriores, la producción total de ideas es decepcionantemente baja. Entre la invención de la agricultura y la caída o transformación de las grandes civilizaciones agrícolas que generaron la mayoría de datos que hemos examinado pasaron unos ocho o nueve mil años. Si comparamos las primeras ideas que se concibieron o registraron en ese período con el recuento del siguiente milenio, que será el tema del próximo capítulo, el resultado es relativamente letárgico y tímido. Por motivos poco entendidos, los pensadores eran marcadamente retrospectivos, tradicionales e invariables en sus ideas, incluso se estancaban en ellas. Tal vez la fragilidad ecológica de los inicios de la agricultura les hizo prudentes y centró su mente en estrategias conservadoras; aunque esta explicación no resulta satisfactoria, ya que Egipto y China tenían regiones ecológicamente divergentes y por lo tanto gozaban de cierta inmunidad ante los desastres medioambientales. Quizás las amenazas externas provocaran mentalidades defensivas y restrictivas: los Estados egipcios y mesopotámicos solían estar a la greña y todas las civilizaciones sedentarias tenían que competir con la avaricia de los pueblos «bárbaros» en sus fronteras; aunque el conflicto y la competición suelen promover un pensamiento nuevo. En cualquier caso, si avanzamos hacia la siguiente era y vemos hasta qué punto fue más productiva, de las primeras mentes agrícolas solo nos quedará la medida de su conservadurismo.

4

Los grandes sabios

Los primeros pensadores conocidos

Eran malos tiempos para la civilización: a finales del segundo milenio a.e.c., un largo climaterio —o una larga «crisis», en el disputado argot de historiadores y arqueólogos— afligió a las regiones que antes habían bullido con nuevas ideas. Las catástrofes, que aún constituían un misterio, ralentizaron el progreso o lo cortaron. Las economías centralizadas, antes controladas desde los laberintos palaciegos, desaparecieron. Las relaciones comerciales a larga distancia flaquearon o se vinieron abajo. Los asentamientos se vaciaron. Los monumentos se derrumbaron, en ocasiones para sobrevivir tan solo en el recuerdo, como los muros de Troya y el laberinto de Cnosos, o en ruinas, como los zigurats de Mesopotamia, para inspirar a sucesores lejanos.

Los desastres naturales desempeñaron un papel importante en el proceso. En el valle del Indo, el cambio en la hidrografía convirtió las ciudades en polvo. En Creta, la ceniza volcánica y las capas de lava solidificada las enterraron. Las migraciones traumáticas, que amenazaban con destruir Egipto, arrasaron los Estados de Anatolia y el Levante, en ocasiones con una brusquedad y una rapidez impresionantes: cuando la ciudad-Estado de Ugarit, en Siria, estaba a punto de caer para no volver a ser ocupada nunca más, quedaron mensajes urgentes inacabados suplicando refuerzos por mar. Nadie sabe de dónde venían los migrantes, pero al parecer la sensación de amenaza estaba muy extendida. En Pilos, Grecia, hay escenas de combate con salvajes vestidos con pieles humanas pintadas en las paredes de muchos palacios destruidos. En Turkmenistán, en el flanco norte de la meseta iraní, los pastoralistas infestaron los asentamientos fortificados donde en su día habían prosperado talleres de bronce y oro.

Cada cual corrió su suerte, claro está. En China, hacia comienzos del primer milenio a.e.c., el Estado Shang, que había unido el valle del río Amarillo y el del Yangtsé, se disolvió, sin que ello alterara la continuidad de la civilización china: de hecho, la competencia entre las cortes en guerra multiplicó las oportunidades de respaldo real a los hombres sabios y los oficiales cultos. En Egipto, el Estado sobrevivió pero, comparado con lo anterior, el nuevo milenio era árido desde el punto de vista cultural e intelectual. En otras regiones afectadas se dieron «períodos oscuros» de diversa duración. En Grecia y la India se olvidó el arte de escribir y se hubo de reinventar desde cero tras un lapso de cientos de años. Como suele suceder cuando las guerras golpean y los Estados luchan, el progreso tecnológico se aceleró: fraguas más calientes y armas y herramientas más duras y afiladas. Pero ninguna innovación en lo tocante a ideas.

La recuperación, en caso de que se diera, sucedía entre pueblos nuevos, tras un largo intervalo de tiempo. La civilización india, por ejemplo, fue desterrada del Indo. Hacia mediados del primer milenio a.e.c., la lógica, la literatura creativa, las matemáticas y la ciencia especulativa resurgieron en el valle del Ganges. En los márgenes del mundo griego, la civilización cristalizó en islas y brotes alrededor del mar Jónico. En Persia, la región de Fars, lejana y antes inerte, desempeñó el papel correspondiente.

Las circunstancias eran adversas pero hicieron posible empezar de cero. Mientras aún estaban las civilizaciones antiguas, invertían en continuidad y en el statu quo. Cuando cayeron, sus herederos pudieron mirar adelante y dar la bienvenida a lo nuevo. La crisis y el climaterio siempre dan pie a pensar en soluciones. A la larga, cuando los imperios se fragmentaron, los nuevos Estados favorecieron nuevos perfiles intelectuales. Los aspirantes políticos necesitaban propagandistas, árbitros y enviados. Las oportunidades de formarse profesionalmente crecían a medida que los Estados intentaban superar el desastre a fuerza de educación. En consecuencia, el primer milenio antes de Cristo fue una época de escuelas y sabios.

Una visión de conjunto de la época

En períodos anteriores, las ideas habían surgido de forma anónima. Si se identificaban con algún nombre, era con el de un dios. En cambio, en el primer milenio a.e.c., con frecuencia las ideas nuevas eran obra de individuos de renombre (o atribuidas a ellos). Profetas y santos salieron de una vida ascética para convertirse en autores o inspiradores de textos sagrados. Los líderes carismáticos compartían visiones y por lo general intentaban imponérselas a todo el mundo. Los intelectuales profesionales impartían cursos a los candidatos a cargos públicos o carreras cultas. Algunos de ellos buscaban el patrocinio de gobernantes o posiciones como asesores políticos.

Fueron precursores de nuestro modo de pensar actual y tuvieron influencia sobre él. Tras todo el progreso técnico y material de los últimos dos mil años, continuamos dependiendo del pensamiento de una era lejana al que hemos añadido sorprendentemente poco. Es probable que no haya más de una decena de ideas posteriores que se puedan comparar, en capacidad para cambiar el mundo, con las de los seis siglos anteriores a la muerte de Jesucristo. Los sabios arañaban los canales de la lógica y la ciencia en las que aún vivimos. Ponían sobre la mesa problemas de naturaleza humana que todavía hoy nos preocupan y proponían soluciones que continuamos utilizando y descartando alternativamente. Fundaron religiones de fuerza imperecedera. El zoroastrismo, que todavía conserva devotos, surgió en una fecha incierta, probablemente en la primera mitad del milenio. El judaísmo y el cristianismo proporcionaron las enseñanzas que más adelante se convertirían en la base del islam: alrededor de un tercio de la población mundial actual pertenece a la tradición abrahámica comprendida en estas tres religiones. El jainismo y el budismo estuvieron entre las otras innovaciones de la época, como lo estuvieron también la mayoría de los textos que proveyeron de escrituras al hinduismo. En el siglo VI a.e.c., Confucio formuló unas enseñanzas sobre política y ética que continúan teniendo influencia en el mundo. La pista del taoísmo puede seguirse hasta el paso del siglo v al iv a.e.c. En el mismo período, los logros en ciencia y filosofía de las «Cien escuelas del pensamiento» chinas y de la escuela nyāya de filósofos de la India igualaban a los de los sabios griegos. El conjunto de la filosofía occidental desde la época clásica de Atenas se apostrofa como «acotaciones a Platón». La mayoría de nosotros aún seguimos las leyes del pensamiento correcto que concibió su pupilo Aristóteles.

Si algunas de las personas de aquel mismo período nos parecen inteligibles ya de entrada es porque pensamos del mismo modo que ellas, con las herramientas que legaron, las habilidades que desarrollaron y las ideas que transmitieron. Sin embargo, los datos que se conservan sobre sus vidas y circunstancias son imprecisos. Los profesores heroicos inspiraban una veneración fascinada que los oculta a nuestra visión. Sus seguidores los remodelan como superhombres o incluso dioses, y cubren su reputación con leyendas y acervo popular. Para entender su obra y por qué resultó tan impactante hemos de comenzar reconstruyendo el contexto: los medios —redes, rutas, vínculos, textos— que comunicaban las ideas y a veces las cambiaban por el camino. Después podemos hacer un esbozo de los formuladores de las ideas clave y, finalmente, centrarnos en su saber religioso y laico y en sus panaceas morales y políticas.

Los vínculos euroasiáticos

La India, el sureste asiático, China y Grecia eran regiones muy separadas que generaban ideas comparables sobre temas parecidos. No se trataba de una mera coincidencia. En toda Eurasia, la gente tenía acceso a las ideas de los demás.[1] La genialidad pulula cuando los intelectuales se reúnen en instituciones de educación e investigación, donde pueden hablar los unos con los otros. Cuanto más amplio el foro, mejor. Cuando las culturas dialogan, las ideas parecen procrear, se enriquecen mutuamente y generan nuevo pensamiento. Por eso el cinturón central del mundo —el arco de civilizaciones densamente poblado que se extendía, con interrupciones, a lo ancho de Eurasia— latía con tanta genialidad antes de Cristo: sus culturas estaban en contacto.

Seguramente ayudó el hecho de disponer de textos escritos.[2] Muchos sabios se mostraban indiferentes u hostiles ante las enseñanzas escritas. El nombre de los Upanishads, que significa algo así como «el asiento cercano al maestro», recuerda a un tiempo en que la sabiduría, demasiado sagrada y digna de ser memorizada como para confiarla a la escritura, se transmitía de palabra. Por lo que sabemos, Jesucristo no escribió nada, salvo palabras que dibujó con el dedo sobre el polvo y que el viento se llevó. Solo pasados unos siglos, los budistas se decidieron a recopilar una versión presuntamente descodificada de las enseñanzas del fundador. De la competencia entre gurús surgió la demanda de manuales de soluciones rápidas, demanda que en la actualidad sigue vigente. Una de las consecuencias de esto fue la aparición de los libros sagrados multiuso, que supuestamente contenían toda la verdad que necesitaban los fieles.

Al parecer, las revelaciones divinas necesitan amanuenses humanos. Todas las escrituras se seleccionan por tradición, se modifican en la transmisión, se deforman en la traducción y se malinterpretan en la lectura. Que sean o pudieran ser las palabras genuinas de los dioses, «grabadas por el dedo de Dios», como dice la Biblia sobre los Diez Mandamientos, debe de ser una metáfora o una mentira. Traen tanto desgracias como bendiciones. Los protestantes de la Reforma pensaban que podían sustituir la autoridad de la Iglesia por la autoridad de las Escrituras, pero entre las líneas y las páginas de la Biblia acechaban los demonios, a la espera de que alguien abriera el libro. Para un lector racional y sensato, los textos supuestamente sagrados solo pueden descifrarse de forma provisional y al precio de una enorme inversión en estudios. Las interpretaciones antiintelectuales y de mentalidad poco creativa avivan los movimientos fundamentalistas, a menudo con efectos violentos. Renegados, terroristas, tiranos, imperialistas y mesías autoproclamados hacen un mal uso de los textos. Los falsos profetas santifican la lectura perversa que hacen de ellos. Pese a todo, algunas escrituras han tenido un éxito tremendo. Ahora damos por sentada la idea de que escribir es un medio apropiado para transmitir mensajes sagrados. Los aspirantes a gurús venden su sabiduría en forma de guía práctica. Los grandes textos —los Upanishads, los sutras budistas, la Biblia y el posterior Corán— ofrecen una guía inspiradora. Se han convertido en la base de las creencias religiosas y de las vidas rituales de la mayoría de personas. Han tenido una influencia profunda en las ideas morales incluso de quienes rechazan la religión. Otras religiones los imitan.

Los textos no pueden cruzar abismos por sí solos; necesitan que los transporten. Hacia mitad del primer milenio a.e.c., las ideas de los sabios se extendieron por Eurasia a través de las largas rutas que llevaron las sedas chinas a Atenas y a lugares de sepultura de lo que actualmente son Hungría y Alemania. El comercio, la diplomacia, la guerra y el vagar de un lado a otro hicieron que la gente se alejara de casa y propiciaron la creación de redes. Desde aproximadamente el siglo III del milenio, los navegantes y mercaderes transportaban narraciones sobre la budeidad para los buscadores de la iluminación de las costas del Asia marítima, donde pilotar un barco «gracias al conocimiento de las estrellas» se consideraba un don divino. En aquellas narraciones, Buda protegía a los marineros de las sirenas-duende de Sri Lanka y protegía a los exploradores píos con un navío insumergible. Una deidad guardiana salvaba a las víctimas de naufragios que combinaban piadosamente el comercio con la peregrinación o que «veneraban a sus padres».[3] Las leyendas similares en fuentes persas incluyen la historia de Jamshid, el rey-constructor de buques que cruzó los océanos «de región en región a gran velocidad».[4]

Tras este tipo de historias había relatos de viajes auténticos de mediados del milenio, como la misión naval que Darío I de Persia envió a Arabia desde el extremo norte del mar Rojo hasta la boca de Indo, o el comercio de lo que los mercaderes griegos llamaban «mar eritreo», de donde traían el incienso, la mirra y casia (la canela de imitación de Arabia). Las costas de Arabia estaban llenas de puertos comerciales del Índico. Thaj, protegida por muros de piedra de más de dos kilómetros y medio de circunferencia y cuatro metros y medio de grosor, era perfecta como almacén para las importaciones: oro, rubíes y perlas que adornaron a una princesa enterrada a finales de aquella época. En Gerrha los mercaderes descargaban manufacturas indias. A partir de una historia de vida grabada sobre un ataúd de piedra del siglo III a.e.c. sabemos que un mercader de Ma'in suministraba incienso a los templos egipcios.[5]

La regularidad del sistema de vientos monzónicos hizo posible la larga tradición de navegación y osadía marítimas en el océano Índico. Por encima del ecuador, los vientos del nordeste prevalecen hasta finales de invierno; después el aire se calienta y se eleva, y se lleva el viento hacia el continente asiático desde el sur y el oeste. Así pues, los navegantes pueden confiar en que tendrán viento para partir y también para regresar a casa. Por extraño que pueda parecer a los regatistas, que adoran que les sople el viento en la espalda, a lo largo de la historia la mayoría de exploradores marítimos se han dirigido hacia el viento con el fin de aumentar sus probabilidades de volver a casa. El sistema de monzones deja libre a los navegantes para la aventura.

Comparado con el transporte terrestre de bienes, el marítimo es más rápido, más barato y permite mayor volumen y variedad. Pero el comercio a larga distancia, incluido el que atravesaba Eurasia en la antigüedad, siempre ha empezado a pequeña escala, con un volumen limitado de bienes de valor elevado con los que se comerciaba a través de mercados e intermediarios. Así pues, las rutas terrestres que atravesaban grandes extensiones del continente también desempeñaron un papel importante en la creación de las redes del primer milenio a.e.c., puesto que unieron a personas de culturas diferentes, facilitaron el flujo de ideas y transmitieron los bienes y las obras de arte que cambiaron el gusto e influyeron en los estilos de vida. Cuando Alejandro Magno marchó por el camino real persa y llegó hasta la India, lo hizo siguiendo rutas comerciales establecidas. Las colonias que fue diseminando en su avance se convirtieron en emporios de ideas. Bactriana fue una de ellas. Alrededor del año 139 a.e.c., Zhang Qian viajó a ella como embajador de China. Al ver a la venta telas chinas, «preguntó cómo obtenían aquellas cosas y la gente le explicó que sus mercaderes las compraban en la India». A partir de su misión, a China «empezaron a llegar muestras de cosas extrañas procedentes de todas partes».[6] A finales del milenio, las manufacturas chinas fluían del mar Caspio al mar Negro y entraban en los reinos ricos en oro del extremo occidental de la estepa euroasiática.

Según un poema grabado en una cueva donde se cobijaban viajeros, en Dunhuang, más allá de las fronteras occidentales de China, en una región de desierto y montañas, convergían «los caminos hacia el océano occidental», como las venas de una garganta.[7] Allí, una generación después de la misión de Zhang Qian, Wudi, un general chino victorioso se arrodilló ante los «hombres dorados» —ídolos capturados a los que habían tomado, erróneamente, por budas— para celebrar su éxito en la obtención de caballos del valle de Ferganá.[8] Desde Dunhuang, las llamadas Rutas de la Seda bordeaban el desierto de Taklamakán en dirección a los reinos que se encontraban más allá del Pamir y se unían a las rutas que se bifurcaban hacia el Tíbet o la India o continuaban por la meseta iraní. Se tardaban treinta días en cruzar el Taklamakán por los extremos, donde se cuenta con el agua que baja de las montañas. En los relatos chinos del desalentador viaje, unos demonios que chillaban y tocaban el tambor personificaban a los vientos atroces, pero al menos el desierto disuadía a los bandidos y a los nómadas depredadores que vivían más allá de las montañas que rodeaban el desierto.

Mientras los viajes y el comercio tejían una red por Eurasia, parece que los maestros del pensamiento, en su día celebridades, se vieron enredados en ella. Podemos ver destellar brevemente a estos grandes peces, que después desaparecen entre bancos de discípulos por lo general anónimos. Dado que ellos o sus seguidores a menudo viajaban como peregrinos, misioneros, recolectores o diseminadores de textos sagrados, tiene sentido intentar aislar el pensamiento religioso de estos sabios antes de abordar los temas laicos.

¿Nuevas religiones?

Para llegar a las ideas genuinas de los sabios hemos de reconocer la poca fiabilidad de las fuentes. Los textos atribuidos a los sabios suelen datar de generaciones posteriores a su muerte y sobreviven solo porque los seguidores perdieron la confianza en la autenticidad de la transmisión oral. Abundan las falsificaciones, piadosas o por especulación, y las cronologías son vagas. Zoroastro, que durante mil años dominó la corriente principal de pensamiento en Irán y tuvo influencia en otras religiones, es buen ejemplo de ello, con dataciones inseguras de finales de los siglos VII y VI a.e.c. en Irán. No se puede decir nada con seguridad sobre su vida o sus antecedentes. Los textos que se le atribuyen están tan incompletos y alterados y son tan ilegibles que no se pueden reconstruir con confianza.[9] Según la tradición, predicaba una doctrina que recuerda el dualismo de tradiciones anteriores: el mundo estaba formado por las fuerzas opuestas del bien y el mal; una deidad buena, Ahura Mazda (u Ormuz), residía en el fuego y la luz, y los ritos en su honor invocaban al alba y encendían el fuego, mientras que la noche y la oscuridad eran terreno de Angra Mainyu o Ahrimán, dios del mal. Casi igualmente inaccesible es el sabio Mahavira, supuestamente un príncipe rico que en el siglo VI a.e.c. renunció a sus riquezas por repugnancia hacia el mundo: los primeros textos del jainismo, la tradición religiosa que le venera como fundador, ni siquiera le mencionan. El jainismo es una forma ascética de vida diseñada para liberar el alma del mal mediante la castidad, el desapego, la verdad, el altruismo y la caridad pródiga. Si bien atraía a seguidores laicos y aún inspira a millones de ellos, es tan exigente que solo se puede practicar con pleno rigor en comunidades religiosas: un jainista prefiere la hambruna a una vida poco generosa y barrerá el suelo por el que camina antes que pisar a un bicho. El jainismo nunca ha tenido seguidores fuera de la India, a excepción de comunidades emigrantes de origen indio.

Además de reconocer las imperfecciones de las pruebas sobre las nuevas religiones, debemos permitir la posibilidad de que lo que a nosotros nos parece religioso quizás no lo fuera para los sabios; también debemos resistirnos a la suposición de que la religión, tal como la entendemos en la actualidad, pusiera en marcha cualquier nueva salida intelectual de la época. En un período en el que nadie hacía una distinción estricta entre religión y vida seglar, cuesta decir, por ejemplo, si Confucio fundó o no una religión. Si bien participaba en ritos de veneración de los dioses y ancestros, negaba interesarse por otros mundos que no fueran el nuestro. Mozi, un admirador suyo que discrepaba de él, pidió amor universal en tierras laicas (como veremos) cuatrocientos años antes que la versión de la religión cristiana. Al igual que las doctrinas de Confucio y Mozi, las de Siddartha Gautama estaban en el borde de lo que solemos considerar religión, ya que iba enseñando y deambulando por una franja indeterminada de la India oriental, probablemente entre mediados del siglo VI y principios del siglo IV a.e.c. (estudios recientes no permiten precisar más).[10] Al igual que Mahavira, al parecer quería liberar a los devotos de las aflicciones de este mundo. Sus discípulos, que lo llamaban Buda o el Iluminado, aprendieron a buscar la felicidad huyendo del deseo. Con intensidad diversa en función de cada individuo y de su vocación en la vida, la meditación, la oración y el comportamiento altruista podían conducir a los practicantes más privilegiados a eludir cualquier sensación del yo en un estado místico llamado nirvana (o «extinción de la llama»). El lenguaje de Buda evitaba la repetición de términos religiosos convencionales. Al parecer nunca hizo ninguna afirmación sobre Dios. Denunciaba la idea de que haya algo esencial o inmutable en la persona, motivo por el cual los budistas evitan utilizar la palabra «alma».

Pero el tirón del pensamiento religioso arrastró también al budismo. La idea de que el yo sobrevive a la muerte del cuerpo, quizás muchas muertes durante un largo ciclo de muerte y renacimiento, resuena en las primeras escrituras budistas. En un famoso texto registrado en China en el siglo VIII, Buda promete que una persona honrada puede nacer como emperador durante cientos o miles de eras. Este objetivo de liberación personal respecto del mundo, bien mediante el perfeccionamiento personal bien perdiéndose en el altruismo, era común en las religiones indias: en cualquier caso, probablemente fuera un trabajo largo. Lo que distinguía el relato budista del proceso era que era ético: lo regía la justicia; el alma habitaba un cuerpo «más elevado» o «menos elevado» en cada vida sucesiva como recompensa por la virtud o menoscabo por el vicio.

Los devotos de Buda se reunían en monasterios para guiarse unos a otros hacia esa forma confusa de iluminación, aunque también podían alcanzarla quienes se encontraran en escenarios más mundanos, como mercaderes, marineros y gobernantes, según se cuenta en muchos de los primeros relatos budistas. Esta flexibilidad contribuyó a crear zonas de seguidores del budismo poderosas, ricas y extensas, entre los que se contaban, a partir del siglo III a.e.c., gobernantes que querían imponerlo a la fuerza, a veces haciendo poco caso del pacifismo del propio Buda. En el año 260 a.e.c., por ejemplo, el emperador indio Ashoka expresó su arrepentimiento por las consecuencias sangrientas de su conquista del reino de Kalinga: 150 000 deportaciones, 100 000 asesinatos, «y muchas veces el número de los que fallecieron ... El sonido de los tambores se ha convertido en el sonido de la doctrina de Buda y ha mostrado a la gente despliegues de carros celestiales, elefantes, bolas de fuego y otras formas divinas».[11] También a este respecto el budismo se parece a otras religiones, cosa que quizás sea meritoria pero que rara vez consigue hacer buena a la gente.

Algunas de las ideas inequívocamente religiosas, incluidas las del último de los grandes sabios, al que llamamos Jesucristo, surgieron de entre los que más tarde se conocerían como judíos (en diferentes períodos, diversos autores les han llamado hebreos, israelitas u otras cosas): ningún grupo de tamaño comparable ha hecho más por dar forma al mundo. Ellos y sus descendientes hicieron contribuciones trasformadoras a largo plazo en casi todos los aspectos de la vida de las sociedades occidentales y, por consiguiente, por una especie de efecto colateral, del resto del mundo, especialmente en las artes y las ciencias, el desarrollo económico y, sobre todo, la religión. El pensamiento religioso judío dio forma al cristianismo (que empezó como una herejía judía y acabó convirtiéndose en la religión más diseminada del mundo). Más adelante, el judaísmo afectó profundamente al islam. Como veremos, penetró en la mente de Mahoma. A la larga, el cristianismo y el islam extendieron la influencia judía por todo el mundo. Parece increíble que algunos seguidores de las tres tradiciones puedan pensar que son mutuamente adversos o que no sean conscientes de las bases comunes que comparten.

Jesucristo, que murió alrededor el año 33 e.c., era un rabino judío de mente independiente que difundía un mensaje radical. Algunos de sus seguidores lo veían como la culminación de la tradición judía, de la que era encarnación, renovación e incluso reemplazo. Cristo, el nombre que le pusieron, es la modificación de un intento griego de traducir el término hebreo *ha-mashiad*, o Mesías, «el ungido», que los judíos utilizaban para designar al rey que esperaban que trajera el cielo a la tierra, o como mínimo que expulsara a los conquistadores romanos de las tierras judías. Los adeptos a Jesucristo fueron prácticamente los únicos que documentaron su vida. Muchos de los relatos sobre él no se pueden tomar literalmente, ya que derivan de mitos paganos o profecías judías. Sin embargo, sus enseñanzas están bien confirmadas gracias a la recopilación y registro de sus palabras treinta o cuarenta años después de su muerte. Pedía cosas tremendas: que se purgara la corrupción en el sacerdocio judío, que el templo de Jerusalén se «limpiara» de prácticas lucrativas y que se renunciara al poder laico por un «reino que no es de este mundo». Cambió totalmente las jerarquías, instando a los ricos a hacer acto de contrición y a alabar a los pobres. Aún más controvertida fue una doctrina que le atribuían algunos de sus seguidores: que los humanos no podían ganar el favor divino recurriendo a una especie de trato con Dios: la «Alianza» de la tradición judía. Según la ortodoxia judía, Dios respondía ante la obediencia a las leyes y normas; sin embargo, los cristianos preferían creer que, por honrados que fueran, continuaban dependiendo de la gracia de Dios, que él otorgaba libremente. Si Jesucristo decía aquello, abría nuevos caminos en la ética al expresar una verdad que parece vaga hasta que se señala: que la bondad solo es buena si no se espera nada a cambio; de no ser así, solo está disfrazada de egoísmo. Hasta Mahoma, fundador del islam, que murió seis siglos más tarde, no ha habido ninguna figura posterior que haya tenido tanta influencia como él, y tampoco en los mil años siguientes.

A veces los escépticos afirman que los grandes sabios prescribían magia antigua en lugar de religión nueva: que los esfuerzos por «escapar del mundo», «apagar el yo» o alcanzar «la unión con el brahmán» eran ofertas pretenciosas para conseguir la inmortalidad; que la práctica mística era una especie de medicina alternativa diseñada para prolongar la vida o mejorarla; o que la oración y el sacrificio podían ser técnicas para adquirir el poder de autotransformación del chamán. En ocasiones, la línea que separa la religión y la magia es tan borrosa como la que separa la ciencia de la brujería. Buda se autodenominaba sanador al tiempo que maestro. Las leyendas de la época relacionan a los fundadores de religiones con lo que parecen ser hechizos. Los seguidores de Empédocles, por ejemplo, que enseñaban una extraña forma de binarismo en la Sicilia de mediados del siglo V a.e.c., le asediaban para que les proporcionara remedios mágicos para la enfermedad y el mal tiempo.[12] Con frecuencia, los discípulos escribían sobre los sabios, desde Pitágoras hasta Jesucristo, como obradores de milagros y creían que un milagro no es magia que uno adentra fácilmente en otra mente carente de sentido crítico. De un modo parecido, la inmortalidad no es necesariamente un objetivo mundano, sino que en la magia es concebible como objeto de hechizo. Las escrituras atribuidas a Lao-Tse, fundador del taoísmo, insisten en este punto: la persecución de la inmortalidad es una forma de desapego del mundo, entre las inseguridades de la vida en Estados en guerra. La desvinculación daría al taoísta poder sobre el sufrimiento —poder como el del agua, que erosiona incluso cuando parece estancada, se supone que dijo Lao-Tse: «Nada es más blando o más débil, o mejor para atacar a lo duro y lo fuerte».[13] Algunos de sus lectores se esforzaban por alcanzar la inmortalidad con pociones y encantamientos.

Sin embargo, por mucho que las nuevas religiones le debieran a la magia tradicional, propusieron maneras realmente nuevas de enderezar la relación de los humanos con la naturaleza o con cualquier cosa divina. Junto con los rituales formales, todos mantenían la práctica moral. En lugar de limitarse a sacrificar las ofrendas prescritas a Dios o a los dioses, pedían cambios en la ética de los adeptos. Atraían a sus seguidores siguiendo programas de progreso moral individual, no rituales para apaciguar la naturaleza. Prometían la perfección de la bondad, o «la liberación del mal», bien fuera en este mundo o, tras la muerte, por transformación al final del tiempo. Eran religiones de salvación, no solo de supervivencia. Sus ideas sobre Dios son el mejor lugar para empezar a examinar detalladamente el nuevo pensamiento que inspiraron.

La nada y Dios

Dios importa. Si crees en Él, Él es lo más importante del cosmos y más allá. Si no, Él importa por cómo creer en Él influye a quienes lo hacen. En los volúmenes que los sabios añadieron al pensamiento sobre Dios que les precedía, destacan tres ideas nuevas: la idea de un creador divino responsable de todo cuanto hay en el universo; la idea de un único Dios, únicamente divino o divino de un modo único; y la idea de un Dios implicado, activamente comprometido en la vida del mundo que creó. Veámoslas por orden.

Para entender la idea de la creación hay que empezar por la idea aún más imprecisa de nada. Si la creación sucedió, la nada tuvo que precederla. La nada puede despertar poco interés, pero en cierto sentido eso es lo que la hace tan interesante. Pone a prueba la imaginación más que ninguna otra idea de este libro. Es un concepto que trasciende la experiencia, que se encuentra en los límites más lejanos del pensamiento. Es de una imprecisión exasperante. Ni siquiera se puede preguntar qué es, porque no es. En cuanto se empieza a concebir la nada, deja de ser ella misma porque se convierte en algo. Quien sabe aritmética básica está acostumbrado a tratar con el cero. Pero en notación matemática el cero no implica el concepto de nada: solo significa que no hay decenas o unidades o lo que esté en cuestión. En cualquier caso, apareció sorprendentemente tarde en la historia de la aritmética, y el primer conocimiento que se tiene de él es por inscripciones del siglo VII e.c. en Camboya. En aritmética, el cero real es un comodín: indiferente o destructivo para las funciones en las que aparece.[14]

Quizás convenientemente, el origen de la idea de la nada es indetectable. Los Upanishads hablaban de un «Gran Vacuo», mientras que los textos chinos de alrededores del primer milenio a.e.c. se referían a una noción habitualmente traducida como «vacío». Pero parece que se trataba de algo más que la nada: se situaban en un espacio más allá del universo material, o en los intersticios localizados entre las esferas celestiales, donde además, según las escrituras chinas, «los vientos» eran agitados (aunque quizás eso deba tomarse metafóricamente).

No obstante, sabemos que los sabios de los Upanishads tenían un concepto de no-ser, ya que sus textos destilaban desprecio repetidamente por lo que ellos veían como coherencia fingida. «¿Cómo puede ser —se preguntaba con burla en una escritura— que el ser se creara a partir del no-ser?»[15] O, como decía el rey Lear a su hija en la obra de Shakespeare: «De nada, nada se hace. Vuelve a probar». Es de suponer que los pensadores que postularon el vacío intentaban explicar el movimiento, ya que ¿cómo podía moverse algo sin resistencia salvo en la inexistencia? La mayoría de respuestas rechazaban la idea por dos motivos: en primer lugar el descubrimiento de aire en los huecos entre objetos arrojó dudas sobre la necesidad de imaginar el vacío; en segundo lugar, la lógica aparentemente invencible, tal como la formuló Leucipo en Grecia en el siglo v a.e.c., ponía objeciones: «El vacío es un no-ser; y nada de ser es un no-ser, ya que ser, en el sentido estricto de la palabra, es plenamente un ser».[16] Con todo, una vez se entiende el concepto de nada, cualquier cosa es posible. Se pueden eliminar realidades incómodas clasificándolas como no-ser, como hicieron con toda la materia Platón y otros idealistas. Como algunos de los pensadores modernos llamados existencialistas, se puede ver la inexistencia como lo mejor de la existencia, la fuente y el destino de la vida y el contexto que le da sentido. La idea de nada incluso hace posible imaginar la creación a partir de la nada, o más exactamente la creación de la materia a partir de la no-materia: la llave a una tradición de pensamiento crucial para la mayoría de religiones modernas.

De los relatos sobre la creación del capítulo anterior, casi ninguno trata en realidad sobre la creación; solo intentan explicar cómo un cosmos material ya existente pero diferente llegó a existir tal como es. Por lo que sabemos, hasta el primer milenio a.e.c. la mayoría de personas que pensaba en ello daba por sentado que el universo había existido siempre. Los mitos del antiguo Egipto que vimos en el capítulo anterior describen a un dios que transformó el caos inerte; pero el caos ya estaba allí para que él pudiera trabajar con él. Como vimos, el brahmán no creó el mundo de la nada, sino que Dios lo sacó de sí mismo, igual que una araña teje su red. Si bien parte de la poesía griega antigua describía el génesis de la nada, la filosofía más clásica rehuía esta idea. El dios-creador de Platón se limitaba a reorganizar lo que ya estaba disponible. La teoría del Big Bang se asemeja a estas primeras cosmogonías: describe infinitesimalmente la materia comprimida, que ya estaba allí antes de que el Big Bang la redistribuyera y la expandiera en el universo que conocemos. En otros intentos más radicales de explicar científicamente la creación, hay por ahí un protoplasma al que se ha de dar forma, o cargas eléctricas, o energía descorporizada, o fluctuaciones aleatorias en un vacío o «leyes de surgimiento».[17] La creación a partir de la nada parece problemática pero también lo es la materia eterna ya que, puesto que el cambio no puede darse sin tiempo, sería invariable en la eternidad y requeriría de algún otro agente igualmente problemático que la hiciera dinámica. Muy rara vez la antropología encuentra mitos de creación en los que una entidad puramente espiritual, emocional o intelectual precediera al mundo material y la materia comenzara de manera espontánea o se reuniera o creara a partir de la no-materia. Por ejemplo, según el pueblo winnebago, en América del Norte, el Hacedor de la Tierra se dio cuenta por experiencia de que sus sentimientos se convertían en cosas: en soledad, derramó lágrimas que se convirtieron en las primeras aguas del mundo.[18] A primera vista, este mito recuerda al modo en que el brahmán produjo el cosmos a partir de sí mismo, pero no deberíamos tomar las lágrimas de forma literal: en la sabiduría tradicional de los winnebago, la emoción era la fuente de la fuerza creativa que creó el mundo material. Para algunos sabios de la antigua Grecia, el pensamiento funcionaba del mismo modo. Claro está que sentimiento y pensamiento pueden definirse desde el punto de vista del otro: el sentimiento es pensamiento no formulado y el pensamiento es sentimiento expresado de forma comunicable. El Evangelio según San Juan tomaba prestado de la filosofía griega clásica una noción misteriosa de un mundo engendrado por un acto intelectual: «Al principio existía el Logos», literalmente, el pensamiento, que las traducciones al castellano de la Biblia suelen traducir como «el Verbo» o «la Palabra».

El escritor del Evangelio fundió los pensamientos griego y judío, ya que el Antiguo Testamento (tal como lo entendían los analistas a partir de la segunda mitad del primer milenio a.e.c.) presentaba el primer y más desafiante de los relatos sobre la creación de este tipo: el mundo es un producto del pensamiento —nada más y nada menos— que se ejerce en un ámbito en el que no hay materia, más allá del ser y de la inexistencia.

Este modo de entender la creación ha ido convenciendo gradualmente a la mayoría de quienes han pensado en la creación y se ha convertido en la conjetura irreflexiva de la mayoría de quienes no lo han hecho.[19]

No podemos separar de ello otra idea nueva, la de Dios como único y creativo. La cronología de su relación no está clara. Hasta la segunda mitad del primer milenio, ninguna de las dos ideas estuvo lo bastante documentada como para resultar convincente. No sabemos si los pensadores responsables de ella empezaron con la originalidad de Dios y dedujeron de ella la creación a partir de la nada, o si empezaron con una historia de la creación y de ella infirieron la originalidad. En cualquier caso, las ideas eran interdependientes, ya que Dios estaba solo hasta que creó todo lo demás. Le otorgaba a Él poder sobre todas las cosas, puesto que lo que hacemos podemos volver a hacerlo y deshacerlo. Le hacía puramente espiritual, o más bien indescriptible, imposible de designar con un nombre, incomparable con nada. Ese creador único, Quien lo creó todo de la nada y monopoliza el poder sobre la naturaleza, nos resulta tan familiar hoy en día que ya no nos damos cuenta de lo extraño que debió de parecer la primera vez que pensaron en Él. El ateísmo pop hace una representación inadecuada de Dios como una idea infantil, pero costó mucho pensamiento extenuante llegar a ella. Los ingenuos —que antes, como siempre, como ahora, pensaban que solo existe lo que se puede ver y tocar—, sin duda reaccionaron con sorpresa. Incluso las personas que imaginaban un mundo invisible —más allá de la naturaleza y controlándolo— suponían que la supernaturaleza era diversa: que estaba llena de dioses, igual que la naturaleza estaba abarrotada de criaturas. Los griegos disponían las cosas en orden. Los persas, como hemos visto, las reducían a dos: una buena y una mala. En el henoteísmo indio, un conjunto de dioses representaba la unidad divina. Por lo general, los hindúes han reaccionado al monoteísmo con una objeción lógica: si siempre ha existido un dios, ¿por qué no los demás? La mayoría de tipos de unidad son divisibles. Se puede hacer añicos una piedra o refractar la luz en los colores del arcoíris. Si Dios es único, tal vez Su singularidad sea de ese tipo. O podría ser una especie de exhaustividad, como la de la naturaleza, la suma única de todo lo demás, incluidos muchos otros dioses. O podría ser que otros dioses formaran parte de la creación de Dios.

La formulación más potente de la singularidad divina se desarrolló en las escrituras sagradas de los judíos. Con fecha desconocida, probablemente a comienzos de la primera mitad del milenio, Yahvé, su deidad tribal, era, o se convirtió, en su único Dios. «No tendréis a otro Dios que a mí», proclamó. Paradójicamente, el desencanto hacia Él fue el punto de partida de su transformación en un ser singular y todopoderoso. Tras la derrota en la guerra y las deportaciones en masa de su patria alrededor del año 580 a.e.c., los judíos reaccionaron viendo sus sufrimientos como pruebas de fe, como demandas divinas de creencia y adoración inflexibles. Empezaron a decir que Yahvé estaba «celoso», que no quería permitir que ningún rival suyo tuviera estatus divino. La imposición feroz de un derecho exclusivo a la adoración formaba parte de una supuesta «alianza» en el que Yahvé prometía su favor a cambio de obediencia y veneración. No solo era el Dios de Su pueblo; al final del proceso era el único Dios que había.[20]

Junto con Dios: otras ideas judías

Entre los efectos secundarios de esto hubo tres conceptos que todavía apoyamos: el tiempo lineal, un Dios que nos ama y un orden natural jerárquico divinamente limitado a los señores o representantes de los hombres.

Como hemos visto, por lo general la gente copia su forma de medir el tiempo de las revoluciones repetitivas e interminables de los cielos. Sin embargo, en muchas culturas en lugar de relacionar los cambios lineales con los cíclicos —mi edad (lineal) con el comportamiento (cíclico) del sol, pongamos— los cronómetros comparan dos o más secuencias de cambio lineal. Buen ejemplo de ello son los nuer de Sudán que, como hemos visto, relacionan todos los acontecimientos con el aumento de crecimiento del ganado o de los niños: la fecha de una hambruna, una guerra, una inundación o una plaga puede expresarse así: «Cuando mi ternero era así de alto» o «cuando tal o cual generación alcanzó la mayoría de edad».[21] A menudo los analistas hacen malabares con los dos métodos: en el antiguo Egipto y en China utilizaban secuencias de reinados y dinastías como marcos para medir otros cambios. Cualquier lector del Antiguo Testamento verá que, al asignar fechas a los acontecimientos, los escritores tienden a evitar los ciclos astronómicos y prefieren las generaciones humanas como unidades de periodización.

Las diferentes técnicas de medición pueden dar lugar a diferentes conceptos de tiempo: ¿es cíclico o infinito? ¿O es como una línea, con una trayectoria única e irrepetible?[22] En los textos que se conservan, la primera aparición del concepto lineal se da en el primer libro de la Biblia hebrea, donde el tiempo se desplegaba en un único acto de creación. La historia del Génesis no hacía inevitable un relato sistemáticamente lineal: el tiempo podía empezar como una flecha perdida o un mecanismo de relojería libre y mostrar propiedades de ambos. Sin embargo, los judíos y todo aquel que adoptó sus escrituras se han quedado pegados a un concepto básicamente lineal, con un principio y, es de suponer, un final: hay hechos que se pueden repetir pero la historia como un todo es única. Pasado y futuro nunca podrían volver a ser iguales.

La contribución judía al cristianismo y al islam aseguró que el mundo moderno heredara el sentido lineal del tiempo. Para los cristianos el modelo cíclico es imposible, ya que la reencarnación se dio una vez y el sacrificio de Jesucristo fue suficiente para todo el tiempo. Su Segunda Venida no es una interpretación repetida sino la bajada de telón con ovación del final de todo. El tiempo lineal se ha demostrado inspirador al tiempo que abrumador. Ha propiciado movimientos milenarios, incitando a la gente a actuar en la creencia de que el fin del mundo podía ser inminente. Ha alimentado la convicción de que la historia es progresiva y de que todos los esfuerzos que se hacen en ella valen la pena. Los líderes e ideólogos entusiasmados por su sentido de participación en la carrera de la historia hacia un objetivo o clímax han hecho arrancar movimientos tan diversos como la Revolución francesa, la Guerra de la Independencia, el marxismo y el nazismo.

Los judíos rara vez han buscado imponer sus ideas sobre los demás: al contrario, la mayor parte del tiempo han tratado su religión como un tesoro demasiado valioso para compartirlo. Con todo, ha habido tres desarrollos que han convertido al Dios de los judíos en el favorito del mundo.[23] En primer lugar, la historia «sagrada» de los sacrificios y padecimientos judíos proporcionaba a los lectores del Antiguo Testamento un ejemplo convincente de fe. En segundo lugar, Jesucristo fundó una escisión judía que abrió sus filas a los no judíos y desarrolló una tradición de proselitización vigorosa y a veces agresiva. Gracias en parte a un «Evangelio» de la salvación convincente, se convirtió en la religión más difundida del mundo. Finalmente, a principios del siglo VII e.c., el profeta Mahoma, que había asimilado mucho del judaísmo y el cristianismo, incorporó la visión judía de Dios a la religión rival que había fundado, que para finales del segundo milenio e.c. ya había atraído a casi tantos adeptos como el cristianismo. Aunque el islam se desarrolló a partir de aspectos sacados de los orígenes judíos y de influencias cristianas, el Dios de las tres tradiciones continuaba siendo claramente el mismo, y así continúa siendo hoy. Tal como cristianos y musulmanes concebían a Dios, su culto requería divulgación e incluso consentimiento universal. Se produjo entonces una larga sucesión de conflictos culturales y guerras sangrientas. Además de eso, por el legado de judaísmo que tenían ambas religiones, Dios requería que el hombre cumpliera unas estrictas exigencias morales que a menudo han estado en conflicto con las prioridades prácticas del mundo. Así pues, el concepto de Dios, ideado por los judíos en la antigüedad, ha continuado modelando las vidas individuales, los códigos de conducta colectivos y las luchas entre comunidades. A un nivel de sensibilidad sin duda más profundo, ha despertado conflictos de conciencia internos y, quizás como consecuencia de ello, ha inspirado expresiones artísticas magníficas en todas las sociedades que ha tocado.

La idea de que Dios (según casi todas las definiciones) existe es perfectamente razonable. La idea de que el universo es una creación divina supone un desafío intelectual, aunque no es imposible. Pero Dios debió de crear el mundo de forma caprichosa, o por error, o por alguna razón tan inescrutable como Él mismo, e intentar entenderla es una pérdida de tiempo. La idea de que Dios debería haber tenido un interés duradero por la creación parece precipitadamente especulativa. La mayoría de pensadores griegos de la época clásica la ignoraban o la rechazaban, incluido Aristóteles, que describía a Dios como perfecto, de modo que no necesitaba nada más y no tenía propósitos incumplidos ni motivo para sentir o sufrir. Con todo, el pensamiento —caso de que fuera responsable de la creación— sin duda hizo que esta tuviera sentido.

Más allá de afirmar que existe un Dios interesado en Su creación, afirmar que está especialmente interesado en la humanidad resulta inquietante. Para los humanos, decir que nosotros, una especie enclenque aferrada a una manchita diminuta, somos el centro del cosmos resulta sospechosamente egocéntrico.[24] La idea de que Dios debería interesarse por nosotros por amor también resulta extraña. El amor es el más humano de los sentimientos. Nos hace débiles, nos causa sufrimiento y nos inspira a sacrificarnos. En las ideas habituales de omnipotencia no hay espacio para esas imperfecciones. Samuel Butler bromeó: «Dios es amor, me atrevo a decir, pero ¡qué demonio malvado es el amor!».[25] Con todo, la imagen de un Dios de amor ha ejercido una atracción intelectual y emocional extraordinarias.

Pero ¿de dónde proviene esa idea? ¿Quién la pensó por primera vez? «La cima de Occidente es compasiva si se le pide a gritos»[26] era un adagio egipcio del período del Imperio Medio, pero parece expresar más justicia divina que amor divino. Los textos chinos de mediados del primer milenio a.e.c. mencionan a menudo «la benevolencia del cielo», pero la frase parece denotar algo muy carente de amor. Mozi anticipó las llamadas del cristianismo a amar más de cuatrocientos años antes que Jesucristo: como admitieron incluso sus enemigos «daría todo su ser en beneficio de la humanidad».[27] Pero la visión de la humanidad atada por el amor no se inspiraba en la teología; más bien tenía una imagen mental romántica de una supuesta época dorada de «Gran Unidad» en un pasado lejano. Esto no se parecía en nada a lo que Jesucristo quería decir al mandar que se amaran «los unos a los otros con un corazón perfectamente puro». Mozi recomendaba la ética práctica, una estrategia útil para un mundo factible, no un mandamiento divino o una consecuencia del deseo de imitar a Dios. Su consejo se parecía a la regla de oro: si amas, dijo, el amor que los demás te devuelvan te recompensará. Las enseñanzas de Buda sobre el tema eran similares pero flexibles y con peculiaridades. Mientras que Mozi abogaba por el amor por el bien de la sociedad, Buda lo exigía por el bien de uno mismo. En el siglo II a.e.c., los maestros de la tradición budista conocida como Mahayana lo llevaron más allá. Al insistir en que el amor solo se merecía si era altruista y no recompensado, como regalo gratuito del Iluminado a todos sus compañeros humanos, se acercaron mucho a la doctrina de amor desinteresado de Jesucristo. Muchos estudiosos suponen que el budismo influenció a Jesucristo; de ser así, este le dio un giro distintivo al hacer del amor desinteresado un atributo de Dios.

Para comprender el origen de la doctrina tal vez deberíamos mirar más allá del catálogo de pensadores y de la letanía de sus ideas. El pensamiento de Jesucristo presumiblemente se originara a partir de la antigua doctrina judía de la creación. Si Dios creó el mundo, ¿qué había en él para Él? El Antiguo Testamento no revela respuesta alguna, aunque sí insiste en que Dios tiene una relación especial con Su «pueblo elegido»: de vez en cuando, los compiladores de escrituras lo llamaban «amor leal y eterno», que vinculaban a los sentimientos de una madre por su hijo. Con todo, era más habitual que hablaran de «alianza» o «pacto» que de amor entregado a cambio de nada, si bien a finales del primer milenio a.e.c. algunos grupos judíos intentaron redefinir a Dios, como sabemos gracias a fragmentos de textos encontrados en una cueva cercana al mar Muerto en la década de 1950. En su versión, el amor desplazaba al pacto. Al invocar un sentimiento creativo espiritual y poderoso, que todos conocían por experiencia, hicieron a Dios inteligible para los humanos. Al identificar a Dios con el amor, Jesucristo y sus seguidores adoptaron la misma visión que los escritores de los Pergaminos del mar Muerto. Al hacer que el amor de Dios abrazara todo el mundo, en lugar de favorecer a una raza elegida, añadieron el atractivo universal. Hicieron que la creación fuera expresable en tanto que acto de amor de acuerdo con la naturaleza de Dios.

La doctrina de un Dios que amaba solucionó muchos problemas, pero provocó otro: ¿por qué permite el mal y el sufrimiento? Los cristianos han generado respuestas ingeniosas a esta pregunta. La naturaleza propia de Dios es sufrir: sufrir forma parte de un bien mayor que quienes están inmersos en él comprenden con inquietud. El mal es el opuesto al bien, que carece de significado sin él; sin mal, la creación no sería buena, sino insípida. La libertad, incluida la libertad de hacer el mal, es —por motivos que solo sabe Dios— el bien mayor. El sufrimiento es necesario por dos motivos: castigar el vicio y perfeccionar la virtud, ya que la bondad solo es perfectamente buena si no obtiene recompensa. La lluvia caía sobre los justos.[28]

La idea del amor de Dios por la humanidad tuvo otra consecuencia importante, aunque en retrospectiva parece que irónica: la idea de que la humanidad es superior al resto de la creación. El ansia de los humanos por diferenciarse del resto de la naturaleza claramente forma parte de su identidad humana, pero los primeros humanos parece que sentían, y con razón, que formaban parte del gran continuo de animales. Veneraban a los animales y a los dioses zoomórficos, adoptaban ancestros totémicos y enterraban a algunos animales con tanta ceremonia como a los humanos. Por lo que se sabe, la mayoría de sus sociedades carecían de un gran concepto de humanidad: relegaban a todo el mundo de fuera de la tribu a la categoría de bestias o infrahumanos.[29] En el Génesis, por contra, Dios hace al hombre como el clímax de la creación y le concede soberanía sobre los otros animales. «Llenad la Tierra y sometedla. Dominad los peces del mar, las aves del cielo y todas las criaturas que se mueven sobre la tierra», fue el primer mandamiento de Dios. En textos de la segunda mitad del primer milenio a.e.c. encontrados por toda Eurasia aparecen idean similares. Aristóteles esquematizó una jerarquía de almas, en la que la del hombre era declarada superior a la de las plantas y animales, puesto que tenía facultades tanto racionales como vegetativas y sensibles. Los budistas, cuyas sensibilidades se ampliaban para abarcar toda la vida, clasificaban a los humanos a la misma altura que los demás con respecto a la reencarnación. La fórmula china, por ejemplo tal como la expresó Xunzi a principios del siglo siguiente, era: «El hombre tiene espíritu, vida y percepción y, además, sentido de la justicia; por lo tanto, es el más noble de los seres terrenales».[30] Así pues, las criaturas más fuertes se sometían legítimamente a los humanos. Aunque había tradiciones discordantes. Mahavira pensaba que las almas lo invierten todo y que las convicciones de superioridad de los humanos imponían la obligación de cuidar del resto de la creación; las criaturas con alma «animal» debían ser tratadas con especial respeto, ya que eran las más parecidas a las personas. Su casi contemporáneo del sur de Italia, Pitágoras, enseñaba que «todas las cosas que nacen con vida en ellas deberían ser tratadas de forma similar».[31] Así pues, la superioridad humana ¿significaba privilegio humano o responsabilidad humana? ¿Señorío o administración? Ese fue el comienzo de un largo debate, aún sin resolver, sobre hasta dónde deberíamos los humanos explotar a otras criaturas en beneficio propio.[32]

De broma con Pilatos: los caminos laicos hacia la verdad

Junto con las ideas religiosas del primer milenio a.e.c. surgieron otras ideas más fácilmente clasificables como laicas. En aquella época dudo que alguien hiciera tal distinción; buena prueba de ello es la dificultad que aún tenemos hoy en día para clasificar las doctrinas de, por ejemplo, Buda o Confucio. Pero si exageramos el alcance o la importancia de la religión nunca llegaremos a entenderla. Supone una diferencia pequeña o irrelevante para la mayoría de vidas, incluso para la de quienes afirman ser religiosos. Desgraciadamente, salvo en espasmos de conciencia, casi todo el mundo ignora los requerimientos de sus dioses e invoca a la religión solo cuando quiere justificar lo que se propone hacer de todos modos: por lo general, la guerra, el caos y la persecución.

Los grandes sabios pensaban en Dios en su tiempo libre. En su trabajo cotidiano estaban al servicio de mecenas, alumnos y público que, como la mayoría de «clientes» de la educación en la actualidad —¡ay!— querían cursos vocacionales y buena relación calidad-precio. Había sabios lo bastante ricos como para ser independientes o enseñar por gusto o glorificación personal. Buda y Mahavira venían de familias principescas. Platón era un aristócrata pudiente que hacía generosas donaciones a su propia academia. Sin embargo, la mayoría de sus colegas eran profesionales que tenían que llevar al primer plano el pensamiento práctico por el que les pagaban. Especialmente en lugares donde el mundo político también tenía capas y era competitivo, en Grecia y en la China de las Cien escuelas, daban prioridad a las necesidades de los gobernantes: normas de debate para fortalecer a los embajadores, o de persuasión para acentuar la propaganda, o de ley para fortalecer las órdenes, o de justicia para guiar la toma de decisiones de la élite, o de derechos para apoyar las afirmaciones de los gobernantes. Platón, que podía permitirse ser un moralista, denunciaba a los mercenarios y aduladores que vendían el útil arte de la retórica en lugar de cursos diseñados para aumentar la virtud.

Sin embargo, había sabios que indefectiblemente llevaban su pensamiento más allá de los límites de lo que los clientes estimaban útil para adentrarse en áreas de especulación que rayaban la transcendencia y la verdad. El ser, el brahmán y la realidad, por ejemplo, eran el centro de las enseñanzas recogidas en los Upanishads. Como implora una de las plegarias, «desde lo irreal, llévame a lo real».[33] Las reflexiones sobre estos asuntos no eran desinteresadas: probablemente empezaran como investigaciones de la técnica retórica, diseñada para proveer a los estudiantes de competencia para detectar las falsedades de otras personas y enmascarar las propias. La ansiedad por exponer la falsedad centraba el pensamiento en el que parecía el más fundamental de los problemas: ¿qué es real? ¿Acaso no dependía de la respuesta el acceso al conocimiento de todo lo demás, tanto de este mundo como de todos los otros?

Entre las consecuencias de ello hubo algunas de las ideas más potentes que aún dan forma a nuestro mundo o, por lo menos, a nuestro modo de planteárnoslo: la metafísica, el realismo, el relativismo, el racionalismo puro y la lógica —materias de esta sección; y la reacción representada por las ideas que trataremos en la siguiente: el escepticismo, la ciencia y el materialismo.

El realismo y el relativismo

El punto de partida de todos estos desarrollos era la idea de que todos los objetos de percepción sensorial, e incluso del pensamiento, podían ser ilusorios. Como hemos visto (ver pág. 146), se expresaba con contundencia en los Upanishads y podría haberse extendido por Eurasia desde la India. Se trata de una idea tan imprecisa que uno se pregunta cómo y cuándo empezó a pensarla la gente y qué diferencia marcó para ellos o para los sucesores que la aceptaron.

Los defensores de la idea de la ilusión omnipresente luchaban contra la sabiduría recibida. Lo demuestra la intensidad con la que discutían. En China, a mediados del siglo IV a.e.c., Zhuangzi estaba soñando que era una mariposa cuando se despertó preguntándose si en realidad no sería una mariposa que soñaba que era un hombre. Un poco antes, las sombras que Platón veía en la pared de la caverna levantaron recelos similares. «Mira —escribió—, gente que vive en una caverna [...]. Como nosotros, ven solo su propia sombra, o la de los demás, que el fuego proyecta sobre la pared de la caverna».[34] Somos trogloditas mentales y los sentidos nos engañan. ¿Cómo podemos llegar a ver fuera de nuestra caverna?

Para Platón y para otros muchos sabios, el mejor camino parecía pasar por niveles de generalización: por ejemplo, se puede estar convencido de la realidad de un hombre en concreto, pero ¿qué hay de «el hombre»? ¿Cómo se pasa de peculiaridades palpables y cognoscibles a conceptos amplios que escapan a la vista y al sentido, como el ser y el brahmán? Por ejemplo, cuando decimos «el hombre es mortal», puede que simplemente nos refiramos a todos los hombres individualmente: eso es lo que decían los filósofos de la escuela Nyaya de la India en el siglo IV a.e.c. Pero ¿es «el hombre» un nombre que denomina al conjunto o a las clases de hombre o existe un sentido en que el hombre es una realidad que existe independientemente de sus ejemplos? Platón y la mayoría de sus sucesores occidentales creían que así es. El idealismo visceral del Platón, su repugnancia por las cicatrices y manchas de la experiencia ordinaria, se manifiesta en el lenguaje que utiliza. «Piensa que el alma pertenece a lo divino, a lo eterno, a lo inmortal, y anhela estar con ellos. Piensa qué sería el alma si los alcanzara sin trabas. Se elevaría por encima del lodazal que es la vida», dijo. Pensaba que solo los universales eran reales y que los ejemplos eran proyecciones imperfectas, como las sombras que el fuego proyectaba en la caverna. Como dijo: «Quienes ven lo absoluto, lo eterno y lo inmutable se puede decir que tienen conocimiento real y no mera opinión».[35]

La mayoría de participantes en el debate procedentes de China e India estaban de acuerdo. Sin embargo, en el siglo III a.e.c., Gongsun Long, un autoproclamado estudiante de «los caminos de los reyes antiguos» o, como diríamos hoy en día, un historiador, acuñó un apotegma sorprendente, «Un caballo blanco no es un caballo»,[36] para expresar un problema severo. Nuestros sentidos, mientras son fiables, nos aseguran que el caballo blanco existe, junto con muchas otras criaturas concretas a las que llamamos caballos; pero ¿qué hay del caballo al que se refiere el término general, «el caballo de diferente color», que no es gris, ni castaño, ni palomino, ni se caracteriza por ninguna de las particularidades que hacen que un caballo sea diferente de los demás? Los críticos denominaron a la paradoja de Gongsun Long «justa de palabras», pero tiene implicaciones inquietantes, ya que sugiere que quizás existe de veras un caballo en concreto y que los términos generales no señalan nada real. De este modo, el universo pasa a ser incomprensible y solo se entienden algunos fragmentos de él. Las verdades supuestamente universales se disuelven. Los preceptos morales universales se desmoronan. Los imperios que aspiran a ser universales se tambalean. Desde que surgió, esta doctrina ha inspirado a radicales de todas las épocas. En los siglos XVI y XVII, ayudó a Lutero a desafiar a la Iglesia y puso a los individualistas en contra de las antiguas nociones naturales de la sociedad. En el siglo XX, alimentó la rebelión existencialista y posmoderna contra la idea de un sistema coherente en el que todo el mundo tiene su lugar.

El nominalismo, que es como fue llamada esta doctrina, mostró lo difícil que es formular la verdad, es decir, concebir el lenguaje que se corresponda con la realidad: tan difícil, de hecho, que algunos sabios propusieron eludirlo. La verdad es una idea abstracta pero un asunto práctico: queremos que las decisiones y las acciones tengan una base válida. Pero ¿cómo elegimos entre formulaciones rivales? Protágoras se ganó una mala reputación en la antigua Grecia por descartar esta pregunta bajo el argumento de que no existe ninguna evaluación objetiva. «El hombre es la medida de todas las cosas, de la existencia de las cosas que son y de la inexistencia de las cosas que no son», dijo. Sócrates, la voz de la sabiduría en los diálogos de Platón, sabía exactamente lo que significaba esta confusa afirmación: el relativismo, la doctrina según la cual la verdad para una persona es diferente de la verdad para otra.[37] En la antigua China también hubo relativistas. A comienzos del siglo III a.e.c., Zhuangzi señaló: «Los monos prefieren los árboles. ¿Qué hábitat puede decirse, pues, que es del todo adecuado? A los cuervos les encantan los ratones, los peces huyen al ver a las mujeres, a las que los hombres consideran encantadoras. ¿Quién tiene el gusto completamente adecuado?».[38]

La mayoría de pensadores se han mostrado reacios a aceptar que, si bien el relativismo puede aplicarse en temas de gusto, no se puede ampliar a casos de hecho. El filósofo moderno Roger Scruton expuso muy bien la objeción clave: «El hombre que dice "No hay verdad" te está pidiendo que no le creas, así que no lo hagas», o, en una paradoja igualmente entretenida de la especialista en lógica de Harvard Hilary Putnam: «El relativismo no es verdad para mí».[39] No obstante, quienes prefieren seguir a rajatabla a Protágoras han sido capaces de aceptar conclusiones radicales: que todo el mundo tiene su propia realidad, como si cada individuo encarnara un universo diferente; que la verdad no es más que una floritura retórica, un galardón que concedemos a las expresiones que aprobamos, o una afirmación que hacemos para reprimir a los inconformistas. Todas las perspectivas tienen un valor igualmente nulo. No hay árbitros para los conflictos de opinión: ni obispos, ni reyes, ni jueces, ni tecnócratas. Así pues, la mejor política es el populismo. Los sabios que querían responder al relativismo a menudo recurrían a los números: cinco flores son reales. ¿Qué hay del cinco? ¿Acaso no es real también? ¿No existirían los números aunque no hubiera nada que contar? A juzgar por los cálculos en forma de muescas hechos en palos o rayados en las paredes de las cuevas durante el Paleolítico, el hecho de contar llegó a los humanos fácilmente como un modo de organizar la experiencia. Pero las matemáticas ofrecían más: una llave hacia un mundo de otro modo inaccesible, más precioso para quienes lo entrevén en pensamiento que el mundo que percibimos a través de los sentidos. La geometría mostró que la mente puede alcanzar realidades que los sentidos ocultan o deforman: un círculo perfecto y una línea sin magnitud son invisibles e intocables, aunque reales. La aritmética y el álgebra revelaron números inalcanzables: el cero y los números negativos, las proporciones que nunca se podían determinar con exactitud pero que parecían apuntalar el universo: π, por ejemplo (22 ÷ 7), que determinaba el tamaño de un círculo, o lo que los matemáticos griegos denominaban el Número Áureo ([1 + √5] ÷ 2), que parecía representar la proporción perfecta. Los sordos, como la raíz cuadrada de dos, resultaban aún más misteriosos: no se podían expresar ni siquiera como una proporción (y por lo tanto se les llamaba irracionales).

Pitágoras fue una figura crucial en la historia de la exploración del mundo de los números. Nacido en una isla jónica hacia mediados del siglo VI a.e.c., revolucionó el mundo griego con sus enseñanzas, la mayor parte de su vida impartidas en una colonia de Italia. Atraía las historias: conversaba con los dioses; tenía un muslo de oro (quizás un eufemismo para otra parte de la anatomía cercana). Para sus seguidores no era un simple hombre sino un ser único, entre humano y divino. Para los estudiantes modernos es famoso por dos percepciones relativamente triviales: que las armonías musicales imitan las proporciones aritméticas y que la longitud de los lados de un triángulo rectángulo siempre guarda la misma proporción. Pero su importancia real es mucho más profunda.

Por lo que se sabe, fue el primer pensador que dijo que los números son reales.[40] Obviamente, son la manera que tenemos de clasificar los objetos: dos flores, tres moscas. Pero Pitágoras pensaba que los números existen aparte de los objetos que enumeran. Por así decirlo, no son solo adjetivos sino nombres. Fue más allá: los números son la arquitectura mediante la cual se construye el cosmos. Determinan las formas y estructuras: aún hablamos de cuadrados y cubos. Las proporciones numéricas son la base de todas las relaciones. En palabras de Pitágoras: «Todas las cosas son números».[41]

En su época, la civilización todavía esculpía campos y calles a partir de la naturaleza, estampando una cuadrícula geométrica sobre el paisaje. Así pues, la idea de Pitágoras tenía sentido. Aunque no todos los sabios compartían su punto de vista: «He buscado la verdad en los números y las medidas —dijo Confucio según uno de sus seguidores— pero tras cinco años aún no la he encontrado».[42] Sin embargo, la realidad de los números arraigó en la tradición aprendida que se difundía desde la antigua Grecia a todo el mundo occidental. En consecuencia, la mayor parte de la gente ha aceptado la posibilidad de que haya otras realidades que puedan ser igualmente invisibles e intocables y, así y todo, se pueda acceder a ellas con la razón: esta es la base de una alianza frágil pero duradera entre la ciencia, la razón y la religión.

El racionalismo y la lógica

Si creemos que los números son reales, creemos que existe un mundo ultrasensible. «Es natural ir más allá y argumentar que el pensamiento es más noble que el sentido, y que los objetos de pensamiento son más reales que los de percepción de los sentidos», dijo Bertrand Russell.[43] Por ejemplo, un círculo o un triángulo perfectos, o una línea perfectamente recta, es como Dios: nadie ha visto nunca uno, aunque es corriente que el hombre haga aproximaciones. Los únicos triángulos que conocemos están en nuestros pensamientos, si bien las versiones que dibujamos sobre el papel o en la pizarra simplemente nos ayudan a recordarlos, del mismo modo que un cielo de Van Gogh evoca una noche estrellada, o un soldadito de juguete evoca un soldado. De este modo, con los árboles puede pasar como con los triángulos: el árbol real es el árbol que pensamos, no el que vemos.

El pensamiento no necesita ningún objeto de fuera de él: puede inventar los suyos propios, de ahí la capacidad creativa que algunos sabios le atribuían. La razón es racionalismo casto que la experiencia no ha forzado. Así lo creía Hui Shi, el escritor chino más prolífico del siglo IV a.e.c. Escribió libros a carretadas y expresó paradojas anestésicas y estupendas del tipo: «El fuego no es caliente. Los ojos no ven».[44] Lo que quería decir es que la idea de fuego es lo único realmente caliente que conocemos y que los datos actúan directamente en nuestra mente. Solo entonces los sentimos. Lo que realmente vemos es una impresión mental, no un objeto externo. La realidad está en nuestra mente. La razón, sin ayudas, es la única guía hacia la verdad.

El primer racionalista cuyo nombre conocemos fue Parménides. Vivió en una colonia del sur de Italia a principios del siglo v a.e.c., luchando por expresarse a través de la poesía y la paradoja. Tal como lo imagino, sobrevivió a la agonía de tener una gran mente cautiva en un lenguaje imperfecto, como un orador frustrado por un micro defectuoso. Se dio cuenta de que lo que somos capaces de pensar limita lo que somos capaces de decir y a su vez se ve restringido por el alcance del lenguaje que somos capaces de concebir. En el único camino hacia la verdad, hemos de evitar lo que sentimos en favor de lo que pensamos. Las consecuencias de ello son perturbadoras. Si, pongamos, una rosa roja es real por ser un pensamiento y no por ser un objeto perceptible, entonces en el caso de una rosa azul pasa lo mismo. Si pensamos en algo, entonces existe. No se puede hablar de la inexistencia de nada.[45] Pocos racionalistas están dispuestos a llegar tan lejos, pero la razón parece poseer una fuerza que la observación y la experimentación no son capaces de alcanzar. Puede abrir las cuevas secretas de la mente en las que están enterradas las verdades, sin manchar por las desfiguraciones de las paredes de la cueva de Platón. Esta idea donó lo mejor y lo peor de la posterior historia del pensamiento: lo mejor, porque confiar en la razón hizo que la gente cuestionara el dogma y diseccionara las mentiras; lo peor, porque a veces reprimió a la ciencia e incentivó la especulación autocomplaciente. En general, probablemente los efectos hayan sido neutrales. En teoría, la razón debería conformar las leyes, dar forma a la sociedad y mejorar el mundo. Sin embargo, en la práctica nunca ha tenido demasiado atractivo fuera de las élites. Rara vez, o ninguna, ha contribuido al modo de comportarse de las personas. En los libros de historia, los capítulos que versan sobre la «Era de la Razón» acaban tratando sobre alguna otra cosa. Con todo, el renombre de la razón ha ayudado a moderar o dominar los sistemas políticos basados en el dogma, el carisma, la emoción o el poder desnudo. Junto con la ciencia, la tradición y la intuición, la razón ha formado parte de nuestro juego de herramientas básico para descubrir verdades.

Para algunos racionalistas, la razón se convirtió en una estrategia de escapismo, una forma de superar o menospreciar el mundo fastidioso en el que vivimos. El caso más extremo de uso de la razón para burlar al cosmos fue la mente, alentada por la paradoja, de Zenón de Elea, que precedió a las paradojas de Hui Shi con ejemplos similares. Viajó a Atenas hacia mediados del siglo v a.e.c. para mostrar su técnica, dejó estupefactos a los atenienses autocomplacientes y confundió a los críticos de su maestro, Parménides. Exhibió, por ejemplo, el exasperante argumento de que una flecha en vuelo siempre está en reposo, ya que ocupa un espacio igual a su propio tamaño. Según Zenón, un viaje nunca puede completarse porque antes de llegar al final siempre ha de cruzarse la mitad de la distancia que queda. En un ejemplo sorprendentemente parecido a uno de Hui Shi —que señaló que si cada día se parte por la mitad una caña de bambú, durará para siempre— Zenón bromeó diciendo que la materia debía de ser indivisible: «Si cada día se le quita la mitad de su largura a una vara, aún quedará algo de ella al cabo de diez mil generaciones».[46]

Sus conclusiones, poco prácticas pero impactantes, separaban razón y experiencia. Otros sabios intentaron tapar el hueco. El mejor representante del intento fue Aristóteles, el hijo de un físico del norte de Grecia, que estudió con Platón y, como todo buen estudiante, progresó difiriendo de las enseñanzas de su profesor. Walter Guthrie, el académico de Cambridge a quien nadie pudo nunca igualar en conocimientos sobre filosofía griega, recordaba que en el colegio le habían hecho leer a Platón y Aristóteles. La prosa de Platón le impresionó tanto por bella como por ininteligible. En cambio, incluso siendo un claval, le asombró ser capaz de entender perfectamente a Aristóteles. Sospechaba que el pensador había sido un adelantado a su época al anticipar increíblemente el pensamiento de la época del joven Walter. Únicamente cuando Guthrie alcanzó la madurez y la sabiduría se percató de la verdad: no entendemos a Aristóteles porque él pensara como nosotros, sino porque nosotros pensamos como él. Aristóteles no era moderno, sino que nosotros, modernos, somos aristotélicos.[47] Creó rutinas de lógica y ciencia por las que aún circula nuestro pensamiento.

El proceso que llevó a la lógica empezó alrededor de mediados del primer milenio a.e.c., cuando los profesores de la India, Grecia y la China intentaban concebir cursos de retórica práctica: cómo defenderse ante un tribunal, discutir entre embajadas, persuadir a enemigos y elogiar a los mecenas. Las normas para el correcto uso de la razón eran un efecto colateral del arte de la persuasión. Pero, como dijo el Fausto de Christopher Marlowe: «¿Es el buen debatir el único fin de la lógica? ¿No esconde este arte mayor milagro?». Aristóteles propuso fines más puros e ideó un milagro aún mayor: un sistema para discernir la verdad de la mentira, amarrando el sentido común a unas normas prácticas. Los argumentos válidos, dijo, se pueden analizar en tres fases: dos premisas, establecidas mediante demostración o acuerdo previos, llevan, como por arte de magia, a una conclusión necesaria. En el que se ha convertido en el ejemplo de manual de «silogismo»: Si «todos los hombres son mortales» y «Sócrates es un hombre», entonces Sócrates es mortal. Las reglas se parecían a las matemáticas: de igual modo que dos y dos son cuatro, independientemente de si son dos huevos, dos planchas, dos ratones o dos hombres, la lógica obtiene los mismos resultados independientemente del tema a debatir; es más, se puede suprimir el tema a debatir y sustituirlo por símbolos de tipo algebraico. Mientras tanto, en la India, la escuela Nyaya de analistas de textos antiguos estaba ocupada en un proyecto similar: analizar los procesos lógicos en un desglose de cinco fases. Sin embargo, diferían de Aristóteles en un aspecto fundamental: veían la razón como una especie de percepción extraordinaria que confería Dios. Tampoco es que fuesen racionalistas estrictos, ya que creían que el significado no surgía de la mente sino que provenía de Dios, Quien lo concedía a los objetos de pensamiento mediante la tradición o el consenso. Obviamente, la lógica es imperfecta en tanto que depende de los axiomas, proposiciones que se consideran ciertas pero que no se pueden comprobar dentro del sistema. Pero tras Aristóteles parecía que a los lógicos occidentales no les quedaba mucho más que perfeccionar las reglas del maestro, y propició la exageración académica. Para cuando los perfeccionistas hubieron acabado, habían clasificado todos los argumentos lógicos posibles en 256 tipos diferentes.[48]

No debería haber conflicto alguno entre la razón y la observación o la experiencia, ya que son modos complementarios de determinar la verdad. Pero la gente toma partido, unos desconfiando de la «ciencia» y poniendo en duda la fiabilidad de la evidencia y otros rechazando la lógica en favor de la experiencia. La ciencia anima a recelar de la razón al poner por delante el experimento. Dado que no podemos confiar en los sentidos, según el modo de ver las cosas de los racionalistas, la observación y la experiencia son artes inferiores: el mejor laboratorio es la mente y los mejores experimentos son los pensamientos. Por su parte, en una mente inflexiblemente científica, el racionalismo es metafísico y no tiene raíces en la experiencia.

La retirada de la razón pura: la ciencia, el escepticismo y el materialismo

Los pensadores del primer milenio a.e.c. hacían malabares con la ciencia y la razón en un esfuerzo de salir de la caverna de Platón. En los conflictos que surgieron podemos percibir los orígenes de las guerras culturales de nuestro propio tiempo, que enfrentan la ciencia dogmática —el «cientificismo», como lo llaman sus oponentes— contra los estilos espirituales de pensamiento. Al mismo tiempo, los escépticos cultivaban dudas sobre si había alguna técnica que pudiera exponer los límites de la mentira. Entre la razón y la ciencia se abrió un abismo sobre el que ya nunca se ha vuelto a tender un puente.

En cierto sentido, la ciencia empieza con una forma de escepticismo: desconfiar de los sentidos. Se propone penetrar las apariencias superficiales y dejar al descubierto las verdades subyacentes. La *Lushi Chunqiu*, una enciclopedia del siglo III que constituye uno de los compendios más preciosos de la época y fue diseñada para preservar las enseñanzas chinas de los tiempos difíciles y de los depredadores bárbaros, señala algunas paradojas instructivas: los metales que parecen blandos pueden combinarse en aleaciones duras; el barniz parece líquido pero al añadirle otro líquido se endurece; las hierbas aparentemente venenosas se pueden mezclar para hacer medicinas; «No se pueden saber las propiedades de una cosa conociendo solamente las de sus componentes».[49]

No obstante, como todos los textos que clasificamos como científicos, la *Lushi Chunqiu* se centraba en identificar lo que era fiable en la práctica. Lo sobrenatural no cuenta, no porque sea falso sino porque es inútil y no se puede comprobar.

Cuando Aristóteles pidió lo que él llamó hechos, no simples pensamientos, fue una rebelión intelectual contra los refinamientos arcanos de su maestro Platón. Pero en la ciencia de la época también había una repugnancia más antigua y profunda que rechazaba el gusto por los espíritus invisibles e indetectables como fuentes de las propiedades de los objetos y del comportamiento de las criaturas (ver págs. 84-85). Los espíritus limitaban la ciencia: podían invocarse para explicar cambios que de otro modo eran incomprensibles como resultado de causas naturales.

Por lo que podemos decir, antes del primer milenio a.e.c. nadie trazó una línea de separación entre lo natural y lo sobrenatural: la ciencia era sagrada; la medicina, mágica. La primera prueba clara de la distinción entre ambas se dio en China en el año 679 a.e.c., cuando se dice que el sabio Shenxu explicó los fantasmas como exhalaciones del miedo y la culpa de aquellos que los ven. Confucio, que disuadía a sus seguidores de pensar «en los muertos hasta que se conozca a los vivos»,[50] recomendaba un respeto distante por los dioses y los demonios. Para los confucianos, los asuntos humanos —la política y la ética— tenían prioridad sobre el resto de la naturaleza; pero siempre que practicaban lo que nosotros denominamos ciencia desafiaban lo que ellos veían como superstición. Negaban que las sustancias inanimadas pudieran tener sentimientos y voluntad. Negaban la idea de que los espíritus infundieran toda la materia. Se burlaban de la afirmación de que el mundo natural responde a la rectitud o al pecado humanos, afirmación que incluso algunos pensadores sofisticados avanzaron sobre la base de la interrelación cósmica. «Si no se conocen las causas, es como si no se supiera nada —dice un texto confuciano de aproximadamente el año 239 a.e.c.—. El agua no se marcha de las montañas porque le desagraden sino por efecto de la altura. El trigo no desea crecer o acumularse en los graneros. Así pues, el sabio no pregunta por la bondad o la maldad sino por los motivos.»[51]

Aunque en diferente grado en las diversas partes de Eurasia, las causas naturales desplazaron a la magia del ruedo de la naturaleza en el discurso erudito. Sin embargo, la ciencia no pudo desacralizar por completo la naturaleza: la retirada de espíritus y demonios la dejó, en la mente de la mayoría de sabios, en manos de Dios. La religión conservó un papel irreprimible a la hora de establecer las relaciones de los humanos con sus entornos. En China, los emperadores continuaron llevando a cabo rituales diseñados para mantener la armonía cósmica. En Occidente, la gente continuaba rezando para que les socorrieran de los desastres naturales y atribuían las desgracias a los pecados. La ciencia nunca ha estado perfectamente separada de la religión: es más, cada uno de estos enfoques del mundo ha colonizado con impertinencia el territorio de la otra. Incluso hoy en día hay hierofantes que intentan alterar el currículum científico, mientras que hay científicos que abogan por el ateísmo como si se tratara de una religión, por la evolución como si fuera la Providencia y por Darwin como si de un profeta se tratara.

Para que la ciencia prosperara, no bastaba con la idea de ella. Había que observar la naturaleza de forma sistemática, evaluar las hipótesis resultantes y clasificar los datos obtenidos.[52] El método que llamamos empirismo respondió a todas esas necesidades. ¿De dónde surgió? Sus orígenes se encuentran en las doctrinas taoístas de la naturaleza y en sus primeras aplicaciones en medicina.

Las prácticas mágicas y adivinatorias del taoísmo inicial favorecían la observación y la experimentación. Los confucianos suelen descartar el taoísmo por ser palabrería mágica, mientras que los occidentales suelen venerarlo por ser místico, pero la única palabra taoísta que significa templo quiere decir literalmente «torre de vigilancia», una plataforma desde la que estudiar la naturaleza. Las observaciones corrientes lanzan las enseñanzas taoístas. El agua, por ejemplo, refleja el mundo, penetra en cualquier otra sustancia, cosecha, abraza, cambia de forma con solo tocarla, y aun así erosiona la más dura de las rocas. Por lo tanto, se convierte en el símbolo del tao omnipresente, universal y que da forma a todo. En la imagen taoísta de un círculo partido por una línea serpenteante, el cosmos se representa como dos olas que se mezclan. Para los taoístas, la sabiduría se alcanza solo mediante la acumulación de conocimiento. Marginan la magia porque ven la naturaleza como una bestia a la que hay que domar o un oponente al que hay que dominar: antes se la ha de conocer. El taoísmo incita a los hábitos empíricos, que probablemente llegaran a Occidente desde China. La ciencia china siempre ha sido débil en teoría y fuerte en tecnología, pero probablemente no sea coincidencia que la tradición moderna de la ciencia experimental prosperara en Occidente en el primer milenio a.e.c., cuando las ideas viajaban de un lado a otro de Eurasia y se reanudara —ya sin marcha atrás— en el siglo XIII, un tiempo en el que, como veremos, se multiplicaron los contactos entre los extremos del continente y en el que numerosas ideas e inventos chinos llegaron a Europa a través de la estepa y las Rutas de la Seda.[53]

Algunas de las primeras pruebas de empirismo en la práctica se identifican en la sabiduría popular médica.[54] En la actualidad no se pone en duda que toda enfermedad es explicable desde el punto de vista físico, pero la primera vez que se propuso esta idea resultó extraña. Como cualquier estado anormal, incluida la locura, la enfermedad podría ser el resultado de la posesión o infestación por parte de un espíritu. Algunas enfermedades podrían tener causas materiales; otras, espirituales; o podrían ser consecuencia de una mezcla de ambas. O la enfermedad podría ser el castigo divino por el pecado. En China y Grecia, desde aproximadamente mediados del primer milenio a.e.c., los sanadores profesionales intentaron encontrar el equilibrio. En consecuencia, surgió la controversia entre la magia y la medicina; ¿o acaso fuera solo entre formas rivales de magia? En un incidente ocurrido en China, atribuido al año 540 a.e.c. por la crónica que lo registró, un funcionario dijo a su príncipe que para tener un cuerpo sano confiara en la dieta, el trabajo y la moral personal, no en los espíritus de los ríos, las montañas y las estrellas. Casi doscientos años después, Xunzi, el sabio confuciano, despreció a un hombre que, «habiendo desarrollado reumatismo por culpa de la humedad, golpea un tambor y hierve un lechón como ofrenda a los espíritus». Resultado: «Un tambor gastado y un cerdo perdido, pero no tendrá la felicidad de recuperarse de su enfermedad».[55] En Grecia, a finales del siglo V a.e.c., los físicos laicos competían con rivales que estaban vinculados a los templos. Presentaban sangrías y dietas caprichosas y vomitivas a los pacientes condenados por la escuela, y lo hacían porque pensaban que la salud era básicamente el equilibrio entre cuatro sustancias del cuerpo humano: la sangre, la flema, la bilis negra y la bilis amarilla. Ajusta el equilibrio y cambiarás el estado de salud del paciente. La teoría era errónea aunque genuinamente científica, ya que sus defensores la basaban en la observación de las sustancias que el cuerpo expulsa cuando sufre dolor o enfermedad. Se suponía que la epilepsia era una forma divina de posesión hasta que al final un tratado atribuido a Hipócrates propuso una explicación naturalista. El texto avanzaba una prueba extraña de su sorprendente conclusión: encuentra una cabra que muestre los mismos síntomas que la epilepsia. «Si le abres la cabeza, verás que el cerebro está [...] lleno de fluidos y que tiene un olor repugnante, prueba convincente de que es la enfermedad y no la deidad lo que está dañando el cuerpo [...]. No creo que la Enfermedad Sagrada sea más divina o sagrada que ninguna otra enfermedad, pero en cambio sí que posee características específicas y una causa determinada [...]. Creo que un dios no puede contaminar los cuerpos humanos», concluye Hipócrates.[56]

La sanación en los templos sobrevivió junto con la medicina profesional. Las explicaciones religiosas de la enfermedad retenían a los adeptos cuando los profesionales laicos quedaban perplejos, cosa que ocurría a menudo: la medicina popular, la homeopatía, la sanación por fe, el curanderismo, los milagros y el psicoanálisis aún pueden ayudar en la actualidad cuando fracasan las terapias convencionales. Con todo, los médicos del primer milenio a.e.c. revolucionaron la sanación, hablaron y actuaron en nombre de la ciencia e iniciaron una presunción que ha ido ganando terreno desde entonces: no hace falta explicar nada en términos divinos. La biología, la química y la física pueden explicarlo todo —o, si se les da un poco más de tiempo, lo harán.

A la ciencia le cuesta detectar el propósito. Levanta la sospecha de que el mundo no tiene finalidad alguna, en cuyo caso muchas de las primeras ortodoxias se desmoronan. Si el mundo es un acontecimiento aleatorio, no fue hecho para los humanos, así que nos encogemos hasta la insignificancia. Lo que Aristóteles llamó la causa final —el propósito de una cosa, lo que explica su naturaleza— se convierte en una noción incoherente. Los pensadores materialistas continúan afirmando con orgullo que toda la noción de propósito es supersticiosa y que no tiene sentido preguntar por qué existe el mundo o por qué es como es. En China, alrededor del año 200 a.e.c., el sabio Liezi se anticipó a ellos. Utilizó a un niño en una anécdota como portavoz de la falta de propósito, es de suponer que para evitar a los críticos ortodoxos de tan peligrosa idea. Su historia decía así: cuando un huésped devoto elogió la recompensa divina por las generosas provisiones, el niño observó: «Los mosquitos chupan la sangre humana y los lobos devoran la carne humana, pero no por ello afirmamos que el Cielo creó al hombre para beneficio de ellos». Y trescientos años después, el mayor exponente de un cosmos carente de propósito, Wang Chong, se expresó con mayor libertad. Los humanos del cosmos, dijo, «viven como los piojos de los pliegues de la ropa. No nos damos cuenta de que hay pulgas zumbándonos en el oído. Así pues, ¿cómo iba a oír Dios a los hombres, no hablemos ya de concederles sus deseos?».[57]

En un universo carente de propósito, Dios es redundante. El ateísmo pasa a ser concebible.[58] «El loco había dicho de corazón: no hay Dios», cantaba el salmista, pero ¿qué quería decir eso? En la edad antigua, las acusaciones de ateísmo raramente llegaban a la negación rotunda de Dios. A mediados del siglo v a.e.c., Anaxágoras fue el primer filósofo juzgado por las leyes antiateísmo de Atenas; pero su credo no era el ateísmo como lo conocemos en la actualidad. Sus únicas supuestas ofensas eran decir que el sol era una piedra caliente y que la luna estaba «hecha de tierra». Si Protágoras era un ateo, llevaba la máscara del agnosticismo. Se cree que dijo: «En cuanto a los dioses, no sé si existen o no. Y es que son muchos los obstáculos al conocimiento: la oscuridad del tema y la brevedad de la vida humana».[59] Sócrates fue condenado por ateísmo solo porque el Dios que reconocía era demasiado sutil para el gusto ateniense popular. Diógenes de Sinope era un bromista ascético irremediablemente escéptico que supuestamente intercambiaba ocurrencias con Alejandro Magno y al parecer desplumó un pollo para ridiculizar la definición de hombre como bípedo sin plumas que había hecho Sócrates. Sus oyentes y lectores de la antigüedad consideraban irónicas sus alusiones a los dioses.[60]

Hacia finales del siglo I e.c., Sexto Empírico, especialista en explotar las ideas de otros, fue capaz de expresar el rechazo inequívoco de la creencia. Él es prueba de lo poco original que fue Marx al descartar la religión como el opio del pueblo. Citando un adagio que en su día ya tenía quinientos años de antigüedad, Sexto sugirió: «Unos hombres astutos se inventaron el miedo a los dioses» como medio de control social. La omnipotencia y la omnipresencia divinas eran pesadillas inventadas para eliminar la libertad de conciencia. «Si dicen que Dios lo controla todo, le convierten en el autor del mal. Hablamos de los dioses pero no expresamos ninguna creencia y evitamos el mal de quienes dogmatizan», concluyó Sexto.[61]

El rechazo de Dios es comprensible en contextos más amplios: el alejamiento del racionalismo, la rehabilitación del sentido de percepción como guía hacia la verdad, la recuperación del materialismo. El materialismo es el estado por defecto de las mentes poco curiosas y, como hemos visto, fue anterior a los otros ismos que aparecen en este libro (ver págs. 77-78). Vulgarmente simplón y, por lo tanto, quizás rechazado desde hacía mucho, cuando a mediados del primer milenio a.e.c. el oscuro pero intrigante sabio indio Ajita Kesakambala lo resucitó, el materialismo estaba listo para reafirmarse. Con posterioridad, las únicas fuentes vivas que se conservan son las acusaciones coléricas de los críticos budistas; si son de fiar, Ajita negó la existencia de cualquier mundo más allá del aquí y ahora. Sostenía que todo, incluidos los humanos, era físico y estaba compuesto de tierra, aire, fuego y agua. «Cuando el cuerpo muere, se corta por igual al tonto y al listo y ambos mueren. No sobreviven tras la muerte», afirmó. Cuando dijo que la conducta pía no tenía sentido y que no había ninguna diferencia real entre los actos «buenos» y «malos» también anticipó perfectamente una tradición quizás distinta pero relacionada: un sistema de valores que coloca bienes cuantificables como la riqueza y el placer físico por encima de la moral, el intelecto o los placeres ascéticos, o que afirma que estos últimos son simples manifestaciones malinterpretadas de los primeros.[62] Las corrientes principales del budismo, el jainismo y el hinduismo nunca suprimieron del todo el materialismo indio.

Mientras tanto, una tradición materialista similar persistía en Grecia, representada y quizás iniciada por Demócrito de

Abdera, un erudito errante cuya vida transcurrió en el giro del siglo v al siglo IV a.e.c. Normalmente se le atribuye ser el primero en negar que la materia es continua. En su lugar, afirmó que todo está hecho de partículas diminutas separadas entre sí que se concentran en diferentes patrones, como motas de polvo bajo un haz de luz solar, y hacen que las sustancias sean diferentes entre ellas. La doctrina era extraordinaria, ya que se parece mucho al mundo que describe la ciencia moderna; de hecho, pensamos en la teoría atómica como ciencia modelo: una guía fiable hacia la naturaleza auténtica del universo. Con todo, Demócrito y sus colaboradores la alcanzaron mediante la contemplación. El argumento que consideraban decisivo era que, puesto que las cosas se mueven, debe de haber espacio entre ellas; mientras que si la materia fuera continua, no habría espacio alguno. No es de sorprender que convencieran a pocos oponentes. El consenso científico del mundo occidental continuó mostrando hostilidad hacia la teoría atómica durante casi los dos milenios y medio siguientes.

Entre la minoría discordante estaba Epicúreo, que murió en el año 270 a.e.c. En la actualidad, su nombre está invariablemente vinculado a la persecución del placer físico, que él mismo recomendaba, si bien con mucha más restricción que en la imagen popular que se tiene del epicureísmo como autocomplacencia pecaminosa. Su interpretación de la teoría atómica fue más importante en la historia de las ideas, ya que en el mundo que él imaginó, monopolizado por átomos y vacíos, no hay lugar para los espíritus. Tampoco para el destino, puesto que los átomos están sujetos a «virajes aleatorios». Y tampoco puede darse nada parecido a un alma inmortal, debido a que los átomos, que son materia perecedera, lo conforman todo. Los dioses no existen más que en fantasías de las que no hemos de esperar ni temer nada. Los materialistas nunca han dejado de utilizar los fabulosos argumentos de Epicúreo.[63]

Los materialistas fueron simplificadores que dejaron de lado las grandes preguntas incontestables sobre la naturaleza de la realidad. Otros filósofos respondieron centrándose en los asuntos prácticos. Pirrón de Elis estaba entre ellos. Fue uno de aquellos grandes escépticos que inspiran anécdotas. Se dice que cuando acompañó a Alejandro Magno a la India emuló la indiferencia de los sabios desnudos con los que se encontró allí. Era despistado y propenso a los accidentes, cosa que le hacía parecer cándido. En la travesía en barco de vuelta a casa, admiró y compartió la reacción nada nerviosa de un cerdo ante una tormenta. Pero aplicaba la razón con la misma indiferencia. Decía que en cualquier discusión se pueden encontrar argumentos igualmente buenos en ambos bandos. Así pues, bien puede ser que el hombre sabio renuncie a pensar y juzgue por las apariencias. También señaló que todo razonamiento empieza con suposiciones, de manera que no hay nada seguro en él. A comienzos del siglo IV a.e.c., Mozi había desarrollado una percepción similar en China: afirmaba que la mayoría de problemas eran cuestión de duda, ya que no había ninguna prueba realmente aceptada. «En cuanto a lo que sabemos ahora, ¿no deriva más de la experiencia pasada?», se preguntaba.[64] De tales líneas de pensamiento provenía el escepticismo: en su forma extrema, la idea de que nada es conocible y de que la noción misma de conocimiento es engañosa.

Por paradójico que parezca, la ciencia y el escepticismo prosperaron juntos, ya que si la razón y la experiencia son igualmente poco fiables puede que prefiramos la experiencia y las ventajas prácticas que puede enseñar. En la China del siglo II a.e.c., por ejemplo, *El tao de los maestros de Huainan* decía sobre Yi el arquero: por consejo de un sabio, buscó la hierba de la inmortalidad en el lejano oeste, sin ser consciente de que crecía en la puerta de su casa; la sabiduría inútil no sirve para nada, por muy informada que esté.[65] Entre los personajes preferidos de los escritores taoístas están los artesanos que conocen su trabajo y los racionalistas que les persuaden para hacerlo de otro modo, con resultados ruinosos.

La moral y la política

Si los esfuerzos de los sabios llevaron hacia la ciencia y el escepticismo, hubo otro aspecto que animó a pensar en la ética y la política: las mentes despreocupadas por la distinción entre la verdad y la mentira pudieron volverse hacia la distinción entre el bien y el mal. Para hacer que el hombre sea bueno, o para constreñirle de hacer el mal, un recurso obvio es el Estado.

En Grecia, por ejemplo, después de que Platón y Aristóteles parecieran haber agotado el interés de la epistemología, los filósofos se centraron en los problemas de cómo ofrecer las mejores opciones prácticas para la felicidad personal o para el bien de la sociedad. El altruismo, la moderación y la autodisciplina fueron los componentes identificados en el estoicismo. Epicteto, un exesclavo que se convirtió en un profesor famoso en la Roma de Nerón, dijo: «Muéstrame a una persona que esté enferma y aun así feliz, en peligro y aun así feliz, moribunda y aun así feliz, exiliada o en desgracia y aun así feliz. Por los dioses que estaría ante un estoico».[66] La felicidad es difícil de integrar en la historia de las ideas porque muchos pensadores, y muchos hedonistas irreflexivos, la han buscado y definido de modos opuestos, pero los estoicos fueron sus partidarios más eficaces en Occidente: su pensamiento tuvo un efecto enorme sobre los cristianos, que apreciaban una lista de virtudes similar y apoyaban una fórmula para la felicidad parecida. En efecto, desde su aparición, el estoicismo proporcionó la fuente de los principios guía de la ética de la mayoría de élites occidentales. Otras propuestas estoicas, como el fatalismo y la indiferencia como remedio para el dolor, eran incompatibles con el cristianismo, pero se asemejaban a las enseñanzas del extremo de Eurasia, sobre todo a las de Buda y sus seguidores.[67]

Casi todas las ideas hasta ahora tratadas en este capítulo derivan o complementan el trabajo principal de los sabios tal como lo concibieron sus mecenas y pupilos: la política. Pero el pensamiento político está conformado por la moral y los supuestos filosóficos. Se puede predecir el lugar que ocuparán los pensadores en el espectro político observando su grado de optimismo o pesimismo respecto de la condición humana. Por un lado, los optimistas, que piensan que la naturaleza humana es buena, quieren liberar el espíritu humano para que se realice. Por otro lado, los pesimistas, que creen que los humanos son irremediablemente malvados o corruptos, prefieren que haya instituciones restrictivas o represivas que controlen a la gente.

A los humanos nos gusta afirmar que tenemos una conciencia moral única en el reino animal. La prueba está en que tenemos conciencia del bien y disposición para hacer el mal.

Así pues, ¿somos equivocadamente benevolentes o intrínsecamente perversos? Esta era una pregunta clave para los sabios. Continuamos enredados en las consecuencias de sus respuestas. Casi todos ellos creían que la naturaleza humana era básicamente buena. Confucio representaba a los optimistas y creía que el propósito del Estado era ayudar a la gente a cumplir su potencial. «El hombre nace para ser íntegro. Si deja de serlo y continúa vivo, es pura suerte», dijo.[68] De ahí las doctrinas políticas del confucionismo, que pretendía que el Estado liberara a los sujetos para que cumplieran su potencial, y de la democracia griega, que dotaba a los ciudadanos de voz en los asuntos de Estado aunque fueran pobres o incultos. Por otra parte, estaban los pesimistas. «La naturaleza del hombre es malvada, la bondad solo se adquiere con la práctica», dijo Xunzi, por ejemplo, a mediados del siglo III. Para él, los humanos surgían moralmente sucios de una primitiva ciénaga de violencia. Poco a poco, de forma dolorosa, el progreso les limpiaba y les levantaba. «De ahí la influencia civilizadora de los maestros y las leyes, la guía de los ritos y la justicia. Aparece la cortesía, se observa el comportamiento refinado y la consecuencia es un buen gobierno.»[69] El optimismo y el pesimismo continúan estando en la raíz de las respuestas políticas modernas al problema de la naturaleza humana. El liberalismo y el socialismo enfatizan la libertad para liberar la bondad humana; el conservadurismo enfatiza la ley y el orden para contener la maldad humana. Así pues, el hombre —entendido como un nombre de género común—, ¿es bueno o malo? El libro del Génesis ofreció una respuesta ampliamente preferida por la gente pero arriesgada desde el punto de vista de la lógica: Dios nos hizo buenos y libres, pero el abuso de la libertad nos hizo malos. Ahora bien, si el hombre era bueno, ¿cómo podía utilizar la libertad para el mal? Los defensores del optimismo eludieron esta objeción añadiendo un artilugio diabólico: la serpiente (u otros agentes demoníacos en otras tradiciones) había corrompido la bondad. Así que aunque los humanos no sean intrínsecamente malvados, no podemos confiar en que sean buenos si no se les coacciona para ello. Desde entonces, los inventores de sistemas políticos han tratado sin éxito de encontrar el equilibrio entre libertad y fuerza.[70]

El pesimismo y la exaltación del poder

Un Estado fuerte es un remedio claro contra el mal individual. Pero puesto que los humanos dirigen y gestionan los Estados, la mayoría de sabios propusieron intentar plasmar la ética en las leyes, cosa que obligaría tanto a los gobernantes como a los sujetos. Confucio abogaba por la prioridad de la ética sobre la ley en casos de conflicto, un precepto más fácil de expresar que de cumplir. Las normas y los derechos siempre están en tensión. En la práctica, la ley puede funcionar sin respetar la ética. Así pues, los pensadores conocidos como legalistas, que formaron una escuela en la China del siglo IV a.e.c., dieron prioridad a la ley y dejaron la ética para cuidar de ellos. Llamaron a la ética «carcoma devoradora» que destruiría el Estado. La bondad es irrelevante, argüían. La moralidad es una patraña. Todo cuanto requiere la sociedad es obediencia. Como dijo Han Fei, el portavoz legalista más completo, a principios del siglo III a.e.c.: «La benevolencia, la rectitud, el amor y la generosidad no sirven para nada, pero los castigos severos y las sanciones extremas pueden mantener el Estado en orden». La ley y el orden merecen tiranía e injusticia. El único bien es el bien del Estado.[71] Esto supuso un nuevo giro increíble: los pensadores anteriores habían intentado que las leyes hechas por los hombres fueran más morales alineándolas con las leyes «divinas» o «naturales». Como hemos visto, los legisladores habían intentado escribir códigos conforme a los principios de equidad (ver págs. 133-134). En cambio, ahora los legalistas derrocaban la tradición. Se tomaban a risa la creencia de los sabios predecesores en la bondad innata de la gente. Para ellos la ley servía solo al orden, no a la justicia. Las mejores sanciones eran las más severas: cortar el cuello o la cintura, perforar un agujero en el cráneo, quemar vivo, sacarle las costillas a un delincuente o atarle las extremidades a sendos carros tirados por caballos y arrancárselas literalmente de cuajo.

Los terrores de la época dieron forma al legalismo. Tras generaciones de contiendas desastrosas entre Estados enfrentados, durante las cuales el pensamiento ético de confucianos y taoístas no contribuyó a ayudar, la predominancia legalista infligió un sufrimiento tal que en China sus doctrinas fueron injuriadas durante siglos. No obstante, desde entonces su doctrina, o algo parecido a ella, nacida en tiempos de un gran desastre civil, ha ido resurgiendo en las malas épocas. El fascismo, por ejemplo, recuerda al legalismo de la antigua China en que aboga por la guerra y la glorifica, recomienda la autosuficiencia económica del Estado, denuncia el capitalismo, alaba la agricultura por encima del comercio e insiste en la necesidad de suprimir el individualismo en pro de la unidad.[72]

Los legalistas tenían un homólogo occidental, aunque relativamente suave, en Platón. Ningún método de elección de gobernantes está a prueba de abusos, pero él creía que podía cumplir su «objetivo con la construcción del Estado: la mayor felicidad del conjunto, no la de una clase». Pertenecía a una generación de jóvenes atenienses de éxito, intelectuales ricos y bien educados que se sentían molestos por la democracia y se creían cualificados para tener poder. Algunos de sus amigos y relaciones financiaban o dotaban de personal a los escuadrones de la muerte que ayudaban a mantener a los oligarcas en el poder. Tenía vocación por las teorías de gobierno, no por los negocios sangrientos que implicaba, pero cuando escribió sus consejos para un Estado ideal en *La República*, estos fueron duros, reaccionarios e intolerantes. Censura, represión, militarismo, reglamentación, comunismo y colectivismo extremos, eugenesia, austeridad, estructura de clases rígida y engaño activo del pueblo por parte del Estado estaban entre las características inaceptables que tuvieron una influencia perniciosa sobre los pensadores posteriores. Pero eran a propósito: la idea clave de Platón era que todos los poderes políticos debían estar en manos de una clase autoelegida de filósofos-gobernantes. La superioridad intelectual capacitaría a esos «guardianes» para el cargo. La herencia favorable, refinada por la educación en el altruismo, haría ejemplares sus vidas privadas y les proporcionaría una visión divina de lo que era bueno para los ciudadanos. «A menos que los filósofos reinen en los Estados, o que cuantos ahora se llaman reyes y soberanos practiquen seriamente la filosofía [...] no puede haber tregua para los males de los Estados, ni tampoco para los del género humano», predijo Platón.[73] La idea de que la educación de los gobernantes en filosofía les hará buenos es conmovedora. Todo profesor es susceptible de una soberbia similar. Entro en todas las clases convencido de que de mi esfuerzo por enseñarles cómo desgranar la paleografía medieval o interpretar la epigrafía mesoamericana surgirán solo con el dominio de esos secretos sino también con mejores valores morales. Platón era tan persuasivo que desde entonces su razonamiento ha continuado atrayendo a los consolidadores de Estados, y sin duda a sus maestros. Sus guardianes son los prototipos de las élites, aristocracias, burócratas de los partidos y superhombres autoproclamados cuya justificación para tiranizar a los demás siempre ha sido que ellos son quienes saben lo que conviene.[74]

El optimismo y los enemigos del estado

Pese a la atracción que sentían los gobernantes hacia el legalismo y la fuerza de los argumentos de Platón, continuaban predominando los optimistas. Cuando Confucio convocó a los gobernantes y a las élites a la lealtad ordenada por el cielo, quería decir que debían aplazar los deseos y la sabiduría del pueblo. «El cielo ve lo que ve el pueblo, el cielo oye lo que oye el pueblo», dijo Mencio.[75] En general, los pensadores chinos e indios de la época estaban de acuerdo en que los gobernantes debían consultar los intereses y puntos de vista del pueblo y en que, en caso de tiranía, debían afrontar el derecho a la rebelión del sujeto. Sin embargo, no llegaban a cuestionarse la propiedad de la monarquía. Si se suponía que el Estado debía reflejar el cosmos, su unidad no podía verse comprometida.

Por otro lado, el modo obvio para maximizar la virtud y la destreza en el gobierno es multiplicar el número de personas implicadas en él. De modo que en la antigüedad los sistemas republicanos o aristocráticos, e incluso los democráticos, así como la monarquía, tenían defensores y ejemplos. En Grecia, donde se juzgaba sin ningún misticismo a los Estados como mecanismos prácticos con el fin de ajustarlos según necesidad, se desarrollaron una variedad desconcertante de experimentos políticos. Aristóteles hizo un estudio magistral de ellos. Admitió que la monarquía sería la mejor organización de ser posible asegurar que el responsable fuera siempre el mejor hombre. El gobierno aristocrático, compartido entre un número manejable de hombres superiores, era más práctico pero vulnerable a que se lo apropiaran los plutócratas o las hermandades hereditarias. La democracia, en la que todos los ciudadanos compartían las decisiones, mantenía un registro de éxitos largo, aunque fluctuante, en Atenas comienzos del siglo VI a.e.c. Aristóteles la criticó por ser explotable por los demagogos y manipulable por los dictámenes de las masas.[76] Creía que en el mejor sistema había de predominar la aristocracia, bajo la ley. En términos generales, el Estado romano de la segunda mitad del milenio encarnaba sus recomendaciones. A su vez, se convirtió en modelo para la mayoría de supervivientes de la república y para sus resurgimientos en la historia de Occidente. Incluso cuando Roma abandonó la república como gobierno y restauró lo que de hecho era un sistema monárquico bajo el mandato de Augusto en el año 23 a.e.c., los romanos continuaron refiriéndose al Estado como una república y al emperador como un simple «magistrado» o «jefe» del Estado —*princeps* en latín—. Los modelos griego y romano hicieron que el republicanismo fuera respetable para siempre en la civilización occidental.[77] Las ciudades-república medievales del Mediterráneo imitaron a la antigua Roma, como hicieron también a finales del siglo XVIII los Estados Unidos y la Francia revolucionaria. La mayoría de Estados nuevos del siglo XIX eran monarquías pero en el siglo XX la propagación del ideal republicano se convirtió en una de las características más llamativas de la política en todo el mundo. Hacia 1952 se dio una anécdota imposible de erradicar: el rey de Egipto predijo que pronto solo quedarían cinco monarcas en el mundo, y cuatro de ellos estarían en la baraja de cartas.[78]

Quizás el más optimista de los pensadores políticos fuera Jesucristo, que pensaba que la naturaleza humana era redimible por la gracia de Dios. Predicaba una forma sutil de subversión política. Un nuevo mandamiento reemplazaría a todas las leyes. El reino de los Cielos importaba más que el Imperio romano. Jesucristo hizo una de las grandes bromas de la historia cuando los fariseos intentaron tentarle con una indiscreción política preguntándole si era lícito que los judíos pagaran impuestos romanos: «Al César lo que es del César y a Dios lo que es de Dios», respondió. Hoy en día, la frase no tiene gracia. De hecho, todos los regímenes la han interpretado literalmente y utilizado para justificar la demanda de impuestos. Carlos I de Inglaterra, en su contienda contra los rebeldes fiscalmente recalcitrantes, llevaba bordado en su estandarte de combate «Dad al César lo suyo». Pero el público de Jesucristo se habría desternillado de risa ante el humor rabínico de nuestro Señor. Para un judío de la época de Jesucristo nada era propiamente del César; todo pertenecía a Dios. Al criticar los impuestos e insinuar la ilegitimidad del Estado romano, Jesucristo hizo alarde de una demagogia característica. Dio la bienvenida a parias, prostitutas, pecadores, samaritanos —a quienes los compatriotas de Jesucristo despreciaban— y a recaudadores de impuestos —la forma de vida más baja a ojos de su público—. Mostró su preferencia por los marginados, los que sufrían, los niños, los enfermos, los tullidos, los ciegos, los prisioneros y todos los vagos y personas sin oficio ni beneficio santificados en las bienaventuranzas. Con una violencia revolucionaria, azotó a los prestamistas y los expulsó del templo de Jerusalén. Teniendo en cuenta el trasfondo de este tipo de políticas radicales, no es de sorprender que las autoridades romanas y judías se aliaran para ejecutarle. Fue claro en lo tocante a sus simpatías políticas, aunque su mensaje trascendió la política. Sus seguidores se apartaron del activismo político para apoyar lo que creo que era su propuesta principal: la salvación personal en un reino que no es de este mundo.

La esclavitud

La antigüedad de la esclavitud como institución es inconmensurable. Casi todas las sociedades la han practicado; muchas han dependido de ella —o de algún sistema de trabajos forzados muy parecido— y la han visto como algo del todo normal y moralmente incuestionable. Nuestra propia sociedad es anómala por renegar de ella formalmente pero perpetuarla en talleres de explotación laboral y burdeles, y por abusar del trabajo de inmigrantes «ilegales» que no son libres para cambiar de trabajo o desafiar sus condiciones laborales. Ni siquiera Jesucristo lo cuestionó, aunque sí que prometió que en el cielo no habría ni encadenados ni libres; Pablo, el apóstol elegido póstumamente, confió un papel de misionero a un esclavo cuyo amo no estaba obligado a liberarlo, solo a tratarlo como a un hermano querido. La esclavitud era común. Sin embargo, Aristóteles introdujo una nueva idea para justificarla. Se percató de la tensión existente entre el servilismo impuesto y valores como el mérito independiente de todo ser humano y el valor moral de la felicidad. Pero, argumentó, hay pueblos inferiores por naturaleza; para ellos no hay mayor suerte en el mundo que servir a quienes son mejores que ellos. Si los naturalmente inferiores se resistían a la conquista, por ejemplo, los griegos podían capturarlos y tomarlos como esclavos. Mientras desarrollaba la idea, Aristóteles también formuló una doctrina sobre la guerra justa: algunas sociedades veían la guerra como algo normal o incluso como una obligación de la naturaleza o de los dioses. Sin embargo, Aristóteles evaluaba las guerras como si las víctimas de la agresión fueran pueblos inferiores que debieran ser gobernados por sus agresores. Al menos estas enseñanzas hicieron que la guerra pasara a ser objeto de escrutinio moral, aunque de poco les sirviera eso a las víctimas.[79]

Mientras que la esclavitud era incontestable, la doctrina de Aristóteles parecía irrelevante; los maestros podían admitir, sin perjuicio para sus propios intereses, que sus esclavos eran sus iguales en todo salvo en el estatus legal. Sin embargo, en un intento de reaccionar ante las críticas por la esclavitud de los nativos americanos, los juristas desenterraron el argumento de Aristóteles. El jurista escocés John Mair escribió en 1513: «Hay hombres que son esclavos por naturaleza y otros que son libres por naturaleza. Y es justo [...] y de acuerdo con eso un hombre debería ser amo y el otro obedecer, ya que la cualidad de superioridad también es inherente al amo natural».[80] Puesto que todo aquel que fuera esclavo tenía que ser clasificado como inferior, esta doctrina resultó ser un estímulo para el racismo.[81]

5

Pensando las fes

Las ideas en época religiosa

La religión debería hacernos buenos, ¿verdad? Debería transformarnos la vida. La gente que dice que les ha transformado a veces habla de volver a nacer. Pero después miras cómo se comportan y a menudo los efectos parecen mínimos. De media, la gente religiosa parece tan capaz de actuar con maldad como el resto del mundo. Voy a la iglesia con asiduidad, pero poco más hago que sea virtuoso. En la medida en que la religión es un recurso para mejorar a las personas, ¿por qué no funciona?

La respuesta a esa pregunta es escurridiza. Con todo, estoy seguro de que, aunque la religión no cambie nuestro comportamiento tanto como nos gustaría, sí que afecta a nuestra manera de pensar. Este capítulo trata sobre las grandes religiones que ha habido en los aproximadamente 1 500 años posteriores a la muerte de Jesucristo: en concreto, sobre cómo los pensadores innovadores exploraron la relación entre razón, ciencia y revelación, y qué tenían que decir sobre el problema de la relación de la religión con la vida cotidiana —qué puede hacer, en caso de ser posible, para hacernos mejores.

En el contexto que nos ocupa, las «grandes religiones» son las que han trascendido a sus culturas de origen y se han expandido por el mundo. La mayoría de religiones pertenecen a una cultura específica y son incapaces de atraer a los forasteros, de modo que hemos de empezar intentando entender por qué el cristianismo y el islam (y en menor medida el budismo), transgredieron la norma y demostraron una flexibilidad notable. Empezaremos por cómo superaron las primeras limitaciones.

El cristianismo, el islam y el budismo: afrontar la revisión

Las nuevas religiones abrieron áreas riquísimas de nuevo pensamiento: el cristianismo, nuevo al inicio del período, y el islam, que apareció siete siglos después de Cristo. En ambas surgieron problemas similares, y es que las dos debían mucho al judaísmo. Los discípulos que Jesucristo fue ganando durante su carrera como rabino autónomo eran judíos; le dijo a una mujer samaritana que «la salvación proviene de los judíos»; las referencias a las escrituras judías saturaban sus enseñanzas documentadas; sus seguidores lo veían como el Mesías que los profetas judíos habían anunciado y los evangelistas reflejaron las profecías en las versiones que escribieron sobre su vida. Mahoma no era judío, pero pasó parte de su vida formándose junto a los judíos; las tradiciones le sitúan en Palestina, y fue en Jerusalén donde hizo su historiada ascensión a los cielos; cada página del Corán —las revelaciones que un ángel susurró a su oído— muestra la influencia judía (y en menor medida cristiana). Los cristianos y los musulmanes adoptaron las ideas clave del judaísmo: la originalidad de Dios y la creación a partir de la nada.[1]

Sin embargo, ambas religiones modificaron la ética judía: el cristianismo, reemplazando la ley por la gracia como medio de salvación; el islam, sustituyendo leyes propias. Mientras que los cristianos pensaban que la tradición judía era demasiado legalista e intentaban reducir o retirar las normas de la religión, a Mahoma se le ocurrió volver a implantarlas fundamentalmente. En consecuencia, en ambas religiones se reconfiguró la relación entre ley y religión. Además, tanto cristianos como musulmanes empezaron a ocupar territorios centrales y circundantes de la antigüedad griega y romana. Siguieron una serie de debates sobre cómo mezclar las tradiciones judías con las de las enseñanzas clásicas griegas y romanas, incluida la ciencia y la filosofía del capítulo anterior.

Tanto para los cristianos como para los musulmanes, el contexto social dificultó la tarea. Quien desdeñaba el cristianismo lo condenaba por ser religión de esclavos y mujeres, apropiada solo para las víctimas de exclusión social. Durante los primeros dos siglos del cristianismo, los conversos de alto rango sufrieron cierto menoscabo. Los Evangelios daban a Jesucristo pedigrí divino y real, pero al mismo tiempo insistían en la humildad de su nacimiento y en su vocación humana. Escogió a sus colaboradores de entre condiciones sociales modestas o despreciadas: pescadores de la provincia, mujeres de mala vida y —lo que para los judíos de la época eran niveles aún inferiores de degradación y contaminación moral— recaudadores de impuestos y colaboradores del Imperio romano. El lenguaje vulgar de los libros sagrados de los cristianos cohibía la comunicación con los eruditos. En sus inicios, el islam también hubo de enfrentarse a problemas parecidos para ganarse el respeto de la élite de la Arabia del siglo VII. Mahoma tenía un origen próspero, urbano y mercantil, pero se marginó y se excluyó de la compañía de sus semejantes para abrazar el exilio en el desierto y adoptar prácticas ascéticas y una vocación profética. No fue en las calles civilizadas de La Meca y Medina donde encontró la aceptación, sino entre los beduinos nómadas a quienes despreciaban los habitantes de la ciudad. El cristianismo tardó mucho en ser intelectualmente estimable. Los talentos y la educación de los evangelistas provocaban un desprecio aprendido. Ni siquiera el autor del Evangelio según San Juan, que inyectó un contenido intelectual impresionante a las narraciones más bien monótonas de sus predecesores, fue capaz de inspirar la admiración de los lectores más minuciosos.

«Lo insensato de Dios es más sabio que la sabiduría de los hombres», dijo san Pablo. Las escrituras de Pablo, por abundantes y magníficas que fueran, incluían desfiguraciones bochornosas, especialmente en forma de largas secuencias de frases en participio que los oradores sofisticados aborrecían. Pese a tratarse del apóstol más educado, su intelecto resultaba mediocre a los esnobs de su época, e incluso a los de la nuestra: cuando era niño, mi profesora me indicó que había utilizado con ineptitud los participios en una redacción en griego, y lo hizo escribiendo una π de «Pauline» en el margen. Para una mente que ha recibido una educación clásica, el Antiguo Testamento resultaba aún más bochornoso. En el *scriptorium* del papa de la Roma de finales del siglo IV, a un traductor aristócrata muy quisquilloso llamado Jerónimo le pareció que la «rudeza» de los profetas era repulsiva y la elegancia de los clásicos paganos, seductora. En una visión, le dijo a Jesucristo que era cristiano. «Mientes —dijo Jesucristo—. Eres seguidor de Cicerón.»[2] Jerónimo juró no volver a leer buenos libros nunca más. Cuando tradujo la Biblia al latín (en la versión que ha quedado como texto estándar de la Iglesia católica hasta día de hoy), eligió deliberadamente un estilo vulgar, de la calle, muy inferior al latín clásico que él mismo utilizaba y recomendaba en sus cartas. Sobre la misma época, a san Agustín le parecía que muchos textos clásicos tenían un erotismo desagradable. «Pero por eso nunca deberíamos haber sabido lo que querían decir estas palabras: "lluvia dorada", entrepierna, engaño».[3]

Mientras tanto, la élite pagana sucumbía al cristianismo casi como si un cambio de religión fuera un cambio de moda en la inestable cultura de finales del Imperio romano, donde ni los antiguos dioses ni los antiguos conocimientos parecían capaces de detener el declive económico o evitar la crisis política.[4] La literatura clásica era demasiado buena para excluirla del currículum, como reconoció san Basilio: «Hacia la vida eterna nos guían las Sagradas Escrituras [...]. Pero [...] ejercitamos nuestras percepciones espirituales sobre escrituras profanas, que no son del todo diferentes, y en las cuales percibimos la verdad tal como era en sombras y espejos»,[5] y los colegiales nunca se han librado del todo de los rigores de una educación clásica. Doscientos años después de san Jerónimo y san Agustín, el giro radical, al menos en materia de valores, fue completo: el papa Gregorio Magno denunció el uso de los clásicos en la enseñanza, ya que «no hay lugar para Jesucristo y Júpiter en la misma boca».[6] En el siglo XIII, los seguidores de san Francisco, que exigían una vida de pobreza, renunciaron a aprender aduciendo que era un tipo de riqueza: al menos eso fue lo que dijeron algunos de ellos, aunque en la práctica se convirtieron en incondicionales de las universidades que justo empezaban a organizar el conocimiento occidental de la época.

A partir del siglo XI, al menos, afectó al islam una tendencia parecida que alababa la sabiduría popular y las perspectivas místicas por encima de la filosofía clásica. «Pruebas abstractas y clasificación sistemática ... Más bien —escribió Al-Ghazali, uno de los grandes defensores musulmanes del misticismo— la creencia es una luz que Dios otorga [...] a veces mediante una convicción interna explicable, a veces mediante un sueño, a veces mediante un hombre pío [...] a veces mediante el propio estado de dicha.»[7] Al-Ghazali señaló que los seguidores que Mahoma había reunido en su día poco sabían sobre la lógica clásica y el conocimiento que los filósofos musulmanes posteriores apreciaban con tanta admiración, y menos aún se preocupaban por ellos.

En todos estos casos, para los hombres instruidos era una ironía fácil y obviamente autocomplaciente aparentar desconfianza por la erudición; sin embargo, su retórica tenía efectos reales, algunos de los cuales eran negativos: hasta día de hoy, en el mundo occidental se alaba al filisteísmo por honesto y se aplaude a la estupidez por inocente o «auténtica». En la política occidental, la ignorancia no es impedimento alguno. Algunos efectos a corto plazo del giro hacia la sabiduría popular fueron buenos: en la Europa de la Edad Media, los bufones siempre podían decir la dura verdad a los gobernantes y desafiar a la sociedad con su sátira.[8]

Mientras tanto, la propagación de la tercera gran fe mundial, el budismo, vaciló y se detuvo. Una de las grandes preguntas que no ha encontrado respuesta es «¿Por qué?» En el siglo III a.e.c., cuando se codificaron las escrituras budistas, el imperio de Ashoka (en el que, como hemos visto, el budismo era la religión del Estado) podría haberse convertido en un trampolín para su expansión, igual que lo fueron el Imperio romano para el cristianismo o el califato de los siglos VII y VIII para el islam. Durante lo que consideramos el inicio de la Edad Media, cuando el cristianismo y el islam se extendieron hasta proporciones gigantescas, el budismo demostró una elasticidad parecida. Se convirtió en la mayor influencia sobre la espiritualidad de Japón. Colonizó buena parte del sureste asiático. Consiguió un gran seguimiento en China, donde algunos emperadores lo favorecieron tanto que podría haberse apoderado de la corte china y convertido en religión imperial del Estado más poderoso del mundo. Sin embargo, no pasó eso en absoluto. En China, los dirigentes taoístas y confucianos mantuvieron el budismo a raya. El clero budista nunca se hizo con la lealtad duradera de los Estados, salvo al final, en zonas relativamente pequeñas y marginales como Birmania, Tailandia y el Tíbet. En el resto de lugares, el budismo continuó haciendo grandes contribuciones a la cultura, aunque en buena parte de la India y en zonas de Indochina el hinduismo lo desplazó o lo confinó, mientras que en el resto de Asia, allí donde las nuevas religiones desafiaban con éxito a las tradiciones paganas, el cristianismo y el islam crecieron mientras el budismo se estancaba o disminuía. No fue hasta finales del siglo XVI, gracias al apoyo de un khan mogol, que el budismo reanudó su expansión por Asia central.[9] Solo en el siglo XX (por motivos que trataremos cuando corresponda) compitió con el cristianismo y el islam en todo el mundo.

Así pues, la historia de este capítulo es una historia cristiana y musulmana. De hecho, más cristiana que musulmana, ya que a largo plazo el cristianismo demostró mayor adaptabilidad cultural —mayor flexibilidad a la hora de redefinirse para encajar en pueblos diferentes en tiempos diferentes y lugares diferentes—. Por su parte, el islam, tal como lo suelen presentar sus defensores, es un modo de vida con fuertes prescripciones sobre la sociedad, la política y la ley —cosa que encaja muy bien en unas sociedades pero que resulta impracticable en otras—. Las migraciones recientes han extendido el alcance del islam a zonas a las que nunca antes había llegado; en el caso de Norteamérica, ha ayudado a ello el hecho de que algunas personas de ascendencia esclava hayan redescubierto sus supuestas raíces islámicas. Sin embargo, durante la mayor parte de su pasado, el islam se vio básicamente confinado a un cinturón bastante limitado del Viejo Mundo, en una zona de culturas y entornos en cierto modo consistentes, desde los márgenes de la zona templada del hemisferio norte hasta los trópicos.[10] El cristianismo es menos prescriptivo. Su código más maleable está mejor equipado para penetrar prácticamente en todo tipo de sociedades y entornos habitables. Cada cambio ha modificado la tradición cristiana y ha implicado admitir o despertar muchas ideas nuevas.

Redefiniendo a Dios: el desarrollo de la teología cristiana

La primera tarea, o una de las primeras, que han de realizar las personas religiosas que quieren aumentar el atractivo de su credo es proponer un Dios creíble, ajustado a las culturas de los conversos potenciales. Los seguidores de Jesucristo y Mahoma representaban sus enseñanzas como divinas: en el caso de Jesucristo porque él era Dios; en el de Mahoma, porque Dios le favorecía como el profeta definitivo. Con todo, si habían de crecer y perdurar, ambas religiones debían responder a tradiciones paganas anteriores y convencer a las élites instruidas en conocimiento clásico. Por lo tanto, ambas se enfrentaban al problema de reconciliar las escrituras inmutables e incuestionables con otras guías hacia la verdad, particularmente la razón y la ciencia.

Para los pensadores cristianos, la tarea de definir la doctrina era especialmente exigente, puesto que Jesucristo, a diferencia de Mahoma, no había dejado escrituras propias. Los Hechos de los Apóstoles y las cartas que conforman la mayoría de los siguientes libros del Nuevo Testamento muestran una ortodoxia que lucha por expresarse: ¿era la iglesia judía o universal? ¿Se confiaba su doctrina a todos los apóstoles o solo a algunos de ellos? ¿Conseguían los cristianos la salvación automática o era Dios quien la confería independientemente de la virtud personal de cada uno? La mayoría de las religiones, engañosamente, otorgan a sus adeptos una lista de comprobación de doctrinas que suelen atribuir a un fundador autoritario; posteriormente, bien invitan a los disconformes, bien los desafían. No obstante, en realidad —y sobre todo en el caso del cristianismo—, la herejía llega primero y la ortodoxia se pule de opiniones rivales.[11]

Algunos de los asuntos más polémicos de los inicios del cristianismo tenían que ver con la naturaleza de Dios: la fórmula satisfactoria tenía que encajar en las tres Personas de Dios, designadas por los términos Padre, Hijo y Espíritu Santo, sin violar el monoteísmo. Una manera de sortear los problemas era evadirlos, como en el credo de san Anastasio, que la mayoría de cristianos aún respalda y que define de un modo desconcertante a las Personas de la Trinidad como «no tres inmensas sino... una inmensa». A primera vista, otras doctrinas cristianas de Dios parecen igualmente inescrutables y absurdas: que Él debería tener, o en cierto sentido ser, un Hijo, nacido de una virgen; que el Hijo debería ser a la vez plenamente Dios y plenamente humano; que Él debería ser omnipotente, aunque sacrificado, y perfecto, aunque sujeto a sufrimiento; que Su sacrificio debería ser único en el tiempo y aun así perpetuo; que Él debería haber muerto realmente y al tiempo haber sobrevivido a la muerte, y que Su presencia terrena, en carne y hueso, debería encarnarse en la Iglesia. Los teólogos tardaron mucho en dar con fórmulas apropiadas que fueran congruentes y razonables para la mayoría de personas en la mayoría de aspectos polémicos. Los escritores de los Evangelios y san Pablo parece que creían que Jesucristo participaba, de forma profunda y peculiar, de la naturaleza de Dios. El Evangelio de san Juan no solo explica la historia de un hombre hijo de Dios o de un hombre que representaba a Dios a la perfección, sino del mismísimo *Logos*: el pensamiento o la razón que existían antes del inicio de los tiempos. El hecho de que fuera el hijo era una metáfora que expresaba la encarnación de la divinidad incorpórea. Con todo, los esfuerzos de los primeros cristianos por explicar este planteamiento eran ambiguos, vagos o confusos por un misterio fingido. Durante los dos o tres siglos siguientes, al hacer comprensible la encarnación, la teología dotó al cristianismo de un Dios que resultaba atractivo (porque era humano), compasivo (porque sufría) y convincente (porque ilustraba la experiencia de todo el mundo en materia de contacto humano, compasión y amor).

Para entender cómo lo hicieron, hay que mirar al contexto. El cristianismo puede definirse como la religión que afirma que una persona histórica concreta es la encarnación de Dios. Sin embargo, la idea de que un dios podría encarnarse ya era bien conocida miles de años antes de la época de Jesucristo. Los antiguos chamanes «se convertían» en dioses que les donaban sus atributos. Los faraones egipcios eran dioses, en el sentido peculiar que ya hemos visto (ver pág. 128). Los mitos de reyes divinos y dioses de apariencia humana son comunes. En opinión de algunos de sus seguidores, Buda era más que humano: la iluminación le elevó a la trascendencia. Los antropólogos escépticos ante el cristianismo, desde sir James Frazer en el siglo XIX hasta Edmund Leach a finales del XX, han encontrado montones de casos de encarnación, que a menudo culminaban en un sacrificio del dios-hombre parecido al del propio Jesucristo.[12] En el siglo IV salió a la luz una idea hindú comparable; Vishnu tenía varias vidas humanas que incluían concepción, nacimiento, sufrimiento y muerte. En ocasiones, las sectas islámicas (u originariamente islámicas), sobre todo en las tradiciones chiítas, han aclamado a Alí como una encarnación divina o han adoptado a imanes o héroes en el mismo papel.[13] Los drusos del Líbano aclaman como el Mesías en vida a al-Hakim, el califa loco del siglo XI, que decía de sí mismo que era la encarnación de Dios. En el siglo XVI, en la religión que concibió para intentar reconciliar las fes enemistadas de su reino, el emperador mogol Akbar centró la adoración en él mismo.

Así pues, ¿cómo de nueva era la idea cristiana? Si alguna vez fue única, ¿siguió siéndolo?

En todos los otros casos, como en las muchas reencarnaciones de dioses y Budas que cubren la historia del sur, el este y en centro de Asia, un espíritu «entra» en un cuerpo humano —antes de que nazca, en el momento del nacimiento o tras él—. Sin embargo, en la idea cristiana el cuerpo en sí mismo era divinizado: fuera de la tradición cristiana, todas las encarnaciones documentadas desplazan la humanidad del individuo divinizado o le invisten con una naturaleza divina paralela. En cambio, en el caso de Jesucristo, las naturalezas humana y divina se fundieron sin distinción en una persona. «El Verbo se hizo carne y habitó entre nosotros —en la fórmula memorable del capítulo inicial del Evangelio según san Juan—, vimos Su gloria ... lleno de gracia y de verdad.»

La teología cristiana ortodoxa siempre ha insistido en esta fórmula contra los herejes que quieren hacer que Jesucristo sea solo divino o solo humano, o mantener separadas sus naturalezas humana y divina. Lo cierto es que la doctrina es singularmente cristiana, motivo por el cual la Iglesia ha luchado tanto por preservarla. La idea ha inspirado a imitadores: un goteo constante de supuestos Mesías aseguraban poseer los mismos atributos o sus seguidores se los atribuían. Con todo, el entendimiento cristiano de la encarnación de Dios no parece una idea reciclable. Desde Jesucristo, nadie que la haya sostenido ha convencido nunca a un gran número de personas en el mundo.[14]

A largo plazo, los teólogos cristianos tuvieron bastante éxito aliando los conocimientos judíos, que se habían filtrado por el largo pedigrí del cristianismo, con ideas de la antigua Grecia y la antigua Roma, elaborando así una religión razonable que templaba al Dios duro y crispado del Antiguo Testamento —lejano, moralizante, «celoso» y exigente— con una filosofía flexible. El resultado cargó a la Iglesia con una gran desventaja: una teología desconcertantemente compleja que excluye a quienes no la entienden y divide a quienes sí. A principios del siglo IV, un concilio de obispos y teólogos, bajo la presidencia de un emperador romano, concibió una fórmula para superar ese problema o, al menos, una idea que, sin resolver todos los problemas, estableció el marco en el que todos ellos tenían que encajar. El concilio de Nicea formuló el credo que aún suscriben la mayoría de comunidades que se autodenominan cristianas. Su palabra para la relación entre Padre e Hijo fue *homoousion*, traducido tradicionalmente como «consustancial» y en algunas traducciones modernas bastante inexactas como «de un ser» o «de una naturaleza». La fórmula descartaba sugerencias que pudieran despertar el mensaje cristiano: por ejemplo, que Jesucristo era Dios solo en un sentido metafórico; o que su calidad de hijo debía tomarse de forma literal; o que su humanidad era imperfecta o su sufrimiento ilusorio. Los cristianos seguían sin estar de acuerdo en cómo debía encajar ahí el Espíritu Santo, pero también la idea de *homoousion* fijó de forma efectiva los límites del debate sobre ese tema. La identidad compartida del Padre y el Hijo tenía que abarcar al Espíritu Santo. Como había dicho el papa Dionisio a finales del siglo III: «La Palabra Divina debe ser una con el Dios del Universo y el Espíritu Santo debe permanecer y habitar en Dios; así pues, es necesario que la Santísima Trinidad se reúna y se funda en uno solo».[15]

¿A quién se le ocurrió la idea del *homoousion*? La palabra se propagó entre los teólogos de la época. Según los documentos del concilio que sobrevivieron, el emperador romano Constantino tomó la decisión de adoptarla de forma oficial e indiscutible. Se autodenominó «semiapóstol» y, tras insistir, presidió el concilio. Hacía poco que se había convertido al cristianismo y era analfabeto en teología. Sin embargo, era una persona poderosa e influyente que reconocía una fórmula de negociación exitosa nada más verla.

Los pastores se hacían eco de los teólogos y elaboraban imágenes sencillas de la naturaleza única e inseparable de las personas de la Trinidad. Las más famosas eran las del trébol de san Patricio —una planta, tres hojas: una naturaleza, tres personas— y el ladrillo, hecho de tierra, agua y fuego, que milagrosamente se pulverizó en manos de san Espiridión y volvió a ser sus tres elementos originales ante los ojos atónitos de la congregación. Es probable que la mayoría de cristianos haya confiado en imágenes sencillas como estas para dar sentido a doctrinas enrevesadas.[16]

Las religiones como sociedades: las ideas cristianas y las musulmanas

En general, las sutilezas teológicas no mueven masas. La mayoría de personas no valora mucho el intelecto y, por lo tanto, pide religiones convincentes desde el punto de vista intelectual: buscan una sensación de pertenencia. Jesucristo proporcionó a la Iglesia una vía de respuesta. En la cena de la víspera de su muerte, dejó a sus discípulos la idea de que todos juntos podían perpetuar su presencia en la Tierra. Según una tradición fidedignamente documentada por san Pablo poco después del suceso, y repetida en los Evangelios, sugirió que estaría presente en carne y hueso siempre que sus seguidores se reunieran para compartir una comida de pan y vino. Esa comida significaba la encarnación perpetua del fundador de dos modos diferentes. En primer lugar, en el culto, el cuerpo y la sangre de Cristo, que habían sido roto y derramada respectivamente, volvían a unirse al compartirlos e ingerirlos. En segundo lugar, los miembros de la Iglesia se presentaban a sí mismos como el cuerpo de Cristo, espiritualmente reconstituido. Como él mismo dijo, estaba «siempre con vosotros» en el pan consagrado y en quienes lo compartían.[17] Como lo expresó san Pablo: «Porque aun siendo muchos, un solo pan y un solo cuerpo somos, pues todos participamos de un solo pan». Había un nuevo modo de mantener viva la tradición de un sabio. Anteriormente, los sabios habían propuesto o adoptado a iniciados clave como custodios privilegiados de la doctrina o, en el caso de los judíos, la custodia pertenecía a unos «escogidos» estrictamente restringidos.

Jesucristo utilizó ambos métodos para transmitir sus enseñanzas: confió su mensaje a un cuerpo de apóstoles seleccionado por él mismo y a las congregaciones judías que le veían como el Mesías largamente profetizado. Sin embargo, a lo largo de las primeras generaciones cristianas la religión acogió a un número creciente de gentiles y se hizo necesario un nuevo modelo: el de la Iglesia, que era la personificación de la presencia continua de Jesucristo en el mundo y que hablaba con su autoridad. Los líderes, llamados supervisores o, si utilizamos el término anglicanizado, obispos, eran elegidos por «sucesión apostólica» para mantener viva la idea de una tradición de apostolado. Entretanto, la ceremonia del bautismo, que garantizaba un lugar entre los elegidos de Dios (literalmente los elegidos para salvarse), mantenía en las comunidades cristianas la sensación de pertenencia a un pueblo elegido. Después de que los romanos destruyeran el templo de Jerusalén en el año 70 e.c., los cristianos endurecieron su reivindicación como administradores de la tradición judía adoptando muchos de los rituales de sacrificio de los templos: en cierto modo, se capta mejor la esencia del culto judío antiguo en una iglesia anticuada que en una sinagoga moderna.

Desde el punto de vista del atractivo y la durabilidad, la Iglesia ha sido una de las instituciones más exitosas de la historia del mundo, y ha sobrevivido a persecuciones externas y a cismas y defectos internos. Así pues, la idea funcionó, aunque no sin problemas. Cuesta reconciliar el bautismo como garantía de trato preferente ante los ojos de Dios con la idea igualmente cristiana, o más, de una deidad universalmente benigna que desea la salvación para todo el mundo. En teoría, la Iglesia era el cuerpo unido de Cristo; en la práctica, los cristianos siempre estaban divididos por cómo interpretar su voluntad. Los cismáticos desafiaban y rechazaban los esfuerzos por preservar el consenso. Muchos de los grupos que se separaron de la Iglesia de la Reforma en adelante cuestionaron o modificaron la noción de participación colectiva en los sacramentos de unidad, esquivando a la Iglesia y apelando directamente a las Escrituras, enfatizando las relaciones individuales con Dios o insistiendo en que la auténtica Iglesia consistía en los escogidos que solo él conocía.

En cierto modo, la alternativa del islam parece más atractiva a potenciales conversos de la mayoría de formas de paganismo. Un recurso sencillo, sin la complicada teología de los cristianos y sus credos engorrosos, representa la identidad común de los musulmanes: el creyente hace una profesión de fe de una sola línea y lleva a cabo unos cuantos rituales sencillos aunque exigentes. Sin embargo, los rituales exigentes constituyen obstáculos para el islam: por ejemplo la circuncisión, que es habitual y en la mayoría de comunidades inevitable, o rutinas de plegaria exigentes, o normas restrictivas de abstinencia alimenticia. Si bien el cristianismo y el islam han tenido épocas de competencia durante casi un milenio y medio, todavía es demasiado pronto para decir cuál de las dos funciona mejor desde el punto de vista de aumento constante de su atractivo. Pese a las fases de crecimiento formidable que ha tenido, el islam nunca ha conseguido el alcance mundial de culturas y entornos naturales que ha abarcado el cristianismo.

Los problemas morales

Como herramientas para difundir la religión, la teología y la eclesiología están incompletas: también se necesita un sistema ético lo bastante fuerte para persuadir al público de que se puede beneficiar a los creyentes y mejorar el mundo. Los cristianos y los musulmanes respondieron al desafío de modos opuestos pero efectivos.

Veamos primero el caso de la moral cristiana. La contribución más radical de san Pablo al cristianismo fue también su idea más inspiradora y problemática. Tanto se le ha alabado de crear el cristianismo como culpado de corromperlo. La manera en que desarrolló la doctrina habría sorprendido a Jesucristo.[18] Pero, tanto si captó el pensamiento real de su maestro al expresar la idea de gracia como si no (ver pág. 160), proyectó un legado imborrable. Dios, pensaba él, garantiza la salvación independientemente de lo que merezca cada uno. «Os habéis salvado por la gracia de Dios», escribió a los efesios; no por ningún mérito propio, como afirmaba constantemente. En una forma extrema de la doctrina, que Pablo pareció preferir en algunos momentos y que la Iglesia siempre ha defendido, cualquier bien que hagamos es el resultado del favor de Dios. «No se hace diferencia alguna. Todos hemos pecado y faltado a la gloria de Dios y para todos está justificado el regalo de su gracia», escribió a los romanos.

Para algunos, esta idea —o la manera en que Pablo la expresa, con poco espacio, o ninguno, para la libertad humana— resulta desalentadora y castradora. Con todo, la mayoría la encuentra atractivamente liberadora. Nadie puede condenarse por pecar. Nadie es irredimible si Dios decide lo contrario. El valor del modo en que se vive una vida se calibra no por el cumplimiento de unas normas y ritos, sino por la profundidad de la reacción de la persona ante la gracia de Dios. Una obra del siglo XVII, *El condenado por desconfiado* (que mi hijo actor protagonizó en el National Theatre de Londres), escrita por el monje de mundo Tirso de Molina, lo expresa claramente: un ladrón asciende a los cielos en el clímax, pese a los numerosos asesinatos y violaciones de los que se jacta, porque se hace eco del amor de Dios al amar a su propio padre; mi hijo interpretaba al ermitaño, malhumorada y religiosamente escrupuloso, que no confía en Dios, no ama a nadie y está marcado para ir al infierno. Sin embargo, la confianza en la gracia de Dios se puede llevar demasiado lejos. «Si a un hombre se le oculta el camino de la verdad, el libre albedrío solo le sirve para pecar»,[19] señaló san Agustín hacia finales del siglo IV y comienzos del V. San Pablo recalcó su afirmación de que Dios había escogido a quienes habían de recibir su gracia «desde antes de la creación del mundo… Decidió de antemano quienes serían los destinados… Y a los que predestinó, a esos también llamó; y a los que llamó, a esos también los justificó». Esta decisión aparentemente prematura de Dios hace que el mundo parezca carente de sentido. Los profanos trataban la disponibilidad de la gracia de Dios como un permiso para hacer lo que quisieran: si estaban en estado de gracia, sus crímenes no eran pecaminosos sino sagrados e inmaculados; si no, sus inmoralidades no supondrían ninguna diferencia en su castigo eterno.

Algunos de los compañeros apóstoles de Pablo no aprobaban una doctrina que en apariencia exoneraba a los cristianos de hacer el bien. San Jaime, que aspiraba al liderazgo de la primera Iglesia y a quien sus coetáneos o casi coetáneos aclamaban como «el Justo» y «el hermano» de Jesucristo, proporcionó lo que la prensa moderna denominaría una aclaración. Él (u otra persona haciendo uso de su nombre) insistió en que amar al prójimo como a uno mismo era una norma ineludible y que «la fe sin actos no sirve de nada». Una gran controversia separaba a quienes veían la gracia como una empresa colaborativa en la que el individuo tenía un papel activo de quienes se negaban a reducir la omnipotencia de Dios concediendo cualquier iniciativa a los pecadores. En la época de la Reforma, este último grupo abandonó la Iglesia y utilizó los argumentos de san Pablo para respaldar sus puntos de vista. Pese a todo, continuó habiendo problemas. Jesucristo había venido a redimir a los pecadores en un momento concreto de la historia, pero ¿por qué justo entonces? ¿Qué pasaba con los pecadores que se habían escapado por haber vivido y muerto antes? Y, lo que era aún más desconcertante, si Dios era omnisciente, debía de saber lo que íbamos a hacer antes de que lo hiciéramos. ¿Qué pasaba entonces con el libre albedrío, que se suponía uno de los preciosos regalos que Él nos había hecho? Y si, como había dicho san Pablo, sabía desde antes de que empezara el tiempo quién había de ir al cielo, ¿qué pasaba con el resto de la gente? ¿Cómo podía ser Dios justo y honesto si los condenados no tenían ninguna posibilidad real de salvarse? «¿Cómo puede culpar a nadie si nadie puede oponerse a Su voluntad?», imaginaba san Pablo que preguntaban sus correspondientes. El propio santo respondía con una lógica espeluznante: puesto que todo el mundo es inmoral, la justicia exige que se nos condene a todos. Dios da muestras de una contención encomiable al eximir a los elegidos.

A los cristianos que valoraban a Dios por su misericordia, no por su justicia, esta solución, aprobada por san Agustín les pareció intimidatoria y nada afectuosa. De los esfuerzos de san Agustín por solventar el problema del tiempo surgió una respuesta mejor. A finales del siglo IV escribió un extraordinario diálogo con su propia mente, durante el cual confesaba que creía saber qué era el tiempo «hasta que alguien me lo pregunte». Siempre se mostró incierto sobre el tema, pero tras mucha reflexión concluyó «que el tiempo no es más que una extensión; pero ¿de qué? No lo sé, y maravilla será si no es de la misma mente».[20] De hecho, dijo que el tiempo no formaba parte del mundo real, sino que era lo que debíamos llamar una construcción mental: una manera que hemos concebido de organizar la experiencia. Para entenderlo, pensemos en un viaje: cuando viajamos por tierra, tenemos la sensación de que Washington DC, o Moscú, preceden, pongamos, a Kansas City o a Berlín, que a su vez preceden a Austin y Los Ángeles, o a Ámsterdam y París. Sin embargo, desde una altura divina, desde la que se ve el mundo tal como es, todos esos destinos se ven a la vez. En *Amadeus*, su obra sobre la vida de Mozart, Peter Shaffer imaginó a Dios escuchando música de un modo similar: «Millones de sonidos ascendiendo a la vez y mezclándose en Su oído para convertirse en música infinita, inimaginable para nosotros». Para Dios, el tiempo es como eso: los acontecimientos no están dispuestos en orden. Un par de generaciones después de san Agustín, el filósofo Boecio, anticuado senador y burócrata romano que estaba al servicio de un rey bárbaro, utilizó el punto de vista del santo para proponer una solución al problema de la predestinación, mientras él se encontraba en prisión a la espera de que su patrono le hiciera ejecutar por sospecha de conspiración para restaurar el Imperio romano. Según Boecio, Dios puede vernos, en lo que consideramos hoy, mientras elegimos libremente sobre lo que consideramos mañana.

Otros esfuerzos por solucionar este problema se han concentrado en separar la presciencia de la predestinación. Dios sabe de antemano lo que el libre albedrío nos inducirá a hacer. En *El paraíso perdido*, la obra que John Milton escribió a mediados del siglo XVII para intentar «justificar los caminos de Dios para con los hombres», el poeta pone en boca de Dios una explicación divina de que la caída de Adán y Eva era predecible, pero no estaba predestinada. Dice Dios: «Si lo he previsto, la presciencia no ha influido para nada en su falta». La fórmula de Milton parece comprensible aunque, de todos modos, no es necesaria para ver la libertad humana como una violación de la omnipotencia de Dios: el libre albedrío podría ser una concesión que Él decide hacer pero que tiene el poder de revocar, como un jefe de policía que expide una «amnistía de armas» o un general que autoriza un alto el fuego.

Gracias a estos ejercicios de equilibrio mental, el pensamiento cristiano siempre ha conseguido mantener el libre albedrío y la predestinación en equilibrio con, por un lado, una visión idealista de la naturaleza humana no contaminada por el pecado original y, por el otro, la resignación cargada de fatalidad ante la ineludible condena. Aun así, los extremistas de uno u otro lado siempre abandonan la comunicación con sus colegas cristianos: los calvinistas se separaron de los católicos en el siglo XVI, y, en el XVII, los arminianos de los calvinistas por el tema del libre albedrío. Una controversia indecible por el mismo problema ha desgarrado también el islam. Además de hacerse eco de los polemistas cristianos que crearon maneras de hacer encajar el libre albedrío en un mundo regulado por un Dios omnisciente y omnipotente, los chiítas desarrollaron la idea vehementemente disputada de Bada': la afirmación de que Dios puede cambiar su juicio en favor de un pecador arrepentido.[21]

Mientras tanto, el cristianismo se enfrentaba a un desafío mucho más moralista de los pensadores intolerantes con las imperfecciones del mundo. En general, en la lucha entre el bien y el mal, la creación parece estar del lado del Diablo. Cuando Platón observaba el mundo, veía la sombra imperfecta de la perfección. Algunos de sus lectores extendían ese pensamiento más allá de su conclusión lógica e inferían que el mundo es malo. Zoroastro, Lao-Tse y muchos pensadores menores del primer milenio a.e.c. creían poder detectar el bien y el mal vacilando por el cosmos en un incómodo equilibrio universal —en cuyo caso el mundo sórdido y afligido seguramente estaría en la balanza del mal—. El Príncipe de las Tinieblas, en una tradición que compartían judíos, cristianos y musulmanes, hizo del mundo su reino al invadir el Edén y embaucar a los seres humanos. Tiene sentido ver el mundo, la carne y al Diablo como un trío inmoralmente íntimo o una tríada desagradablemente discordante.[22]

A finales del primer milenio, quienes pensaban así denominaban su creencia *gnosis*, literalmente «conocimiento». Los cristianos intentaron sin éxito darle un giro hacia la Iglesia o hacer un hueco en esta para que cupiera. Pero era incompatible con la doctrina de la encarnación: el Diablo podía encarnarse pero Dios no. Una salida sucia y sangrienta de un útero a un extremo de la vida y una crucifixión burda y rudimentaria al otro extremo eran humillaciones nada divinas. El simple hecho de estar en el mundo era menoscabar a un Dios puro y espiritual. En palabras que san Ireneo atribuyó al líder gnóstico Basílides, «si algo reconoce el Cristo crucificado es que es un esclavo y está sujeto a los demonios que crearon nuestros cuerpos».[23] Los gnósticos pusieron en práctica una agilidad mental impresionante para esquivar o eludir las dificultades: el cuerpo de Cristo era una ilusión; solo parecía estar crucificado; en realidad no había sufrido en la cruz sino que le había sustituido un chivo expiatorio o un simulacro. Para los gnósticos extremistas, Dios no podía haber creado nada tan malvado como el mundo: debía de haberlo creado un «demiurgo» o un dios rival. Pero si Dios no era un creador universal, no era él. Si no abarcaba la totalidad de la naturaleza humana, cargas del cuerpo y esfuerzos y sufrimientos de la carne incluidos, el cristianismo no tenía sentido.

Con todo, aunque la Iglesia rechazaba el gnosticismo, conservó algo de influencia gnóstica. La tradición católica siempre ha sido quisquillosa respecto al cuerpo. Los cristianos ascéticos odiaban su cuerpo hasta el punto de maltratarlo: lo castigaban con mugre, lo flagelaban con el látigo, le hacían pasar hambre con ayunos y lo irritaban con cilicios, no solo por disciplina sino por auténtica repugnancia hacia la carne. La primera Iglesia, que podría haber incentivado la procreación para estimular sus cifras, alimentó un prejuicio sorprendente en favor del celibato, que continúa siendo requisito imprescindible para dedicarse a la vida religiosa formal. Durante la Edad Media, los herejes perpetuaron la influencia del gnosticismo resucitando el prejuicio y convirtiéndolo en precepto: no reconozcas los ánimos de la carne, no engendres reclutas para el Diablo. El culto del martirio también parece en deuda con la aversión gnóstica por el mundo como carga y el cuerpo celda del alma. En palabras de Gerard Manley Hopkins: «El espíritu creciente del hombre habita su infame casa-esqueleto». El martirio es una salida de la cárcel de la que Satán es guarda.

En reacción a esto, el cristianismo católico convencional enfatizó la percepción del cuerpo como templo, de la naturaleza como algo hermoso, del sexo como selectivamente santificado, del martirio como sacrificio desagradable, del celibato como algo restringido a la vida religiosa. Sin duda esto contribuye a explicar el atractivo increíble de una religión que se fue convirtiendo en la más popular del mundo.

No obstante, en la tradición cristiana persistió una actitud ambigua hacia el sexo. La gente es ambigua sobre el sexo por muchos motivos: es mejor mantenerlo en privado; activa ansiedades sobre la higiene, la salud, el desorden, la moral y el control social. Ahora bien, ¿por qué hay quienes tienen objeciones religiosas? La obsesión por la fertilidad domina muchos cultos y resulta tentador afirmar que la mayoría de religiones recomiendan las relaciones sexuales. Las hay que las celebran, como en las exhortaciones tántricas para supuestamente santificar la cópula, las instrucciones hindúes para maximizar los placeres y variedades del karma, o la tradición taoísta del fang-chung shu, en la que «las artes de la cámara interna» confieren la inmortalidad. El cristianismo se encuentra entre las religiones que aprueban e incluso recomiendan el amor físico con consentimiento como, por ejemplo, metáfora del amor mutuo de Dios y la creación o Jesucristo y la Iglesia. Casi todas las religiones prescriben convenciones para regular la conducta sexual de formas supuestamente favorables para la comunidad: esto explica por qué tantas religiones condenan unas prácticas sexuales concretas; por ejemplo, la masturbación y la homosexualidad despiertan oposición porque son estériles; el incesto es antisocial; la promiscuidad y la infidelidad sexual son inaceptables porque trastocan instituciones como el matrimonio, diseñadas para criar a los jóvenes. En cambio, el celibato y la virginidad se valoran como cualidades positivas, como sacrificios hechos a Dios, no como repugnancia al sexo. San Agustín introdujo, o al menos formuló con claridad, una nueva objeción al sexo como tal aduciendo que no podemos controlar nuestras necesidades sexuales, que por lo tanto transgreden el libre albedrío que nos fue concedido por Dios. Así pues, la culpa debe de ser del Diablo. Una forma moderna de decirlo sería que, puesto que el sexo es instintivo y por lo tanto animal, cuando nos resistimos a sus tentaciones aumentamos nuestra humanidad. En su juventud, antes de convertirse al cristianismo católico, san Agustín había sido maniqueo, seguidor de las enseñanzas según las cuales todo lo material es malo. Los maniqueos despreciaban la reproducción por considerarla un medio de perpetuar el poder diabólico, y en consecuencia su valoración del sexo era negativa. En uno de sus remordimientos se lee: «De los deseos sórdidos de mi carne borboteaban las nubes y la lefa de la pubertad [...] y era incapaz de distinguir entre la serenidad del amor y el pantano de la lujuria».[24] Tal vez por eso la moral occidental se haya preocupado tanto por el sexo desde entonces. Quizás la Iglesia hubiera adoptado en cualquier caso una actitud muy intervencionista hacia la vida sexual de la gente: después de todo, se trata de un tema de gran importancia para la mayoría de personas, así que quienquiera que sea capaz de controlarlo poseerá un gran poder. En el Occidente moderno, la lucha entre iglesias y Estados por quién debería poseer el derecho a autorizar e inscribir matrimonios podría haberse dado aunque san Agustín no hubiera abordado el problema del sexo.[25]

Como en la mayoría de temas, en cuanto al pensamiento moral el islam, que significa literalmente algo así como «sumisión» o «resignación», produjo fórmulas más simples y prácticas que las del cristianismo. Jesucristo invitó a las personas a responder ante su gracia, pero Mahoma, más directo, les instó a obedecer las leyes de Dios. Era gobernante a la vez que profeta y creó un proyecto de Estado a la vez que de religión. Una consecuencia de ello fue que allí donde Jesucristo había pregonado una clara distinción entre lo laico y lo espiritual, los musulmanes no reconocieron diferencia alguna. El islam era tanto un culto como un modo de vida y la responsabilidad del califa —que significa literalmente el «sucesor» de Mahoma— cubría ambas cosas. Mientras que Moisés legislaba para un pueblo elegido y Jesucristo para un reino de otro mundo, Mahoma apuntó hacia un código universal de comportamiento que cubría todos los aspectos de la vida: la *sharia* —literalmente, «el camino por el que el camello llega al agua»—. «Os dimos una sharia para la religión. Seguidla y no os dejéis llevar por las pasiones de quienes no saben», dijo. Sin embargo, el código que dejó no estaba completo. Las escuelas de jurisprudencia, fundadas por maestros de los siglos VIII y IX, se propusieron llenar los huecos, empezando por las expresiones que se decía que Mahoma había pronunciado durante su vida, y generalizando a partir de ellas, en algunos casos con ayuda de la razón, el sentido común o la costumbre. Los maestros diferían pero sus respectivos seguidores trataban sus interpretaciones como si las hubiera guiado la divinidad y por lo tanto fueran inmutables. Los aprendices de cada tradición guardaron tan celosamente como cualquier genealogista el registro de la sucesión de maestros a través de los cuales estaban protegidas —hasta por ejemplo Abu Hanifa, que intentó incorporar la razón; o bin Malik, que integró el derecho consuetudinario; o Ibn Hanbal, que intentó purgar ambas influencias y llegar a la raíz de lo que quería Mahoma.

Los problemas prácticos eran igual de grandes que en el cristianismo, solo que diferentes. Hubo que reconciliar enfoques opuestos, con lo que surgieron oportunidades de desarrollo que condujeron a cientos de cismas y subdivisiones. Una generación después de la muerte de Mahoma se abrió una grieta entre los devotos del islam a causa de los métodos incompatibles de elección del califa, brecha que nunca ha cerrado. Los cismas se ampliaron y multiplicaron. Al final, en la mayor parte del islam los gobernantes o los Estados se apropiaron de la autoridad califal o cuasi-califal. Siempre que no observaban la sharia y realizaban prácticas egoístas o, en épocas más recientes, «modernizaban» u «occidentalizaban tendencias», los revolucionarios —cada vez con más frecuencia—, podían impugnar a los gobernantes «apóstatas» ondeando el manto del profeta como bandera y su libro como arma.[26] Como cualquier sistema, la sharia ha de adaptarse a los cambios del contexto social y del consenso —en especial en un mundo cada vez más interconectado, donde el conocimiento común de los derechos humanos debe mucho a la influencia cristiana y humanista—. Pero incluso los musulmanes que ven la necesidad de reinterpretar la sharia no se ponen de acuerdo en quién debería hacerlo. Los teócratas ganan poder en los Estados que dan prioridad al islam a la hora de crear leyes y hacerlas cumplir; los movimientos islamistas o los fanáticos terroristas amenazan a los modernizadores.

Reflexiones estéticas de pensadores cristianos y musulmanes

Los cristianos y los musulmanes heredaron la repugnancia por las «imágenes grabadas» junto con el resto de la ley judía, pero reaccionaron a ellas de modo diferente. Los códigos que la Biblia databa de la época de Moisés proscribían las imágenes religiosas con el argumento de que Dios era demasiado sagrado o lejano a lo conocible para nombrarlo siquiera, y mucho menos para representarlo. Además, para algunas personas idolatrar era incompatible con la unidad de Dios: aunque solo se le representara a él, alabar varias imágenes suyas compromete su estatus único. Este debe de ser uno de los motivos por el que los judíos, excepcionales en tantos logros adquiridos y estéticos, cuentan con peor representación en las artes visuales que en la música o los epistolarios.

A juzgar por los dichos que se le atribuyeron tras su muerte, parte de lo que Mahoma tomó de los maestros judíos fue la percepción de que las estatuas eran abominables. Al parecer amenazaba a los imagineros con ajustes de cuentas el día del juicio final. Sin embargo, el primer islam no se oponía a todo el arte figurativo. Hay un pabellón de caza de uno de los primeros califas adornado con pinturas realistas en las que aún pueden verse escenas algo lascivas de mujeres desnudas entreteniendo a Walid I durante su baño.[27] En el siglo x, Abu 'Ali al-Farisi se volvió hacia el deslustrado Corán para interpretar con exactitud las supuestas restricciones de Mahoma; por ejemplo, prohibir las imágenes de deidades para impedir la idolatría en lugar de prohibir todas las representaciones del mundo natural y sus criaturas. En algunas obras de arte musulmán, especialmente en las pinturas iraníes del siglo XIV que se conservan, Mahoma aparece representado en persona en escenas de su vida, incluido su nacimiento, inconfundiblemente inspiradas en la iconografía cristiana de la natividad de Jesucristo. En un manuscrito de la Historia Universal de Rashid-al-Din, hecho en Tabriz en 1307, los ángeles cantan suavemente sobre el pequeño Mahoma mientras los magos hacen reverencias y san José mira discretamente desde lo alto.[28] Sin embargo, la mayoría de musulmanes reconocían que el realismo era sacrilegio y en consecuencia los artistas musulmanes tendieron a representar sujetos abstractos.

Los cristianos podrían haber seguido el mismo camino; de hecho, a veces, en algunos lugares, lo hicieron. En el año 726, en Bizancio, el emperador León III, que aún afirmaba su autoridad nominal sobre toda la cristiandad, prohibió las imágenes de Jesucristo y de la Virgen y mandó destruir los ejemplos existentes —quizás como respuesta poco creativa a las prohibiciones bíblicas o quizás como modo de proteger a los fieles de la herejía que suponía para él que la persona de Cristo pudiera ser representada de forma independiente de su naturaleza divina—. En Occidente, en el siglo XII, las órdenes monásticas rivales discutían sobre si invertir el dinero de la Iglesia en obras de arte era darle un buen uso. En los siglos XVI y XVII hubo protestantes que destruían o llenaban de pintadas todas las imágenes que se encontraban, mientras que otros simplemente proscribían las prácticas que relacionaban con «esa afrenta tan detestable que es la idolatría», como besar imágenes u ofrecerles velas o exvotos. Sin embargo, a la mayoría de cristianos les parecía bien el sentido común: las imágenes son útiles siempre y cuando no se conviertan en ídolos. Constituyen una ayuda a la devoción de un modo parecido a como lo hacen las reliquias. Incluso pueden llegar a serlo: la reliquia más preciada de la catedral medieval de Constantinopla era un retrato de la Virgen «no creado por manos humanas» sino pintado por un ángel para san Lucas mientras este descansaba.[29] Las congregaciones menos instruidas de las iglesias occidentales podían remediar su analfabetismo mirando los cuadros que colgaban de las paredes; los «libros de los iletrados», que hacían recordables los actos de los habitantes del cielo. Dado que «el honor que se rinde a la imagen pasa al original», los devotos podían canalizar, sin idolatría, su adoración y reverencia a través de cuadros y esculturas.[30] El argumento anticipado por Plotino, el filósofo del siglo III que al parecer admiraba a Platón más que a Jesucristo, era incontestable: «A quienes consideran el arte… les estimula profundamente identificar la verdad, la experiencia misma de la que surge el Amor».[31]

Esa forma de pensar convirtió a la Iglesia en el mayor mecenas de la cristiandad, casi la única fuente durante la mayor parte del tiempo. En cierto modo, los artistas medievales participaban de la naturaleza de sacerdotes y santos, ya que acercaban a la gente una idea de cómo era el cielo y de cómo sus habitantes mejoraban la Tierra. No se conserva ninguna obra de santa Relinda de Maaseik, pero los bordados que hizo en el siglo VIII estaban lo bastante inspirados para la santidad.

La lápida de Petrus Petri, maestro arquitecto de la catedral de Toledo, asegura a los espectadores que «gracias al edificio admirable que ha construido, no sentirá la ira de Dios». Santa Catalina de Bolonia y el beato Santiago Greisinger eran objeto de la devoción popular mucho antes de su elevación formal. Cuando los artistas franciscanos empezaron a pintar paisajes en el siglo XIII, les inspiraba la devoción, no el romanticismo. Glorificar a Dios representando la creación era un propósito casi inconcebible para un musulmán o un judío.

La expansión de las fronteras intelectuales de la fe

Provistos de una ética práctica, un Dios creíble y formas coherentes de representarle, los cristianos y los musulmanes aún tuvieron que enfrentarse a dificultades intelectuales de importancia: hacer encajar sus religiones en sistemas potencialmente rivales, como la ciencia y la fe personal en la experiencia religiosa de los individuos; adaptarlas a contextos políticos diversos y cambiantes y desarrollar estrategias de evangelización en un mundo violento en el que los corazones y las mentes son más susceptibles a la coacción que a la convicción. Veamos cómo abordaron cada uno de estos temas.

Parece que la síntesis de las ideas clásicas y judías que hicieron los pensadores cristianos llegó a un punto de inflexión después del año 325, cuando la Iglesia proclamó la doctrina del *homoousion* o consustancialidad —la igualdad esencial— de Padre e Hijo. La respetabilidad social e intelectual del cristianismo se hizo incuestionable, salvo para los intransigentes paganos. La élite produjo aún más conversos. El emperador Juliano, el Apóstata, que se esforzó por revertir esa tendencia, murió en el año 363, según se dice habiendo concedido la victoria a Jesucristo. En el año 380, cuando se adoptó definitivamente el cristianismo como única religión de los emperadores, el paganismo ya parecía provinciano y anticuado. Con todo, en medio del creciente caos del siglo V, el mundo en el que Jesucristo y los clásicos se encontraban parecía amenazado. Los fanáticos religiosos amenazaban la supervivencia de los conocimientos laicos antiguos, como también lo hacían las incursiones bárbaras, la retirada de la vida pública de las élites tradicionales y el empobrecimiento y abandono de las antiguas instituciones educativas paganas. En el siglo III a.e.c., en China, los compiladores habían instruido a sus invasores. El mundo romano necesitaba compendios del saber de la antigüedad para mantener los conocimientos vivos estando bajo asedio.

Boecio, a quien hemos conocido como intercesor de los puntos de vista de san Agustín acerca del tiempo y la predestinación, y que nunca aludió siquiera a las diferencias entre pensamiento pagano y cristiano, realizó una contribución fundamental: su guía para la lógica de Aristóteles —casi podría decirse que una guía para ineptos—. Durante la Edad Media se mantuvo como fuente principal para los pensadores cristianos, que poco a poco fueron engalanándola y sin duda complicándola. Unos cien años después de Boecio, san Isidoro de Sevilla recopiló los principios científicos de las fuentes antiguas que estaban en peligro de extinción. Su trabajo, con mejoras sucesivas, alimentó el de los enciclopedistas cristianos de los mil años siguientes. En las zonas del Imperio romano conquistadas por los musulmanes en los cien años posteriores, la cultura clásica parecía condenada a la erradicación por parte de los fanáticos oriundos del desierto. Sin embargo, los líderes musulmanes se percataron enseguida de la utilidad de las élites existentes y de los conocimientos que utilizaban de los pasados griego y romano. Así pues, en el islam los eruditos recopilaron y ordenaron textos y se los pasaron a sus colegas cristianos. Parte del efecto que esto tuvo fue el «Renacimiento» de Occidente de los siglos XII y XIII, cuando los intercambios entre la cristiandad y el islam eran prolíficos. Mientras tanto, los contactos renovados mediante el comercio y los viajes a través de la estepa, las Rutas de la Seda y los corredores monzónicos de Eurasia enriquecían el pensamiento como en el primer milenio a.e.c.

En consecuencia, algunos pensadores cristianos y musulmanes de la época estaban tan familiarizados con la razón y la ciencia de la antigüedad que de forma natural consideraban que el conocimiento laico y el religioso no solo eran compatibles sino que también eran simbióticos y se inducían mutuamente a la reflexión. A continuación veremos dos ejemplos que ilustran lo que se posibilitó en Occidente. De acuerdo con las opiniones de nuestra propia época, en la actualidad Pedro Abelardo es famoso por haber tenido un romance con su alumna Eloísa, durante el cual intercambiaron algunas de las cartas más conmovedoras que se conservan de la Edad Media. En el amor era inferior que su amante, cuyas cartas —de desesperación dolorosa, reproches suaves y sentimientos cándidos— documentan reflexiones conmovedoras de cómo los sentimientos afectivos triunfan sobre la moral convencional. En cambio, en la lógica Abelardo era insuperable. Después de que el tío de ella, encolerizado, le castrara, Abelardo se confinó a la esfera propia de un profesor, mientras que Eloísa se convirtió en un ornamento de la vida religiosa. Abelardo expuso las tensiones entre razón y religión en una serie de paradojas sorprendentes: el propósito evidente de su largo prefacio autoexculpatorio es que, con auténtica humildad y precaución, los estudiantes pueden identificar los errores de las tradiciones aparentemente venerables. San Anselmo, contemporáneo de Abelardo aunque algo mayor, también documentó pensamientos sobre Dios, utilizando la razón como única guía sin tener que deferir a las Sagradas Escrituras, a la tradición o a la autoridad de la Iglesia. A menudo se le reconoce que «probara» la existencia de Dios, aunque ese no fuera su propósito. Más bien contribuyó a demostrar que creer en Dios es razonable. Defendió la afirmación del catolicismo de que el poder de la razón divinamente conferido hace que Dios sea descubrible. Empezó por la suposición de Aristóteles de que las ideas deben originarse en percepciones de las realidades, suposición que otros pensadores cuestionaban pero que por lo menos resulta estimulante: si tenemos una idea que no está basada en la experiencia, ¿de dónde procede? El argumento de san Anselmo, expuesto con toda la simpleza de que soy capaz —quizás demasiada—, era que si se puede imaginar la perfección absoluta, entonces ha de existir, ya que si no existiera se podría imaginar un grado de perfección que la superaría, cosa que es imposible. San Anselmo dedicó buena parte del resto de su obra a continuar mostrando que Dios, si es que existe, es inteligible como las enseñanzas cristianas lo representan: un humano que ama y sufre. Da que pensar: si la naturaleza de Dios no es la de un humano que sufre, ¿por qué la condición humana es tan atormentada y el mundo tan malvado?

Hubo pensadores cristianos tan brillantes en hacer que el cristianismo fuera racional como científico. En la Europa occidental, el siglo y medio posterior al período de san Anselmo y Abelardo fue una época vibrante de innovaciones científicas y tecnológicas. Hacia el final de ese período, santo Tomás de Aquino, ateniéndose a la razón como guía hacia Dios, resumió los conocimientos de la época con un alcance y una claridad extraordinarios.[32] De entre sus demostraciones de que la existencia de Dios era una hipótesis razonable, ninguna resonó en la literatura posterior más que su afirmación de que la creación es la mejor explicación para la existencia del mundo natural. Los críticos han simplificado su doctrina hasta la absurdidad, suponiendo que pensaba que todo lo que existe ha de tener una causa. Pero en realidad dijo lo contrario: que no existiría nada en absoluto si todo lo real hubiera de depender de algo, como nuestra existencia, por ejemplo, depende de la de los padres que nos engendraron y parieron. Debe de haber una realidad no creada, que podría ser el propio universo, pero que también podría ser anterior a la naturaleza y no depender de ella. Podemos llamarla Dios.

Como san Anselmo, Tomás de Aquino estaba más preocupado por comprender cómo debía de ser Dios una vez reconocida la posibilidad de su existencia. En particular, se enfrentó al problema de hasta dónde podían adentrarse las leyes de la lógica y la ciencia en el reino de un creador. Amarró la omnipotencia de Dios con correas de lógica al decidir que había cosas que Dios no podía hacer porque eran incompatibles con la voluntad divina. Por ejemplo, Dios no podía hacer que lo ilógico fuera lógico, o que las incoherencias fueran coherentes. No podía ordenar el mal. No podía cambiar las reglas de la aritmética para hacer que dos veces tres diera algo diferente a seis. No podía extinguirse. O, al menos, aunque teóricamente sí que pudiera hacer esas cosas, no lo iba a hacer porque quería que usáramos sus dones de razón y ciencia y —si bien nos daba libertad para equivocarnos— nunca iba a engañarnos ni a tergiversar la verdad de su propia creación. Tomás de Aquino insistió en que «lo que se nos enseña divinamente mediante la fe no puede ser opuesto a lo que aprendemos por naturaleza: [...] puesto que ambas las tenemos gracias a Dios, Él sería la causa de nuestro error, y eso es imposible».[33]

Tomás de Aquino formó parte de lo que podría llamarse un movimiento científico —tal vez una revolución o un renacimiento científico— en el Alto Medievo europeo. Seguía los preceptos de uno de los iluminadores de la época, su profesor san Alberto Magno, cuya estatua observa desde el umbral de la puerta de un edificio de ciencias de mi universidad y quien afirmó que Dios trabajaba principalmente con leyes científicas o, en la terminología de la época, con «causas naturales». El empirismo causaba furor, tal vez porque la intensificación del intercambio cultural con el islam había reintroducido los textos de Aristóteles y de otras mentes científicas de la antigüedad, y quizás porque los contactos renovados con China gracias a las condiciones excepcionalmente pacíficas en Asia central habían restablecido las circunstancias de la última gran época del empirismo occidental de mediados del primer milenio a.e.c., cuando, como ya hemos visto (págs. 183-184), las rutas transeurásicas estaban llenas de comerciantes, viajeros y guerreros. A mediados del siglo XIII, la confianza en la experimentación rayaba el absurdo o incluso lo superaba, como muestra la obra de Federico II, rey de Alemania y Sicilia, entusiasta de la ciencia y experimentador incansable. Para su investigación de los efectos del sueño y el ejercicio sobre la digestión, hizo destripar a dos hombres, o eso se decía. Entró en el debate sobre la naturaleza del lenguaje «original» o «natural» de los humanos e hizo que se criara a niños en silencio «para resolver la cuestión [...]. Pero trabajó en vano», dijo un narrador contemporáneo que tal vez escribía más por ganas de éxito que por iluminación, «ya que todos los niños murieron».[34]

Los maestros parisinos del tercer cuarto del siglo XIII desarrollaron una especie de teología de la ciencia según la cual la naturaleza era obra de Dios; así pues, la ciencia era una obligación sagrada que revelaba la maravilla de la creación y, por lo tanto, descubría a Dios. De ahí surgía la cuestión ineludible de si la ciencia y la razón, cuando estaban de acuerdo, superaban las escrituras, la tradición o la autoridad de la iglesia como medio de revelar la mente de Dios. Siger de Brabante y Boecio de Dacia, colegas de la Universidad de París que colaboraron en las décadas de 1260 y 1270, señalaron que las doctrinas de la Iglesia sobre la creación y la naturaleza del alma estaban en conflicto con la filosofía clásica y la evidencia empírica. «Todo tema discutible debe determinarse con argumentos racionales», argumentaron. La propuesta resultaba a la vez persuasiva e inquietante. Algunos pensadores —al menos según los críticos que les maldijeron o se burlaron de ellos— se refugiaron en una idea evasiva: «la verdad doble», según la cual las cosas que sin verdad en la fe podrían ser falsas en la filosofía y viceversa. En 1277, el obispo de París, aprovechando la oportunidad de interferir en los negocios de la universidad, condenó esta doctrina (junto con una miscelánea de magia, superstición y citas de autores musulmanes y paganos).[35]

Mientras tanto, otro profesor de la Universidad de París, Roger Bacon, servía a la causa de la ciencia al condenar la deferencia excesiva ante la autoridad —entendida como sabiduría ancestral, costumbre y consenso— como causa de ignorancia. En cambio, la experiencia era una fuente fiable de conocimiento. Bacon era un fraile franciscano cuyo entusiasmo por la ciencia quizá tuviera relación con la recuperación de la naturaleza que había hecho san Francisco: valía la pena observar el mundo, ya que hacía que se manifestara «el señor de todas las criaturas». Bacon insistía en que la ciencia podía contribuir a validar las escrituras o a mejorar nuestra comprensión de los textos sagrados. Según él, los experimentos médicos podían aumentar el conocimiento y salvar vidas. Incluso afirmó que la ciencia podía intimidar a los infieles y convertirlos, y citó ejemplos de las lentes con las que Arquímedes había prendido fuego a una flota romana durante el sitio a Siracusa.

Los frailes pueden parecer extraños mensajeros de un amanecer científico. Pero difícilmente podría encontrarse mejor ejemplo que el propio san Francisco, bien entendido. Los estudiantes y devotos superficiales solo ven en él a un hombre de fe tan intenso y completo como para hacer que la razón parezca irrelevante y las pruebas, inútiles. Su racionalidad era exagerada. Convirtió su renuncia a las posesiones en una representación apareciendo desnudo en la plaza de su ciudad natal. Dio sermones a los cuervos para dejar claro su descontento con el público humano. Renunció a una gran riqueza para convertirse en un mendigo. Fingió un papel antiintelectual para criticar el aprendizaje como tipo de riqueza y fuente de orgullo. Interpretaba el papel del santo loco. Proclamó una fe tan de otro mundo que el conocimiento de nuestro mundo no resultaba de ayuda. Por otra parte, a san Francisco la naturaleza le importaba de veras. Abrió sus ojos, y los nuestros, a la devoción por la creación de Dios, incluso por los aspectos turbios en apariencia vulgares y a veces sórdidos que había en el mundo y en las criaturas que lo habitaban. Su contribución a la historia de las sensibilidades nos alertó de la maravilla de todas las cosas bellas y radiantes: el encanto de un paisaje, el potencial de los animales, la fraternidad del sol y la sonoridad de la luna. Su imagen meticulosa y realista de la naturaleza formó parte de la tendencia científica de su época. La observación y el conocimiento le importaban tanto como a los científicos. Las prioridades de san Francisco pueden verse en el arte que inspiró: el realismo de las pinturas franciscanas hechas o encargadas para sus iglesias, el nuevo sentido de paisaje que llena los fondos antes cubiertos de dorado, las escenas de la historia sagrada trasladadas a la naturaleza.

El espíritu de experimentación del Alto Medievo, la nueva desconfianza hacia una autoridad que aún no había sido puesta a prueba, se consideró durante mucho tiempo la base del gran salto hacia la ciencia que a largo plazo ayudó a proveer a la civilización occidental de conocimientos y tecnología superiores a los de sus rivales.[36] De hecho, parece ser que hubo otras influencias más importantes: los viajes de descubrimientos del siglo XV en adelante abrieron los ojos de Europa a las intrigantes visiones del mundo y colmaron de las materias primas de la ciencia —muestras y especímenes, imágenes y mapas— los maravillosos compartimentos del conocimiento que recopilaron los gobernantes europeos de los siglos XVI y XVII. La búsqueda mágica del poder sobre la naturaleza alcanzó a la ciencia: el deseo de aprender de los magos del Renacimiento, simbolizados por el Dr. Fausto, el personaje ficticio que vendió su alma al Diablo a cambio de conocimiento, se fundía con todas y cada una de las indagaciones. En sucesivos renacimientos, las élites europeas volvieron a conectar con el empirismo antiguo. Una «revolución militar» desplazó a la aristocracia de los campos de batalla, de modo que los estudiantes se vieron liberados de tener que ejercer las armas y las fortunas nobles pudieron practicar la ciencia.

No obstante, las ideas de Roger Bacon y otros pensadores científicos del siglo XIII fueron importantes por la reacción que provocaron. «¿Cómo puede lo sobrenatural atenerse a las leyes de la naturaleza?», preguntaron los críticos. Si la obra de Dios ha de ser inteligible para la ciencia, ¿qué pasa con los milagros? En parte, este retroceso adoptó la forma de rechazo de la razón y la ciencia. Para algunas sensibilidades, un Dios reducible a la lógica, accesible a la razón, al margen de la revelación, es un Dios en el que no merece la pena creer: desapasionado y abstracto, desprovisto de carne y hueso, el dolor y la paciencia que encarnaba Jesucristo. La razón confina a Dios. Si ha de ser lógico, su omnipotencia queda limitada.

Muchos de los filósofos a la sombra de Tomás de Aquino odiaban lo que denominaban «necesitarianismo griego», la idea de un Dios regido por la lógica. Tenían la sensación de que al reconciliar el cristianismo con la filosofía clásica, Aquino lo había contaminado. El profesor Guillermo de Ockham, que murió en 1347, lideró un potente movimiento de ese tipo. Criticó a los lógicos y a los apóstoles de la razón por hacer que el comportamiento de Dios entrara a la fuerza en los canales que permitía la lógica. Acuñó paradojas aterradoras. Dijo que Dios podía ordenarnos que cometiéramos un asesinato si así lo deseaba, tal era su omnipotencia, y «Dios puede recompensar el bien con el mal»: por supuesto, Ockham no lo decía en sentido literal, pero verbalizó el pensamiento para mostrar las limitaciones de la lógica. Durante un tiempo, las enseñanzas de Aristóteles quedaron en suspenso, a la espera de la «purgación» de sus errores.[37] Al sospechar de la razón se trastoca una de nuestras principales formas de establecer acuerdos con los demás. Se mina la creencia —que en la tradición católica era y sigue siendo fuerte— de que la religión ha de ser razonable. Se fortalece el dogma y dificulta la discusión con gente testaruda. Se alimenta el fundamentalismo, que es básica y explícitamente irracional. Muchos protestantes de la Reforma rechazaron la razón y la autoridad al regresar a las Sagradas Escrituras como única forma de fe. La posición extrema la alcanzó una secta del siglo XVIII conocida como los muggletonians, que pensaban que la razón era un subterfugio diabólico para confundir a los seres humanos: la manzana de la serpiente a la que Dios nos había advertido que nos resistiéramos.

Mientras tanto, la Iglesia, que anteriormente había sido mecenas de la ciencia, empezó a sospechar de ella, actitud que duraría bastante tiempo. Salvo las facultades de medicina, las universidades del medievo tardío abandonaron el interés por la ciencia. Aunque algunas órdenes religiosas —en especial los jesuitas en los siglos XVII y XVIII— continuaron patrocinando trabajos científicos importantes, se tendía a rechazar las innovaciones al principio para finalmente aceptarlas con reticencias. El padre Ted Hesburgh, legendario presidente de mi universidad que se formó como astronauta para ser el primero en celebrar una misa en el espacio y que representó a la Santa Sede en la Comisión Internacional de Energía Atómica, solía decir que si la ciencia y la religión estaban en conflicto debía de ser que había algún problema con la ciencia, o con la religión, o con ambas. La idea de que la ciencia y la religión son enemigas es falsa: conciernen a esferas de la experiencia humana distintas, aunque superpuestas. No obstante, ha quedado demostrado que esa presunción es extremadamente difícil de superar.

La frontera del misticismo

Aparte de rechazar la razón y la ciencia, otros pensadores de la Edad Media buscaron caminos a su alrededor, mejores aproximaciones a la verdad. Su gran recurso era lo que nosotros llamamos misticismo o, más amablemente, la creencia de que induciendo estados mentales anormales —el éxtasis, un trance o el fervor visionario— se puede conseguir una sensación de unión con Dios, una identificación personal con su naturaleza amorosa. Se puede comprender a Dios directamente a través de una especie de línea directa. A quienes no las hemos tenido, nos cuesta expresar, entender y apreciar las experiencias místicas. No obstante, puede que ayude enfocar los problemas a través de las experiencias de un colega no místico, san Agustín, que, aunque amigo de la lógica, dominador de los conocimientos clásicos y pensador más sutil y ágil que casi cualquier otro de la historia del pensamiento, contribuyó profundamente a la historia del misticismo cristiano. Hasta donde se sabe, no tuvo ninguna experiencia mística. En una ocasión sí que tuvo una visión, según relató, que quizás sería mejor describir como un sueño: estaba dándole vueltas a la doctrina de la Santísima Trinidad cuando encontró a un niño que cavaba en la arena. Cuando san Agustín le preguntó cuál era el propósito del agujero, el niño respondió que quería vaciar el mar por él. San Agustín le indicó que las leyes de la física lo hacían imposible. «Pues esa es la probabilidad que tienes de entender la Santísima Trinidad», respondió el niño.[38] Esta historia encantadora difícilmente acredita a su autor como visionario. Fue la trayectoria global de su vida lo que conformó el pensamiento de san Agustín, no ningún acontecimiento repentino. En sus *Confesiones* hizo una descripción de su viaje, empezando por los sentimientos infantiles de culpa por el egoísmo y los dilemas de adolescencia al inicio de la sensualidad y pasando por la dependencia respecto de Dios.

Con todo, tal vez su mayor contribución a la historia de las ideas fue lo que los eruditos denominan su doctrina de la iluminación: la afirmación de que hay verdades conocidas por comprensión directa de Dios. San Agustín dijo que los axiomas matemáticos, por ejemplo, la idea de belleza y quizás la existencia del propio Dios eran ideas de ese tipo, junto con todos los hechos inaccesibles a la razón, la percepción sensorial, la revelación o el recuerdo. Se dio cuenta de que debía de haber otra fuente que validara ese conocimiento, «en esa casa interna de mis pensamientos, sin ayuda de la boca o la lengua, sin sonido alguno de sílabas», como dijo él mismo.[39] Su lenguaje nos da idea de su pensamiento: adquirió una conciencia creciente de sí mismo gracias al hábito, poco común en la época, de leer en silencio. También ayudó su personalidad. Una humildad selectiva que afecta a muchos genios le hizo reticente a discernir los misterios oscuros de la vida sin los destellos de iluminación divinos.[40] Sus ideas a este respecto soportan la comparación con la creencia de los antiguos griegos de que al conocimiento se accede desde uno mismo, no adquiriendo nada del exterior. La palabra griega para «verdad» es *aletheia,* literalmente, «cosas no olvidadas». El conocimiento es innato, lo dijo Platón. La educación nos lo recuerda. Los recuerdos nos hacen conscientes de él. Lo recuperamos de nuestro interior. En cambio, según san Agustín, nos fiamos de impresiones externas. El misticismo se había practicado entre los cristianos desde tiempos de los apóstoles: en dos ocasiones, san Pablo describe lo que parecen experiencias místicas. Sin embargo, antes de que san Agustín se pronunciara sobre el tema, los místicos estaban solos, por así decirlo, se veían obligados a hacer que sus mensajes fueran convincentes sin una teoría general que los respaldara y justificara. San Agustín proporcionó esa justificación. Autorizó a los místicos a representar el éxtasis como revelaciones. Para los cristianos abrió un nuevo medio hacia el conocimiento: el misticismo se unió a la razón, la experiencia, las escrituras y la tradición. Las consecuencias de esto fueron serias: el misticismo occidental pasó a ser una materia de amplia meditación introspectiva. La alternativa, es decir, el misticismo natural o la contemplación del mundo exterior con el fin de despertar una respuesta mística, continuó siendo una persecución marginal. Más serias fueron las provocaciones que el misticismo hizo a la herejía. La mística puede trascender a la razón, superar la ciencia, bordear las Sagradas Escrituras y esquivar a la Iglesia.

La idea de la iluminación de san Agustín tiene afinidades con la tradición budista que conocemos por su nombre japonés: zen. Como ya hemos visto (ver pág. 174), en el primer milenio a.e.c. en China y la India eran habituales las tradiciones sobre la naturaleza ilusoria de las percepciones: el punto de partida del zen. A principios del siglo II e.c., Nagarjuna, a quien la mayoría de estudiantes e iniciados ven como el progenitor intelectual de la tradición que condujo al zen, sistematizó esas tradiciones. «Como un sueño o como el rayo, así deberíamos mirar las cosas, que solo son relativas», sugirió.[41] A lo largo de los dos siglos siguientes, sus seguidores buscaron su consejo de forma incansable, hasta el punto de abrazar una paradoja en apariencia contraproducente que ponía en duda la realidad, o al menos de la individualidad, de la mente que duda: en sentido estricto —como Descartes señaló posteriormente (ver pág. 269)—, a una persona le resulta lógicamente imposible dudar de sus propias dudas. No obstante, el zen, se deleita en la paradoja. Para conseguir la iluminación budista perfecta, se ha de suspender el pensamiento, renunciar al lenguaje y anular cualquier sensación de realidad. Las consecuencias son admirables: si se renuncia a la conciencia, se escapa al subjetivismo; si se abandona el lenguaje, se puede enfrentar lo inefable. Cuando el maestro Bodhidharma llegó a China a principios del siglo VI, anunció que la iluminación era literalmente inexplicable. Hay un texto japonés del siglo XII que define su doctrina con una fórmula que encaja con el modo en que san Agustín escribió sobre la iluminación, como «una transmisión especial, externa a las escrituras, no basada en las palabras ni en las letras, que permite a la persona penetrar en la naturaleza de las cosas apuntando directamente a la mente».[42]

En los cuentos tradicionales de maestros zen posteriores a Bodhidharma se confundía a los alumnos en lo referente a la iluminación, respondiendo a preguntas con réplicas aparentemente irrelevantes, ruidos sin sentido o gestos enigmáticos. A veces ofrecían la misma respuesta a varias preguntas. Una única pregunta podía provocar respuestas mutuamente contradictorias, o ninguna respuesta. En la actualidad, el zen ha ganado popularidad entre los forofos de la incertidumbre, ya que hace que todas las perspectivas parezcan efímeras y ninguna parezca objetivamente correcta.[43] Así pues, resulta más atractivo que la indiferencia de los escépticos de la Grecia y Roma antiguas, que manifestaban su contento con las cosas tal como parecían, sobre la base de que las apariencias hacían las veces de verdades que nadie podía conocer (ver pág. 182). En cambio, el «olvidar el cielo, apartarse del viento» típico del zen representa un abandono radical de la realidad que se percibe —consecuencia de la autoextinción, de la inercia de no ser, más allá del pensamiento y el lenguaje—. El zen es una oferta hecha por simples humanos por la realidad y la objetividad de un terrón de tierra o una roca. Dice Robert Pirsig, autor de *Zen y el arte del mantenimiento de la motocicleta*, que «no se tienen deseos dispersos, sino que simplemente se llevan a cabo los actos de [...] una vida sin deseo».[44]

Si bien el zen no parece un intento de practicidad, tuvo enormes repercusiones prácticas: al animar a sus practicantes a ser disciplinados, sacrificados y a estar dispuestos a abrazar la extinción, contribuyó a los valores marciales del Japón medieval y moderno; el arte zen ayudó a inspirar jardines de meditación y poemas místicos; y, como veremos (pág. 443), a finales del siglo XX el atractivo del zen estuvo entre las influencias del Este y el Sur de Asia que remodelaron el panorama mental de los intelectuales occidentales.

La fe y la política

A la hora de reconciliar razón y ciencia, el trabajo de los pensadores religiosos fue bueno y concienzudo, aunque imperfecto. ¿Qué hay de los problemas derivados de reconciliar una religión «que no es de este mundo» con la vida real? A este respecto, los pensadores de la época contribuyeron con ideas revolucionarias de dos modos: en primer lugar, pensando en el Estado —cómo se hace sagrado el Estado, cómo se legitimiza la autoridad apelando a la investidura divina de los poderes que son, o incluso cómo se santifica la guerra— y, en segundo, pensando en el problema con que se abría este capítulo: cómo se conciben maneras de aplicar la religión para mejorar el comportamiento.

Empecemos por el pensamiento político. Hemos visto que la tradición malinterpretó el humor de Jesucristo (pág. 196). La orden «Dad al César lo que es del César y a Dios lo que es de Dios» no solo se utilizó de forma incorrecta para aumentar los impuestos sino para decir «Respetad la distinción entre el reino laico y el espiritual». Ahora bien, ¿era eso lo que quería decir Jesucristo? No sería de sorprender que se le hubiera malinterpretado profundamente: la ironía es la forma de humor a la que más le cuesta atravesar los abismos del tiempo y la cultura.

La Iglesia siempre ha tenido tendencia a enfatizar la segunda parte de la frase de Jesucristo y a insistir en que «lo que es de Dios» no está sujeto al Estado: así pues, en algunos Estados cristianos, el clero ha gozado de inmunidad ante la ley o del derecho a ser juzgado por sus propios tribunales; con frecuencia, la pertenencia a la Iglesia ha asegurado la exención de impuestos, o como mínimo privilegios fiscales. La larga historia de disputas por esas libertades empezó en Milán a finales del siglo IV, cuando el obispo Ambrosio rechazó someter una iglesia a los expropiadores imperiales. «Respondía que si el emperador me pedía lo que era mío no me negaría, pero que las cosas de Dios no están sujetas al emperador».[45] Se estaba iniciando una lucha de poder. Hacia finales del siglo XIII, el papa Bonifacio VIII, que competía tan fieramente como cualquier otro clérigo, lo resumió así: «Desde la antigüedad ha quedado claro que los laicos han sido hostiles con la Iglesia [...]. Tampoco se dan cuenta de que tienen prohibido el poder sobre el clero».[46]

La opción que tomaron los religiosos que no tenían estómago para disputas fue encerrarse al mundo. A mediados del siglo III, el teólogo e historiador de la Iglesia Orígenes pensaba que las palabras de Jesucristo obligaban a la gente de Dios a retirarse del Estado y obedecerlo pasivamente en todo; otros muchos han continuado pensando lo mismo. A principios del siglo V, san Agustín estableció una distinción entre dos mundos, o ciudades, como él las llamó: la de Dios y el Estado, y esta última concernía poco a los cristianos. Los ascetas se retiraron literalmente y fundaron monasterios en el desierto o en islas remotas: era el comienzo del monacato cristiano. Pero parece ser que Iglesia y Estado siempre han vivido enredados. Debido a su pureza y objetividad, a los hombres santos no se les permitía escapar del mundo, y la gente les llevaba sus problemas. Así pues, los monjes se convirtieron en magistrados; los ermitaños, en administradores; y los papas, en efecto, llegaron a hacer el trabajo de emperadores.[47]

Así pues, Jesucristo, para decepción evidente de algunos de sus seguidores, intentó apartarse de la política; en algunas partes del mundo donde los cristianos son minoría y en la mayor parte del mundo ortodoxo, las iglesias han conseguido mantenerse alejadas de ella. En Europa occidental, cuando el Imperio romano se disolvió, la Iglesia asumió más funciones del Estado que nunca. Los obispos se pusieron al mando de las administraciones que habían abandonado los burócratas. Los hombres santos sustituyeron a los jueces y árbitros profesionales cuando se desmoronó el sistema judicial.[48] Durante buena parte de lo que ahora consideramos el comienzo de la Edad Media, los papas tuvieron la mejor cancillería de Europa y, en consecuencia, la mayor red de inteligencia e influencia. El gobierno necesitaba a la Iglesia: allí era donde se podía reclutar a personal instruido y desinteresado. La Iglesia quería influencia sobre el gobierno: leyes que llevaran a la salvación de las almas, acuerdos que mantuvieran la paz en la cristiandad, cruzadas que desviaran la hostilidad contra los infieles.

Los teóricos respondieron a este entorno práctico con argumentos a favor de una Iglesia comprometida políticamente y, en última instancia, con la idea de que la Iglesia debía gobernar el mundo. El papa Gelasio I, que ostentó el cargo en el siglo V, propuso la doctrina de las dos espadas: cuando Jesucristo le dijo a Pedro que envainara su espada, aún estaba preparada para la acción. La Iglesia tenía el derecho residual de gobernar. En el siglo VIII, los falsificadores de la donación de Constantino fueron un paso más allá y afirmaron que el poder imperial se había rendido al Papa en la época de la conversión del primer emperador romano cristiano. En el siglo XIII, el papa Inocencio III concibió una nueva idea: la Iglesia era el sol y el Estado, la luna, de modo que solo disponía de poder reflectante. En 1302, el papa Bonifacio VIII hizo la declaración más cáustica hasta entonces en esta tradición:

En verdad, quien niega que la espada temporal está en poder de Pedro malinterpreta las palabras del Señor [...]. Ambas espadas, la espiritual y la material, están en poder de la Iglesia. Esta última la han de usar reyes y capitanes, solo por voluntad de los sacerdotes y con su permiso [...]. La autoridad temporal debería estar sujeta a la espiritual.[49]

En la práctica, esta posición era insostenible: sencillamente, los Estados tenían ejércitos mayores que las iglesias. No obstante, el cristianismo continuó metido en política. El papa resultaba útil como árbitro en las luchas de poder entre Estados: imponía treguas, organizaba cruzadas, establecía fronteras disputadas. En épocas más modernas, las iglesias continuaron interfiriendo en la política apoyando a partidos o movimientos políticos, organizando sindicatos y respaldando o condenando públicamente determinadas políticas en función de si se amoldaban a los Evangelios o convenían a los intereses o prejuicios de los cristianos.[50]

Pero la historia no acaba aquí. «¿Cuántas divisiones tiene el papa?», preguntó con desdén Josef Stalin, y la impotencia papal o la cobardía en la cara de los grandes dictadores durante la Segunda Guerra Mundial parecían mostrar que la fuerza de la Iglesia en la política laica era cosa del pasado. Con todo, durante el largo y dramático pontificado de Juan Pablo II, a caballo entre los siglos XX y XXI, la Iglesia volvió a entrar en el terreno político con confianza renovada. En parte, la vuelta a la implicación política fue resultado de las iniciativas del propio papa para subvertir los regímenes comunistas, desafiar a los capitalistas, revitalizar el servicio diplomático papal y renovar el papel de la oficina papal en el arbitraje internacional. En parte fue una iniciativa común llevada a cabo por activistas políticos con compromiso religioso —que en ocasiones no contaban con la aprobación del papa— como los revolucionarios latinoamericanos inspirados por la «teología de la liberación» para reivindicar los derechos de los campesinos pobres y de las comunidades nativas desfavorecidas. En parte, el renacimiento de la Iglesia política fue también resultado de que los votantes de países democráticos buscaran una «tercera vía» que sustituyera al comunismo desacreditado y al capitalismo insensible y la encontraran en la tradición social católica.

Durante gran parte de la Edad Media, los gobernantes laicos tuvieron una gran desventaja en los conflictos con la Iglesia: dependían de ella para educar y con frecuencia para pagar a los hombres que empleaban para administrar sus gobiernos, escribir su propaganda y formular sus propias declaraciones de legitimidad. «Los poderes que existen son ordenados por Dios», dijo San Pablo, pero ¿cómo se transmitía esa legitimación? ¿Esa «voz de Dios», descendía del cielo sobre el ungido o surgía a través del pueblo por elección popular? Todo el mundo del Occidente medieval, y todo devoto católico hasta hoy, oye continuamente sentimientos políticos revolucionarios expresados en la plegaria de la Iglesia a un Dios que ha rebajado a los poderosos, exaltado a los mansos y destrozado a reyes en un día de ira. Sin embargo, la Iglesia solía dejar las implicaciones políticas a los heresiarcas y milenarios y buscaba un modo práctico de reconciliar la preferencia de Dios por los pobres con la preferencia del mundo por los poderosos.

En la cristiandad latina del siglo XIII, este dilema se resolvió en la práctica tomando prestado un modelo de la antigüedad clásica: un gobierno «mixto», inicialmente recomendado por

Aristóteles,[51] modificado para combinar elementos monárquicos, aristocráticos y populares. Según Aristóteles, «el Estado es mejor cuanto más elementos lo conforman».[52] Normalmente, los monarcas medievales consultaban «a la comunidad del reino» mediante asambleas de representantes en las que los magnates, que eran los consejeros naturales del rey y sus compañeros, se unían a los diputados de otras «haciendas», normalmente el clero y la gente corriente (que en cada país recibían denominaciones diferentes).

A principios del siglo XIV, en una época en que el pontificado estaba en conflicto con los reyes por el poder y el dinero, Marsilio de Padua trabajaba como propagandista contra Roma. Vivía en un mundo de ciudades-república italianas semejante a las formas de gobierno de Aristóteles: Estados pequeños en los que gobernaban los senados y los ciudadanos. Masilio pensaba que no solo era la preferencia de Aristóteles, sino también de Dios: Dios elegía al pueblo; el pueblo elegía a sus delegados, que podían ser asamblearios o monarcas. Marsilio aplicó el modelo de gobierno mixto también a la Iglesia, abogando por que entre los obispos hubiera episcopalidad; es decir, que el papa no tuviera privilegios y simplemente presidiera. Incluso planteó el tema de si los obispos debían ser elegidos por el pueblo. Claro está, estas sugerencias formaban parte del programa de un determinado partido que actuaba en interés propio. Pero respondían a una tradición profundamente democrática en el cristianismo que se remontaba a las enseñanzas de Jesucristo: Él vino y llamó a taberneros y pecadores, convocó a ricos y pobres y dio la bienvenida a un discipulado de pescadores y prostitutas. Y para Jesucristo nadie era demasiado humilde para no merecer el amor de Dios.

Así pues, cada paso que los papas han dado para avanzar hacia el poder único en la Iglesia ha tenido que ser ratificado por los obispos episcopalianamente y ha sido protegido contra la revocación solo mediante la tradición de que las decisiones «ecuménicas» las inspira Dios y, por lo tanto, son irreversibles. En la actualidad, el conciliarismo está vigente, revitalizado por el uso que los papas recientes han hecho de los consejos de la Iglesia para lanzar y guiar sus propios programas de reforma. Los argumentos de Marsilio fueron adoptados por reformistas que solo pretendían mejorar el gobierno de la Iglesia, no confiarlo a dirigentes seglares, si bien la Reforma parecía mostrar que el papa era una garantía necesaria de la independencia de la Iglesia: allí donde el mensaje de Lutero tenía éxito, los Estados laicos usurpaban las funciones tradicionales del papa. El conciliarismo, que se originó como la apropiación de un modelo laico por parte de la Iglesia, influyó a su vez en el pensamiento político laico. Esto empezó de manera muy obvia en el siglo XV en el Imperio germánico, donde los grandes príncipes reclamaron un papel análogo al de los obispos en la Iglesia. Después continuó con el auge en muchos Estados europeos de instituciones representativas que reclamaban la igualdad con los reyes a la hora de hacer las leyes y de aumentar los impuestos. A la larga, este tipo de desarrollos alimentaron y aceleraron las ideas que han dado forma a la política moderna: la soberanía popular y la democracia.[53]

A comienzos del siglo XV, el pensamiento político de Jean Gerson se centraba en la Iglesia; su preocupación era justificar la idea de que los obispos como colectivo, no el papa en particular, ejercían la autoridad de Jesucristo en la tierra. No obstante, mientras comparaba el gobierno secular con el eclesiástico, desarrolló una teoría sobre el origen del Estado que desde entonces ha afectado a la política del mundo occidental. El Estado surgió por el pecado: fuera del Edén, no había límite para la inmoralidad salvo el que establecían los hombres al acordar acumular recursos y limitar la libertad por el bien de la paz. Se trataba de un proceso natural y razonable. El acuerdo de los ciudadanos es el único fundamento legítimo del Estado. A diferencia de la Iglesia, que es regalo de Dios, el Estado es una creación de la voluntad del hombre, hecha por contrato histórico y mantenida por la renovación implícita de ese contrato. En el caso de una monarquía, el poder del gobernante no le debe nada a Dios y todo al contrato por el cual el pueblo confía sus derechos a su custodia.

El gobernante no es más que el ministro de ese contrato histórico y el administrador de unos derechos que no puede derogar o anular. El poder soberano continúa siendo del pueblo: el gobernante se limita a ejercerlo en su nombre. El pueblo puede recuperarlo en caso de que el gobernante viole el contrato o abuse de él. El gobernante no está por encima de la comunidad, sino que forma parte de ella. Carece de derechos sobre la sociedad, sus miembros o su propiedad, salvo por consenso. Un gobernante «absoluto», que afirma estar autorizado para cambiar la ley *motu proprio* o para terminar con las vidas o las propiedades de los sujetos, no puede ser un gobernante legítimo y la gente tiene derecho a expulsarlo.

Para cualquiera que valore la libertad o piense que colaborar en la sociedad civil es algo natural en nuestra especie, el Estado supone una limitación o incluso una carga casi inexplicable. Los problemas de explicar y justificar esto aparecieron en la teoría del contrato social. La idea de la fundación contractual del Estado ha alimentado el constitucionalismo y la democracia y, al proporcionar una justificación para el Estado sin hacer referencia a Dios, ha sido especialmente útil en el mundo laico moderno. Sin embargo, la idea tal como Gerson la concibió tenía debilidades graves: hizo al gobernante parte del contrato, abriendo la puerta a la posible objeción de que el gobernante estuviera fuera de él y no quedara obligado por sus términos (ver pág. 314), e hizo conjeturas recusables sobre las cláusulas del contrato: los defensores del absolutismo podían argumentar que los otros partidos rendían sus derechos al Estado en lugar de limitarse a colocarlos en administraciones fiduciarias.[54]

La idea de que el gobernante sea absoluto tiene una cierta lógica a su favor: ¿cómo puede estar el legislador obligado por la ley? Pero en el Occidente moderno tuvo que reafirmarse después de que en la Edad Media hubiera sido suprimido. El poder soberano de los gobernantes medievales en teoría estaba limitado de cuatro maneras. En primer lugar, estaba concebido básicamente como tema de jurisdicción: la administración de la justicia. La legislación, el derecho a hacer y deshacer leyes, que ahora concebimos como el rasgo definitorio de la soberanía, era un área de actividad relativamente menor en la que la tradición, la costumbre, la ley de Dios y la ley natural lo abarcaban casi todo y dejaban poco espacio a la innovación. En segundo lugar, el poder real estaba limitado, como hemos visto, por la idea de comunidad de cristiandad en la que el rey de un país determinado no era la autoridad última, sino que el papa tenía, al menos, una supremacía similar. En tercer lugar, persistía la idea de que el Imperio romano no se había acabado de extinguir y de que la autoridad del emperador sobre la cristiandad continuaba recayendo sobre la persona del Papa o del líder elegido del Reich alemán, al que de hecho se denominaba «emperador romano». Finalmente, en cuarto lugar, los reyes eran señores entre señores y estaban obligados a consultar a sus supuestos consejeros naturales, esto es, a los nobles, que en algunos casos obtenían su poder del favor real pero que, en otros, a veces también afirmaban obtenerlo directamente de Dios.

A finales de la Edad Media, los reyes desafiaron estas limitaciones de forma sistemática. Los reyes castellanos y franceses del siglo XIV, y uno inglés del siglo XVI, denominaron a sus reinos sus imperios y propusieron que eran «emperadores de sus propios reinos». Les rodeaba un imaginario de majestuosidad, estrategias ideológicas diseñadas por propagandistas. La oficina del rey francés era milagrosa y Dios la había dotado de «tal virtud que obráis milagros en vuestra propia vida».[55] El primer retrato reconocible de un rey francés —el de Juan el Bueno, de mediados del siglo XIV— parece la representación de un emperador romano sobre un medallón y de un santo en un halo de gloria. Ricardo II de Inglaterra se hizo pintar mirando con majestuosidad desde un campo de oro y recibiendo el cuerpo de Cristo de manos de la Virgen. En la práctica, la idea no llegó a arraigar. A principios del siglo XVI, el presidente del Parlamento de París, Charles Guillart, dijo al rey Francisco I: «Tienes poder para hacer lo que quieras pero no deseas o no deberías desear hacerlo».[56] Con todo, entre el siglo XIV y el XVIII con contratiempos ocasionales, en casi toda Europa los reyes fueron ganando poder a expensas de otras fuentes tradicionales de autoridad: la Iglesia, la aristocracia y el patriciado de las ciudades.[57]

El pensamiento social en el cristianismo y el islam: la fe, la guerra y las ideas de nobleza

Un motivo de que los filósofos morales hayan dedicado tanto esfuerzo al pensamiento político es la antigua suposición, que Aristóteles respaldó e hizo casi incuestionable, de que el propósito del Estado es facilitar o promover la virtud. No obstante, en la práctica parecía que a los Estados no se les daba mejor que a las religiones, de modo que los pensadores medievales abordaron directamente el problema de cómo influir a mejor en el comportamiento individual. Toda la vida y la obra de Jesucristo muestran un deseo inquebrantable de santificar la vida real y hacer que la vida de la gente en este mundo se adecúe a lo que él denominó el reino de los cielos. Sin embargo, en general sus enseñanzas no se respetaron: incluso a sus seguidores más entusiastas les costaba practicar el amor al prójimo, la mansedumbre, la humildad, el padecimiento alegre, la fidelidad matrimonial y «el hambre y la sed tras la rectitud». Como reconoció Jesucristo, la dificultad de comportarse bien aumenta con la riqueza, que obstruye el ojo de una aguja, y el poder, que corrompe. Así pues, el problema del comportamiento humano general era un problema para las élites en particular. ¿Cómo evitar que explotaran al pueblo, oprimieran a los vasallos y, como hacían los aristócratas durante la guerra, se infligieran los niveles de violencia aberrantes que evidencian los huesos excavados por los arqueólogos de los campos de batalla medievales?

La mejor respuesta que se les ocurrió fue la caballería. El modelo religioso sugería la idea de que la vida laica podía ser santificada —como la de los monjes y las monjas— si se obedecían las reglas. Las primeras reglas o códigos de caballería aparecieron en el siglo XII, formulados por tres escritores: san Bernardo, el austero abad que execraba a los ricos y a los clérigos holgazanes; el papa Eugenio II, que siempre andaba buscando maneras de movilizar a personas laicas para la Iglesia; y el noble devoto Hugo de Payns. Los tres se percataron de que, en el fragor de la batalla, la adrenalina del miedo y la euforia de la victoria, los guerreros tendían al salvajismo. Las primeras reglas reflejaron votos religiosos de castidad, pobreza y obediencia, pero las virtudes laicas tenían más relevancia. La valentía que daba fuerzas al caballero frente al miedo podía adaptarse para enfrentarse a las tentaciones, mientras que las virtudes prácticas podían volverse contra los pecados mortales: la generosidad en contra de la avaricia, la ecuanimidad en contra de la ira, la lealtad en contra de la mentira y la lujuria.[58]

La caballería se convirtió en la gran ética aristocrática común de la época. En la literatura barata popular de finales de la Edad Media, los héroes de la realeza de una época anterior a la caballeresca, entre ellos Alejandro, Arturo, Pericles y Brutus de Troya fueron transformados en ejemplo de valores caballerescos. Incluso se rebuscó en la Biblia y se reclutó al rey David y a Judas Macabeo para el canon. Macabeo aparecía en iluminaciones y pinturas murales como exponente del arte de las justas.[59] Los torneos y los galardones se convirtieron en foco de alarde político en todas las cortes principescas.

La caballería era una fuerza poderosa. Tal vez no pudiera hacer buenos a los hombres, como se pretendía, pero sí podía ganar guerras y moldear las relaciones políticas. Probablemente fuera el ingrediente principal de la cultura única de expansión hacia ultramar que reinaba en Europa e hizo de la cristiandad una sociedad más dinámica, más activa en la exploración y con más empuje que vecinos de Oriente mejor equipados, como el islam y China. Inspiró a aventureros como Cristóbal Colón y Enrique el Navegante en la búsqueda de los desenlaces de sus propios romances de caballería.[60] La ética es más poderosa que la ideología a la hora de modelar el carácter, ya que proporciona a los individuos estándares a partir de los cuales modificar y evaluar sus acciones. La caballería desempeñó ese papel en la Europa medieval y desde entonces ha continuado estimulando las acciones y autopercepciones de Occidente. En el siglo XIX, consiguió embutir a los caballeros victorianos en sus chirriantes reproducciones de armaduras. Charles Kingsley, gran sentimental, señaló: «Mientras quede una injusticia por reparar sobre la faz de la tierra, la Era de la Caballería nunca será cosa del pasado».[61] En el siglo XX, los apodos caballerescos aún llegaron a compensar a los «caballeros del aire» de la Batalla de Inglaterra por su origen social generalmente modesto. Aún pudieron dar forma a las heroicidades de la época dorada de Hollywood. En la actualidad se han reducido casi a la nada.[62]

En cierto modo, la caballería fue una disculpa por la guerra: proporcionó una vía de escape hacia la salvación para los guerreros profesionales que tenían que presentarse a las puertas del cielo manchados de sangre. Sin embargo, la caballería no pudo justificar la guerra: eso necesitaba atención individual por parte de los pensadores.

La guerra como obligación religiosa quedó recogida en la historia sagrada de los antiguos judíos, cuyo Dios apiló los cuerpos y esparció las cabezas por todas partes. Como hemos visto, en el siglo III a.e.c. el emperador indio Ashoka incluso justificó las guerras «por el budismo». Ahora bien, una cosa era utilizar la religión para justificar la guerra y otra muy distinta hacer que la guerra pareciera buena. Las tradiciones islámica y cristiana generaron justificaciones para la guerra tan santificadas y de tanta envergadura que tuvieron consecuencias espantosas para siempre.

Yihad significa, literalmente «esfuerzo». Dice el Corán: «Quienes creen en el Profeta se esfuerzan con sus riquezas y sus vidas. Alá les tiene preparados jardines donde fluyen los ríos [...]. Ese es el triunfo supremo». Mahoma utilizó la palabra en dos contextos: el primero, para referirse a la lucha interna contra el mal que los musulmanes han de llevar a cabo por ellos mismos; el segundo, para hablar de la guerra real, entablada contra los enemigos del islam. Unos enemigos que han de ser legítimos, que han de probar una amenaza legítima. Pero, puesto que en época de Mahoma la comunidad que él dirigía estaba a menudo en guerra, estos términos de referencia siempre han sido interpretados con bastante generosidad. En la sura 9 del Corán parece legitimarse la guerra contra todos los politeístas e idólatras. Tras la muerte del Profeta, se volvió la doctrina contra los apóstatas que abandonaron el campamento creyendo que sus obligaciones para con el líder habían expirado tras su fallecimiento. Después se la utilizó para anunciar una serie de guerras de agresión muy exitosas contra los Estados árabes y los Imperios romano y persa. Con frecuencia, los musulmanes han abusado de la retórica de la *yihad* para justificar sus guerras contra los demás. Hasta el día de hoy se la ha utilizado para dignificar disputas manidas, como las de los caudillos tribales de Afganistán y los terroristas contra gente inocente de zonas que los líderes islamistas autoproclamados han elegido por enemistad.

No obstante, el término «guerra santa» parece una traducción apropiada de *yihad*: la empresa se santifica mediante la obediencia a lo que se cree que fueron las órdenes del Profeta y se recompensa mediante la promesa del martirio.[63] Según un dicho tradicionalmente atribuido a Mahoma, el mártir de la batalla va directo al nivel más alto del paraíso, el más cercano al trono de Dios, y tiene derecho a interceder por las almas de sus seres queridos. Con todo, merece la pena observar que la mayoría de tradiciones islámicas legales imponen unas estrictas leyes de guerra que sin duda deberían definir una *yihad*, entre ellas la compensación de las vidas y las propiedades de los no beligerantes, las mujeres, los niños, los enfermos y las personas que no oponen resistencia. Estas limitaciones prohíben de forma eficaz cualquier forma de terrorismo y casi toda la violencia de Estado.

Abusos aparte, la idea de *yihad* ha sido influyente principalmente de dos modos. El primero y más importante, fortaleció a los guerreros musulmanes, sobre todo en las primeras generaciones de la expansión del islam. Sin ella, cuesta imaginar cómo el islam podría haber conseguido sus éxitos a escala, que convirtieron casi todo el Mediterráneo en un lago musulmán, en los cien años posteriores a la muerte de Mahoma. El segundo, la idea de *yihad* llegó a ser copiada por el cristianismo. Los cristianos empezaron las cruzadas con dos conceptos comparables: uno de guerra justa, empleado para recuperar las tierras supuestamente usurpadas por sus ocupantes musulmanes; y otro de peregrinación armada, emprendida como obligación religiosa para hacer penitencia por los pecados. Hasta que los cruzados empezaron a verse desde un punto de vista análogo al que se aplicaba a los guerreros islámicos —como mártires en potencia para quienes, como decía *El cantar de Roldán*, «la sangre de los sarracenos lava los pecados»— no hubo idea alguna de guerra santa, si bien el objetivo era sagrado en el sentido de que el territorio disputado había visto la sangre y las huellas de Cristo y de los santos.[64]

A finales de la Edad Media, en Occidente, cuando las cruzadas empezaban su declive y la política y las leyes proporcionaban cada vez más rutas hacia el poder y la riqueza, el concepto de nobleza se desvinculó de la guerra. La potencia de fuego hizo disminuir paulatinamente la necesidad de una aristocracia guerrera que recibiera una cara formación en combate a caballo con espada y lanza. Una sociedad de oportunidades nunca podría desarrollarse libremente allí donde la riqueza o el linaje de abolengo determinaran el rango y las élites fueran impenetrables salvo por individuos de pericia, virtud o genio excepcionales. China, a este respecto como a tantos otros, iba muy por delante de Occidente en la Edad Media, ya que la élite imperial era elegida tras un examen de arduas asignaturas humanísticas; los clanes podían contribuir a pagar la formación de parientes inteligentes pero pobres. En Occidente, donde no existía ningún sistema como este, la revolución llegó al gobierno en los siglos XIV y XV, primero con el uso del papel y después con la imprenta. Gracias a ello, las órdenes de los príncipes podían transmitirse de forma rápida y barata hasta los rincones más lejanos de cada Estado. La consecuente burocratización añadió otra ruta de progreso social a los caminos tradicionales por medio de la Iglesia, la guerra, el comercio y la aventura. Se incorporaron nuevos hombres a los rangos de potentados de todos los países occidentales, y en algunos casos casi los sustituyeron. Para adaptarse a su autopercepción, los moralistas occidentales se embarcaron en la redefinición de la nobleza.

«Solo la virtud es auténtica nobleza», proclamaba el escudo de armas de un embajador veneciano. En 1306, un académico parisino declaró que el vigor intelectual dotaba mejor a un hombre para tener poder sobre los demás. Años después, un místico alemán descartó la nobleza carnal de entre los requisitos para ejercer un cargo público, con el argumento de que estaba por debajo de la nobleza del alma. Según un humanista español del siglo XV, las letras ennoblecían a un hombre más que las armas. Gian Galeazzo Visconti, la mano dura que tomó Milán por la fuerza en 1395, fue halagado al ser comparado, fuera de lugar, con Cicerón, héroe ejemplar de los humanistas hecho a sí mismo. Antonio de Ferraris, humanista de Otranto cuya gran oscuridad garantiza su representatividad, afirmó que ni la riqueza de Creso ni la antigüedad del linaje de Príamo podían sustituir a la razón como ingrediente principal de la nobleza. «Solo es la virtud la suma de la gloria y proporciona a los hombres verdadera nobleza», manifestaba el Tamerlán de Marlowe.[65]

Sin embrago, Europa oriental se resistió a esta doctrina. En Bohemia, nobleza significaba simplemente linaje antiguo. En el Reino de Hungría, solo los nobles constituían la nación y sus privilegios quedaban justificados por su supuesta descendencia de los hunos y los escitas, cuyo derecho a gobernar se basaba en el derecho de conquista; las demás clases estaban manchadas del deshonroso linaje de los esclavos naturales que habían entregado sus derechos. Con todo, incluso allí la doctrina quedaba moderada por la influencia del humanismo. István Werböczy, el canciller del reino a principios del siglo XVI que fue el gran defensor de la norma aristocrática, admitió que la nobleza se adquiría no solo mediante «el ejercicio de la disciplina marcial» sino también mediante «otros dones de mente y cuerpo», entre ellos el conocimiento. Pero lo veía como un medio de reclutamiento para lo que era básicamente una casta, no como un método de abrir una parcela de la sociedad, que era la idea de los humanistas occidentales.[66] Esta bifurcación de Europa tuvo consecuencias importantes. En la parte occidental, el término «Europa del Este» empezó a adquirir un sentido peyorativo, el de una tierra rezagada cuyo desarrollo social estaba detenido, retenido durante un largo periodo feudal, con unos campesinos serviles y una élite muy cerrada.[67]

La conquista espiritual

A medida que las guerras santas fracasaban —como mínimo para los practicantes cristianos expulsados de Tierra Santa— y la aristocracia se diversificaba, surgió una nueva idea. Podríamos llamarla «conquista espiritual». Una de las tendencias evidentes de la historia moderna ha sido el ascenso del cristianismo para convertirse en la religión proselitista con más éxito en el mundo. A juzgar por el encanto del Dios hebreo, el judaísmo podría haberse anticipado o haberla superado y haberse convertido en una gran religión mundial; sin embargo, su número de adeptos continuó siendo reducido porque los judíos evitaban el proselitismo. El islam ha crecido lentamente hasta sus enormes dimensiones actuales: Richard W. Bulliet, diseñador del único método de cálculo que ha conseguido algo parecido a una amplia aprobación erudita hasta hora, calcula que en Irán el 2,5 por ciento de la población se convirtió al islam hacia el año 695, el 13,5 por ciento entre 695 y 762, el 34 por ciento entre 762 y 820, otro 34 por ciento entre 820 y 875, y el resto entre 875 y 1009.[68] Además de crecer lentamente, como hemos visto, el islam ha mantenido su especificidad cultural: tremendamente popular en un cinturón mundial amplio pero limitado y prácticamente incapaz de penetrar en otras zonas salvo mediante la emigración. El budismo parece infinitamente elástico a juzgar por el atractivo que demuestra en la actualidad, pero durante mucho tiempo fue sometido a revisión. El primer cristianismo ardía con un entusiasmo misionero que flaqueó tras el siglo XI e.c., y las cruzadas consiguieron pocos conversos.

La idea de conquista espiritual fue fundamental para resucitar la evangelización. Quizás las palabras atribuidas al propio Jesucristo fueran la principal fuente de inspiración. «Id por los caminos e invitad a las bodas a cuantos encontréis», fue el mandato a sus sirvientes en la parábola del banquete de bodas. Estas palabras exigieron una reinterpretación a finales de la Edad Media, cuando creció en la Iglesia una nueva sensación de misión: una nueva convicción de la obligación que la élite devota tenía de difundir una conciencia cristiana más activa, comprometida y dogmáticamente informada a partes de la sociedad y a lugares del mundo donde hasta entonces la evangelización apenas había llegado o había calado solo superficialmente.

El resultado de esto fue una nueva estrategia de conversión dirigida a dos circunscripciones. Primero estaban las masas poco o nada evangelizadas de dentro de la cristiandad: los pobres, los desarraigados, los campesinos desatendidos, los habitantes de bosques, pantanos y montañas, más allá del abrigo de la Iglesia, y la masa de población de la que se habían deshecho las ciudades en desarrollo, apartada de la disciplina y la solidaridad de la vida parroquial rural. Después estaba el vasto mundo infiel desvelado o sugerido por la exploración y por la mejora de los conocimientos geográficos. El aumento de órdenes mendicantes, con su vocación espacial por misiones para los pobres, los escépticos y los poco catequizados, contribuyó a esta tendencia. También lo hizo el interés creciente por restaurar los hábitos apostólicos en la Iglesia, un tema destacado desde la época del aumento de frailes hasta la Reforma. El impulso hacia el exterior se reavivó gracias a una nueva idea de lo que significaba la conversión, formulada por el mallorquín Ramon Llull a finales del siglo XIII y principios del XIV. Llull se percató de que la proselitización tenía que ser estable desde el punto de vista cultural. Se ha de conocer la cultura de la que se está convirtiendo a la gente y hacer compromisos adecuados con ellos. Sobre todo, hay que dirigirse a la gente en sus propios términos. Así pues, instauró el estudio de lenguas para los misioneros. No hacía falta tocar los elementos indiferentes de la cultura nativa. Había un precedente apostólico: san Pablo decidió que los conversos gentiles podían eludir la circuncisión; san Pedro decretó que se podía dispensar a los judíos de las leyes alimentarias. En consecuencia, el cristianismo de las sociedades conversas suele exhibir rasgos originales, que se entienden mejor como ejemplos de intercambio cultural bidireccional.[69]

Este período estuvo animado por predicadores populares y profetas que hacían sagrada la insurrección y santificaban a los pobres en su reacción a menudo violenta contra la opresión de la élite. Al final de los tiempos, Dios arreglaría todas las desigualdades de la sociedad. Para los revolucionarios, el milenio significaba algo más inmediato. Los pobres podían precipitarlo tomando las riendas de la situación e intentando hacer realidad los objetivos de Dios para el mundo aquí y ahora. Con todo, por esos medios no se podían resolver los problemas de desigualdades monstruosas y amenazantes. La siguiente época plantearía una nueva perspectiva y propondría nuevas respuestas.

6

De vuelta al futuro

Reflexiones sobre la peste y el frío

A juzgar por los episodios que se suelen destacar en las historias de los siglos XVI y XVII, los intelectuales eran lo más. El Renacimiento, la Reforma y la revolución científica se sucedieron y afectaron al mundo más profundamente que los cambios de dinastía y las fortunas de la guerra. Incluso «la Era de la Expansión», nombre convencional con el que se conoce esta época en su conjunto, fue producto de mentes en expansión: «el descubrimiento del mundo y del hombre». Claro está, de fondo había otras fuerzas trabajando: plagas recurrentes, un frío desesperante y las transmutaciones y traslados de formas de vida («biota» en léxico científico) no dotadas de mente —plantas, animales, microbios— que supusieron una revolución ecológica global.

Los cambios en la biota transformaron la cara del planeta más que cualquier otra innovación desde la invención de la agricultura. Del mismo modo que el cultivo modificó la evolución introduciendo lo que podríamos llamar selección no natural —y más cosas—, los cambios que se iniciaron en el siglo XVI fueron más allá, revirtieron un modelo evolutivo muy antiguo. Desde hace unos 150 millones de años, cuando la Pangea se separó y los océanos empezaron a partir los continentes, las formas de vida de las masas terrestres se fueron haciendo aún más distintas. Al final, el Nuevo Mundo llegó a engendrar especies desconocidas en otros lugares. La flora y la fauna australianas pasaron a ser únicas, sin igual en las

Américas o Eurafrasia. De forma tremendamente repentina, 150 millones de años de divergencia evolutiva se rindieron ante una tendencia convergente que ha dominado los últimos siglos y ha diseminado por el planeta formas de vida similares. Ahora hay llamas y ualabís en los parques nacionales ingleses, y los kiwis constituyen una parte importante de la economía de mi esquinita de España. Las cocinas típicas de Italia, Sichuan, Bengala y Kenia dependen de plantas de origen americano —chiles, patatas, maíz criollo, tomates—, mientras que las comidas de buena parte de América serían irreconocibles sin el vino y las vacas que llegaron desde Europa, el café de Arabia o el arroz o el azúcar de Asia. Un entorno de enfermedades único cubre el planeta: se puede coger cualquier enfermedad contagiosa casi en cualquier lugar.

Los viajes por todo el mundo de colonizadores y exploradores europeos hicieron que la biota atravesara océanos. En algunos casos, los agricultores y ganaderos transportaron diferentes especies adrede en un intento de explotar nuevos suelos o de crear nuevas variedades. En este sentido, la revolución se avino al argumento de este libro: la gente reimaginó el mundo y trabajó para alcanzar esa idea. Pero en las costuras y bolsillos de la gente o en los almacenes y sentinas de los barcos, muchas semillas cruciales, gérmenes, insectos, depredadores y mascotas polizones hicieron lo que Disney calificaría de «viajes increíbles» hacia entornos nuevos donde tuvieron efectos transformadores.[1]

Entretanto, una época de peste azotó el mundo.[2] Se inició en el siglo XIV, cuando la peste negra aniquiló hasta un tercio de la población de las zonas más afectadas de Eurasia y el norte de África. Durante los tres siglos siguientes se repitieron tandas de peste desconcertantes en todas esas zonas. El ADN del bacilo responsable era casi idéntico al agente que causa lo que en la actualidad conocemos como peste bubónica. Pero había una diferencia esencial: a la peste bubónica le gustan los ambientes calientes y el mundo del siglo XIV al siglo XVIII era extremadamente frío. Los historiadores climáticos lo llaman la Pequeña Edad de Hielo.[3] Con frecuencia, las plagas más virulentas coincidían con períodos de frío intenso. Los paisajes invernales que los artistas holandeses pintaron a finales de los siglos XVI y

XVII, cuando el frío era más vivo, transmiten una idea de cómo debía de ser. Además, en el siglo XVI se propagaron a las Américas enfermedades del Viejo Mundo, en especial la viruela, que llegaron a matar a cerca del noventa por ciento de la población indígena en las zonas donde se cebaron más.

Así pues, se trató de una época en la que el entorno sobrepasó al intelecto en cuanto a impacto en el mundo. Nadie ha explicado nunca la paradoja obvia: ¿cómo pudo darse tanto progreso, o lo que consideramos progreso, en unas circunstancias tan adversas? ¿Cómo pudieron las víctimas de la peste y el frío poner en marcha los movimientos que llamamos Renacimiento y revolución científica? ¿Cómo pudieron explorar el mundo y reunir continentes desgajados? Tal vez fuera un caso de lo que Arnold Toynbee, gran historiador ahora pasado de moda, denominó «desafío y respuesta». Quizás no sirva ninguna explicación general y debamos revisar por separado las circunstancias particulares de cada nueva iniciativa. En cualquier caso, incluso en una época en la que las fuerzas impersonales imponían unas restricciones tremendas a la creatividad humana, sin duda la fuerza de las mentes pudo seguir imaginando mundos transformados, produciendo ideas para cambiar el mundo y generando iniciativas transmutadoras. De hecho, hubo lugares en los que se generó pensamiento innovador a mayor velocidad que nunca antes, desde luego más rápido que en cualquier período anterior del que se tenga un nivel de documentación comparable.

Las nuevas ideas se concentraban en Europa de forma desproporcionada. En parte por esa fertilidad intelectual, en parte por la exportación de ideas gracias al comercio e imperialismo europeos, la era de la peste y el frío fue también un largo período de cambio gradual pero inequívoco en el equilibrio mundial de inventiva, innovación y pensamiento influyente. Durante miles de años, la iniciativa histórica, es decir, la capacidad de algunos grupos humanos para influir en los demás, se había concentrado en las civilizaciones asiáticas, como la India, el islam y, por encima de todas, China. En tecnología, China había generado la mayoría de inventos más impresionantes del mundo: el papel y la imprenta fueron los cimientos de las comunicaciones modernas; el papel moneda fue la base del capitalismo; la pólvora prendió la mecha de las guerras; en los altos hornos se forjó la sociedad industrial moderna; la brújula, el timón y los mamparos estancos fueron la clave del éxito de las embarcaciones modernas y de los esfuerzos marítimos. Hasta entonces, la producción de vidrio era la única tecnología clave en la que Occidente poseía una clara superioridad, salvo tal vez la relojería mecánica, que quizás fuera invención china pero que sin duda se había convertido en especialidad occidental.[4]

Sin embargo, hacia finales del siglo XVII se iban acumulando indicios de que la supremacía china estaba sucumbiendo a la presión de la competencia europea. El acontecimiento representativo, al que quizás no sería exagerado calificar de punto de inflexión, tuvo lugar en 1674, cuando el emperador chino quitó el control del observatorio astronómico imperial a los eruditos autóctonos y se lo entregó a los jesuitas. A lo largo de aquella época, y en algunos aspectos hasta el siglo XIX, los europeos continuaron volviéndose hacia China en busca de ejemplos en estética y filosofía y «tomando nuestros modelos de los sabios chinos».[5] Mientras tanto, la superioridad económica de China, calculada por el saldo a su favor en el comercio por Eurasia, no se revirtió hasta la década de 1860 aproximadamente. Con todo, cada vez era más evidente que las nuevas grandes ideas que desafiaban los hábitos y cambiaban las sociedades empezaban a proceder de Occidente de forma casi unánime. Si la pequeña Edad de Hielo, el intercambio de alimentos entre las colonias de América y Europa y el fin de la era de la peste fueron las tres características evidentes del inicio del mundo moderno, el gran salto adelante de Europa fue el cuarto.

Así pues, es en Europa donde hemos de empezar a seguir el rastro de las ideas clave de aquella época. Un punto de partida son las ideas didácticas, filosóficas y estéticas que solemos unir bajo el nombre de Renacimiento, que precedió a la revolución científica y quizás contribuyó a darle forma.

Debemos empezar identificando lo que el Renacimiento fue y no fue, y ubicar dónde se dio y de dónde salió, antes de dedicarnos en la próxima sección al problema de hacia dónde se dirigió.

Avanzar hacia el pasado: el Renacimiento

Si de mí dependiera, quitaríamos la palabra «Renacimiento» de nuestro diccionario histórico. La inventó en 1855 Jules Michelet, un historiador francés que quería acentuar la recuperación, el resurgir de los conocimientos antiguos, los textos clásicos y la herencia artística de Grecia y Roma en el modo en que la gente pensaba y representaba el mundo. Michelet era un escritor con grandes aptitudes, pero, como muchos historiadores, se inspiraba reflexionando sobre su propia época y tendía a utilizar la historia para explicar el presente, no el pasado. En 1855, realmente estaba en marcha un renacimiento. Había más chicos que nunca antes que aprendían latín, y muchísimos más que aprendían griego. La erudición hacía que los textos antiguos estuvieran al alcance en buenas ediciones y en una cantidad sin precedentes. Las historias y personajes que divulgaban eran temas del arte e inspiración de los escritores. Michelet se percató de que en su época había cierta afinidad con la Italia del siglo XV. Creía que la modernidad que veía en ella había llegado a Francia como resultado del paso de ejércitos de acá para allá durante las guerras que llevaron repetidamente a los invasores franceses a Italia desde la década de 1400 a la de 1550. Su teoría se convirtió en ortodoxia de manual y los historiadores que le sucedieron profundizaron en ella, siguiendo el rastro de todo aquello que consideraban «moderno» hasta la misma época y la misma parte del mundo. Recuerdo a mi propio maestro, cuando yo era pequeño, escribiendo en la pizarra, en su escritura lenta y redonda: «1494: Comienzan los tiempos modernos». Mientras tanto, los críticos han ido socavando esta poderosa ortodoxia, lo que demuestra que la estética clásica era un gusto minoritario en la mayor parte de la Italia del siglo XV. Incluso en Florencia, donde la mayoría de la gente busca el núcleo del Renacimiento, los mecenas preferían antes la pintura llamativa y exquisita de Gozzoli y Baldovinetti, cuyo trabajo se asemeja a las glorias de los miniaturistas medievales, luminosas gracias a los pigmentos costosos, que el arte clasicista. Mucho de lo que los artistas florentinos creían que era clásico en su ciudad en realidad no lo era: el Baptisterio era en verdad de principios de la Edad Media. La basílica de San Miniato, que los expertos consideraban un templo romano, había sido construida en el siglo XI. Casi todo lo que yo, y probablemente usted, querido lector, aprendimos en el colegio sobre el Renacimiento es falso o engañoso.[6]

Por ejemplo: «Inauguró los tiempos modernos». No: cada generación tiene su propia modernidad, que nace del pasado. «No tenía precedentes.» No: los estudios han detectado muchos renacimientos anteriores. «Era laico» o «Era pagano». No del todo: la Iglesia seguía siendo mecenas de casi todo el arte y la erudición. «Era el arte por el arte.» No: los políticos y los plutócratas lo manipulaban. «Su arte era realista de una manera nueva.» No del todo: la perspectiva era una técnica nueva, pero buena parte del arte prerrenacentista era realista al representar emociones y anatomías. «El Renacimiento elevaba al artista.» Sí, pero solo en cierto sentido: los artistas medievales podían alcanzar la santidad; en comparación, la riqueza y los títulos mundanos que recibían algunos artistas del Renacimiento resultaban ofensivos. «Derrocó el escolasticismo e inauguró el humanismo.» No: el humanismo renacentista surgió del humanismo escolástico medieval. «Era platónico y helenófilo.» No: había partes de platonismo, como las había habido antes, pero pocos eruditos hicieron algo más que adentrarse en los griegos. «Redescubrió la antigüedad perdida.» No mucho: la antigüedad no se había perdido y la inspiración clásica nunca se marchitó, si bien hubo un aumento significativo en el siglo XV. «Descubrió la naturaleza.» Apenas: Hasta entonces, en Europa no había habido pintura de paisaje pura pero la naturaleza había alcanzado el estatus de culto en el siglo XIII, cuando san Francisco descubrió a Dios al aire libre. «Fue científico.» No: como veremos, por cada científico había un hechicero.[7]

Aun así, realmente sí hubo una aceleración de interés duradero o intermitente por resucitar las supuestas glorias de la antigüedad medieval de Occidente, y me atrevería a decir que debemos seguir llamándolo Renacimiento, por mucho que los investigadores hayan descubierto o afirmado resurgimientos de ideas, estilos e imágenes clásicos en casi todos los siglos desde el V hasta el XV. Por ejemplo, hubo un «renacimiento» de la arquitectura clásica entre los constructores de basílicas en Roma ya antes de que muriera el último emperador romano.

Los historiadores suelen hablar de un renacimiento visigodo en la España del siglo VII, de un renacimiento de Northumbria en la Inglaterra del siglo VIII, de un renacimiento carolingio en la Francia del siglo IX, de un renacimiento otoniano en la Alemania de los siglos X y XI, etcétera. El «renacimiento del siglo XII» es aceptado en el léxico habitual de los historiadores de la cristiandad latina.

En cierto modo, la tradición clásica nunca necesitó resurgir: los escritores y artistas casi siempre explotaron textos clásicos y modelos donde y cuando pudieron conseguirlos.[8] Los dípticos consulares inspiraron al decorador de una iglesia de Oviedo en el siglo VIII. En el siglo XI, en Frómista, en el norte de España, el tallista de un capitel no tenía a mano ningún modelo de la famosa representación del Laocoonte de la antigua Grecia, pero basó su trabajo en la descripción que Plinio había hecho de él. Los constructores florentinos del mismo período copiaron un templo romano lo bastante bien como para engañar a Brunelleschi. En el siglo XIII, en Orvieto, un escultor hizo una imitación encomiable de un sarcófago romano. Lo que generalmente llamamos arquitectura «gótica» de la alta Edad Media estaba a menudo decorada con esculturas clasicistas. A lo largo del período que abarcan estos ejemplos, los escritores de moral y de filosofía natural continuaron haciéndose eco de las obras de Platón y Aristóteles que podían conseguir, y los estilistas de prosa a menudo buscaban los modelos más clásicos que pudieran encontrar.

A medida que los renacimientos se multiplican en la literatura occidental, aparecen con mayor frecuencia en los relatos de los estudiosos sobre episodios del resurgimiento de los valores de la antigüedad en otros lugares.[9] Como era de esperar, los renacimientos también se han convertido en parte del vocabulario de los historiadores de Bizancio, especialmente en el contexto del resurgimiento de la erudición humanista y las artes retrospectivas en Constantinopla a finales del siglo XI. Los trabajadores de marfil bizantinos, que por lo general evitaban temas paganos y lascivos, durante un breve amanecer pudieron elaborar creaciones tan delicadas como la arqueta de Veroli, en la que los temas tienen que ver todos con el salvajismo domesticado por el arte, el amor y la belleza. Hércules se sienta a tocar la lira, acompañado por *putti* que retozan. Los centauros compiten por el baile de las ménades. Europa posa con elegancia recostada sobre su espalda de toro, haciendo pucheros a los perseguidores y agitando con aires de superioridad su fino chal.[10] La transmisión de modelos clásicos llegó desde la cristiandad oriental, desde regiones de todo el Mediterráneo oriental donde la tradición clásica era más fácil de mantener que en Occidente, y lo hizo especialmente a través de las traducciones siríacas de textos clásicos y por medio del arte y los estudios bizantinos.

Los musulmanes ocuparon buena parte de la zona central de la antigüedad clásica del mundo helenístico y el antiguo Imperio romano, de modo que tuvieron acceso al mismo legado que los cristianos latinos. De hecho, la disponibilidad de textos y de monumentos intactos pertenecientes a la antigüedad grecorromana era superior en el islam, que abarcaba zonas de la región relativamente menos saqueadas y devastadas. Así pues, en principio no solo es razonable buscar renacimientos en el mundo islámico, sino que sería sorprendente que no hubiera ninguno. De hecho, algunos de los textos con los que la cristiandad latina renovó sus conocimientos en el Renacimiento habían pasado previamente por manos musulmanas y traducciones al árabe, de las cuales los recuperaron los copistas y traductores occidentales.

Los cazadores de renacimientos pueden encontrarlos en China, donde los resurgimientos neoconfucianos se dieron de forma intermitente durante lo que en Occidente consideramos la Edad Media y los inicios de la era moderna. También se podrían citar estudios retrospectivos del período Edo, en el siglo XVII, en el que se reconstruyeron textos clásicos, se redescubrieron valores olvidados y se buscaron versiones auténticas de poemas sintoístas, de quinientos años de antigüedad, que se convirtieron en la base de un sintoísmo renacido, despojado de las acumulaciones de los siglos intermedios.

El Renacimiento no importaba tanto para recuperar lo viejo, ya que esa era actividad común, como para inaugurar lo nuevo. En el arte, esto significaba desarrollar principios que hacia el siglo XVII fueron llamados «clásicos» y que las academias artísticas impusieron como reglas. Entre esas reglas estaba la proporción matemática, que hacía armoniosa la música, como secreto para elaborar la belleza. Así pues, arquitectos y arqueólogos se decantaban por formas que fueron variando en función de la época y la escuela: el círculo, el triángulo y el cuadrado en los siglos XV y XVI; el rectángulo «dorado» (con los lados cortos de dos tercios de la longitud de los largos) a partir del siglo XVI; y la espiral y la «línea serpenteante» más tarde. Otras reglas imponían la observación de la perspectiva calculada matemáticamente (explicada por primera vez por Leon Battista Alberti en una obra de 1418); la encarnación de ideas filosóficas antiguas, como la de Platón sobre la forma ideal o la de Aristóteles de la sustancia interna que una obra de arte debería parecer arrebatar a cualquier parte de la naturaleza que representara; la exigencia de que, al representar la perfección, un artista debería «superar la vida», como dijo Shakespeare; y, sobre todo, la regla de que el realismo debería significar más que la mera imitación de la naturaleza, más bien debería ser un intento de alcanzar la realidad trascendente. J. J. Winckelmann, que codificó el clasicismo en una obra de 1755, dijo en su primera versión traducida: «Lo que los devotos de los griegos encuentran en sus obras no es solo la Naturaleza; hay algo más, algo superior a ella: bellezas ideales, imágenes nacidas del cerebro».[11]

De forma similar, en el aprendizaje lo que era nuevo en el Occidente de finales del medievo no era tanto un renacimiento como una salida realmente nueva. Las escuelas de Francia y del norte de Italia de finales del siglo XIV y del XV cambiaron su plan de estudios hacia una familia de asignaturas llamada «humanista», que se concentraba en temas «humanos» en lugar de en las abstracciones de lógica formal o el horizonte sobrehumano de la teología y la metafísica, o los objetos infrahumanos de las ciencias naturales. El plan de estudios humanista favorecía la filosofía moral, la historia, la poesía y el lenguaje. Estos eran los estudios que Francis Bacon tenía en mente cuando dijo que no solo eran para adornar sino también para utilizarlos.[12] El objetivo era preparar a los estudiantes en la elocuencia y el debate, talentos vendibles en un continente lleno de Estados competidores y en una península llena de ciudades rivales, tal como habían sido la China de los Estados beligerantes o en la Grecia de las ciudades competidoras.

La manera en que los eruditos contemplaban el mundo tuvo consecuencias. Para los humanistas, un punto de vista histórico era fácil: la conciencia de que la cultura cambia. Para comprender los textos antiguos, por ejemplo los clásicos o la Biblia, se ha de tener en cuenta cómo han variado con el tiempo el significado de las palabras y la red de referencias culturales. El interés de los humanistas por los orígenes del lenguaje y el desarrollo de las sociedades se volvió hacia el exterior, hacia los nuevos mundos y las culturas remotas que descubrían los exploradores de la época. Boccaccio asimiló el vocabulario de lenguas nuevas que utilizaban los viajeros. Marsilio Ficino, un sacerdote florentino y médico que trabajaba para los Medici, contemplaba absorto los jeroglíficos egipcios. Ambos querían saber en qué lengua había hablado Adán en el Edén y de dónde procedía la primera escritura.

El Renacimiento no surgió totalmente armado en Italia ni en ningún otro lugar de Occidente. Cabe insistir en este punto, ya que el eurocentrismo académico, la afirmación de que los logros occidentales fueron únicos y de que su impacto en el resto del mundo no tiene parangón, hace del Renacimiento uno de los regalos de Occidente al resto del mundo. Los grandes movimientos culturales no suelen darse por partenogénesis. El intercambio de ideas casi siempre ayuda y suele ser de vital importancia. Hemos visto hasta qué punto los contactos eurasiáticos contribuyeron a las nuevas ideas del primer milenio a.e.c. Cuesta aceptar que la fluorescencia de ideas y tecnologías en la Alta Edad Media en Europa occidental no se viera estimulada por las influencias derivadas de la «paz mongol». Como veremos en el próximo capítulo, la Ilustración del siglo XVIII tomó prestados modelos estéticos y políticos de China, la India y Japón, y dependía de los contactos con culturas más remotas, de las Américas y el Pacífico, para obtener nuevas ideas. Si el Renacimiento se hubiera dado en Europa sin semejantes influencias externas, la anomalía sería sorprendente.

No obstante, la argumentación que ve el Renacimiento como un acontecimiento separado de fuentes de influencia ajenas a Europa es, a primera vista, fuerte.[13] Los contactos eurasiáticos desaparecieron justo cuando el Renacimiento se estaba haciendo perceptible en la obra de Petrarca y Boccaccio y en el arte de los sucesores sieneses y florentinos de Giotto y Duccio. En la década de 1340, Ambrogio Lorenzetti incluyó a espectadores chinos en una escena de martirio franciscano. Por la misma época, Francesco Balducci Pegolotti escribió una guía de las Rutas de la Seda para comerciantes italianos. Una miniatura italiana del mismo período que se guarda en la Biblioteca Británica muestra a un Khan mogol verosímil dándose un banquete mientras los músicos tocan y los perros mendigan. Menos que una generación después, Andrea da Ferrara representó a la orden dominica difundiendo el Evangelio por lo que los occidentales de entonces conocían del mundo, con lo que parecen ser participantes chinos e indios en la escena. Después, sin embargo, el colapso de la dinastía Yuan en 1368 puso fin a la paz mongol, o al menos acortó las rutas que esta controlaba. Roma perdió el contacto con la misión franciscana en China, que al parecer se extinguió en la década de 1390, ya que el personal existente fue muriendo. Durante el período formativo del Renacimiento, Occidente estaba muy aislado, con pocos o ninguno de los enriquecedores contactos con China, Asia Central e India que habían inseminado a los movimientos anteriores con conceptos y representaciones exóticas o los había dotado de conocimientos y tecnología útiles o de ideas inspiradoras. Cuando Colón salió hacia China en 1492, la información sobre ese país que tenían sus patrones reales estaba tan desactualizada que le proporcionaron credenciales diplomáticas dirigidas al Gran Khan, que había dejado de gobernar en China hacía un siglo y cuarto.

Pese a la interrupción de los antiguos contactos eurasiáticos, en el siglo XV en Eurasia o en partes sustanciales de ella se dieron algunas comunicaciones, documentadas y por medios creíbles, a través del islam. El mundo musulmán llenó y hasta cierto punto salvó la brecha entre Europa y Asia meridional y oriental. Los potentados musulmanes ofrecían a las embajadas obsequios diplomáticos que después llegaban a las cortes europeas, utensilios chinos e indios que se convertían en modelos para los imitadores europeos. Qait Bey, el gobernante de Egipto de finales del siglo XV, se prodigó en regalos de porcelana. De este modo, unos pocos europeos privilegiados pudieron contemplar escenas chinas. La cerámica islámica transmitía algunas imágenes indirectamente. Y sin influencia del islam en general —en la transmisión de textos clásicos, en la comunicación del conocimiento y la práctica científica (sobre todo de astronomía), en la presentación de los artistas occidentales al arte islámico a través de los textiles, las alfombras, la cristalería y la cerámica, y en el intercambio de artesanos— el arte y los libros de la Europa del Renacimiento habrían tenido un aspecto y un contenido muy diferente y mucho menos rico.

La difusión del Renacimiento: la exploración y las ideas

Sea mucho o poco lo que el Renacimiento le debiera a las influencias externas a la cristiandad, sin duda podemos afirmar que, por sus efectos, fue el primer movimiento intelectual global de la historia de las ideas, es decir, el primero cuyos efectos resonaron en ambos hemisferios y penetraron profundamente en el interior de los continentes a ambos lados del ecuador. El Renacimiento podía llevarse, como la biota del intercambio de alimentos entre las colonias de América y Europa, a nuevos destinos. Derivadas del estudio de la antigüedad clásica o del deseo de imitarla, las formas de los occidentales de entender el lenguaje, representar la realidad y modelar la vida acompañó el currículum humanista por todo el mundo. Los valores y la estética de la Grecia y la Roma antiguas empezaron a estar más disponibles que cualquier repertorio de textos, objetos e imágenes concebidos hasta entonces.

En la guarda de su ejemplar de la obra de Vitruvio sobre arquitectura, texto que enseñó a los arquitectos del Renacimiento la mayor parte de lo que sabían sobre los modelos clásicos, Antonio de Mendoza, primer virrey de Nueva España, anotó que «leyó este libro en la ciudad de México» en abril de 1539. En aquella época, los profesores franciscanos en el cercano Colegio de Santa Cruz de Tlatelolco enseñaban a los jóvenes nobles aztecas a escribir como Cicerón y la ciudad de México iba tomando forma alrededor del virrey como una cuadrícula que ejemplificaba los principios de planificación urbana de Vitruvio. Más adelante en el mismo siglo, los jesuitas presentaron a Akbar el Grande litografías de Alberto Durero para que los artistas de la corte mogol las copiaran. En el lapso de poco más de una generación, el misionero italiano Matteo Ricci presentó a los chinos mandarines la retórica, la filosofía, la astronomía, la geografía y la mnemotecnia renacentista, así como el mensaje cristiano. Un escritor de titulares diría: «El Renacimiento se globalizó». Hoy en día estamos acostumbrados a la globalización cultural: la moda, la comida, los juegos, las imágenes, los pensamientos e incluso los gestos cruzan fronteras a la velocidad del rayo. Sin embargo, en aquella época, el éxito del Renacimiento para penetrar en partes remotas del mundo sencillamente no tenía precedentes.

La exploración hizo posible que la influencia europea se proyectara por todo el mundo. Los exploradores también trazaron las rutas a lo largo de las cuales se dio el intercambio ecológico global. Así pues, el modo en que Colón imaginó el mundo, pequeño y por tanto completamente navegable con la tecnología de que disponía, tiene algún derecho a ser una idea de influencia excepcional. Hasta entonces, el conocimiento de cuán grande era el mundo había disuadido la exploración, pero Colón, al imaginar un mundo pequeño, inspiró los esfuerzos para rodear la Tierra. En una de sus últimas retrospectivas sobre su vida, insistía en que «el mundo es pequeño. Lo ha demostrado la experiencia. Y he escrito la prueba [...] con citas de las Sagradas Escrituras [...]. Digo que el mundo no es tan grande como se suele suponer [...] tan seguro como estoy aquí».[14] Pero el suyo fue el ejemplo más productivo de cómo una idea errónea cambió el mundo. Eratóstenes, un bibliotecario de Alejandría, había calculado el tamaño de la Tierra con una precisión notable en torno al año 200 a.e.c. usando una mezcla de trigonometría, que era infalible, y medida, que dejaba lugar a dudas. La controversia académica continuó hasta que Colón propuso nuevos cálculos, según los cuales el mundo parecía un veinticinco por ciento más pequeño de lo que realmente es. Sus cifras estaban del todo equivocadas, pero lo convencieron de que el océano que bañaba Europa por el oeste debía de ser más estrecho de lo que se creía. En eso se basó para creer que podría cruzarlo.

Se salvó del desastre solo porque encontró en su camino un hemisferio inesperado: si América no hubiera estado allí, se habría enfrentado a un viaje imposible de realizar en barco. Su error de cálculo llevó a la exploración de una ruta desconocida que unía Europa con el Nuevo Mundo. Hasta entonces, los europeos no habían podido llegar al hemisferio occidental más que por la infructífera vía marítima vikinga, que contaba con corrientes, rodeando el borde ártico, desde Noruega o Islandia hasta Terranova. La ruta de Colón contaba con el viento, de modo que era más rápida y vinculaba regiones económicamente explotables que tenían un volumen de población elevado, recursos abundantes y grandes mercados. Las consecuencias, entre ellas el comienzo del intercambio ecológico intercontinental, también revirtieron otras grandes tendencias históricas. Cuando los europeos occidentales pusieron las manos sobre los recursos y oportunidades de las Américas, vieron como el equilibrio mundial del poder económico, que durante mucho tiempo había favorecido a China, empezaba a cambiar gradualmente a su favor. Los misioneros y emigrantes revolucionaron el equilibrio mundial de la lealtad religiosa al hacer que el Nuevo Mundo fuera en gran parte cristiano. Hasta entonces, el cristianismo había permanecido asediado en un rincón; a partir de aquel momento, se convirtió en la religión más extensa. Se produjeron migraciones inmensas: unas fueron forzadas, como la de esclavos negros de África; otras, voluntarias, como la de los colonos cuyos descendientes fundaron los Estados de las Américas modernas y lucharon por ellos. El punto de partida para todos estos procesos fue una idea falsa sobre el tamaño de la Tierra. Sus efectos aún resuenan mientras la influencia del Nuevo Mundo en el Viejo se hace cada vez más completa y profunda.[15]

Los historiadores, que tienden a sobrevalorar las actividades académicas, han exagerado hasta qué punto Colón fue un erudito e incluso un humanista. Es cierto que leyó algunos de los textos geográficos clásicos que el Renacimiento descubrió o difundió, pero no hay evidencia de que llegara a la mayoría de ellos hasta después de haber hecho su primer viaje transatlántico y necesitar ayuda instruida para afirmar que había probado sus teorías. La lectura que realmente influyó en él era bastante anticuada: la Biblia, la hagiografía y el equivalente para la época de la literatura barata del puesto de libros de una estación: historias de aventuras de gestas transportadas por mar en las cuales, por lo general, un héroe noble o de la realeza, engañado en cuanto a su derecho de nacimiento, se echa al mar, descubre islas, se las arrebata a monstruos u ogros y consigue una graduación eminente. Esa era la trayectoria misma que Colón buscaba en su vida.

En efecto, su indiferencia hacia la autoridad textual lo convirtió en un precursor de la revolución científica, ya que, como los científicos modernos, prefería la evidencia observada antes que la autoridad escrita. Siempre exclamaba con orgullo cómo había demostrado que Ptolomeo estaba equivocado. El humanismo impulsaba a algunos estudiosos hacia la ciencia fomentando un enfoque crítico del trabajo textual, pero eso no era suficiente para provocar una revolución científica.[16] El incentivo adicional llegó, en parte, en forma de conocimiento acumulado a partir del gran alcance que tuvieron las exploraciones de Colón. Los exploradores llevaban a casa informes de regiones hasta entonces desconocidas y entornos nunca vistos, cajas llenas de muestras de flora y fauna y de especímenes etnográficos y datos: a partir del primer viaje transatlántico de Colón, los exploradores secuestraban pruebas humanas para exhibirlas en casa. En el siglo XVII se volvió normal que los exploradores hicieran mapas de las tierras que visitaban y dibujos del paisaje. Las consecuencias de esto pueden observarse en dos ejemplos muy ilustrativos: los mapamundis, transformados en la época en objetos devocionales diseñados no para transmitir cómo es el mundo en realidad sino provocar asombro por la creación; y los *Wunderkammern*, o cuartos de maravillas: las habitaciones donde los coleccionistas de élite reunían muestras que los exploradores habían llevado a casa y en las que nació la idea del museo. Y aquí llegamos a la ciencia: el campo o grupo de campos en el que los pensadores occidentales hicieron su avance más evidente en el siglo XVII, primero hacia la paridad con sus colegas de Asia, que durante tanto tiempo habían ejercido su superioridad, y después hacia la preponderancia sobre ellos en algunos aspectos.

La revolución científica

La extraordinaria aceleración de la actividad científica de Occidente a finales del siglo XVI y durante el siglo XVII, aproximadamente desde la publicación de la teoría heliocéntrica del universo de Copérnico en 1543 hasta la muerte de Newton en 1727, plantea un problema similar al del Renacimiento. ¿Fue la revolución científica un logro occidental de cosecha propia? Dependía del acceso a un mundo más amplio: fue precisamente debido al contenido de las *Wunderkammern* y a las anotaciones y mapas de expediciones a lugares lejanos que los científicos occidentales contaron con una ventaja en la época. Ahora bien, los europeos inspiraron y lideraron los viajes en cuestión. Fueron mentes y manos occidentales las que identificaron y reunieron las «curiosidades» y observaciones que constituyeron la materia prima de la investigación científica en Occidente. La revolución se dio en una época de contactos renovados eurasiáticos: de hecho, la apertura de las comunicaciones marítimas directas entre Europa y China en la segunda década del siglo XVI aumentó considerablemente el alcance del intercambio potencial. Los esfuerzos por demostrar que tales contactos tuvieron un papel importante poniendo al corriente a la ciencia occidental han fracasado. Hubo algunos intercambios donde los márgenes del islam y la cristiandad rozaron uno con otro, en el Levante, donde los eruditos cristianos buscaron el Urtext del Libro de Job o textos perdidos de Pitágoras y adquirieron conocimientos árabes sobre medicina o astronomía.[17] Copérnico debió de conocer las especulaciones de los primeros astrónomos musulmanes sobre la forma del cosmos y probablemente las adaptó.[18] Las ópticas occidentales también se beneficiaron de la incorporación del trabajo de los musulmanes,[19] aunque su contribución destaca por ser escasa. Y aunque Leibniz creyó haber detectado paralelismos chinos con su trabajo sobre la teoría de los binomios, prácticamente no hay pruebas de influencias chinas o de otra zonas del lejano Oriente sobre la ciencia occidental.[20] La revolución científica fue notable no solo por la acumulación acelerada de conocimiento útil y fiable, sino también por el cambio de iniciativa que representó en el equilibrio de poder y riqueza potenciales en Eurasia: el siglo

XVII fue una especie de «punto de inflexión» en la relación entre China y Europa. El gigante del Este, antes satisfecho de sí mismo, tuvo que prestar atención a los bárbaros a quienes antes despreciaba, que, como los zarcillos trepadores de una planta de judías, se alzaron para demostrar una superioridad insospechada: en 1674 el emperador chino entregó el observatorio astronómico imperial a los jesuitas. Cinco años después, cuando Leibniz sintetizó la evidencia del saber chino de la que habían informado los estudiosos jesuitas, el gran polímata concluyó que China y la cristiandad latina eran civilizaciones equipolentes, con mucho que aprender la una de la otra, pero que Occidente iba por delante en física y matemáticas.[21]

Los cambios sociales, que aumentaron la cantidad de ocio, inversiones y mano de obra instruida disponible para la ciencia, fueron otro elemento del trasfondo occidental.[22] Como hemos visto, la mayoría de los practicantes medievales formaba parte del clero. Otros eran artesanos (o artistas, cuyo estatus social no era mucho mejor). En el siglo XVII, sin embargo, la ciencia se convirtió en una ocupación respetable para laicos, ya que las actividades económicas de la aristocracia se diversificaron. Como vimos en el capítulo anterior, ya no estaban ocupados en la guerra, en parte gracias al desarrollo de unas armas de fuego que cualquiera podía utilizar correctamente con un poco de entrenamiento, así que desapareció la necesidad de mantener una clase costosa que estuviera disponible para el ejercicio de las armas durante toda su existencia. La educación se convirtió en una ruta hacia el ennoblecimiento. Cuando los exploradores abrieron rutas comerciales mundiales, la multiplicación de medios comerciales para conseguir riqueza liberó a las generaciones burguesas para los tipos de servicio en los que anteriormente se habían especializado los aristócratas e, indirectamente, liberó a los aristócratas para la ciencia. Robert Boyle, un noble, pudo dedicar su vida a la ciencia sin reservas. Para Isaac Newton, el hijo de un agricultor arrendatario, esa misma vocación pudo convertirse en un paso hacia la caballería.

Los orígenes estrictamente intelectuales de la revolución científica están en parte en una tradición de pensamiento empírico que se fue acumulando de forma gradual o intermitente tras su resurgimiento en el Occidente del alto medievo (ver pág. 226). De al menos igual importancia fue el creciente interés por la magia y su práctica. Ya hemos visto muchos vínculos entre la ciencia y la magia de épocas anteriores. Esos vínculos continuaban siendo fuertes. La astronomía se superponía con la astrología, la química con la alquimia. El Dr. Fausto fue un personaje ficticio, pero también un caso representativo de cómo el anhelo de conocimiento estaba expuesto a la tentación. Vendió su alma al Diablo a cambio de poder al conocimiento desde la magia. Si la sabiduría fue el regalo de Dios para Salomón, el conocimiento oculto fue el regalo de Satán para Fausto. En el Renacimiento quizás se dedicó más capacidad intelectual a la magia que nunca antes.

Al descubrir los textos mágicos de la antigüedad tardía, los estudiosos pensaron que podrían descubrir una gran era de brujos en un pasado preclásico tal vez recuperable: conjuros de Orfeo para la cura de los enfermos; talismanes del Egipto faraónico para dar vida a las estatuas o resucitar momias al estilo más tarde popularizado por Hollywood; métodos que los antiguos cabalistas judíos habían ideado para invocar poderes normalmente reservados a Dios. Ficino fue el más importante de muchos escritores del Renacimiento que arguyeron que la magia era buena si servía a las necesidades de los enfermos o contribuía al conocimiento de la naturaleza. Los textos mágicos antiguos, hasta entonces condenados por absurdos o impíos, se convirtieron en lectura lícita para los cristianos.

En la búsqueda de una sabiduría más antigua que la de los griegos, el atractivo de Egipto era irresistible y su saber no comprobable. Los jeroglíficos eran indescifrables; la arqueología, inmadura. Sin ninguna fuente de conocimiento fiable, los estudiantes contaban, sin embargo, con una fuente de percepciones falaz y seductora: el corpus que llevaba el nombre de Hermes Trismegistos, supuestamente egipcio antiguo pero en realidad obra de un falsificador bizantino sin identificar. Ficino lo encontró en un envío de libros comprados a Macedonia para la Biblioteca Medici en 1460. Causó sensación en tanto que alternativa al austero racionalismo del aprendizaje clásico.

A finales del siglo XVI y principios del siglo XVII, «Nuevo Hermes» fue el título que los magos otorgaron al santo emperador romano Rodolfo II (1552–1612), que patrocinó las artes esotéricas en su castillo de Praga. Allí se reunían astrólogos, alquimistas y cabalistas para estudiar los secretos de la naturaleza y practicar lo que llamaron pansofía, el intento de clasificar el conocimiento y desbloquear el acceso al dominio del universo.[23] La distinción entre magia y ciencia como medio de intentar controlar la naturaleza casi desapareció. Muchas de las grandes figuras de la revolución científica del mundo occidental en los siglos XVI y XVII bien comenzaron con la magia bien se interesaron por ella. Johannes Kepler fue uno de los protegidos de Rodolfo II. Newton fue un alquimista a tiempo parcial. Gottfried Wilhelm Leibniz fue estudiante de jeroglíficos y notación cabalística. Los historiadores solían creer que la ciencia occidental había surgido del racionalismo y el empirismo de la tradición occidental. Tal vez fuera así, pero también le debió mucho a la magia renacentista.[24]

La magia no funcionó, pero los esfuerzos por manipularla no fueron en vano. La alquimia se volcó en la química, la astrología en la astronomía, la cábala en las matemáticas y la pansofía en la clasificación de la naturaleza. Los magos construyeron lo que llamaron «teatros del mundo», en los que todo el conocimiento podía compartimentarse, junto con *Wunderkammern* en las que exhibir todo lo que había en la naturaleza, o al menos todo cuanto pudieran proveer los exploradores. El resultado incluía métodos para clasificar formas de vida e idiomas que todavía utilizamos en la actualidad.

Después de la magia, o junto con ella, la obra de Aristóteles, que conservaba la categoría de excepcional entre los objetos que los intelectuales occidentales respetaban, fomentó la confianza en la observación y la experimentación como medios para llegar a la verdad. El efecto de Aristóteles fue paradójico: al motivar los intentos de superar la autoridad, alentó a los experimentadores a tratar de demostrar que estaba equivocado. En la mayoría de sus relatos, Francis Bacon representó esta faceta del pensamiento y expresó a la perfección el talante científico de comienzos del siglo XVII. Era un revolucionario insólito: un abogado que llegó a ser lord canciller de Inglaterra. Su vida estuvo sumida en la burocracia, aunque sus investigaciones filosóficas se desviaban de ella con brillantez, hasta que a los sesenta años le procesaron por corrupción. Su defensa, basada en que no se había dejado influir por los sobornos que había recibido, fue la típica de su mente sólida y ordenada. Se le atribuye la frase «El conocimiento es poder» y sus contribuciones a la ciencia reflejan tanto la ambición de un mago por apoderarse de las llaves de la naturaleza como el deseo natural de un canciller de conocer sus leyes. Valoraba la observación por encima de la tradición y se decía que había muerto mártir de la ciencia cuando se resfrió mientras probaba los efectos del «endurecimiento» a baja temperatura en un pollo. Parecía un final apropiado para un científico que recomendó que «deberían recogerse los casos de resfriado con la máxima diligencia».[25]

Bacon ideó el método por el cual los científicos convierten las observaciones en leyes generales: la inducción, por la cual se hace una inferencia general a partir de una serie de observaciones uniformes, luego probadas. El resultado, si funciona, es una ley científica que se puede utilizar para hacer predicciones.

Durante más de trescientos años después de la época de Bacon, los científicos afirmaban que, en general, utilizaban el método inductivo para trabajar. Como dijo más tarde Thomas Huxley, seguidor de Darwin: «La gran tragedia de la ciencia es que un hecho feo asesine una hipótesis bonita».[26] Esta afirmación dista mucho de la realidad: lo cierto es que nunca nadie empieza a hacer observaciones sin tener de antemano una hipótesis que comprobar. Fue Karl Popper quien dio con el mejor criterio para determinar si una proposición es científica o no. El filósofo argumentó que los científicos empiezan con una teoría y después intentan demostrar que es falsa. Si existe una prueba capaz de demostrar que es falsa, la teoría es científica; si la prueba falla, se convierte en ley científica.[27]

Para Bacon, la experiencia era mejor guía que la razón. Compartía con el científico holandés J. B. van Helmont un lema mordaz: «La lógica no sirve para descubrir nada».[28] Este lema tiene sentido en medio de la tensión creciente entre razón y ciencia que se observaba en el pensamiento de la Alta Edad Media. Pero un último aspecto del pensamiento de la época ayudó a reconciliarlas. René Descartes hizo de la duda la llave hacia la única certeza posible. Luchando por escapar de la sospecha de que todas las apariencias son engañosas, razonó que la realidad de su mente quedaba probada por sus propias dudas.[29] De alguna manera, Descartes era un héroe aún más improbable que Bacon. La pereza lo tenía acostado hasta mediodía. Pese a ser falso, afirmaba evitar leer para no mezclar su brillantez o desordenar su mente con los pensamientos inferiores de otros autores. Los estudiosos de la materia señalan semejanzas sospechosas entre sus ideas supuestamente más originales y los textos que san Anselmo había escrito quinientos años antes. Para Descartes, el punto de partida fue el problema milenario de la epistemología: ¿cómo sabemos que sabemos? ¿Cómo podemos distinguir la verdad de la mentira? «Supongamos —dijo— que algún genio malvado ha desplegado todas sus energías para engañarme.» Entonces podría ser que «en el mundo no hubiera nada seguro». Pero, señaló, «sin duda existo también si él me engaña y, por mucho que me engañe, nunca hará que yo no sea nada mientras yo piense que soy algo». La doctrina de Descartes suele apostrofarse así: «Pienso, luego existo». Sería más útil reformularla como «Dudo, luego existo». Al dudar de la propia existencia, se prueba que uno existe. Esto implicaba otro problema: «¿Qué soy yo entonces? Una cosa que piensa. ¿Qué es una cosa que piensa? Es una cosa que duda, comprende, concibe, afirma, niega, quiere, rechaza, que también imagina y siente».[30]

El conocimiento procedente de tal convicción tenía que ser subjetivo. Por ejemplo, cuando Descartes dedujo la existencia del alma y de Dios, lo hizo con el argumento de que, en el caso del alma, podía dudar de la realidad de su cuerpo pero no de la de sus pensamientos, y, en el caso de Dios, su conocimiento de la perfección debía de haberlo implantado «un Ser realmente más perfecto que yo». Así pues, las propuestas políticas y sociales desarrolladas a partir de Descartes tendían a ser individualistas. Si bien las nociones orgánicas de la sociedad y el Estado nunca han desaparecido de Europa, en comparación con otras culturas la civilización occidental ha sido el hogar del individualismo. Y a quien se ha de elogiar o culpar por ello es a Descartes. El determinismo continuó resultando atractivo para los constructores de los sistemas cósmicos: en las generaciones posteriores a Descartes, Baruch Spinoza, el provocador materialista e intelectual judío que logró la distinción de la censura tanto por parte de las autoridades católicas como de las judías, implícitamente negó el libre albedrío. Incluso Leibniz, que dedicó muchos esfuerzos a refutar a Spinoza, eliminó el libre albedrío de sus pensamientos secretos y sospechaba que Dios, en su bondad, solo nos permitía la ilusión de poseerlo. Pero en el siglo siguiente el determinismo se convirtió en una herejía marginada en una época que valoraba por encima de todo la libertad entre una gama de «verdades evidentes» muy limitada. Además, Descartes aportó una cosa aún más sagrada para nuestra modernidad: al rehabilitar la razón y la ciencia, su era nos dejó un juego de herramientas aparentemente completo para pensar: la ciencia y la razón realineadas.

Bajo este sistema mental, o más allá de él, gran parte de la nueva ciencia que activaron los exploradores tenía que ver con la Tierra. Ubicar la Tierra en el cosmos era una tarea inextricablemente ligada a una tecnología de mapas que se desarrollaba rápidamente. Cuando en el siglo XV empezaron a circular por Occidente los textos de Ptolomeo, el gran geógrafo alejandrino del siglo II a.e.c., llegaron a dominar la forma en que los entendidos imaginaban el mundo. Incluso antes de que empezaran a circular las traducciones latinas, los cartógrafos occidentales asimilaron una de las grandes ideas de Ptolomeo: construir mapas de acuerdo a las coordenadas de longitud y latitud. La latitud hacía que los cartógrafos miraran al cielo, ya que una forma relativamente fácil de determinarla era observando el sol y la estrella polar. La longitud también lo hacía, ya que exigía observaciones celestiales minuciosas y complicadas. Mientras tanto, los datos astronómicos continuaron siendo de gran importancia en dos campos: la astrología y la meteorología. La consecuencia fue, en parte, que la tecnología en astronomía mejoró; desde principios del siglo XVII, el telescopio hizo visibles partes del cielo hasta entonces ocultas. La relojería, cada vez más precisa, contribuyó a registrar el movimiento celeste. De ahí, en parte, la ventaja que los astrónomos jesuitas tuvieron sobre los profesionales locales al llegar a China. Los chinos sabían de cristalería, pero, al preferir la porcelana, no se habían molestado en desarrollarla. Sabían de relojería pero no encontraban el sentido a los mecanismos para medir el tiempo que no contaran con el sol y las estrellas. En cambio, los occidentales necesitaban las tecnologías que China descuidaba por motivos religiosos: el vidrio para llenar las iglesias de ventanas con imágenes que transmutaran la luz, y los relojes para regularizar las horas de oración monástica.[31]

Sin embargo, la mayor innovación de la era en cosmología no le debió nada a las innovaciones técnicas y todo a repensar los datos tradicionales con una mente abierta. Surgió en 1543, cuando el astrónomo polaco Nicolás Copérnico propuso volver a clasificar la Tierra como uno de varios planetas que giraban alrededor del Sol. Hasta entonces, la imagen mental del cosmos que predominaba estaba inconclusa. Por un lado, la inmensidad de Dios empequeñecía el universo material, del mismo modo que la eternidad empequeñecía el tiempo. Por el otro, nuestro planeta y por lo tanto nuestra especie estaba en el centro del espacio observable, y los demás planetas, el Sol y las estrellas parecían rodearlo como los cortesanos rodean a un soberano o las tiendas de campaña al fuego. Los antiguos griegos habían discutido el modelo geocéntrico pero la mayoría lo defendía. En la síntesis más influyente de la astronomía antigua, Ptolomeo aseguró que el geocentrismo sería la ortodoxia durante los siguientes mil años. Hacia finales del siglo X, Al-Biruni, el gran geógrafo persa, lo cuestionó, al igual que los teóricos posteriores que escribían en árabe (algunos cuyo trabajo Copérnico conocía casi con toda seguridad).[32] En el XIV, en París, Nicolás Oresme pensó que los argumentos estaban bien equilibrados. Para el siglo XVI se habían acumulado tantas observaciones en contra que parecía imprescindible una nueva teoría.

La sugerencia de Copérnico fue formulada con timidez, propagada con discreción y difundida con lentitud. Copérnico recibió la primera impresión de su gran libro sobre los cielos cuando yacía en su lecho de muerte, medio paralizado, con el cerebro y la memoria destrozados. Se tardaron casi cien años en amoldar a la estructura copernicana la visión que la gente tenía del universo. En combinación con el trabajo de Johannes Kepler de principios del siglo XVII en la creación de mapas de órbitas alrededor del sol, la revolución copernicana expandió los límites de los cielos observables, sustituyó un sistema estático por uno dinámico, y torció el universo percibido hasta hacerlo adoptar una nueva forma alrededor de los caminos elípticos de los planetas.[33]

Para los ojos acostumbrados a una perspectiva galáctica geocéntrica, este cambio de enfoque de la Tierra al Sol como centro supuso tensión. Ahora bien, sería equivocado suponer que la «mente medieval» se centraba en los humanos. El centro de la composición total era Dios. El mundo era pequeño comparado con el cielo. La parte de la creación habitada por el hombre era una mancha diminuta en una esquina de la imagen de Dios trabajando en la creación: la Tierra y el firmamento juntos eran un pequeño disco atrapado entre las mamparas de Dios, como un poco de pelusa atrapada en unas pinzas. Sin embargo, en un universo heliocéntrico los humanos eran como mínimo tan débiles como lo habían parecido anteriormente en manos de Dios: puede que incluso más, ya que Copérnico había desplazado el planeta en el que vivimos de la posición central. Todas las revelaciones posteriores de la astronomía han ido reduciendo las dimensiones relativas de nuestra morada y moliendo su aparente importancia en fragmentos aún más pequeños.

Encajar a Dios en el cosmos es fácil. Para la religión, el problema es dónde encajar al hombre. Como cada nuevo paradigma científico, el heliocentrismo desafió a la Iglesia a adaptarse. Con frecuencia la religión parece ir acompañada de la idea de que todo fue hecho para nosotros y de que los seres humanos ocupamos un lugar privilegiado en el orden divino. La ciencia ha hecho que un cosmos así sea increíble. Resulta tentador concluir que, en consecuencia, ahora la religión no tiene propósito alguno y es incapaz de sobrevivir a los hallazgos de la ciencia. Así pues, ¿cómo sobrevivió al heliocentrismo la comprensión cristiana del valor de los seres humanos?

Sospecho que la religión no es necesariamente una inferencia del orden del universo: puede ser una reacción contra el caos, un acto de desafío a la confusión. Por ello, el desafío del copernicanismo, que daba mayor sentido al orden del cosmos, no fue difícil de acomodar. La ilusión de que entra en conflicto con el cristianismo surgió de las circunstancias particulares de un caso ampliamente malinterpretado. Galileo Galilei, el primer auténtico manipulador del telescopio para observación astronómica, fue un profesor elocuente de la teoría heliocéntrica. Se expuso a que le persiguiera la Inquisición durante lo que realmente fue una disputa de ámbito académico. Galileo se atrevió a participar en la crítica textual de las Escrituras y utilizó la teoría copernicana para esclarecer un texto del Éxodo en el que las oraciones de Josué hacen que el sol se detenga en su curso celestial. Se le prohibió volver al tema; pero, como el propio Galileo sostuvo, el copernicanismo no tenía nada de poco ortodoxo, así que otros eruditos continuaron enseñándolo, entre ellos clérigos e incluso algunos inquisidores. En la década de 1620, el papa Urbano VIII, que no dudó en reconocer que Copérnico tenía razón acerca del sistema solar, alentó a Galileo a romper su silencio y publicar un trabajo donde reconciliara las imágenes heliocéntrica y geocéntrica recurriendo al antiguo paradigma de que existen dos tipos de verdad: la científica y la religiosa. Sin embargo, el tratado que elaboraron los científicos no hacía tales concesiones al geocentrismo. Mientras tanto, la política de la corte papal alertó a las facciones rivales, especialmente dentro de la orden jesuita, del potencial de explotar el debate astronómico, ya que los copernicanos estaban excesivamente sobrerrepresentados en una facción. Galileo fue atrapado en el fuego cruzado, condenado en 1633 y confinado en su casa, mientras que la sospecha de herejía contaminó el heliocentrismo. Ahora bien, todo aquel que se lo planteó seriamente se dio cuenta de que la síntesis copernicana era la mejor descripción disponible del universo observado.[34] La versión pop de este episodio, que la religión ignorante atormentaba a la ciencia inteligente, es una tontería.

Después de los trabajos de Galileo y Kepler, el cosmos parecía más complicado que antes, pero no menos divino y más descontrolado. La gravedad, que Isaac Newton descubrió en un ataque de pensamiento y experimentación frenéticos, empezando en la década de 1660, reforzó esa apariencia de orden. Parecía confirmar la idea de un universo diseñado que reflejaba la mente del creador. Para quienes lo comprendieron, era el secreto subyacente y penetrante que había escapado a los magos del Renacimiento. Newton imaginó el cosmos como una invención mecánica, como los planetarios de latón y madera reluciente que se convirtieron en juguetes populares para las bibliotecas de nobles. Un ingeniero celestial lo afinó. Una fuerza ubicua giró y lo estabilizó. Podías ver a Dios trabajando en el balanceo de un péndulo o la caída de una manzana, así como en el movimiento de las lunas y los planetas.

Newton era una figura tradicional: humanista y enciclopedista anticuado, erudito bíblico obsesionado por la cronología sagrada, e incluso, en sus fantasías más salvajes, mago que perseguía el secreto de un universo sistemático o alquimista en busca de la piedra filosofal. También era una figura representativa de una tendencia del pensamiento de su tiempo: el empirismo, la doctrina amada en Inglaterra y Escocia en su época, que parte de que la realidad es observable y comprobable la percepción sensorial. Tal como lo veían los empiristas, el universo consistía en hechos «cementados» por causalidad, de la que Newton encontró una descripción científica y expuso las leyes. Según el epitafio que escribió Alexander Pope, las «leyes de la naturaleza estuvieron ocultas en la Noche» hasta que «Dios dijo: "¡Que exista Newton!" y se hizo la Luz». Resultó ser un acto de modestia divina. Newton creía que la gravedad era la forma en que Dios mantenía unido el universo. Muchos de sus seguidores no estaban de acuerdo en ese punto. En la Europa del siglo XVIII prosperó el deísmo, en parte porque el universo mecánico podría prescindir del relojero divino después de que le hubiera dado cuerda la primera vez. Hacia finales del siglo XVIII, Pierre-Simon Laplace, quien interpretó casi todos los fenómenos físicos conocidos en términos de atracción y repulsión entre partículas, pudo jactarse de haber reducido a Dios a «una hipótesis innecesaria». Según la descripción que Newton hizo de sí mismo, «Parece que no he sido más que un niño que jugaba en la orilla del mar [...] mientras el gran océano de la verdad yacía ante mí aún por descubrir». Como veremos en otros capítulos, los navegantes que le siguieron no se vieron obligados a seguir su rumbo.[35]

El pensamiento político

El nuevo pensamiento político del Renacimiento y la revolución científica siguió una trayectoria similar al de la ciencia: empezó venerando la antigüedad, continuó adaptándose al impacto de los nuevos descubrimientos y acabó en una revolución.

Al principio, la gente miraba atrás, hacia los griegos y los romanos, pero inventaron nuevas ideas en respuesta a nuevos problemas: el auge de Estados soberanos y de nuevos imperios sin precedentes obligaron a pensar en nuevos patrones. Los nuevos mundos descubiertos por los exploradores estimularon tanto la imaginación política como la científica. Las tierras ideales, imaginadas para hacer críticas implícitas de países reales, siempre habían figurado en los pensamientos políticos. En la sociedad ideal imaginaria de Platón, las artes estaban prohibidas y los ignorantes, expuestos. El *Liezi*, una obra finalizada hacia el año 200 a.e.c., presentaba una tierra perfumada descubierta por un emperador legendario, y gran explorador también, donde «las personas eran gentiles, seguían la Naturaleza sin luchar»,[36] practicaban el amor libre y se dedicaban a la música. En el siglo XIII, Zhou Kangyuan explicó una historia de viajeros que regresaban, saciados de paraíso, y encontraban el mundo real vacío y desolado. La mayoría de pueblos cuentan con mitos de armonía, amistad y abundancia de sus respectivas épocas doradas. Algunos humanistas respondieron a los relatos de Colón sobre sus descubrimientos suponiendo que había tropezado con una edad de oro, como las que cantaban los poetas clásicos, que había sobrevivido incorrupta desde un pasado remoto en unas islas afortunadas. La gente de quien hablaba Colón parecía casi prelapsaria. Iban desnudos, como si evocaran el Edén y dependieran completamente de Dios. Intercambiaban oro por baratijas sin valor. Eran «dóciles» —así era como Colón decía que se les podía esclavizar con facilidad—, y naturalmente respetuosos.

La obra modelo que dio nombre al género de la utopía fue la *Utopía* de Thomas More, de 1529. Según Sidney Lee, un crítico que habló sobre la mayoría de intérpretes de More, «difícilmente hay un esquema de reforma política o social que no se prediga de forma evidente en las páginas de More.»[37] Con todo, Utopía era un lugar extrañamente sombrío, donde había orinales de oro y ningún pub, y el régimen comunista sin clases impartía educación sin emoción, religión sin amor y alegría sin felicidad. Siguió una retahíla de otros mundos maravillosos inspirados en los El Dorado de la vida real que los exploradores iban descubriendo en aquella época. Parecían cada vez menos atractivos. En la obra de 1580 *La città del sole*, de Tommaso Campanella, las cópulas habían de ser autorizadas por astrólogos. *El paraíso perdido* de Milton habría aburrido hasta la muerte a cualquier hijo de vecino. Louis-Antoine de Bougainville creyó haber encontrado la utopía sexual de la vida real en Tahití en el siglo XVIII y cuando se marchó descubrió que la tripulación de sus barcos estaba plagada de enfermedades venéreas. En el siglo siguiente, en el asentamiento proyectado por Charles Fourier, al que llamó Armonía, las orgías tenían que organizarse con tal grado de detalle burocrático que a buen seguro se mataba la pasión. En América, cuando John Adolphus Etzler propuso remodelarla en 1833, las montañas se aplanan y los bosques «se muelen hasta convertirlos en polvo» para hacer cemento para edificios: de hecho, en algunos lugares de la América moderna ha pasado una cosa por el estilo. En Icaria, la utopía que Étienne Cabet puso en marcha en Texas en 1849, la ropa tenía que estar hecha de material elástico para hacer posible que el principio de igualdad «se adapte a personas de diferentes tamaños». En la utopía feminista de Elizabeth Corbett, las mujeres empoderadas quedan extremadamente satisfechas con los tratamientos para las arrugas.[38]

En resumen, en la imaginación occidental individual la mayoría de las utopías han resultado ser distopías disfrazadas: profundamente repulsivas, aunque propuestas con una sinceridad impresionante. Todos los utopistas muestran una fe equivocada en el poder de la sociedad para mejorar a los ciudadanos. Todos quieren que desconfiemos de las figuras paternas de fantasía que seguramente nos harían la vida miserable: guardianes, dictadores proletarios, ordenadores entrometidos, teócratas sabelotodo o sabios paternalistas que piensan por ti, sobrerregulan tu vida y te aplastan o te estiran hacia una conformidad incómoda. Toda utopía es un imperio de Procusto. En el mundo real, las aproximaciones más cercanas a la materialización duradera de visiones utópicas fueron las construidas por los bolcheviques y los nazis en el XX. La búsqueda de una sociedad ideal es como la persecución de la felicidad: es mejor viajar con esperanza, porque la llegada genera desilusión.

El realismo de Nicolás Maquiavelo suele verse como un contraste perfecto con la fantasía de More. Sin embargo, Maquiavelo era la imaginación más ingeniosa del mundo. Tradujo todo el pensamiento occidental anterior que trataba sobre el gobierno. El propósito del Estado —habían decretado los antiguos moralistas— es hacer buenos a sus ciudadanos. Los teóricos políticos de la antigüedad y la Edad Media recomendaban varios tipos de Estado, pero todos estaban de acuerdo en que este debe tener un propósito moral: aumentar la virtud o la felicidad, o ambas. Incluso la escuela legalista de la China antigua abogó por la opresión en el interés más amplio de los oprimidos. Cuando en 1513 Maquiavelo escribió *El príncipe*, sus reglas para los gobernantes, a los lectores les pareció impactante no solo porque el autor recomendaba mentir, engañar, ser cruel y ser injusto, sino porque lo hacía sin ninguna concesión aparente a la moralidad. Maquiavelo había eliminado todas las referencias a Dios de sus descripciones de política y solo hacía referencias burlonas a la religión. La política era un desierto salvaje y sin ley, donde «un gobernante [...] debe ser un zorro para identificar las trampas y un león para ahuyentar a los lobos».[39] La única base para tomar decisiones era el propio interés del gobernante, y su única responsabilidad era conservar su poder. Debía mantener la fe siempre y cuando le conviniera. Debería fingir virtud. Debería aparentar ser religioso. El pensamiento posterior tomó dos influencias de esto. En primer lugar, la doctrina de la *realpolitik*: el Estado no está sujeto a las leyes morales y solo se sirve a sí mismo; en segundo, la afirmación de que el fin justifica los medios y de que cualquier exceso es permisible si contribuye a la supervivencia del Estado, o a la seguridad pública, como lo expresaron otros más adelante. Mientras tanto, en inglés, «Maquiavelo» pasó a ser un término que significaba abuso, y al diablo se le puso el mote de «Old Nick», el Viejo Nick.

Pero ¿realmente quiso Maquiavelo decir lo que dijo? Era un maestro de la ironía que escribió obras de teatro sobre el comportamiento tan asquerosamente inmorales que podían hacer pasar a los hombres por buenos. Su libro para gobernantes está lleno de ejemplos contemporáneos de monarcas de mala reputación, a quienes muchos lectores habrían despreciado: sin embargo, los retrata como modelos a imitar con una despreocupación impávida. El héroe del libro es Cesare Borgia, un aventurero torpe que no consiguió forjar un Estado para sí mismo, y cuyo fracaso Maquiavelo excusa con la mala suerte. El catálogo de inmoralidades parece tan adecuado para condenar a los príncipes que las practican como para establecer reglas de conducta para sus imitadores. El verdadero mensaje del libro está oculto tras un colofón en el que Maquiavelo apela a la fama como un fin por el que merece la pena luchar y exige la unificación de Italia, con la expulsión de los «bárbaros» franceses y españoles que habían conquistado partes del país. Es significativo que *El Príncipe* trate explícitamente solo con monarquías. En el resto de su obra, el autor claramente prefirió las repúblicas y pensaba que las monarquías eran adecuadas solo para períodos degenerados en lo que él veía como una historia cíclica de la civilización. Las repúblicas eran mejores porque un pueblo soberano era más sabio y más fiel que los monarcas. Pero si se suponía que *El Príncipe* había de ser irónica, lo que sucedió después lo fue aún más: casi todo el mundo que la leyó la tomó en serio e inició dos tradiciones que han continuado siendo influyentes hasta nuestros días: una tradición maquiavélica, que exalta los intereses del Estado, y una búsqueda antimaquiavélica, que busca devolver la moral a la política. Todos nuestros debates sobre hasta qué punto el Estado es responsable del bienestar, la salud y la educación retroceden hasta si es responsable de la bondad.[40]

Más que el maquiavelismo, quizás la gran contribución de Maquiavelo a la historia fuera *El arte de la guerra*, donde propuso que los ejércitos ciudadanos eran los mejores. La idea solo tenía un problema: era impracticable. La razón por la cual los Estados confiaban en los mercenarios y en los soldados profesionales era porque ser soldado era un asunto muy técnico: manejar bien las armas no era tarea fácil y para dominar la batalla era imprescindible tener experiencia en ella. Gonzalo de Córdoba, el «Gran Capitán» de los ejércitos españoles que conquistaron buena parte de Italia, invitó a Maquiavelo a instruir a sus tropas: el resultado fue un embrollo sin remedio en el patio de armas. Aun así, los ciudadanos podían ser mejores soldados en algunos aspectos: eran más baratos, comprometidos y fiables que los mercenarios, que evitaban las batallas y alargaban las guerras para prorrogar su empleo. El resultado fue un «momento maquiavélico» en la historia del mundo occidental, donde los cuerpos de caballería voluntaria y las milicias de dudosa eficacia se mantuvieron por motivos básicamente ideológicos, junto con las fuerzas regulares y profesionales.

La influencia de Maquiavelo a este respecto contribuyó a la inestabilidad política de los inicios del Occidente moderno: las ciudadanías armadas podían ser carne de cañón para la revolución, y en ocasiones lo eran. Sin embargo, a finales del siglo XVIII, el juego había cambiado. Las armas de fuego técnicamente simples eran efectivas incluso en manos profanas. El impacto de unas tropas enormes y de la intensa potencia de fuego valía más que la experiencia. La Guerra de la Independencia estadounidense fue un conflicto de transición: las milicias defendieron la revolución con la ayuda de efectivos profesionales franceses. Para cuando llegó la Revolución francesa, los «ciudadanos» recién liberados tuvieron que luchar por sí mismos. «La Nación en Armas» ganó la mayoría de las batallas que libró y comenzó la era del reclutamiento masivo, que duró hasta finales del siglo XX, cuando los rápidos desarrollos técnicos hicieron que ya no fuera necesario, si bien algunos países conservaron el «servicio militar» para mantener una reserva de mano de obra para defensa o con la creencia de que la disciplina militar es buena para los jóvenes. Otra reliquia al parecer imposible de erradicar del momento maquiavélico es esa institución estadounidense tan peculiar: la ley de armas de fuego, que suele justificarse aduciendo que una regulación estricta del comercio de armas violaría el derecho constitucional del ciudadano a poseerlas. En la actualidad, son pocos los ciudadanos estadounidenses que saben que cuando citan con satisfacción la Segunda Enmienda a la Constitución están admirando una doctrina de Maquiavelo: «Siendo necesaria para la seguridad de un Estado libre una milicia bien organizada, no se deberá coartar el derecho del pueblo a poseer y portar armas».[41]

Hubo un aspecto en el que Maquiavelo fue un fiel reflejo de su tiempo: el aumento del poder de los Estados y de los gobernantes dentro de ellos. El ideal de la unidad política occidental se desvaneció a medida que los Estados fueron solidificando su independencia política y ejerciendo más control sobre sus habitantes. En la Edad Media, las esperanzas de esa unidad se habían centrado en la perspectiva de resucitar la unidad del antiguo Imperio romano. El término «Imperio romano» sobrevivió en el nombre formal del grupo de Estados principalmente alemanes: el Sacro Imperio Romano de la Nación Germana. Cuando el rey de España fue elegido emperador Carlos V en 1519, las perspectivas de unir Europa parecían favorables. Como herencia de su padre, Carlos ya gobernaba en los Países Bajos, Austria y gran parte de Europa central. Sus propagandistas especulaban con que él o su hijo serían el «Último Emperador Mundial», predicho por una profecía, cuyo reinado inauguraría la era final del mundo antes de la Segunda Venida de Cristo. Sin embargo, como es natural, casi todos los otros Estados se resistieron a esta idea o trataron de reclamar ese papel de sus propios gobernantes. El intento de Carlos V de imponer la homogeneidad religiosa en su imperio fracasó y dejó bien claros los límites de su poder. Tras su abdicación en 1556, nadie más volvió a plantear con convicción la perspectiva de un Estado universal duradero en la tradición de Roma.

Mientras tanto, los gobernantes eclipsaron a los rivales que aspiraban a conseguir su autoridad y aumentaron su poder sobre sus propios ciudadanos. Si bien la mayoría de los Estados europeos sufrieron guerras civiles en los siglos XVI y XVII, por lo general las ganaron los monarcas. Las ciudades y las iglesias les entregaron la mayoría de sus privilegios además de sus privilegios de autogobierno. A este respecto, como a casi todos los demás, la Reforma fue una atracción secundaria: la Iglesia cedió ante el Estado, independientemente de dónde golpeara la herejía o el cisma. Las aristocracias, cuyos integrantes se habían ido transformando a medida que las familias antiguas se extinguían y los gobernantes elevaban a las nuevas al estatus de nobleza, dejaron de ser rivales del poder real y pasaron a ser sus colaboradores cercanos. Los altos cargos que dependían de la corona se convirtieron en incorporaciones cada vez más rentables para los ingresos que los aristócratas ganaban de sus fincas heredadas.

Los países que habían sido difíciles o imposibles de gobernar antes de sus respectivas guerras civiles se volvieron más fáciles cuando sus elementos violentos e inquietos se hubieron cansado o pasaron a depender de las recompensas y los puestos reales. La facilidad del gobierno se puede medir en los rendimientos de los impuestos. Luis XIV de Francia convirtió a sus nobles en cortesanos, distribuyó las instituciones representativas, se refirió a los impuestos como «desplumar el ganso sin que chille», y proclamó: «Yo soy el Estado». En el siglo XVI y a principios del XVII, a los monarcas de Inglaterra y Escocia les había costado especialmente imponer impuestos. La llamado Revolución Gloriosa de 1688-1689, que sus líderes aristocráticos describieron como un golpe contra la tiranía real, convirtió a Gran Bretaña en el Estado de Europa más eficiente desde el punto de vista fiscal. En lugar de una dinastía comprometida con la paz, la revolución instaló gobernantes que disputaron guerras costosas. Durante el reinado de los monarcas coronados por los revolucionarios británicos, los impuestos se triplicaron.

Junto con el crecimiento del poder del Estado cambió la manera de pensar sobre la política de la gente en general. Tradicionalmente, la ley era un corpus de sabiduría heredado del pasado (ver págs. 132-133 y 240). Ahora llegó a ser vista como un código que reyes y parlamentos podían cambiar y recrear sin cesar. La función principal del gobierno dejó de ser la legislación y empezó a ser la jurisdicción: en Lituania, una estatua de 1588 redefinió la naturaleza de la soberanía en esos términos. En otros países, el cambio simplemente sucedió sin ninguna declaración formal, aunque el filósofo político francés Jean Bodin formuló la nueva doctrina de soberanía en 1576. La soberanía definía el Estado, que tenía el derecho exclusivo de hacer leyes y distribuir justicia a sus súbditos. La soberanía no se podía compartir. No había una parte de la misma para la Iglesia, para ningún interés regional, ni para ningún poder externo. En una avalancha de estatutos, el poder de los Estados sumergió enormes áreas nuevas de la vida pública y el bienestar común: las relaciones laborales, los salarios, los precios, las formas de tenencia de tierras, los mercados, el suministro de alimentos, la cría de ganado e incluso en algunos casos qué adornos personales podía usar la gente.

A menudo los historiadores buscan los orígenes del «Estado moderno», en el que la autoridad de la aristocracia se redujo hasta la insignificancia, la corona impuso un monopolio efectivo de jurisdicción gubernamental, la independencia de las ciudades se marchitó, la Iglesia se sometió al control de la realeza y se identificó cada vez más la soberanía con el poder legislativo supremo, ya que se multiplicaron las leyes. En lugar de peinar Europa en busca de un modelo de este tipo de modernidad, quizás tendría más sentido mirar algo más lejos, en los terrenos del experimento que el imperialismo de ultramar puso a los pies de los gobernantes europeos. El nuevo mundo era realmente nuevo. La experiencia de los españoles allí fue una de las mayores sorpresas de la historia: la creación del primer gran imperio mundial de tierra y mar, y el único a escala comparable erigido sin la ayuda de tecnologías industriales. Se formó un nuevo ambiente político. Los grandes nobles solían estar ausentes de la administración colonial española, atendida por burócratas profesionales con formación universitaria a quienes nombraba y pagaba la corona. Los ayuntamientos estaban compuestos en gran parte por nominados reales. El patrocinio de la iglesia estaba exclusivamente a disposición de la corona. Con algunas excepciones, se prohibió la tenencia de tierras feudal, que combinaba el derecho a un juicio ante la ley y la propiedad de la tierra. Aunque los españoles con derecho a la mano de obra o el tributo de los nativos americanos fingieron disfrutar de una especie de feudalismo de fantasía y hablaban libremente de sus «vasallos», por lo general se les negaban los derechos legales formales para gobernar o administrar justicia y los vasallos en cuestión solo estaban sujetos al rey. Mientras tanto, una corriente de legislación regulaba, o se suponía que regulaba, con eficacia variable, la nueva sociedad de las Américas. El Imperio español nunca fue eficiente debido a las enormes distancias que debía cubrir la autoridad real. Como recomendó el doctor Johnson, a un perro que camina sobre los cuartos traseros no debería exigírsele que caminara bien, sino que habría que aplaudirle por el simple hecho de caminar. Los administradores remotos del interior americano y de las islas del Pacífico podían ignorar las órdenes reales, y de hecho así lo hacían. En situaciones de emergencia, los locales improvisaban métodos de gobierno *sui generis* basados en lazos de parentesco o en recompensas compartidas. Pero si uno mira el Imperio español en su conjunto parece un Estado moderno porque era un Estado burocrático y estaba regido por leyes.

China ya mostraba algunas de las mismas características, y lo había hecho durante siglos, con una aristocracia mansa, clérigos subordinados, una clase administrativa profesional, una burocracia extraordinariamente uniforme y un código de leyes a disposición del emperador. Estos rasgos anticipaban modernidad pero no garantizaban eficacia: por lo general, la jurisdicción de los magistrados era tan amplia que en la práctica quedaba mucho poder en manos locales; y la administración era tan costosa que abundaba la corrupción. A mediados del siglo XVII, China cayó ante los invasores manchúes, una mezcla de silvicultores y hombres de las llanuras a quienes los chinos despreciaban por bárbaros. El shock hizo que los intelectuales chinos volvieran a evaluar la forma en que entendían la legitimidad política. Surgió entonces una doctrina de la soberanía del pueblo similar a las que hemos visto que circularon a finales de la Edad Media en Europa. Huang Zongxi, un moralista estricto que dedicó gran parte de su carrera a vengar el asesinato judicial de su padre a manos de enemigos políticos, huyó al exilio en lugar de soportar el dominio extranjero. Postuló un estado de naturaleza en el que «cada hombre se miraba a sí mismo» hasta que los individuos benevolentes creaban el imperio. La corrupción se estableció y «el interés propio del gobernante ocupó el lugar del bien común [...]. El gobernante chupa la sangre a la gente y se sirve de sus hijas e hijos para satisfacer su libertinaje».[42] Lü Liuliang, un exiliado más joven que él que tenía el pensamiento dominado por la repugnancia que sentía por los bárbaros, fue más allá y dijo: «El hombre común y el emperador están enraizados en la misma naturaleza [...]. Puede parecer que el orden social se proyecta hacia abajo, hacia el hombre común» pero, desde la perspectiva del cielo, «el principio se origina con la gente y sube hasta el gobernante». Y añadió: «El orden y la justicia del Cielo no son cosas que los gobernantes y los ministros puedan tomar y hacer suyas».[43]

En Occidente, este tipo de pensamiento ayudó a justificar repúblicas y a generar revoluciones. En cambio, en China no sucedió nada comparable hasta el siglo XX, cuando la gran influencia occidental hubo hecho su trabajo. Bien es cierto que en el ínterin se dieron montones de rebeliones campesinas, pero, como en el pasado chino, pretendían renovar el imperio reemplazando la dinastía, no acabando con el sistema al transferir el Mandato del Cielo del monarca al pueblo. A diferencia de Occidente, China no contaba con ejemplos de republicanismo o democracia a los que remitirse en la historia o idealizar en los mitos. Aun así, el trabajo de Huang, Lü y los teóricos que los acompañaron y siguieron no estuvo exento de consecuencias: pasó a la tradición confuciana, sirvió para mantener vivo el criticismo radical del sistema imperial y contribuyó a preparar las mentes chinas para la posterior recepción de las ideas revolucionarias occidentales.[44]

Los eruditos chinos tampoco necesitaban pensar en el derecho internacional, que, como veremos en un momento, se convirtió en un foco de preocupación obsesiva en los inicios del Occidente moderno. Uno de los nombres más repetitivos que los chinos han dado a su tierra es «Reino Medio» o «País Central». En cierto sentido es una designación modesta, ya que reconoce implícitamente la existencia de un mundo más allá de China, mientras que otros nombres alternativos no lo hacen, por ejemplo «Todo bajo el Cielo» o «Todo entre los cuatro mares». Ahora bien, sí que transmite unas connotaciones de superioridad inequívocas: una visión del mundo en que la frontera con los bárbaros no merece beneficiarse de que China la conquiste ni supone suficiente recompensa por la molestia de hacerlo. Ouyang Xiu, un eminente confuciano del siglo XI, preguntó: «¿Quién agotaría los recursos de China para disputar con serpientes y cerdos?».[45] El confucionismo ortodoxo esperaba que los bárbaros se sintieran atraídos por el dominio chino con el ejemplo: la conciencia de la superioridad manifiesta de los chinos les induciría a someterse sin el uso de la fuerza. Hasta cierto punto, esta fórmula improbable funcionó. La cultura china atrajo a los pueblos vecinos: los coreanos y los japoneses la adoptaron en gran medida; muchos pueblos del Asia central y sudoriental recibieron una influencia profunda de ella. Los conquistadores que han llegado a China desde el exterior siempre se han visto seducidos por ella.

Se dice que la dinastía Zhou, que tomó el control de China hacia finales del segundo milenio a.e.c., fue la primera en adoptar el término «Reino Medio». En aquel tiempo, China integraba todo el mundo que contaba; para los chinos, los demás humanos eran extraños que se aferraban a los límites de la civilización o la envidiaban desde más allá de sus fronteras. De vez en cuando, la imagen podía modificarse; los reinos bárbaros podían clasificarse en función de su mayor o menor proximidad a la perfección única de China. Cada cierto tiempo, los poderosos gobernantes bárbaros exigían tratados en igualdad de condiciones o títulos de relevancia. A los emperadores chinos que estaban dispuestos a comprar seguridad en respuesta a las amenazas que recibían, las potencias extranjeras a menudo les extorsionaban tributos previstos para clientes de estatus igual o incluso superior, si bien los chinos se aferraban a la fantasía conveniente de que pagaban tales remesas como actos de mera condescendencia.

En lo que consideramos Edad Media, el nombre de Reino Medio reflejaba una imagen del mundo, con el monte Songshan en la provincia de Henan justo en el centro, cuya verdadera naturaleza era muy controvertida entre los estudiosos. En el siglo XII, por ejemplo, la opinión predominante era que, dado que el mundo era esférico, su centro era meramente expresión metafórica. En los mapas más detallados que se conservan del siglo XII, el mundo estaba dividido entre China y el resto, que eran bárbaros, y esa imagen perduró. Aunque en 1610 Matteo Ricci, el jesuita visitante que introdujo la ciencia occidental en China, fue criticado por no colocar a China en el centro de su «Gran Mapa de los Diez Mil Países», esto no significa que los académicos chinos tuvieran una visión del mundo poco realista, sino que la naturaleza simbólica de la centralidad de China tenía que ser reconocida en las representaciones del mundo. No obstante, las convenciones cartográficas nos dicen algo de la autopercepción de quienes las idean: como establecer el meridiano de Greenwich, que define el lugar que uno ocupa en el mundo en función de la distancia que le separa de la capital del Imperio británico, o la proyección de Mercator, que exagera la importancia de los países del norte.[46]

El pensamiento político japonés dependía en gran medida de la influencia de los textos y doctrinas chinos y, por lo tanto, también fue en gran medida indiferente a los problemas de cómo regular las relaciones entre Estados. Desde la primera gran era de influencia china en Japón en el siglo VII e.c., los intelectuales japoneses se sometieron a la superioridad cultural china, igual que los bárbaros occidentales lo hicieron a la de la antigua Roma. Absorbieron el budismo y confucionismo de China, adoptaron los caracteres chinos para su lengua y eligieron el chino como idioma de la literatura que escribieron. Ahora bien, nunca aceptaron que estas formas de adulación implicaran sumisión política. La imagen del mundo que tenía Japón era doble. En primer lugar, en parte, era budista y tomaba prestado el mapa mundial tradicional de la cosmografía india: la India estaba en el centro y el monte Meru, tal vez una representación estilizada del Himalaya, era el punto de fuga del mundo. China era uno de los continentes exteriores y Japón eran «unos granos dispersos en el borde del campo». Sin embargo, al mismo tiempo, esto le otorgó a Japón una ventaja crucial: puesto que el budismo llegó tarde, Japón fue su hogar en su fase más madura, en la que, según los budistas japoneses pensaban, se alimentaban las doctrinas purificadas.[47]

En segundo lugar, había una tradición indígena según la cual los japoneses descendían de una progenitora divina. En 1339, Kitabatake Chikafusa empezó la tradición de llamar a Japón «país divino», con lo que reclamaba para su tierra natal una superioridad limitada: la proximidad con China lo hacía superior a todas las demás tierras bárbaras. Las respuestas japonesas a las demandas de tributos durante la dinastía Ming desafiaron las suposiciones chinas con una visión alternativa de un cosmos políticamente plural y un concepto de soberanía territorial: «El cielo y la tierra son inmensos; no están monopolizados por un solo gobernante. El universo es grande y amplio, y los diversos países están creados para que cada uno participe de su gobierno».[48] En la década de 1590, el dictador militar japonés Hideyoshi soñaba con «aplastar a China como un huevo» y «enseñar a los chinos las costumbres japonesas».[49] Esto fue un cambio de rumbo notable, aunque no prolongado, respecto de las normas anteriores.

El astrónomo confuciano Nishikawa Joken (1648-1724) sintetizó estas tradiciones y las llevó un paso más allá, guiado por sus contactos con Occidente e informado gracias a la inmensidad del mundo que divulgaba la cartografía occidental. Joken señaló que en un mundo redondo no había ningún país literalmente céntrico pero que Japón era verdaderamente divino y superior por naturaleza y adujo motivos supuestamente científicos: tenía mejor clima, cosa que demostraba que contaba con el favor del cielo. Desde tiempos de la Restauración Meiji en 1868, había una ideología de construcción del Estado que reciclaba elementos tradicionales en un mito de invención moderna que representaba a todos los japoneses como descendientes de la diosa del sol. El emperador es su descendiente superior por línea directa. Su autoridad es la de un cabeza de familia. La constitución de 1889 dijo que era «sagrado e inviolable», el producto de una continuidad de sucesión «ininterrumpida durante eras eternas». El comentario más influyente sobre la constitución afirmaba que «el Trono Sagrado se estableció cuando los cielos y la tierra se separaron. El Emperador es el Cielo, descendiente, divino y sagrado».[50] Reconociendo la derrota tras la Segunda Guerra Mundial, el emperador Hirohito, según la traducción considerada oficial por las fuerzas de ocupación estadounidenses, repudió «la falsa concepción de que el Emperador es divino y el pueblo japonés es superior a otras razas». Aun así, resurgen continuamente alusiones a la divinidad del emperador y de la gente en el discurso político, la cultura popular, la retórica religiosa y los cómics que, en Japón, constituyen entretenimientos respetables para adultos.[51]

En Occidente, una vez que la noción de un imperio universal hubo fracasado, incluso como ideal teórico, era imposible tener una visión tan estrecha de las relaciones entre Estados como la de China o Japón. En el sistema estatal tan exhaustivo de Europa, era crucial encontrar una forma de escapar de las relaciones internacionales caóticas y anárquicas. Cuando Tomás de Aquino resumió la corriente de pensamiento tradicional del mundo occidental en el siglo XIII, distinguió las leyes de los Estados individuales de lo que, siguiendo el uso tradicional, llamó el *ius gentium*, la Ley de las Naciones, que todos los Estados deben obedecer y que gobierna las relaciones entre ellos. Sin embargo, nunca dijo qué era ni cómo podía codificarse. No era lo mismo que los principios básicos y universales de justicia, ya que éstos excluían la esclavitud y la propiedad privada, que la Ley de Naciones sí reconocía. Muchos otros juristas asumieron que era idéntica a la ley natural, que, sin embargo, también cuesta de identificar en casos complejos. A fines del siglo XVI, el teólogo jesuita Francisco Suárez (1548-1617) resolvió el problema de manera radical: la Ley de Naciones «Difiere en un sentido absoluto de la ley natural», dijo, y «es simplemente una especie de ley humana positiva»: es decir, dice lo que la gente acuerde que debería decir.[52]

Esta fórmula permitió construir un orden internacional a lo largo de líneas propuestas por primera vez a principios del siglo XVI por uno de los predecesores de Suárez en la Universidad de Salamanca, el dominico Francisco de Vitoria, quien abogó por leyes «creadas por la autoridad del mundo entero», no solo pactos o acuerdos entre Estados. En 1625 el jurista holandés Hugo Grocio creó el sistema que prevaleció hasta finales del siglo XX. Su objetivo era la paz. Deploraba el uso de la guerra como una especie de sistema automático en el que los Estados declaraban hostilidades con un desenfreno de gatillo rápido, sin «ninguna reverencia por la ley humana ni por la divina, justo como si un solo edicto hubiera liberado una locura repentina». Argumentó que la ley natural obligaba a los Estados a respetar la soberanía de cada uno de ellos; sus relaciones estaban reguladas por las leyes mercantiles y marítimas que habían ratificado antes o que tradicionalmente habían aceptado, así como por tratados que hacían entre ellos, que tenían la fuerza de los contratos y que podían imponerse mediante la guerra. Este sistema no necesitaba concurrencia ideológica que lo respaldara. Podía abarcar el mundo más allá de la cristiandad. Continuaría siendo válido incluso aunque Dios no existiera, dijo Grocio.[53]

Sobrevivió razonablemente bien pero no tanto tiempo como las afirmaciones de Grocio podría haber llevado a esperar a sus lectores. Su sistema tuvo bastante éxito ayudando a restringir el derramamiento de sangre en el siglo XVIII. Durante un tiempo, la ley parecía haber erradicado el salvajismo de la guerra. El gran compilador de las leyes de la guerra, Emer de Vattel, pensaba que el combate podía ser civilizado. «Un hombre de alma exaltada ya no siente emoción alguna más que compasión hacia un enemigo conquistado que se ha sometido a sus armas [...]. No olvidemos nunca que nuestros enemigos son hombres. Aunque reducidos a la desagradable necesidad de perseguir nuestro derecho por la fuerza de las armas, no nos deshagamos de esa caridad que nos conecta con toda la humanidad», escribió. Esa devoción no protegía a todas las víctimas del combate, especialmente en la guerra de guerrillas y en la agresión contra enemigos no europeos. Pero la ley hacía la batalla más humana. Durante gran parte del siglo XIX, cuando los generales abandonaron cualquier idea de moderación en su persecución de la «guerra total», los principios de Grocio todavía contribuyeron a la paz y la mantuvieron, al menos en Europa. Con todo, los horrores del siglo XX, y en especial las masacres genocidas que parecían volverse habituales, hacían urgente la reforma. Al principio, cuando los gobiernos de los Estados Unidos propusieron un «nuevo orden internacional» tras la Segunda Guerra Mundial, la mayoría de personas asumieron que habría un sistema colaborativo en el que las Naciones Unidas negociarían las relaciones internacionales y las harían cumplir. No obstante, en la práctica significó la hegemonía de una sola superpotencia que actuaba como policía mundial. Ejercido por los Estados Unidos, el papel demostró ser insostenible porque, si bien la política estadounidense solía ser benigna, no podría inmunizarse contra las distorsiones del interés propio o escapar a la indignación de quienes se sentían injustamente tratados. En el siglo XXI era obvio que el monopolio estadounidense del Estado de superpotencia se acercaba a su fin. El poder de los Estados Unidos, medido en proporción a la riqueza del mundo, iba disminuyendo. En la actualidad se busca un sistema internacional que suceda a la tutela estadounidense, pero no hay ninguna solución a la vista.[54] Grocio dejó otro relevante legado: trató de dividir los océanos del mundo, que eran escenario de un conflicto cada vez más intenso entre los imperios marítimos europeos rivales, en zonas de movimiento libre y restringido. Su iniciativa estaba diseñada para favorecer al Imperio holandés, así que casi todos los demás países la rechazaron, pero estableció términos de debate que todavía hoy motivan controversias sobre si Internet es como el océano: una zona libre en todas partes o un recurso divisible para que los Estados soberanos la controlen si pueden o la dividan si lo desean.[55]

Redefinir la humanidad

En el siglo XVI, otra consecuencia de la construcción de imperios no europeos fue hacer que el pensamiento político regresara a consideraciones más amplias que trascendían los límites de los Estados. «Todos los pueblos de la humanidad son humanos», dijo el reformador moral español Bartolomé de las Casas a mediados del siglo XVI.[56] Suena a tópico, pero fue un intento de expresar una de las ideas más novedosas y potentes de los tiempos modernos: la unidad de la humanidad. Reconocer que todos a los que ahora llamamos humanos pertenecían a una sola especie no era en absoluto una conclusión inevitable. Insistir, como hizo De las Casas, en que todos pertenecemos a una sola comunidad moral era visionario.

Y es que en la mayoría de culturas, en la mayoría de períodos de la historia, no había existido tal concepto. Los monstruos legendarios, a menudo confundidos con productos cargados de imaginación, son justo lo contrario: la prueba de las limitaciones mentales de la gente, de su incapacidad para concebir a los forasteros en los mismos términos que se conciben a ellos mismos. La mayoría de lenguas carecen de una palabra para decir «humano» que incluya a quienes no pertenecen al grupo: la mayoría de pueblos se refieren a los forasteros con la palabra que utilizan para decir «bestias» o «demonios».[57] No hay, por así decirlo, ninguna palabra intermedia entre «hermano» y «otro». Aunque los sabios del primer milenio a.e.c. habían disertado sobre la unidad de la humanidad, y el cristianismo había convertido en ortodoxia religiosa la creencia en nuestra descendencia común, nunca nadie estuvo seguro de dónde trazar la línea entre los humanos y las supuestas subespecies. La biología medieval imaginó una «cadena de vida» en la cual, entre los humanos y las bestias brutas, había una categoría intermedia monstruosa de *similitudines hominis*: criaturas que se parecían a los hombres pero que no eran del todo humanas. Algunas de ellas aparecían vívidamente en la imaginación de los cartógrafos e iluminadores, ya que el naturalista romano Plinio las había catalogado en una obra de mediados del siglo I e.c. que los lectores del Renacimiento trataban con toda la credulidad que un texto antiguo había de merecer. En ella enumeraba hombres con cabeza de perro, nasamones que se envolvían en sus enormes orejas, esciápodos que iban saltando sobre su única pierna, pigmeos y gigantes, personas con pies de ocho dedos vueltos hacia atrás, otros que no tenían boca y se alimentaban inhalando, o que tenían cola, o no tenían ojos, hombres de color turquesa que luchaban contra grifos, tipos peludos y amazonas, así como «los antropófagos y hombres a quienes les crecía la cabeza bajo los hombros», que estaban entre los adversarios a quienes se enfrentaba el Otelo de Shakespeare.

Los artistas medievales hicieron conocidas las imágenes de estas criaturas. ¿Deberían clasificarse como bestias, como hombres o como algo intermedio? Muchos de ellos aparecen en procesión sobre el pórtico de la iglesia de la abadía de Vezélay, del siglo XII, acercándose a Cristo para ser juzgados cuando suene la Última Trompeta; así pues, sin lugar a dudas los monjes creían que las extrañas criaturas eran capaces de salvarse, pero otros escrutadores, con la autoridad de san Alberto Magno, negaban que tales aberraciones pudieran poseer almas racionales o cumplir los requisitos para conseguir la dicha eterna. Naturalmente, los exploradores siempre estaban atentos a estas criaturas. Fue necesaria una bula papal para convencer a algunas personas de que los nativos americanos eran humanos de verdad (incluso entonces algunos protestantes lo negaban y sugerían que en América debía de haber habido una segunda creación de una especie diferente o un engendramiento demoníaco de criaturas engañosamente humanas). Se plantearon dudas similares sobre los negros, los hotentotes, los pigmeos, los aborígenes australianos y todos los demás descubrimientos extraños o sorprendentes que las exploraciones sacaban a relucir. En el siglo XVIII hubo un extenso debate sobre los simios y lord Monboddo, un jurisprudencialista escocés, que defendió la demanda de los orangutanes de ser considerados humanos.[58] Uno no debe condenar a quienes tuvieron dificultades para reconocer su parentesco con otros humanos ni burlarse de aquellos que percibieron humanidad en los simios: las pruebas en las que se basan nuestras clasificaciones tardaron mucho en acumularse y los límites de las especies son mutables.

La cuestión de dónde trazar las fronteras de la humanidad es de importancia vital: pregunte a aquellos que, injustamente clasificados, perderían los derechos de los humanos. Aunque en los últimos doscientos años los límites de la humanidad se han ido ampliando cada vez más, puede que el proceso no haya acabado aún. Darwin lo complicó. «La diferencia entre un hombre salvaje y uno civilizado [...] es mayor que entre un animal salvaje y uno domesticado», dijo.[59] La teoría de la evolución sugería que no había ninguna ruptura de la línea de descendencia que separara a los humanos del resto de la creación. Los activistas de los derechos de los animales concluyeron que incluso nuestra amplia categoría de humanidad actual era demasiado rígida en un aspecto. ¿Hasta dónde debía nuestra comunidad moral, o al menos nuestra lista de criaturas con derechos selectivos, extenderse más allá de nuestra especie para admitir a otros animales?

Se plantea otro problema más: ¿hasta dónde deberíamos proyectar nuestra categoría de humanos? ¿Qué pasa con los neandertales? ¿Qué pasa con los primeros homínidos? Puede que nunca nos encontremos con un neandertal o un *Homo erectus* en el autobús, pero desde sus tumbas nos exhortan a cuestionar los límites de nuestras comunidades morales. Incluso hoy, cuando quizás establecemos las fronteras de la humanidad con más generosidad que en cualquier otro momento del pasado, en realidad solo hemos cambiado los términos del debate: no habrá neandertales en el autobús, pero hay casos análogos —los no nacidos en el útero, los moribundos que necesitan atención— que suponen un desafío más inmediato porque es incuestionable que pertenecen a nuestra propia especie. Ahora bien, ¿comparten los derechos humanos? ¿Tienen derecho a la vida, sin lo cual todos los demás derechos carecen de sentido? En caso negativo, ¿por qué no? ¿Cuál es la diferencia moral entre los humanos en las diferentes etapas de la vida? ¿Se puede detectar esa diferencia más fácil u objetivamente que entre humanos con diferente pigmentación o con diferente longitud nasal, por ejemplo?

Una perspectiva amplia de la humanidad; una perspectiva reducida de la responsabilidad moral del Estado; poca confianza en los Estados soberanos en tanto que base factible para el mundo, sin imperios ni teocracias dominantes; valores y estética clásicos; y la fe en la ciencia y la razón como medios aliados hacia la verdad: estas eran las ideas que conformaban el mundo que el Renacimiento y la revolución científica legaron al siglo XVIII. El mundo en el que se dio la Ilustración.

7

Las ilustraciones mundiales

El pensamiento coordinado y el mundo coordinado

Reflejado y refractado entre las rocas y el hielo, el resplandor hacía del Ártico «un lugar para hadas y espíritus»,[1] según el diario de Pierre Louis Moreau de Maupertuis, quien alcanzó el campamento en Kittis, en el norte de Finlandia, en agosto de 1736. Participaba en el experimento científico más elaborado y costoso jamás realizado. Desde la antigüedad, los científicos occidentales habían asumido que la Tierra era una esfera perfecta pero los teóricos del siglo XVII plantearon dudas. Isaac Newton razonó que al igual que el empuje que se siente al borde de un círculo en movimiento tiende a lanzarnos fuera de un tiovivo, la fuerza centrífuga debía de dilatar la Tierra en el ecuador y aplanarla en los polos. Debía de parecerse más a una naranja un poco aplastada que a una pelota de baloncesto. Mientras tanto, los cartógrafos que trabajaban en un estudio en Francia pusieron objeciones. Según sus observaciones, el mundo parecía tener forma de huevo, dilatado hacia los polos. La Real Academia francesa de las Ciencias propuso resolver el debate enviando simultáneamente a Maupertuis al límite del Ártico y a otra expedición al ecuador para medir la longitud de un grado a lo largo de la superficie de la circunferencia de la Tierra. Si las mediciones del fin del mundo coincidían con las del medio, el globo sería esférico. Cualquier diferencia entre ellas indicaría por dónde estaba abultado el mundo.

En diciembre de 1736, Maupertuis empezó a trabajar «con un frío tan extremo que cada vez que tomábamos un poco de brandy, lo único que podía mantenerse líquido, la lengua y los labios se nos pegaban a la taza, congelados, y cuando la apartábamos estaba manchada de sangre». El frío «nos congelaba las extremidades, mientras que el resto del cuerpo estaba bañado en sudor, tal era el exceso de trabajo».[2] En aquellas condiciones la precisión total era imposible pero la expedición ártica consiguió lecturas sobrestimadas en menos de un tercio del uno por ciento que contribuyeron a convencer al mundo de que el planeta tenía la forma que Newton había predicho: aplastado en los polos y abultado en el ecuador. En la portada de sus obras completas, Maupertuis aparece con una gorra y un cuello de pelo sobre un elogio que reza: «Su destino era determinar la forma del mundo».[3]

Sin embargo, escaldado por la experiencia, Maupertuis, como muchos exploradores científicos, descubrió los límites de la ciencia y la grandeza de la naturaleza. Empezó como empirista y terminó como místico. En su juventud creía que cada verdad era cuantificable y que cada hecho podía sentirse. Próximo a su muerte en 1759, afirmó: «No puedes perseguir a Dios en la inmensidad de los cielos, en las profundidades de los océanos o en los abismos de la tierra. Tal vez aún no sea hora de entender el mundo sistemáticamente; quizás sea momento de contemplarlo y maravillarse». En 1752 publicó *Cartas sobre el progreso de las ciencias* y predijo que el siguiente tema que abordaría la ciencia serían los sueños. Con la ayuda de drogas psicotrópicas, «unas pociones de las Indias», los experimentadores averiguarían lo que había más allá del universo. Especuló que tal vez el mundo que percibíamos fuera ilusorio. Quizás solo existiera Dios y las percepciones fueran solo propiedades de una mente «sola en el universo».[4]

Una visión de conjunto de la época

La peregrinación mental de Maupertuis entre la certeza y la duda, la ciencia y especulación, el racionalismo y la revelación religiosa, reproducía a pequeña escala la historia del pensamiento europeo en el siglo XVIII.

Primero, una gran llamarada de optimismo iluminó la confianza en lo perfecto del hombre, lo infalible de la razón, la realidad del mundo observado y la suficiencia de la ciencia. En la segunda mitad del siglo, la llama de la Ilustración empezó a debilitarse: los intelectuales elevaron los sentimientos por encima de la razón y las sensaciones por encima de los pensamientos. Finalmente, durante un tiempo, el derramamiento de sangre revolucionario y la guerra parecieron apagar la antorcha completamente. Pero las brasas no desaparecieron: la fe imperecedera en que la libertad puede impulsar la bondad humana, en que merece la pena perseguir la felicidad en esta vida y en que la ciencia y la razón, pese a sus limitaciones, pueden desbloquear el progreso y mejorar las vidas.

Los cambios medioambientales favorecieron el optimismo. La Pequeña Edad de Hielo acabó cuando la actividad de las manchas solares, que había sido caprichosa en el siglo XVII, recuperó sus ciclos normales.[5] Entre 1700 y la década de 1760, todos los glaciares del mundo de los que se conservan mediciones empezaron a menguar. Por razones todavía desconocidas, que sospecho que deben de ser identificables en el nuevo calentamiento global, el mundo de la evolución microbiana cambió a favor de la humanidad. Las plagas se retiraron. La población creció casi en todas partes, especialmente en algunos puntos donde la peste se había cebado más, como Europa y China. Tradicionalmente, los historiadores han atribuido el repunte demográfico a la inteligencia humana: mejor alimentación e higiene, y ciencia médica que priva a los microbios mortales de nichos ecológicos en los que pulular. Ahora, sin embargo, se va extendiendo la conciencia de que esta explicación no cuadra: las zonas en las que alimentación, las medicinas y la higiene eran malas se beneficiaron casi tanto como las que estaban más avanzadas en estos aspectos. Allí donde la Revolución industrial vomitó barrios marginales y laberintos, ambientes ideales para la reproducción de los gérmenes, la tasa de mortalidad disminuyó. El número de personas continuó creciendo de forma implacable. La explicación principal radica en los propios microbios, que al parecer disminuyeron en virulencia o abandonaron los huéspedes humanos.[6]

Mientras tanto, el Estado político y comercial del mundo contribuía a la innovación. Europa estaba en contacto cercano con más culturas que nunca, ya que los exploradores pusieron casi todas las costas habitables del mundo en contacto con todas los demás. Europa occidental estaba perfectamente situada para recibir e irradiar nuevas ideas: la región era el emporio del comercio global y el lugar donde se concentraban e irradiaban los flujos de influencia mundiales. Europa generaba iniciativa como nunca antes lo había hecho: la capacidad de influir en el resto del mundo. Pero los occidentales no habrían tenido un papel de remodelación mundial de no haber sido por la reciprocidad del impacto. La influencia de China era más grande que nunca, en parte debido a una brecha creciente de comercio en detrimento de Europa, ya que los nuevos volúmenes comerciales de té, porcelana y ruibarbo —que quizás ya no fuera un medicamento revolucionario pero tenía mucha demanda como uno de los primeros profilácticos modernos— añadían nuevos casi monopolios a las ventajas tradicionales de China. El siglo XVIII fue, en palabras de un historiador, «el siglo chino» del mundo.[7] Los jesuitas, los embajadores y los comerciantes transmitían imágenes de China y procesaban modelos chinos de pensamiento, de arte y de vida para el consumo occidental. En 1679, Leibniz, entre cuyas contribuciones a la ciencia estaban el cálculo y la teoría binomial, reflexionó sobre la nueva proximidad de las extremidades de Eurasia en *Novissima Sinica,* su recopilación de noticias de China compiladas principalmente a partir de fuentes jesuitas. «Quizás La Suprema Providencia haya ordenado esta disposición para que, a medida que los pueblos más cultivados y distantes extiendan sus brazos los unos hacia los otros, los de en medio vayan mejorando poco a poco su forma de vida.»[8]

El gusto de la élite por Europa cambió bajo el hechizo de China. Cuando Jean-Antoine Watteau diseñó un apartamento para Luis XIV se pusieron de moda los esquemas decorativos de estilo chino, que se extendieron por todos los palacios de la dinastía borbónica, donde todavía abundan las habitaciones revestidas de porcelana y ahogadas de motivos chinos. El estilo chino se extendió de la corte borbónica a toda Europa. En Inglaterra, el hijo del rey Jorge II, el duque de Cumberland, navegaba tan a gusto en un barco recreativo chino de imitación cuando no estaba justificando su apodo de «el

Carnicero» asesinando a opositores políticos. *Arquitectura china y gótica* (1752), de William Halfpenny, fue el primero de muchos libros en tratar el arte chino como equivalente al europeo. Sir William Chambers, el arquitecto británico que estaba más de moda en la época, diseñó una pagoda para Kew Gardens, en Londres, y muebles chinos para casas de aristócratas, mientras que Thomas Chippendale, *el Chino*, como le apodaban sus contemporáneos, el ebanista más destacado de Inglaterra, popularizó la temática china en los muebles. Hacia mediados de siglo, en todos los hogares de clase media franceses y holandeses colgaban grabados de escenas chinas. En jardines e interiores, todo el que tuviera gusto quería estar rodeado de imágenes de China.

El pensamiento eurocéntrico: la idea de Europa

Durante tal vez un milenio y medio, Europa quedó empequeñecida ante China en casi todos los ámbitos en que se mide el éxito: solidez económica y demográfica, desarrollo urbano, progreso técnico, productividad industrial.[9] Pero si el siglo XVIII fue el siglo chino, también fue un tiempo de oportunidades e innovación en Occidente. En algunos aspectos, Europa reemplazó a China para volver a ser, como dijo Edward Gibbon en la célebre frase de apertura de *Historia de la decadencia y caída del Imperio romano*, «la parte más justa de la Tierra», que alberga «la zona más civilizada de la humanidad».[10] En cierto sentido, «Europa» era una idea nueva o reavivada. Entre los antiguos griegos era el nombre geográfico familiar que daban al vasto interior que admiraban a norte y oeste. Aproximadamente medio siglo antes del nacimiento de Cristo, anticipando la autocomplacencia de los europeos posteriores, Estrabón escribió: «Debo comenzar con Europa porque es diversa en su forma y al tiempo la naturaleza la ha adaptado admirablemente para desarrollar la excelencia de hombres y gobiernos».[11] Sin embargo, lo que siguió fue casi el olvido durante un largo período en el que el Imperio romano fue en declive al tiempo que se debilitaban los contactos dentro de Europa y por toda ella. Los pueblos de las diferentes regiones tenían muy poco que ver unos con otros para fomentar o mantener una identidad común. Los litorales mediterráneo y atlántico, que el Imperio romano había unido, se separaron obedeciendo a los imperativos geográficos, ya que los divide una inmensa cuenca de montañas y marismas que se extiende desde la meseta española, cruza los Pirineos, el Macizo Central, los Alpes y los Cárpatos hasta las marismas de Pinsk. Siempre ha sido un rompeolas difícil de cruzar. La Iglesia latina se aseguró de que los peregrinos, los eruditos y los clérigos atravesaran buena parte del extremo occidental del continente y mantuvo viva una sola lengua de adoración y aprendizaje; sin embargo, las fronteras entre las lenguas vernáculas eran alienantes para aquellos que intentaban cruzarlas. La Iglesia latina se extendió solo hacia el norte y el este. Escandinavia y Hungría permanecieron fuera de su alcance hasta el siglo XI, y Lituania y la costa este del Báltico hasta el XIV. No avanzó más allá.

El nombre y la idea de Europa se fue recobrando entre los siglos XV y XVIII, a medida que se fue recuperando la autoconfianza europea. Las divisiones de Europa no sanaron; más bien empeoraron a medida que la Reforma y la fragmentación entre Estados soberanos mutuamente hostiles, o al menos competidores, fue multiplicando los odios. Nunca se alcanzó un acuerdo sobre dónde estaban las fronteras de la región laica. Con todo, la sensación de pertenecer a una comunidad europea y de compartir una cultura europea se fue asentando en las élites, que empezaron a conocerse en persona y a escribirse. La uniformidad del gusto ilustrado en el siglo XVIII hizo posible deslizarse entre fronteras muy lejanas con poco más salto cultural que el que siente un viajero moderno en una sucesión de salas VIP de aeropuerto. Gibbon, lector devoto de Estrabo, que hizo que su madrastra le enviara su ejemplar para estudiar mientras estaba en un campo de entrenamiento de la milicia, estaba a la mitad de su *Historia de la decadencia y caída del Imperio romano* cuando formuló una idea europea: «El deber de un patriota es querer y promover el interés exclusivo de su país natal: pero a un filósofo se le puede permitir ampliar sus puntos de vista y considerar a Europa como una gran república cuyos habitantes diversos han alcanzado casi el mismo nivel de cortesía y refinamiento».[12] Unos años más tarde, el estadista británico

Edmund Burke, del que hablaremos en breve en tanto que pensador influyente sobre la relación entre libertad y orden, se hizo eco de este pensamiento: «Ningún europeo puede ser un auténtico exiliado en ninguna parte de Europa».[13]

La creencia en una cultura europea común que tenía Gibbon, al igual que Estrabo, era inseparable de su convicción de la superioridad europea, «que se distinguía por encima del resto de la humanidad». El resurgimiento de la idea de Europa estuvo cargado de amenazas para el resto del mundo. Sin embargo, los imperios de ultramar fundados o extendidos desde Europa en los siglos XVIII y XIX resultaron ser frágiles; sus antecedentes morales no eran lo bastante buenos para sostener el concepto de superioridad europea. En la primera mitad del siglo XX, la idea de una Europa única se diluyó con las guerras y se filtró por las grietas de los terremotos ideológicos. Empezó a ser habitual reconocer el hecho de que «Europa» era un término elástico, una construcción mental que no se correspondía con ninguna realidad geográfica objetiva y que no tenía unas fronteras naturales. Europa, dijo Paul Valéry, era simplemente «un promontorio de Asia». La forma como se recuperó esta idea en el movimiento de la Unión Europea de finales del siglo XX habría sido irreconocible para Gibbon: sus principios unificadores eran la democracia y un mercado interno libre, pero la elección de sus Estados miembros de cómo definir a Europa y a quién excluir de sus beneficios continuaba siendo tan egoísta como siempre.[14]

La Ilustración: el trabajo de los filósofos

La obra clave para comprender el contexto del nuevo pensamiento fue la *Enciclopedia*: la Biblia laica de los filósofos, como se conocía a los intelectuales ilustrados franceses, que dictaron los gustos intelectuales al resto de la élite europea durante una época, principalmente en el tercer cuarto del siglo XVIII. Diecisiete volúmenes de texto y once de acompañamiento que fueron apareciendo durante un período de veinte años a partir de 1751. En 1779 se habían vendido veinticinco mil copias. Puede parecer una cifra pequeña, pero, por las tiradas e informes detallados, era lo bastante grande para llegar a toda la intelectualidad europea. Se hicieron innumerables obras derivadas, resúmenes, revisiones e imitaciones que hicieron de la *Enciclopedia* una obra ampliamente conocida, enormemente respetada y, en los círculos conservadores y clericales, profundamente temida.

Tenía quizás el subtítulo más expresivo de la historia de la publicación: *Diccionario razonado de las ciencias, las artes y los oficios*. Esta frase revelaba las prioridades de sus autores: la referencia a un diccionario evoca la noción de presentar el conocimiento en orden, mientras que la lista de temas abarca conocimientos abstractos y útiles en una sola vista general. Según el editor en jefe Denis Diderot, un radical parisino que combinaba fama como pensador, eficiencia como director de proyectos, morbilidad como satírico y habilidad como pornógrafo, el objetivo era «empezar por el hombre regresar a él». Como dijo en el artículo sobre enciclopedias en la obra homónima, se las arregló «para reunir los conocimientos dispersos sobre la faz de la Tierra y que no muramos sin habernos hecho merecedores de pertenecer al género humano». Hacía hincapié en aspectos prácticos: en comercio y tecnología, cómo funcionan las cosas y cómo añaden valor. «Hay más intelecto, sabiduría y consecuencia en una máquina para hacer medias que en un sistema de metafísica».[15] La idea de la máquina estaba en el corazón de la Ilustración, no solo porque era útil sino también porque era una metáfora del cosmos, como el modelo de reloj iluminado teatralmente que Joseph Wright pintó entre principios y mediados de la década de 1760, donde las lunas y los planetas, de latón reluciente, rotan de forma predecible siguiendo un patrón perfecto e invariable.

Los autores de la *Enciclopedia* coincidieron en gran medida en la prioridad de la máquina y en la naturaleza mecánica del cosmos. También compartían la convicción de que razón y ciencia eran aliadas. Los filósofos ingleses y escoceses de las dos generaciones anteriores habían convencido a la mayoría de sus colegas intelectuales del resto de Europa de que aquellos dos caminos gemelos hacia la verdad eran compatibles. La portada alegórica de la *Enciclopedia* representaba la Razón retirando el velo que cubría los ojos de la Verdad. Los escritores compartían tanto hostilidades como entusiasmos: en general, eran críticos con los monarcas y aristócratas, y recurrían a los textos de John Locke, un inglés apologista de la revolución que hacia finales del siglo XVII y principios del XVIII alabó el valor de las garantías constitucionales de libertad contra el Estado. Las excepciones debilitaban los principios de Locke: creía en la libertad de religión pero no para los católicos; libertad de trabajo pero no para los negros; y derechos a la propiedad pero no para los nativos americanos. Aun así, los filósofos se adhirieron más a sus principios que a sus excepciones.

Los autores de la *Enciclopedia* desconfiaban de la Iglesia más incluso que de los monarcas y aristócratas. Insistiendo en la superioridad moral media de los ateos y la mayor benevolencia de la ciencia respecto de la gracia, Diderot proclamó que «la humanidad no será libre hasta que el último rey sea estrangulado con las entrañas del último sacerdote».[16] Voltaire, una voz persistente del anticlericalismo, fue el hombre mejor relacionado del siglo XVIII. Se escribía con Catalina la Grande, corregía la poesía del rey de Prusia e influyó en monarcas y estadistas de toda Europa. Sus obras se leían en Sicilia y Transilvania, se plagiaron en Viena y se tradujeron al sueco. Voltaire erigió su propio templo al «arquitecto del universo, el gran geómetra» pero veía el cristianismo como una «superstición infame que hay que erradicar; no digo de entre la chusma, que no es digna de ser ilustrada y es apta para todos los yugos, sino entre la gente civilizada y que desea pensar».[17] El progreso de la Ilustración se puede medir en actos anticlericales: la expulsión de los jesuitas de Portugal en 1759; la secularización por parte del zar de una gran cartera de propiedades de la Iglesia en 1761; la abolición de la orden jesuita en la mayor parte del resto de Occidente entre 1764 y 1773; las treinta y ocho mil víctimas expulsadas de casas religiosas a la vida laica en Europa en la década de 1780. En 1790 el rey de Prusia proclamó su autoridad absoluta sobre el clero de su reino. En 1798 un ministro español propuso incautar la mayor parte de las tierras que le quedaban a la Iglesia. Mientras tanto, en los niveles más exclusivos de la élite europea, el culto a la razón adquirió tintes de religión alternativa. En los ritos de la francmasonería, una jerarquía profana celebraba la pureza de su propia sabiduría, que Mozart evocó brillantemente en *La flauta mágica*, interpretada por primera vez en

1791. En 1793 los comités revolucionarios prohibieron el culto cristiano en algunas partes de Francia y pusieron carteles a la puerta de los cementerios en los que proclamaban: «La muerte es un sueño eterno». En el verano de 1794, el gobierno de París trató de reemplazar el cristianismo por una nueva religión, la adoración de un Ser Supremo de supuesta «utilidad social». El intento no duró mucho.

Los enemigos del cristianismo no prevalecieron, al menos no exclusivamente ni por mucho tiempo. En la segunda mitad del siglo XVIII, los resurgimientos religiosos acabaron con la amenaza. Las iglesias sobrevivieron y en muchos sentidos se recuperaron, por lo general gracias a que atraían a la gente normal y corriente y las emociones afectivas con, por ejemplo, los conmovedores himnos de Charles Wesley en Inglaterra, o el culto conmovedor del Sagrado Corazón en la Europa católica, o el carisma emotivo de los sermones evangélicos, o el valor terapéutico de la oración silenciosa y de la sumisión al amor de Dios. Con todo, el anticlericalismo de la élite siguió siendo un rasgo característico de la política europea. En concreto, la afirmación de que para ser liberal y progresista un Estado ha de ser laico ha sido imposible de erradicar, tanto que no se puede llevar velo en la escuela de la Francia laica, ni crucifijo sobre el uniforme de enfermera en un hospital del sistema nacional de salud británico, ni rezar en una escuela estatal de EE. UU. Por otra parte, si continuamos mirando hacia adelante por un momento, vemos que los intentos modernos de rehabilitar el cristianismo en la política, como el catolicismo social, el evangelio social y el movimiento demócrata cristiano, han tenido cierto éxito electoral y han influido en la retórica política sin revertir los efectos de la Ilustración. De hecho, el país donde la retórica cristiana es más ruidosa en política es el que tiene la constitución y las instituciones públicas más rigurosamente laicas, y la tradición política más representativa de la Ilustración: los Estados Unidos de América.[18]

La confianza en el progreso

De vuelta en el siglo XVIII, la actitud progresista o el hábito mental respaldaron el talante de los filósofos. Los enciclopedistas pudieron proclamar el radicalismo frente a los poderes del Estado y la Iglesia gracias a la creencia subyacente en el progreso. Para desafiar el statu quo hay que creer que las cosas mejorarán. De lo contrario, gritarás el archiconservador: «¿Reforma? ¿Reforma? ¿No están lo bastante mal las cosas ya?».

Para los observadores del siglo XVIII fue fácil convencerse de que estaban rodeados de pruebas de progreso. A medida que subía la temperatura mundial, las plagas se retiraban y el intercambio ecológico aumentaba la cantidad y variedad de alimentos disponibles, la prosperidad parecía acumularse. Como veremos, la tasa de innovación en ciencia y tecnología descubrió un panorama cada vez mayor de conocimiento y proporcionó nuevas y poderosas herramientas con las que explotarlo. Cuando en 1754 se fundó en Inglaterra la institución que más encarnó la Ilustración, recibió el nombre de Real Sociedad para el Fomento de las Artes, las Manufacturas y el Comercio. El nombre captaba los valores prácticos, útiles y técnicos de la época. James Barry pintó una serie de lienzos titulada *El progreso de la cultura humana* para los muros de las instalaciones de la Sociedad, empezando por la invención de la música, atribuida a Orfeo, y continuando por la agricultura de la antigua Grecia. Seguían escenas del ascenso de la Gran Bretaña moderna al nivel de la antigua Grecia, culminando con paisajes del Londres de la época de Barry y una visión final de un nuevo Elíseo en el que los héroes de las artes, las manufacturas y el comercio, que resultaban ser ingleses en su mayoría, disfrutaban de la felicidad etérea.

Aun así, la idea de que en general, fluctuaciones aparte, las cosas siempre, y quizás inevitablemente, van a mejor es contraria a la experiencia común. Durante la mayor parte de la historia, la gente se ha atenido a la evidencia y ha asumido que vivía en tiempos de declive, o en un mundo de decadencia o, en el mejor de los casos, de cambio indiferente, en el que la historia no era más que una puñetera cosa detrás de otra. O, como los antiguos sabios que pensaban que el cambio era una ilusión (ver pág. 180), ha negado la evidencia y ha afirmado que esa realidad era inmutable. En el siglo XVIII, incluso quienes creían en el progreso temían que pudiera tratarse tan solo de una fase; disfrutaban de él en aquella época pero era excepcional para los estándares de la historia en general. El marqués de Condorcet, por ejemplo, creyó ver «a la raza humana [...] avanzando con paso seguro por el camino de la verdad, la virtud y la felicidad» solo porque las revoluciones políticas e intelectuales habían subvertido los efectos paralizantes de la religión y la tiranía sobre el espíritu humano, «emancipado de sus grilletes» y «liberado del imperio del destino».[19] Irónicamente, escribió su adhesión al progreso estando sentenciado a muerte por las autoridades revolucionarias.

Sin embargo, la idea del progreso sobrevivió a la guillotina. En el siglo XIX se fortaleció y se alimentó de la «marcha de mejora»: la historia de la industrialización, la multiplicación de la riqueza y la fuerza física, las victorias inseguras pero alentadoras del constitucionalismo contra la tiranía. Empezó a verse como posible la idea de que el progreso era irreversible, independientemente de los fracasos humanos, porque la evolución lo había programado en la naturaleza. Tomaba los horrores de finales del siglo XIX y del siglo XX —un catálogo de hambrunas, fracasos, salvajismos y conflictos genocidas— para quitarle la idea de la cabeza a la mayoría de la gente.

Esto no significa que la idea de progreso fuera solo una imagen mental de los buenos tiempos en que se había impuesto. Tenía orígenes remotos en dos ideas antiguas: la bondad humana y una deidad providencial que cuida de la creación. Ambas ideas implicaban progreso de un tipo: confianza en que, a pesar de las intervenciones periódicas del mal, la bondad había de triunfar al final, quizás literalmente al final, en algún clímax milenario.[20] Pero el milenarismo no fue suficiente por sí solo para hacer posible la idea de progreso: después de todo, todo podía empeorar antes de la redención final, y según algunas profecías así sería. La confianza en el progreso dependía a su vez de una propiedad aún más profunda de la mente. La clave era el optimismo. Había que ser optimista para embarcarse en un proyecto tan largo, desalentador, laborioso y peligroso como la *Enciclopedia*.

Dada la dificultad de ser optimista al enfrentarse a las calamidades del mundo, a alguien tenía que ocurrírsele una forma de entender el mal para hacer que el progreso fuera creíble. De alguna manera tenía que parecer que la miseria y el desastre eran a fin de bien. Los teólogos asumieron la tarea, pero nunca satisficieron a los ateos con respuestas a la pregunta: «Si Dios es bueno, ¿por qué existe el mal?». Entre las posibles respuestas (ver págs. 170-171) están el reconocimiento de que el sufrimiento es bueno (una propuesta rechazada por la mayoría de gente que lo experimenta), que la propia naturaleza de Dios es sufrir (cosa que a muchos sirve de poco consuelo), que el mal es necesario para que el bien tenga sentido (en cuyo caso estaríamos mejor con un equilibrio más favorable o con un mundo moralmente neutral, dicen quienes discrepan), o que la libertad, que es el bien supremo, implica libertad para el mal (pero algunas personas dicen que preferirían renunciar a la libertad). En el siglo XVII, el crecimiento del ateísmo hizo que la tarea de los teólogos pareciera urgente. La filosofía laica no fue mejor en la tarea, ya que la concepción laica del progreso es tan difícil de hacer encajar con los desastres y percances como lo es el providencialismo. «Justificar los caminos de Dios ante el hombre» fue el objetivo que Milton se propuso en su gran poema épico, *El paraíso perdido*. Pero una cosa es ser poéticamente convincente y otra muy distinta dar con un argumento congruente.

En 1710, Leibniz lo hizo. Fue el polímata de más alcance de su época y combinó contribuciones sobresalientes a la filosofía, la teología, las matemáticas, la lingüística, la física y la jurisprudencia con su papel de cortesano en Hannover. Partió de una verdad tradicionalmente expresada y presenciada en la experiencia cotidiana: el bien y el mal son inseparables. La libertad, por ejemplo, es buena, pero debe incluir la libertad de hacer el mal; el altruismo es bueno solo si existe la opción del interés propio. Pero de todos los mundos concebibles por la lógica, el nuestro tiene, por decreto divino, el mayor excedente posible de bien por encima de mal, dijo Leibniz. Así pues, en la frase utilizada por Voltaire para burlarse de esta teoría: «Todo es a fin de bien en el mejor de los mundos posibles». En *Cándido*, la novela picaresca satírica de Voltaire, Leibniz está representado por el personaje del Dr. Pangloss, el tutor del héroe, cuyo optimismo exasperante equivale a cualquier desastre.

Leibniz formuló su argumento en un intento de mostrar que el amor de Dios era compatible con el sufrimiento humano. Su propósito no era respaldar el progreso, y su «mejor mundo» podría haber sido interpretado como uno de equilibrio estático en el que se incorporara la cantidad ideal de maldad. Sin embargo, acompañadas por la convicción de la bondad humana, que compartían la mayoría de pensadores de la Ilustración, las afirmaciones de Leibniz validaron el optimismo. Hicieron posible un milenio laico por el cual la gente podría trabajar utilizando su libertad para, poco a poco, modificar el equilibrio a favor de la bondad.[21]

El pensamiento económico

El optimismo genera radicalismo. Como vimos al explorar el pensamiento político del primer milenio a.e.c. (ver pág. 191), creer en la bondad suele preceder a creer en la libertad, cosa que libera a las personas para exhibir sus buenas cualidades naturales. Si son naturalmente buenas, es mejor dejarlas libres. ¿O acaso necesitan un Estado fuerte que las redima de la maldad natural? En el siglo XVIII, costó llegar a un consenso sobre el valor de la libertad en la política. En la economía resultó más fácil.

Pese a todo, antes hubo que revocar los dos siglos anteriores de pensamiento económico en Occidente. La ortodoxia conocida como mercantilismo suponía un gran obstáculo. En 1569, el moralista español Tomás de Mercado lo formuló así: «Uno de los requisitos principales para la prosperidad y la felicidad de un reino es mantener siempre en él gran cantidad de dinero y abundancia de oro y plata».[22] Esta teoría tenía sentido a la luz de la historia que la historia que la gente conocía. Durante siglos, al menos desde que Plinio hizo los primeros cálculos relevantes en el siglo I a.e.c., las economías europeas trabajaron con la carga de una balanza de pagos desfavorable con China, la India y Oriente Próximo. Era motivo de preocupación en la antigua Roma. Llevó a los exploradores de finales de la Edad Media a cruzar los océanos en busca de nuevas fuentes de oro y plata. Hacia el siglo XVI, cuando un buen número de viajeros europeos pudieron posar sus ojos envidiosos sobre las riquezas de Oriente, la balanza de pagos desfavorable provocó dos obsesiones en las mentes occidentales: que los lingotes son la base de la riqueza y que, para hacerse rica, una economía debe comportarse como un negocio y vender más de lo que compra.

Según Mercado, lo que «destruye [...] la abundancia y causa pobreza es exportar dinero».[23] Todos los gobiernos europeos llegaron a creerlo. En consecuencia, trataron de evitar el empobrecimiento acumulando lingotes, no dejando salir efectivo del reino, limitando las importaciones y las exportaciones, regulando los precios, desafiando las leyes de la oferta y la demanda y fundando imperios para crear mercados controlables. Las consecuencias fueron funestas. La inversión extranjera, salvo en las empresas imperiales o en las adquisiciones para su posterior venta, era desconocida. La protección del comercio alimentó la ineficacia. Hubo que desperdiciar recursos en vigilancia. La competencia por los mercados protegidos causaba guerras y, en consecuencia, pérdidas. El dinero desaparecía de la circulación. De la era mercantilista han quedado dos preocupaciones. La primera, que pocos economistas consideran un índice infalible de la propiedad económica, es la balanza de pagos entre lo que una economía gana de otras y lo que paga a proveedores externos de bienes y servicios. La segunda, es el «dinero sólido», ya no vinculado al oro y la plata en la moneda o a promesas impresas en pagarés, sino al desempeño total de la economía, hablando siempre de gobiernos fiscalmente responsables, claro está.[24] Irreflexivamente, hoy en día todavía sobrevaloramos el oro, que en realidad es más bien un material inútil que no merece su posición privilegiada como mercancía de referencia a partir de la cual calcular todas las demás mercancías, incluido el dinero. Ahora bien, cuesta decir si se trata de una reliquia del mercantilismo o de la antigua y mágica reputación del oro como material que nunca pierde su lustre.[25]

Aun cuando todavía reinaba el mercantilismo, algunos pensadores abogaron por una forma alternativa de entender la riqueza, en términos de bienes en lugar de monedas. La idea de que el precio es una función de la oferta monetaria fue el punto de partida de los teólogos conocidos como la Escuela de Salamanca a mediados del siglo XVI. Domingo de Soto y Martín de Azpilcueta Navarro estaban especialmente interesados en lo que ahora podríamos llamar los problemas de la moral del capitalismo. Mientras estudiaban métodos comerciales, se percataron de la relación entre el flujo de oro y plata del Nuevo Mundo y la inflación de precios en España. Según observó Navarro, «en España, en época de escasez de dinero, los bienes vendibles y la mano de obra se ofrecían por mucho menos que después del descubrimiento de las Indias, que inundó el país de oro y plata. La razón de esto es que el dinero vale más donde y cuando escasea que donde y cuando abunda».[26] En 1568, Jean Bodin hizo la misma observación en Francia: pensó que era el primero, pero los teóricos de Salamanca se le habían anticipado unos cuantos años. Había tres explicaciones para el fenómeno que observaban: ese valor era una construcción puramente mental que reflejaba la estima irracionalmente diferente que el mercado aplicaba a productos intrínsecamente equivalentes en diferentes tiempos y lugares; o ese precio dependía de la oferta y la demanda de bienes, no de dinero; o que el valor «justo» se fijaba por naturaleza y la fluctuación de precios era resultado de la codicia.

Los pensadores salmantinos demostraron que el dinero es como otras mercancías. Se puede intercambiar, como dijo Navarro, por un beneficio moderado sin deshonra. Según escribió, «toda la mercancía se vuelve más preciada cuando hay mucha demanda de ella y poca oferta, y [...] el dinero [...] es una mercancía, por lo tanto también se vuelve más querido cuando hay mucha demanda de él y poca oferta».[27] Al mismo tiempo, esta teoría reforzaba los antiguos prejuicios morales sobre el dinero: se puede tener demasiado; es la raíz del mal; la riqueza de una nación consiste en los bienes producidos, no en el efectivo que recoge. La actual inquietud por el hecho de que los servicios desplacen a la fabricación y las trampas financieras parezcan arruinar a las fábricas y las minas es un eco de ese pensamiento. En el siglo XVI, los críticos vituperaron al imperio, no solo por la injusticia cometida contra los pueblos indígenas sino también por empobrecer a España al inundarla de dinero. Martín González de Cellorigo, uno de los economistas más agudos de la época, acuñó una famosa paradoja:

> La razón por la que no hay dinero, oro o plata en España es que hay demasiado, y España es pobre porque es rica [...]. La riqueza ha cabalgado y cabalga por el viento en forma de papeles y contratos

> [...] plata y oro, pero no de bienes que [...], en virtud de su valor añadido, atraigan para sí riquezas del extranjero, con lo que se mantenga a nuestra gente aquí en casa.[28]

Irónicamente, los historiadores económicos ahora desconfían de las observaciones de la Escuela de Salamanca y sospechan que la inflación del siglo XVI fuera más resultado del aumento de la demanda que del crecimiento de la oferta de dinero. Sin embargo, la teoría, independientemente de la solidez de sus fundamentos, ha tenido una influencia inmensa. El capitalismo moderno difícilmente sería imaginable sin la conciencia de que el dinero está sujeto a las leyes de la oferta y la demanda. A finales del siglo XVIII, esta doctrina contribuyó a desplazar el mercantilismo como premisa común de los teóricos económicos, gracias en parte a la influencia que la Escuela de Salamanca ejerció sobre un profesor escocés de filosofía moral, Adam Smith, cuyo nombre va vinculado al liberalismo económico desde que en 1776 publicara *La riqueza de las naciones*.

Smith tenía una visión idealista de la importancia de la relación entre oferta y demanda; de hecho, creía que afectaba más que el mercado. «El esfuerzo natural de cada individuo para mejorar su propia condición»[29] era la base de todos los sistemas políticos, económicos y morales. Los impuestos eran más o menos un mal: primero, porque violaban la libertad; segundo, porque eran una fuente de distorsión del mercado. «No hay arte que un gobierno aprenda antes de otro que el de sacar dinero de los bolsillos de la gente.»[30] Se podía confiar en que el interés propio servía al bien común. Según Smith, «no es por la benevolencia del carnicero, el cervecero o el panadero por lo que esperamos nuestra cena, sino porque miran por su propio bien ... A pesar de su egoísmo y voracidad naturales —manifestó Smith, a los ricos— los guía una mano invisible para hacer casi la misma distribución de las cosas básicas de la vida que se habría hecho si se hubiera dividido la tierra a partes iguales entre todos sus habitantes».[31] A la larga, esta expectativa ha resultado ser falsa: la Revolución industrial del siglo XIX y la economía del conocimiento del siglo XX abrieron brechas de riqueza evidentes entre clases y países. Antes era posible creer que el mercado podía corregir las diferencias de riqueza, igual que podía adaptar la oferta a la demanda, ya que en el siglo XX, durante mucho tiempo, las diferencias se habían reducido; era como si los jefes se hubieran dado cuenta de que al negocio le interesaban mucho los trabajadores prósperos, o de que solo siendo justos podrían evitar la amenaza de la revuelta proletaria. Sin embrago, parece que los capitalistas son incapaces de mantener restricciones por mucho tiempo: fue la guerra, no las fuerzas del mercado, la responsable de la tendencia pasajera por las recompensas justas, y a fines del siglo XX y principios del XXI la brecha de riqueza se amplió nuevamente hasta niveles desconocidos desde antes de la Primera Guerra Mundial.[32]

En su día, por supuesto, las predicciones de Smith no podían falsificarse. Como observó Francis Hirst, para sus admiradores contemporáneos Smith «salió de la privacidad de una cátedra de moral [...] para sentarse en la sala del consejo de los príncipes».[33] Su palabra fue «proclamada por el agitador, copiada por el estadista e impresa en un millar de estatutos». Durante mucho tiempo, la fórmula de Smith pareció solo un poco exagerada: los ricos de la era industrial, por ejemplo, aumentaron el salario a sus trabajadores para estimular la demanda; por un tiempo, tuvieron la seria esperanza de eliminar la pobreza, igual que los investigadores médicos tenían la esperanza de eliminar las enfermedades.

La riqueza de las naciones apareció en el año de la Declaración de Independencia de los EE. UU. y debe contarse como uno de los documentos fundacionales de esa nación. Alentaba la revolución, ya que Smith decía que las regulaciones gubernamentales que limitaran la libertad de las colonias a participar en la fabricación o el comercio eran «una violación manifiesta de los derechos más sagrados de género humano». Desde entonces, Estados Unidos ha sido la patria del liberalismo económico y un ejemplo ligeramente deslustrado de que el *laissez-faire* puede funcionar. Mientras tanto, allí donde la planificación, las regulaciones gubernamentales o la economía dirigida han desplazado las doctrinas de Smith, el progreso económico ha fracasado. A juzgar por las pruebas disponibles hasta la fecha, el capitalismo es el peor sistema económico, a excepción de todos los demás.

¿O acaso lo es? En la mayoría de aspectos, la influencia de

Smith fue benigna. Por otra parte, representar el interés propio como ilustración es como decir que la avaricia es el bien. Smith no dejó lugar al altruismo en la economía. Creía que los comerciantes y usureros servían a sus semejantes comprando barato y vendiendo caro. Ese era uno de sus defectos de pensamiento. El otro era asumir que se puede confiar en que las personas predigan sus propios intereses en el mercado. De hecho, la gente actúa mucho más a menudo de forma irracional e impulsiva que de forma racional o congruente. El mercado es más un círculo de apuestas que un círculo mágico. Su imprevisibilidad engendra bandazos y choques, inseguridades y miedos. Los principios de Smith, interpretados estrictamente, dejarían a merced del mercado incluso la educación, la religión, la medicina, la infraestructura y el entorno. En algunos aspectos, esta ha llegado a pasar, sobre todo en Estados Unidos. Los gurús se han convertido en emprendedores, las llamadas universidades ahora parecen empresas, conservar es costoso, las carreteras están «patrocinadas» y se puede comprar salud incluso en sistemas expresamente diseñados para tratarla como un derecho. El mundo continúa buscando una «tercera vía» entre mercados no regulados y regulados en exceso.[34]

Las filosofías políticas: los orígenes del Estado

Los beneficios de la libertad económica siempre parecen más fáciles de proyectar de forma convincente que los de la libertad política, como vemos en la actualidad en China y Rusia, donde ha continuado habiendo políticas intolerantes a pesar de la relajación de los controles económicos. La doctrina de Smith era ampliamente aceptable porque podía atraer igualmente a los liberadores, que creían en la bondad humana, y a los limitadores, que desconfiaban de la naturaleza humana. Después de todo, su argumento era que la eficiencia económica surge del interés propio: la moral de los actores económicos es irrelevante.

En la esfera política, tales doctrinas no funcionan. Liberar a la gente tiene sentido solo si se confía en su benevolencia esencial. Y en los siglos XVI y XVII en Europa se iban acumulando pruebas para subvertir esa confianza. Los descubrimientos de los exploradores y los informes de los etnógrafos en las Américas y el Pacífico sugirieron a algunos lectores, así como a muchos de los colonos a quienes desconcertaba la idea del adversario forastero, que el «hombre natural» era, como dijo Shakespeare, no más que un «desnudo, bípedo animal» en el que no se podía confiar para que se aviniera a los comportamientos que exigían los imperios. Entretanto, la revelación de reinos antes desconocidos o poco conocidos de Asia presentó a los europeos nuevos modelos de poder político. Para tratar el tema, lo mejor es empezar por los efectos de las nuevas pruebas sobre el pensamiento acerca del origen de los Estados; después sobre cómo los modelos chino y del resto de Asia afectaron a las nociones de poder y fundaron nuevas escuelas absolutistas; después sobre los efectos contrarios del descubrimiento de los pueblos europeos llamados salvajes, cuyos logros a veces sorprendentemente impresionantes alentaron ideas radicales e incluso revolucionarias que culminaron en argumentos en favor de la igualdad, los derechos universales y la democracia.

Del supuesto de que el Estado se originó con un contrato, tradición que, como hemos visto, se hizo fuerte en Occidente a finales de la Edad Media, surgieron presunciones sobre cómo y por qué, para empezar, las personas necesitaban el Estado. En el pasado remoto, la condición del género humano debía de ser extremadamente sombría, o al menos eso suponían los acomodados literatos europeos: la miseria llevaba a la gente a vivir junta y sacrificar la libertad por el bien común. A principios de la segunda mitad del siglo XVII, este tipo de reflexiones se unieron en la mente de Thomas Hobbes, monárquico extremo en política y materialista extremo en filosofía. Sus inclinaciones naturales eran autoritarias: tras vivir el derramamiento de sangre y la anarquía de la guerra civil inglesa, conservó una fuerte preferencia por el orden por encima de la libertad. Imaginaba el Estado de naturaleza que precedía a la política como «una guerra de todos los hombres contra todos los hombres» donde «la fuerza y el fraude son las dos virtudes cardinales».

Esta imagen, que confió en 1651 a los pasajes más famosos de su clásico *Leviatán*, contrastaba con la teoría política tradicional, en la que el Estado natural era simplemente un tiempo que supuestamente se había impuesto en el pasado remoto, cuando la legislación hecha por el hombre resultaba inútil: las leyes de la naturaleza o la regla de la razón proporcionaban todas las normas necesarias. Hobbes proporcionó un refrescante contraste respecto del mito de una época dorada de inocencia primitiva en la que la gente vivía en armonía, sin corromperse por la civilización. Creía que, a diferencia de las hormigas y las abejas, que forman sus sociedades por instinto, la gente había tenido que buscar a tientas la única escapatoria viable a la inseguridad. Acordaron entre sí renunciar a su libertad ante un ejecutor, que exigiría la observancia del contrato pero no sería parte de él. En lugar de un pacto entre gobernantes y gobernados, el pacto fundacional del Estado se convirtió en una promesa de obediencia. En aras de pertenecer al Estado, los sujetos renunciaron a la libertad. En cuanto a los derechos, la supervivencia fue el único que conservaron los sometidos: tampoco tenían ningún otro al que renunciar, para empezar, ya que en el Estado de naturaleza no había propiedad, ni justicia. La gente solo tenía lo que podía coger por la fuerza. Este punto de vista encontró cierto apoyo en la obra de Aristóteles, quien reconoció que «cuando está perfeccionado, el hombre es el mejor de los animales, pero cuando está separado de la ley y la justicia es el peor de todos».[35]

La idea de Hobbes cambió el lenguaje de la política para siempre. La teoría del contrato perdió el control sobre el poder del Estado: el soberano (fuera un hombre o «una asamblea de hombres»), en mentes que Hobbes convencía o ampliaba, quedaba fuera del contrato y, por lo tanto, no estaba obligado a cumplirlo. Los humanos podían ser iguales —de hecho, Hobbes asumía que todos eran naturalmente iguales— y, sin embargo, estar a merced del Estado: la igualdad de sometimiento es un destino conocido por los sujetos de muchos regímenes igualitarios. Finalmente, la doctrina de Hobbes tuvo implicaciones espeluznantes para la política internacional: los gobiernos estaban en un Estado de naturaleza los unos respecto a los otros. No había restricciones a su capacidad de infligirse daño mutuamente, salvo las limitaciones de su propio poder. Desde un punto de vista, esto justificaba las guerras de agresión; desde otro, para asegurar la paz se requería de algún acuerdo contractual, propuestas que veremos en capítulos posteriores.

Las influencias asiáticas y la formulación de tipos de despotismo rivales

Durante la mayor parte del siglo XVIII, el debate parecía en equilibrio entre liberadores y limitadores, prueba de que la bondad o la malicia de la naturaleza humana era ambigua. Así pues, en lugar de discutir sobre un pasado remoto no verificable, los contendientes se centraron en los ejemplos de otras culturas divulgados a partir de los intercambios de largo alcance de la época. China era el ejemplo más llamativo. Los admiradores de China abogaron por limitar la libertad y tener una élite facultada que liderara, mientras que los entusiastas de la libertad rechazaron la idea de que China pudiera constituir un modelo para los Estados occidentales. Durante gran parte de su vida, Voltaire fue un destacado apasionado de China.[36] Le atraía el confucionismo como alternativa filosófica a la religión organizada, que detestaba. Y simpatizaba con la convicción china de que el universo es ordenado, racional e inteligible mediante la observación. Vio en el hábito chino de la deferencia política hacia los eruditos un apoyo del pueblo a la clase de intelectuales profesionales a la que pertenecía. Y en el poder absoluto del Estado chino vio una fuerza para el bien.

No toda la élite intelectual europea estuvo de acuerdo. En 1748, en *El espíritu de las leyes,* una obra que inspiró a los reformadores constitucionales de todas partes de Europa, el barón de Montesquieu afirmó que «el garrote gobierna China», afirmación respaldada por relatos de jesuitas que narraban los hábitos chinos de justicia dura y tortura judicial. Condenó a China por ser «un Estado despótico regido por el miedo». De hecho, había una diferencia de opinión básica que dividía a Montesquieu y Voltaire. Montesquieu abogaba por la ley y recomendaba que las garantías constitucionales limitaran a los gobernantes mientras que Voltaire nunca confió realmente en la gente y favoreció a gobiernos fuertes y bien aconsejados. Montesquieu, además, desarrolló una teoría influyente, según la cual las tradiciones políticas occidentales eran benignas y tendían a la libertad, mientras que los Estados asiáticos concentraban el poder en manos de tiranos. «Este es el gran motivo de la debilidad de Asia y la fortaleza de Europa; de la libertad de Europa y la esclavitud de Asia», escribió. El término «despotismo oriental» pasó a ser un estándar para referirse al abuso en la literatura política occidental.[37]

Mientras que Diderot se hizo eco de Montesquieu e incluso lo superó en favor del sujeto contra el Estado, François Quesnay, colega de Voltaire, se hizo eco de su idealización de China. Pensaba que el «despotismo ilustrado» favorecería a la gente y no a las élites. En su día, las ideas de Quesnay fueron más influyentes que las de Montesquieu. Incluso persuadió al heredero al trono francés para que imitara un rito imperial chino y arara la tierra en persona para dar ejemplo a los reformadores agrarios. En España, los dramaturgos proporcionaban a la corte ejemplos de buena realeza traducidos o imitados de textos chinos.[38] El término «despotismo ilustrado» entró en el vocabulario político junto con «despotismo oriental» y muchos gobernantes europeos de la segunda mitad del siglo XVIII intentaron ser ejemplo de él. De un modo u otro, parecía que los modelos chinos iban dando forma al pensamiento político europeo.

El resultado fue que la política occidental se bifurcó. Los gobernantes reformados siguieron los principios del despotismo ilustrado, mientras que la ilustración radical de Montesquieu influyó en los revolucionarios. No obstante, ambas tradiciones solo podían conducir a la revolución desde arriba, elaborada o infligida por déspotas o por una clase de guardianes platónicos de la Ilustración que, como dijo uno de ellos, «obligara a los hombres a ser libres». El abad Raynal, héroe de los filósofos, afirmó: «sabios de la Tierra, filósofos de todas las naciones, sois solo vosotros quienes debéis hacer las leyes, indicando a otros ciudadanos lo que hace falta, iluminando a vuestros hermanos».[39] Entonces, ¿cómo se produjo la revolución real, incontrolada, sangrienta, impuesta con uñas y dientes? ¿Qué llevó a parte de la élite a relajar el control y confiar en el comportamiento arriesgado e impredecible del «hombre común»? En el siglo XVIII surgieron nuevas influencias que hicieron que algunos filósofos desafiaran el orden establecido tanto como para cuestionar incluso su propio dominio sobre él.

El buen salvaje y el hombre común

Las ideas subversivas tenían una larga historia tras ellas. La civilización siempre ha tenido sus insatisfechos. Los moralistas siempre se han reprendido unos a otros con ejemplos de forasteros virtuosos, o de virtudes naturales que compensan una educación deficiente, o de la bondad de la vida simple corrompida por el comercio y la comodidad. En el siglo XV y a principios del XVI, la exploración europea en el extranjero había empezado a acumular ejemplos de formas de vida supuestamente cercanas a las del hombre natural: desnudo, inculto, dedicado a la búsqueda de alimento, dependiente de Dios. Al principio resultaban decepcionantes: no reflejaban por ninguna parte la edad de oro de la inocencia primitiva. Pero los escrutadores inteligentes encontraron rasgos redentores en los «salvajes». A mediados del siglo XVI, el escéptico Michel de Montaigne llegó a argumentar que una práctica tan repugnante como el canibalismo tenía lecciones morales que dar a los europeos, que se habían infligido entre ellos barbaridades mucho peores. En el siglo XVII, los misioneros creyeron haber encontrado a los buenos salvajes de la leyenda entre la tribu de los hurones, que, pese a practicar barbaridades espantosas y torturar a las víctimas de sacrificios humanos, tenían unos valores igualitarios y una competencia técnica que, en comparación con otros vecinos más mezquinos, les hacían parecer llenos de sabiduría natural. A principios del siglo XVIII, Louis-Armand de Lahontan, un aristócrata amargado y desahuciado que buscó la evasión en Canadá tras el desprestigio sufrido en su país, hizo que un hurón imaginario fuera el portavoz de su propio radicalismo anticlerical. Voltaire convirtió en héroe a un «hurón ingenuo» que criticaba a reyes y sacerdotes. Joseph-François Lafitau elogió a los hurones por practicar el amor libre. En una comedia basada en la obra de Voltaire y representada en París en 1768, un héroe hurón lideraba un ataque a la Bastilla. No más de un pasito separaba al buen salvaje al que aclamaban los filósofos del hombre común a quien idolatraban los revolucionarios.[40]

El potencial socialmente intoxicante del mito de los hurones fue creciendo a medida que fueron apareciendo más buenos salvajes durante la exploración de los mares del Sur, un paraíso de libertad y libertinaje para los hedonistas.[41] Los niños salvajes, con quienes los pensadores ilustrados se obsesionaron por considerarlos especímenes de un primitivismo no socializado, proporcionaron pruebas que supuestamente respaldaban sus teorías. Carl Linnaeus, el botánico sueco que ideó el método moderno de clasificación de las especies, suponía que los niños salvajes eran una especie distinta del género *Homo*. Les arrancaban del bosque en el que los hubieran encontrado, los separaban de los animales que les hubieran amamantado y los convertían en experimentos de la civilización. Los sabios intentaron enseñarles lengua y modales, pero todos los esfuerzos fracasaron. Los niños que supuestamente habían crecido junto a los osos en la Polonia del siglo XVII seguían prefiriendo la compañía de los osos. Peter, *el Niño Salvaje*, a quien los miembros rivales de la familia real inglesa lucharon por poseer como mascota en la década de 1720 y cuyo retrato nos contempla con mirada vacía desde un fresco de la escalera del palacio de Kensington, odiaba la ropa y las camas y nunca aprendió a hablar. A la «niña salvaje» que secuestraron en el bosque cerca de Songi en 1731 le gustaba comer ranas crudas y rechazaba las viandas de la cocina del castillo de Épinoy. Durante mucho tiempo se le dio mejor imitar el canto de los pájaros que hablar francés. El caso más famoso de todos fue el del niño salvaje de Aveyron, que, secuestrado y llevado a la civilización en 1798, aprendió a vestir y comer con elegancia, pero no a hablar ni a gustar de lo que le había pasado. Su tutor lo describió en la ventana de la habitación, bebiendo cuidadosamente tras la cena, «como si en este momento de felicidad este niño de la naturaleza intentara unir las dos únicas cosas buenas que han sobrevivido a su pérdida de libertad: un trago de agua clara y la visión del sol y del campo».[42]

Mientras tanto, el salvaje Edén resultó estar lleno de serpientes. Los hurones se extinguieron, asolados por las enfermedades europeas. El comercio y el contagio corrompieron los mares del sur. Con todo, pese a las decepciones, en algunas mentes filosóficas el buen salvaje se mezclaba con el hombre común y la idea de la sabiduría natural legitimaba la de la soberanía popular. Sin los hurones, los isleños de los mares del Sur y el niño lobo, quizás la Revolución francesa habría sido impensable.[43]

Entre las consecuencias estuvo el estímulo que el buen salvaje le dio a una idea antigua pero que en los últimos tiempos era influyente: la igualdad natural. «La misma ley para todos» era un principio que los antiguos estoicos defendían. Sus justificaciones eran que los hombres eran naturalmente iguales, que las desigualdades eran accidentes históricos y que el Estado debía tratar de repararlas. Buena parte del pensamiento religioso antiguo, bien articulado en el cristianismo primitivo, iluminó los conceptos de que todas las personas eran iguales a los ojos de Dios y de que la sociedad, por lealtad a Dios, tenía la obligación de tratar de estar a la altura de esa visión. Algunos pensadores y, esporádica y brevemente, algunas sociedades han ido más allá y han pedido la igualdad de oportunidades, de poder o de bienestar material. En la práctica, tiende a sobrevivir el comunismo, ya que la propiedad comunal es la única garantía total contra la distribución desigual de la propiedad.

Entre los siglos XV y XIX, en Europa y América se lanzaron muchos proyectos para crear utopías igualitarias, generalmente por parte de fanáticos religiosos de una tradición cristiana. La mayoría salieron fatal. Cuando, por ejemplo, el profeta anabaptista Jan de Leiden se dispuso a comenzar una utopía de su propia invención en Münster en 1525, la corrupción del poder lo transformó en un tirano monstruoso, que adquirió un harén, autorizó orgías y masacró a sus enemigos. La violencia era habitual. Cuando los Niveladores aprovecharon la guerra civil inglesa para recrear lo que imaginaban que era la igualdad apostólica, su proyecto terminó en una represión sangrienta. Otras empresas simplemente se fueron apagando por impracticables. Las utopías rurales que construyeron los socialistas en el medio oeste de Estados Unidos en el siglo XIX se encuentran en ruinas en la actualidad. Gilbert y Sullivan ridiculizaron convincentemente el igualitarismo en su ópera cómica *Los gondoleros*:

> El conde, el marqués y el duque,
> el novio, el mayordomo y el cocinero,
> el aristócrata que tiene en Coutts a su banquero,
> el aristócrata que las botas pule...
> todos serán iguales.

Nadie ha recomendado seriamente igualar la edad, la inteligencia, la belleza, la estatura, la gordura, la destreza física o la suerte: hay desigualdades que son verdaderamente naturales. Es noble intentar remediar sus efectos, pero la nobleza de perseguir la igualdad tiende a ser siempre condescendiente.

Aun así, hubo un momento en el siglo XVIII en el que la igualdad parecía una meta siempre que el Estado la garantizara. De alguna manera, el concepto era razonable: el Estado siempre aborda las grandes desigualdades, así que ¿por qué no todas las desigualdades? Para quienes creen en la igualdad natural de todo, el Estado está ahí para hacerla cumplir; para quienes no, el gobierno tiene un papel moral, aplanar el «terreno de juego», corregir los desequilibrios entre los fuertes y los débiles, los ricos y los pobres. Es una idea peligrosa, ya que la igualdad impuesta a expensas de la libertad puede ser tiránica.

La idea de que esta función del Estado excede a todas las demás en importancia no es más antigua que el pensamiento de Jean-Jacques Rousseau. De los pensadores que rompieron con la perspectiva de la *Enciclopedia* en la segunda mitad del siglo XVIII, Rousseau fue el más influyente. Él era una rata inquieta que amaba la vida de los bajos fondos y los placeres vulgares. Cambió su lealtad religiosa formal en dos ocasiones sin parecer sincero ni una sola vez. Traicionó a sus amantes, se peleó con sus amigos y abandonó a sus hijos. Amoldó su vida de adicción a su propia sensibilidad. En 1750, en el ensayo premiado con el que se hizo un nombre, rechazó uno de los principios más sagrados de la Ilustración: «que las Artes y las Ciencias han beneficiado a la humanidad». El hecho de que se le permitiera proponer el tema demuestra hasta qué punto había llegado ya el desencanto con el optimismo ilustrado. Rousseau denunció la propiedad y el Estado sin ofrecer en su lugar más que la afirmación de la bondad de la condición primitiva y natural de los humanos. Voltaire detestaba las ideas de Rousseau. Dijo que después de leerlo «le vienen a uno ganas de ponerse a caminar a cuatro patas». Rousseau renegó de otros *shibboleths* de la Ilustración, incluido el progreso. «Me atreví a desnudar la naturaleza del hombre y mostré que su supuesta mejora era la fuente de todas sus miserias», afirmó.[44] Se anticipó a la sensibilidad posterior a la Ilustración de los románticos que valorarían los sentimientos y la intuición, en algunos aspectos, por encima de la razón. Él fue el héroe por excelencia de los impulsores y la multitud de la Revolución francesa, quienes exhibieron su efigie alrededor de las ruinas de la Bastilla, invocó su «santo nombre» y grabaron su retrato sobre alegorías revolucionarias.[45]

Rousseau consideraba el Estado como una corporación, o incluso una especie de organismo, en el que están sumergidas las identidades individuales. Inspirado por los informes de los naturalistas sobre los hábitos de los orangutanes (a los que Rousseau llamaba gorilas, y a los que, como muchos comentaristas poco informados, clasificó dentro del género *Homo*), imaginó un Estado de naturaleza presocial en el que los humanos eran trotamundos solitarios.[46] En un momento irrecuperable, pensó, ocurría el acto «por el cual la gente se convierten en un pueblo ... los verdaderos cimientos de la sociedad. El pueblo gente se convierte en un solo ser ... Cada uno de nosotros pone a su persona y toda su fuerza en común bajo la dirección suprema de la voluntad general». La ciudadanía es fraternidad, un vínculo tan orgánico como la sangre. Cualquiera obligado a obedecer la voluntad general está «obligado a ser libre ... A quien se niegue a obedecer la voluntad general deberá obligarle a hacerlo todo el cuerpo».[47] Rousseau fue impreciso sobre cómo reivindicar moralmente esta doctrina obviamente peligrosa, pero hacia finales de siglo Immanuel Kant proporcionó una justificación precisa. Era reacio al cambio, tan solitario como un orangután y se le consideraba una criatura de hábitos aburridamente predecibles que rara vez salía de sus caminos acostumbrados en su ciudad natal de Königsberg. Sin embargo, tenía un pensamiento inquieto e ilimitado. Sugirió que cuando la razón reemplaza la voluntad o los intereses individuales, puede identificar objetivos imparciales, cuyo mérito todos pueden ver.

La sumisión a la voluntad general limita la libertad individual en favor de la libertad de los demás. En teoría, la «voluntad general» es diferente de la unanimidad, los intereses particulares o las preferencias individuales. Sin embargo, en la práctica solo significa la tiranía de la mayoría: «el voto de la mayoría siempre obliga al resto», como admitió Rousseau. Él quería prohibir los partidos políticos porque «no debería haber ninguna sociedad parcial dentro del Estado».[48] La lógica de Rousseau, que prohibiría los sindicatos, las comuniones religiosas y los movimientos reformistas, era una licencia para el totalitarismo. Todos los movimientos o gobiernos a los que influyó —los jacobinos y los comuneros franceses, los bolcheviques rusos, los fascistas modernos y los nazis, los abogados de la tiranía por plebiscito— suprimieron la libertad individual. Con todo, la pasión con la que Rousseau invocaba la libertad hizo difícil para muchos de sus lectores ver hasta qué punto su pensamiento era intolerante en realidad. Los revolucionarios adoptaron las palabras iniciales de su ensayo de 1762: «¡El hombre nace libre y en todas partes está encadenado!». Soltaron el eslogan más fácilmente que las cadenas.

Los derechos universales

Rousseau compartió uno de los axiomas de la corriente principal de la Ilustración: la doctrina, como decimos ahora, de los derechos humanos, inferida de la igualdad natural. Aquella era la alquimia que podía convertir a los sujetos en ciudadanos. Mientras los rebeldes estadounidenses se defendían contra la corona británica, Thomas Paine, un publicista de todas las causas radicales, formuló la idea de que hay libertades que están más allá del alcance del Estado, derechos demasiado importantes como para que el Estado los deniegue. La afirmación de Paine fue el clímax de la larga búsqueda de formas de limitar el poder absoluto de los gobernantes sobre sus sujetos, emprendida por los pensadores radicales. Los revolucionarios de Francia y América se aprovecharon de la idea. Pero es más fácil reivindicar los derechos humanos que decir cuáles son. La Declaración de Independencia de los Estados Unidos los fijó en «la vida, la libertad y la búsqueda de la felicidad». Todos los Estados ignoraron el primero: continuaron ejecutando a la gente cuando les convenía. Al principio, el segundo y el tercer derecho parecían demasiado vagos como para cambiar el curso de la historia; podían ignorarse bajo el argumento engañoso de que diferentes personas tenían conceptos en conflicto de libertad y felicidad. En Francia, los revolucionarios se hicieron eco con entusiasmo de la Declaración de los Estados

Unidos. Sin embargo, los gobiernos intolerantes, marginaron repetidamente, hasta bien entrado el siglo veinte, los derechos que proclamaba el documento. Napoleón estableció una especie de patrón: logró practicar la tiranía —incluidos los asesinatos judiciales, la manipulación arbitraria de las leyes y las conquistas sangrientas—, mientras encarnaba los principios revolucionarios a ojos de sus admiradores: hasta el día de hoy, no hay estudio de un liberal que parezca bien amueblado sin su busto en bronce. Incluso en los Estados Unidos, a los esclavos y sus descendientes negros se les negaron durante mucho tiempo los derechos que, según su Declaración fundacional, eran universales.

La idea de que se otorgaran unos derechos a todas las personas tuvo unos efectos inesperados en el mundo. A finales del siglo XIX y durante el siglo XX se convirtió en la base del sueño americano, según el cual todo el mundo en Estados Unidos podía perseguir la supuesta felicidad, en forma de prosperidad material, con el apoyo (en lugar de la interferencia habitual) del Estado. En parte y como consecuencia de ello, Estados Unidos se convirtió en el país más rico y por tanto más poderoso. Para el cambio de milenio, Estados Unidos era un modelo reconocido por la mayoría del mundo, que copiaba las instituciones que hicieron que el sueño americano se pudiera cumplir: mercado libre, una constitución democrática y el Estado de derecho.[49]

En el mismo período, un acuerdo al que se suscribieron la mayoría de los Estados, con diversos grados de sinceridad y compromiso, en la «Conferencia de Helsinki» de 1975-1983, definió otros derechos humanos: a la inmunidad contra el arresto arbitrario, la tortura y la expropiación; a la integridad familiar; a la asociación pacífica para fines culturales, religiosos y económicos; a la participación en la política, con derecho a la libertad de expresión dentro de los límites del orden público; a la de inmunidad contra la persecución por motivos de raza, sexo, credo, enfermedad o discapacidad; a la educación y a un nivel básico de refugio, salud y subsistencia. No obstante, la vida y la libertad, los otros dos elementos elegidos en la fórmula de los padres fundadores de los EE. UU., continuaron siendo problemáticos: la vida, por las controversias permanentes sobre si los delincuentes, los no nacidos y las víctimas de eutanasia merecen que se les incluya; la libertad, por las disparidades de poder. Ninguno de estos dos derechos podía asegurarse contra Estados predadores, organizaciones criminales y corporaciones ricas. La retórica de los derechos humanos triunfó en casi todas partes, pero la realidad se retrasó. A las trabajadoras se las sigue timando habitualmente; se suele dejar de lado el derecho de los niños a vivir con sus familias —a menudo es el Estado quien lo hace—, así como el de los padres a criar a sus hijos; los inmigrantes no pueden vender su fuerza laboral por su verdadero valor, ni siquiera escapar de la servidumbre efectiva si no tienen los papeles que los Estados les niegan sin parpadear. Los empleados que no pueden acceder a la negociación de convenios, a menudo prohibidos por ley, no suelen estar mucho mejor. Los objetivos del crimen suelen obtener protección o compensaciones en función de su riqueza o influencia. Más que nada, no es bueno ir a hablar de derechos humanos a las víctimas sin vida de guerras, de negligencias fatales, de abortos, de eutanasias y de penas capitales.

Los revolucionarios franceses a menudo se referían a los derechos inalienables como «los derechos del hombre y del ciudadano». Consecuencia de ello fue el nuevo enfoque en los derechos y la ciudadanía de las mujeres. La esposa de Condorcet dirigía un salón en el París revolucionario donde los invitados declamaban en lugar de debatir la doctrina de que las mujeres constituyen como colectivo una clase de la sociedad, históricamente oprimida y merecedora de emancipación. Olympe de Gouges y Mary Wollstonecraft introdujeron una tradición, reconocible en el feminismo de hoy en día, con dos obras de 1792, *Declaración de los derechos de la mujer y de la ciudadana* y *Vindicación de los derechos de la mujer*. Ambas autoras luchaban para ganarse la vida; ambas llevaban vidas sexuales irregulares; ambas tuvieron un final trágico. De Gouges fue guillotinada por defender al rey de Francia; Wollstonecraft murió al dar a luz. Ambas rechazaron toda la tradición anterior de apología femenina, que elogiaba virtudes supuestamente propias de la mujer. En cambio, de Gouges y Wollstonecraft reconocían sus vicios y culpaban de ellos a la opresión masculina. Rechazaban la adulación en favor de la igualdad.

«Las mujeres pueden subir al cadalso —apuntó de Gouges—, así que también deberían poder subirse a la tribuna.»[50]

Al principio, el impacto fue apenas perceptible. Pero poco a poco, durante los siglos XIX y XX, cada vez más hombres empezaron a gustar del feminismo como justificación para reincorporar a las mujeres al mundo laboral y así explotar su productividad de manera más efectiva. Después de que dos guerras mundiales hubieran demostrado la necesidad y la eficacia de las contribuciones del sexo femenino en terrenos que antes habían sido reservas o privilegios de los hombres, se puso de moda que las personas de ambos sexos ensalzaran a las viragos y aclamaran la idoneidad de las mujeres para lo que todavía se consideraba «tarea de hombres» en trabajos exigentes. Simone de Beauvoir, la amante indomable de Jean-Paul Sartre, lanzó un nuevo mensaje un día de 1946 al decir: «Empecé a reflexionar sobre mí y me llamó la atención con una especie de sorpresa que lo primero que tuve que decir fue: "Soy una mujer"».[51] En la segunda mitad de siglo, al menos en Occidente y entre comunidades de otros lugares en las que habían influido las modas intelectuales occidentales, se hizo habitual la idea de que las mujeres podían cumplir con las responsabilidades de liderazgo en todos los campos, no porque fueran como los hombres sino porque eran humanas, o incluso, en la mente de lo que podríamos llamar feministas extremistas, porque eran mujeres.

Algunas feministas afirmaban ser capaces de obligar a los hombres a cambiar las reglas en favor de las mujeres. Mayoritariamente se dirigieron a mujeres, a las que instaron a aprovechar al máximo unos cambios y oportunidades que se habrían dado de todos modos. Lo que vino después fueron consecuencias no deseadas: al competir con los hombres, las mujeres renunciaron a algunas ventajas tradicionales, como la deferencia masculina y mucho poder informal; al unirse a la mano de obra, agregaron otro nivel de explotación a sus roles como amas de casa y madres, con el consiguiente estrés y exceso de trabajo. Algunas mujeres que querían quedarse en casa y dedicarse a sus esposos e hijos se vieron en desventaja por partida doble: explotadas por los hombres y ridiculizadas por sus «hermanas». La sociedad todavía tiene que encontrar el equilibrio correcto: liberar a todas las mujeres para que lleven la vida que deseen, sin tener que conformarse con los papeles que hayan pensado para ellas los intelectuales de cualquier sexo.

A tientas hacia la democracia

Soberanía popular, igualdad, derechos universales, voluntad general: en estos aspectos, la conclusión lógica de la Ilustración fue la democracia. Brevemente, en 1793 la Francia revolucionaria consiguió una constitución democrática, redactada en su mayoría por Condorcet. Sus componentes principales eran el sufragio universal masculino (Condorcet quería incluir a las mujeres, pero cedió ante la alarma de sus colegas), las elecciones frecuentes y la estipulación de un plebiscito. Pero, en palabras de Diderot, en democracia «el pueblo puede estar loco pero siempre es quien manda».[52] Locura y control es una combinación abrumadora. Una democracia en la que no impere la ley es una tiranía. Incluso antes de que entrara en vigor la constitución revolucionaria francesa, un golpe de Estado llevó al poder a Maximilien de Robespierre. En condiciones de emergencia de guerra y terror, la virtud, palabra de Robespierre para referirse a la fuerza bruta, proporcionaba la dirección decidida que la razón no podía proporcionar. Se suspendió la Constitución tras apenas cuatro meses. El terror tiñó la Ilustración de sangre. La mayoría de élites europeas tardaron casi cien años en superar el aborrecimiento que inspiraba el solo nombre de democracia. El destino de la democracia revolucionaria en Francia presagió ejemplos del siglo XX: los éxitos electorales del fascismo, el nazismo, el comunismo y las encarnaciones carismáticas de cultos a la personalidad, el abuso de los plebiscitos y los referendos, las miserias de vivir en «la democracia del pueblo».

América, sin embargo, estaba relativamente aislada de los horrores que extinguieron la Ilustración de Europa. La Constitución de los Estados Unidos se elaboró según principios bastante parecidos a los que había seguido Condorcet, con un grado de endeudamiento similar al de la Ilustración. Con poca violencia, excepto en los Estados esclavistas, las extensiones progresistas de la franquicia consiguieron convertir a los Estados Unidos en una democracia. Al final, la mayoría del mundo acabó siguiendo aquel modelo tranquilizador, que parecía mostrar que el hombre común podía asumir el poder sin involucrar a dictadores ni bañarlo en sangre. La democracia que conocemos actualmente, —un gobierno representativo elegido por sufragio universal o casi universal bajo el Estado de derecho— fue invención de los Estados Unidos. Intentar buscar su origen en el sistema de la antigua Grecia que llevaba el mismo nombre o en la Revolución francesa es engañosamente romántico. Existe mucha controversia sobre lo que la hizo singularmente americana. Puede que el protestantismo radical, que prosperó más en los Estados Unidos que en los viejos países de donde habían huido los radicales, influyera en las tradiciones de toma de decisiones comunales y en el rechazo de la jerarquía;[53] puede que ayudaran las fronteras, donde se acumularon los prófugos de la justicia y las comunidades tuvieron que autorregularse.[54] Seguramente fue decisivo el hecho de que la Ilustración, con su respeto por la soberanía del pueblo y la sabiduría popular, sobreviviera en Estados Unidos habiendo fracasado en Europa.

Mientras la democracia maduraba en Estados Unidos, casi todos en Europa la denunciaban. Los pensadores prudentes dudaban en recomendar un sistema que Platón y Aristóteles habían condenado. Rousseau la detestaba. Según él, en cuanto se elige a los representantes, «el pueblo está esclavizado [...]. Si hubiera una nación de dioses, se gobernaría democráticamente. Un gobierno tan perfecto no es adecuado para los hombres».[55] Edmund Burke, la voz de la moral política de la Inglaterra de finales del siglo XVIII, calificó el sistema como «el más descarado del mundo».[56] Incluso Immanuel Kant, que en su momento la defendió, renegó de la democracia en 1795, calificándola de despotismo de la mayoría. La historia política de Europa en el siglo XIX es de «edificios que se desmoronan» apuntalados y una democracia aplazada donde la élite sentía el terror al carro que se los podía llevar y la amenaza de la muchedumbre.

En Estados Unidos, por el contrario, la democracia «no hizo más que crecer»: los visitantes europeos la observaron, refinaron la idea y la recomendaron con convicción a los lectores de sus países. Para cuando el sagaz observador francés Alexis de Tocqueville fue a América para investigar la democracia en la década de 1830, Estados Unidos tenía una franquicia democrática ejemplar para la época (excepto en Rhode Island, donde los requisitos de propiedad para los votantes seguían siendo bastante estrictos), en el sentido de que casi todos los varones blancos adultos tenían voto. No obstante, Tocqueville fue lo bastante listo como para percatarse de que democracia significaba algo más profundo y más sutil que una gran franquicia: «una sociedad a la que todos aquellos que consideren la ley como su obra amarían y se someterían sin problema», donde «se establecería una confianza en el hombre y una especie de condescendencia recíproca entre las clases, tan lejos de la arrogancia como de la bajeza». Mientras tanto, «la libre asociación entre ciudadanos protegería al Estado tanto de la tiranía como del libertinaje». La democracia, concluyó, era inevitable. «La misma democracia que reinaba en las sociedades estadounidenses avanzaba rápidamente hacia el poder de Europa» y la obligación de la vieja clase dirigente era adaptarse como correspondía: «Instruir a la democracia, reanimar sus creencias, purificar sus costumbres, regular sus movimientos»; en resumen, domarla sin destruirla.[57]

Ahora bien, Estados Unidos nunca fue un ejemplo perfecto de la teoría. Tocqueville señaló con claridad las diferencias, algunas de las cuales todavía son evidentes: altos costes y baja eficiencia del gobierno; la venalidad y la ignorancia de muchos funcionarios públicos; niveles desorbitados de exaltación política; tendencia al conformismo para contrarrestar el individualismo; la amenaza de un panteísmo intelectualmente débil; el peligro de la tiranía de la mayoría; la tensión entre materialismo burdo y entusiasmo religioso; la amenaza de una plutocracia creciente y hambrienta de poder. James Bryce, Profesor de Jurisprudencia en Oxford, reforzó el mensaje de Tocqueville en la década de 1880. Señaló otros defectos, como la forma en que el sistema corrompía a jueces y sheriffs haciéndolos negociar por votos, pero recomendó el modelo estadounidense como inevitable y deseable. Las ventajas de la democracia superaban a sus defectos. Se podían calcular en dólares y centavos, y medidas en espléndidos monumentos erigidos en tierras salvajes recién transformadas. Entre los logros se contaban la fuerza del espíritu cívico, la difusión del respeto por la ley, la perspectiva del progreso material y, sobre todo, la liberación del esfuerzo y la energía que resulta de la igualdad de oportunidades. En las últimas tres décadas del siglo XIX y la primera del XX, las reformas constitucionales acercaron a la mayoría de los Estados europeos y a otros de Japón y de antiguas colonias europeas hacia la democracia en las líneas representativas que encarnaban los Estados Unidos.[58]

La desilusión revolucionaria dejó en claro que libertad e igualdad eran difíciles de combinar. La igualdad impide la libertad. La libertad produce resultados desiguales. Mientras tanto, la ciencia expuso otra contradicción en el corazón de la Ilustración: la libertad estaba en desacuerdo con la visión mecanicista del universo. Mientras los pensadores políticos propugnaban libertades caóticas en las sociedades y economías, los científicos buscaban el orden en el universo e intentaban descodificar el funcionamiento de la máquina: un sistema bien regulado en el que, conociendo bien sus principios, uno podía hacer predicciones precisas e incluso controlar los resultados.

La verdad y la ciencia

Hasta el siglo XVIII, la mayoría del trabajo en ciencia que se realizaba comenzaba con la suposición de que las realidades externas actúan sobre la mente, que registra los datos percibidos a través de los sentidos. Para los pensadores de la antigüedad, las limitaciones de esta teoría eran evidentes. Nos cuesta desafiar las evidencias que nos proporcionan nuestros sentidos, ya que no tenemos nada más en lo que basarnos. Pero puede que los sentidos sean la única realidad existente. ¿Por qué suponer que hay algo más allá de ellos que es responsable de activarlos? Hacia finales del siglo XVII, John Locke desestimó estas objeciones, o más bien se negó a tomarlas en serio. Contribuyó a fundar una tradición del empirismo británico que afirma simplemente que lo que se siente es real. Él mismo resumió su punto de vista: «El conocimiento de nadie de aquí —con lo que Locke se refería al mundo que habitamos— puede ir más allá de su experiencia».[59]

Para la mayoría de personas, la tradición se ha convertido en una actitud de deferencia de sentido común ante la evidencia: en lugar de empezar convencidos de nuestra propia realidad y dudando de todo lo demás, deberíamos partir de la suposición de que el mundo existe. Así tendríamos la oportunidad de darle sentido. ¿Implica el empirismo que solo podemos saber cosas mediante la experiencia? Locke lo creía así; pero es posible tener una actitud moderadamente empírica y sostener que, si bien la experiencia es un examen sensato del conocimiento, puede haber hechos más allá del alcance de dicho examen. La forma en que Locke formuló su teoría dominó el pensamiento del siglo XVIII sobre cómo distinguir la verdad de la falsedad. En el siglo XIX sobrevivió a los encontronazos con otras ideas rivales. En el XX, la filosofía de Locke volvió a estar en boga, sobre todo entre los positivistas lógicos, cuya escuela, fundada en Viena en la década de 1920, exigía verificación por datos sensoriales para cualquier afirmación que se considerara significativa. No obstante, la tradición que lanzó Locke tuvo su influencia principal sobre la ciencia, no sobre la filosofía: el salto adelante que se dio en ciencia en el siglo XVIII fue impulsado por el respeto que inspiraban los datos sensoriales. Por lo general, desde entonces los científicos han favorecido un enfoque empírico (en el sentido de Locke) para el conocimiento.[60]

La ciencia extendió el alcance de los sentidos a lo que antes había sido demasiado remoto o había quedado demasiado tapado. Galileo vio las lunas de Júpiter con su telescopio. Rastreando la velocidad del sonido, Marin Mersenne percibió armónicos de los que nadie se había percatado antes. Robert Hooke aspiró «nitro aéreo» en la acritud del vapor de una mecha encendida, antes de que Antoine Lavoisier demostrara la existencia del oxígeno al aislarlo y prenderle fuego. Antonie van Leeuwenhoek vio microbios con su microscopio. Newton pudo arrancar el arco iris de un rayo de luz o descubrir en la caída de una manzana la fuerza que unía el cosmos. Luigi Galvani sintió la emoción de la electricidad en la punta de sus dedos e hizo que los cadáveres se sacudieran al tocarlos la corriente. Friedrich Mesmer pensó que hipnotismo era una especie de «magnetismo animal» medible. Mediante experimentos con cometas y llaves que ponían en riesgo su vida, Benjamin Franklin (1706-1790) demostró que los rayos son un tipo de electricidad. Los triunfos de todos ellos hicieron creíble el grito de los filósofos empiristas: «¡Nada que no tenga sentido puede estar presente en la mente!».

El compromiso científico y el sentido común práctico fueron parte del trasfondo de la llamada «Revolución industrial», el movimiento que habría de desarrollar métodos de producción mecánicos y movilizar la energía a partir de nuevas fuentes de producción. Aunque la industrialización no fue una idea, en cierto modo la mecanización sí lo fue. Sus orígenes radican en parte en la sorprendente capacidad humana para imaginar que pequeñas fuentes de energía puedan generar una fuerza enorme, igual que los tendones transmiten la fuerza del cuerpo. El vapor, la primera fuente de energía de ese tipo aprovechada para reemplazar a los músculos, fue un caso bastante obvio: se puede ver y notar su calor, aunque para creer que puede poner en marcha maquinaria e impulsar la locomoción hace falta un poco de imaginación. En la década de 1760, James Watt aplicó un descubrimiento de la ciencia «pura»: la presión atmosférica, invisible e indetectable excepto mediante experimento, para hacer explotable la energía del vapor.[61]

Los gérmenes quizás fueran los agentes más asombrosos hasta entonces invisibles que la nueva ciencia descubrió. La teoría de los gérmenes fue una idea igualmente útil para la teología y para la ciencia. Hizo que los orígenes de la vida fueran misteriosos, pero arrojó luz sobre las causas del deterioro y la enfermedad. Si Dios no la había concebido, la vida debía de haber surgido por generación espontánea. Al menos eso fue lo que todos, hasta donde sabemos, pensaron durante miles de años, caso de que le dedicaran algún pensamiento. Para los antiguos egipcios, la vida surgió del limo de la primera inundación del Nilo. La narrativa mesopotámica estándar se asemeja al relato que defienden muchos científicos modernos: la vida se formó espontáneamente en un remolino de caldo primitivo de nubes y condensación mezclada con un elemento mineral, la sal. Para imaginar a los dioses «engendrados por las aguas», los poetas sumerios recurrieron a la imagen del abundante lodo aluvial que se había desbordado del Tigris y el Éufrates: el lenguaje es sacro; el concepto, científico. Desafiado por la teología, el sentido común continuó sugiriendo que el moho y los gusanos de la putrefacción surgían por generación espontánea.

En consecuencia, cuando el microscopio de Antonie van Leeuwenhoek hizo visibles los microbios, casi pareció que no valía la pena preguntar de dónde salían. El mundo microbiano, con su prueba evidente de generación espontánea, aclamaba a los ateos. Estaba en juego la existencia misma de Dios, o al menos la validez de las afirmaciones sobre su poder único para crear vida. Luego, en 1799, con la ayuda de un potente microscopio, Lazzaro Spallanzani observó la fisión: las células se reproducían dividiéndose. Demostró que si, en el vacío, se mataba a las bacterias —o animálculos, como se les denominaba en la época; o gérmenes, como los llamó él—, con calor no podían reaparecer. Como dijo Louis Pasteur más adelante, «Parecía que los fermentos propiamente dichos son seres vivos, que los gérmenes de los organismos microscópicos abundan en la superficie de todos los objetos, en el aire y en el agua; que la teoría de la generación espontánea es una quimera».[62] Spallanzani concluyó que los organismos vivos no aparecían de la nada: solo podían germinar en un ambiente donde ya estuvieran presentes. En el mundo no quedaba ningún caso conocido de generación espontánea de vida.

La ciencia todavía está lidiando con las consecuencias de esto. Hasta donde sabemos, las formas de vida unicelulares llamadas arqueas fueron las primeras en nuestro planeta. La primera prueba de ellas data de al menos medio billón de años después de la formación del planeta. Así pues, si no estuvieron desde el comienzo, ¿de dónde vinieron? Las ciencias egipcia y sumeria postularon un accidente químico. Los analistas continúan buscando pruebas de él, hasta el momento sin resultados.

La teoría de los gérmenes también tuvo enormes consecuencias prácticas: casi a la vez, transformó la industria alimentaria al sugerir una nueva forma de conservar los alimentos en envases sellados. A largo plazo, abrió el camino hacia la comprensión de muchas enfermedades. Estaba claro que los gérmenes hacían enfermar los cuerpos del mismo modo que corrompían los alimentos.[63]

Hasta cierto punto, el éxito de la ciencia alentó la desconfianza en la religión. La evidencia de los sentidos era toda la verdad. La causaban los objetos reales (con excepciones que concernían al sonido y el color y que los experimentos podían confirmar). Por ejemplo, el tintineo es prueba de que hay una campana, de igual modo que el calor lo es de la proximidad del fuego, o determinado mal olor lo es de la presencia de gas. De Locke, los radicales del siglo XVIII heredaron la convicción de que no valía la pena perder el tiempo pensando en qué había más allá del mundo observado científicamente. No obstante, esa actitud, que en la actualidad denominaríamos cientificismo, no satisfizo a todos sus practicantes. El filósofo escocés David Hume, nacido unos años después de la muerte de Locke, estaba de acuerdo en que no tiene sentido hablar de la realidad de algo imperceptible, pero señaló que las sensaciones no son en realidad prueba de nada más que de ellas mismas: que las provocan los objetos es una suposición no comprobable. En la década de 1730, el famoso predicador de Londres Isaac Watts adaptó la obra de Locke para lectores religiosos y lo hizo exaltando el «juicio» sin palabras, detectable mediante el sentimiento aunque inexpresable mediante el pensamiento, así como las percepciones materiales. Hacia finales de siglo, Kant dedujo que era la estructura de la mente, y no cualquier realidad ajena a ella, lo que determinaba el único mundo que podíamos conocer. Mientras tanto, muchos científicos, como Maupertuis, abandonaron el ateísmo en favor de la religión o se interesaron más por la especulación sobre las verdades que se hallan más allá del alcance de la ciencia. El trabajo de Spallanzani devolvió a Dios un lugar en el inicio de la vida. Además, las iglesias supieron cómo derrotar a los incrédulos. La censura no había funcionado pero los llamamientos al pueblo llano, por encima de las cabezas de los intelectuales, sí que lo hicieron. Pese a la hostilidad de la Ilustración, el siglo XVIII fue una época de tremendo renacimiento religioso en Occidente.

Las reacciones religiosas y románticas

El cristianismo llegó a un nuevo público. En 1722, Nikolaus Ludwig, conde Von Zinzendorf, experimentó una sensación de vocación inusual. En su finca del Este de Alemania construyó el pueblo de Herrnhut («la custodia del Señor») como refugio donde los cristianos perseguidos pudieran compartir la sensación del amor de Dios. Aquel pueblo se convirtió en un centro desde el que irradiaba el fervor evangélico, o «entusiasmo», como lo llamaron. El de Zinzendorf fue solo uno de los innumerables movimientos que se dieron en el siglo XVIII para ofrecer al pueblo llano una solución afectiva y no intelectual a los problemas de la vida: prueba de que, a su manera, los sentimientos son más fuertes que la razón y de que para algunas personas la religión es más satisfactoria que la ciencia. En tanto que uno de los grandes inspiradores del evangelismo cristiano, Jonathan Edwards de Massachusetts, dijo: «Nuestra gente no necesita tanto [...] cabezas almacenadas como [...] corazones conmovidos». Sus congregaciones purgaron sus emociones de modos que a los intelectuales les parecían repelentes. Un asistente a uno de los sermones de Edward observó: «Se oyó una gran queja generalizada, así que el pastor se vio obligado a desistir: los gritos y chillidos eran agudos y penetrantes».[64]

Los sermones eran la tecnología de la información de todos estos movimientos. En 1738, con un «corazón extrañamente cálido», John Wesley lanzó una misión para los trabajadores de Inglaterra y Gales. Viajó casi trece mil kilómetros al año y predicó al aire libre ante congregaciones de miles de personas. Comunicaba un estado de ánimo más que un mensaje: una idea de cómo Jesús puede cambiar las vidas impartiendo amor. George Whitfield, amigo de Isaac Watts, celebró reuniones en las colonias americanas de Gran Bretaña, donde «muchos lloraban con entusiasmo como personas que tenían hambre y sed de justicia», e hizo que Boston pareciera «la puerta del cielo».[65] El evangelismo católico adoptó medios similares para apuntar a los mismos enemigos: el materialismo, el racionalismo, la apatía y la religión formalizada. Entre los pobres de Nápoles, Alfonso María de Liguori parecía un profeta bíblico. En 1765 el papa autorizó la devoción al Sagrado Corazón de Jesús, un símbolo sangrante del amor divino. Interesadamente, algunos monarcas europeos colaboraron con el resurgimiento religioso como medio para distraer a la gente de la política y explotar las iglesias como agentes de control social. El rey Federico el Grande de Prusia, un librepensador a quien le gustaba contar con filósofos en su mesa, favoreció a la religión para su pueblo y sus tropas. Al fundar cientos de capellanías militares y requerir la enseñanza religiosa en las escuelas estaba aplicando la recomendación de su amigo Voltaire: «Si Dios no existiera, habría que inventarlo». Voltaire estaba más preocupado que los plebeyos por el hecho de que Dios limitara a los reyes, pero se dio cuenta de que «dejar el miedo y las esperanzas intactos» era la mejor fórmula para conseguir la paz social.[66]

La música ayudó a calmar el racionalismo, en parte porque evoca emociones sin expresar un significado claro. En el siglo XVIII, Dios parecía tener las mejores melodías. Los himnos conmovedores de Isaac Watts hicieron que los cantantes derramaran desprecio sobre el orgullo. Charles, el hermano de John Wesley, hizo que las congregaciones sintieran la alegría del cielo en el amor. Los escenarios de la pasión de Cristo de Johann Sebastian Bach despertaron a los oyentes de todas las tradiciones religiosas. En 1741, uno de los textos bíblicos que musicó George Frideric Händel proporcionó una respuesta eficaz a los escépticos: Dios era «despreciado y rechazado entre los hombres», pero «sé que mi Redentor vive, y aunque los gusanos destruyan este cuerpo, en mi carne veré a Dios». Mozart fue mejor servidor de la Iglesia que de la masonería. Murió en 1791 mientras trabajaba en su gran *Misa de Réquiem*, su propio triunfo sobre la muerte.

Para apreciar la música no se ha de entender nada desde el punto de vista intelectual. Claro está, durante la mayor parte del siglo XVIII, los compositores reflejaron los valores de la Ilustración en contrapuntos matemáticamente precisos, por ejemplo, o en armónicos racionales. Pero la música estaba a punto de triunfar como lenguaje universal gracias a unas corrientes profundas de historia cultural e intelectual. Mozart descansaba en una tumba pobre y casi no le habían llorado, mientras que cuando Ludwig van Beethoven murió en 1834, decenas de miles de personas abarrotaron su funeral, y la pompa con que fue enterrado difícilmente habría deshonrado a un príncipe.[67] Mientras tanto, el romanticismo había desafiado a las sensibilidades ilustradas.

El siglo XVIII en Europa supuestamente fue «la edad de la Razón». Pero sus fracasos —guerras, regímenes opresivos, desilusión consigo misma— demostraron que la razón por sí sola no bastaba. La intuición era al menos su igual. Los sentimientos eran tan buenos como el pensamiento. La naturaleza todavía tenía lecciones que enseñar a la civilización. Los cristianos y sus enemigos podían estar de acuerdo sobre la naturaleza, que parecía más bella y más terrible que cualquier construcción del intelecto humano. En 1755 un terremoto con el epicentro cerca de Lisboa sacudió incluso la fe de Voltaire en el progreso. Una de las ciudades más importantes de Europa, en la que vivían casi 200 000 personas, quedó reducida a ruinas. Como alternativa a Dios, los filósofos radicales respondieron al llamamiento de «volver a la naturaleza» que el Barón d'Holbach, uno de los enciclopedistas más importantes, pronunció en 1770: «Ella [...] sacará de tu corazón los miedos que te coartan [...] los odios que te separan del hombre, a quien deberías amar».[68] «Sensibilidad» se convirtió en una palabra de moda para denominar la capacidad de respuesta a los sentimientos, que se valoraban aún más que la razón.

Cabe recordar que los exploradores del siglo XVIII no paraban de revelar nuevas maravillas de la naturaleza que empequeñecían las construcciones de la mente y las manos humanas. Los paisajes del Nuevo Mundo inspiraban respuestas que las personas del siglo XVIII denominaban «románticas». Los estudiosos modernos parecen incapaces de ponerse de acuerdo sobre lo que realmente significa este término. Pero en la segunda mitad del siglo XVIII se oía cada vez con más frecuencia e insistencia en Europa, y se fue haciendo más dominante en el mundo a partir de entonces. Entre los valores románticos estaban la imaginación, la intuición, la emoción, la inspiración e incluso la pasión, junto con —o en casos extremos por delante de— la razón y el conocimiento científico como guías hacia la verdad y la conducta. Los románticos afirmaban preferir la naturaleza al arte, o al menos querían que el arte mostrara simpatía con la naturaleza. La conexión con la exploración global y con la revelación de nuevas maravillas fue evidente en los grabados que ilustran los informes publicados de dos jóvenes exploradores españoles, Jorge Juan y Antonio de Ulloa, que recorrieron el ecuador en la década de 1730 como parte del mismo proyecto que llevó a Maupertuis al Ártico: determinar la forma de la Tierra. Combinaron diagramas científicos con imágenes de reverencia asombrosa por la naturaleza indómita. Por ejemplo, su dibujo del monte Cotopaxi en erupción en Ecuador, con el fenómeno, representado en el fondo, de arcos de luz sobre las laderas de la montaña, combina precisión con romanticismo. Irónicamente, entre las primeras obras de arte del romanticismo figura una ilustración científica.

La fusión de la ciencia y el romanticismo también es evidente en la obra de uno de los mejores científicos de la época, Alexander von Humboldt, cuyo objetivo era «ver la Naturaleza en toda su variedad de grandeza y esplendor». El punto culminante de sus esfuerzos llegó en 1802, cuando trató de escalar el monte Chimborazo, el pico gemelo del Cotopaxi. Se creía que el Chimborazo era la montaña más alta del mundo, la cumbre intacta de la creación. Humboldt casi había llegado a la cima, cuando, mareado por el mal de altura, doblado de frío y sangrando abundantemente por la nariz y los labios, tuvo que volver atrás. Su historia de sufrimiento y frustración era justo el tipo de tema que empezaba a gustar a los escritores románticos en Europa. El poeta inglés John Keats hizo un himno al amante que «nunca puede tener tu dicha». En 1800, el poeta alemán Novalis, introspectivo pero influyente, creó uno de los símbolos más potentes del romanticismo, el *blaue Blume*, la flor esquiva que nunca se puede arrancar y que desde entonces ha simbolizado el anhelo romántico. La base del romanticismo es el culto a lo inalcanzable, un anhelo imposible de satisfacer. En una de las ilustraciones de Humboldt sobre sus aventuras americanas, se agacha para recoger una flor al pie del Chimborazo. Sus grabados del paisaje que encontró inspiraron a pintores románticos en el nuevo siglo.[69]

El romanticismo no fue solo una reacción contra la deificación informal de la razón y el clasicismo: también fue una remezcla de las sensibilidades populares con los valores y gustos de la gente educada. Su poesía era, como afirmaron Wordsworth y Coleridge, «el lenguaje del pueblo llano». Su grandeza era rústica, de soledad más que de ciudades, de montañas más que de mansiones. Su estética era sublime y pintoresca más que urbana y sobria. Su religión era el «entusiasmo», una palabra sucia en los salones del antiguo régimen que ahora atraía a miles de personas ante los predicadores populares. La música del romanticismo rebuscaba los aires tradicionales en busca de melodías. Su teatro y su ópera bebían de los cómicos callejeros. Su profeta fue Johann Gottfried Herder, que recopiló cuentos populares y alabó el poder moral de la «verdadera poesía» de «aquellos a quienes llamamos salvajes». «*Das Volk dichtet*», dijo: la gente hace la poesía. Los valores educativos del romanticismo enseñaban la superioridad de las pasiones no instruidas por encima del refinamiento artificioso. Sus retratos mostraban a damas de la sociedad vestidas de campesinas en jardines diseñados para lucir como naturales, inundados por el romance. «La gente» había llegado a la historia europea como una fuerza creativa y ahora empezaría a remodelar a sus maestros en su propia imagen: la cultura, al menos algo de ella, podría empezar a generarse desde abajo en lugar de chorrear sin más desde la aristocracia y la alta burguesía. El siglo XIX, el del romanticismo, despertaría la democracia, el socialismo, la industrialización, la guerra total y «las masas» respaldadas, por miembros de la élite con visión de futuro, «contra las clases».[70]

8

El climaterio del progreso

Las certezas del siglo XIX

El hombre común recurrió al derramamiento de sangre. El buen salvaje volvió a ser el mismo de siempre. La Revolución francesa llenó la Ilustración de sombras. En 1778, en París, el raro espectáculo de luces de Etienne Gaspard Robert hizo que unas formas monstruosas se cernieran desde una pantalla o parpadearan extrañamente entre espirales de humo. Mientras tanto, en demostraciones de la nueva fuerza de la galvanización, los precursores de la vida real de Frankenstein hicieron que unos cadáveres se retorcieran para emocionar al público. Francisco de Goya dibujó criaturas de la noche gritando y aleteando en pesadillas mientras la razón dormía, pero los monstruos podían surgir en las horas más vigilantes de la razón. En medio de la horrible cuestión de la experimentación científica o en mentes torturadas por «crímenes cometidos en nombre de la libertad», aparecieron prefiguraciones de cómo podía ser de monstruosa la modernidad.

La transformación de toda una cultura era audible en las discordancias que invadían la música de Beethoven y visible en las deformaciones que distorsionaban las pinturas de Goya. Después de la Ilustración —racional, desapasionada, desapegada, precisa, complaciente, ordenada y asertiva— el estado de ánimo predominante en la Europa del siglo XIX era romántico, sentimental, entusiasta, numinoso, nostálgico, caótico y autocrítico. Ensangrentada pero indomable, la creencia en el progreso persistía, pero ahora con las miras apuntando desesperadamente hacia el futuro, no complacientemente hacia el presente. Con la Ilustración atenuada, el progreso era perceptible pero poco definido. Unos sesenta años después de las pinturas de progreso de James Barry para la Royal Society of Arts de Londres, Thomas Cole concibió una serie parecida sobre «El curso del imperio» para ilustrar unas líneas de Lord Byron:

> El relato humano tiene su moral;
> el mismo ensayo del pasado.
> Libertad primero, Gloria después —y, eso fallado,
> riqueza, vicio, corrupción—, barbarie al final.

Mientras que la serie de Barry había llegado al clímax con *Elysium*, la de Cole continuó por el salvajismo, pasó por la civilización y la opulencia decadente y llegó hasta la desolación.

Una visión de conjunto de la época

En lugar de elegir una edad de oro en el pasado, que es donde normalmente se habían ubicado las utopías de períodos anteriores, los perfectibilistas del siglo XIX creían que la edad de oro aún estaba por llegar. Ya no podían confiar en la razón para generar progreso. El colapso de la Ilustración derribó la casa de la razón y dejó expuesta la violencia y la irracionalidad humanas. Todo cuanto quedó fueron «maderas torcidas» con las que no se podía hacer «nada recto»: el vocabulario es de la gran figura de transición que, entre la Ilustración y el romanticismo, «criticó» la razón y alabó la intuición: Immanuel Kant.[1]

En lugar de la razón, unas grandes fuerzas impersonales parecían conducir la mejora: las leyes de la naturaleza, de la historia, de la economía, de la biología, de «la sangre y el hierro». El resultado fue una imagen del mundo mecanizada y brutalizada. Unas conquistas asombrosas en ciencia y tecnología sostuvieron la ilusión de progreso. La industrialización impulsada por el vapor multiplicó enormemente la potencia muscular. La ciencia continuó revelando verdades hasta entonces nunca vistas, exponiendo a la vista microbios, manipulando gases, midiendo fuerzas anteriormente poco conocidas como el magnetismo, la electricidad y la presión atmosférica, percatándose de vínculos entre especies, exponiendo fósiles y, de este modo, revelando la antigüedad de la Tierra. Los periodistas y políticos ingleses espolearon e impulsaron el progreso como «la marcha de la mejora», el nombre engañoso que le dieron al ruido y la confusión de las industrias no reguladas. Cada avance se podía adaptar para mal: para la guerra o la explotación. El intelecto y la moral no registraron ninguna de las mejoras esperadas, que eran todas materiales y en gran parte restringidas a personas y lugares privilegiados. Al igual que la Ilustración que la precedió, la «era del progreso» del siglo XIX se diluyó en sangre: en el cataclismo de la Primera Guerra Mundial y en los horrores del siglo XX.

Esos horrores surgieron de las ideas del siglo XIX: el nacionalismo, el militarismo, el valor de la violencia, el arraigo de la raza, la suficiencia de la ciencia, lo irresistible de la historia, el culto al Estado. Un hecho escalofriante sobre las ideas de este capítulo es que la mayoría de ellas generaron unos efectos espantosos. Dieron forma al futuro, incluso cuando tenían poca influencia en la época. No es de sorprender: siempre pasa un lapso de tiempo entre el nacimiento de una idea y el de su progenie. Aumentaron las fábricas en lo que todavía era un mundo renacentista, en lo referente a la élite; como observó William Hazlitt, estaban «siempre hablando de los griegos y los romanos».[2] Inspirados, curiosos, moralistas, los científicos del siglo XIX parecían artistas o practicantes de matemáticas avanzadas: pocos tenían una vocación práctica. Como hemos visto, la ciencia podía alimentar la industria. Pero los inventores de los procesos que hicieron posible la industrialización —de la fundición de coque, la hilatura mecanizada, el bombeo a vapor y el telar movido a vapor— fueron héroes de la superación personal: eran artesanos autodidactas e ingenieros con poca o ninguna formación científica. Al final, la ciencia fue incluso secuestrada para los objetivos de la industria —comprada por el dinero para «investigación útil», malversada por los dogmas de responsabilidad social—, aunque no hasta casi terminado el siglo XIX.

Todas las innovaciones técnicas que volvieron a forjar el mundo del siglo XIX se originaron en Occidente. También las iniciativas en casi todos los demás campos. Las que surgieron en Asia fueron respuestas o ajustes al poder insólito del hombre blanco: aceptaciones o rechazos de sus exhortaciones o ejemplos. A principios del siglo XIX, William Blake todavía pudo dibujar a Europa como una Gracia entre iguales en el baile de los continentes, apoyándose sobre sus hermanas-continente África y América, a las que cogía del brazo y reducía a la emulación o el servilismo. Si bien en ocasiones tardaban mucho en efectuar cambios en las sociedades de fuera de Europa, las ideas occidentales, ejemplificadas o impuestas, se difundieron rápidamente, simbolizando y consolidando una ventaja creciente en la guerra y las mercaderías. La influencia cultural europea y el imperialismo empresarial ampliaron el alcance de la hegemonía política. Unos avances demográficos, industriales y técnicos sin precedentes abrieron nuevas brechas. Las regiones industrializadas y en vías de industrialización se separaron y se adelantaron. Pese a que la hegemonía de Europa fue breve, los milagros europeos fueron el rasgo más evidente del siglo XIX: la culminación de un largo impulso comercial, las iniciativas imperiales y los logros científicos.

La demografía y el pensamiento social

Los cambios demográficos son el punto de partida adecuado, ya que respaldaron todos los demás. Un breve resumen de los hechos demográficos también ayudará a explicar las teorías con las que respondieron los observadores.

A pesar de la mecanización, la mano de obra siguió siendo el recurso natural más útil y adaptable de todos. En el siglo XIX, el crecimiento de población más rápido se produjo en Europa y América del Norte —«Occidente», como llegó a decir la gente, o «la civilización atlántica», que abrazaba su océano, su «*mare nostrum*», justo cuando el Imperio romano se aferraba a su mar—. Entre aproximadamente 1750 y 1850, la población de China se dobló; la de Europa estuvo a punto de hacerlo; y la de las Américas se duplicó hasta dos veces. Para la guerra y el trabajo, la gente importaba muchísimo, aunque Occidente también superaba a todos los demás en la movilización de otros recursos, especialmente en el cultivo de alimentos y en la extracción de riqueza mineral.

Todo el mundo coincide en que el cambio en la distribución de la población mundial favoreció a Occidente, aunque nadie ha podido mostrar cómo afectó a la industrialización. Los historiadores y economistas compiten para identificar las circunstancias que hicieron posible la industrialización. Suelen referirse a instituciones financieras propicias, un entorno político favorable, una élite de mentalidad comercial y el acceso al carbón para quemar y producir vapor. Todos estos aspectos fueron relevantes y quizás decisivos. Sin embargo, ninguna de las teorías ampliamente apoyadas confrontan la gran paradoja de la mecanización: ¿por qué sucedió donde y cuando la población estaba en auge? ¿Por qué molestarse por el coste y los problemas de las máquinas cuando abundaba el trabajo y, por lo tanto, el exceso debería haberlo abaratado? Creo que la población fue clave debido a la relación entre mano de obra y demanda. Por encima de un umbral aún no especificable, la abundancia de mano de obra inhibe la mecanización: las economías más laboriosas y productivas del mundo preindustrial, en China y la India, eran así. Mi sugerencia es que sin embargo, por debajo de ese umbral el aumento de población genera exceso de demanda de bienes, en comparación con la mano de obra disponible para producirlos. Un equilibrio favorable entre la oferta de mano de obra y la demanda de bienes es condición esencial para la industrialización. Gran Bretaña fue el primer país en encontrarlo, en el curso del siglo XIX la siguieron Bélgica y algunas otras partes de Europa, y finalmente Estados Unidos y Japón.

Si bien se concentró relativamente en Occidente, aquel crecimiento de población de una magnitud sin precedentes se dio en todo el mundo. La aceleración se había iniciado en el siglo XVIII, cuando el intercambio transoceánico e intercontinental de biota comestible había aumentado enormemente el suministro mundial de alimentos, mientras que, por motivos oscuros, probablemente identificables con mutaciones aleatorias en el mundo microbiano, el entorno global de enfermedades cambió a favor de los humanos. Al principio, los efectos fueron difíciles de discernir. Muchos analistas de finales del siglo XVIII estaban convencidos de que la deriva estadística era adversa, tal vez porque se percataban de la despoblación de las zonas rurales, una especie de epifenómeno resultado del crecimiento relativamente más rápido de las ciudades. Incluso quienes vieron la tendencia pronto no sabían qué ocurriría a la larga y lucharon contra las reacciones opuestas a su propio desconcierto. Entre las consecuencias de esto se dio uno de los ejemplos más influyentes de idea equivocada que acaba resultando ser inmensamente potente: la idea de superpoblación.

¿Demasiada gente? Nadie creía que pudiera existir tal cosa hasta que un cura inglés, Thomas Malthus, formuló la idea en 1798. Anteriormente, el aumento del número de personas prometía más actividad económica, más riqueza, más mano de obra, más fuerza. Malthus era una voz que predicaba a gritos las carencias del desierto. Miraba con caridad tensa un mundo nuevo grave donde solo el desastre atemperaría la superpoblación. Las estadísticas que utilizó en *Ensayo sobre el principio de la población* provenían del trabajo del marqués de Condorcet, quien había citado el aumento de la población como evidencia de progreso. Mientras que Condorcet había sido más que optimista, Malthus volvió a filtrar las mismas estadísticas a través de una lente polvorienta y apesadumbrada y llegó a la conclusión de que la humanidad estaba destinada al desastre porque el número de personas aumentaba mucho más rápido que la cantidad de comida. «La capacidad de la población es indefinidamente mayor que la capacidad de la tierra para producir la subsistencia para el hombre [...]. La población, cuando no se controla, aumenta exponencialmente, mientras que la subsistencia solo aumenta aritméticamente.»[3] Solo los «controles naturales», una selección apocalíptica de hambruna, plagas, guerra y catástrofes, podía contener los números a un nivel en el que el mundo pudiera ser alimentado.

Malthus escribió de forma tan convincente que las élites del mundo le creyeron y entraron en pánico. Según William Hazlitt, su punto de vista, era «una base sobre la que fijar las palancas que puede que muevan el mundo».[4] Entre las consecuencias desastrosas de esto hubo guerras y aventuras imperiales, provocadas por el miedo de la gente a quedarse sin espacio: el deseo de *Lebensraum* alemán y la «colonización» como «único medio para la salvación» que el demógrafo Patrick Colquhoun alentó en Gran Bretaña en 1814. Cuando, a mediados del siglo XX, la población mundial se disparó, llegó al mundo una nueva ola de aprensión maltusiana de resultados nuevamente desastrosos. La llamada «revolución verde» de la década de 1960 en adelante salpicó el mundo de pesticidas y fertilizantes químicos en un intento de cultivar más alimentos. «La agricultura intensiva» hizo que los estantes de las tiendas de comestibles gimieran repletas de animales muertos criados con crueldad, mal alimentados y sobremedicados. Algunos países introdujeron políticas de limitación familiar obligatoria que fomentaban efectivamente el infanticidio e incluían programas de esterilización y abortos baratos o gratuitos; la investigación de la contracepción atrajo inversiones enormes, lo que conllevó morales dudosas y efectos médicos secundarios.

La ansiedad maltusiana ha demostrado no tener un fundamento real: las estadísticas demográficas fluctúan. Las tendencias nunca se mantienen por mucho tiempo. La superpoblación es extremadamente rara; la experiencia sugiere que cuando una proporción cada vez mayor de la población del mundo alcanza la prosperidad, la gente procrea menos.[5] Pero en el siglo XIX, los oráculos fatalistas de Malthus parecían razonables, sus hechos indiscutibles, sus predicciones plausibles. Todos los pensadores leyeron a Malthus y casi todos tomaron algo de él. Algunos adoptaron su ansiedad apocalíptica, otros se apropiaron de sus suposiciones materialistas, sus métodos estadísticos, su determinismo ambiental o su modelo de lucha de la vida como competitiva o conflictiva. En el nivel más amplio, desafió la confianza en que el progreso era inevitable. El pensamiento político de Occidente, y por lo tanto del mundo, en el siglo XIX fue una serie de respuestas al problema de cómo mantener el progreso: cómo evitar el desastre o sobrevivir a él, o tal vez darle la bienvenida como purgante o como oportunidad para volver a empezar.

La derecha y la izquierda fueron igualmente ingeniosas. En los extremos, llegaron a ser prácticamente indistinguibles, ya que la política tiene forma de herradura y sus extremos casi se tocan. En los bordes exteriores, los ideólogos convencidos pueden tener puntos de vista encontrados, pero tienden a adoptar los mismos métodos para obligar a los demás a adoptarlos. Así pues, empezaremos por el conservadurismo y el liberalismo y después abordaremos el socialismo, aunque nos mantendremos entre la izquierda y la derecha mientras revisamos las doctrinas de quienes confiaron en el Estado y de los anarquistas y pensadores políticos cristianos que se opusieron a ellos, antes de volvernos hacia los nacionalismos de emergencia que superaron, tanto en atractivo como en consecuencias, a todas las demás ideas de la época.

Los conservadurismos y el liberalismo

Incluso el conservadurismo, que resultó paradójicamente fértil en pensamiento nuevo, formaba parte de un mundo que miraba hacia el futuro con inseguridad. El conservadurismo se entiende mejor estratigráficamente, detectable en tres capas de profundidad. Suele surgir de una actitud pesimista: la negativa a alterar radicalmente el estado de las cosas, no vaya a ser que empeoren. A un nivel profundo, donde los humanos parecen irremediablemente malos y necesitan límites, el pesimismo inspiró otro tipo de conservadurismo: el autoritarismo que valora el orden por encima de la libertad y el poder del Estado por encima de la libertad del individuo. Superpuesta, también existe una tradición conservadora que valora el Estado o alguna otra comunidad (como «la raza» o «la nación») por encima del individuo, generalmente con el argumento de que la propia identidad es imperfecta excepto cuando forma parte de una identidad colectiva.

Sin embargo, estas construcciones no eran lo que el estadista angloirlandés Edmund Burke previó en 1790. Sus preocupaciones, al igual que las de la corriente principal del conservadurismo desde entonces, eran salvaguardar el progreso y reformar para sobrevivir. Burke tenía simpatías radicales con las víctimas y los desamparados, pero se alejaba de los excesos de la Revolución francesa. El tiempo es «el gran maestro», dijo; y la costumbre o la tradición, la fuente de la estabilidad.[6] El orden es indispensable, pero no como fin, sino para igualar las oportunidades de todos los sujetos de ejercer la libertad. Un Estado debe estar dispuesto a reformarse cuando sea necesario; de lo contrario, se dará una revolución, con todos sus males.

Cuando Robert Peel fundó el Partido Conservador británico en 1834, consagró ese equilibrio. El programa del partido era reformar lo que necesitaba reforma y conservar lo que no, una fórmula lo bastante flexible para soportar los cambios. «*Plus ça change, plus c'est la même chose*»: así lo expresó en 1849 el apóstol del conservadurismo Alphonse Karr tras una serie de revoluciones frustradas que alarmaron a la élite europea. Los gobiernos más exitosos de los tiempos modernos adoptaron estrategias ampliamente conservadoras, aunque no siempre lo admitieran. Los que optaron por la revolución o la reacción en pocos casos duraron mucho.

El conservadurismo comenzó como una forma de gestionar la naturaleza, especialmente la humana, para el bien común: por lo tanto, no muy lejos de las agendas que ahora consideramos socialdemócratas, que despliegan cantidades modestas de regulación para proteger mercados que de otro modo serían libres de la distorsión por corrupción, especulación, explotación, grandes desigualdades de ingresos o privilegios, y demás abusos de la libertad. La desconfianza de la ideología es otra característica que Burke transmitió al conservadurismo moderno. Afirmaba que la paz era mejor que la verdad. Condenaba las «distinciones metafísicas» por ser un «pantano serbonio», y el teorizar por ser un «claro síntoma de un Estado mal dirigido».[7]

El conservadurismo nunca ha fingido ser científico, es decir, basarse en datos verificables y producir efectos predecibles. Sin embargo, el enfoque estadístico de Malthus hizo imaginable una ciencia de la sociedad: las políticas basadas en hechos infalibles podían dar resultados garantizados. La búsqueda podía ser literalmente enloquecedora: Auguste Comte, el pionero de lo que llamó «sociología» o «ciencia social», fue internado en un manicomio durante un tiempo. En las conferencias que empezó a publicar en 1830, cuando luchaba contra una demencia autodiagnosticada y una carrera académica estancada, predijo una nueva síntesis del pensamiento científico y humanista, aunque no estaba seguro de cómo estructurarla o formularla. Durante su desarrollo a lo largo del siglo, la sociología se vio favorecida por la derecha, ya que era un intento de hacer controlable el cambio social. Solo a la larga los sociólogos se convirtieron en la mitología popular en sinónimo de los estereotipos de tipos peludos, con ropa holgada y coderas de la izquierda intelectual.

Mientras tanto, un filósofo inglés, Jeremy Bentham, pensó en una forma de conseguir en la formulación de políticas una síntesis similar a la anhelada por Comte. En la actualidad, a Bentham se le considera una especie de santo laico, como corresponde al fundador de una universidad sin capilla: «un ángel sin alas».[8] Su cuerpo está exhibido allí, en el University College de Londres, como estímulo para los estudiantes. Su «utilitarismo» fue un credo para los no religiosos. Ideó una especie de cálculo de la felicidad. Definió el bien como un excedente de la felicidad sobre la infelicidad. El objetivo que estableció para el Estado fue «la mayor felicidad del mayor número de personas». Eso no era liberalismo como lo entendía la mayoría de la gente en ese momento, ya que Bentham calificaba la «utilidad» social por encima de la libertad individual; pero su filosofía era radical porque proponía una nueva forma de evaluar las instituciones sociales sin referencia o deferencia a su antigüedad, autoridad o historial de éxito pasado. La doctrina era intencionadamente atea y materialista: el estándar de felicidad de Bentham era el placer; su índice de maldad, el dolor.

El benthamismo empezó a tener influencia al instante. Sus admiradores británicos reorganizaron el Estado, purgando el código penal de dolor sin sentido mientras infligían nuevos tipos de dolor a los que supuestamente no lo merecían en lo que llegó a llamarse «el interés público». Las malas leyes buscaban reducir el número de vagabundos y marginados haciendo insoportables sus desgracias. En Gran Bretaña se volvió a contratar funcionariado con buenos examinandos. Ni siquiera bajo los gobiernos de derechas de boquilla, los prejuicios libertarios no pudieron hacer que el interés público dejara de estar entre las prioridades de los legisladores. Hasta bien entrado el siglo XX, la tradición radical en Gran Bretaña era predominantemente benthamita, aun cuando se llamaba socialista.[9]

Bentham fue el miembro más elocuente de una clase dirigente británica comprometido con apartarse del romanticismo. Él y sus amigos intentaban pensar de forma austera, racional y científica sobre cómo manejar la sociedad. Pero la mayor felicidad del mayor número de personas siempre significa sacrificios para algunos. Es estrictamente incompatible con los derechos humanos, ya que el interés del mayor número de personas deja a algunos individuos despojados de él. No es que los benthamitas estuvieran solos en su voluntad de sacrificar la libertad en favor de un bien supuestamente mayor. Como veremos, los adoradores de la voluntad y los superhombres alemanes compartían la misma disposición. Thomas Carlyle, el moralista británico más influyente hasta su muerte en 1881, que alimentó de pensamiento alemán a los ingleses que creían en la unidad esencial de una «raza anglosajona», pensaba que «forzar a los cerdos humanos» tenía todo el sentido.[10]

No obstante, la derecha en Gran Bretaña se mantuvo «civilizada», sin mostrar disposición, por lo general, a luchar contra la libertad o a mutilar el individualismo. El discípulo más eficaz y devoto de Bentham, John Stuart Mill, contribuyó a mantener la libertad en el foco de atención de los conservadores. Mill nunca dejó de recomendar aspectos de la filosofía utilitaria, quizás porque no podía olvidar una lección de su padre, que durante mucho tiempo había servido prácticamente como amanuense de Bentham: «El modo más efectivo de hacer el bien es [...] añadir honor a las acciones solo en proporción a su tendencia a aumentar la cantidad de felicidad y a disminuir la cantidad de miseria», explicaba Mill senior.[11] Su fórmula describe cómo la filantropía aún funciona en Estados Unidos premiando a los millonarios con veneración a cambio de que hagan inversiones privadas en bienes públicos.

Con todo, el joven John Stuart Mill no pudo escapar al anhelo romántico. A los veinte años empezó a perder la fe en el gurú de su padre: tuvo una visión de un mundo perfecto en el que se habían adoptado todas las propuestas de Bentham y retrocedió horrorizado ante la perspectiva. Primero modificando el utilitarismo y luego rechazándolo, Mill terminó poniendo la libertad en lo más alto de su escala de valores. Sustituyó el mayor número de personas de Bentham por una categoría universal: el individuo. «El individuo es soberano sobre sí mismo, sobre su cuerpo y su mente.» Mill decidió que la libertad de un individuo debía ser absoluta, a menos que afectara a la libertad de otros. Afirmó: «La libertad del individuo debe ser, por lo tanto, limitada: el individuo no debe convertirse en una molestia para otras personas ... El único propósito por el que se puede ejercer la fuerza legítimamente sobre cualquier miembro de una comunidad civilizada, en contra de su voluntad, es evitar el daño a los demás», no «para hacerle más feliz» o «porque, en opinión de otros, hacerlo sea sabio o incluso correcto».[12] Si ahora pensamos en la Gran Bretaña del siglo XIX como en una gran sociedad liberal —liberal en el sentido original y europeo de un término que se originó en España y que significa «centrado en la libertad del individuo»— es en gran parte por influencia de Mill. Para Lord Asquith (el primer ministro en el período de guerra a quienes sus admiradores alababan por su paciencia y sus enemigos condenaban por su postergación), Mill fue «el proveedor general de pensamiento para los primeros victorianos».[13]

A pesar de todo, el individualismo de Mill nunca subestimó las necesidades sociales. Escribió: «La sociedad no se basa en un contrato, y [...] ningún buen propósito se responde inventando un contrato para deducir obligaciones sociales de él». Pero «con el fin de proteger a la sociedad», el ciudadano «debe un retorno por el beneficio obtenido»; por lo tanto, debe respetar los derechos de los demás y contribuir con una parte razonable de impuestos y servicios al Estado.[14] El liberalismo de Mill tampoco era perfecto. A veces giraba bruscamente entre extremos de rechazo y alabanza al socialismo. Como consecuencia de la influencia de Mill, la élite política británica adoptó lo que podría llamarse una tradición liberal modificada que respondió al cambio sin dogmatismo y contribuyó a hacer que el país se hiciera sorprendentemente inmune a las violentas revoluciones que convulsionaron a buena parte del resto de Estados europeos.[15]

Las mujeres y los niños, primero: las nuevas categorías del pensamiento social

El choque de Bentham contra Mill ilustra las contradicciones de las sociedades en vías de industrialización. Por un lado, los inventores de máquinas deben ser libres, igual que los inventores de estrategias económicas y comerciales o los organizadores de negocios de máximo rendimiento. Los trabajadores también necesitan liberarse en su tiempo libre para compensar el trabajo pesado y la rutina. Por otro lado, el capitalismo debe ser disciplinado por el bien común o, al menos, por el bien de «el mayor número de personas». Paradójicamente, la industria es tanto el fruto del capitalismo como un símbolo de la prioridad de la comunidad sobre los individuos: las fábricas ubican a los individuos en un todo más amplio; los mercados trabajan agrupando inversiones. Las máquinas no funcionan sin engranajes. Por analogía con la industria, la sociedad puede seguir trayectorias dirigibles, como las cadenas de montaje o los algoritmos de negocios. Los procesos mecánicos se convierten en modelos para las relaciones humanas. Como veremos, buena parte de las novedades del pensamiento y el lenguaje del siglo XIX sumergieron a los individuos en «masas» y «clases» y, a mayor escala, en charlas sobre las «razas».

Antes de analizar esas categorías amplias y engañosas, merece la pena hacer una pausa para mirar hacia dos grupos reales de personas a quienes las mentes sistematizadoras de la época tendían a pasar por alto: las mujeres y los niños. Bajo el impacto de la industrialización, ambos exigían una reevaluación. La explotación laboral de niños y mujeres fue uno de los escándalos de las primeras etapas; no obstante, poco a poco la mecanización fue echando a estos grupos marginales, aunque eficaces, fuera del mercado laboral. Los hombres transfirieron la feminidad a un pedestal. Los adultos dejaron de tratar a los niños como pequeños adultos y empezaron a considerarlos un rango distinto de la sociedad, casi una subespecie de la humanidad. Las mujeres y los niños, divinizados por los artistas y los anunciantes, quedaron confinados a los santuarios del hogar: en una famosa cita de *Pasaje a la India*, de E. M. Forster, «las mujeres y los niños» se convirtieron en «la frase que exime al hombre de la cordura». Las idealizaciones europeas, envidiables en las imágenes que los artistas representaban de una feminidad delicadamente cultivada o de una infancia angelical, apenas eran inteligibles en culturas donde las mujeres y los niños todavía eran compañeros de producción de los hombres.

Estar idealizados tenía sus desventajas. Las sociedades que

liberaron a los niños de trabajar intentaron confinarlos en los colegios. Los deshollinadores no se transformaron de forma natural en los niños del agua que Charles Kingsley imaginó con sensiblería; con frecuencia, se llegaba más al ideal romántico de la infancia por coacción que por persuasión. En 1879, Henrik Ibsen plasmó la difícil situación de las mujeres en su obra más famosa, *Casa de muñecas*, donde les otorgaba un papel parecido al de los niños. Para las mujeres, caer del pedestal podía ser traumático, como para la adúltera retratada por Augustus Egg en tres etapas terribles de decadencia e indigencia, o para heroínas operísticas sexualmente libertinas, como Manon y Violetta. La mujer caída, la *traviata*, se convirtió en el *topos* favorito de la época. Ibsen con *Casa de muñecas* y Frances Hodgson Burnett con *El jardín secreto* demostraron ser, en la práctica, plumas opresivas de las que las mujeres y los niños de la Europa del siglo XX luchaban por escapar.[16]

Sin embargo, las nuevas ideas sobre las mujeres y los niños no se comentaban demasiado. Al igual que los individuos masculinos, se hallaban sumidas indistinguiblemente en las categorías de clase y masa en las que se centraban la mayoría de los intelectuales. El choque de visiones políticas en la Europa del siglo XIX fue el eco de un choque mayor de filosofías rivales de la humanidad. ¿Era el «hombre» mono o ángel?[17] ¿Era la imagen de Dios o el heredero de Adán? La bondad que tenía dentro, ¿saldría en libertad o estaba corrompida por un mal que habría que controlar? La política del miedo y la de la esperanza chocaron. En el resto de este apartado asistiremos a la gran escena de sus colisiones: la del socialismo con pensamientos similares.

El socialismo era una forma extrema de optimismo. En 1899, en Milán, Giuseppe Pellizza, un converso de pasado burgués culposo, empezó su vasta trayectoria de pintura simbólica sobre el tema. En *Il quarto stato* representó a una gran multitud de trabajadores avanzando, dijo el artista, «como un torrente, derribando cada obstáculo en su camino, sedientos de justicia».[18] Tienen un ritmo implacable, un enfoque inquebrantable, una solidaridad intimidante. Pero, a excepción de una mujer que aparece en primer plano como una Madona, que parece enzarzada en un tema personal y que reclama la atención de uno de los líderes que encabezan la marcha, los personajes individuales carecen de carácter. Se mueven como partes de un autómata gigante, con un ritmo mecánico, lento y fuerte.

Ninguna obra de arte podría expresar mejor la grandeza y la monotonía del socialismo: la humanidad noble movilizada por el determinismo más gris. En la historia del socialismo, la nobleza y la humanidad eran lo primero. Los radicales las apostrofaron como «igualdad y fraternidad»; las primeras comunidades socialistas intentaron plasmar esas mismas cualidades en las prácticas de compartir y cooperar (ver pág. 277). En Icaria, la envidia, el crimen, la ira, la rivalidad y la lujuria desaparecerían al abolir la propiedad, o eso esperaba su fundador. Las orgías sexuales que Charles Fourier planeó estarían organizadas según principios igualitarios.[19]

Tales experimentos fracasaron, pero la idea de reformar la sociedad en su conjunto sobre líneas socialistas atrajo a la gente que se sentía poco recompensada o disgustada por la distribución desigual de la riqueza. Ícaro bajó a la tierra, con el «socialismo de mercado» de Thomas Hodgskin. Este respaldaba la opinión de David Ricardo, a quien llegaremos en breve, de que el trabajo de los empleados agregaba la mayor parte del valor a la mayoría de productos básicos; así que deberían obtener la mayor parte de las ganancias. Esto era un tipo de socialismo capitalista en el que los ideales llevaban el precio en una etiqueta. Cuando la economía socialista se volvió convencional, Louis Blanc volvió su política también convencional. Blanc, que en 1839 acuñó la frase «de cada cual según sus capacidades, a cada cual según sus necesidades», convenció a la mayoría de socialistas de que se podía confiar en que el Estado impusiera sus ideales sobre la sociedad. John Ruskin, el crítico de arte y árbitro de gusto victoriano que se torturaba a sí mismo, se hizo eco de estos argumentos en Inglaterra. Para él, «el primer deber de un Estado es velar por que cada niño que nazca en él tenga un buen hogar, vaya bien vestido, esté bien alimentado y tenga una buena educación».[20] Seguramente, el aumento del poder del Estado solo podía ayudar a los necesitados. Mientras tanto, Karl Marx predijo el inevitable triunfo del socialismo en un ciclo de conflictos de clase; al tiempo que el poder económico pasaría del capital al trabajo, por lo que los trabajadores, degradados y encendidos por unos patrones explotadores, tomarían el poder. Los primeros experimentos socialistas habían sido pacíficos, sin tierra para conquistar salvo en los espacios abiertos de las zonas salvajes ni más adversarios humanos que el egoísmo y la codicia. Pero en aquel momento, transformado por el lenguaje del conflicto y la coacción, el socialismo se convirtió en una ideología de la violencia a la que se opusieron de forma intransigente quienes valoraban la propiedad por encima de la fraternidad y la libertad por encima de la igualdad.[21]

En cierto sentido, los socialistas seguían persiguiendo, aunque con métodos nuevos, el ideal de la Grecia antigua de un Estado que sirviera para hacer virtuosos a los hombres. Sin embargo, dondequiera que se probó el socialismo no logró ningún efecto moral claramente positivo. Como observó George Orwell, izquierdista escéptico, en *El camino a Wigan Pier*, relato de sus viajes por la Inglaterra de la década de 1930, «Como ocurre con la religión cristiana, la peor publicidad para el socialismo son sus adeptos». Los defensores pensaban que podían recurrir a pruebas fácticas, económicas o históricas, y representar su doctrina como «científica». La obra de David Ricardo, que nunca fue socialista pero intentó, sin prejuicios, identificar leyes económicas por analogía con las leyes de la naturaleza, produjo las supuestas evidencias económicas. En 1817 reconoció un principio de la economía, que el trabajo agrega valor a un producto, y lo convirtió en ley.[22]

Ricardo sostenía que «el trabajo es la base de todo valor», y «la cantidad relativa de trabajo [...] determina casi exclusivamente el valor relativo de los productos básicos».[23] Sin pulir, la teoría es equivocada. El capital afecta al valor al que se intercambian los bienes, y el capital no siempre es tan solo mano de obra acumulada, ya que los activos naturales tremendamente valiosos se pueden cobrar casi al instante en efectivo. La forma en que se perciben o presentan los bienes afecta a lo que la gente pagará por ellos (Ricardo sí que reconocía el valor de la rareza, pero solo como distorsionador a corto plazo, y citaba los objetos de arte y «los vinos de calidad peculiar»). Con todo, el principio de Ricardo era correcto. Extrajo de él conclusiones ilógicas y mutuamente contradictorias. Si el trabajo realiza la mayor contribución a los beneficios, sería de esperar que los salarios fueran altos; así pues, Ricardo opinaba que los salarios podían «dejarse a la competencia justa y libre del mercado y que nunca debían ser controlados por la interferencia de la legislatura». Por otro lado, esperaba que los capitalistas mantuvieran los salarios bajos para maximizar los beneficios. «No puede haber un aumento del valor de la mano de obra sin que se produzca una caída de las ganancias».[24]

Karl Marx creía a Ricardo, pero los acontecimientos demostraron que ambos estaban equivocados, al menos hasta principios del siglo XXI. A mí antes me parecía que esto era porque los capitalistas también reconocieron que les interesaba pagar bien a los trabajadores, no solo para asegurar la paz industrial y evitar la revolución, sino también para mejorar la productividad y aumentar la demanda. Sin embargo, parece más probable que las guerras terribles y amenazantes del siglo XX impusieran a los empresarios responsabilidad social o les obligaran a aceptar que el gobierno ejerciera una regulación profunda en interés de la cohesión social y la supervivencia nacional.[25]

Aun así, una idea no tiene que ser correcta para ser influyente. Los rasgos principales del pensamiento de Ricardo sobre el trabajo —la teoría del valor del trabajo y la idea del conflicto de intereses permanente entre capital y trabajo— pasaron a través de Marx a animar la agitación revolucionaria de la Europa de finales del siglo XIX y del mundo del siglo XX.

Marx afirmaba basar sus propuestas sociales y políticas en la economía científica, pero su estudio de la historia contaba más a la hora de modelar sus pensamientos. Según la teoría del cambio histórico de Marx, cada ejemplo de progreso es la síntesis de dos sucesos o tendencias anteriores que están en conflicto. Tomó su punto de partida de G. W. F. Hegel, un exseminarista protestante que subió de forma espectacular en la improvisada jerarquía universitaria de Prusia de principios del siglo XIX. Según Hegel, todo forma parte de otra cosa; así que si *x* forma parte de *y*, para pensar con coherencia sobre *x* se ha de entender *y*, y luego saber *x* + *y* —la síntesis que tiene perfecto sentido por sí misma—. Esto no parece demasiado impresionante: una receta para no poder pensar nunca con coherencia sobre nada que esté aislado. Además de dialéctico, el esquema de Marx era materialista: el cambio era impulsado económicamente (no mediante el ímpetu o las ideas, como pensaba Hegel). Marx predijo que el poder político terminaría con quien poseyera las fuentes de riqueza. Por ejemplo, en la época feudal, la tierra era el medio de producción, así que gobernaban los terratenientes. En la época capitalista, el dinero tenía importancia para la mayoría, así que los financieros dirigían los Estados. En la época industrial, como había demostrado Ricardo, el trabajo agregaba valor, así que serían los trabajadores quienes gobernaran la sociedad del futuro en una «dictadura del proletariado». Marx trazó vagamente otra síntesis final: en una sociedad sin clases, el Estado «se iría marchitando»; todo el mundo compartiría la riqueza por igual; la propiedad sería común.

Aparte de esta consumación improbable, cada una de las transiciones que Marx imaginó de un tipo de sociedad a la siguiente serían inevitablemente violentas: la clase dominante siempre lucharía por retener el poder, mientras que la clase en ascenso se esforzaría por arrebatárselo. Puesto que Marx aceptaba el argumento de Ricardo de que los patronos explotarían a los trabajadores por todo lo que valían, esperaba que se produjera una reacción violenta. Marx escribió: «La burguesía no solo ha forjado las armas que la han de matar; también ha producido a los hombres que habrán de empuñarlas: la clase obrera moderna, los proletarios».[26] Así pues, Marx tendía a estar de acuerdo con los pensadores de su época que veían el conflicto como algo bueno y propicio para el progreso. Ayudó a inspirar violencia revolucionaria, que en ocasiones consiguió cambiar la sociedad pero nunca dio vida a la utopía comunista, ni siquiera la puso a la vista.

Todas sus predicciones han resultado ser falsas, al menos hasta ahora. Si hubiera tenido razón, la primera gran revolución proletaria debería haber tenido lugar en Estados Unidos, la sociedad de vanguardia del capitalismo. De hecho, Estados Unidos continuó siendo el país donde el marxismo nunca se dio a gran escala, mientras que las grandes revoluciones de principios del siglo XX fueron rebeliones campesinas tradicionales en los entornos en gran parte no industrializados de China y México. Durante un tiempo, Rusia fue considerada por los marxistas como un modelo ejemplar del marxismo en acción; con todo, en 1917, cuando los seguidores revolucionarios de Marx se hicieron con el Estado, el país estaba apenas industrializado. Pero incluso allí se incumplieron los principios del maestro: se convirtió en una dictadura, pero no del proletariado. Se reemplazó a la clase gobernante, pero no por un partido gobernante; en lugar de descartar el nacionalismo y promocionar el internacionalismo, los nuevos gobernantes de Rusia pronto volvieron a la formulación de políticas tradicionales basadas en los intereses del Estado. La Madre Rusia importaba más que la Madre Coraje. Al acabar la explotación burguesa de los trabajadores, se inició la opresión estatal de casi todo el mundo.[27]

Los apóstoles del Estado

Para la mayoría de contemporáneos de Marx, el Estado que él esperaba ver «marchitarse» era el mejor medio para mantener el progreso. Hasta cierto punto, el fortalecimiento del Estado se dio fuera del ámbito de las ideas: las contingencias materiales lo hicieron imparable. El crecimiento demográfico reforzó los ejércitos y las fuerzas policiales; las nuevas tecnologías permitían que las órdenes se transmitieran rápidamente y se hicieran cumplir sin compasión. Había acumulación de impuestos, estadísticas e inteligencia. Se multiplicaron los métodos de castigo. La violencia se convirtió cada vez más en un privilegio (al final, casi en un monopolio) del Estado, que estaba mejor armado y tenía más medios que los individuos, las instituciones tradicionales, las asociaciones y las estructuras de poder regionales. En el siglo XIX, el Estado triunfó en casi todas sus confrontaciones con fuentes de autoridad rivales: tribus, clanes, y demás tipos de alianzas de parentesco; la Iglesia y otras alternativas teocráticas al poder secular; las aristocracias y los patriciados; los sindicatos de comercio; particularismos locales y regionales; jefes de bandidos, mafias ilegales y masonerías. En las guerras civiles de Alemania, Japón, Italia y los Estados Unidos a principios de la segunda mitad del siglo XIX, ganaron los centralizadores.

Los pensadores estaban disponibles con apoyo para la

forma en que iban las cosas, con argumentos para impulsar aún más el poder del Estado, o con afirmaciones de deseo o inevitabilidad de la soberanía absoluta, proclamando la idea de que El Estado No Se Puede Equivocar. Podemos considerar sus aportaciones, empezando por Hegel, antes de pasar al siguiente apartado, en el que trataremos las ideas de los inconformistas y los opositores al Estado (o quizás de sus rivales, en el caso de la Iglesia).

Hegel concibió el punto de partida filosófico para la adoración del Estado, así como para tanto pensamiento dominante del siglo XIX: la filosofía que denominó idealismo. Quizás sería más fácil de entender si se la renombrara como «idea-ismo», ya que en el lenguaje cotidiano «idealismo» significa un enfoque de la vida dirigido a aspiraciones nobles, mientras que la idea de Hegel era diferente: que solo existen las ideas. Los filósofos de la antigua India, China y Grecia se le habían anticipado. Algunos han utilizado el término «idealismo» para referirse a la teoría de Platón someramente similar de que solo las formas ideales son reales (ver pág. 194). Platón influyó en Hegel, pero la fuente de inspiración inmediata de este último fue el obispo George Berkeley, cuya sinecura en la Iglesia irlandesa de comienzos del siglo XVIII le proporcionaba mucho tiempo libre para pensar. Berkeley quería reivindicar la metafísica contra el materialismo y a Dios contra Locke. Empezó examinando la suposición de sentido común de que los objetos materiales son reales, lo que deriva, razonó él, del modo en que los registramos en nuestra mente. Sin embargo, las percepciones registradas en la mente son las únicas realidades de las que tenemos constancia. Por lo tanto, no podemos saber si hay cosas reales fuera de nuestra mente, «ni tampoco es posible que tengan existencia alguna, fuera de las mentes [...] que los perciben». Puede que no exista nada como una roca, sino solo la idea de ella. Samuel Johnson afirmó poder refutar esta teoría dándole una patada a la roca.[28]

Pese a todo, una patada no bastaba para deshacerse del idealismo. Hegel llevó más allá el pensamiento de Berkeley. En su típico lenguaje desafiante y tortuoso, alabó «la noción de la Idea [...] cuyo objeto es la Idea como tal [...] la verdad total y absoluta, la Idea que se piensa a sí misma».[29] Hegel adoptó una estrategia de comunicación extraña, aunque calculada para impresionar: hizo que su pensamiento fuera difícil de seguir y su lenguaje difícil de entender. Los aspirantes a intelectuales a menudo sobrevaloran la oscuridad e incluso exaltan la ininteligibilidad. Todos nos sentimos tentados a confundir complejidad con profundidad. Bertrand Russell explicó la historia de cómo el consejo de su antigua universidad de Cambridge le había consultado sobre si renovar la beca de investigación de Ludwig Wittgenstein, el filósofo de vanguardia, ya que no entendían su trabajo. Russell respondió que él tampoco lo entendía. Así que recomendó que le renovaran para estar en el lado seguro. En el ámbito académico es popular la anécdota de dos investigadores que dieron las mismas conferencias dos veces, una en lenguaje inteligible y otra en lenguaje ininteligible. Tras hacer que el público valorara la versión de su oponente, los resultados fueron de una previsibilidad deprimente. Lo que Hegel quería decir se puede expresar de forma sencilla: sabemos lo que hay en nuestra mente. La única experiencia verificable es la experiencia mental. Lo que está fuera de la mente solo se infiere.

¿Cómo pudo una reflexión aparentemente inocua y prácticamente irrelevante sobre la naturaleza de las ideas afectar a la política y a la vida real? Hegel provocó un debate entre filósofos a veces furioso y aún sin resolver: ¿es posible distinguir «las cosas en sí mismas» de las ideas de ellas que tenemos en nuestra mente? Como en muchos de los debates teóricos del pasado —sobre los arcanos teológicos en la antigüedad, por ejemplo, o sobre la vestimenta adecuada para los clérigos en el siglo XVII— a primera vista cuesta ver a qué venía y viene tanto revuelo, ya que, como hipótesis de trabajo, la suposición de que las percepciones reflejan realidades más allá de sí mismas parece ineludible. No obstante, el debate importa debido a sus serias implicaciones para la organización y la conducta de la sociedad. Negar la existencia de cualquier cosa que esté fuera de nuestra propia mente es un callejón sin salida desesperado en el que se amontonan anarquistas (ver pág. 367), subjetivistas y demás individualistas extremos. Para escapar del callejón sin salida, algunos filósofos propusieron, en efecto, la aniquilación del concepto de yo: para ser reales, las ideas habían de ser colectivas. Esta afirmación alimentaba las doctrinas corporativas y totalitarias de la sociedad y el Estado. En última instancia, el idealismo llevó a algunos de sus defensores a una especie de monismo moderno según el cual la única realidad es «lo absoluto», la conciencia que todos compartimos. El yo es parte de todo lo demás.

La doctrina parece benévola, pero se la pueden apropiar los buscadores de poder que afirman encarnar o representar la conciencia absoluta. Hegel asignó al Estado un tipo especial de mandato sobre la realidad. «El Estado —dijo despilfarrando mayúsculas más aún de lo que era habitual en el alemán de su época— es la Idea Divina tal como existe en la Tierra.»[30] Hegel realmente quiso decir esto, aunque suene a retórica exagerada. Lo que quiere el Estado, pensó —en la práctica, lo que quieren la élite o los gobernantes—, es la «voluntad general» que Rousseau había afirmado identificar (ver pág. 322). Triunfa sobre lo que quieren los ciudadanos individuales, o incluso sobre lo que quieren todos. Hegel no veía sentido a hablar de individuos. Se supone que Margaret Thatcher, la heroína conservadora de finales del siglo XX, dijo: «La sociedad no existe», lo que significa que solo cuentan los individuos que la integran. Hegel tomó el punto de vista contrario: los individuos están incompletos salvo en el contexto de las comunidades políticas a las que pertenecen. El Estado, sin embargo, en mayúscula, es perfecto. La afirmación era imperfectamente lógica, ya que los Estados forman parte de una comunidad aún más amplia, la del mundo entero; pero Hegel pasó por alto este punto.[31]

Sus afirmaciones resultaron ser extrañamente atractivas para sus contemporáneos y sucesores, tal vez porque confirmaban la tendencia, ya en marcha, hacia un poder estatal ilimitado. Tradicionalmente, las instituciones independientes del Estado, como la Iglesia en la Europa medieval, habían podido limitarlo mediante la dispensación de leyes naturales o divinas. Pero en tiempos de Hegel, la «ley positiva», la que hacía el Estado para sí mismo, era suprema y efectivamente incuestionable.

Hegel pensaba que la mayoría de personas eran incapaces de conseguir logros valiosos y que todos somos juguetes de la historia y de grandes fuerzas impersonales e ineludibles que controlan nuestras vidas. Sin embargo, ocasionalmente había «individuos de la historia universal» de sabiduría o destreza extraordinarias que podían encarnar el «espíritu de los tiempos» y forzar el ritmo de la historia, aunque sin poder alterar su curso. En consecuencia, había «héroes» y «superhombres» autoproclamados que daban un paso al frente para interpretar lo absoluto en nombre de todos los demás. A los intelectuales del siglo XXI, que tienden a preferir a los antihéroes, les cuesta entender que el siglo XIX fuera una época de culto a los héroes. Carlyle, que plasmó buena parte de su pensamiento en alemán, pensaba que la historia era poco más que el registro de los logros de los grandes hombres. Abogaba por el culto a los héroes como una especie de religión laica de superación personal. Escribió: «La historia de lo que el hombre ha logrado en este mundo está en el fondo de la Historia de los Grandes Hombres que han trabajado aquí [...]. El culto a un Héroe es la admiración transcendental de los Grandes Hombres [...]. En el fondo, no hay ninguna otra cosa admirable [...]. La Sociedad se basa en el culto al héroe».[32] Sus bases son la lealtad y «la admiración sumisa por los verdaderamente grandes». El tiempo no hace la grandeza; los grandes la consiguen por sí mismos. La historia no hace a los héroes; los héroes hacen la historia. Incluso el historiador de mente liberal Jacob Burckhardt, cuyas opiniones sobre el Renacimiento resuenan en casi todas las ideas de sus sucesores sobre cuestiones estéticas, coincidía en que «los grandes hombres» moldeaban la historia de su tiempo por el poder de su voluntad.[33]

Tales ideas eran difíciles de conciliar con la creciente democracia de finales del siglo XIX. Tales superhombres nunca existieron fuera de las mentes de sus admiradores: eso creen la mayoría de estudiosos. Que «la historia del mundo no es más que la biografía de los grandes hombres» ahora parece una afirmación anticuada, pintoresca, rara o quejumbrosa, dependiendo de cuánto le tema uno a los déspotas o a los matones. Carlyle evoca piedad, escarnio o aborrecimiento cuando escribe: «No podemos mirar a un gran hombre, aunque sea de forma imperfecta, sin ganar algo por él. Él es la fuente de luz viviente, de la que es bueno y agradable estar cerca. La luz que ilumina, que ha iluminado la oscuridad del mundo [...] una luminaria natural que brilla por obsequio del Cielo».[34] La democracia, que Carlyle definió como «la desesperación de encontrar algún héroe que te gobierne»,[35] ha hecho que los héroes parezcan viejos. Hoy en día es probable que respaldemos la réplica de Herbert Spencer a Carlyle: «Debes admitir que la génesis de un gran hombre depende de la larga serie de influencias complejas que ha producido la raza en la que aparece, y el Estado social en el que esa raza ha crecido lentamente [...]. Antes de que él pueda hacer su sociedad, su sociedad debe hacerle a él».[36]

Sin embargo, en el siglo XIX los cultos a la personalidad remodelaron culturas enteras. Los escolares ingleses imitaban al duque de Wellington. Otto von Bismarck se convirtió en un modelo a seguir para los alemanes. Louis-Napoleón Bonaparte era un desconocido en el momento de su elección como presidente de la República francesa, pero los ecos de heroísmo de su nombre inspiraban reverencia. En las Américas, el mito despojó a George Washington y a Simón Bolívar de sus errores humanos. El culto al héroe del propio Hegel era de déspotas empapados de sangre. Los héroes sirven a grupos: partidos, naciones, movimientos. Solo los santos encarnan virtudes para todo el mundo. A medida que los héroes fueron desplazando a los santos en la estima popular, el mundo fue empeorando.[37] Creyendo que grandes hombres podían salvar a la sociedad, las democracias confiaron aún más poder a sus líderes, y en el siglo XX en muchos casos llegaron a rendirse a la demagogia y a los dictadores.[38]

Los peligros del culto al superhombre deberían haber quedado claros en la obra de Friedrich Nietzsche, un profesor de filosofía frustrado de provincias que pasó buena parte de la segunda mitad del siglo subvirtiendo o invirtiendo todo el pensamiento convencional que detestaba, hasta que su facultad crítica se adentró en la contrariedad, su amargura en la paranoia y su genio en el delirio —representado en las cartas que escribió relatando su propia crucifixión, convocando al káiser a su autoinmolación e instando a Europa a entrar en guerra—. Pensaba que «el colapso anárquico de nuestra civilización» era un pequeño precio a pagar por un superhombre como Napoleón, el mismo héroe que inspiró al joven Hegel al entrar marchando como conquistador en la ciudad natal del seminarista. Nietzsche añadió: «Las desgracias de [...] la gente pequeña no cuentan para nada excepto en los sentimientos de los hombres con poderío». Pensaba que «el artista-tirano» era el tipo de hombre más noble, y que «la crueldad espiritualizada e intensificada» era la forma más elevada de cultura. Esto suena a provocación irónica, sobre todo porque la encarnación proverbial de ambas cualidades era Nerón, el emperador romano locamente egoísta que se convirtió en sinónimo de formas refinadas de sadismo y del que se decía que lamentaba tener que morir por la pérdida que ello representaría para el arte. Sin embargo, Nietzsche fue completamente sincero. «Os enseño el Superhombre. Lo humano es algo que deberíamos superar.»[39]

La filosofía moral de Nietzsche parecía invitar a los explotadores hambrientos de poder a hacer un mal uso de ella. Su «moral principal» era simple: resolvía el problema de la verdad negando que esta existiera: se debería preferir una interpretación a otra solo si resulta más satisfactoria para quien la elige; el mismo principio se aplica a la moral. Nietzsche propuso que todos los sistemas morales son tiranías. «Consideremos cualquier moral teniendo esto en mente: [...] enseña el odio al *laisser-aller*, a cualquier libertad demasiado grande, e implanta la necesidad de horizontes limitados y de las tareas más cercanas, enseñando el estrechamiento de nuestra perspectiva y, por lo tanto, en cierto sentido, la estupidez.» El amor al prójimo era solo un eufemismo cristiano para el concepto de miedo al prójimo. «Todas esas morales —preguntó—, ¿qué son sino [...] fórmulas contra las pasiones?» Nietzsche estuvo solo en su época pero fue siniestramente representativo del futuro.[40]

En obras principalmente de la década de 1880, pidió la recalificación de la venganza, la ira y la lujuria como virtudes; entre sus recomendaciones estaban la esclavitud, el sometimiento de las mujeres «al látigo», la depuración de la raza humana mediante guerras gloriosamente sangrientas, el exterminio de millones de personas inferiores, la erradicación del cristianismo y de su inclinación despreciable hacia los débiles y la ética de «el poder hace lo correcto». Reclamó la justificación científica sobre la base de que los conquistadores eran necesariamente superiores a sus víctimas. «Yo [...] contemplo la esperanza de que un día la vida se vuelva más llena de maldad y sufrimiento de lo que nunca lo ha estado.»[41] Todo esto convirtió a Nietzsche en el filósofo favorito de Hitler. Aunque Hitler le malinterpretó. Los odios de Nietzsche eran lo bastante amplios como para abarcar al Estado; lo que él admiraba era la fuerza individual y la moral que más detestaba era la impuesta por el Estado. Como ocurrió con tantos grandes pensadores a quienes leía Hitler, su obra se torció y se forzó para ponerla al servicio del nazismo.[42]

A mediados del siglo XIX, una nueva contribución de la filosofía de la moral avivó el culto al superhombre: la noción de autonomía y primacía de la «voluntad», una zona suprarracional de la mente en la que se fusionaban los deseos moralmente superiores a los de la razón o la conciencia. El portavoz de esta salvajada apenas era ejemplo de ella: Arthur Schopenhauer era solitario, autocomplaciente y se inclinaba hacia el misticismo. Como tantos otros filósofos, quería aislar algo, cualquier cosa, que fuera indiscutiblemente real: materia, espíritu, el yo, el alma, el pensamiento, Dios. A Schopenhauer se le ocurrió la «voluntad». El significado de la palabra era esquivo, tal vez incluso para él, pero obviamente pensó que podía distinguirlo de la razón o la moral. A través de «un camino subterráneo y una complicidad secreta similar a la traición», lo llevó a un autoconocimiento tan distinto como para resultar convincente. El propósito que identificó para la vida, el destino que ansiaba la voluntad era, para la mayoría de los gustos, poco alentador: la extinción de todo —que según él era a lo que Buda se refería al hablar de nirvana—. Por lo general, solo los alienados, los resentidos y los fracasados abogan por el nihilismo incondicional. Schopenhauer no lo decía literalmente: su objetivo era una ascensión mística similar a la de otros místicos, empezando por la abnegación del mundo externo y continuando por la autosuperación exaltada (que, por supuesto, eludía su alma agria y gruñona); no obstante, algunos lectores reaccionaron con ansias de destrucción, como el nihilista amoral de *La forma equívoca* de G. K. Chesterton. «*Yo no* quiero nada —manifiesta—. Yo no *quiero* nada. Yo no quiero *nada.*» Los cambios de énfasis indican la ruta desde el egoísmo hacia la voluntad y hacia el nihilismo.

Nietzsche intercedió en el mensaje de Schopenhauer a los

posibles superhombres que subieron al poder en el siglo XX. Él también lo cambió por el camino, lo que sugiere que la voluntad incluía la necesidad de luchar. La resolución solo podía llegar a través de la victoria y el dominio de unos cuantos sobre los otros. «El mundo es la voluntad de poder —gritaba Nietzsche dirigiéndose a superhombres potenciales— ¡y nada más! Y usted también es esa voluntad de poder, ¡y nada más!»[43] Para mentes como la de Hitler o Benito Mussolini, esto justificaba el imperialismo y las guerras de agresión. *Triunfo de la voluntad*, título que Leni Riefenstahl puso a un documental propagandístico tristemente célebre que hizo para Hitler, fue su homenaje a la genealogía del siglo XIX de la imagen que el Führer había hecho de sí mismo. [44]

Los enemigos públicos: contra el Estado y más allá de él

Ni Nietzsche ni Schopenhauer pretendieron, ni siquiera previeron, cómo se manipularían sus doctrinas para reforzar el poder del Estado. Cada cambio que levantaba Estados y superhombres por encima de la ley multiplicaba las perspectivas de injusticia. Este resultado ocurría a menudo en las democracias; en las dictaduras era normal. Así pues, es comprensible que algunos pensadores del siglo XIX reaccionaran, con diferente grado de rechazo, contra las doctrinas que idolatraban al Estado o lo idealizaban.

El anarquismo, por ejemplo, era un ideal indiscutiblemente antiguo, que empezó, como todo pensamiento político, con suposiciones sobre la naturaleza humana. Si los humanos eran naturalmente morales y razonables, deberían ser capaces de prosperar juntos sin el Estado. Desde el momento en que Aristóteles exaltó al Estado como agente de la virtud, la anarquía empezó a tener mala fama en la tradición occidental. Sin embargo, en la Europa del siglo XVIII, la creencia en el progreso y la mejora hicieron que pareciera posible tener un mundo sin Estado. En 1793, el futuro esposo de Mary Wollstonecraft, William Godwin, propuso abolir todas las leyes, sobre la base de que derivaban de compromisos antiguos establecidos de mala manera en un estado de salvajismo que el progreso había vuelto obsoletos. Las comunidades pequeñas y autónomas podían resolver todos los conflictos mediante discusiones cara a cara. Pierre-Joseph Proudhon, cuyo trabajo como impresor alimentaba su apetito excesivo por los libros, fue quien dio el siguiente paso. En 1840 inventó el término «anarquismo» para referirse a una sociedad gobernada sobre principios de reciprocidad, como una sociedad mutua o cooperativa. Le siguieron muchas comunidades experimentales de este tipo, pero ninguna a una escala que le permitiera rivalizar con el Estado convencional. Mientras tanto, los defensores del poder del Estado adoptaron la corriente socialista: los socialdemócratas, que proponían capturar al Estado movilizando a las masas; y los seguidores de Louis Blanc, un intelectual burgués con burócratas entre sus ancestros que depositó su fe en un Estado fuerte y regulador para llevar a cabo las ambiciones revolucionarias. Los anarquistas quedaron marginados como herejes de izquierdas; bajo la influencia de los textos de Mikhail Bakunin, que fue cruzando Europa animando a los movimientos anarquistas desde la década de 1840 hasta la de 1870, recurrieron cada vez más a lo que parecía el único programa revolucionario práctico alternativo: la violencia ejercida por células terroristas.

Entre los defensores revolucionarios de la guerra partisana de principios del siglo XIX destaca Carlo Bianco, que proponía «el terrorismo frío del cerebro, no del corazón»,[45] en defensa de las víctimas de la opresión. Pero la mayoría de los revolucionarios de su época eran idealistas repelidos por el terror y querían que la insurrección fuera ética: centrarse en las fuerzas armadas del enemigo y evitar a los civiles indiferentes o inocentes. Johann Most, el apóstol de la «propaganda por el hecho», puso objeciones. Toda la élite —la «prole reptiliana» de aristócratas, sacerdotes y capitalistas— con sus familias, los sirvientes y todo aquel que hiciera negocios con ellos eran, para él, víctimas legítimas que había que asesinar sin reparo. Cualquiera que se viera atrapado en el fuego cruzado era un sacrificio por una buena causa. En 1884, Most publicó un manual sobre cómo hacer explotar bombas en iglesias, salones de baile y lugares públicos. También propuso exterminar a los policías con el argumento de que aquellos «cerdos» no eran del todo humanos. Los que odian a la policía y los asesinos de polis demasiado tontos para leer a Most y demasiado incultos para haber oído hablar de él, han seguido usando su vocabulario desde entonces.[46]

La mayoría le denominaba socialista, pero quienes adoptaban sus métodos eran sobre todo terroristas nacionalistas. El primer movimiento que hizo del terror su táctica principal (la Organización Revolucionaria Interna de Macedonia, como se la acabó conociendo) tuvo su origen en 1893. Damjan Gruev, uno de sus fundadores, resumió la justificación: «Para conseguir un gran efecto hace falta una gran fuerza. La libertad es una gran cosa: requiere grandes sacrificios». Las astutas palabras de Gruev ocultaban el hecho principal: que bombardearían a mucha gente inocente hasta matarla. Su lema era: «Mejor un final horrible que el horror sin fin».[47] Los revolucionarios macedonios anticiparon y ejemplificaron los métodos de los terroristas posteriores: los asesinatos, el saqueo y el pillaje intimidaban a las comunidades para financiarles, refugiarles y abastecerles.[48]

La idea del terrorismo ha continuado reverberando. «Las luchas por la liberación» se suelen transformar en violencia mal dirigida. Los criminales, en especial los traficantes de droga y los extorsionadores, imitan a los terroristas fingiendo posturas políticas y haciéndose pasar por revolucionarios. En las guerras antidrogas de finales del siglo XX de Colombia e Irlanda del Norte costaba distinguir los móviles criminales de los políticos. La postura ideológica del equipo que destruyó el World Trade Center de Nueva York en 2001 parecía confusa en el mejor de los casos: algunos de los supuestos mártires contra la occidentalización llevaban vidas consumistas y se prepararon para su hazaña consumiendo alcohol en exceso. El nihilismo no es un credo político sino una aberración psicológica; los terroristas suicidas parecen ser la presa, no los protagonistas, de las causas que representan. Para quienes lo practican, el terrorismo parece satisfacer las ansias psicológicas de violencia, secretismo, importancia personal y desafío, en lugar de necesidades intelectuales o prácticas.

Tras contribuir con un idealismo temerario y en ocasiones con una violencia frenética a las luchas ideológicas de principios del siglo XX, el anarquismo se separó de la vanguardia política. Peter Kropotkin fue su último gran teórico. Su libro *El apoyo mutuo* (1902) fue una réplica convincente al darwinismo social. Sus argumentos eran que la colaboración, no la competencia, es natural a la humanidad y que la ventaja evolutiva de nuestra especie es nuestra naturaleza colaborativa. Kropotkin explicó que, «a medida que la mente humana se libera de las ideas inculcadas por minorías de sacerdotes, jefes militares y jueces, que luchan por establecer su dominio, y de los científicos pagados para perpetuarlo, surge una concepción de la sociedad en la que ya no hay espacio para esas minorías dominantes».[49] La coacción social es innecesaria y contraproducente.

Las últimas grandes batallas del anarquismo fueron defensivas, de lucha contra el autoritarismo tanto de izquierdas como de derechas, en la Guerra Civil española de 1936-1939. Terminaron en la derrota. El legado de los anarquistas a los movimientos revolucionarios estudiantiles de 1968 implicó mucha retórica y pocos resultados. No obstante, es posible, aunque no probado, que la tradición anarquista persistente ayude a explicar un desarrollo evidente de finales del siglo XX: el aumento de la preocupación por la libertad en la izquierda política europea. La mayoría de los analistas han reconocido la influencia de la derecha libertaria sobre el pensamiento izquierdista, pero puede que el anarquismo haya contribuido a él al menos en la misma medida. En efecto, la preferencia por la dimensión humana y las soluciones «comunitarias» a los problemas sociales se han convertido en un tema principal de la izquierda moderna, en lugar de la gran planificación defendida por los comunistas y los socialistas del pasado.[50]

En cualquier caso, los desafíos no violentos al poder del Estado parecen ser, a la larga, más prácticos y tal vez más efectivos. La idea de desobediencia civil surgió en la década de 1840 en la mente de Henry David Thoreau. Era un hombre muy poco práctico, un romántico incurable que defendía, y durante mucho tiempo practicó, la autosuficiencia económica «en el bosque». Con todo, sus ideas remodelaron el mundo. Entre sus discípulos estaban algunas de las figuras dinámicas del siglo XX: Mohandas Gandhi, Emma Goldman, Martin Luther King. Thoreau escribió su ensayo político más importante repugnado por las dos grandes injusticias que los Estados Unidos habían cometido antes de la Guerra de Secesión: la esclavitud, que atormentaba a los negros, y el belicismo, que desmembró México. Thoreau decidió que él «declararía la guerra silenciosa al Estado», renunciaría a la lealtad y se negaría a la opresión o al desahucio de personas inocentes. Si todos los hombres hicieran lo mismo, razonó, el Estado se vería obligado a cambiar. «Si la alternativa es meter en la cárcel a todos los hombres justos o abandonar la guerra y la esclavitud, el Estado no dudará qué elegir.»[51] Thoreau fue a la cárcel por retener impuestos, pero «alguien intervino y pagó». Lo dejaron salir después de una sola noche de encarcelamiento.

Elogió lo que tenía de bueno el sistema estadounidense: «Incluso este Estado y este gobierno estadounidense son en muchos aspectos muy admirables y excepcionales, y es de agradecer». Además, reconoció que el ciudadano tenía la obligación de hacer «el bien que el Estado me exige». Pero había identificado una limitación de la democracia: el ciudadano pierde poder en favor del Estado. No obstante, la conciencia continúa siendo su responsabilidad individual, ya que no se puede delegar en un representante electo. Thoreau creía que era mejor disolver el Estado que preservarlo en injusticia. «Este pueblo ha de dejar de retener esclavos y hacer la guerra a México, aunque eso le cueste su existencia como pueblo».

Thoreau insistió en acordar dos propuestas. La primera, que, en caso de injusticia, la desobediencia civil fuera un deber, reflejando la larga tradición cristiana de justa resistencia ante los tiranos. Bajo gobernantes malvados y opresores, Tomás de Aquino aprobó el derecho del pueblo a la rebelión y el del individuo al tiranicidio. El juez inglés del siglo XVII John Bradshaw había invocado la máxima «la rebelión ante los tiranos es obediencia a Dios» para defender la revuelta que dio comienzo a la guerra civil inglesa. Benjamin Franklin se apropió de la frase para el Gran Sello de los Estados Unidos, y Thomas Jefferson la adoptó como lema personal. En cuanto a la segunda propuesta de Thoreau, esta era nueva. Insistió en que la desobediencia política tenía que ser no violenta y perjudicial solo para aquellos que optaran por resistirse a ella. Las estipulaciones de Thoreau fueron la base de la campaña de Gandhi de «resistencia moral» al dominio británico en la India y del activismo de Martin Luther King por los derechos civiles de «no cooperación no violenta» en los Estados Unidos. Ambos tuvieron éxito sin recurrir a la violencia. John Rawls, uno de los filósofos políticos de principios del siglo XXI más respetados del mundo, apoyó y amplió la doctrina. En una democracia, dijo, la desobediencia civil del tipo que Thoreau ansiaba se justifica si una mayoría niega la igualdad de derechos a una minoría.[52]

El anarquismo y la desobediencia civil solo podían tener éxito contra Estados que no fueran lo bastante despiadados para reprimirlos. Tampoco se ha demostrado que sea posible crear instituciones dentro del Estado en las que se pueda confiar para garantizar la libertad sin violencia. A los jueces, por ejemplo, se les puede sobornar, anular o despedir, como en la Venezuela de Nicolás Maduro. Las élites o jefes de Estado no electos pueden abusar tanto como cualquier otra minoría con poder desproporcionado. Allí donde las fuerzas armadas garantizan la constitución, el país a menudo cae en poder de los dictadores militares. Con frecuencia los partidos políticos participan en conspiraciones caseras para burlar a su electorado compartiendo el poder por turnos o en coalición. Los sindicatos suelen empezar siendo independientes o incluso desafiantes, si acumulan suficiente apoyo y riqueza para retar a las élites de turno, pero la mayoría de los Estados han tratado con ellos para incorporarlos a su beneficio, castrarlos o abolirlos. Algunas constituciones impiden la tiranía delegando y dispersando el poder entre las autoridades federales, regionales y locales. Pero los administradores regionales delegados pueden volverse tiránicos a su vez. El peligro de esto se hizo evidente, por ejemplo, en 2015 en Cataluña, cuando un gobierno minoritario desafió a la mayoría de votantes de la comunidad autónoma en un intento de suspender la constitución, apropiarse de los impuestos y hacerse con el derecho exclusivo de hacer y deshacer la ley en el territorio. En 2017, un gobierno regional catalán elegido por una minoría de votos intentó transferir la soberanía a sus propias manos movilizando a sus partidarios en un referéndum, organizando en efecto un golpe de Estado civil. Para contrarrestar el peligro de multiplicar sin más la tiranía y de crear multitud de pequeños despotismos de hojalata, la tradición política católica inventó el concepto de «subsidiariedad», según la cual las únicas decisiones políticas legítimas son las tomadas lo más cerca posible de las comunidades afectadas. En la práctica, sin embargo, la disparidad de recursos implica que las instituciones ricas y bien armadas casi siempre triunfan en casos de conflicto.

La política cristiana

Cuando todos los demás controles sobre la tiranía han quedado descartados, la Iglesia permanece. La Iglesia restringió a los gobernantes en la Edad Media. Pero la Reforma creó iglesias que conspiraban con los Estados o eran dirigidas por ellos y a partir de entonces, incluso en los países católicos, casi todas las confrontaciones acababan con restricciones y compromisos que transferían autoridad a manos laicas. A finales del siglo XX, el carisma excepcional y la autoridad moral personal del papa Juan Pablo II le dio la oportunidad de desempeñar un papel en el derrocamiento del comunismo en su Polonia natal y en el desafío de los gobiernos autoritarios en general. Sin embargo, hay dudas de que ese logro pueda repetirse. En la actualidad, incluso en países con grandes congregaciones, la Iglesia ya no puede infundir obediencia suficiente para prevalecer en conflictos sobre asuntos de valor supremo para la conciencia cristiana, entre ellos la protección de la vida inviolable y el matrimonio sagrado.

En el siglo XIX, sin embargo, los pensadores católicos persistían en la búsqueda de nuevas formas de conceptualizar las aspiraciones de la Iglesia para influir en el mundo. El resultado fue una gran cantidad de nuevas ideas que implicaban una reformulación radical del lugar que ocupaba la Iglesia en unas sociedades cada vez más laicas y plurales. En 1878, León XIII llegó al papado con un prestigio tremendamente avanzado por el desafío al mundo de su predecesor. Pío IX no se sometió a la fuerza ni aplazó el cambio. Había condenado casi todas las innovaciones sociales y políticas de su época. Al retirarse de los ejércitos del Estado secular italiano, convirtió el Vaticano prácticamente en un búnker. Para sus admiradores y para muchos curiosos sin implicación, su intransigencia parecía una vocación divina no profanada por el compromiso. Sus compañeros obispos lo recompensaron proclamando la infalibilidad papal. León heredó esta ventaja única y la explotó para maniobrar hacia una posición desde la cual pudiera trabajar con los gobiernos para minimizar el daño de los peligros que Pío había condenado. León dijo querer «llevar a cabo una gran política», y en efecto actualizó el apostolado en lo que se denominó *Aggiornamento*. Triunfó a pesar de sí mismo: promovió la modernización sin comprenderla o incluso sin que le gustara demasiado. No obstante, parece que se percató de que el gran número de laicos católicos era el aliado más valioso de la Iglesia en una época cada vez más democrática. No le gustaba el republicanismo, pero hizo que el clero cooperara con él. No podía negar la validez de la esclavitud en siglos anteriores, cuando la Iglesia la había permitido, pero la prohibió para el futuro. Temía el poder de los sindicatos, pero los autorizó y alentó a los católicos a fundar los suyos. No pudo renunciar a la propiedad, la Iglesia tenía demasiados intereses en ella, pero recordó a los socialistas que los cristianos también eran llamados a la responsabilidad social. No respaldó el socialismo, pero sí condenó el individualismo desnudo. La de León fue una iglesia de caridad práctica sin cobardía moral. Tras su muerte, la moda política cambió en Roma, y siempre hubo clero que, ante la sensación de no poder controlar el cambio, trataba de frustrarlo. En el siglo XX algunos de ellos estuvieron dispuestos a colaborar con la represión y el autoritarismo de la derecha política. Pero el *Aggiornamento* era inextinguible. La tradición que León había iniciado prevaleció en el tiempo. La Iglesia ha continuado adaptándose a los cambios del mundo y adhiriéndose a las verdades eternas.[53]

Como es habitual en la historia de la Iglesia, los pensadores católicos superaron al papa: cristianizaron el socialismo y crearon, junto con los defensores protestantes del llamado evangelio social, una doctrina social cristiana políticamente inquietante. Desafiaron al Estado a encarnar la justicia y seguir al Dios a quien la virgen María había alabado porque Él «había colmado al hambriento de cosas buenas y había despachado a los ricos de vacío». El primer cristianismo renegaba del Estado. El cristianismo medieval erigió una Iglesia-Estado alternativa. El desafío para el cristianismo moderno en una época secularizante ha sido encontrar una manera de influir en la política sin comprometerse y quizás corromperse. Potencialmente, los cristianos tienen algo con lo que contribuir a todas las principales tendencias políticas representadas en las democracias industriales modernas. El cristianismo es conservador, ya que predica la moral absoluta. Es liberal, en el sentido auténtico de la palabra, ya que pone énfasis en el valor supremo del individuo y afirma la soberanía de la conciencia. Es socialista, ya que exige servicio a la comunidad, muestra «preferencia por los pobres» y recomienda la vida compartida de los apóstoles y la primera Iglesia. Por lo tanto, es una posible fuente de la «tercera vía» que tan ansiosamente se busca hoy en día en un mundo que ha rechazado el comunismo pero que considera que el capitalismo no es satisfactorio.

Un camino convincente, o al menos plausible, hacia una tercera vía pasa por el programa del siglo XIX que consistía en combinar los valores comunitarios del socialismo, con insistencia en la responsabilidad moral del individuo. La década de 1840 fue decisiva por el movimiento conocido como «socialismo cristiano» en la tradición anglicana, o «evangelio social» en algunas tradiciones protestantes, y «sindicalismo católico» o «catolicismo social» en la Iglesia católica. Allí donde la industrialización y la urbanización reunió a trabajadores no evangelizados, los sacerdotes y obispos comprometidos fundaban nuevas parroquias. El sacerdote anglicano F. D. Maurice sondeó el término «socialismo cristiano» y se le recompensó expulsándole de su trabajo en la Universidad de Londres. Mientras tanto, en París, Las Hermanas Católicas de la Caridad desempeñaban una misión práctica entre los pobres. El arzobispo Affre murió en las barricadas de la revolución de 1848 agitando una infructuosa rama de olivo.

Después de que León XIII sellara la paz de la Iglesia con el mundo moderno, a los sacerdotes católicos les resultaba más fácil participar en el movimiento político de los trabajadores, con el aliento de los obispos que esperaban «salvar» a los trabajadores del comunismo. Sin embargo, los grupos políticos católicos y los sindicatos se multiplicaban inexorablemente bajo el liderazgo laico. Algunos de ellos se convirtieron en movimientos de masas y en partidos con éxito electoral. En cambio, el catolicismo social continuaba teniendo un interés minoritario en la Iglesia. No fue hasta la década de 1960 cuando conquistó la ortodoxia, durante el papado de Juan XXIII que, en su encíclica de 1961, *Mater et Magistra*, esbozó una visión del Estado que aumentaría la libertad al asumir responsabilidades sociales y «permitir que el individuo ejerza sus derechos personales». Aprobó que el Estado desempeñara un papel en salud, educación, vivienda, trabajo y subvencionara ocio creativo y constructivo. «Subsidiariedad» no es el único término político en boga de la teoría social católica: «bien común» es otro. A medida que los partidos socialistas seculares se fueron desvaneciendo, quizás fuera el momento de que resurgiera la política de tradición cristiana.[54]

El nacionalismo (y su variante estadounidense)

Casi todo el pensamiento que fortaleció el poder del Estado en el siglo XIX —el idealismo de Hegel, la «voluntad» de Schopenhauer, la «voluntad general» de Rousseau y la imaginería del superhombre de Nietzsche— parece tonto o sucio ahora. A finales del siglo XX, el Estado entró en decadencia, al menos en cuanto a controles económicos. Las responsables de ello fueron cinco tendencias: la soberanía acumulada en un mundo cada vez más estrechamente unido; la resistencia de los ciudadanos y las comunidades históricas a un gobierno intrusista; el surgimiento de nuevas lealtades no territoriales, sobre todo en ciberguetos de Internet; la indiferencia de muchas organizaciones religiosas y filantrópicas a los límites que el Estado imponía al espíritu, podría decirse, de «médicos sin fronteras»; y, como veremos en el próximo capítulo, nuevas ideas políticas y económicas que vinculaban la prosperidad con un gobierno circunscrito. Sin embargo, hay una fuente de apoyo intelectual del siglo XIX a la legitimación de los Estados que ha demostrado ser increíblemente robusta: la idea de nacionalismo.

Ni los nacionalistas más exaltados están de acuerdo sobre lo que es una nación y no hay dos listas de analistas de naciones que coincidan. Herder, a quien se suele atribuir el inicio de la tradición moderna del pensamiento nacionalista, hablaba de «pueblos» a falta de un medio para distinguirlos de las naciones en el alemán de su época. Los nacionalistas más recientes han usado «nación» como sinónimo de varias entidades: Estados, comunidades históricas, razas. El concepto de Herder era que un pueblo que compartía la misma lengua, experiencia histórica y sentido de identidad constituía una unidad indisoluble, vinculada (por citar al nacionalista finlandés A. I. Arwidsson) mediante «lazos de mente y alma más poderosos y firmes que todo enlace externo».[55] Hegel veía el *Volk* como un ideal, una realidad trascendente e inmutable. Aunque validado, en algunas afirmaciones de sus defensores, por la historia y la ciencia, usualmente el nacionalismo se formulaba en un lenguaje místico o romántico aparentemente mal adaptado a fines prácticos. Infectado por un anhelo romántico de lo inalcanzable, estaba condenado a la autofrustración. De hecho, como la pasión del amante en la urna griega de Keats, la consumación lo habría matado. El nacionalismo alemán creció sobre ambiciones insatisfechas para unir a todos los hablantes de alemán en un solo Reich. El serbio se alimentaba de agravios inagotables. Incluso en Francia —la tierra del «chovinismo», que proclamaba, más o menos «mi país, para bien o para mal»— el nacionalismo se habría debilitado si los franceses hubieran llegado a alcanzar fronteras que satisficieran a sus gobernantes.

Puesto que el nacionalismo era un estado de anhelo romántico en lugar de un programa político coherente, la música lo expresaba mejor. *Má Vlast*, de Bedřich Smetana, en las tierras checas o *Finlandia*, de Jean Sibelius, han sobrevivido a su tiempo como ninguna literatura nacionalista lo ha hecho. Es probable que, a largo plazo, el coro rítmico de esclavos anhelantes del *Nabucco* de Verdi contribuyera más a que los italianos desearan una «patria, tan encantadora y tan perdida» que todos los impulsos de estadistas y periodistas. El nacionalismo pertenecía a los valores de «sensación, no pensamiento», proclamados por los poetas románticos. La retórica nacionalista palpitaba de misticismo. «La voz de Dios» dijo a Giuseppe Mazzini, el luchador republicano por la unificación italiana, que la nación proporcionaba a los individuos el marco de la perfección moral potencial. Simón Bolívar supuestamente experimentó un «delirio» en el monte Chimborazo, cuando «el Dios de Colombia me poseyó» encendido «por un fuego extraño y superior».[56]

Los nacionalistas insistían en que cada cual debe pertenecer a una nación de este tipo y que, como colectivo, cada nación debía afirmar su identidad, perseguir su destino y defender sus derechos. Nada de esto tenía demasiado sentido. El nacionalismo es obviamente falso: no hay un vínculo espiritual innato entre personas que resulta que comparten elementos de trasfondo común o idioma; su comunidad es simplemente lo que eligen hacer de ella. Uno de los estudiantes de nacionalismo más diligentes concluyó que «las naciones en tanto que forma natural, dada por Dios, de clasificar a los hombres, en tanto que pensamiento inherente de destino político retrasado durante mucho tiempo, son un mito [...]. El nacionalismo a menudo destruye culturas preexistentes».[57] Incluso si una nación fuera una categoría coherente, pertenecer a ella no necesariamente conferiría obligaciones. Aun así, era una tontería que la gente estaba dispuesta a creer; algunos aún lo están.

Para tratarse de una idea tan incoherente, el nacionalismo tuvo unos efectos asombrosos. Desempeñó un papel en la justificación de la mayoría de las guerras de los siglos XIX y XX e inspiró a la gente a luchar en ellas en combinación con la doctrina de «autodeterminación nacional». Remodeló Europa tras la Primera Guerra Mundial, y el mundo entero tras la retirada de los imperios europeos. En la actualidad, en un mundo de globalización e internacionalización, el nacionalismo debería ser irrelevante. Sin embargo, hay políticos que, aferrándose al poder supremo de sus propios Estados, y a algunos electorados, buscando la comodidad de las viejas identidades, lo han redescubierto. La impaciencia ante la internacionalización, la inmigración y la multiculturalidad ha vuelto a popularizar los partidos nacionalistas en Europa, amenazando el pluralismo cultural y nublando las perspectivas de la unificación europea. Esto no debería sorprendernos. Los procesos aglutinantes que arrastran o conducen a las personas a imperios o confederaciones aún mayores siempre provocan divisiones. Por lo tanto, en la Europa de finales del siglo XX y principios del XXI, los secesionistas han buscado o erigido Estados propios, destrozando Yugoslavia y la Unión Soviética, dividiendo Serbia y Checoslovaquia, poniendo en peligro a España, Bélgica y el Reino Unido, e incluso planteando preguntas sobre el futuro de Italia, Finlandia, Francia y Alemania.[58] En otras partes del mundo, los nacionalismos recién llegados, no siempre bien fundamentados desde el punto de vista histórico, han sacudido o destrozado superestados que eran residuo de la descolonización. Irak, Siria y Libia parecen frágiles. La secesión de Indonesia, Somalia y Sudán no ha estabilizado a Timor Oriental, Somalilandia o Sudán del Sur, respectivamente.

En la práctica, los Estados que se muestran falsamente como Estados nacionales parecen condenados a competir entre sí. Deben ser asertivos a la hora de justificarse o de diferenciarse de los demás, o agresivos al resistir las agresiones reales o temidas de otros Estados. En los primeros años del siglo XIX, las botas francesas y rusas pisaban fuerte en toda Alemania. El miedo y el resentimiento provocaron la bravuconería nacionalista: la afirmación de que, como las mejores víctimas de la historia, los alemanes eran realmente superiores a sus conquistadores. En opinión de muchos alemanes, Alemania tenía que unirse, organizarse y contraatacar. Los filósofos nacionalistas desarrollaron el programa. A principios del siglo XIX, el primer rector de la Universidad de Berlín, Johann Gottlieb Fichte, proclamó la identidad alemana eterna e inmutable en sus *Discursos a la nación alemana*. «Tener carácter y ser alemán» eran «sin duda una y la misma cosa». El *Volksgeist*, el «espíritu de la nación», era esencialmente bueno e insuperablemente civilizador. Hegel creía que los alemanes habían reemplazado a los griegos y romanos como fase final del «desarrollo histórico del Espíritu [...]. El espíritu alemán es el espíritu del nuevo mundo. Su objetivo es la comprensión de la Verdad absoluta en tanto que autodeterminación ilimitada de la libertad».[59] Suena muy grandioso y algo aterrador. Tras ello no había ninguna buena razón más allá de una moda intelectual.

La retórica de los nacionalistas nunca se enfrentó a un problema básico: ¿quién pertenecía a la nación alemana? El poeta Ernst Moritz Arndt estaba entre los muchos que propusieron una definición lingüística: «Alemania está dondequiera que el idioma alemán resuene y cante a Dios en el cielo».[60] La hipérbole no satisfizo a los defensores de las definiciones raciales que, como veremos, se fueron haciendo cada vez más populares en el transcurso del siglo. Muchos, a veces quizás la mayoría, de los alemanes llegaron a pensar que judíos y eslavos eran extranjeros y eso no se podía borrar, por mucho que hablaran alemán con elocuencia y elegancia. En cambio, era igualmente habitual suponer que el Estado alemán tenía derecho a gobernar allí donde se hablaba alemán, aunque solo lo hiciera una minoría. Las implicaciones de esto fueron explosivas: siglos de migraciones habían diseminado a las minorías de habla alemana a lo largo del curso del Danubio y hacia el sur del valle del Volga; las comunidades germanófonas habían calado a través de todas las fronteras, incluidas las de Francia y Bélgica. El nacionalismo fue una idea que incitó a la violencia; el Estado-nación era una idea que la garantizaba.[61]

Gran Bretaña tenía incluso menos coherencia como nación que Alemania, aunque eso no frustró a los formuladores de doctrinas sobre la superioridad británica (o a menudo inglesa, sí) de alzarse con ideas igualmente ilusorias. Thomas Babington Macaulay —que como estadista ayudó a diseñar el Raj británico y como historiador ayudó a forjar el mito de la historia británica como una historia de progreso— pertenecía, en su propia estimación, «al pueblo más grande y más civilizado jamás visto».[62] En noviembre de 1848, sentado en su estudio, midió la superioridad de su país en términos de la sangre que los revolucionarios derramaban en otras partes en la Europa de la época, «las casas con impactos de bala, las alcantarillas borboteando sangre». Lo perseguían pesadillas de una Europa sumida, como el Imperio romano en decadencia, en una nueva barbarie infligida por masas poco civilizadas. Al mismo tiempo, confiaba en la realidad del progreso y la perfectibilidad a largo plazo del hombre. El destino de Gran Bretaña era ser pionera en el progreso y acercarse a la perfección: tal como lo veía Macaulay, toda la historia británica había conducido a tal consumación, desde que los anglosajones habían llevado la tradición de libertad, nacida en los bosques germánicos, a Britannia, donde la libertad se había mezclado con las influencias civilizadoras del Imperio romano y la religión cristiana. Los vecinos de Gran Bretaña estaban rezagados en el camino del progreso, sin más. Gran Bretaña había promulgado por adelantado las luchas entre el constitucionalismo y el absolutismo que convulsionaban a otros países en la época. Los británicos las habían resuelto, un siglo y medio antes, en favor del «elemento popular en el sistema gubernamental inglés». Las revoluciones del siglo XVII habían establecido que el derecho de los reyes a gobernar no difería ni una jota «del derecho por el cual los propietarios elegían a los caballeros de la comarca o del derecho por el cual los jueces otorgaban órdenes de habeas corpus».[63] Macaulay cometió otro error, que sus seguidores estadounidenses han repetido a menudo: asumió que los sistemas políticos provocan resultados económicos. Creía que el constitucionalismo había convertido Gran Bretaña en «el taller del mundo», la «madre patria» del imperio más grande, y el foco de atención del planeta. Hacia finales de siglo, Cecil Rhodes ofreció un análisis diferente pero ampliamente compartido, repetido en innumerables ejemplares de historias de colegiales de inspiración imperialista y de literatura barata: «La raza británica es sólida hasta la médula y [...] lo podrido y el polvo le son ajenos».[64]

Se podrían multiplicar ejemplos como los de Gran Bretaña y Alemania para otros países europeos, pero a la larga el nacionalismo más impactante fue el de Estados Unidos, un lugar donde los teóricos nacionalistas tuvieron que trabajar excepcionalmente duro para amasar o golpear aquella tierra básicamente plural de inmigrantes heterogéneos hasta conseguir una mezcla con un carácter plausiblemente nacional, y verlo, en palabras de Israel Zangwill, como «el crisol de Dios».[65]

A veces, las ideas tardan mucho en salir de la cabeza y entrar en el mundo. Incluso mientras Estados Unidos experimentaba una revolución fundacional, algunos estadounidenses empezaron a imaginar una sola unión llenando todo el hemisferio, pero parecía una visión imposible de alcanzar en la práctica. Al principio, apenas parecía más realista extenderse hacia el oeste a través de un continente que las exploraciones habían revelado inmenso e intransitable. Los proyectores coloniales habían reclamado con seguridad franjas de territorio que iban del Atlántico al Pacífico porque habían sido incapaces de hacerse a la idea de las dimensiones reales del país. Tales ilusiones ya no eran sostenibles en 1793, cuando Alexander Mackenzie cruzó Norteamérica por latitudes todavía bajo soberanía británica: a partir de entonces, la incipiente república tuvo que apresurarse para llegar al otro lado del continente. La Compra de Luisiana la convirtió en una posibilidad teórica; una expedición transcontinental en 1803 hizo un esbozo de una ruta. Sin embargo, antes había que quitar de en medio a los mexicanos y a los indios. Durante la época de febril hostilidad y guerra contra México en las décadas de 1830 y 1840, el periodista John L. O'Sullivan oyó una llamada divina «a extender el continente asignado por la Providencia para el desarrollo libre de los millones de nosotros que anualmente proliferamos». El destino manifiesto abarcaría el continente a lo ancho de océano a océano en un único «imperio» republicano: a la gente le gustaba llamarlo así en los primeros años de los Estados Unidos. Fue la idea de la que surgió el futuro de Estados Unidos como superpotencia. De acuerdo con el *United States Journal*, en 1845: «Nosotros, el pueblo americano, somos el pueblo más independiente, inteligente, moral y feliz sobre la faz de la tierra». La autofelicitación se parecía a la de los alemanes y los británicos.

Quedaba por atravesar un ambiente hostil. Puesto que el Medio Oeste norte estadounidense nunca había experimentado el largo período de glaciación que había precedido a los bosques y dado forma a la tierra en otros lugares, el llamado Gran Desierto Americano ocupaba la mayor parte de la zona que había entre las tierras explotables de la cuenca del Mississippi y los territorios del lado del Pacífico. Allí no crecía prácticamente nada que un humano pudiera digerir; a excepción de alguna que otra parcela pequeña, aquel suelo duro no cedería ante plantadores y arados preindustriales. A James Fenimore Cooper le parecía un lugar sin futuro, «un país vasto, incapaz de mantener una población densa». Entonces los arados de acero empezaron a morder la tierra. Los rifles liberaron las tierras para la colonización ahuyentando a los nativos y matando a los búfalos. Con armazones de globo, ciudades como Chicago se alzaron en lugares sin árboles gracias a los tablones cortados a máquina y a los clavos baratos. Desde los elevadores de grano, introducidos en 1850, el ferrocarril transportaba el grano a unos molinos harineros gigantes que lo transformaban en productos comercializables. El trigo, una forma de hierba humanamente comestible, tomó el relevo de la hierba donde antes pastaban los búfalos. Al menos explotado de los recursos de América del Norte, el espacio, se le dio un uso productivo, y absorbió a los inmigrantes. La pradera se convirtió en el granero del mundo y en escena de las ciudades; los Estados Unidos, en un gigante demográfico. La riqueza generada ayudó a poner al país por delante de todos sus rivales y a mantenerlo allí. Los Estados Unidos, y en menor medida Canadá, se convirtieron en países continentales y potencias del mundo real, con poder sobre el precio de los alimentos.[66]

El excepcionalismo estadounidense complementó al nacionalismo estadounidense. Ninguno de los dos estaba completo sin el otro. El excepcionalismo atraía a las mentes curiosas del siglo XIX dando vueltas sobre por qué el crecimiento demográfico, económico y militar de Estados Unidos superaba al de otros países. Pero en Estados Unidos la idea de país único, más allá de la comparación con otros, se había originado antes, con el «espíritu pionero», el entusiasmo de rostro resplandeciente por una tierra prometida para los elegidos. La experiencia del siglo XIX coincidió con algunas esperanzas y expectativas. Los Estados Unidos se convirtieron sucesivamente en una república modelo, una democracia ejemplar, un imperio en expansión, un imán para los inmigrantes, un industrializador precoz y una gran potencia.

El padre Isaac Hecker, reformador católico, formuló una forma extrema de excepcionalismo. La palabrería religiosa siempre había acechado entre la maleza de la idea: las ambiciones puritanas de una ciudad sobre una colina, las fantasías mormonas sobre la tierra santificada por las pisadas de Jesús. Hecker dio al excepcionalismo un giro católico. Su argumento fue que puesto que el enriquecimiento progresivo de la divina gracia acompañaba al progreso moderno, la perfección cristiana se podía alcanzar con más facilidad en los Estados Unidos que en ningún otro lugar. León XIII condenó este «americanismo» como un intento arrogante de concebir una forma especial de catolicismo para los Estados Unidos, con la Iglesia pintada de rojo, blanco y azul. Socavaba la conciencia de los estadounidenses de dependencia de Dios y hacía que la Iglesia fuera redundante como guía para el alma.

Las suspicacias del papa eran comprensibles. Hay dos herejías relacionadas que han ayudado a modelar las imágenes que los Estados Unidos tienen de sí mismos: las llamo la herejía del Llanero Solitario y la herejía del Pato Donald. Según la primera, los héroes estadounidenses, de Natty Bumppo a Rambo, son forasteros a los que la sociedad necesita pero que no precisan de la sociedad. Hacen lo que un hombre tiene que hacer: salvar a la sociedad desde los márgenes, con la indiferencia del solitario ante los tiroteos y los enfrentamientos. Mientras tanto, la herejía del Pato Donald santifica los impulsos como prueba de la bondad natural, o de esa sobrevalorada virtud estadounidense que es la «autenticidad», con lo que alimenta las convicciones mojigatas que tan a menudo metían a Donald en problemas.[67] El sueño americano de la liberación individual solo es justificable si uno cree en la bondad del hombre o, en el caso de Donald, del pato. En el fondo, Donald es cálido, amable y bien predispuesto, a pesar de encarnar los vicios del exceso individualista: la autosuficiencia irracional, la obstinación ruidosa, el gatillo fácil, los ataques de mal genio y la confianza irritante en uno mismo. Esos mismos vicios y el mismo tipo de obediencia al impulso hacen que los legisladores estadounidenses, por ejemplo, bombardeen a gente de vez en cuando, pero siempre con buenas intenciones. Una de las grandes consecuencias de ello es la sociedad del sentirse bien, en la que se disuelve la culpa personal y acecha la autosatisfacción. La terapia sustituye a la confesión. El autodescubrimiento sofoca el remordimiento. Con frecuencia, los observadores estadounidenses ven patriotismo miope, religiosidad mórbida e insistencia conflictiva en los derechos de uno mismo. Las virtudes que consideramos característicamente estadounidenses —la mentalidad cívica, los valores del buen vecino, el amor auténtico por la libertad y la democracia— son virtudes humanas, intensamente celebradas en Estados Unidos. En cualquier caso, si los Estados Unidos fueron excepcionales alguna vez, eso ya no es así, mientras el resto del mundo se esfuerza por imitar su éxito.[68]

El antiamericanismo es lo contrario del excepcionalismo estadounidense. La gente que se ve excepcionalmente buena provoca la caracterización como excepcionalmente mala. A medida que el poder estadounidense crecía hasta eclipsar al de otras potencias, el resentimiento también fue creciendo. Tras la Segunda Guerra Mundial, la fuerza de Estados Unidos se sentía hasta tan lejos como las fronteras del comunismo; el tío Sam interfería en los imperios de otros pueblos, trataba a gran parte del mundo como su patio trasero y legitimaba regímenes intolerantes en interés de los Estados Unidos. El magnetismo de la cultura basura del perrito caliente y del rock duro estaba tan resentido como irresistible era. Los soldados estadounidenses, recordatorios fastidiosos de la impotencia europea, tenían «sueldos excesivos, obsesión por el sexo, y estaban aquí». Las políticas benignas, como el apoyo a las economías debilitadas por la guerra, obtuvieron poca gratitud.[69]

A partir de 1958, el héroe y portavoz del antiamericanismo fue el presidente francés Charles de Gaulle, un Sansón en el templo de Dagón que empujaba contra las columnas y luchaba por expulsar a los filisteos. Al tratarse de un cliente indisciplinado de los Estados Unidos, su crítica resultó más efectiva que la propaganda de los enemigos egoístas que emitían su denuncia desde detrás del Telón de Acero. Aún más convincente, y más inquietante desde el punto de vista estadounidense, fue el clamor creciente de barrios moralmente comprometidos y políticamente neutrales. Los desafíos llegaron primero desde el Occidente liberal, y sobre todo del propio Estados Unidos, y se hicieron estridentes durante la guerra de Vietnam; siguieron las protestas del «Tercer Mundo». En la década de 1970, cuando Estados Unidos empezaba a superar el trauma de Vietnam, un mulá iraní exiliado, el ayatolá Jomeini, se convirtió en el crítico más ruidoso. Si bien odiaba otras formas de modernización, era un maestro de la comunicación de masas. Su convicción de la superioridad moral era casi enfermiza. Su sencillo mensaje era que el mundo se dividía entre opresores y desfavorecidos. Los Estados Unidos eran el gran Satanás que corrompía a la humanidad con tentaciones materialistas y sobornaba al resto con la fuerza bruta.

En tanto que vencedor autoproclamado del capitalismo en las confrontaciones mundiales que se saldaron con éxito contra ideologías rivales, los Estados Unidos daban pie a esa caricatura. Además, la sociedad estadounidense tenía unos defectos innegables, como bien sabían los críticos de allí. El «capitalismo basura» desafiaba los cánones del buen gusto con una proliferación urbana fea y con productos baratos y vulgares que hacían dinero con el consumo masivo. Los valores estadounidenses elevaron a las celebridades vulgares por encima de los sabios y los santos, y de hecho han elegido a uno de ellos como presidente. El país exhibía sin vergüenza privilegios excesivos de riqueza, intolerancia selectiva, cultura popular sencilla, política estancada e insistencia conflictiva sobre los derechos individuales, con la irritabilidad y la ignorancia que ocultan los Estados Unidos. El mundo pareció olvidar que se trata de vicios que otras comunidades también tienen en abundancia, y que las virtudes estadounidenses los superan con creces: la inversión emocional en libertad que hace la gente; la sorprendente moderación y el relativo desinterés con que el Estado desempeña su papel de superpotencia. Cuesta imaginar a cualquiera de los otros contendientes por la dominación del mundo del siglo XX —estalinistas, maoístas, militaristas, nazis— comportándose en la victoria con tal magnanimidad. Con todo, cada error en política exterior estadounidense, cada operación insensata de la vigilancia mundial, empeora el antiamericanismo. Harold Pinter, el dramaturgo más admirado de finales del siglo XX, anunciaba: «El "Estado canalla" ha [...] declarado la guerra al mundo. Solo conoce un lenguaje: el de las bombas y la muerte».[70] La imagen adversa de Estados Unidos ha alimentado el resentimiento y reclutado terroristas.

Los efectos más allá de Occidente: China, Japón, la India y el mundo islámico

Para los pueblos que se hallan en el extremo receptor de la influencia occidental, el antiamericanismo es un recurso para lidiar con el pensamiento etnocéntrico agresivo y apropiárselo. En el siglo XIX, los pensadores de China, Japón, India y el Dar al-Islam —culturas con tradiciones asertivas propias— se esforzaron por adaptarse proyectando cuasinacionalismos propios.

China no estaba preparada psicológicamente para experimentar la superioridad europea, primero en la guerra y después en riqueza. A comienzos del siglo XIX, la confianza del «país central» en un mandato divino aún estaba intacta. La población más grande del mundo estaba en auge; la mayor economía del mundo disfrutaba de una balanza comercial favorable con el resto; el imperio más antiguo del mundo estaba invicto. Los «bárbaros» occidentales habían demostrado un ingenio técnico explotable y habían ganado guerras en otras partes, pero en China todavía estaban acobardados, dispuestos a cooperar y confinados a una sola línea de costa en Cantón por la gracia del emperador. La amenaza de la industrialización occidental aún no era evidente. El único peligro para la invulnerabilidad de la economía china era el único producto para el que los comerciantes extranjeros habían encontrado un mercado lo bastante grande como para afectar la balanza comercial general: el opio. Cuando China intentó prohibir las importaciones de la droga, las flotas y ejércitos británicos aplastaron la resistencia. China parecía pasmada en el atraso, del que apenas comienza a resurgir en la actualidad.

En noviembre de 1861, Wei Mu-ting, un censor imperial con gusto por la historia, escribió un memorándum que establecía los principios de lo que llegó a llamarse autofortalecimiento. En él destacaba la necesidad de aprender del armamento más innovador de los «bárbaros» y de ponerse al día con él, pero señalaba que la potencia de fuego occidental derivaba de la pólvora, una tecnología que los extranjeros habían tomado prestada de los mongoles que, a su vez, la habían cogido de China. Su punto de vista se convirtió en un lugar común de la literatura china sobre el tema durante el resto del siglo. Wei proseguía diciendo que los prototipos chinos sin explotar a nivel nacional eran la fuente de la mayoría de tecnología militar y marítima de la que China era víctima. Curiosamente, su argumento recuerda los términos en que los apologistas occidentales denuncian las «imitaciones» japonesas de la tecnología occidental en la actualidad. Probablemente también sea cierto: los historiadores occidentales de la difusión de la tecnología china dicen ahora algo parecido. Wei Mu-ting creía que cuando China hubiera recuperado sus ciencias perdidas recuperaría su supremacía habitual.

La esencia del autofortalecimiento, tal como se entendía en China, era que se podían aprender lecciones técnicas superficiales de Occidente sin que ello perjudicara las verdades esenciales sobre las que se basaba la tradición china. En los bordes de la sociedad tradicional se alzaron tambaleantes, en precario, nuevos arsenales, astilleros y escuelas técnicas.

Zeng Guofan, el administrador modelo ampliamente reconocido por su papel clave sofocando la Rebelión Taiping en la década de 1860, hablaba el lenguaje del conservadurismo occidental. «Podemos corregir los errores heredados del pasado. Lo que el pasado ignoró, nosotros podemos inaugurarlo.»[71] Sin embargo, insistía en que el gobierno imperial y los ritos eran perfectos; el declive político era producto de la degeneración moral. «La propiedad y la justicia» estaban por encima de «la oportunidad y el ingenio.»[72]

En la década de 1850, Japón también se vio obligada a abrir sus mercados y a exponer su cultura a los intrusos occidentales. Pero la reacción japonesa fue positiva: la retórica estaba resentida, pero la recepción fue entusiasta. En 1868, los revolucionarios exitosos prometieron «expulsar a los bárbaros, enriquecer el país y fortalecer el ejército», mientras se restauraba una supuesta antigua orden del gobierno imperial.[73] No obstante, en la práctica, Okubo Toshimichi, el autor principal de las nuevas políticas, recurrió a modelos occidentales. Las nuevas clases dominantes confirmaron tratados extranjeros, se soltaron el pelo, viajaron en carruajes, blandieron paraguas e invirtieron en el ferrocarril y en la industria pesada. La reforma militar en las líneas occidentales llamó a filas a multitud de reclutas para sustituir a los samuráis, la clase guerrera por herencia, en beneficio de los burócratas del gobierno central. Japón se convirtió en la Gran Bretaña o la Prusia del Este.[74]

Según Rudyard Kipling, «Asia no va a ser civilizada con los métodos de Occidente. En Asia hay demasiadas cosas y es demasiado antigua».[75] Incluso en su época, esta predicción parecía insegura. La última fase del autofortalecimiento es el renacimiento asiático actual: el desarrollo frenético de la China del lado del Pacífico; la prominencia de Japón; el auge de las «economías de los tigres» en Corea del Sur, Singapur y Hong Kong; el nuevo perfil de la India como posible gran potencia y el ritmo de la actividad económica en muchas partes del sudeste asiático. Las consignas no han cambiado: occidentalización selectiva, defensa de los «valores asiáticos» y la determinación de rivalizar con los occidentales en sus propios juegos de poder económico, o de eclipsarlos en ellos.

La adaptación a la hegemonía occidental siempre ha sido selectiva. En la India de principios del siglo XIX, por ejemplo, Raja Ram Mohan Roy era el reputado modelo de occidentalización. Su Occidente era la Europa de la Ilustración. Roy idealizaba la naturaleza humana, recomendaba a Voltaire a sus alumnos y, cuando el obispo de Calcuta lo felicitó erróneamente por convertirse al cristianismo, respondió que no había «abandonado una superstición para tomar otra».[76] Sin embargo, no era un mero imitador de las formas occidentales. Las raíces de su racionalismo y su liberalismo en las tradiciones islámica y persa eran anteriores a su introducción a la literatura occidental. Ya conocía a Aristóteles por las traducciones árabes antes de entrar en contacto con las obras originales. El movimiento que fundó en 1829, que se conoció como Brahmo Samaj, fue un modelo de modernización para las sociedades encalladas por el progreso precipitado del Occidente industrializado, pero ansioso por ponerse al día sin renunciar a tradiciones o identidades.

El intercambio de ideas en el ámbito cultural era normal en la India del siglo XIX, donde los babus se citaban a Shakespeare mutuamente bajo la estoa ateniense del Hindu College de Calcuta, mientras que los funcionarios británicos «se hacían nativos» y escrutaban las escrituras sánscritas en busca de una sabiduría no disponible en Occidente. La siguiente gran figura en la tradición de Roy, Isvar Chandra Vidyasagar (1820-1891), no aprendió inglés hasta rozar la madurez. No sostenía que Occidente fuera un modelo a imitar, sino que reunió textos indios antiguos que apoyaran sus argumentos a favor de que las viudas se volvieran a casar o en contra de la poligamia, o defendió relajar la discriminación por casta en la asignación de plazas escolares. Por otra parte, desestimó las afirmaciones de algunos brahmanes piadosos que insistían en que cualquier idea occidental tenía un origen indio. En 1846 renunció a la secretaría del Colegio Sánscrito de Calcuta porque sus críticos se opusieron a su nuevo plan de estudios previsto, que incluiría «la ciencia y civilización de Occidente». Con todo, su compromiso con la reforma era, en su cabeza, parte de un impulso para revitalizar la tradición nativa bengalí. «Si los estudiantes se familiarizan con la literatura inglesa, contribuirán mejor y con mayor habilidad a un renacimiento bengalí ilustrado», afirmó.[77] Esto sonaba a capitulación ante el proyecto imperial que Macaulay había apoyado como ministro británico responsable del gobierno de la India: hacer del inglés el idioma que se aprendía en la India, como el latín lo había sido para las generaciones anteriores de ingleses. Pero Vidyasagar tenía razón. En la siguiente generación, el renacimiento bengalí generó un renacimiento vernáculo, tal como había pasado en Europa.

Como muchos conquistadores bárbaros extranjeros antes que ellos, los británicos de la India añadieron una capa de cultura a los sedimentos del pasado del subcontinente acumulados durante largo tiempo. En la India, más que en China y Japón, las tradiciones occidentales pudieron absorberse sin un sentido de sumisión, ya que el mito de la «raza aria», los hablantes originales de las lenguas indoeuropeas que se extendieron por Eurasia hace miles de años, generó la posibilidad de pensar en la India y en Europa como culturas afines, surgidas del mismo origen. El gran defensor de la equivalencia del pensamiento indio y el europeo, Swami Vivekananda, hablaba de Platón y Aristóteles en términos de gurús. En consecuencia, la India pudo aceptar la occidentalización selectiva sin sacrificar su identidad ni su dignidad.[78]

En el mundo islámico, la influencia occidental fue más difícil de aceptar. Desde la década de 1830 hasta la de 1870, Egipto trató de imitar la industrialización y el imperialismo, ya que codiciaba un imperio propio en el continente africano, pero, debido en parte a las contraestrategias protectoras de los industriales occidentales, acabó en bancarrota y prácticamente como peón de los negocios franceses e ingleses. Jamal al-Din al-Afghani, una de las grandes figuras fundadoras del «despertar» intelectual del islam de finales del siglo XIX, se enfrentó, con la incertidumbre típica, a los problemas de asimilar el pensamiento occidental. Su vida se movía al ritmo del exilio y la expulsión, ya que se peleaba con sus anfitriones en cada asilo al que llegaba. El tejido de su pensamiento y su comportamiento estaba cosido con contradicciones. En Egipto era un jubilado del gobierno que pedía la subversión de la constitución. Para sus mecenas británicos en la India, era a la vez un enemigo y un asesor. Su exilio en Persia al servicio de su sha terminó cuando fue acusado de conspirar con asesinos contra su patrón. Fundó los masones egipcios, pero defendió la religión como única base sólida de la sociedad. Quería que los musulmanes estuvieran al corriente de la ciencia moderna, pero denunció a Darwin por impío y materialista. Desde su espaciosa mesa de un rincón del Café de la Poste, su charla entretenía a la brillante *Café society* de El Cairo, y sus sermones despertaban a los fieles de Hyderabad y Calcuta. Defendía la democracia parlamentaria, pero insistía en la suficiencia de las lecciones políticas del Corán. Desde entonces, los líderes musulmanes se han enfrentado a dilemas similares. Probablemente sea cierto que la ley y la sociedad islámicas tradicionales pueden coexistir con el progreso técnico y el avance científico. Los musulmanes racionales siempre lo dicen. Sin embargo, el demonio de la modernización siempre está torciendo «el camino del Profeta» por un desvío que señala hacia el oeste.[79]

La lucha y la supervivencia: el pensamiento evolutivo y sus repercusiones

Hasta ahora, los pensadores políticos que hemos ido tratando empezaron a desarrollar sus propuestas para la sociedad desde la historia o la filosofía. La base científica que Auguste Comte había buscado continuaba siendo esquiva. En 1859, la publicación del estudio de un biólogo sobre el origen de las especies pareció mejorar las perspectivas de una sociología verdaderamente científica.

Charles Darwin no tenía previsto un resultado tan ambicioso. La vida orgánica absorbía su atención. A mediados del siglo XIX, la mayoría de los científicos ya creía que la vida había evolucionado a partir de, como mucho, unas pocas formas primitivas. Pero continuaba existiendo lo que Darwin denominaba «el misterio de los misterios»: cómo surgían nuevas especies. Había innumerables esquemas detallados para clasificar el mundo. George Eliot hizo sátira de ellos en las obsesiones de los personajes de *Middlemarch*, su novela de 1871–1872: «la clave del Sr. Casaubon para todas las mitologías», la búsqueda del Dr. Lydgate de «la base común de todos los tejidos vivos». Al parecer, Darwin dio su primer paso inequívoco hacia su vinculación igualmente detallada de toda vida orgánica cuando estuvo en Tierra del Fuego en 1832. Allí encontró al «hombre en su estado más bajo y más salvaje». En primer lugar, los nativos le enseñaron que un humano es un animal como los demás; y es que los fueguinos parecían desprovistos de razón humana, eran fétidos, iban desnudos y resoplaban sin tener noción alguna de lo divino. Darwin descubrió que «la diferencia entre un hombre salvaje y uno civilizado es mayor que entre un animal salvaje y uno domesticado».[80] La segunda lección de los fueguinos fue que el ambiente nos moldea. Se habían adaptado tan bien a su clima helado que podían soportarlo desnudos. Más tarde, en las Islas Galápagos, Darwin observó que las pequeñas diferencias ambientales causan mutaciones biológicas notables. De vuelta a casa, en Inglaterra, entre aves de caza, palomas de competición y el ganado de granja, se dio cuenta de que la naturaleza selecciona las cepas, igual que lo hacen los criadores. Los ejemplares mejor adaptados a sus entornos sobreviven para legar sus características. A Darwin la lucha de la naturaleza le parecía increíble en parte porque sus propios hijos fueron víctimas de ello. De hecho, escribió un epitafio para Annie, su hija favorita, que murió a los diez años: los supervivientes estarían más sanos y serían más capaces de disfrutar de la vida. Según *El origen de las especies*, «la producción de animales superiores depende directamente de la guerra de la naturaleza, de la hambruna y de la muerte».[81] La selección natural no justifica todos los hechos de la evolución. Las mutaciones aleatorias se dan, son la materia prima con la que trabaja la selección natural, pero ocurren más allá de su alcance. Hay adaptaciones no funcionales que sobreviven sin que las cribe la lucha. Los hábitos de apareamiento pueden ser caprichosos y no someterse a las supuestas leyes de la selección natural. La teoría de la evolución ha sido maltratada por sus detractores e idolatrada por sus admiradores. Pero, con todas estas reservas y argumentos para ser cautos, es cierta. Las especies se originan naturalmente, y no hay que evocar la intervención divina para explicar las diferencias entre ellas.[82]

A medida que se fueron aceptando las teorías de Darwin, otros pensadores propusieron mejoras que más adelante se conocerían como «darwinismo social»: la idea de que las sociedades, como las especies, evolucionan o desaparecen dependiendo de si se adaptan con éxito a un entorno determinado compitiendo entre ellas. Hubo tres supuestos probablemente engañosos que respaldaron el hecho de que los sociólogos se apropiaran de la evolución: primero, que la sociedad está sujeta a las mismas leyes de herencia que las criaturas vivas, ya que tiene vida igual que la tiene un organismo que crece desde la infancia, pasa por la madurez, llega a la senectud y muere, y transmite sus características a las sociedades sucesoras como por descendencia; segundo, que, al igual que algunas plantas y animales, hay sociedades que se van haciendo más complejas con el tiempo (cosa que, aunque en términos generales sea cierta, no tiene por qué ser resultado de ninguna ley natural o dinámica inevitable); y finalmente, que lo que Darwin llamó «lucha por la supervivencia» favorece lo que uno de sus lectores más influyentes denominó «la supervivencia de los fuertes». Herbert Spencer, quien acuñó la frase, la explicó de la siguiente forma:

> Las fuerzas que están trabajando en el gran esquema de la felicidad humana, sin tener en cuenta el sufrimiento casual, exterminan a las partes de la humanidad que se interponen en su camino con la misma severidad que exterminan a las bestias de presa y a los rumiantes inútiles. Sea un ser humano o una bestia, el obstáculo debe ser eliminado.[83]

Spencer afirmaba haberse anticipado a Darwin, no haberle seguido;[84] la afirmación era falsa, pero en cualquier caso el efecto que tuvo fue el de alinear a los dos pensadores, en el orden que fuera, en las primeras filas del darwinismo social.[85] Spencer practicaba la compasión y alababa la paz, pero solo en reconocimiento del poder abrumador de la naturaleza moralmente indiferente. De formación académica formal escasa, nunca sintió la necesidad de especializarse. Se creía un científico, si bien su exigua formación profesional era en ingeniería más bien, y en sus escritos se extendía sobre ciencia, sociología y filosofía con toda la seguridad, y toda la indisciplina, de un polímata inveterado. No obstante, consiguió tener una gran influencia, tal vez porque sus contemporáneos veían con buenos ojos sus afirmaciones reconfortantes y seguras sobre la inevitabilidad del progreso. Esperaba efectuar la síntesis que

Comte había buscado, fusionando ciencia y humanismo en las «ciencias sociales». El objetivo de Spencer, decía él a menudo, era, recordando la búsqueda de Comte de una ciencia que «reorganizara» la sociedad, crear una política social basada en verdades biológicas.

En cambio, alentó a los líderes políticos y a los legisladores en extrapolaciones excesivas del darwinismo. Por ejemplo, los belicistas se deleitaban con la idea de que el conflicto es natural y, puesto que promueve la supervivencia del más fuerte, progresivo. En otras conclusiones de la obra de Spencer había posibles justificaciones para la masacre: que eliminar a especímenes antisociales o débiles era un servicio a la sociedad y que de ello se derivaba que las razas «inferiores» fueran justamente exterminadas. Gracias a Edward Moore, discípulo de Spencer, que pasó buena parte de su carrera enseñando en Japón, estos principios se relacionaron inseparablemente con la enseñanza de la evolución en Asia oriental, central, meridional y sudoriental. Desde 1879, la versión del darwinismo de Moore empezó a aparecer en japonés:[86] su obra hizo de mediadora entre las doctrinas y los lectores en las regiones cercanas. Mientras tanto, Cesare Lombroso, pionero en la ciencia de la criminología, convenció a gran parte del mundo de que la criminalidad se heredaba y se podía detectar en los rasgos atávicos de los antepasados: tipos criminales que, según él, solían tener la cara y el cuerpo neosímico, características que la reproducción selectiva podía eliminar.[87] Louis Agassiz, el profesor de Harvard que dominaba la antropología en los Estados Unidos a finales del siglo XIX, pensaba que la evolución estaba llevando a las razas a ser especies separadas, y que la descendencia de las uniones interraciales sufrirían de fertilidad reducida y debilidad inherente del cuerpo y la mente.[88] Hitler dio la última vuelta de tuerca a esta tradición ya de por sí retorcida: «La guerra es el requisito previo para la selección natural de los fuertes y la eliminación de los débiles».[89]

Sería injusto culpar a Darwin de ello. Al contrario, abogando por la unidad de la creación, él defendió implícitamente la unidad de la humanidad. Aborrecía la esclavitud. Sin embargo, apenas pudo escapar de todas las trampas intelectuales de su tiempo; en el Occidente del siglo XIX todos tenían que encajar en un mundo cortado y ordenado en función de la raza. Darwin pensaba que los negros habrían evolucionado en una especie separada si el imperialismo no hubiera acabado con su aislamiento; tal como estaban las cosas, estaban condenados a extinguirse. «Cuando dos razas de hombres se encuentran, actúan justo como dos especies de animales. Pelean, se comen unos a otros [...]. Pero luego viene la lucha más mortal, es decir, cuál tiene la organización o los instintos mejor adaptados [...] para superar el día.»[90] También pensaba que las personas débiles de físico, carácter o intelecto debían abstenerse de reproducirse en el interés de fortalecer el linaje humano (ver págs. 397-398). Entre el darwinismo social y el científico no había ninguna línea divisoria clara: Darwin era el padre de ambos.

Proyectada desde la biología hacia la sociedad, la teoría de la selección natural se ajustaba bien a tres tendencias de la época en el pensamiento político occidental: la guerra, el imperialismo y la raza. Por ejemplo, la idea de que la lucha por la supervivencia tenía efectos positivos parecía confirmar lo que los partidarios de la guerra siempre habían supuesto: que el conflicto es bueno. Cuando a mediados del siglo XVIII Emer de Vattel escribió el gran libro de texto sobre las leyes de la guerra, asumió que sus lectores estarían de acuerdo en que es una necesidad desagradable, limitada por las normas de la civilización y las obligaciones de la caridad.[91] Hegel no estuvo de acuerdo con él. Pensaba que la guerra nos hace darnos cuenta de que las banalidades, como los bienes y las vidas individuales, importan poco. «Mediante su intervención —observó mucho antes de que nadie pudiera apropiarse de la teoría de Darwin para apoyar la misma conclusión— se preserva la salud ética de las naciones.»[92] La benevolencia de la guerra era una idea de raíces antiguas, en el mito del Estado guerrero de Esparta, que Aristóteles, Platón y la mayoría de los otros autores clásicos en ética y política aseguraban admirar por la austeridad y el desinterés de sus ciudadanos. Puede que contribuyera a ello la tradición medieval de la caballería, en la que la profesión de guerrero era una cualificación para ir al cielo, como sin duda lo hicieron las tradiciones religiosas que apoyaban la idea de que la guerra por una fe u otra pareciera sagrada (véanse las págs. 242, 244 y 246).

Aunque pueda parecer sorprendente, la idea de que la guerra es buena también tuvo ascendencia liberal en la tradición de una milicia ciudadana, reforzada por una formación militar, con experiencia de responsabilidad y compromiso mutuos con el Estado. El ejército continental en la Guerra de Independencia Estadounidense encarnaba la tradición. Con el mismo espíritu, la Revolución francesa introdujo el reclutamiento masivo. En adelante, la guerra la tenía que librar la «nación en armas», no solo una élite profesional. Napoleón, que pensaba que la guerra era «bella y simple», movilizó a la población a una escala nunca vista en Europa desde la antigüedad. Sus batallas eran de una violencia desenfrenada, a diferencia de los encuentros relativamente caballerosos del siglo anterior, cuando los generales estaban más preocupados por conservar sus fuerzas que por causar montones de bajas entre los enemigos. La guerra total —librada activamente entre sociedades enteras en las que no existía un no combatiente o un objetivo ilegítimo— invirtió el orden habitual de los acontecimientos: fue una práctica antes que una idea.

Carl von Clausewitz lo expresó como «guerra absoluta» en *De la guerra*, publicado póstumamente en 1832. Habiendo alcanzado su rango en las filas del ejército prusiano luchando contra los revolucionarios franceses y las fuerzas napoleónicas, suponía que el interés de los Estados por avanzar a costa de los demás los hacía irreversiblemente dispuestos a luchar entre ellos. La acción racional era la ajustada a sus fines. De modo que la única forma racional de librar la guerra era «como un acto de violencia llevado al límite». Clausewitz sugirió que era un error ahorrar vidas, ya que «el que usa la fuerza sin temor, sin hacer referencia al derramamiento de sangre que implica, debe obtener la superioridad». Estaba a favor de «desgastar» al enemigo erosionándolo y destruyéndolo en general. Esta doctrina conducía finalmente al bombardeo de ciudades para minar la moral de los civiles. El objetivo final (aunque, para ser justos con Clausewitz, señaló que esto no siempre era necesario) era dejar al enemigo permanentemente desarmado. Los beligerantes que le creyeron y entre los cuales había todo el ejército y todas las instituciones políticas de Europa y América del siglo y medio posterior a la publicación de su libro, empezaron a exigir la rendición incondicional cuando iban ganando, a resistirse con obstinación cuando iban perdiendo, y a imponer términos vengativos y gravosos si ganaban. La influencia de Clausewitz hizo empeorar la guerra, ya que se multiplicaron las víctimas, se extendió la destrucción y se alentaron los ataques preventivos.[93]

Sin embargo, Clausewitz compartía un objetivo con Grocio (ver pág. 289): estaba dispuesto a alimentar a los perros de la guerra con toda la carne que hiciera falta una vez los hubiera desatado. Ahora bien, insistía en una condición previa: la guerra no debía hacerse por hacer la guerra, sino por objetivos políticos que de otro modo no se podrían cumplir. Su declaración más famosa fue: «La guerra es una mera continuación de la política por otros medios».[94] No obstante, en la práctica estaba convencido de que la guerra estaba por todas partes y era inevitable. Mientras tanto, el punto de vista de Hegel alentaba a una nueva ola de culto a la guerra en Europa.[95] Cuando su país atacó a Francia en 1870, el jefe de gabinete prusiano, el general Helmuth von Moltke, criticó «la paz eterna» por ser «un sueño, y ni siquiera uno placentero. La guerra es una parte necesaria del orden de Dios».[96] En 1910, los fundadores del futurismo —el movimiento artístico que idealizaba las máquinas, la velocidad, el peligro, el insomnio, «la violencia, la crueldad y la injusticia»— prometió usar el arte para «glorificar la guerra: la única higiene del mundo».[97] Solo la guerra, que debía a los futuristas mucho de su estilo y algunas de sus ideas, «eleva toda la energía humana al tono más alto y señala con nobleza a las personas que tienen el coraje de enfrentarla», escribió Mussolini.[98]

Al desbordar el campo de batalla y amenazar con destruir sociedades enteras, la guerra provocó una reacción pacifista. La de 1860 fue la década clave aleccionadora. Unos dos tercios de la población masculina adulta de Paraguay perecieron en la guerra contra los países vecinos. Los observadores de China estimaron el número total de víctimas de la Rebelión Taiping en veinte millones. En la Guerra de Secesión estadounidense murieron más de 750 000 personas, y en la Guerra Francoprusiana de 1870 hubo más de medio millón de bajas francesas. Las fotografías y los informes del campo de batalla hicieron gráficos y vívidos los horrores de la guerra. Sin embargo, los movimientos por la paz eran pequeños, poco influyentes y carecían de remedios prácticos, salvo una idea propuesta por uno de los fabricantes de armamento de más éxito de finales del siglo XIX, Alfred Nobel. La mayoría de sus compañeros pacifistas esperaban promover la paz perfeccionando el derecho internacional; otros, más excéntricos, proponían mejorar la naturaleza humana mediante la educación o la eugenesia reprimiendo el instinto violento de las personas o extrayéndoselo del todo. Nobel no estaba de acuerdo. Durante un congreso celebrado en París en 1890, prometió que la guerra «se detendría al instante» si fuera «tan letal para la población civil que está en casa como para las tropas que están en el frente».[99] Haciendo honor a su vocación como experto en explosivos, y tal vez en un esfuerzo por calmar su propia conciencia, soñaba con una superarma tan terrible que asustara a la gente y la hiciera inclinarse hacia la paz. Cuando creó el Premio de la Paz, lo hizo esperando recompensar al inventor. La idea parece contradictoria, pero es la consecuencia lógica del viejo proverbio: «Si quieres paz, prepárate para la guerra».

Nobel no contaba con los locos o fanáticos para quienes la destrucción no es un elemento disuasorio y ningún arma es demasiado deplorable. Aun así, en contra del cálculo de probabilidades, las bombas atómicas sí que contribuyeron al equilibrio de «destrucción mutua asegurada» en la segunda mitad del siglo XX. En la actualidad, la proliferación nuclear ha reavivado la inseguridad. Tal vez el poder equilibrado a nivel regional, con, por ejemplo, Israel e Irán o la India y Pakistán disuadiéndose mutuamente, reproduzca a pequeña escala la paz que prevaleció entre los Estados Unidos y la Unión Soviética; pero la posibilidad de que un Estado rebelde o una red terrorista inicien una guerra nuclear es inquietante.[100]

Los defensores de la guerra de finales del siglo XIX tenían muchos argumentos a su favor antes de que Darwin añadiera uno que parecía decisivo. Pero la teoría de la evolución, como hemos visto, podía dar forma al pensamiento social. Buen ejemplo de ello es la influencia de Darwin sobre la eugenesia. No es que la eugenesia como tal fuese algo nuevo. Platón pensaba que solo los individuos perfectos podían formar una sociedad perfecta: los mejores ciudadanos debían reproducirse; a los tontos y deformes había que exterminarlos. Pero ningún programa de este tipo podía funcionar: no existe ningún acuerdo duradero sobre las cualidades mentales o físicas deseables; el valor de un individuo depende de otros ingredientes que no se pueden calcular. Las condiciones ambientales se mezclan con características heredadas para hacernos como somos. Claro está, la herencia es importante: como vimos más arriba (pág. 94), los observadores se percataron de cómo actuaba durante decenas de miles de años antes de que la teoría genética ofreciera una explicación convincente de por qué, por ejemplo, en algunas familias se dan determinados gestos, habilidades, esencias, enfermedades y deficiencias.

La sincera pero cruel recomendación de Platón fue archivada, pero en el siglo XIX revivió en Europa y Norteamérica. Una forma de darwinismo impulsó la eugenesia al sugerir que la intervención humana podía estimular las supuestas ventajas de la selección natural. En 1885 el primo de Darwin, Francis Galton, propuso lo que llamó eugenesia: controlando selectivamente la fertilidad para filtrar cualidades mentales y morales indeseables, se podía perfeccionar la especie humana. «Si se invirtiera en medidas para mejorar la raza humana una vigésima parte del coste y los sufrimientos que se invierten en mejorar la raza de los caballos y el ganado, ¡qué galaxia de genios podríamos crear!», sugirió. En 1904 insistió: «La eugenesia coopera con [...] la Naturaleza asegurando que la humanidad estará representada por las razas más aptas».[101]

En un par de décadas, la eugenesia se convirtió en ortodoxia. En la joven la Rusia soviética y en partes de Estados Unidos, las personas a las que se clasificaba oficialmente como mentalmente débiles, criminales e incluso, en algunos casos, alcohólicas, perdieron el derecho a casarse. Para 1926, casi la mitad de los estados de Estados Unidos habían implantado la esterilización obligatoria de personas de algunas de estas categorías. La idea de eugenesia se adoptó con el mayor de los fervores en la Alemania nazi, donde la ley siguió sus preceptos: la mejor manera de detener a las personas que se reproducen es matarlas. El camino a la utopía pasaba por el exterminio de todo aquel que estuviera en las categorías que el Estado consideraba genéticamente inferiores, incluidos los judíos, los gitanos y los homosexuales. Mientras tanto, Hitler intentaba perfeccionar lo que creía que sería una raza superior con lo que ahora se llamaría «reproducción de diseño»: emparejar esperma y úteros del tipo físico alemán supuestamente más puro. De media, no parecía que los hijos de los conejillos de indias humanos grandes, fuertes, de ojos azules y cabello rubio fueran ni mejores ni peores ciudadanos, líderes o seguidores que los hijos del resto de gente.

La repulsión hacia el nazismo hizo que la eugenesia fuera impopular durante generaciones, pero en la actualidad el concepto está de vuelta con una nueva apariencia: la ingeniería genética puede reproducir individuos de tipos socialmente aprobados. Los hombres que supuestamente poseen destrezas o talentos especiales llevan mucho tiempo vendiendo su semen a madres potenciales dispuestas a comprar una fuente de inseminación genéticamente superior. En teoría, gracias al aislamiento de los genes, en la actualidad las características «indeseables» se pueden eliminar del material genético que entra en un bebé en el momento de la concepción. Las consecuencias son incalculables, pero el registro humano hasta ahora sugiere que cada avance tecnológico se puede explotar para el mal.[102]

La eugenesia y el racismo estaban estrechamente relacionados. Racismo es un término del que se abusa mucho. Yo lo uso para denominar la doctrina según la cual hay personas que son incuestionablemente inferiores a los demás en virtud de pertenecer a un grupo con deficiencias de carácter hereditario por raza. En sentidos más débiles de la palabra, el racismo es antiquísimo: el prejuicio contra la alteridad, la repulsión hacia la «sangre impura», la hipersensibilidad hacia las diferencias de pigmentación, el compromiso con una comunidad moral de semejantes muy cerrada y, en una variedad más actual, la mera voluntad de asignar individuos a unidades de discurso o estudio racialmente definidas.[103] Sin embargo, en el siglo XIX surgió un nuevo tipo, basado supuestamente en diferencias objetivas, cuantificables y científicamente verificables. De alguna manera, fue una consecuencia no deseada de la ciencia de la Ilustración, con su obsesión por la clasificación y la medición. La taxonomía botánica proporcionó un modelo a los racistas. Se propusieron varios métodos de clasificación: en función de la pigmentación, el tipo de cabello, la forma de la nariz, el tipo de sangre (cuando el desarrollo de la serología lo hizo posible) y, sobre todo, las medidas craneales. Los esfuerzos de finales del siglo XVIII por idear una clasificación de la humanidad en función del tamaño y la forma craneal arrojaron datos que parecían vincular la capacidad mental con la pigmentación (ver pág. 318). Petrus Camper, un anatomista de Leiden de finales de dicho siglo, arregló su colección de calaveras «en sucesión regular», con «simios, orangutanes y negros» en un extremo y asiáticos centrales y europeos en el otro. Camper nunca se adscribió al racismo, pero sin duda en su método había motivaciones subyacentes: un deseo no solo de clasificar a los humanos de acuerdo a características externas o físicas, sino también de clasificarlos en términos de superioridad e inferioridad. En 1774, Edward Long, defensor de las plantaciones de Jamaica, había justificado el sometimiento de los negros sobre la base de su «intelecto reducido» y su «olor a bestia». En el mismo año, Henry Home fue más allá: los humanos constituían un género; los negros y los blancos pertenecían a especies diferentes. Ahora había respaldo científico para esta afirmación. En la década de 1790, Charles White creó un índice de «inferioridad brutal respecto del hombre», en el que se colocaba a los monos solo un poco por debajo de los negros, y especialmente del grupo al que llamó «Hottentots», a quienes clasificó en el rango «más bajo» de los humanos admisibles. En términos más generales, descubrió que «en cualquier aspecto, el africano difiere del europeo, su particularidad lo acerca al mono».[104]

La ciencia del siglo XIX acumuló más supuestas pruebas que apoyaban el racismo. El conde de Gobineau, que murió en el mismo año que Darwin, elaboró una clasificación de las razas en la que los «arios» estaban en la parte superior y los negros en la inferior. Gregor Mendel, el amable y agradable monje austriaco que descubrió la genética en el transcurso de sus experimentos con guisantes, murió dos años después. Las implicaciones de su trabajo no tuvieron seguimiento hasta finales de siglo, pero cuando las extrajeron se hizo un mal uso de ellas. Junto con las contribuciones de Darwin y Gobineau, ayudaron a completar una justificación supuestamente científica del racismo. La genética proporcionó una explicación de cómo la inferioridad podía transmitirse en un linaje a través de las generaciones. Justo cuando el poder blanco estaba en su apogeo más agudo y generalizado, la teoría científica lo iba conduciendo hacia casa. Las razas inferiores estaban condenadas a extinguirse por selección natural, o podían ser exterminadas de forma activa por el bien del progreso.

Se podría objetar que el racismo es atemporal y universal. En la mayoría de lenguas —vale la pena recordarlo (ver pág. 291)— la palabra para decir «ser humano» denota solo a miembros de la tribu o del grupo: los ajenos a él se clasifican como bestias o demonios. El desprecio es un mecanismo común para excluir al forastero. Lo que el siglo XIX llamó «raza» antes se había cubierto con términos como «linaje» y «pureza de sangre». Sin embargo, ninguna de estas prefiguraciones del racismo tenía tras ella el poder persuasivo de la ciencia, ni tampoco el poder de causar tanta opresión y tantas muertes.[105]

Los negros no fueron las únicas víctimas. En el siglo XIX el antisemitismo adquirió nueva virulencia. Es una doctrina extraña, difícil de entender a la vista de la benevolencia de las contribuciones que los judíos han hecho a la humanidad, sobre todo en espiritualidad, artes y ciencias. El antisemitismo cristiano resulta especialmente desconcertante, ya que Jesucristo, su madre, los apóstoles y todos los puntos de partida de la creencia y la devoción cristianas eran judíos. De hecho, Nietzsche a menudo expresaba su admiración por los logros judíos, pero la aportación de estos al cristianismo le demostró que eran «un pueblo nacido para ser esclavo», cuya llamada de la Tierra al cielo marcaba, para él, «el comienzo de la rebelión de los esclavos en la moral».[106] Un punto de vista bien respaldado es que el antisemitismo se originó en el seno del cristianismo y se desarrolló en la Edad Media, cuando los judíos, junto con algunos otros grupos «externos» y habitantes de los guetos de Europa, sufrieron una persecución de ritmo y virulencia crecientes. Pero, aunque no completamente emancipados, los judíos se beneficiaron de la Ilustración del siglo XVIII, ya que obtuvieron una parte de los «derechos del hombre» y, en muchos casos, salieron de los guetos para entrar en la corriente social dominante. En cualquier caso, el antisemitismo que surgió en el siglo XIX era nuevo. La tolerancia de las sociedades de acogida se agrietó a medida que el número de judíos fue creciendo. La violencia antisemita, esporádica durante la primera parte del siglo, se convirtió en algo habitual en Rusia desde 1870 y en Polonia desde la década de 1880; en parte bajo la presión del número de refugiados, se extendió a Alemania y, en la década de 1890, incluso a Francia, donde anteriormente los judíos parecían haberse integrado y establecido bien en todos los niveles de la sociedad.

Los tiempos de dificultades económicas siempre exacerban las miserias de las minorías. En la Europa económicamente afligida de las décadas de 1920 y 1930, el antisemitismo fue un contagio incontenible. Los políticos lo explotaron. Algunos de ellos parece que creyeron su propia retórica y realmente vieron en los judíos un peligro para el bienestar o la seguridad. Para los demagogos de la derecha, los judíos eran indeleblemente comunistas; para los de la izquierda, eran incurablemente capitalistas. Los regímenes antisemitas siempre habían tratado de «resolver» el «problema» judío eliminándolo, generalmente cerrando los guetos, forzando a los judíos a convertirse o expulsándolos en masa. La «solución final» nazi para eliminar a los judíos mediante el exterminio fue el desarrollo extremo de una larga tradición. Cerca de seis millones de judíos perecieron en una de las campañas de genocidio más deliberadas de la historia. En Europa, al oeste de la frontera soviética, sobrevivieron menos de dos millones. Fue un acto de autoamputación europea de una comunidad que siempre había contribuido enormemente a la vida intelectual, a las artes y a la creación de riqueza.[107]

El equilibrio del progreso

A principios del siglo XIX, cuando la carrera de Napoleón llegó a su fin y el mundo surgió de los horrores de la revolución y los desastres de la guerra, Thomas Love Peacock, uno de los novelistas más divertidos que ha habido jamás en Inglaterra, y por lo tanto en el mundo, escribió su primer libro. *Headlong Hall* es un diálogo entre personajes representativos de tendencias rivales en el pensamiento de la época. Al principio del relato, descubrimos que:

> Los invitados elegidos, de diferentes partes de la metrópolis, se habían acomodado en las cuatro esquinas del correo de Holyhead. Aquellas cuatro personas eran el señor Foster, el perfectibilista; el señor Escot, el deterioracionista; el señor Jenkison, defensor del status quo; y el reverendo doctor Gaster, que aunque por supuesto no era ni filósofo ni hombre de buen gusto, había ganado tanto en la imaginación del Escudero gracias a una disertación erudita sobre el arte de rellenar un pavo, que [...] ninguna fiesta de Navidad estaba completa sin él.

Para el señor Foster, «todo cuanto vemos atestigua el progreso de la humanidad en todas las artes de la vida y demuestra su avance gradual hacia un estado de perfección ilimitada». El señor Foster, sátira salvaje de Malthus, hablaba constantemente contra la ilusión de progreso: «Tus mejoras se dan en una proporción simple, mientras que los deseos y apetitos antinaturales que estas engendran se dan en una proporción compuesta ... hasta que al final toda la especie debe ser exterminada por su imbecilidad y vileza infinitas».

A finales de siglo, el debate seguía sin resolverse. Quizás el mundo fuera una máquina, pero ¿era una fábrica de progreso, o iba moliendo hacia la inmovilidad, como los molinos de Dios? El progreso material, ¿corrompía los valores eternos? La tecnología mejorada, ¿aumentaba sin más el alcance del mal? Las inmensas fuerzas impersonales, ¿estaban conduciendo al mundo hacia fines mayores que alcanzar la libertad? Y, de ser así, ¿era para bien o para mal?

Durante un tiempo, Dios pareció una de las bajas causadas por el progreso. A comienzos del siglo XIX, Pierre-Simon Laplace, que había desarrollado maneras de interpretar cada fenómeno conocido del mundo físico en cuanto a la atracción y repulsión de las partículas, se jactaba de haber reducido a Dios a una hipótesis innecesaria. A mediados de siglo, en la playa de Dover, el poeta Matthew Arnold escuchó lamentándose el «rugido largo y en retirada» del «Mar de la Fe». La evolución hizo que el papel de Dios como creador de nuevas especies fuera redundante. En 1890 el antropólogo James Frazer publicó *La rama dorada*, con la que al parecer alcanzó la «llave imaginaria hacia todas las mitologías» que el señor Casaubon había buscado. Frazer trató el cristianismo como algo ordinariamente mítico, un conjunto de mitos entre otros, y predijo que la ciencia reemplazaría a la religión. En todas las épocas se ha justificado el ateísmo con llamadas a la razón y la ciencia. Incluso para los creyentes, la confianza o la resignación en que los humanos pueden o deben apañarse sin la ayuda de Dios siempre ha sido un recurso práctico de nuestra incapacidad para utilizar a Dios para nuestros propósitos. Sin embargo, no fue hasta el siglo XIX cuando surgió la idea de combinar estos aspectos e inaugurar una cuasi-religión de ateos que rivaliza con las religiones reales.

Una señal temprana fue el Culto del Ser Supremo, originado en la Francia revolucionaria (ver pág. 304). Pese a su corta vida y su fracaso irrisorio, el culto demostró que era posible crear desde cero un movimiento anticristiano de estilo religioso. Con todo, hizo falta más de medio siglo para que Auguste Comte propusiera «una religión de la humanidad» con un calendario de santos laicos entre los que estaban Adam Smith y Federico el Grande. Cada vez más, el éxito de los evangelistas cristianos en los barrios marginales de trabajadores de la industria alertaba a los ateos que querían ganar adeptos de la necesidad y la oportunidad de contraatacar. Mientras tanto, desde dentro de las filas cristianas los unitarios, cuya forma de protestantismo radical negaba la divinidad de Cristo, generaron congregaciones disconformes que llevaron el escepticismo más allá de los viejos límites; consagrados al bienestar social, descubrieron unos valores que podían sobrevivir a la fe. Finalmente entró en la mezcla el darwinismo sugiriendo que la fuerza impersonal de la evolución podía reemplazar la majestad de la providencia. Si la ciencia podía explicar un problema tan misterioso, por usar un término utilizado por el propio Darwin, como la diversidad de especies, podía ser que, para aquellos propensos a un nuevo tipo de fe, explicara todo lo demás.

El más influyente de los nuevos movimientos cuasirreligiosos fue el de las Sociedades Éticas, que Felix Adler lanzó en Nueva York en 1876 como una «nueva religión». Su objetivo era basar la conducta moral en valores humanos y no en modelos de Dios, dogmas o mandamientos. La moral, dijo, «es la ley en la que se basa la auténtica religión».[108] Un ministro unitario renegado, Moncure Conway, extrapoló el movimiento a Inglaterra. Cuanto más se extendía su influencia, menos se parecía a una religión, por mucho que un veredicto de la Corte Suprema de los Estados Unidos de 1957 concediera a las Sociedades Éticas los derechos y la categoría de religión, y los humanistas británicos hicieran campaña por la equidad de tiempo de emisión con las religiones privilegiadas en los horarios de la BBC.[109]

Aclaremos las cosas. La tradición humanista moderna no tenía nada que ver con el llamado currículum del Renacimiento que desplazaba la teología y lógica en favor de «asignaturas humanas» (retórica, gramática, historia, literatura y filosofía moral). La popularidad de ese «humanismo renacentista» no le debía nada a un laicismo supuestamente invasor (ver pág. 405), sino que era una respuesta a la creciente demanda de formación adecuada para abogados y funcionarios.[110] Tampoco debería confundirse el humanismo de quienes repudiaban la religión con el «Nuevo Humanismo», que es propiamente el nombre de un movimiento de reafirmación de la creencia en el valor y la naturaleza moral de los seres humanos tras los horrores de mediados del siglo XX.

Los informes sobre la muerte de Dios siempre han sido prematuros. Como en el siglo anterior, el evangelismo de finales del siglo XIX en casi todas las tradiciones respondía al ateísmo y a la religión laica. En 1896 Anton Bruckner murió mientras componía su *Novena Sinfonía*, en la que superaba las dudas religiosas en un glorioso final en el que renace la fe. Mientras tanto, un nuevo tipo de religión imitaba a la ciencia al afirmar certezas que en el siglo siguiente, como estamos a punto de ver, resultarían engañosas. Charles Hodge, director del seminario presbiteriano de Princeton, había escrito una respuesta a Darwin, no descartando la evolución pero sí recomendando lecturas literales de la Biblia como similares y superiores a las leyes científicas. En 1886, Dwight L. Moody fundó un seminario en Chicago sobre la misma base. La naturaleza, admitió, podía revelar verdades sobre Dios, pero la Biblia superaba a las demás pruebas. Los teólogos que siguieron a Hodge y a Moody en Princeton y Chicago intentaron hacer arraigar el estudio de Dios en hechos indiscutibles, imitando los métodos del observatorio y el laboratorio.[111] Nadie triunfó en la búsqueda de la certeza, pero la búsqueda continuaba. Sin embargo, casi a finales de siglo, la ciencia se desvió hacia un terreno experimental donde sus predicciones empezaron a desmoronarse, y hacia donde debemos dirigirnos ahora.

9

La venganza del caos

Descosiendo la certeza

Cuando me reúno con mis colegas de profesión para algún proyecto, coloquio o conferencia, me doy cuenta de que los historiadores a menudo son escapistas. La repugnancia por el presente y el miedo hacia el futuro los lleva al pasado. «¿En qué época del pasado te gustaría haber vivido?» es una pregunta tentadora con la que empezar un juego en el que los jugadores superen las pujas de los demás eligiendo opciones cada vez más estrafalarias y reveladoras de épocas bárbaras o sangrientas, gloriosas u ordinarias. ¿Qué período, querido lector, elegiría usted? Para alguien con inclinaciones intelectuales, que ama la agitación, que encuentra emocionante el pensamiento innovador y disfruta del desconcierto de enfrentarse a ideas subversivas, creo que la mejor época sería la década y media aproximada anterior al estallido de la Primera Guerra Mundial.

Los primeros años del siglo XX fueron un cementerio y una cuna: el cementerio de certezas antiguas; la cuna de una civilización diferente y desconfiada. Hubo una asombrosa e inquietante sucesión de nuevos pensamientos y descubrimientos que desafiaron los supuestos que habían respaldado las tendencias culturales preponderantes de los dos siglos anteriores en Occidente y, por extensión, en el mundo: formas de vida, actitudes mentales, distribuciones de poder y riqueza. Una repentina contrarrevolución intelectual destronó las certezas que se habían heredado de la Ilustración y la tradición científica. Hacia 1914 el mundo parecía pulverizado, caótico, furioso de rebelión, con las emociones en carne viva, loco por el sexo y equipado con tecnologías terribles. Con todo, si bien los pensadores de la primera década y media anticiparon la mayoría de los grandes temas del resto del siglo, en política ninguna de las nuevas ideas de la nueva era tenía la fuerza suficiente para disolver el legado de las últimas. Las confrontaciones ideológicas que desgarraron el mundo del siglo XX entre fascismo y comunismo, autoritarismo y democracia, cientificismo y sensibilidad, razón y dogma, fueron batallas entre ideas de origen decimonónico.

La mayoría de los libros de historia tratan los años anteriores a la Primera Guerra Mundial como un período de inercia en el que no pasó mucho, un resplandor dorado de la era romántica que se tornó rojo sangre. Era como si las trincheras de la Primera Guerra Mundial fueran los cauces de todo lo que vino después. En un mundo arruinado y lleno de cicatrices, el pensamiento tuvo que reinventarse puesto que el antiguo orden era invisible entre las vueltas de alambre de púas o desde el fondo de las zanjas y los cráteres de las bombas. En consecuencia, cuesta mirar atrás a través de las trincheras y ver los comienzos del siglo XX como lo que fue, la época más asombrosamente intensa que haya existido en cuanto a generación de pensamiento revolucionario. Así pues, hemos de comenzar hacia el año 1900, ocupándonos primero de las ideas científicas, ya que la ciencia marcó la agenda de las demás disciplinas y dominó la jerarquía de las ideas.

Entender la teoría de la relatividad es la clave para todo lo demás, puesto que las ideas de Einstein remodelaron el pensamiento que siguió: las consecuencias subversivas durante los años en que perfeccionó su pensamiento; la reacción a favor de lo que resultó ser certeza falsa y orden amenazante; el solapamiento entre relatividad y relativismo. La relatividad, con su contexto y sus efectos, merece un breve apartado para ella sola: el preludio al resto del pensamiento del siglo XX del capítulo final de este libro. Empezaremos por la ciencia y las matemáticas, luego nos volveremos hacia la filosofía, la lingüística, la antropología, la psicología y el arte, y terminaremos abordando la reacción política que, sorprendentemente quizás, algunos artistas contribuyeron a liderar. Pero antes van los predecesores esenciales de Einstein, sin los cuales su trabajo habría sido impensable, o al menos poco convincente: Henri Bergson y Henri Poincaré.

La relatividad en contexto

Las certezas del siglo XIX empezaron a distenderse casi tan pronto como se inauguró el nuevo siglo, cuando Henri Bergson, nacido en el año en que Darwin publicaba *El origen de las especies*, trató de superar el pensamiento de este. Parece ser que, de colegial, Bergson había sido uno de esos jóvenes molestamente precoces que dan la impresión de haber nacido con cuarenta años. Era estudioso, llevaba gafas y mostraba buenos modales de adulto. Se mantuvo misteriosamente alejado de sus contemporáneos y compañeros de clase. Sus prioridades cerebrales surgían de una frente de tamaño alarmante.[1] Todas las tareas intelectuales parecían apropiadas para él. Sus profesores de matemáticas se sintieron traicionados cuando optó por la filosofía. Afirmaba que su dominio del latín y el griego le facultaba para leer y pensar más allá de los límites del lenguaje de su época. Como todos los intelectuales profesionales franceses, tuvo que someterse a una larga escolarización castigadora y superar la formación profesional en escuelas secundarias. Finalmente, cumplió su promesa y se convirtió en la gran celebridad-gurú de su época.

Bergson absorbió el pragmatismo británico. Aunque pensaba en un francés abstruso y metafísico, le gustaba tener datos científicos firmes con los que trabajar. Empezó su estudio de la mente, por ejemplo, con observaciones de la persistencia de la memoria en pacientes con daño cerebral severo, víctimas de accidentes laborales y guerras; sin embargo, la evidencia lo llevó a concluir que la mente es una entidad metafísica, mejor que el cerebro. Confiaba en la intuición como fuente de verdad, pero se basaba en la experiencia. Tenía buen ojo para el arte y a menudo presentaba obras como prueba de que las percepciones transforman la realidad. No es de sorprender que le encantara el impresionismo, que sustituye diferentes hechos, tal como los registran nuestros sentidos, por formas sutiles abstraídas en la mente. Prefería las preguntas a las respuestas y odiaba echar a perder buenos problemas con soluciones secas y cortantes que truncaban el pensamiento.[2]

Se convirtió en uno de los filósofos más admirados de su época. Sus libros se vendían por decenas de miles, lo que en aquel momento parecía mucho. En la École Normale o el Collège de France, el público impaciente aparecía con antelación para asegurarse el asiento en una de sus clases. En una ocasión en que unas señoritas estadounidenses llegaron tarde a una conferencia suya después de cruzar el Atlántico para escucharlo, afirmaron contentarse con notar el aura de una sala en la que hubiera hablado él. Theodore Roosevelt entendía poco de lo que leía en la obra de Bergson, notoriamente difícil, pero pidió que aquel genio fuera su invitado para desayunar.

En el trabajo que suele considerarse su obra maestra, *La evolución creadora,* Bergson describió la fuerza motriz del universo y le dio nombre. La llamó *élan vital.* Algo que no controlaba la naturaleza desde dentro, como la evolución, ni desde fuera, como Dios. Era una fuerza espiritual con capacidad para reordenar la materia. Nunca quedó claro, quizás ni siquiera para Bergson, en qué se diferenciaba del «Alma-Mundo» que algunos románticos y magos habían buscado. La invocaba para expresar la libertad que conservamos para hacer un futuro diferente del que predice la ciencia. Desestimó la afirmación de que la evolución era una ley científica y la redefinió como una expresión de la voluntad creativa de las entidades vivas, que cambian porque quieren cambiar.

Los críticos acusaron a Bergson de irracionalismo alegando que estaba atacando a la ciencia al representar realidades objetivas como creaciones mentales y atribuir el propósito a la creación irreflexiva. En cambio, quienes creían que el determinismo científico era restrictivo, inhibidor o amenazante dieron la bienvenida a su pensamiento. Reconfortó, por ejemplo, a todo aquel que temiera o dudara de las amenazas normales de los profetas de la época, que pronosticaban una revolución proletaria supuestamente inevitable, o la supremacía aria, o la inmolación por entropía. Bergson fue el primer profeta del resurgimiento del caos del siglo, el primer arquitecto del desorden, porque describió un mundo en el que los agentes eran libres de hacer cualquier cosa. «El intelecto es la vida [...] que sale de sí misma, que las maneras de la naturaleza desorganizada [...] para dirigirlas de hecho.»[3]

Si la versión de la evolución de Bergson parece bastante mística, hubo otra idea suya, a la que llamó «duración», que resultó más impactante, aunque casi igualmente ininteligible, desconcertante en parte porque su definición era opaca: «la forma que toma la sucesión de nuestros estados de conciencia cuando nuestro yo interior se permite vivir [...] cuando se abstiene de establecer una separación entre sus estados actuales y sus estados anteriores».[4] Esta idea aparentemente ininteligible también afectaba a la vida real al reivindicar la libertad, oponerse al determinismo que prevalecía entre los teorizantes sociales y científicos y restaurar la fe en el libre albedrío. La duración se vuelve comprensible cuando miramos dentro de la mente de Bergson y desmontamos el proceso mediante el cual la pensó y que por fortuna narró. Su relato comienza con sus primeros esfuerzos para enseñar a los escolares sobre los eleatas, en concreto sobre las paradojas de Zenón (ver pág. 180). De repente se dio cuenta —o al menos él representó su visión como el resultado de una intuición repentina, casi como un converso religioso describiría un «momento Damasco»— de que en las carreras, viajes y vuelos de flecha, todo imaginario, de Zenón, o en cualquier paso del tiempo o episodio de cambio, los momentos no son separables o sucesivos. Son continuos. Constituyen tiempo de un modo similar a como los puntos forman una línea. Cuando hablamos del tiempo como si estuviera hecho de momentos, del mismo modo que la materia está hecha de átomos individuales, nuestro pensamiento está «retorcido y viciado por la asociación con el espacio». El tiempo no es una «historia breve» de eventos pulverizados, sino una construcción mental. Admito, concedió Bergson:

> que de forma rutinaria nos ubicamos en el tiempo concebido como análogo al espacio. No deseamos escuchar el zumbido incesante de la vida profunda. Pero ese es el nivel en el que se encuentra la duración real [...]. Tanto si está dentro de nosotros como fuera, tanto si está en mí como en objetos externos, es el cambio continuo (*la mobilité*) que es la realidad.

Sugirió que a las personas que necesitan aferrarse a puntos fijos esta idea les puede parecer «vertiginosa». Bergson, sin embargo, la encontraba tranquilizadora, ya que resolvía las paradojas con las que Zenón había confundido al mundo.[5] Hasta este punto, la idea de tiempo de Bergson se parecía a la de san Agustín, un milenio y medio anterior (ver página 213), y tal vez la reflejara. Pero Bergson fue más allá. Más concretamente, sugirió que el tiempo es un producto de la memoria, que es diferente de la percepción y, por tanto, «una fuerza independiente de la materia. Si, entonces, el espíritu es una realidad, es ahí, en los fenómenos de la memoria, donde podemos entrar en contacto con él de forma experimental». Según Bergson, no solo los humanos tendemos a construir el tiempo. Lo hacen todas las criaturas: «Dondequiera que haya algo vivo hay abierto, en algún lugar, un registro en el que se inscribe el tiempo».[6] Uno podría estar tentado a decir que el futuro es solo el pasado que aún no hemos experimentado. A quienes entendieron la duración, o creyeron hacerlo, les pareció un concepto útil. Como veremos, ayudó a dar forma a la revolución de nuestra comprensión del lenguaje, liderada por Ferdinand de Saussure, quien en conferencias que dio en 1907 propuso que el texto es una especie de duración verbal en la que los términos, como los momentos, son inseparables. Muchos escritores creativos, que obtuvieron el mismo tipo de idea directamente de Bergson, se sintieron liberados de la disciplina de la cronología en la narración. Entre los resultados de esto estuvieron las novelas de la «corriente de la conciencia», término acuñado por William James después de leer a Bergson.[7]

Bergson insistió en nuevas ideas que ayudaron a dar forma a la corriente principal de pensamiento durante gran parte del siglo XX. Observó, por ejemplo, que realidad y experiencia son idénticas. «Hay cambio, pero no hay "cosas" que cambien», dijo, así como una melodía es independiente de las cuerdas que la tocan o del pentagrama en el que está escrita. El cambio existe, pero solo porque lo experimentamos. Y la experiencia, argumentó Bergson, en común con la mayoría de los filósofos y desafiando a los materialistas, es un proceso mental. Nuestros sentidos la transmiten; nuestros cerebros la registran; pero sucede en otra parte de una parte trascendente del yo que llamamos «mente». Aún más significativo para el futuro fue que Bergson preparara el camino a Einstein, que se lo allanara. Y es que cuesta imaginar que una teoría tan subversiva como la de la relatividad penetre en mentes que no hayan sido previamente desarmadas. Bergson acostumbró a sus lectores a la idea de que el tiempo podría no ser la realidad externa y absoluta que los científicos y filósofos habían supuesto anteriormente. Quizás estuviera «todo en la mente». En un mundo sacudido por el pensamiento de Bergson, la idea de Einstein de que el tiempo podía cambiar con la velocidad del observador solo fue un poco más impactante. Bergson también anticipó muchos de los tics no esenciales del pensamiento de Einstein, incluso su afición por las analogías con trenes. Al explicar la duración, por ejemplo, señaló que tendemos a «pensar en el cambio como una serie de estados que se suceden», como viajeros en un tren que piensan que se han detenido porque otro tren pasa a la misma velocidad en la dirección opuesta. Una percepción falsa parece detener un proceso continuo.

Un joven matemático francés, Henri Poincaré, aliado de Bergson en la exposición del caos, proporcionó el vínculo que conduciría hacia Einstein. Poincaré sacudió los puntales del cosmos newtoniano cuando a finales de la década de 1890 esbozó los comienzos de un nuevo paradigma científico. Estaba trabajando en uno de los problemas que la ciencia moderna había sido incapaz de resolver: cómo demostrar los movimientos de más de dos cuerpos celestes interdependientes. Su solución expuso el error de los supuestos newtonianos y propuso una doble curva que se doblaba sobre sí misma hasta el infinito y se interseccionaba también hasta el infinito. Presagió la forma en que la ciencia llegó a representar el cosmos más de medio siglo después de su época, en las décadas de 1960 y 1970, cuando, como veremos, la teoría del caos y el trabajo en fractales recordó el descubrimiento de Poincaré con una inmediatez sorprendente. Poincaré empujó la ciencia hacia imágenes complejas, recurrentes y caóticas de cómo funciona la naturaleza.

Después cuestionó la suposición básica del método científico: el vínculo entre la hipótesis y la evidencia. Señaló que los científicos tienen sus propias motivaciones. Cualquier número de hipótesis podría ajustarse a los resultados experimentales.

Los científicos elegían entre ellos por convención, o incluso en función de «las idiosincrasias del individuo».[8] Poincaré citó las leyes de Newton, entre otros ejemplos, incluidas las nociones tradicionales de espacio y tiempo. Impugnar a Newton ya fue bastante impactante, pero tocar el tema del tiempo y el espacio fue aún más desconcertante, ya que casi siempre se había aceptado que formaban parte de los elementos fijos del universo. Para san Agustín, el tiempo constante era el marco de la creación. Newton daba por sentado que los mismos cronómetros y varas de medir podían medir el tiempo y el espacio en todo el universo. Cuando Kant desarrolló su teoría de la intuición a principios del siglo XIX (ver pág. 341), sus ejemplos clave de lo que sabemos que es verdad, con independencia de la razón, fueron la naturaleza absoluta del tiempo y el espacio. Como un hereje que desacreditara un credo, Poincaré proporcionó razones para dudar de todo lo que anteriormente se había considerado demostrable. Comparó a Newton con «un teólogo avergonzado» [...] encadenado a propuestas contradictorias.[9]

Se convirtió en una celebridad internacional sobre la que se informaba ampliamente. Sus libros se vendían por montones de millares. Frecuentaba escenarios populares, como un experto en televisión moderno que frecuentaba los programas de entrevistas. Como suele suceder cuando un pensador sutil se convierte en el favorito del público, el público parecía oír más de lo que él decía, así que, como era de esperar, declaró que le malinterpretaban. Los lectores malinterpretaron a Poincaré, por citar su propio desmentido, diciendo que «el hecho científico lo creaba el científico» y que «la ciencia consiste solo en convenciones [...]. Por lo tanto, la ciencia no nos puede enseñar nada de la verdad; solo puede servirnos como una regla de acción».[10] La ciencia, que reverberaba en los tímpanos del público de Poincaré, parecía proporcionar ideas no más comprobables que, digamos, la poesía o el mito. Pero la historia de la ciencia está llena de malentendidos fructíferos: Poincaré fue importante por cómo le leyó la gente, no por lo que no consiguió comunicar. Bergson y Poincaré sorprendieron al mundo con incertidumbre y resistencia suavizada a las respuestas radicales. Uno de los beneficiados por aquel nuevo estado de ánimo fue Albert Einstein.

Poincaré publicó su crítica del pensamiento científico tradicional en 1902. Tres años después, Einstein salió de la oscuridad de su trabajo sin futuro como un excavador en una mina para detonar una carga terrible. Trabajó como oficial técnico de segunda en la Oficina de patentes suiza. La envidia erudita lo había excluido de tener una carrera académica. Quizás debamos dar gracias por ello. Einstein no estaba en deuda con la adulación y no sentía la obligación de defender los errores de los profesores consolidados. Su independencia respecto de las limitaciones académicas le hacía libre para ser original. En el mundo que habían creado Bergson y Poincaré, tenía el público asegurado.

La teoría de la relatividad cambió el mundo cambiando la forma en que lo imaginamos. En la década de 1890, los experimentos habían detectado anomalías desconcertantes en el comportamiento de la luz: medida contra objetos en movimiento, la velocidad de la luz parecía no variar nunca, por rápido o lento que fuera el movimiento de la fuente desde la que se transmitía. La mayoría de los analistas le echaban la culpa a los resultados deshonestos. Si lanzas un misil, su velocidad aumenta con la fuerza de la propulsión; entonces, ¿cómo podía la luz escapar a esa variabilidad? Einstein desarrolló una solución teórica: dedujo que si la velocidad de la luz es constante, el tiempo y la distancia deben ser relativos a ella. A velocidades cercanas a la de la luz, el tiempo se ralentiza y las distancias se acortan. La deducción era lógica, pero tan contraria al sentido común y tan diferente a lo que casi todo el mundo había pensado hasta entonces que bien la podrían haber esquivado o descartado si Poincaré no se hubiera dedicado a abrir las mentes a la posibilidad de pensar en el espacio y el tiempo de forma nueva. Aun así, la afirmación de Einstein supuso un desafío enorme y su éxito provocó una inquietud también enorme. Expuso como suposiciones lo que hasta entonces habían parecido verdades incuestionables: la suposición de que el espacio y el tiempo son absolutos había prevalecido solo porque, en comparación con el tiempo, nunca vamos muy rápido. El ejemplo más gráfico de Einstein fue una paradoja que improvisó en respuesta a una pregunta planteada por el público en una de sus conferencias públicas: un gemelo que se fuera en un viaje ultrarrápido regresaría más joven que el que se había quedado en casa.

En el universo de Einstein todas las apariencias engañaban. La masa y la energía eran mutuamente intercambiables. Las líneas paralelas se encontraban. Las nociones de orden que habían prevalecido desde Newton resultaban ser engañosas. Las percepciones de sentido común se desvanecían como si se colaran por la madriguera del País de las Maravillas. Pese a todo, cada experimento inspirado por la teoría de Einstein parecía confirmar la validez de esta. Según C. P. Snow, que hizo como el que más para hacer que la ciencia más puntera fuera universalmente inteligible: «Einstein [...] brotó en la conciencia pública [...] como símbolo de la ciencia, la autoridad del intelecto del siglo XX [...] el portavoz de la esperanza».[11] Transformó el modo en que la gente percibía la realidad y midió el universo. Para bien y para mal, hizo posible la investigación práctica de la conversión de la masa en energía, que a largo plazo tuvo como resultado, entre otros, la energía nuclear.[12]

Además, la relatividad contribuyó a desvelar nuevas paradojas. Mientras Einstein reimaginaba el panorama general del cosmos, otros científicos trabajaban en las minucias que lo componen. En un trabajo publicado en 1911, Ernest Rutherford diseccionó el átomo, a partir de lo cual reveló que había partículas aún más pequeñas y expuso su dinamismo, que los investigadores atómicos anteriores habían apenas sospechado: los electrones que parecen deslizarse erráticamente alrededor de un núcleo en patrones imposibles de rastrear o predecir con la física del pasado. Los físicos ya estaban luchando para hacer frente a la aparente naturaleza dual de la luz: ¿consistía en ondas o en partículas? La única manera de entender todas las pruebas era admitir que se comportaba como si fuera ambas cosas. El nuevo discurso de la «mecánica cuántica» disipó antiguos conceptos de coherencia. El ganador del Premio Nobel, el danés Niels Bohr, describió los quanta como compartir la naturaleza aparentemente contradictoria de la luz.

De la relatividad al relativismo

Mientras la relatividad deformaba la imagen del mundo, el malestar filosófico erosionaba la confianza en el marco tradicional de todos los tipos de pensamiento: conceptos sobre el lenguaje, la realidad y los vínculos entre ellos. Sin embargo, la deriva hacia el relativismo comenzó con una doctrina de autosubversión al servicio de la certeza: el pragmatismo.

En el lenguaje cotidiano, «pragmatismo» solo significa un enfoque práctico de la vida. En los Estados Unidos de finales del siglo XIX, William James elevó la eficacia práctica a la categoría de criterio no solo de utilidad, sino de moralidad y verdad. Junto con Bergson y Poincaré, se convirtió en uno de los intelectuales más leídos de la primera década del siglo XX. El padre de James heredó de un abuelo emprendedor más riquezas de las que le convenían, y como consecuencia de ello se aventuró al misticismo y el socialismo y echó largas siestas en el Ateneo de Londres, en un sillón de suave cuero verde, junto al de Herbert Spencer. Al igual que su padre, James era contemplativo y, como su abuelo, capitalista. Se sentía culpable cuando no se estaba ganando la vida. Ansiaba la existencia de una filosofía típicamente estadounidense que reflejara los valores de los negocios y la especulación. La anglofilia por la que su hermano Henry, novelista, era famoso —o conocido—, molestaba a William. Él le recomendaba que fuera patriota, resistía los intentos de Henry de europeizarlo y afortunadamente siempre volvía pitando a «mi país».

Era un polímata incapaz de apegarse a ninguna vocación. Tenía el título de médico, pero no llegó a practicar, ya que sucumbió a su propia constitución enfermiza y criticó la medicina como curandería. Alcanzó renombre como psicólogo mientras luchaba contra los síntomas de una locura autodiagnosticada. Intentó pintar pero la mala vista lo obligó a abandonar. Era un adicto al trabajo que sabía que solo el descanso podría salvarlo. Defendía la filosofía «tenaz» pero coqueteó con la ciencia cristiana, se dedicó a la investigación psíquica, escribió prosa rapsódica y se entregó a episodios de misticismo. Ensalzaba la razón y alardeaba de sentimiento, pero prefería los hechos. Despechado por lo sublime e inefable, se volvió hacia el mundo mugriento del señor Gradgrind, «hacia los hechos, nada más». El pragmatismo, que incorporaba muchos de sus prejuicios, incluidos el americanismo, la practicidad, la religiosidad difusa y la sumisión ante los hechos, estaba muy cerca cuando alcanzó una visión del mundo coherente. En su éxito de ventas de 1907 desarrolló y popularizó «antiguos modos de pensamiento» formulados por primera vez en la década de 1870 por Charles Sanders Peirce: la filosofía debía ser útil. En efecto, James dijo que la utilidad hace que la verdad sea verdadera y la corrección correcta. «Un pragmático se vuelve [...] hacia la concreción y la adecuación, hacia los hechos, hacia la acción y hacia el poder.»[13] Bergson lo elogió por descubrir «la filosofía del futuro».[14]

James nunca quiso ser un radical. Buscaba razones para creer en Dios argumentando que «si la hipótesis de Dios funciona satisfactoriamente en el sentido más amplio de la palabra es que es cierta».[15] Pero lo que funciona para un individuo o grupo puede ser inútil para otros. Al reducir la verdad a la conformidad con un propósito particular, James renunció a lo que, hasta entonces, había sido la base acordada de todo conocimiento: la suposición de que verdad y realidad coinciden. Se propuso justificar el cristianismo, pero al final lo subvirtió relativizando la verdad.[16]

Al principio casi en secreto, sin publicidad, incluso sin publicación, la lingüística tomó un camino parecido alejándose de la tierra firme y dirigiéndose hacia las arenas movedizas intelectuales. Para aquellos de nosotros que queremos decir la verdad, el lenguaje es nuestro intento de referirnos a la realidad. Sin embargo, al menos durante un tiempo pareció que los desarrollos en lingüística del siglo XX sugerían que aquel intento estaba destinado al fracaso. En unas conferencias que empezó a dar en Ginebra en enero de 1907, el año en que publicó *Pragmatismo*, Ferdinand de Saussure empujó la lingüística en una nueva dirección. Introdujo la distinción entre discurso social (la *parole* dirigida a otros) y lenguaje subjetivo (la *langue* conocida solo por el pensamiento). Su carácter afectaba a su forma de comunicar. Sus conferencias eran como las de Aristóteles, mediocres, con un aire de espontaneidad encantador. Las notas de sus alumnos son los únicos documentos de lo que dijo que han sobrevivido, cosa que deja a los expertos espacio para discutir sobre su exactitud. En general, su público entendió que afirmaba que el efecto del lenguaje surge de las relaciones de cada término de un texto o discurso con todos los demás términos. Los términos concretos no tienen significado excepto en combinación entre sí. Lo que otorga sentido al lenguaje son las estructuras de sus relaciones, que se extienden al resto del lenguaje más allá de cualquier texto concreto. Por lo tanto, el significado escapa al control del autor. Nunca está completo, puesto que el idioma siempre está cambiando y las relaciones entre términos siempre se están reconstituyendo. El significado es construido por la cultura, no está enraizado en la realidad. Los lectores son autónomos y pueden volver a dar forma al texto y distorsionarlo a medida que lo procesan entre la página y la memoria. A las ideas de Saussure les llevó mucho tiempo ir más allá del aula y, en el siglo XX, no fue fácil entrar en la imprenta y la pedagogía, pero gradualmente fueron volviéndose ortodoxia lingüística. La mayoría de los lectores llegaron a su trabajo a través de una serie de reconstrucciones editoriales, el equivalente académico de los susurros chinos. Como veremos en el próximo capítulo, el mensaje que solían recibir era que el lenguaje no dice nada fiable sobre la realidad ni sobre nada que no sea él mismo.[17]

Ponga esta lectura de Saussure junto a las interpretaciones populares de Poincaré, Bergson, William James, Einstein y la mecánica cuántica: no hay espacio o tiempo fijos; no puedes confiar en afirmaciones científicas; la materia básica del universo se comporta de modo impredecible e inexplicable; la verdad es relativa y el lenguaje está divorciado de la realidad. Mientras la certeza se desenredaba, el relativismo y la relatividad se entrelazaban.

La ciencia y la filosofía entre ellos socavaron la ortodoxia heredada. Mientras tanto, la antropología y la psicología produjeron herejías igualmente devastadoras. La revolución de la antropología se fue extendiendo poco a poco desde Estados Unidos, donde la había iniciado Franz Boas. Este héroe poco reconocido de la tradición liberal occidental era un judío alemán que se convirtió en el espíritu presidente y decano de la antropología en Estados Unidos. Revirtió una suposición en la que los científicos habían invertido convicciones, esfuerzos imperiales y dinero de los financiadores: el estado evolutivo superior de algunos pueblos y sociedades. Al igual que Darwin, aprendió de pueblos a los que los occidentales desestimaban por considerarlos primitivos. Pero mientras que a Darwin los fueguinos le repugnaban, a Boas los inuit le inspiraron. Trabajando entre ellos en la isla de Baffin en la década de 1880, llegó a apreciar su sabiduría práctica e imaginación creativa. Convirtió su visión en un precepto para los trabajadores de campo, y que también funciona como regla de vida: la empatía es la base del entendimiento. Con el fin de descubrir las peculiaridades intrigantes de diferentes culturas, los antropólogos deben esforzarse por compartir la perspectiva de las personas entre las que están incrustados. Entonces cualquier tipo de determinismo se vuelve poco atractivo y las generalizaciones arriesgadas resultan poco convincentes, porque no hay una explicación única que parezca adecuada para explicar las divergencias observadas.

Boas era un trabajador de campo que se convirtió en conservador de museo, siempre en contacto con las personas y los utensilios que quería comprender. Desde su aula de Nueva York envió a sus alumnos a estudiar a los pueblos nativos americanos a lo largo de las líneas de ferrocarril que se extendían hacia el oeste. Los resultados demostraron que no existía nada parecido a lo que los antropólogos anteriores y contemporáneos habían denominado «la mente salvaje». Todos compartimos el mismo tipo de equipamiento mental, independientemente de las condiciones materiales, la destreza tecnológica, la complejidad social o la sofisticación que nos rodee. Jared Diamond tiene una forma clara de decirlo: «hay tantos genios en Nueva Guinea como en Nueva York».[18] Boas expuso las falacias de la craneología racista, que afirmaba que algunas razas tenían el cráneo mejor adaptado para la inteligencia que otras. De la escuela nacional de antropólogos más grande, influyente y de crecimiento más rápido del mundo, proscribió la idea de que los pueblos podían clasificarse en función del supuesto grado de «desarrollo» de su pensamiento. Concluyó que la gente piensa diferente en diferentes culturas no porque algunos tengan mejor capacidad intelectual sino porque cada mente refleja las tradiciones que hereda, la sociedad que la rodea y el entorno al que está expuesta. En conferencias que dio en 1911, Boas resumió los hallazgos de la investigación que había conducido o supervisado:

La actitud mental de los individuos que ... desarrollan las

creencias de una tribu es exactamente la del filósofo civilizado ... El valor que atribuimos a nuestra propia civilización se debe al hecho de que participamos de ella y de que ha estado controlando todas nuestras acciones desde que nacimos; pero, ciertamente, es concebible que pueda haber otras civilizaciones, basadas quizás en tradiciones diferentes y en un equilibrio diferente entre emoción y razón, no menos valiosas que la nuestra, aunque nos pueda resultar imposible apreciar sus valores sin haber crecido bajo su influencia [...]. La teoría general de la valoración de las actividades humanas, tal como la desarrolla la investigación antropológica, nos enseña una tolerancia mayor que la que profesamos ahora.[19]

Eso era decirlo suave. Se hizo imposible defender el argumento tradicional del racismo o el imperialismo: que la raza condenaba a algunas personas a una inferioridad ineludible o que los imperios tenían la custodia como los padres la tenían sobre los hijos o los tutores sobre los imbéciles. Por el contrario, Boas hizo posible reevaluar las relaciones entre culturas. El relativismo cultural, como lo llamamos en la actualidad, se convirtió en la única base creíble sobre la que se podía realizar un estudio serio de las sociedades humanas. Algunas culturas pueden ser mejores que otras, pero tal juicio solo puede hacerse cuando las culturas comparadas comparten valores parecidos, condición que rara vez se cumple. Dice el relativismo cultural que toda cultura tiene que ser juzgada en sus propios términos.

El trabajo de campo antropológico reforzó la tendencia relativista acumulando cantidades enormes de datos diversos, inextricables para los esquemas burdamente jerárquicos del siglo XIX, pero el relativismo cultural tardó un tiempo en extenderse más allá de los círculos en los que Boas tuvo influencia directa. Ya en la primera década del siglo, los antropólogos británicos fueron los primeros extranjeros en asimilar sus lecciones. Francia, donde los antropólogos inspiraban el mayor prestigio mundial, no tardó en empezar a reaccionar positivamente, y el relativismo se difundió desde allí. Ayudó a socavar imperios y construir sociedades multiculturales, pero vomitó problemas intelectuales y prácticos que aún no se han resuelto. Si ninguna cultura es objetivamente mejor que otra, ¿qué sucede cuando su visión de la moral entra en conflicto? ¿Puede el concepto de relativismo cultural dar cobijo a prácticas como el canibalismo, el infanticidio, la quema de viudas, la discriminación por género, la caza de cabezas, el incesto, el aborto, la ablación del clítoris y el matrimonio concertado? ¿Cómo y dónde dibujar la línea?[20]

La tiranía del inconsciente

Mientras Boas y sus alumnos estaban trabajando, la autonomía de la cultura consiguió un impulso curioso e involuntario de la psicología de Sigmund Freud. Resulta sorprendente, porque Freud no estaba en buena sintonía con las diferencias culturales. Su objetivo era explicar el comportamiento individual sacando a la luz impulsos universales. Con todo, al concentrarse en los universales y los individuos, es significativo que Freud dejara la cultura en una brecha entre ambos, para que se explicara. La difusión de la psicología freudiana, que aseguraba exponer el mundo del subconsciente, cuestionó las ideas convencionales de experiencia y, en particular, de sexo e infancia.

Freud se convirtió en modelo y mentor del siglo XX. Era aún más subversivo de la ortodoxia científica que Boas, ya que sus descubrimientos o afirmaciones iban más allá de las relaciones entre sociedades para desafiar la comprensión del individuo de sí mismo. La afirmación de Freud de que mucha de la motivación humana es subconsciente desafió los supuestos tradicionales sobre la responsabilidad, la identidad, la personalidad, la conciencia y la mentalidad. Su viaje al subconsciente comenzó en un experimento que realizó sobre sí mismo en 1896, cuando expuso su propio «complejo de Edipo», como lo llamó: el impulso, supuestamente reprimido y que él creía que compartían todos los niños varones, de suplantar al propio padre. Fue el primero de una serie de deseos inconscientes que identificó como la sustancia de la psique humana. En años posteriores desarrolló una técnica que denominó psicoanálisis, diseñada para que los pacientes fueran conscientes de los impulsos subconscientes: mediante la hipnosis o desencadenando los efectos mnemónicos de la asociación libre, que eran los dos métodos preferidos de Freud, los psicoanalistas podían ayudar a los pacientes a recuperar sentimientos reprimidos y aliviar los síntomas nerviosos. Los pacientes se levantaban del diván de Freud —o del de su mentor, Josef Breuer— y caminaban con más libertad que antes. Las mujeres a las que tan solo unos años antes se había descartado como histéricas que fingían su enfermedad se convirtieron en casos de estudio instructivos, lo cual tuvo efectos benignos sobre la reevaluación del papel de la mujer en la sociedad.

La «ciencia» de Freud parecía funcionar, pero no logró pasar las pruebas más rigurosas: cuando Karl Popper preguntó cómo distinguir a alguien que no tuviera complejo de Edipo, la fraternidad psicoanalítica rechazó la pregunta. Se comportaron como una secta religiosa o un movimiento político marginal, denunciando mutuamente sus errores y expulsando a los disidentes de los organismos elegidos por ellos mismos. En cualquier caso, seguramente Freud subestimó los efectos de la cultura en la configuración de las psiques y la variación del impacto de la experiencia en diferentes tiempos y lugares. «Freud, Froid... Yo lo pronuncio "Fraude"», dijo G. K. Chesterton. El psicoanálisis no es, por definición estricta, ciencia.[21] Con todo, la eficacia del análisis en algunos pacientes importaba más que la aprobación de pares científicos. La genialidad de Freud a la hora de la comunicar ideas en una prosa convincente ayudó a difundir su fama. Según la evidencia de algunos burgueses de la Viena de preguerra, parecía capaz de iluminar la condición humana. Sus afirmaciones eran impactantes no solo porque eran sinceras acerca de los impulsos sexuales que la mayoría de personas habían preferido no mencionar en la pudorosa sociedad, sino también porque, de hecho, le estaba diciendo a la gente: «Sin mi ayuda no sabes ni puedes saber por qué te comportas como lo haces, porque tus fuentes de motivación son inconscientes», y eso sí que era radical. Afirmaba que todos los niños experimentaban, antes de la pubertad, fases comunes del desarrollo sexual, y que todos los adultos reprimían fantasías o experiencias similares. Freud incluso parecía proveer a los enemigos de la religión uno de sus principales objetos de deseo: una explicación científica para Dios. En uno de sus textos más influyentes, *Tótem y tabú*, escribió: «En el fondo, Dios no es más que un padre exaltado».[22] Las posibles consecuencias morales del pensamiento de Freud son alarmantes: si no podemos saber por nosotros mismos las razones de nuestro comportamiento, nuestra capacidad para enmendarnos es limitada. La noción misma de responsabilidad moral individual es cuestionable. Podemos liquidar la culpa y culpar de nuestros defectos y faltas a nuestra educación.

Bajo la influencia de Freud, en el Occidente moderno la introspección se convirtió en un rito que definía nuestra cultura, como la danza o los códigos gestuales podían definir otra. La represión se convirtió en el demonio de nuestros días, y el analista en el exorcista. Una de las consecuencias de ello es la «sociedad del sentirse bien», que silencia la culpa, la vergüenza, el egoísmo, la duda y el reproche a uno mismo. Otra es el hábito de ser sexualmente francos. Otra es la práctica, que prevaleció durante gran parte del siglo XX y aún generalizada entre los psiquiatras, de tratar los desequilibrios metabólicos o químicos del cerebro como si fueran trastornos psíquicos profundamente arraigados. La revolución de valores que Freud inició —la lucha contra la represión, la exaltación de la franqueza, la relajación de las inhibiciones— ha sobrevivido a su propio reconocimiento. Cuesta calcular el equilibrio de los efectos buenos y malos. El psicoanálisis y otras escuelas de terapia subfreudianas han ayudado a millones de personas y torturado a millones de personas, liberando a algunas de represiones y condenando a otras a ilusiones o tratamientos de escasa utilidad.[23]

El énfasis de Freud en los efectos subconscientes de la experiencia infantil hizo de la educación el patio de juegos de los psicólogos, aunque Isaac Bashevis Singer dijo: «Los niños no sirven de nada a la psicología». En 1909, la feminista sueca Ellen Key anunció el redescubrimiento de la infancia: los niños eran diferentes de los adultos. Esta aparente obviedad reflejaba el estado de la idea de infancia tal como se había desarrollado en el siglo XIX en Occidente (ver pág. 352). Sin embargo, los patrones cambiantes de mortalidad infantil estimularon nuevas iniciativas de investigación. Recuerdo cuánto me conmovía, cuando era maestro en Inglaterra, deambular por el antiguo claustro lleno de monumentos conmemorativos a un número inquietantemente grande de niños que habían muerto en la escuela en el siglo XIX. En aquella época, habría tenido poco sentido invertir mucho en unas vidas tan efímeras. Pero a medida que la enfermedad infantil les alargaba la vida, los niños se convirtieron en objetos aptos para dedicarles tiempo, emoción y estudio.[24] El investigador más influyente fue el polímata suizo Jean Piaget. Las pruebas del impacto que tuvo se pueden reseguir a lo largo de generaciones de escolares a los que se privó de realizar tareas desafiantes porque Piaget dijo que eran incapaces de llevarlas a cabo. Él mismo era un niño prodigio, pero, como ocurría con muchos especialistas en educación que se desilusionaban con facilidad, tenía un bajo concepto de los niños. En 1920 hizo lo que le pareció un gran avance mientras ayudaba a procesar los resultados de los primeros experimentos con pruebas de inteligencia. Le parecía que los errores de los niños mostraban que sus procesos mentales eran peculiares y estructuralmente diferentes de los suyos propios. La teoría que ideó para explicar esto era sorprendentemente similar a la doctrina de las etapas de desarrollo mental que los antropólogos habían rechazado basándose en las pruebas recopiladas por Boas. Piaget era más leído en la obra de Freud y Key que en la de Boas. «El desarrollo mental», tal como lo veía, pertenecía a los individuos, no a las sociedades. Se daba en etapas predecibles y universales, a medida que las personas crecían. Probablemente no tuviera razón. La mayor parte de lo que él consideraba universal está condicionado culturalmente. Lo que adquirimos a medida que crecemos son hábitos refinados por la experiencia e impuestos por la cultura. Cada vez se admite más que los niños no vienen en paquetes estándar.

Sin embargo, Piaget fue tan persuasivo que incluso hoy en día el currículum escolar lleva su sello: clasifica a los niños por edad y prescribe el mismo tipo de lecciones, en los mismos niveles de supuesta dificultad, en casi las mismas materias, para todos los escolares de cada etapa. Esto puede tener un efecto retardante o alienante para algunas personas cuyos talentos, si se les permite madurarlos a su propio ritmo, podrían beneficiar a la sociedad en general. Hay escuelas y universidades que se han dado cuenta de esto y ahora hacen arreglos especiales para niños con «alta dotación» y los cambian a clases con compañeros mayores con estándares más altos que los de sus coetáneos. Salvo en esos casos excepcionales, el sistema que prevalece es intrínsecamente injusto con los estudiantes, ya que proporciona una base teórica dudosa para tratarlos como inferiores por naturaleza a los adultos; esto es apenas más justo que las generalizaciones históricas correspondientes sobre la supuesta inferioridad de los grupos definidos por raza. Hay niños que exhiben características mucho más loables que muchos adultos, entre ellas las que se suelen asociar a la madurez.[25]

La innovación en modo despegue

A principios del siglo XX, las ideas novedosas en otros campos acompañaron a las que bullían en ciencia, filosofía, lingüística, antropología y psicología. Estaba en marcha un fenómeno mayor: un cambio de una rapidez sin precedentes en todos los campos mensurables. Entraron en escena las estadísticas de todo tipo, demográficas, económicas... La tecnología, la ciencia característica del siglo, se precipitó hacia una nueva fase. El siglo XX sería la era de la electricidad, igual que el XIX lo había sido del vapor. En 1901, Marconi transmitió en inalámbrico. En 1903, los hermanos Wright alzaron el vuelo. En 1907 se inventó el plástico. Otros imprescindibles de los estilos de vida satisfechos del siglo XX —el acelerador de partículas, el marco de rascacielos de hormigón armado, incluso la hamburguesa y la Coca-Cola— habían ocupado su lugar antes de que estallara la Primera Guerra Mundial. Las curiosidades inventadas a finales del siglo XIX, como el teléfono, el coche o la máquina de escribir, pasaron a ser cosas normales y corrientes.

También en política el nuevo siglo comenzó con novedades sorprendentes. En 1901 aparecieron en Noruega y Nueva Zelanda las primeras democracias completas del mundo, completas en el sentido de que las mujeres tenían los mismos derechos políticos que los hombres. En 1904, las victorias japonesas sobre Rusia confirmaron lo que debería haber sido obvio si no se hubiera desconfiado ni suprimido la evidencia —de la resistencia de los maorís contra Gran Bretaña y el éxito etíope contra Italia—: los imperios blancos no eran invencibles. Alentados por el ejemplo de Japón, los movimientos de independencia saltaron a la acción. Finalmente, Japón haría que el imperialismo británico, francés y holandés fuera insostenible en la mayor parte de Asia. Mientras tanto, los militantes se fortalecieron en la lucha por la igualdad entre razas. En 1911 empezaron a producirse las primeras grandes «rebeliones de masas»: las revoluciones mexicana y china —convulsiones sísmicas que, a la larga, llevaron a cabo las revoluciones comunistas posteriores— parecían problemas a corto plazo. La revolución china derrocó una dinastía que había gobernado durante dos siglos y medio y acabó con miles de años de continuidad política. Las principales víctimas de la revolución mexicana fueron unos acaparadores casi igual de bien establecidos: los terratenientes y la Iglesia.

El efecto inquietante de la sacudida del mundo de principios del siglo XX puede verse, literalmente, en la obra de los pintores. En el siglo XX los pintores tendieron, en un grado sin precedentes, a pintar no lo que veían directamente sino lo que la ciencia y la filosofía describían. Las revoluciones artísticas reflejaron las sacudidas y los impactos administrados por la ciencia y la filosofía. En 1907 el cubismo mostró imágenes de un mundo destrozado, como en un espejo tembloroso. Pablo Picasso y Georges Braque, los creadores del movimiento, parecían confirmar la visión que sugería la teoría atómica de un mundo mal ordenado e incontrolable compuesto de fragmentos mal ajustados. Negaron haber oído hablar de Einstein, pero estaban al corriente de la relatividad por la prensa. Cuando intentaban capturar la realidad evasiva desde diferentes perspectivas, reflejaban las preocupaciones típicas de su década: la disolución de la imagen de un mundo familiar. Incluso Piet Mondrian, cuyas pinturas captaban los ángulos agudos del gusto moderno con tanta perfección que representaba los ritmos boogie-woogie como una cuadrícula regular y el Broadway de Manhattan como una línea recta, tuvo una fase de espejo tembloroso en los primeros años de la segunda década del siglo. Antes pintaba la ribera de los ríos de su Holanda natal con fidelidad romántica. Ahora las extendía y las atomizaba. En 1911, Wassily Kandinsky leyó la descripción del átomo de Rutherford «con una fuerza espantosa, como si hubiera llegado el fin del mundo. Todas las cosas se vuelven transparentes, sin fuerza ni certeza».[26] Los efectos de esto alimentaron un nuevo estilo que suprimió toda reminiscencia de los objetos reales. La tradición que inició Kandinsky, de arte completamente «abstracto», que representa objetos irreconocibles o nada en absoluto, dominó durante el resto del siglo. En Francia, Marcel Duchamp denunció su propio dominio de la ciencia como un mero conocimiento rudimentario, pero también él intentó representar el mundo de Einstein. Sus notas sobre su obra maestra escultórica *El gran vidrio* revelaron hasta qué punto había estudiado la relatividad. Su pintura de 1912 *Desnudo bajando una escalera*, en la que la realidad parece expandirse como los pliegues de un acordeón era, dijo, una expresión «del tiempo y el espacio a través de la presentación abstracta del movimiento». Mientras tanto, las síncopas del jazz y los ruidos aparentemente sin patrón de la música atonal, que Arnold Schoenberg desarrolló en Viena a partir de 1908, subvirtieron las armonías del pasado con tanta seguridad como la mecánica cuántica reestructuró las ideas de orden. Los efectos de la antropología en el arte de la época son incluso más explícitos que los de la ciencia, ya que los artistas reemplazaron lo que había de tradicional en su imaginación —estatuas griegas, antiguos maestros— por las curiosidades de colecciones e ilustraciones etnográficas. Picasso, Braque, Constantin Brancusi y los miembros de la escuela Der Blaue Reiter (El Jinete Azul) del círculo de Kandinsky copiaron esculturas «primitivas» del Pacífico y de África, demostrando la validez de la estética foránea y obteniendo inspiración de mentes anteriormente descartadas por «salvajes». Algunas de las caras que Picasso pintó parecen forzadas de formas, angulares o alargadas, de máscaras fang. André Derain tradujo las bellezas que se bañan de la tradición de retratos de playa haciendo que sus *baigneuses* parecieran fetiches esculpidos burdamente. Algunos de los modelos primitivistas provenían del botín del imperio, exhibido en galerías y museos; otros, de exposiciones retrospectivas que siguieron a la muerte en 1903 de Paul Gauguin, cuyos años de autoexilio en Tahití en la década de 1890 habían inspirado ensayos eróticos en exotismo esculpido y pintado demasiado real para ser romántico. El rango de influencias se ampliaba a medida que los entendidos en las Américas y Australia redescubrían las artes «nativas».

La reacción: la política del orden

La reacción fue predecible. El cambio frenético amenazaba a todo aquel que tuviera algo que perder. Tras el pensamiento sísmico de principios del siglo XX, la gran pregunta en las mentes perturbadas era cómo disipar el caos y recuperar la tranquilidad. Una respuesta temprana y efectiva llegó de Filippo Tommaso Marinetti, un dandi italiano, comerciante y bromista intelectual. En 1909 publicó un manifiesto para sus compañeros artistas. En aquella época, la mayoría de los artistas profesaban el «modernismo»: la doctrina de que lo nuevo supera a lo antiguo. Marinetti quiso ir más allá. Pensó, por así decirlo, que el después debía superar al ahora. Así pues, proclamó el «futurismo». Creía que no había suficiente con superar el legado del pasado, así que los futuristas debían repudiar la tradición, borrar sus residuos, borrar su huella. «Ha empezado el futuro», anunció Marinetti. Suena a sinsentido o, si no sinsentido, a tópico, pero, en cierto modo, tenía razón. Había ideado una metáfora reveladora del ritmo de los cambios que continuaron acelerándose durante el resto del siglo.

Marinetti rechazaba todas las fuentes obvias de consuelo que la gente normalmente podría anhelar en un entorno perturbado: la coherencia, la armonía, la libertad, la moral recibida y el lenguaje convencional. Para él, el consuelo era estéril desde el punto de vista artístico. En cambio, el futurismo glorificaba la guerra, el poder, el caos y la destrucción, formas de forzar a la humanidad a la novedad. Los futuristas celebraban la belleza de las máquinas, la moral del poder y la sintaxis del balbuceo. Descartaban los valores anticuados, entre ellos la sensibilidad, la amabilidad y la fragilidad, en favor de la crueldad, la sinceridad y la fuerza. Pintaban «líneas de fuerza» —símbolos de coacción—, y máquinas en movimiento descabellado. Los artistas anteriores habían intentado sin éxito capturar la velocidad y el ritmo de la energía industrial: el tren de vapor de Turner es un borrón, Van Gogh es deprimentemente estático. Pero los futuristas los superaron al romper el movimiento en sus elementos constituyentes, como los físicos dividían los átomos, y copiar el modo en que el cine reflejaba el movimiento en secuencias de fracción de segundo de encuadres sucesivos. La emoción de la velocidad, alcanzada por el nuevo motor de combustión interna, representaba el espíritu de la época, que se alejaba del pasado a toda velocidad.

El futurismo unió a los partidarios de la política más radical del siglo XX: los fascistas, para quienes el Estado debería servir a los fuertes, y los comunistas, que esperaban incinerar la tradición con la revolución. Los fascistas y los comunistas se odiaban y disfrutaban de sus batallas, primero en las calles y más tarde, cuando se apoderaron de los estados, en unas guerras más grandes y terribles que cualquier otra que el mundo hubiera presenciado. Pero estaban de acuerdo en que la función del progreso era destruir el pasado. A menudo se dice que los líderes «metieron la pata» o cometieron un grave error al entrar en la Primera Guerra Mundial. Es así. Pero la característica sorprendente y estremecedora del descenso hacia la guerra es la pasión con que los apóstoles de la destrucción la veneraron y le dieron la bienvenida.

Las guerras casi siempre precipitan los acontecimientos en la dirección en la que ya van. En consecuencia, la Primera Guerra Mundial aceleró la tecnología y socavó las élites. La mejor parte de una generación de líderes naturales europeos pereció, cosa que garantizaba la alteración y la discontinuidad de la historia europea. La destrucción y la desesperación dejan al pueblo sin puntales, sin inversión en tranquilidad y sin lealtades en medio de la destrucción; de modo que el tremendo desembolso de dinero y de vidas humanas no compró paz sino revoluciones políticas. En Europa o en sus fronteras surgieron doce nuevos Estados soberanos, o casi soberanos. Los superestados cayeron. Las fronteras cambiaron. Las colonias de ultramar se intercambiaron. La guerra derribó de golpe los imperios ruso, alemán, austrohúngaro y otomano. Incluso el Reino Unido perdió una extremidad: la revuelta y la guerra civil que estalló en Irlanda en 1916 terminó con la independencia de la mayor parte de la isla seis años después. Se produjeron unas migraciones enormes que redistribuyeron la población. Después de la guerra, más de un millón de turcos y griegos se dirigieron a lugar seguro a través de unas fronteras redibujadas frenéticamente. Emocionados por la turbación de sus amos, los pueblos de los imperios europeos en otros lugares del mundo se relamían a la espera de la siguiente guerra europea. «Entonces será nuestro momento —son las últimas palabras del héroe de *Pasaje a la India*—. Haremos que cada maldito inglés acabe en el mar.»

La pobreza de la posguerra favoreció los extremismos. Los desastres financieros de Europa y las Américas en las décadas de 1920 y 1930 parecían demostrar que Occidente era una amargura. La podredumbre iba más allá de la política corrosiva que causaba guerras y arruinaba la paz. Empezó entonces una época de encontrar errores en la civilización occidental. Los antisemitas culparon a los judíos de los tiempos difíciles del mundo, sobre la base mítica de que «la judería internacional» controlaba las economías del mundo y explotaba a los gentiles para su propio enriquecimiento. Los defensores de la eugenesia alegaron que la reproducción no científica era la responsable de los problemas del mundo: debilitaba la sociedad alentando a los individuos de las clases y razas «inferiores», «débiles» o «mentalmente defectuosas» a engendrar niños tan débiles e inútiles como sus padres. Los anticlericales culparon a la Iglesia de subvertir la ciencia, debilitar a las masas y alentar a los débiles. Los comunistas culparon a los capitalistas. Los capitalistas culparon a los comunistas. Algunas de las cosas por las que la gente culpaba a otros eran demasiado fantásticas como para ser racionalmente creíbles, pero los agitadores eran lo bastante ruidosos como para ahogar la razón. Millones de personas empobrecidas y en la miseria estaban dispuestas a creer su discurso. La política del megáfono —el atractivo de la retórica estridente, la simplificación excesiva, la fantasía profética y el insulto fácil— apelaba a unos electores hambrientos de soluciones, por simplistas, estridentes o supuestamente «finales» que fueran. La venganza es la forma más fácil de justicia y siempre es bienvenido un chivo expiatorio que sustituya al sacrificio personal.

Según el análisis más extendido, el lugar correcto para colocar la culpa era en lo que la gente llamaba «el sistema». Las predicciones de Marx parecían hacerse realidad. Los pobres se estaban empobreciendo más. Los fracasos del capitalismo los conduciría a la revolución. La democracia había sido un desastre. Hacían falta líderes autoritarios que obligaran al pueblo a colaborar por el bien común. Tal vez solo los gobiernos totalitarios pudieran administrar justicia, extendiendo su responsabilidad sobre todas las secciones de la vida, incluida la producción y la distribución de los bienes. Se acercaba la hora, se acercaba la ideología.

El fascismo era una tendencia política a favor del poder, el orden, el Estado y la guerra, con un sistema de valores que anteponía el grupo al individuo, la autoridad a la libertad, la cohesión a la diversidad, la venganza a la reconciliación, la retribución ante la compasión, la supremacía de los fuertes a la defensa de los débiles. El fascismo justificaba la revocación de los derechos de los inconformistas, disidentes, inadaptados y subversivos. Puesto que no era intelectual en absoluto, era un montón de ideas cohesionadas por aplastamiento, como ocurre con la chatarra en la prensa de un desguace: una fabricación ideológica creada a lo bruto a partir de muchos trozos de tradiciones colectivas, autoritarias y totalitarias conectadas entre ellas de forma insegura. Si los fascistas eran una astilla del socialismo ha sido un tema de debate apasionado. Movilizaron al proletariado y la pequeña burguesía defendiendo políticas que se podrían resumir poco más o menos como «socialismo sin expropiación». Su credo podría clasificarse como una doctrina desarrollada independientemente, o como un estado mental en busca de una ideología, o simplemente como un nombre ingenioso para el oportunismo sin principios. En la antigua Roma, un *fasces* era un haz de varas con un hacha en el centro que se llevaba ante los magistrados como símbolo de su poder para azotar y decapitar a la gente. Benito Mussolini adoptó ese icono de la aplicación de la ley manchada de sangre como lo que hoy en día sería el «logo» de su partido, para expresar la esencia del fascismo: el bienestar de la vara y el tajo del hacha. Puede que el color de las camisas de sus policías callejeros cambiara o se destiñera; puede que las formas de sus rituales y los ángulos de sus saludos se alteraran o disminuyeran. Pero sus efectos eran inconfundibles: el sudor del miedo, el golpe de talón. La inclinación mágica de la palabrería fascista era capaz de seducir incluso a las personas que lo odiaban o lo temían. Aneurin Bevan, el líder socialista británico, conocido por envolver sus declaraciones en una oscuridad gnómica, como Sam Goldwyn o Yogi Berra pero sin humor, dijo: «El fascismo no es un nuevo orden, es el futuro que se niega a nacer».[27]

El nazismo compartía todas estas características pero era algo más que el fascismo. Mientras que los fascistas solían ser anticlericales, los nazis imitaban activamente la religión. Sustituyeron la providencia por la historia. Para los nazis, la historia era una fuerza impersonal, poderosa y ambiciosa con un «curso» que se podía contener. Las vidas humanas eran juguetes, como las serpientes para una mangosta o las ratas para un gato. La historia exigía sacrificios humanos, como una diosa hambrienta que se fortalecía devorando razas profanas. A los nazis les convenía el marco y el lenguaje del milenarismo (ver pág. 306). La culminación de la historia sería un «Reich de mil años». Ceremoniales bien orquestados, santuarios, iconos y santos, procesiones y éxtasis, himnos y cantos completaban la vida de culto y la liturgia de la cuasi-religión. Como todo dogma irracional, el nazismo exigía el consentimiento irreflexivo de sus seguidores: la sumisión a la infalibilidad del Führer. Los nazis fantaseaban con reemplazar el cristianismo restaurando el antiguo paganismo popular. Algunos de ellos convirtieron su *Heimatschutz*, «la búsqueda de la patria», en un sendero místico que conducía a través de círculos de piedra hasta el Castillo de Wewelsburg, donde, según creía Heinrich Himmler, las líneas ley se encontraban en el centro de Alemania y del mundo.[28]

Las ideologías del orden, en detrimento de la humanidad y la piedad, resumían las contradicciones de la modernidad: la tecnología progresaba pero la moral retrocedía o, en el mejor de los casos, parecía estancarse. En ocasiones, cuando los intelectuales burgueses como yo nos reunimos en cenas o conferencias académicas, me sorprende oír expresiones de confianza en el progreso moral: las fluctuaciones de la violencia relatada en los países desarrollados, por ejemplo, se confunden a menudo con el hecho de que los esfuerzos de los educadores generan dividendos. Sin embargo, en realidad solo muestran que la violencia ha sido desplazada a agujeros negros probatorios que no aparecen en las estadísticas, por ejemplo hacia la coacción del Estado y el «final» de los ancianos o los no natos. Quizá los biempensantes nos reconfortamos en la tolerancia que acordamos ampliar cada vez más a comportamientos tradicionalmente prohibidos, sobre todo en asuntos de gusto y vestimenta; pero la suma total de intolerancia, y de la ira que alimenta, probablemente no disminuye. Los hombrecillos ruidosos fracasaron en la Segunda Guerra Mundial, pero el atractivo de las soluciones finales no se desvaneció del todo. A medida que el caos y las complejidades de la sociedad se hacen más intratables y el ritmo de cambio más amenazante, los electorados están volviendo a opciones autoritarias: vigilancia policial más dura, cárceles más estrictas, tortura para los terrores, muros y expulsiones y exclusiones, y autoaislamiento nacional fuera de las organizaciones internacionales. De alguna manera, el autoritarismo se ha convertido en una ideología capaz de trascender las rivalidades tradicionales. Mientras escribo, Vladimir Putin, el exjefe de la KGB, parece haberse convertido en el ídolo de los republicanos rurales de Estados Unidos y en el favorito de Donald Trump. Confundidos por el caos, infantilizados por la ignorancia, los refugiados de la complejidad huyen hacia el fanatismo y el dogma. Puede que el totalitarismo no haya agotado aún su atractivo.

10

La era de la incertidumbre

Las vacilaciones del siglo xx

Lo que sucede en el interior de las mentes refleja lo que sucede fuera de ellas. La aceleración del cambio en el mundo exterior que se ha producido desde finales del siglo xix ha tenido efectos convulsivos en el pensamiento: esperanzas poco realistas en algunas mentes, miedos intimidantes en otras y rompecabezas y perplejidad en todas partes. Antes, al medir el cambio, contábamos en eones, milenios, siglos o generaciones. Ahora, una semana es mucho tiempo, no solo en política (como al parecer dijo Harold Wilson), sino en todo tipo de cultura. A medida que el cambio se precipita, el pasado parece menos rastreable, el futuro más impredecible, el presente menos inteligible. La incertidumbre inquieta. Los votantes, desesperados, recurren a los demagogos con posiciones adaptadas a Twitter y a estadistas charlatanes con placebos escurridizos y simplistas para los problemas sociales.

El contexto de cambio es imprescindible para entender las ideas que surgieron como reacción. En primer lugar, si buscamos el mayor indicador individual de aceleración en el pasado reciente, hemos de mirar al consumo global, que en el decurso del siglo xx se incrementó casi veinte veces. Mientras tanto, la población solo se cuadruplicó. La industrialización y la urbanización hicieron que el consumo se disparara de forma incontrolable, quizás insostenible. Merece la pena detenerse a reflexionar sobre los hechos: es el mayor consumo per cápita, no el aumento de la población, el abrumador responsable de las tensiones provocadas por el hombre en el medio ambiente. El consumo descabellado es principalmente culpa de los ricos; el reciente aumento de población se ha dado sobre todo entre los pobres. Mientras tanto, inevitablemente, la producción ha aumentado en consonancia con el consumo; la gama de productos a disposición de los consumidores ricos se ha multiplicado de un modo apabullante, especialmente en la búsqueda de innovaciones tecnológicas, servicios y remedios médicos e instrumentos financieros y comerciales. El crecimiento de la población mundial ha reavivado las aprensiones maltusianas y ha provocado, a intervalos y en algunos países, programas invasivos de control de la población.[1] Pero los números, sobre todo los de los pobres, no tienen la culpa de la mayoría de los problemas que se les achacan. Podríamos acomodar a más personas si renunciáramos a parte de nuestra codicia.[2]

En regiones bien equipadas con medios de vida que no fueran extenuantes físicamente y con tecnología médica que desafiara a la muerte, la media de vida aumentó sin precedentes en el siglo XX. (No deberíamos esperar que ese aumento durase, y mucho menos que continuara aumentando: los supervivientes de las guerras del siglo se endurecieron en la adversidad; sus hijos y nietos pueden resultar menos resistentes.) A diferencia de la mayoría de experiencias alargadas en el tiempo, la vida prolongada no parecía disminuir. Para los ancianos, los acontecimientos pasaban a toda velocidad, como setos borrosos imposibles de distinguir a través de la ventana de un tren bala. Cuando yo era un muchacho, los viajeros favoritos de la ciencia ficción luchaban por adaptarse a mundos desconocidos muy alejados de los suyos en el tiempo, y por lo tanto en las costumbres. Cuando ya era viejo, la BBC presentaba a un héroe proyectado solo unos cuarenta años antes. Para los jóvenes espectadores de principios del siglo XXI, los años setenta se representaban como una era primitiva casi inmanejable, sin artilugios al parecer indispensables como ordenadores domésticos, consolas de videojuegos o teléfonos móviles. Aquel programa me hizo sentir un viajero en el tiempo. Ahora todos se parecen a Rip Van Winkle, excepto que nosotros no necesitamos dormir más de una noche para compartir su experiencia. Nos despertamos casi a diario para encontrar modales, modas, actitudes, entornos, valores e incluso principios morales que están irreconociblemente cambiados.

En un mundo volátil, las víctimas de la inestabilidad sufren el «shock de futuro».[3] El miedo, el desconcierto y el resentimiento erosionan su seguridad, bienestar y confianza en el futuro. Cuando las personas sienten la amenaza del cambio, echan mano de lo que les resulta familiar, como cuando un niño aprieta su colcha. Cuando no entienden lo que les sucede, entran en pánico. *El locus classicus* era la Francia rural en el verano de 1789, cuando los campesinos, convulsionados por la *grande peur*, volvieron sus horcas y hierros de marcar contra los presuntos acaparadores de grano. El equivalente contemporáneo es atacar a refugiados, emigrantes y minorías, o aferrarse a la ilusión tranquilizadora de los fanatismos religiosos o los extremismos políticos. Mientras tanto, los intelectuales se refugian en estrategias «posmodernas»: la indiferencia, la alienación, el relativismo moral y la indeterminación científica, el abrazo al caos, la apatía.

Este capítulo es como el viaje de un explorador pionero por los mares de la incertidumbre. Empieza con los pensamientos que, en relación a los relativismos anteriores a la Primera Guerra Mundial o además de ellos, minaron las certezas tradicionales. Después trataremos las filosofías y perspectivas del siglo XX que expresaron la nueva vacilación o representaron la búsqueda de alternativas, maleables pero útiles, para las cosmovisiones duras y descartadas del pasado. Las desarrollaremos (existencialismo y posmodernismo) junto con una sorprendente compañera o consecuencia: la creciente receptividad de la mente occidental ante las influencias de Asia. Tras ocuparnos del pensamiento político y económico de mentes incapaces de perseverar en la certeza ideológica, terminaremos el capítulo con una revisión de algunos intentos fallidos pero aún sin extinguir de reafirmar el dogma y recuperar la seguridad anterior en compañía de sorprendentes compañeros de cama: el cientificismo y el fundamentalismo religioso.

El mundo indeterminable

Hacia finales del siglo XIX, cualquier tipo de cambio mensurable salía del papel cuadriculado, y los contemporáneos se dieron cuenta de ello. Alexander Goldenweiser, alumno de Franz Boas que estudiaba los tótems y temía a los robots, sugirió que el cambio cultural «viene a rachas», en oleadas entre fases inertes, bastante como Stephen Jay Gould pensó que se da la evolución, «interrumpiendo» largos períodos de equilibrio. El propio Boas señaló que «la rapidez del cambio ha aumentado a un ritmo cada vez mayor».[4] Hugo von Hofmannsthal, el poeta de moda en 1905, comentó: «La naturaleza de nuestra época es la multiplicidad y la indeterminación [...] Los cimientos que otras generaciones creían firmes ahora se están deslizando; en realidad son deslizantes».[5] En 1917, otro pupilo de Boas, Robert Lowie, postuló un «umbral», más allá del cual, después de un «crecimiento sumamente lento», la cultura «avanza y toma impulso».[6] Para 1919, «el espíritu de los disturbios» había «invadido la ciencia», pudo decir el *New York Times*.[7]

Otras contradicciones se acumularon en el mundo de los quantums. Los observadores de electrones se percataron de que las partículas subatómicas se movían entre posiciones aparentemente irreconciliables con su momento, a ritmos aparentemente diferentes de su velocidad mensurable, para acabar donde era imposible que estuvieran. Trabajando en tensión colaborativa, Niels Bohr y su colega alemán Werner Heisenberg acuñaron un término para el fenómeno: «incertidumbre» o «indeterminación». El debate que comenzaron provocó una revolución en el pensamiento. Los científicos que pensaron en ello se dieron cuenta de que, dado que el mundo de los grandes objetos es continuo con el mundo subatómico, la incertidumbre vicia experimentos en ambas esferas. El observador forma parte de cada experimento y no existe un nivel de observación en el que sus hallazgos sean objetivos. Los científicos volvían a estar como sus predecesores, los alquimistas, quienes, trabajando con destilaciones complejísimas bajo la influencia vacilante de las estrellas, nunca podían repetir las condiciones de un experimento ni, por lo tanto, prever sus resultados.

Cuando los científicos reconocieron su incertidumbre, inspiraron a los profesionales de otras disciplinas a hacer lo mismo. Los académicos de humanidades y estudios sociales respetan a la ciencia, que recibe más atención, tiene más prestigio y moviliza más dinero para investigación. La ciencia es un punto de referencia de la objetividad que otros anhelan como garantía de la veracidad de su trabajo. En el siglo XX, filósofos, historiadores, antropólogos, sociólogos, economistas, lingüistas e incluso algunos estudiantes de literatura y teología proclamaron su intención de escapar de su condición de sujetos. Empezaron a llamarse científicos en afectación de objetividad. El proyecto resultó ser engañoso. Lo que tenían en común con los científicos, en el sentido estricto, era lo contrario de lo que habían esperado: todos estaban implicados en sus propios hallazgos, de modo que la objetividad era una quimera.

Por lo general, nos esforzamos por recuperar o reemplazar la confianza perdida. En la década de 1920, la gente seguramente decía que aún debía de haber indicadores fiables que les ayudaran a esquivar los pozos que habían cavado en el cementerio de la certeza. La lógica, por ejemplo: ¿no era todavía una guía infalible? ¿Qué era de las matemáticas? Seguramente los números estuvieran más allá de la corrupción por el cambio y no se vieran afectados por contradicciones cuánticas. Bertrand Russell y Alfred North Whitehead así lo creían. Antes de la Primera Guerra Mundial demostraron, para su satisfacción y la de casi todo aquel que pensara en ello, que la lógica y las matemáticas eran sistemas básicamente similares y perfectamente conmensurables.

Sin embargo, en 1931, Kurt Gödel demostró que estaban equivocados al proponer el teorema que lleva su nombre. Las matemáticas y la lógica pueden estar completas, o pueden ser consistentes, pero no pueden ser ambas cosas. Incluyen, ineludiblemente, afirmaciones no demostrables. Para ilustrar el pensamiento de Gödel, el brillante entusiasta de la inteligencia artificial Douglas R. Hofstadter ha citado los dibujos del ingenioso diseñador gráfico M. C. Escher, quien en la década de 1930, cuando buscaba formas de representar dimensiones complejas en superficies planas, se inició en la lectura de obras matemáticas. El tema en el que llegó a especializarse fueron las estructuras enredadas en sí mismas, en las que ocultaba sistemas imposibles: escaleras que conducían solo a sí mismas, cascadas que eran sus propias fuentes, pares de manos que se dibujaban la una a la otra.[8]

Gödel creía en las matemáticas, pero el efecto de su obra fue socavar la fe de los demás en ellas. Tenía la certeza, tanto como Platón o Pitágoras, de que los números existen como entidades objetivas e independientes de pensamiento. Seguirían ahí, aunque nadie los contara. El teorema de Gödel, sin embargo, reforzó la creencia opuesta. Aceptaba la opinión de Kant de que los números se conocían por aprehensión, pero ayudó a inspirar a otros a dudar de ello. Despertó dudas sobre si se conocían los números o simplemente se suponían. Hay una parodia maravillosa de George Boolos que, resumiendo los argumentos de Gödel, llega a la conclusión de que «no se puede demostrar que no se pueda demostrar que dos más dos sean cinco». Este cálculo evasivo demostraba que «las matemáticas no son un montón de bobadas».[9] Pero hubo lectores que concluyeron que sí.

Además de socavar la forma tradicional de entender la mapabilidad mutua de la aritmética y la lógica de Russell y Whitehead, Gödel provocó un último efecto no deseado: los filósofos de las matemáticas empezaron a idear nuevas aritméticas que desafiaran la lógica, bastante como las geometrías euclidianas habían sido ideadas para desafiar la física tradicional. Las matemáticas intuitivas se acercaron, en los extremos, a decir que cada hombre tiene sus propias matemáticas. Para una mente o grupo de mentes, una prueba puede ser momentáneamente satisfactoria pero permanentemente insegura. Los paradigmas o supuestos cambian.

Poincaré ya había hecho que esas nuevas salidas fueran al señalar la transitoriedad del acuerdo sobre todo tipo de conocimiento. Pero dejó intactas las convicciones de la mayoría de los lectores sobre la realidad del número. Por ejemplo, uno de los intuicionistas más antiguos e influyentes, L. E. J. Brouwer, de Ámsterdam, pensó que podía intuir la existencia de los números a partir del paso del tiempo: cada momento sucesivo se añadía a la cuenta. Si, como hemos visto, la reinterpretación del tiempo de Bergson como una construcción mental era irreconciliable con la visión de Brouwer, el trabajo de Gödel era aún más subversivo. Desafiaba la confianza de Platón de que el estudio de los números «obviamente obliga a la mente a usar el pensamiento puro para llegar a la verdad». Ahora no se podía suponer ni la pureza ni la verdad de la aritmética; «aquella que confía en la medición y el cálculo debe ser la mejor parte del alma», continuó Platón,[10] pero esa confianza ahora parecía perdida. Perder la confianza y renunciar a la compulsión era una pérdida terrible. El efecto de las demostraciones de Gödel sobre el modo de pensar del mundo fue comparable a descubrir que un barco está lleno de termitas cuando sus tripulantes lo creían estanco: la conmoción de lo obvio. Si las matemáticas y la lógica tenían fugas, el mundo era un barco de tontos. Lo «admiraban porque lo malinterpretaban», por más rabia que diera. Sus supuestos seguidores ignoraron sus convicciones más profundas y abrazaron su autorización para el caos.[11]

Para cualquiera que quisiera seguir creyendo en los tambaleantes o caídos ídolos del pasado —el progreso, la razón y la certeza— la década de 1930 fue una mala época. El mundo occidental, donde esas creencias habían parecido sensatas en su momento, se sacudía en crisis aparentemente aleatorias e impredecibles: crac, depresión, Dust Bowl, violencia social, aumento del crimen, la amenaza de una guerra recurrente y, quizás por encima de todo, el conflicto de ideologías irreconciliables que luchaban entre ellas a muerte.

Con la Segunda Guerra Mundial, las ideas que ya se escabullían cada vez más fuera de alcance se volvieron insostenibles. Esa guerra empequeñeció la destructividad de todas las anteriores. Las bombas incineraron grandes ciudades. La sed de sangre ideológica y racial provocó masacres deliberadas. El número de muertes superó los treinta millones. La industria produjo máquinas para matar en masa. La ciencia se distorsionó en pseudociencia racial. La evolución se convirtió en una justificación para separar a los débiles y no deseados. Los viejos ideales se transformaron mortalmente. El progreso tomó forma de higiene racial; la utopía era un paraíso en el que se deshacían de los enemigos después de destriparlos; el nacionalismo se convirtió en un pretexto para santificar el odio y justificar la guerra; el socialismo también se puso a girar como un rodillo que apretaba y aplastaba personas.

Los nazis, que culpaban a los judíos de los males de la sociedad, se dispusieron a calcular cómo deshacerse de ellos llevándolos a campos de exterminio, metiéndolos en habitaciones selladas y gaseándolos hasta la muerte. Al Holocausto lo acompañó una crueldad sin sentido: millones de personas esclavizadas, hambrientas y torturadas en los llamados experimentos científicos. La guerra o el miedo encendieron el odio y adormecieron la compasión. Los científicos y médicos de Alemania y Japón experimentaron en conejillos de indias humanos para descubrir métodos más eficientes de matar. Las atrocidades mostraron que las sociedades más civilizadas, las poblaciones mejor educadas y los ejércitos más disciplinados no estaban inmunizados contra la barbarie. No hay ningún caso de genocidio que iguale la campaña nazi contra los judíos, aunque no por falta de intentos. La experiencia de los campos de exterminio nazis fue demasiado horrible como para que el arte o el lenguaje pudieran expresarla, aunque uno se hace una leve idea del mal a partir de fotografías que muestran a los guardias del campo de exterminio acumulando cuerpos vejados y consumidos durante las últimas semanas de la guerra en un intento desesperado de exterminar a los supervivientes y destruir las pruebas antes de que llegaran los Aliados. Desmantelaron los crematorios y dejaron por el suelo o pudriéndose en tumbas poco profundas los cadáveres de personas muertas de hambre y enfermas de tifus. Primo Levi, autor de una de las biografías más gráficas, intentó codificar los recuerdos de los asesinatos en masa en esbozos del sufrimiento individual, por ejemplo el de una mujer «como una rana en invierno, sin pelo, sin nombre, los ojos vacíos, el vientre frío». Rogaba a los lectores que grabaran sus imágenes «en vuestros corazones, en casa, en la calle, yendo a la cama, al levantaros. Repetídselas a vuestros hijos».[12]

Los gobiernos e instituciones de educación pública se unieron a la lucha por mantener vivo el recuerdo del Holocausto y otras atrocidades. Sabemos hasta qué punto es imperfecta la memoria humana (ver págs. 38-39), salvo, tal vez, en ser experta en olvidar. A finales del siglo XX se generalizó en Occidente la extraña peculiaridad psicológica conocida como «negación del Holocausto», una negativa a aceptar la evidencia racionalmente indiscutible de la escala del mal nazi. Muchos países europeos intentaron controlar a los negacionistas prohibiendo sus declaraciones. La mayoría de la gente que pensó sobre el tema extrajo lecciones obvias de hechos obvios: la civilización podía ser salvaje. El progreso era, en el mejor de los casos, poco fiable. La ciencia no tenía ningún efecto positivo sobre la moral. La derrota del nazismo apenas parecía hacer que el mundo fuera mejor. Revelada poco a poco, de forma horripilante, el grado aún mayor de inhumanidad en la Rusia de Stalin minó también la fe en el comunismo como solución a los problemas del mundo.

Mientras tanto, la ciencia hizo una reivindicación redentora a su favor: ayudó a poner fin a la guerra contra Japón. En agosto de 1945, los aviones estadounidenses lanzaron bombas atómicas sobre Hiroshima y Nagasaki, prácticamente destruyéndolas, matando a más de 220 000 personas y envenenando a los supervivientes con radiación. Pero ¿cuánto crédito merecía la ciencia? Las personas que participaron en la fabricación y la «entrega» de la bomba lucharon con su conciencia —entre ellos William P. Reynolds, el piloto católico conmemorado con la silla que ocupó en la Universidad de Notre Dame, y J. Robert Oppenheimer, el autor intelectual de la investigación de la guerra atómica, que se retiró al misticismo—.[13] Se había abierto una brecha entre la capacidad de la tecnología para producir el mal y la incapacidad moral de las personas para resistirlo.

Del existencialismo al posmodernismo

Las ideas nuevas o «alternativas» ofrecieron refugio a los desilusionados. Oppenheimer recurrió a la lectura de textos hindúes. Como veremos, marcó una tendencia para el resto del siglo en Occidente. Para la mayoría de los buscadores de repuesto de las doctrinas fallidas, el existencialismo resultaba aún más atractivo. Era una filosofía antigua pero de moda que los pensadores de Fránkfurt, la «Escuela de Fránkfurt» en lenguaje académico actual, habían desarrollado en las décadas de 1930 y 1940, mientras se esforzaban por encontrar alternativas al marxismo y al capitalismo. Identificaron la «alienación» como el gran problema de la sociedad, ya que las rivalidades económicas y el materialismo miope rompían las comunidades y dejaban a la gente inquieta y desarraigada. Martin Heidegger, el genio tutelar de la Universidad de Marburg, propuso que podemos salir adelante aceptando nuestra existencia entre el nacimiento y la muerte como lo único inmutable en nosotros; la vida podía abordarse como un proyecto de autorrealización, de «devenir». Quienes somos cambia a medida que se desarrolla el proyecto. Heidegger sostenía que los individuos son los pastores, no los creadores o ingenieros, de su propia identidad. Hacia 1945, sin embargo, Heidegger se había contaminado por su apoyo al nazismo y sus observaciones sensatas fueron ignoradas en gran medida. A Jean-Paul Sartre le correspondió la tarea de relanzar el existencialismo como un «nuevo credo» para la época de posguerra.

«El hombre —dijo Sartre— es solo una situación, o nada más que lo que hace de sí mismo [...] el ser que se lanza hacia un futuro y que es consciente de imaginarse como si estuviera en el futuro.» Servir de modelo no era solo una cuestión de elección individual: cada acción individual era «un acto ejemplar», una declaración sobre el tipo de especie que queremos ser los humanos. Sin embargo, según Sartre, una declaración de ese tipo nunca puede ser objetiva. Dios no existe; todo está permitido, y «en consecuencia, el hombre está abandonado, sin nada a lo que aferrarse [...]. Si la existencia realmente precede a la esencia, no se pueden justificar las cosas haciendo referencia a una naturaleza humana [...] fija. En otras palabras, no hay determinismo, el hombre es libre, el hombre es libertad». Ninguna ética es justificable salvo el reconocimiento de la exactitud de esto.[14] En las décadas de 1950 y 1960, la versión de Sartre del existencialismo alimentó los supuestos comunes de los jóvenes cultos Occidentales a quienes la Segunda Guerra Mundial había dejado al mando del futuro. Los existencialistas pudieron encerrarse en la autocontemplación, una especie de seguridad en la repugnancia hacia un mundo feo. Quienes les criticaron por decadentes de hecho no andaban muy equivocados: los jóvenes de entonces usamos el existencialismo para justificar toda forma de autocomplacencia como parte de un proyecto de «convertirse» en uno mismo: la promiscuidad sexual, la violencia revolucionaria, la indiferencia hacia los modales, el consumo de drogas y el desafío a la ley eran vicios existencialistas característicos. Sin el existencialismo, las formas de vida adoptadas o imitadas por millones de personas, como la cultura *beat* y la permisividad de la década de 1960, habrían sido impensables. Quizás también lo habría sido la reacción libertaria contra la planificación social de finales del siglo XX.[15]

Por supuesto, no todos los pensadores se acobardaron en el egoísmo, sucumbieron a las filosofías de la desilusión o entregaron la fe a certezas objetivamente comprobables. Entre los enemigos de la duda destacaban los supervivientes y los discípulos de los rivales vieneses de preguerra de la Escuela de Frankfurt. Pelearon una larga acción de retaguardia en nombre de lo que llamaron «positivismo lógico», que equivalía a una fe reafirmada en el conocimiento empírico y, por lo tanto, en la ciencia. Recuerdo haber visto a Freddie Ayer, el catedrático de Oxford, que era la cara y la voz públicas del positivismo lógico, denunciar la vacuidad de la metafísica en la televisión (que en aquellos años todavía era un medio inteligente y educativo). En Estados Unidos, John Dewey y sus seguidores trataron de reactivar el pragmatismo como forma práctica de llevarse bien con el mundo y lo reformularon en un intento de extirpar el relativismo corrosivo de la versión de William James (ver pág. 417).

Uno de los discípulos heréticos del positivismo planteó un desafío al movimiento. «Van» Quine había nacido en el medio oeste y detestaba las tonterías. Había heredado algo del pragmatismo que hacía grande a los Estados Unidos: quería que la filosofía trabajara en el mundo real, físico o, como decía él, «natural». Penetró en la cueva de Platón, como hacen todos los estudiantes de filosofía, y salió de ella sin ver nada salvo especulaciones sosas sobre afirmaciones no verificables. Era un hombre típico de la década de 1930, cuando comenzó como filósofo profesional: se inclinó ante la ciencia como la reina de la academia y quería que la filosofía fuera científica, más bien en la forma en que muchos historiadores y sociólogos querían practicar las «ciencias sociales»; como otros adoradores de los medios científicos para llegar a la verdad, Quine vaciló de la indeterminación y retrocedió del pensamiento intuitivo. Utilizaba un vocabulario simplificado, del que las palabras que consideraba tóxicamente vagas, como «creencia» y «pensamiento» eran extirpadas como cánceres o preservadas como bacilos en platos o frascos para usarlas como figuras de discurso. Uno tiene la sensación de que, idealmente, a Quine le habría gustado limitar la comunicación a oraciones expresables en notación lógica simbólica. Tal vez le atrajera el positivismo, porque exaltaba hechos demostrables y pruebas empíricas. Comparó «el parpadeo de un pensamiento» con «el aleteo de un párpado» y los «estados de creencia» con los «estados de nervios».[16] Pero, para su gusto, los positivistas eran demasiado permisivos con las supuestas verdades que no eran susceptibles de pasar los exámenes científicos. En dos artículos que le leyó a sus compañeros filósofos en 1950 derribó las bases sobre las cuales los positivistas habían admitido proposiciones universales que, pese a no poder probarse, eran cuestiones de definición, uso o «significado» —otro término que condenaba. En el ejemplo clásico, se puede acordar que «todos los solteros están sin casar» por lo que significan las palabras, mientras que no se puede acordar que «Cliff Richard es un soltero» sin tener pruebas. Quine condenaba la distinción como falsa. En el centro de su argumento estaba su rechazo del «significado»: «soltero» es un término que significa «hombre sin casar» en la oración en cuestión pero no tiene sentido por sí solo.

¿Por qué era importante el argumento de Quine? Porque le condujo a una nueva forma de plantearse cómo poner a prueba la verdad de cualquier proposición relacionándola con toda la experiencia y juzgando si tiene sentido o nos ayuda a entender el mundo material. Con todo, fueron pocos los lectores que siguieron las etapas posteriores de su viaje. La mayoría dedujeron una de dos conclusiones contradictorias: algunos recurrieron a la ciencia para justificar tales afirmaciones universales en tanto que pueden estar sujetas a pruebas suficientes cuando no concluyentes, como las leyes de la física o los axiomas matemáticos; otros abandonaron por completo la metafísica con el argumento de que Quine había demostrado la imposibilidad de formular una proposición que fuera necesariamente o inherentemente cierta. En cualquier caso, la ciencia parecía relevar a la filosofía, como un monopolista que arrinconara al mercado en la verdad.[17]

No obstante, los filósofos del lenguaje hicieron que los proyectos del positivismo y sus ramificaciones parecieran superficiales e insatisfactorios. El trabajo de Ludwig Wittgenstein fue emblemático. Era un discípulo rebelde de Bertrand Russell. Alzó su reivindicación de independencia en el seminario de Russell en la Universidad de Cambridge al negarse a admitir que no había «ningún hipopótamo debajo de la mesa».[18] A Russell, aquella obstinación intelectual le parecía exasperante pero admirable. Era la manera que tenía un joven opositor de renegar del positivismo lógico. Wittgenstein continuó demostrando una brillantez genuina no mezclada con conocimientos previos: su método consistía en pensar los problemas sin abrumar a la mente leyendo las obras de unos muertos reputados.

En 1953, Wittgenstein publicó sus *Investigaciones filosóficas*. Las páginas impresas todavía tienen el sabor de las notas de clase. Pero, a diferencia de Aristóteles y Saussure, fue Wittgenstein quien recogió sus propias notas, como si desconfiara de la capacidad de sus alumnos para captar exactamente lo que quería decir. Dejaba preguntas sin respuesta que anticipaba del público y muchos recordatorios y preguntas colgados para sí mismo. Su obra se vio infectada por un virus potencialmente aniquilador. «Mi objetivo es enseñaros a pasar de un sinsentido disfrazado a algo que sea un sinsentido evidente», les dijo a sus estudiantes. Argumentó de forma convincente que entendemos el lenguaje no porque corresponde a la realidad sino porque obedece a unas reglas de uso. Wittgenstein imaginó a un estudiante preguntando: «¿Entonces está diciendo que ese acuerdo humano decide qué es verdadero y qué es falso?». Y de nuevo: «En el fondo, ¿no está usted diciendo realmente que todo excepto el comportamiento humano es una ficción?». Estas eran formas de escepticismo que William James y Ferdinand de Saussure habían anticipado. Wittgenstein trató de distanciarse de ellos: «Si hablo de una ficción, es de una ficción gramatical». Sin embargo, como hemos visto con Poincaré y Gödel, el impacto del trabajo de un escritor a menudo excede su intención. Cuando Wittgenstein metió una cuña en lo que denominaba «el modelo de objeto y nombre» separó el lenguaje del significado.[19]

Unos años después, Jacques Derrida se convirtió en el intérprete más radical de Saussure. Era un pensador ingenioso a quien el exilio provinciano en una posición poco prestigiosa convirtió en un ser desagradable, si no en uno rabioso. En la versión de Saussure que hizo Derrida, lectura y error de lectura e interpretación y error de interpretación son gemelos imposibles de distinguir. Los términos del lenguaje no se refieren a ninguna realidad más allá de ellos sino tan solo a ellos mismos. Debido a que los significados se generan culturalmente, quedamos atrapados en los supuestos culturales que dan sentido al lenguaje que utilizamos. En interés de la corrección política, al punto de vista de Derrida lo acompañaron o siguieron programas estridentes de reforma lingüística: por ejemplo, demandas para que se abstuviera de utilizar, incluso en alusión a fuentes históricas, términos o epítetos de los que históricamente se había abusado, como «lisiado» o «negro» o «enano» o «loco»; o para que impusiera neologismos, como «personas con capacidades diferentes» o «personas de crecimiento restringido»; o la campaña feminista para eliminar los términos de género común (como «hombre» y «él») con el argumento de que recuerdan a los de género masculino e implican un prejuicio a favor del sexo masculino.[20]

Pero lo que llegó a llamarse posmodernismo fue más que un «giro lingüístico». El malestar por el lenguaje se combinó con la incertidumbre científica para fomentar la desconfianza en la accesibilidad al conocimiento, e incluso en su realidad. Acontecimientos angustiantes y nuevas oportunidades provocaron la repulsión del modernismo: la guerra, el genocidio, el estalinismo, Hiroshima, las utopías de mal gusto creadas por los movimientos arquitectónicos modernos, el aburrimiento de las sociedades demasiado planificadas en las que habitaron los europeos en los años de posguerra. Los alienados tenían que recuperar la cultura, y la tecnología revolucionaria de entretenimiento generado electrónicamente les ayudó a hacerlo.

En parte, en este contexto, la posmodernidad parece un efecto generacional. Los nacidos durante el *baby boom* podían repudiar a toda una generación fallida y abrazar sensibilidades adecuadas a una era poscolonial, multicultural y pluralista. La contigüidad y la fragilidad de la vida en un mundo atestado de gente y una aldea global motivaba o requería múltiples perspectivas, ya que los vecinos adoptaban los puntos de vista de los demás o tomaban muestras de ellos. Se tuvieron que evitar las jerarquías de valor, no porque fueran falsas sino porque eran conflictivas. Una sensibilidad posmoderna responde a lo evasivo, lo incierto, lo ausente, lo indefinido, lo fugitivo, lo silencioso, inexpresivo, lo carente de significado, lo inclasificable, lo no cuantificable, lo intuitivo, lo irónico, lo inexplicable, lo aleatorio, lo transmutativo o transgresor, lo incoherente, lo ambiguo, lo caótico, lo plural, lo prismático: cualquier sensibilidad moderna de carácter no se puede encerrar. Según este enfoque, la posmodernidad surgió de acuerdo con sus propias predicciones acerca de otras formas de pensamiento «hegemónicas»: era la fórmula construida socialmente y diseñada culturalmente impuesta por nuestro propio contexto histórico. En unas célebres líneas, Charles Baudelaire definió lo moderno como «lo efímero, lo fugitivo, lo contingente, la mitad de lo moderno cuya otra mitad es lo eterno y lo inmutable».[21]

Algunos acontecimientos específicos de la década de 1960 ayudaron al posmodernismo a materializarse. Los estudiantes se percataron de que la imagen científica predominante del cosmos estaba dividida por contradicciones y que, por ejemplo, la teoría de la relatividad y la teoría cuántica, los logros intelectuales más preciados de nuestro siglo, no podían ser ambas correctas. El trabajo de Jane Jacobs expresó la desilusión con la visión moderna de utopía, encarnada por la arquitectura y la planificación urbanística.[22] Thomas Kuhn y la teoría del caos completaron la contrarrevolución científica de nuestro siglo. La imagen ordenada del universo heredada del pasado fue reemplazada por la imagen con la que vivimos en la actualidad: caótico, contradictorio, lleno de hechos inobservables, partículas ilocalizables, causas no rastreables y efectos impredecibles. La contribución de la Iglesia católica, la comunión más grande e influyente, a menudo no se reconoce. Pero en el Concilio Vaticano II, antes considerado el depósito humano de confianza más seguro, bajó la guardia: la Iglesia autorizó el pluralismo litúrgico, mostró una deferencia sin precedentes hacia la multiplicidad de creencias y comprometió sus estructuras de autoridad al elevar a los obispos más cerca del papa y a los laicos más cerca del sacerdocio.

El resultado de esta combinación de tradiciones y circunstancias fue una breve era posmoderna que convulsionó y coloreó los mundos de la academia y las artes y, en la medida en que la civilización pertenece a los intelectuales y a los artistas, merecía ser incluida en la lista de períodos en que dividimos nuestra historia. Y sin embargo, si ha habido una etapa posmoderna, parece haber sido adecuadamente fugaz. En la década de 1990 y después, el mundo pasó rápidamente del posmodernismo al «postmortemismo». Ihab Hassan, el crítico literario a quien los posmodernos aclamaron como gurú, retrocedió del hastío y criticó a sus admiradores por haber dado «el giro equivocado».[23] Jean-François Lyotard, discípulo de Derrida, bromista filosófico y también héroe posmodernista, se encogía de hombros o hacía un mohín y nos decía, sin duda con ironía, que todo era una broma. El propio Derrida redescubrió las virtudes del marxismo y abrazó sus «espectros». Las redefiniciones de la posmodernidad que hizo el asombroso polímata Charles Jencks (cuyo trabajo como arquitecto teórico y práctico contribuyó a popularizar el término en la década de 1970) destruyeron algunas características supuestamente definitorias: propuso reconstruir para sustituir la deconstrucción, execraba el pastiche, y rehabilitó a los modernistas canónicos del arte, la arquitectura y la literatura. Muchos posmodernistas parecen haber producido algo para «el retorno de lo real».[24]

La crisis de la ciencia

El desencanto con la ciencia se acentuó. Según manifestó en 1970 el genetista francés Jacques Monod, las «sociedades modernas se han vuelto tan dependientes de la ciencia como el adicto de su droga».[25] Pero los adictos pueden romper sus hábitos, y a finales del siglo XX se llegó a un punto de ruptura.

Durante la mayor parte del siglo, la ciencia había establecido la agenda de las demás disciplinas académicas, la política e incluso las religiones. Mientras que anteriormente los científicos habían respondido a las demandas de los clientes o de la población, en aquel momento los desarrollos en ciencia impulsaron el cambio en todos los campos, sin diferir a ninguna otra agenda. Las divulgaciones de los científicos sobre la vida y el cosmos generaban admiración e irradiaban prestigio. Sin embargo, como vimos en el último capítulo, las contracorrientes mantuvieron vivo el escepticismo y la sospecha: un nuevo clima científico y filosófico erosionaba la confianza en las ideas tradicionales sobre el lenguaje, la realidad y las relaciones entre ellos. No obstante, las instituciones científicas cada vez más grandes y costosas de las universidades y los institutos de investigación guiaban a los gobiernos y las grandes empresas que los pagaban, u obtenían suficiente riqueza e independencia para establecer sus propios objetivos y perseguir sus propios programas.

Las consecuencias de esto fueron equívocas. Las nuevas tecnologías plantearon tantos problemas como soluciones: cuestiones morales, a medida que la ciencia expandía el poder del hombre sobre la vida y la muerte; preguntas prácticas, a medida que se multiplicaban las tecnologías. La ciencia parecía sustituir a los genios con genes. La primatología y la genética borraron los límites entre los humanos y otros animales; la robótica y la investigación en inteligencia artificial derribaron las barreras entre los humanos y las máquinas. Las elecciones morales se redujeron a accidentes evolutivos o se rindieron a los resultados genéticamente determinados. La ciencia convirtió a los seres humanos en sujetos de experimentación. Los regímenes despiadados abusaban de la biología para justificar el racismo y de la psiquiatría para encarcelar a los disidentes. El cientificismo negó todos los valores no científicos y se volvió, a su manera, tan dogmático como cualquier religión. A medida que crecía el poder de la ciencia, la gente empezó a temerla. La «ansiedad por la ciencia» casi cumplía los requisitos para ser considerada un síndrome reconocido de enfermedad neurótica.[26]

Bajo el impacto de estos acontecimientos, la ciencia fue demostrando cada vez más su capacidad extrañamente autodestructiva. Tanto la gente normal y corriente como los intelectuales no científicos perdieron la confianza en los científicos, lo que disminuyó sus expectativas de que pudieran resolver los problemas del mundo y revelar los secretos del cosmos. Los fracasos prácticos erosionaron aún más la fascinación que la gente sentía por la ciencia. Aunque esta logró maravillas para el mundo, especialmente en medicina y comunicaciones, los consumidores nunca parecían satisfechos. Cada avance desataba efectos secundarios. Las máquinas empeoraban las guerras, agotaban el medio ambiente y oscurecían la vida bajo la sombra de la bomba. Penetraban en el cielo y contaminaban la Tierra. La ciencia parecía dominar a la perfección la ingeniería de la destrucción pero no hacía lo mismo para mejorar la vida y aumentar la felicidad de la gente. No contribuía en nada a hacer que las personas fueran buenas; más bien ampliaba su capacidad de comportarse peor que nunca. En lugar de un beneficio universal para la humanidad, era un síntoma o una causa del poder occidental desproporcionado. La búsqueda de un orden subyacente o general parecía revelar solo un cosmos caótico en el que los efectos eran difíciles de predecir y las intervenciones a menudo salían mal. Incluso las mejoras médicas tuvieron consecuencias ambiguas. Los tratamientos destinados a prolongar la supervivencia de pacientes aumentaron la resistencia de los patógenos. La salud se convirtió en una mercancía comprable, lo que acentuó las desigualdades. En ocasiones los costes superaban los beneficios. En los países prósperos, la provisión médica cedió bajo el peso de las expectativas y la carga de la demanda públicas. «La vida es científica», dice Piggy, el héroe condenado de *El señor de las moscas*, la novela que William Golding escribió en 1959. El resto de los personajes demuestran que está equivocado matándolo y volviendo al instinto y al salvajismo.

Hacia finales del siglo XX, se abrieron divisiones, en ocasiones llamadas guerras culturales, entre los defensores de la ciencia y los defensores de las alternativas. La ciencia cuántica alentó un renacimiento del misticismo: un «reencantamiento» de la ciencia, según una expresión acuñada por el teólogo estadounidense David Griffin.[27] Surgió entonces una reacción anticientífica que generó conflictos entre aquellos que se apegaban a la opinión de Piggy y aquellos que se volvieron hacia Dios o hacia gurús y demagogos. Especialmente en Occidente, el escepticismo o la indiferencia superaron el atractivo de todos los salvadores autoproclamados.

El ecologismo, el caos y la sabiduría oriental

El ecologismo, a pesar de su dependencia de la ecología científica, formaba parte de esa reacción contra la autocomplacencia científica. Los efectos malignos de la ciencia, en forma de fertilizantes y pesticidas químicos, envenenaron a la gente y contaminaron la tierra. Como resultado de ello, el ecologismo se convirtió en un movimiento de masas con relativa rapidez en la década de 1960, aunque como idea llevaba mucho tiempo existiendo. Todas las sociedades practican lo que podríamos llamar ecologismo práctico: explotan sus entornos y establecen normas racionales para conservar los recursos que saben que necesitan. Incluso el ecologismo idealista, que abraza la idea de que merece la pena conservar la naturaleza por ella misma, no solo por sus usos humanos, existe desde hace mucho. Forma parte de antiguas tradiciones religiosas en las que se sacraliza la naturaleza: el jainismo, el budismo, el hinduismo y el taoísmo, por ejemplo, y el paganismo occidental clásico. La ecología sagrada, por acuñar un término, en la que los humanos aceptaban un lugar no señorial en la naturaleza y se remitían e incluso adoraban a otros animales, a los árboles y a las rocas, formaba parte de una de las primeras ideas que se pueden detectar en humanos y homínidos (ver pp. 58-98). En los tiempos modernos, las prioridades medioambientales resurgieron en la sensibilidad de los románticos de finales del siglo XVIII, que veneraban la naturaleza como un libro de moralidad laica (ver pág. 336-337). Se desarrolló en el mismo período entre los imperialistas europeos fascinados por la custodia de los edenes remotos.[28]

Este estado de ánimo sobrevivió en el siglo XIX, especialmente entre los amantes de la caza que querían preservar las tierras donde matar y las especies a las que matar, y entre los escapados de los pueblos nocivos, las minas y las fábricas de la industrialización temprana. El amor por «la naturaleza salvaje» inspiró a John Wesley Powell a explorar el Gran Cañón y a Theodore Roosevelt a exigir parques nacionales. Pero la industrialización mundial estaba demasiado ávida de comida y combustible para ser conservacionista. El consumismo descabellado, sin embargo, estaba destinado a provocar una reacción, aunque solo fuera de ansiedad ante la perspectiva de agotar la tierra. El siglo XX experimentó «algo nuevo bajo el sol»: una destrucción medioambiental tan grande e implacable que la biosfera parecía incapaz de sobrevivir a ella.[29] Una persona que advirtió pronto de la amenaza o incluso la profetizó fue el gran polímata jesuita Pierre Teilhard de Chardin, que murió en 1955 siendo poco conocido y apenas recordado. Para entonces, las publicaciones científicas comenzaban a revelar motivos para preocuparse, pero el ecologismo tenía mala reputación como extravagancia de los románticos de ojos húmedos o, lo que era peor, como manía de algunos nazis destacados, que alimentaban doctrinas extrañas sobre la relación de pureza mutua entre «la sangre y el suelo».[30] Para animar la política, recaudar dinero, poner en marcha un movimiento y ejercer algo de poder, el ecologismo necesitaba como publicista un denunciante con dotes como publicista. En 1962, apareció: Rachel Carson.

La industrialización y la agricultura intensiva todavía se estaban extendiendo por el mundo y eran unos enemigos de la naturaleza demasiado familiares para la mayoría de la gente como para parecer amenazantes. Dos nuevas circunstancias se combinaron para agravar la amenaza y hacer cambiar a la gente de opinión. En primer lugar, la descolonización en zonas infraexplotadas del mundo fortaleció a las élites ansiosas de imitar la industrialización de Occidente y de ponerse al día con los gigantes económicos desmesurados. En segundo lugar, la población mundial aumentaba a la velocidad del rayo. Para satisfacer la demanda creciente, los nuevos métodos de cultivo saturaron los campos de fertilizantes y pesticidas químicos. *Primavera silenciosa* (1962) fue la denuncia de Carson del uso indiscriminado de pesticidas. Iba dirigido directamente a Estados Unidos pero tuvo una influencia de alcance mundial, ya que imaginaba una primavera «no anunciada por el regreso de los pájaros», con amaneceres «extrañamente silenciosos».

El ecologismo se alimentó de la contaminación y prosperó en el debate sobre el clima. Se convirtió en la ortodoxia de los científicos y en la retórica de los políticos. Lo defendieron los místicos y profetas extravagantes. La gente normal y corriente se alejó de las predicciones fatalistas y exageradas.

Los beneficios conseguidos mediante el daño medioambiental, los combustibles fósiles, los agroquímicos y las granjas industriales, generaban desprecio. A pesar de los esfuerzos de los activistas y académicos por interesar al público de todo el mundo por lo profundo —es decir, desinteresado— de la ecología, el ecologismo continúa siendo mayormente de tipo tradicional, más ansioso por servir al hombre que a la naturaleza. Al parecer, la conservación es popular solo cuando nuestra especie la necesita. Con todo, se han reducido o detenido algunas prácticas nocivas, como la construcción de presas, las emisiones de gases de efecto invernadero, la deforestación insostenible, la urbanización no regulada y la realización de pruebas inadecuadas de productos químicos contaminantes. La biosfera parece más resistente, los recursos más abundantes y la tecnología responde mejor a las necesidades que en los escenarios más pesimistas. Los oráculos nefastos pueden hacerse realidad —calentamiento global catastrófico, una nueva edad de hielo, una nueva era de peste, la extinción de algunas fuentes tradicionales de energía— pero probablemente no solo como resultado de las acciones del ser humano.[31]

La erosión de la confianza popular en cualquier perspectiva de certeza científica culminó en la década de 1960, en parte gracias a Carson y en parte en respuesta al trabajo del filósofo de la ciencia, Thomas Kuhn. En 1960, en una de las obras más influyentes jamás escritas sobre la historia de la ciencia, Kuhn argumentó que las revoluciones científicas no eran el resultado de datos nuevos sino de lo que llamó cambios de paradigma: cambios de las formas de mirar el mundo y nuevas imágenes o lenguaje con que describirlo. Kuhn le dio al mundo una inyección adicional de suero escéptico similar al de Poincaré. Al igual que su predecesor, siempre había rechazado la deducción que hacía la mayoría de gente: que los hallazgos de la ciencia no dependían de los hechos objetivos sino de la perspectiva del investigador. Pero en el mundo de los paradigmas cambiantes, la mayor incertidumbre suavizó los hechos anteriormente sólidos de la ciencia.[32]

La teoría del caos desató más complicaciones. El objetivo más antiguo de los científicos es aprender las «leyes de la naturaleza» (ver págs. 77 y 275) para predecir (y por lo tanto quizás gestionar) la forma en que funciona el mundo. En la década de 1980, la teoría del caos los inspiró con asombro y en algunos casos desesperación al hacer que la imprevisibilidad fuera científica; de repente parecía que buscar la previsibilidad no era un buen plan. El caos se agitó primero en meteorología. El clima siempre ha esquivado las predicciones y sometido a sus practicantes a la angustia y la frustración. Los datos nunca son decisivos. Sin embargo, revelan el hecho de que las causas pequeñas pueden tener enormes consecuencias. En una imagen que captó la imaginación del mundo, el aleteo de las alas de una mariposa podía desencadenar una serie de acontecimientos que acababan conduciendo a un tifón o un maremoto: la teoría del caos descubrió un nivel de análisis en el que las causas parecen imposibles de localizar y los efectos no son rastreables. El modelo parecía universalmente aplicable: agregada a una masa crítica, una paja puede romperle el lomo a un camello o una partícula de polvo puede iniciar una avalancha. Unas fluctuaciones repentinas e inexplicablemente efectivas pueden perturbar los mercados, arruinar los ecosistemas, alterar la estabilidad política, destruir civilizaciones, invalidar la búsqueda de orden en el universo e invadir los santuarios de la ciencia tradicional desde la época de Newton: las oscilaciones de un péndulo y las operaciones de la gravedad. Para las víctimas de finales del siglo XX, las distorsiones caóticas parecían ser funciones de complejidad: cuanto más depende un sistema de partes múltiples e interconectadas, más probable es que se derrumbe como consecuencia de algún cambio pequeño, profundamente incrustado y quizás invisible. La idea resonó. El caos se convirtió en uno de los pocos temas de ciencias sobre los que la mayoría de la gente oía hablar e incluso podía intentar entender.

En la ciencia, el efecto fue paradójico. El caos inspiró la búsqueda de un nivel de coherencia mayor, más profundo, en el que el caos parecía uno de los cuentos de José Luis Sampedro en el que un viajero galáctico, de visita en Madrid, confunde un partido de fútbol con un rito de imitación del cosmos en el que las intervenciones del árbitro representan perturbaciones aleatorias en el orden del sistema. Si el observador se hubiera quedado el tiempo suficiente, o hubiera leído las reglas del fútbol, se habría dado cuenta de que el árbitro es una parte importante del sistema. De forma similar, el caos bien entendido podría ser una ley de la naturaleza, a su vez predecible. Por otra parte, el descubrimiento del caos ha hecho surgir la suposición de que en realidad la naturaleza es básicamente incontrolable.

Otros descubrimientos y especulaciones recientes incitan la misma sospecha. Como señaló el ganador del premio Nobel Philip Anderson, no parece que haya un orden de la naturaleza universalmente aplicable: «Cuando tienes un buen principio general a un nivel», no debes esperar «que funcione a todos los niveles [...]. La ciencia parece desautorizarse a sí misma y cuanto más rápido progresa, más preguntas surgen acerca de su propia competencia. Y menos fe tiene la mayoría de la gente en ella».[33] Por ejemplo, para comprender el ritmo de la evolución debemos reconocer que no todos los sucesos tienen causas; pueden ocurrir, y ocurren, aleatoriamente. Estrictamente hablando, una cosa que es aleatoria impide la explicación. Las mutaciones aleatorias simplemente se dan: eso es lo que las hace aleatorias. Sin tales mutaciones no podría darse la evolución. También abundan otras observaciones que son inexplicables en el estado actual de nuestro conocimiento. La física cuántica solo se puede describir con formulaciones estrictamente contradictorias. Las partículas subatómicas desafían lo que antes se pensaba que eran leyes del movimiento. Lo que ahora los matemáticos denominan fractales distorsionan lo que en su momento pensamos que eran patrones, como las estructuras de los copos de nieve o de las telas de araña o de las alas de las mariposas, sí: los grabados de M. C. Escher parecían predecir este hecho impresionante.

En las décadas que siguieron a la Segunda Guerra Mundial, mientras el cientificismo se desenmarañaba, Occidente redescubrió otras opciones: la «sabiduría oriental», la medicina alternativa y la ciencia tradicional de los pueblos no occidentales. Las tradiciones que la influencia occidental había desplazado o eclipsado resucitaron y debilitaron la preponderancia de Occidente en el campo de la ciencia. Una de las primeras señales de ello se dio en 1947, cuando Niels Bohr eligió un símbolo taoísta como escudo de armas cuando el rey de Dinamarca lo armó caballero. Adoptó la división de luz y las tinieblas en forma de onda de doble curvatura interpenetrada por puntos, ya que, en tanto que descripción del universo, parecía presagiar la física cuántica de la que él era el practicante principal. Según el lema de su escudo de armas, «los opuestos son complementarios». Aproximadamente al mismo tiempo, en un Occidente desilusionado por los horrores de la guerra, Oppenheimer, de cuyo caso nos hemos ocupado más arriba (pág. 443), fue solo uno de los muchos científicos occidentales que se volvieron hacia el este, en el caso de Oppenheimer hacia los textos indios antiguos, en busca de consuelo y conocimientos.

Después, en otro caso de libro lo bastante trascendental como para cambiar mentes, llegó un cambio real en las percepciones occidentales del resto del mundo, especialmente de China. Su autor era un bioquímico con una fuerte fe cristiana y una conciencia social perturbada: Joseph Needham, que había servido como director de cooperación científica entre los británicos y sus aliados chinos durante la Segunda Guerra Mundial. En 1956 empezó a publicar, en el primero de muchos volúmenes, *Ciencia y civilización en China*, en la que mostró no solo que, pese a la mala reputación de la ciencia china en los tiempos modernos, China tenía una tradición científica propia, sino también que los occidentales habían aprendido de China la base de la mayoría de sus logros en tecnología hasta el siglo XVII. De hecho, la mayor parte de lo que los occidentales consideramos regalos de Occidente al mundo nos llegaron desde China o dependieron de innovaciones o transmisiones originalmente chinas. Veamos algunos ejemplos clave: las comunicaciones modernas se basaron en invenciones chinas, el papel y la impresión, hasta la llegada de la mensajería electrónica; la potencia de fuego occidental, que obligó al resto del mundo a someterse temporalmente en el siglo XIX, se basó en la pólvora, que los técnicos chinos quizás no inventaron pero sí que desarrollaron mucho antes de que apareciera en Occidente; la infraestructura moderna dependía de técnicas de ingeniería y puentes chinas; la supremacía marítima occidental habría sido impensable sin la brújula, el timón y los mamparos de separación, todos los cuales formaban parte de la tradición náutica china mucho antes de que los occidentales los adquirieran; la Revolución industrial no podría haber sucedido si los industriales occidentales no se hubieran apropiado de la tecnología china de altos hornos; el capitalismo sería inconcebible sin el papel moneda, que sorprendió a los viajeros occidentales que fueron a la China medieval; incluso el empirismo, la base teórica de la ciencia occidental, tiene una historia más larga y continua en China que en Occidente. Mientras tanto, los científicos indios hicieron afirmaciones similares sobre la antigüedad, si no la influencia global, del pensamiento científico de su propio país.

En la primera mitad del siglo XX, el resto del mundo solo podía aguantar la supremacía occidental o intentar imitarla. En la década de 1960, el patrón cambió. La India se convirtió en un destino favorito de jóvenes turistas y peregrinos occidentales en busca de valores diferentes a los de sus propias culturas. Los Beatles se sentaron a los pies del yogui Maharishi Mahesh Yogi e intentaron añadir la cítara a su gama de instrumentos musicales. Tan asiduos eran los jóvenes burgueses de la Europa occidental a los viajes a la India en aquella época que sentí como si fuera el único miembro de mi generación que se quedaba en casa. Las descripciones taoístas de la naturaleza, incluida una de las representaciones más originales de Winnie the Pooh,[34] proporcionaron a algunos occidentales modelos alternativos —esa era la palabra de moda en el momento— de interpretar el universo.

Incluso se vio afectada la medicina, la obra maestra de la supremacía de la ciencia occidental a principios del siglo XX. Los médicos que viajaron con los ejércitos occidentales y las «misiones de civilización» aprendieron de los curanderos «nativos». Se puso de moda la etnobotánica, ya que la farmacopea de los habitantes de la selva amazónica, de los campesinos chinos y de los chamanes del Himalaya había sorprendido a los occidentales al funcionar. Se produjo una marcada inversión de la dirección de influencia que acompañaba a la moda del estilo de vida «alternativo» a finales del siglo XX. Los tratamientos médicos alternativos hicieron que los pacientes occidentales se volvieran hacia el herbalismo indio y la acupuntura china, igual que a principios de siglo, bajo la influencia de una moda anterior, los estudiantes asiáticos se habían dirigido a Occidente para recibir educación médica. Ahora era casi igual de probable que los médicos chinos e indios viajaran a Europa o

Estados Unidos para practicar sus artes y aprender las de sus anfitriones. En la década de 1980, la Organización Mundial de la Salud descubrió el valor de los curanderos tradicionales en la prestación de asistencia sanitaria a las personas desfavorecidas en África. Los gobiernos ansiosos por rechazar el colonialismo estuvieron de acuerdo. En 1985 Nigeria introdujo programas alternativos en hospitales y centros de salud. La siguieron Sudáfrica y otros países africanos.

El pensamiento político y económico tras la ideología

La ciencia no fue la única fuente de fracaso o foco de desencanto. La política y la economía también fallaron, ya que las ideologías supervivientes se derrumbaron y las panaceas seguras resultaron ser desastrosas. Las ideologías de extrema derecha, después de haber provocado guerras, solo podían atraer a chiflados y psicóticos. Pero algunos pensadores tardaron en abandonar la esperanza en la extrema izquierda. Anthony Blunt, el gran espía británico, continuó sirviendo a Stalin desde dentro de la clase dirigente británica hasta la década de 1970: era el guardián de la colección de arte de la reina. El historiador icónico Eric Hobsbawm, que sobrevivió hasta el siglo XXI, nunca admitiría que se había equivocado al depositar su fe en la benevolencia soviética.

En la década de 1950, las grandes esperanzas rojas se centraron en el ideólogo chino Mao Zedong (o Tse-tung, según los métodos tradicionales de transliteración, que los sinólogos han abandonado inútilmente pero que persisten en la literatura para confundir a los lectores no instruidos). Para la mayoría de los escrutadores, las revoluciones mexicana y china de 1911 habían demostrado que Marx tenía razón en una cosa: las revoluciones que dependían de la mano de obra campesina en sociedades no industrializadas no producirían los resultados anhelados por los marxistas. Mao creía lo contrario. Quizás porque, a diferencia de la mayoría de sus compañeros comunistas, había leído poco a Marx y lo entendía menos, pudo proponer una nueva estrategia de revolución campesina, independiente del modelo ruso, desafiante del consejo ruso, y sin prejuicios por la ortodoxia marxista. Según Stalin, era «como si no entendiera las verdades marxistas más elementales, o quizás no quiere entenderlas».[35] Al igual que Descartes y Hobbes, Mao confiaba en su propia brillantez, despejada de conocimiento. «Leer demasiados libros es perjudicial», afirmó.[36] Su estrategia era adecuada para China. La resumió en un lema muy citado: «Cuando el enemigo avanza, nos retiramos; cuando se detiene, lo acosamos; cuando se retira, lo perseguimos».[37] Tras décadas de éxito limitado como jefe militar vagabundo, sobrevivió y finalmente triunfó por su perseverancia obstinada (que luego tergiversó y presentó como genio militar). Prosperó en condiciones de emergencia y desde 1949, cuando controlaba toda la China continental, provocó nuevas crisis interminables para mantener su régimen en marcha. Se había quedado sin ideas, pero tenía muchos pensamientos, como él decía. De vez en cuando lanzaba campañas caprichosas de destrucción masiva contra derechistas e izquierdistas, desviacionistas burgueses, supuestos enemigos de clase e incluso en diferentes momentos contra perros y gorriones. Las tasas oficiales de criminalidad eran bajas, pero el castigo habitual era más brutal que el crimen ocasional. La propaganda bloqueaba los males y los fracasos. Mao embaucó a los occidentales ansiosos de una filosofía en la que puedan confiar. Los adolescentes de mi generación marcharon en manifestaciones contra guerras e injusticias, agitando ingenuamente copias del «Pequeño Libro Rojo» de los pensamientos de Mao, como si el texto contuviera un remedio.

Algunos de los principios revolucionarios de Mao eran deslumbrantemente reaccionarios: pensaba que la enemistad de clase era hereditaria; prohibió el amor romántico y la hierba y las flores, todo al mismo tiempo; destruyó la agricultura por tomar en serio y aplicar rigurosamente el antiguo papel del estado como acumulador y distribuidor de alimentos; su expediente más catastrófico fue la guerra de clases que llamó la «Gran Revolución Cultural Proletaria» de los años sesenta; los niños denunciaban a los padres y los estudiantes pegaban a los maestros; se alentaba a ignorantes a matar a los intelectuales, mientras que a los instruidos se les reasignaban trabajos de baja categoría; se destruyeron las antigüedades, se quemaron los libros, se despreció la belleza, se subvirtió el estudio, se paró el trabajo; los miembros de la economía se rompieron en las palizas. La eficiente máquina de propaganda generaba estadísticas falsas e imágenes de progreso, pero la verdad se fue filtrando gradualmente. La reanudación del estado normal de China como uno de los países más prósperos y poderosos del mundo, y como una civilización ejemplar, quedó pospuesta. En los primeros años del siglo XXI, los signos de recuperación apenas empiezan a ser evidentes. La influencia de Mao retuvo el mundo: echó a perder a muchos estados nuevos, atrasados y económicamente subdesarrollados con un ejemplo maligno, y fomentó experimentos con programas ruinosos moralmente corruptos de autoritarismo político y economía dirigida.[38]

En ausencia de una ideología creíble, el consenso político y económico de Occidente retrocedió a unas expectativas modestas: conseguir crecimiento económico y bienestar social. El pensador que más hizo por dar forma al consenso fue John Maynard Keynes, quien, inusualmente para tratarse de un economista profesional, era bueno manejando el dinero y convirtió sus estudios de probabilidades en inversiones inteligentes. Privilegiado por su educación y sus amistades en el mundo de aceptación social de Inglaterra y en la clase dirigente política, era la imagen de la confianza en uno mismo y proyectaba su seguridad en fórmulas optimistas para asegurar la prosperidad futura del mundo.

El keynesianismo fue una reacción contra la autocomplacencia capitalista de la década de 1920 en las economías industrializadas. Los automóviles se convirtieron en artículos de consumo masivo. La construcción levantó «torres hacia el sol».[39] Las pirámides de millones de accionistas estaban controladas por unos pocos «faraones».[40] El mercado en auge tenía perspectivas de riquezas literalmente universales. En 1929, los principales mercados del mundo se colapsaron y los sistemas bancarios fallaron o se tambalearon. El mundo entró en la recesión más abyecta y prolongada de los tiempos modernos. De repente, lo obvio se hizo visible: el capitalismo tenía que estar controlado; de lo contrario, había que librarse él y descartarlo. En Estados Unidos, el presidente Franklin D. Roosevelt propuso un «New Deal» de iniciativas gubernamentales en el mercado. Los opositores denunciaron el esquema como socialista, pero realmente era una especie de mosaico que cubría lo deshilachado, pero dejando el capitalismo intacto.

Keynes hizo el replanteamiento integral que conformó cada reforma posterior del capitalismo. Desafió la idea de que, sin ayuda, el mercado produce los niveles de producción y empleo que la sociedad necesita. El ahorro, explicó, inmoviliza parte de la riqueza y parte del potencial económico; además, las falsas expectativas sesgan el mercado: la gente gasta de más en época de optimismo y de menos cuando está nerviosa. Al pedir préstamos para financiar servicios públicos e infraestructuras, los gobiernos e instituciones pudieron hacer que las personas desempleadas volvieran a trabajar al tiempo que construían potencial económico que, cuando se hiciera realidad, generaría ingresos fiscales para cubrir el coste de los proyectos de forma retrospectiva. Esta idea apareció en la *Teoría general del empleo, el interés y el dinero* de Keynes en 1936. Durante mucho tiempo, el keynesianismo pareció funcionar a todos los gobiernos que lo probaron. Se convirtió en una ortodoxia que justificaba siempre mayores niveles de gasto público en todo el mundo.

Sin embargo, la economía es una ciencia volátil y pocas de sus leyes duran mucho tiempo. En la segunda mitad del siglo xx, la política económica predominante en el mundo desarrollado incluía la «planificación» y «el mercado» como panaceas rivales. El gasto público resultó no ser más racional que el mercado. Salvó a las sociedades que lo probaron en las condiciones de emergencia de los años treinta, pero en tiempos más establecidos causaba malgasto, inhibía la producción y sofocaba a la empresa. En la década de 1980, el keynesianismo se convirtió en la víctima de un deseo generalizado de «recuperar el Estado», desregular las economías y volver a liberalizar el mercado. Lo que siguió fue una época de capitalismo basura, volatilidad del mercado y bocanadas de riqueza obscena, y tuvieron que volverse a aprender algunas de las lecciones del keynesianismo. Nuestro aprendizaje todavía parece rezagado. En 2008 la desregulación ayudó a precipitar un nuevo colapso mundial: la «crisis» fue la palabra elegida. Aunque las administraciones estadounidenses adoptaron una respuesta ampliamente keynesiana de pedir prestado y gastar para salir de la crisis, muchos otros gobiernos prefirieron programas prekeynesianos de «austeridad» exprimiendo el gasto, restringiendo los préstamos y apostando por la seguridad financiera. El mundo apenas había comenzado a recuperarse cuando, en 2016, una elección presidencial estadounidense instaló un gobierno resuelto a desregular de nuevo (aunque también, paradójicamente, comprometiéndose a derrochar en infraestructura).[41]

El futuro que imaginaban los radicales nunca llegó. Las expectativas se desvanecieron en las guerras más sangrientas jamás vividas. Incluso en estados como los Estados Unidos o la República Francesa, fundados en revoluciones y regulados por instituciones genuinamente democráticas, la gente normal y corriente nunca logró tener poder sobre su propia vida o sobre las sociedades que formaba. Después de tanta decepción, ¿cuánto bien podía hacer un Estado modestamente benevolente? El hecho de que los estados gestionaran las economías en recesión y manipularan la sociedad a favor de la guerra sugirió que no habían agotado su potencial. El poder, como el apetito según uno de los personajes de Molière, *vient en mangeant*, y algunos políticos vieron oportunidades para usarlo para bien o, al menos, para preservar la paz social en su propio interés. Quizás, aunque no pudieran proporcionar la virtud con que soñaban los filósofos antiguos (ver págs. 190-197), al menos podrían convertirse en instrumentos de bienestar. En la década de 1880, Alemania había introducido un sistema de seguro administrado por el gobierno, pero el estado de bienestar era una idea más radical, propuesta por el economista de Cambridge Arthur Pigou en la década de 1920: el Estado podía gravar a los ricos para proporcionar beneficios a los pobres, en la línea de los antiguos despotismos que impusieron la redistribución para garantizar el suministro de alimentos. Los argumentos de Keynes a favor de la regeneración de economías moribundas mediante enormes inyecciones de gasto público estaban en línea con este tipo de pensamiento. Su exponente más efectivo fue William Beveridge.

Durante la Segunda Guerra Mundial, el gobierno británico le encargó un proyecto de plan para un programa de seguridad social mejorado. Beveridge fue más allá e imaginó «un nuevo mundo mejor» en el que la mezcla de contribuciones al seguro nacional y los impuestos financiaría asistencia sanitaria universal, las prestaciones por desempleo y las pensiones de jubilación. «El propósito de la victoria es vivir en un mundo mejor que el antiguo», declaró.[42] Pocos informes gubernamentales han sido tan ampliamente bienvenidos en casa o tan influyentes en el extranjero. La idea alentó al presidente Roosevelt a proclamar un futuro «libre de carencias». Los vecinos del búnker de Hitler lo admiraron. Los gobiernos británicos de posguerra lo adoptaron casi por unanimidad de todos los partidos.[43]

Costaba llamar moderna o justa a una sociedad que no tuviera un sistema del tipo que Beveridge había ideado; pero los límites del papel del estado a la hora de redistribuir la riqueza, aliviar la pobreza y garantizar la asistencia sanitaria han sido y siguen siendo ferozmente disputados en nombre de la libertad y en deferencia con el mercado. Por un lado, los beneficios universales brindan seguridad y justicia en las vidas individuales y hacen que la sociedad sea más estable y cohesionada; por el otro, resultan caros. A finales del siglo XX y principios del XXI se dieron dos circunstancias que amenazaron los estados del bienestar, incluso donde mejor establecidos estaban en Europa occidental, Canadá, Australia y Nueva Zelanda. En primer lugar, la inflación hizo que el futuro fuera inseguro, ya que cada generación sucesiva se esforzaba por mantener los costes de atención a sus mayores. En segundo lugar, incluso cuando la inflación cayó algo así como bajo control, el equilibrio demográfico de las sociedades desarrolladas empezó a cambiar de forma alarmante. La fuerza laboral envejeció, la proporción de jubilados empezó a parecer imposible de financiar, y se hizo evidente que no habría suficientes personas jóvenes y productivas para pagar los costes cada vez más altos del bienestar social. Los gobiernos han intentado afrontarlo de varias formas, sin desmantelar el estado del bienestar; a pesar de los esfuerzos esporádicos de presidentes y legisladores desde la década de 1960 en adelante, Estados Unidos nunca introdujo un sistema integral de atención médica estatal. Incluso el sistema del presidente Obama, implementado frente a la mordacidad conservadora, dejó sin cubrir a algunos de los ciudadanos más pobres y mantuvo al estado fuera del territorio de la industria de los seguros de salud. Los problemas del Obamacare eran inteligibles en el contexto de una deriva general de regreso a un concepto de bienestar basado en los seguros, en el que la mayoría de personas recuperan su responsabilidad sobre su jubilación y, hasta cierto punto, sobre el coste de su atención médica y provisión de desempleo. El Estado se hace cargo de los casos marginales.

Las penurias del bienestar del Estado formaban parte de un problema mayor: las deficiencias y las ineficacias de los Estados en general. Los Estados que construían casas erigieron distopías deprimentes. Cuando se nacionalizaban las industrias, la productividad solía caer. Los mercados regulados inhibían el crecimiento. Las sociedades sobreplanificadas funcionaban mal. Los esfuerzos estatales para gestionar el medio ambiente solían conducir a malgastar y a la degradación. Durante gran parte de la segunda mitad del siglo XX, las economías dirigidas de la Europa del Este, China y Cuba fracasaron en gran medida. A las economías mixtas de Escandinavia, con un alto grado de participación estatal, les fue solo un poco mejor: se pusieron como objetivo el bienestar universal, pero produjeron utopías suicidas de individuos frustrados y alienados. La historia condenó otras opciones: el anarquismo, el libertarismo, el mercado sin restricciones.

El conservadurismo tenía mala reputación. «No sé qué hace a un hombre más conservador: conocer solo el presente o solo el pasado», dijo Keynes.[44] Con todo, la tradición que inspiró el nuevo pensamiento más prometedor en política y economía de la segunda mitad del siglo XX llegó de la derecha. F. A. Hayek lo inició en su mayor parte. Ajustó hábilmente el acto de equilibrio, entre libertad y justicia social, que generalmente derriba el conservadurismo político. Como observó Edmund Burke (ver pág. 347) al iniciar a finales del siglo XVIII la tradición que Hayek completó, «atemperar juntos estos elementos opuestos de libertad y moderación en una obra congruente requiere mucho pensamiento y reflexión profunda en una mente sagaz, potente y cohesionadora».[45] Hayek era la mente que cumplía con los requisitos. Estuvo a punto de hacer la mejor argumentación a favor del conservadurismo: la mayoría de políticas de los gobiernos son benignas en intención pero malignas en efecto. Así pues, el mejor gobierno es el que gobierna menos. Puesto que los esfuerzos para mejorar la sociedad suelen acabar empeorándola, lo más sabio es abordar las imperfecciones con modestia, poco a poco. Además, Hayek compartía el prejuicio cristiano tradicional a favor del individualismo. El pecado y la caridad exigen responsabilidad individual, mientras que la «justicia social» la disminuye. *Camino de servidumbre*, de 1944, proclamó la idea clave de Hayek: «el orden social espontáneo» no se consigue con planificación consciente, sino que surge fruto de una larga historia: una riqueza de experiencia y un ajuste que la intervención gubernamental a corto plazo no puede reproducir. El orden social, sugirió (evitando la necesidad de postular un «contrato social»), surgía de forma espontánea, y cuando lo hacía su esencia era la ley: «parte de la historia natural de la humanidad [...] coetánea de la sociedad» y por tanto previa al Estado. «No es la creación de ninguna autoridad gubernamental —dijo Hayek—, y ciertamente no es el mando del soberano.»[46] El estado de derecho anula los dictados de los gobernantes, una recomendación altamente tradicional y en la que se ha insistido continuamente (aunque raramente se haya observado) en la tradición occidental desde Aristóteles. Solo la ley puede establecer límites a la Libertad. «Si las personas han de ser libres para usar sus propios conocimientos y recursos para obtener el máximo provecho, deben hacerlo en un contexto de reglas conocidas y predecibles regidas por la ley».[47] Para este tipo de doctrinas, el problema fatal es: «¿Quién dice cuáles son esas leyes naturales, si no el estado?». ¿Los líderes religiosos supremos, como en la República Islámica de Irán? ¿Juristas no elegidos, como los que fueron habilitados a finales del siglo XX por el surgimiento de un cuerpo legal internacional relacionado con los derechos humanos?

Durante los años de demasiada planificación, Hayek predicaba en el desierto. Sin embargo, en la década de 1970 resurgió como el teórico de un «giro conservador» que parecía conquistar el mundo cuando la corriente principal en los países desarrollados se desvió hacia la derecha en las últimas dos décadas del siglo veinte. Su mayor impacto fue sobre la vida económica, gracias a los admiradores que empezó a atraer entre los economistas de la escuela de Chicago, cuando enseñó durante un breve período en la universidad de Chicago en la década de 1950. La universidad estaba bien dotada y, por lo tanto, iba por libre. Estaba aislada en un suburbio marginal de su propia ciudad, así que los profesores no tenían más remedio que relacionarse entre ellos. Estaba fuera de contacto con la mayoría del mundo académico, envidioso y distante. Así las cosas, era un buen lugar para que los herejes alimentaran la disidencia. Los economistas de Chicago, de entre los cuales Milton Friedman era el más franco y persuasivo, podían desafiar la ortodoxia económica. Rehabilitaron el mercado libre como una forma insuperable de generar prosperidad. En la década de 1970 se convirtieron en el recurso de los gobiernos que se retiraban de la regulación desesperados ante los fracasos de la planificación.[48]

El atrincheramiento de la ciencia

Cuando el caos y la coherencia compiten, ambos prosperan. La incertidumbre hace que la gente quiera escapar de vuelta a un cosmos predecible. Así pues, a los defensores de cualquier tipo de determinismo el mundo posmoderno les parecía paradójicamente agradable. Intentaban invocar a las máquinas y a las instituciones como modelos para simplificar las complejidades del pensamiento o del comportamiento y sustituir el desconcierto honesto por la seguridad fingida. Un método para hacerlo era tratar de eliminar la mente en favor del cerebro —buscando patrones químicos, eléctricos y mecánicos que pudieran hacer que los caprichos del pensamiento fueran inteligibles y predecibles.

Para comprender la inteligencia artificial, como la gente llegó a llamar el objeto de esos intentos, hay que remontarse a sus antecedentes del siglo XIX. Una de las grandes investigaciones de la tecnología moderna, en busca de una máquina que pueda pensar por los humanos, se ha inspirado en la noción de que las mentes son tipos de máquinas y el pensamiento es un asunto mecánico. George Boole pertenecía a esa categoría de sabios victorianos a quienes ya hemos conocido (ver pág. 390) y que buscaban sistematizar el conocimiento, en su caso, exponiendo «leyes de pensamiento». Su educación formal era dispersa y pobre, y vivía en Irlanda en relativo aislamiento;

de hecho, la mayoría de los descubrimientos matemáticos que creyó hacer ya eran conocidos para el resto del mundo. Con todo, era un genio poco instruido. En su adolescencia inició un sugestivo trabajo en notación binaria: contar con dos dígitos en lugar de los diez que usamos habitualmente en el mundo moderno. Sus esfuerzos pusieron una nueva idea en la cabeza de Charles Babbage.

A partir de 1828, Babbage ocupó la silla de Cambridge que anteriormente había ocupado Newton y más tarde ocuparía Stephen Hawking. Cuando se encontró con el trabajo de Boole, intentaba eliminar el error humano de las tablas astronómicas calculándolas mecánicamente. Ya existían máquinas comercialmente viables para realizar funciones aritméticas simples. Babbage tenía la esperanza de poder usar algo parecido para realizar operaciones trigonométricas complejas, no mejorando las máquinas sino simplificando la trigonometría. Transformada en sumas y restas, podría confiarla a un engranaje. Si tenía éxito, su trabajo podría revolucionar la navegación y la cartografía porque haría que las tablas astronómicas fueran fiables. En 1833, los datos de Boole hicieron que Babbage abandonara el trabajo en el relativamente simple «motor de diferencia» que tenía en mente y abordara los planes para lo que llamó un «motor analítico». Aunque operado mecánicamente, se anticiparía al ordenador moderno mediante el uso del sistema binario para hacer unos cálculos de increíble alcance y velocidad. Unos agujeros perforados en tarjetas controlaban las operaciones del dispositivo de Babbage, como en los primeros ordenadores electrónicos. Su nuevo proyecto era mejor que el anterior, pero con la miopía habitual de las burocracias, el gobierno británico le retiró el patrocinio y Babbage tuvo que utilizar su propio dinero.

Pese a la ayuda de la talentosa matemática aficionada Ada Lovelace, la hija de lord Byron, Babbage no pudo perfeccionar su máquina. Hacía falta la fuerza de la electricidad para que alcanzara todo su potencial; las primeras muestras fabricadas en Manchester y Harvard eran del tamaño de salas de baile pequeñas y, por lo tanto, de utilidad limitada, pero los ordenadores se desarrollaron rápidamente en combinación con la microtecnología, que los encogió, y con la tecnología de las telecomunicaciones, que los unió mediante las líneas telefónicas y las señales de radio para que pudieran intercambiar datos. A principios del siglo XXI, las pantallas de ordenador se abrieron a una aldea global, con contacto mutuo prácticamente instantáneo. Las ventajas y desventajas se sopesan muy bien: el exceso de información ha saturado las mentes y tal vez haya embotado a una generación, pero internet ha multiplicado el trabajo útil, difundido el conocimiento y servido la libertad.

La velocidad y el alcance de la revolución informática plantearon la cuestión de cuánto más lejos podría llegar. Se intensificaron las esperanzas y los temores acerca de máquinas que pudieran emular las mentes humanas. La controversia sobre si la inteligencia artificial era una amenaza o una promesa, creció. Los robots inteligentes generaban unas expectativas ilimitadas. En 1950, Alan Turing, el maestro criptógrafo a quien los investigadores de inteligencia artificial veneran, escribió: «Creo que a finales de siglo el uso de las palabras y la opinión informada general habrá cambiado tanto que uno podrá hablar de máquinas que piensan sin esperar que le contradigan».[49] Las condiciones que Turing predijo aún no se han cumplido y quizás sean poco realistas. Es probable que la inteligencia humana sea básicamente no mecánica: hay un fantasma en la máquina humana. Pero incluso sin reemplazar el pensamiento humano, los ordenadores pueden afectarlo e infectarlo. ¿Corroen la memoria o amplían el acceso a ella? ¿Erosionan el conocimiento al multiplicar la información? ¿Expanden redes o atrapan a los sociópatas? ¿Trastocan los períodos de atención o permiten la multitarea? ¿Fomentan las nuevas artes o socavan las antiguas? ¿Reducen las simpatías o amplían las mentes? Si hacen todas estas cosas, ¿dónde está el punto de equilibrio? Apenas hemos empezado a ver cómo el ciberespacio puede cambiar la psique.[50]

Puede que los humanos no sean máquinas, pero son organismos sujetos a las leyes de la evolución. ¿Es eso todo lo que son? La genética llenó un vacío en la descripción de la evolución que había hecho Darwin. Ya era obvio para cualquier estudiante racional y objetivo que el relato de Darwin sobre el origen de la especie era básicamente correcto, pero nadie era capaz de decir cómo pasaban a través de las generaciones las mutaciones que diferencian a un linaje de otro. Gregor Mendel proporcionó la explicación cultivando guisantes en el jardín de un monasterio en Austria; T. H. Morgan la confirmó y la comunicó criando moscas de la fruta en un laboratorio del centro de Nueva York a principios del siglo XIX. Los genes llenaban lo que resulta tentador denominar un eslabón perdido en la forma en que funciona la evolución: una explicación de cómo la descendencia puede heredar los rasgos parentales. El descubrimiento hizo que la evolución fuera indiscutible, salvo para los oscurantistas mal informados. También alentó a los entusiastas a esperar demasiado de la teoría, que la estiraron para que abarcara los tipos de cambio intelectual y cultural, para lo cual no estaba bien diseñada.

En la segunda mitad del siglo XX, la decodificación del ADN estimuló la tendencia y afectó profundamente a la autopercepción humana. En 1944, Erwin Schrödinger dio unas conferencias en Dublín en las que inició la revolución sospesando la naturaleza de los genes. Schrödinger esperaba una especie de proteína, mientras que el ADN resultó ser un tipo de ácido, pero sus especulaciones sobre el aspecto que debería tener demostraron ser proféticas. Predijo que se parecería a una cadena de unidades básicas conectadas como los elementos de un código. Se inició entonces la búsqueda de los «bloques de construcción básicos» de la vida, nada más y nada menos que en el laboratorio de Francis Crick de Cambridge, Inglaterra. James Watson, que había leído el trabajo de Schrödinger como estudiante de biología en Chicago, se unió al equipo de Crick. Al ver las imágenes de rayos X del ADN se dio cuenta de que sería posible descubrir la estructura que Schrödinger había predicho. En un laboratorio asociado de Londres, Rosalind Franklin contribuyó con críticas vitales a las ideas en desarrollo de Crick y Watson y ayudó a construir la imagen de cómo se entrelazan las cadenas de ADN. El equipo de Cambridge recibió críticas desde el punto de vista moral por no reconocer la decisiva aportación y validez de los hallazgos de Franklin. Los resultados fueron fascinantes. El hecho de comprender que los genes de los códigos genéticos de las personas eran responsables de algunas enfermedades abrió nuevas vías para la terapia y la prevención. Aún más revolucionaria era la posibilidad de que muchos tipos de comportamiento, quizás todos, pudieran regularse cambiando el código genético. El poder de los genes sugirió un nuevo planteamiento de la naturaleza humana, controlada por un código indescifrable, determinada por patrones genéticos.

Así pues, el carácter parecía calculable. Como mínimo, la investigación genética parecía confirmar que nuestra composición es heredada en más de lo que tradicionalmente se suponía. La personalidad se podía ordenar en una cadena de moléculas, y los rasgos se podían intercambiar como los vestidos de una muñeca. Los científicos cognitivos aceleraron el pensamiento materialista de tipo similar sometiendo al cerebro humano a un análisis cada vez mayor. La investigación neurológica reveló un proceso electroquímico en el que se activan sinapsis y se liberan proteínas con el pensamiento. Debería ser obvio que lo que muestran tales mediciones podrían ser efectos, o efectos secundarios, y no causas o componentes del pensamiento. Pero hicieron posible, al menos, afirmar que todo aquello tradicionalmente clasificado como función mental podía tener lugar dentro del cerebro. Cada vez es más difícil encontrar espacio para ingredientes no materiales como la mente y el alma. «El alma se ha esfumado», anunció Francis Crick.[51]

Mientras tanto, los investigadores modificaron los códigos genéticos de las especies no humanas para obtener resultados que nos convinieran: producir plantas comestibles más grandes, por ejemplo, o animales diseñados para ser más beneficiosos, más dóciles, más apetecibles o más fácilmente empaquetables como alimento humano. El trabajo en estos campos ha sido espectacularmente exitoso y ha invocado el fantasma de un mundo reelaborado, como por Frankenstein o el Dr. Moreau. En el pasado, los humanos deformaron la evolución al inventar la agricultura (ver pág. 109) y cambiar la biota del planeta (ver pág. 250). Ahora tienen la capacidad de hacer su mayor intervención hasta el momento, seleccionando «de forma no natural» no en función de lo que se adapta mejor a su entorno, sino en función de lo que más coincide con las motivaciones secretas de los humanos. Sabemos, por ejemplo, que hay un mercado de «bebés de diseño». Los bancos de esperma ya cobran. La robótica obstétrica bien intencionada modifica a los bebés a la carta en casos en los que pueden prevenirse enfermedades de transmisión genética. No es nada habitual que las tecnologías, una vez concebidas, no se apliquen. Algunas sociedades, y algunas personas en otras partes, diseñarán seres humanos en la línea que la eugenesia prescribió en épocas pasadas (ver pág. 398). Los visionarios de moral dudosa ya hablan de un mundo del que se habrán extirpado las enfermedades y las anormalidades.[52]

La genética abrazó una paradoja: la naturaleza de todos es innata; pero se puede manipular. Así pues, ¿se había equivocado Kant al lanzar una sentencia que tradicionalmente había atraído mucha inversión emocional en Occidente: «en el hombre hay una fuerza de autodeterminación, independiente de cualquier coacción corporal»? Sin tal convicción, el individualismo sería insostenible. El determinismo haría que el cristianismo fuera viejísimo. Los sistemas de leyes basados en la responsabilidad individual se derrumbarían. Por supuesto, el mundo ya estaba familiarizado con ideas deterministas que ataban el carácter y encadenaban el potencial a herencias inevitablemente fatales. La craneología, por ejemplo, asignaba a los individuos como tipos «criminales» y a razas «bajas» midiéndoles el cráneo y haciendo inferencias sobre el tamaño del cerebro (ver pág. 399). En consecuencia, los juicios del siglo XIX sobre la inteligencia relativa no eran fiables. En 1905, sin embargo, mientras buscaba un modo de identificar a los niños con problemas de aprendizaje, Alfred Binet propuso un nuevo método: pruebas simples y neutrales diseñadas no para establecer lo que saben los niños sino para revelar cuánto son capaces de aprender. Al cabo de unos años, el concepto de coeficiente intelectual, la «inteligencia general» medible relacionada con la edad, llegó a inspirar confianza universal. Esa confianza probablemente estaba fuera de lugar: en la práctica, las pruebas de inteligencia solo predecían la aptitud en una gama limitada de habilidades. Recuerdo a alumnos míos sobresalientes que no obtuvieron unos resultados especialmente buenos. Sin embargo, el coeficiente intelectual se convirtió en una nueva fuente de tiranía. En el momento del estallido de la Primera Guerra Mundial, los responsables políticos lo utilizaron, entre otras cosas, para justificar la eugenesia, rechazar a emigrantes que querían entrar en los Estados Unidos y seleccionar a candidatos a ascender en su ejército. Se convirtió en el método estándar de diferenciación social de los países desarrollados y distinguía a los beneficiarios de una educación rápida o privilegiada. Las pruebas nunca podrían ser del todo objetivas, ni los resultados fiables; sin embargo, incluso en la segunda mitad del siglo, cuando los críticos empezaron a señalar los problemas, los psicólogos educativos prefirieron seguir dándole vueltas a la idea en lugar de desecharla.

El problema del coeficiente intelectual se mezcló con una de las controversias científicas más cargadas políticamente del siglo: el debate «innato frente a adquirido», que enfrentó a la derecha contra la izquierda. En el lado de lo adquirido estaban quienes pensaban que el cambio social puede afectar para bien a nuestras cualidades morales y a nuestros logros colectivos. Sus oponentes apelaban a la evidencia de que el carácter y la capacidad se heredan en gran medida y, por lo tanto, no se pueden adaptar mediante ingeniería social. Los partidarios del radicalismo social se enfrentaron a los conservadores, reacios a empeorar las cosas mediante intentos de mejora mal calculados. Aunque las evidencias del coeficiente intelectual eran muy poco convincentes, a finales de la década de 1960 los informes rivales exacerbaron el debate. En Berkeley, Arthur Jensen afirmó que el 80 por ciento de la inteligencia se heredaba y que, por cierto, los negros eran genéticamente inferiores a los blancos. Christopher Jencks y otros en Harvard utilizaron unas estadísticas similares sobre el coeficiente intelectual para argumentar que la herencia desempeña un papel mínimo. La disputa se propagó sin cambios, respaldada por el mismo tipo de datos, en la década de 1990, cuando Richard J. Herrnstein y Charles Murray hicieron explotar una bomba sociológica. En *The Bell Curve*, argumentaron que había una élite cognitiva hereditaria que gobernaba a una clase baja condenada (en la que los negros tenían una representación desproporcionada) y predijeron un futuro de conflicto de clases cognitivo.

Mientras tanto, la sociobiología, una «nueva síntesis» ideada en Harvard por el ingenioso entomólogo Edward O. Wilson, agravó el debate. Wilson se apresuró a crear un grupo científico a favor de la idea de que las necesidades evolutivas determinaban las diferencias entre sociedades, que, por lo tanto, se podían clasificar en consecuencia, de un modo parecido a como hablamos de los órdenes de la creación y decimos que están relativamente «más altos» o «más bajos» en la escala evolutiva.[53] Los zoólogos y los etólogos a menudo extrapolan a los humanos características de las especies que estudian. Los chimpancés y otros primates se adaptan al propósito porque están estrechamente relacionados con los humanos en lo que a evolución se refiere. Sin embargo, cuanto más alejado es el parentesco entre especies, menos sirve el método. Konrad Lorenz, el más influyente de los predecesores de Wilson, copió su comprensión de los humanos de sus estudios sobre las gaviotas y los gansos. Antes y durante la Segunda Guerra Mundial, inspiró a una generación de investigación con los antecedentes evolutivos de la violencia. Descubrió que, cuando competían por comida y sexo, las aves con las que trabajaba eran decididamente agresivas, y esa agresividad era creciente. Sospechaba que en los humanos los instintos violentos también dominarían las tendencias contrarias. Su entusiasmo por el nazismo manchó a Lorenz. Los críticos académicos se disputaron los datos que seleccionó. Sin embargo, ganó un Premio Nobel y tuvo una influencia enorme, sobre todo cuando su obra principal pasó a estar ampliamente disponible en inglés en la década de 1960.

Mientras que Lorenz invocaba a las gaviotas y los gansos, los ejemplares de Wilson eran las hormigas y las abejas. Según él, los humanos diferían de los insectos principalmente en que eran individualmente competitivos, mientras que las hormigas y las abejas eran más marcadamente sociales: funcionaban por el bien colectivo. A menudo insistía en que las restricciones biológicas y ambientales no restaban valor a la libertad humana, pero sus libros parecían encuadernados en hierro, con el lomo poco flexible, y sus papeles estaban impresos sin espacio entre líneas para la libertad. Se imaginaba a un visitante de otro planeta catalogando a los humanos junto con todas las demás especies de la Tierra y reduciendo «las humanidades y las ciencias sociales a ramas especializadas de la biología».[54]

La comparación entre humanos y hormigas llevó a Wilson a pensar que la «flexibilidad», como él lo llamaba, o la variación entre culturas humanas, resultaba de las diferencias individuales en el comportamiento «aumentado a nivel grupal» cuando las interacciones se multiplican. Su sugerencia parecía prometedora: la diversidad cultural que exhiben los grupos que se comunican entre ellos está relacionada con su tamaño y número y con el alcance de los intercambios que tienen lugar entre ellos. Sin embargo, Wilson se equivocó al suponer que la transmisión genética causaba los cambios culturales. Estaba reaccionando a los últimos datos de su época. Para 1975, cuando escribió su texto más influyente, *Sociobiología,* los investigadores ya habían descubierto o postulado con confianza genes de la introversión, la neurosis, el atletismo, la psicosis y otras muchas variables humanas. Wilson infirió una posibilidad teórica adicional, aunque no había ni hay evidencia directa de ello: que la evolución también «seleccionaba marcadamente» los genes de la flexibilidad social.[55]

En las décadas posteriores a la intervención de Wilson, la mayoría de evidencias empíricas nuevas apoyaban dos modificaciones de su punto de vista: en primer lugar, los genes influían en el comportamiento solo en combinaciones variadas impredecibles, y de modos sutiles y complejos, lo cual implicaba contingencias que eludían fácilmente la detección de patrones. En segundo lugar, el comportamiento a su vez influía en los genes. Las características adquiridas se pueden transmitir de forma hereditaria. Por ejemplo, el abandono de las madres rata provocaba una modificación genética en su descendencia, que se convertían en adultos nerviosos e irritantes, mientras que las crías de madres que se habían ocupado de ellas eran tranquilas y calmadas. De los debates sobre sociobiología han sobrevivido dos convicciones fundamentales en la mente de la mayoría de las personas: que los individuos se hacen a sí mismos y que vale la pena mejorar la sociedad. Con todo, se sospecha que los genes perpetúan las diferencias entre individuos y sociedades y hacen que la igualdad sea inalcanzable. En consecuencia, se ha reprimido la reforma y se ha fomentado el conservadurismo dominante de principios del siglo XXI.[56]

Durante un tiempo, el trabajo de Noam Chomsky pareció apoyar el contraataque para recuperar la certeza. Chomsky era tan radical en la política como en la lingüística. A partir de mediados de la década de 1950, Chomsky argumentó de forma persistente que la lengua era más que un efecto de la cultura: era una propiedad muy arraigada de la mente humana. Su punto de partida fue la velocidad y la facilidad con que los niños aprenden a hablar. «Los niños aprenden el lenguaje solo a partir de evidencias positivas (las correcciones no hacen falta o no son relevantes), y [...] sin experiencia relevante en un amplio abanico de casos complejos», apuntó.[57] Su capacidad para combinar palabras de modos que nunca han oído impresionaba a Chomsky. Pensaba que las diferencias entre lenguas parecían superficiales en comparación con las «estructuras profundas» que compartían todas: partes del discurso, la gramática y la sintaxis que regulaban la manera en que los términos se relacionaban entre sí. Chomsky explicó estas observaciones notables postulando que el lenguaje y el cerebro estaban vinculados: las estructuras del lenguaje estaban incrustadas de forma innata en nuestra manera de pensar, por lo que era fácil aprender a hablar; se podía decir verdaderamente que «era natural». Cuando Chomsky propuso esta teoría en 1957, fue revolucionaria porque las ortodoxias dominantes en la época sugerían lo contrario. Las revisamos en el capítulo 9: la psiquiatría de Freud, la filosofía de Sartre y las panaceas educacionales de Piaget suponen que la educación está inscrita en una *tabula rasa*. El conductismo respaldaba una idea parecida: la doctrina, de moda hasta que Chomsky la hizo explotar, de que aprendemos a actuar, hablar y pensar del modo en que lo hacemos por condicionamiento, respondiendo a estímulos en forma de aprobación o desaprobación social. La facultad del lenguaje que Chomsky identificó estaba, al menos según sus primeras reflexiones, más allá del alcance de la evolución. Se negó a llamarla instinto y a ofrecer una explicación evolutiva de ella. Si la forma en que formuló su pensamiento era correcta, ni la experiencia ni la herencia, ni ambas en combinación, nos hacen el todo de lo que somos. Parte de nuestra naturaleza está conectada directamente a nuestro cerebro. Chomsky propuso que, en este sentido, otros tipos de aprendizaje podían ser como el lenguaje: «que lo mismo sea cierto en otras áreas en las que los humanos somos capaces de adquirir sistemas de conocimiento ricos y altamente articulados bajo los efectos desencadenantes y modeladores de la experiencia, y bien puede ser que ideas parecidas sean relevantes para la investigación de cómo adquirimos el conocimiento científico [...] debido a nuestra constitución mental».[58]

Chomsky rechazó el concepto de que los humanos idearon el lenguaje para compensar nuestra escasez de habilidades evolucionadas, el argumento de que «la riqueza y la especificidad del instinto de los animales [...] explica sus notables logros en algunos terrenos y la falta de aptitudes en otros [...] mientras que los humanos, que carecen de tal [...] estructura instintiva, son libres de pensar, hablar y descubrir». Más bien, para él la destreza lingüística por la que tendemos a felicitarnos como especie, y que algunos incluso afirman que es un logro humano único, puede que simplemente sea como las habilidades características de otras especies. Por ejemplo, los guepardos son especialistas en velocidad, las vacas en rumiar y los humanos en comunicación simbólica.[59]

El dogmatismo frente al pluralismo

Me encanta la incertidumbre. Precaución, escepticismo, dudas sobre uno mismo, incertezas: estos son los puntos de apoyo que buscamos en el ascenso hacia la verdad. Cuando la gente está segura de sí misma es cuando preocupa. La falsa seguridad es mucho peor que la incertidumbre. Esta última, sin embargo, engendra a la primera.

En el pensamiento social y político del siglo XX, los nuevos dogmatismos complementaron a los nuevos determinismos de la ciencia. El cambio puede ser bueno, pero siempre es peligroso. En reacción contra la incertidumbre, los electorados sucumben ante hombrecillos ruidosos y soluciones simplistas. Las religiones transmutan en dogmatismos y fundamentalismos. La manada se vuelve contra los agentes del supuesto cambio, especialmente, normalmente, contra los inmigrantes o las instituciones internacionales. Se empiezan unas guerras crueles y costosas que comienzan por el miedo a quedarse sin recursos. Todas estas son formas de cambio extremas, generalmente violentas y siempre arriesgadas, que se adoptan por motivos conservadores, para aferrarse a formas de vida familiares. Incluso las revoluciones de los últimos tiempos son a menudo de una nostalgia deprimente; buscan una época dorada y generalmente mítica de igualdad, moralidad, armonía, paz, grandeza o equilibrio ecológico. Los revolucionarios más efectivos del siglo XX exigieron un retorno al comunismo primitivo o al anarquismo, o a las glorias medievales del islam, o la virtud apostólica, o a la inocencia de mejillas sonrosadas de una era anterior a la industrialización.

La religión tuvo un papel sorprendente. Durante gran parte del siglo XX, los profetas laicos predijeron su muerte. Argumentaban que la prosperidad material saciaría al necesitado con alternativas a Dios. La educación alejaría al ignorante de pensar en Él. Las explicaciones científicas del cosmos harían a Dios redundante. Sin embargo, tras el fracaso de la política y las desilusiones de la ciencia, la religión se mantuvo, a punto para el resurgimiento, para cualquiera que quisiera que el universo fuera coherente y cómodo para vivir. A finales de siglo, el ateísmo ya no era la tendencia más evidente del mundo. Los fundamentalismos en el islam y el cristianismo, tomados en conjunto, constituyeron el movimiento más grande del mundo y el más peligroso en potencia. Esto no debería sorprender a nadie: el fundamentalismo, como el cientificismo y las ideologías políticas atrevidas, formaba parte de la reacción del siglo XX contra la incertidumbre, una de las falsas certezas que la gente prefería.

Como hemos visto, el fundamentalismo comenzó en seminarios protestantes en Chicago y Princeton, como repulsión de las modas académicas alemanas de lectura crítica de la Biblia. Al igual que otros libros, la Biblia refleja los tiempos en que los libros que comprende fueron escritos y reunidos. Las motivaciones de los autores (o, si prefiere, mediadores humanos de la autoría divina) y los editores deforman el texto. Con todo, los fundamentalistas lo leían como si el mensaje no estuviera lleno de contexto histórico y errores humanos, eliminando interpretaciones que confunden con verdades irrefutables. La fe se funda en el texto. No hay exégesis crítica que pueda deconstruirla ni evidencia científica que pueda negarla. Ninguna supuesta escritura sagrada puede atraer o atrae el dogmatismo de mentalidad literal. El nombre de fundamentalismo es transferible:

aunque empezó en los círculos bíblicos, ahora está asociado a la doctrina similar, tradicional en el islam, sobre el Corán.

El fundamentalismo es moderno: reciente en origen y aún más reciente en encanto. Por contradictorias que pueden parecer estas afirmaciones, no es difícil de ver por qué surgió y prosperó el fundamentalismo en el mundo moderno y por qué nunca ha perdido su atractivo. Según Karen Armstrong, una de las principales autoridades en la materia, el fundamentalismo también es científico, al menos por aspiración, ya que trata la religión como reductible a hechos innegables.[60] Carece de gracia y es aburrido, religión desprovista de encanto. Representa la modernidad, imita la ciencia y refleja el miedo: los fundamentalistas expresan miedo al fin del mundo, a los «grandes demonios» y a los «anticristos», al caos, a lo desconocido y, por encima de todo, al laicismo.

Aunque pertenecen a diferentes tradiciones, sus excesos compartidos los hace reconocibles: militancia, hostilidad ante el pluralismo y determinación a confundir la política con la religión. Sus militantes declaran la guerra a la sociedad. Con todo, la mayoría de fundamentalistas son personas agradables, normales y corrientes que se las apañan en un mundo retorcido y que, como la mayoría del resto de nosotros, dejan la religión en la puerta de su iglesia o mezquita.

No obstante, el fundamentalismo es pernicioso. La duda es una parte necesaria en cualquier fe profunda. «Señor, ayuda a mi incredulidad» es una oración que todo cristiano intelectual debería tomar de san Anselmo. Cualquiera que niegue la duda debería escuchar al gallo cantar tres veces. La razón es un don divino; suprimirla, como hicieron los protestantes muggletonianos del siglo XVIII creyendo que era una trampa diabólica, es una especie de autoamputación intelectual. Por lo tanto, el fundamentalismo, que exige una mente cerrada y la suspensión de las facultades críticas me parece irreligioso. El fundamentalismo protestante abraza una falsedad obvia: que en la Biblia no intermedian manos y debilidades humanas. Los fundamentalistas que en su Biblia o Corán leen justificaciones de violencia, terrorismo y conformidad moral e intelectual impuestas de forma sangrienta malinterpretan deliberadamente sus propios textos sagrados. Hay sectas fundamentalistas cuyos hábitos paranoicos, ética de obediencia, efectos aplastantes sobre la identidad individual y campañas de odio o violencia contra los supuestos enemigos recuerdan a las primeras células fascistas. Cuando obtienen poder, si lo obtienen, hacen la vida miserable para todos los demás. Mientras tanto, cazan brujas, queman libros y difunden el terror.[61]

El fundamentalismo subestima la variedad. Una respuesta igual y opuesta ante la incertidumbre es el pluralismo religioso, que tuvo una historia centenaria parecida en el siglo veinte. Swami Vivekananda, el gran portavoz del hinduismo y apóstol del pluralismo religioso, hizo el llamamiento antes de morir en 1902, cuando el colapso de la certeza aún era impredecible. Ensalzó la sabiduría de todas las religiones y recomendó «muchos caminos hacia una verdad». El método tiene una ventaja clara sobre el relativismo: fomenta la diversificación de la experiencia, que es cómo aprendemos y crecemos. Derriba el relativismo al apelar a un mundo multicultural, pluralista. Para las personas comprometidas con una religión en concreto, representa una concesión fatal al secularismo: si no hay ninguna razón para preferir una religión sobre las otras, ¿por qué las filosofías seculares no habrían de ser caminos igual de buenos que seguir? En el viaje por el arcoíris de la fe múltiple, ¿por qué no agregar más gradaciones de color?[62]

Donde las religiones dominan, se convierten en triunfalistas; en retroceso perciben las ventajas del ecumenismo. Donde gobiernan, pueden perseguir; donde son perseguidas, claman por la tolerancia. Tras perder las luchas del siglo XIX contra el laicismo (ver pág. 403) las comuniones cristianas rivales comenzaron a manifestar el deseo de un «ecumenismo amplio» que reuniera a personas de todas las confesiones. La Conferencia de Edimburgo de 1910, que intentó conseguir que las sociedades misioneras protestantes cooperaran, lanzó el llamamiento. La Iglesia católica permaneció distante incluso del ecumenismo cristiano hasta la década de 1960, cuando las congregaciones cada vez más pequeñas indujeron un ambiente de reforma. A finales del siglo XX, unas «alianzas sagradas» extraordinarias confrontaron valores profanos con los católicos, los bautistas del sur y los musulmanes, por ejemplo, uniendo fuerzas para oponerse a la relajación de las leyes del aborto en los Estados Unidos o colaborando en los intentos de influir en las políticas de control de natalidad de la Organización Mundial de la Salud. Las organizaciones interreligiosas trabajaron juntas para promover los derechos humanos y refrenar la ingeniería genética. La fe mal diferenciada abrió nuevos nichos políticos para las figuras públicas dispuestas a hablar en favor de la religión u ofrecerse a los votantes religiosos. El presidente estadounidense Ronald Reagan instó a su público a tener una religión, pero pensó que no importaba cuál, al parecer inconsciente de la naturaleza autodestructiva de su recomendación. El príncipe de Gales se propuso a sí mismo en el papel del «defensor de la fe» en la Gran Bretaña multicultural.

El pluralismo religioso tiene un pasado reciente impresionante. Pero ¿puede mantenerse? El escándalo de los odios religiosos y la violencia mutua, que tanto desfiguraron el pasado de las religiones, parece conquistable. Sin embargo, con cada centímetro de afinidad que las religiones encuentran entre ellas, la base de sus afirmaciones de valor único se reduce.[63] A juzgar por los acontecimientos que se han producido hasta ahora en el siglo XXI, los odios intrarreligiosos son más poderosos que los amores interreligiosos. Los dogmáticos chiítas y sunitas se masacran unos a otros. En la mayoría de temas sociales, los católicos liberales parecen tener más en común con los humanistas laicos que con sus correligionarios ultramontanos o con los protestantes conservadores. Los musulmanes son víctimas de una *jihad* budista en Myanmar. Los cristianos se enfrentan al exterminio o la expulsión por parte de los fanáticos del Estado Islámico en zonas de Siria e Irak. Las guerras de religión continúan extendiendo la ruina y dispersando la prohibición, como la del Dios con pezuña de Elizabeth Barrett Browning, para desconcierto de los sepultureros laicos que creían haber enterrado a los dioses de la sed de sangre hace mucho tiempo.

El pluralismo religioso tiene equivalentes laicos, con historias más o menos igual de largas. Incluso antes de que Franz Boas y sus alumnos empezaran a acumular pruebas del relativismo cultural, surgieron los primeros signos de un posible futuro pluralista en un lugar que antes estaba fuera de la corriente principal. Cuba pareció desfasada durante la mayor parte del siglo XIX: allí continuaba habiendo esclavitud. A menudo se proponía la independencia, pero siempre se posponía. Pero con la ayuda de los yanquis, los revolucionarios de 1898 finalmente atacaron al imperio español y se resistieron a la toma de control de Estados Unidos. En la nueva Cuba soberana, los intelectuales se enfrentaron al problema de sacar a una nación de diversas tradiciones, etnias y pigmentos. Los eruditos, primero el sociólogo blanco Fernando Ortiz y después otros colegas negros, trataban las culturas negras en términos de igualdad con la blanca. Ortiz empezó a apreciar la contribución de los negros a la construcción de su país al entrevistar a los presos en un intento de retratar a los criminales. Casualmente, como hemos visto, en los Estados Unidos y Europa los músicos blancos descubrieron el jazz y los artistas blancos comenzaron a estimar e imitar el arte «tribal». En el África occidental francesa, en la década de 1930, la negritud encontró brillantes portavoces en Aimé Césaire y Léon Damas. Creció y se extendió la convicción de que los negros eran iguales a los blancos —tal vez de alguna manera sus superiores o, al menos, sus predecesores— en todas las áreas de logros tradicionalmente apreciadas en Occidente. El descubrimiento del genio negro estimuló los movimientos de independencia de las regiones colonizadas. Los defensores de los derechos civiles sufrieron y se fortalecieron en Sudáfrica y Estados Unidos, donde a los negros todavía se les negaba la igualdad ante la ley, y dondequiera que persistieran los prejuicios raciales y las formas residuales de discriminación social.[64]

En un mundo donde ningún sistema de valores único podía imponer reverencia universal, las afirmaciones universales de supremacía se desmoronaron. El resultado más evidente de ello fue la retirada de los imperios blancos de África a finales de los años cincuenta y sesenta. La arqueología y la paleoantropología se adaptaron a las prioridades poscoloniales y desenterraron motivos para repensar la historia mundial. La tradición había colocado el Edén, el lugar de nacimiento de la humanidad, en el extremo oriental de Asia. No había ningún lugar al este del Edén. Al situar los primeros fósiles humanos identificables en China y Java, la ciencia del siglo XX parecía confirmar esta arriesgada suposición. Pero era equivocada. En 1959, Louis y Mary Leakey encontraron en la garganta de Olduvai, Kenia, los restos de una criatura humana talladora de herramientas de 1,75 millones de años de antigüedad. Su hallazgo alentó a Robert Ardrey en una idea atrevida: la humanidad había evolucionado de un modo único en África Oriental y se había extendido desde allí al resto del mundo. Aparecieron más antepasados de Kenia y Tanzania. El *Homo habilis*, de gran cerebro, surgió a principios de la década de 1960. En 1984, un esqueleto de un homínido posterior, el *Homo erectus*, mostró que los homínidos de hace un millón de años tenían el cuerpo tan parecido al de los humanos actuales que uno difícilmente parpadearía si compartiera un banco o un viaje en autobús con una aparición de un millón de años. Aún más aleccionadora fue la excavación que Donald Johanson realizó en Etiopía en 1974: llamó a su homínido bípedo de tres millones de años *Lucy*, en alusión a la célebre canción, «Lucy in the Sky with Diamonds» —LSD o ácido lisérgico, que inducía alucinaciones baratas—: así de increíble parecía el descubrimiento en aquel momento. Al año siguiente aparecieron cerca de allí herramientas de basalto de dos millones y medio de años de antigüedad. Siguieron en 1977 las huellas de homínidos bípedos, que databan de 3,7 millones de años. La arqueología parecía reivindicar la teoría de Ardrey. Mientras los europeos se retiraban de África, los africanos desplazaban el eurocentrismo de la historia.

La mayoría de los teóricos del siglo XIX favorecían a los Estados «unitarios», con una religión, etnia e identidad. No obstante, a raíz del imperialismo, el multiculturalismo era esencial para la paz. Las fronteras redibujadas, las migraciones incontenibles y la proliferación de religiones hacían inalcanzable la uniformidad. El racismo anticuado hacía que los proyectos de homogeneización fueran prácticamente irrealizables y moralmente indefendibles. Los Estados que todavía luchaban por conseguir la pureza étnica o la consistencia cultural enfrentaron períodos traumáticos de «limpieza étnica», el eufemismo estándar de finales del siglo XX para senderos de lágrimas y masacre despiadada. Mientras tanto, en las democracias competían las ideologías rivales, donde la única forma de mantener la paz entre ellos era el pluralismo político: admitir en la arena política a partidos con puntos de vista potencialmente irreconciliables, en igualdad de condiciones.

Los grandes imperios siempre han abarcado diferentes

pueblos con formas de vida encontradas. Sin embargo, por lo general cada uno ha tenido una cultura dominante, junto a la cual se tolera a las demás. En el siglo XX, la mera tolerancia ya no sería suficiente. La enemistad alimenta el dogmatismo: solo se puede insistir en la veracidad única de las opiniones propias si un adversario las cuestiona. Si se quieren reunir defensores de reivindicaciones irracionales, se necesita un enemigo al que injuriar y temer. Pero en un mundo de múltiples civilizaciones compuesto por sociedades multiculturales, moldeado por las migraciones masivas y los intercambios intensos de cultura, la enemistad sale cada vez más cara. Hace falta una idea que genere paz y cooperación. Hace falta pluralismo.

En filosofía, pluralismo significa la doctrina según la cual monismo y dualismo (ver págs. 124 y 131) no pueden abarcar la realidad. Esta afirmación, bien documentada en la antigüedad, ha contribuido a inspirar una convicción moderna: que una única sociedad o un único estado pueden acomodar, en términos de igualdad, una pluralidad de culturas —religiones, idiomas, etnias, identidades comunales, versiones de la historia, sistemas de valores. La idea de pluralismo fue creciendo poco a poco y la experiencia real lo citó como ejemplo antes de que nadie lo expresara: casi cada gran estado conquistador e imperio de la antigüedad, desde Sargón en adelante, lo ejemplificaba. La mejor formulación de pluralismo se suele atribuir a Isaiah Berlin, uno de los muchos intelectuales nómadas a quienes las turbulencias del siglo XX dispersó por las universidades del mundo, en su caso desde su Letonia natal hasta un lugar distinguido en las salas comunes de Oxford y los clubes de Londres. «Hay», explicó,

> una pluralidad de valores que los hombres pueden buscar y de hecho buscan, y [...] esos valores difieren. No hay infinidad de ellos: el número de valores humanos, de valores que puedo perseguir mientras mantengo mi apariencia humana, mi carácter humano, es finito: digamos que 74, o quizás 122, o 26, pero finito, sea el que sea. Y la diferencia que supone es que si un hombre persigue uno de esos valores, yo, que no lo hago, puedo entender por qué lo persigue o cómo sería, en sus circunstancias, que me indujeran a perseguirlo. De ahí la posibilidad de la comprensión humana.

Esta forma de ver el mundo difiere del relativismo cultural. El pluralismo, por ejemplo, no tiene que adaptarse a comportamientos detestables, ni a afirmaciones falsas, ni a determinados cultos o credos que uno pueda encontrar desagradables: uno podría excluir el nazismo, por ejemplo, o el canibalismo. El pluralismo no prohíbe las comparaciones de valor: permite discusiones pacíficas sobre qué cultura, caso de haberla, es la mejor. En palabras de Berlin, afirma «que los valores múltiples son objetivos, parte de la esencia de la humanidad y no creaciones arbitrarias de fantasías subjetivas de los hombres». Contribuye a crear sociedades multiculturales concebibles y viables. «Puedo entrar en un sistema de valores que no sea el mío —creía Berlin—. Porque todos los seres humanos deben tener algunos valores comunes [...] y también algunos valores diferentes.»[65]

Irónicamente, el pluralismo tiene que acomodar al antipluralismo, que todavía abunda. Como rechazo al multiculturalismo de los primeros años del siglo XXI, las políticas de «integración cultural» atrajeron votos en los países occidentales, donde la globalización y otros enormes procesos aglutinantes hicieron que la mayoría de las comunidades históricas se pusieran a la defensiva sobre sus propias culturas. En todas partes se hizo más difícil persuadir a los vecinos de culturas encontradas para coexistir pacíficamente. Los Estados plurales parecían divisibles: algunos se separaron violentamente, como Serbia, Sudán e Indonesia; otros experimentaron divorcios pacíficos, como la República Checa y Eslovaquia, o renegociaron los términos de la convivencia, como Escocia en el Reino Unido o Cataluña y Euskadi en España. Aun así, la idea del pluralismo perduró, y es que promete el único futuro práctico para un mundo diverso. Es el único interés verdaderamente uniforme que todos los pueblos del mundo tienen en común. Paradójicamente, quizás el pluralismo sea la única doctrina que nos pueda unir.[66]

Perspectiva de futuro

¿El fin de las ideas?

La memoria, la imaginación y la comunicación, las facultades que generaron todas las ideas abarcadas en este libro hasta ahora, están cambiando bajo el impacto de la robótica, la genética y la socialización virtual. Nuestra experiencia sin precedentes, ¿provocará o facilitará nuevas formas de pensar y nuevos pensamientos? ¿O los impedirá o extinguirá?

Me temo que algunos lectores puedan haber comenzado este libro con ánimo optimista, esperando que la historia fuera progresista y que todas las ideas fueran para bien. La historia no ha confirmado tales expectativas. Algunos de los descubrimientos que se han ido desarrollando capítulo a capítulo son moralmente neutrales: que las mentes importan, que las ideas son la fuerza impulsora de la historia (no el medio ambiente, la economía o la demografía, aunque todas ellas condicionan lo que sucede en nuestra mente); que las ideas, como las obras de arte, son producto de la imaginación. Otras conclusiones trastocan las ilusiones progresistas: muchas buenas ideas son muy antiguas y muchas malas son muy nuevas; las ideas son efectivas no por sus méritos, sino por las circunstancias que las hacen comunicables y atractivas; las verdades son menos potentes que las falsedades que la gente cree; las ideas que surgen de nuestras mentes pueden hacernos parecer locos.

Que Dios me proteja de los diablillos del optimismo, cuyas torturas son más sutiles e insidiosas que las previsibles miserias del pesimismo. El optimismo es casi siempre un traidor. El pesimismo te asegura contra la decepción. Muchas ideas, quizás la mayoría, son malas o engañosas, o ambas cosas. Una razón por la que hay tantas ideas para contar en este libro es que cada idea bien aplicada tiene consecuencias imprevistas que a menudo son negativas y requieren reaccionar pensando más. La web crea ciberguetos en los que las personas afines bloquean o «desagregan» las opiniones que no sean como las suyas: si el hábito se extiende lo bastante, distanciará a los usuarios del diálogo, el debate y la disputa, las preciosas fuentes del progreso intelectual. Los mayores optimistas se calumnian tanto a sí mismos que desafían a la sátira, imaginando un futuro en el que los humanos se hayan diseñado genéticamente a sí mismos para ser inmortales, o descarguen la conciencia en máquinas inorgánicas que protejan nuestras mentes de la descomposición corporal, o pasen zumbando por agujeros de gusano del espacio para colonizar mundos que, hasta ahora, no hemos tenido oportunidad de saquear o dejar inhabitables.[1]

Aun así, hay pesimismo que es excesivo. Según la eminente neurocientífica Susan Greenfield, las perspectivas de futuro del ser humano son desoladoras. La «personalización», dice ella, convierte el cerebro en mente. Depende de los recuerdos no alterados por la tecnología y de la experiencia no trabada por la realidad virtual. Sin recuerdos que sostengan las narraciones que hacemos de nuestras vidas y las experiencias reales que las conforman, dejaremos de pensar en el sentido tradicional de la palabra y volveremos a habitar una fase «reptiliana» de la evolución.[2] Thamus, el personaje de Platón, esperaba unos efectos similares de la nueva tecnología de su tiempo (ver pág. 132) pero sus predicciones demostraron ser prematuras. Tal vez Greenfield tenga razón en la teoría pero, hasta ahora, no es probable que ninguna máquina usurpe nuestra humanidad.

La inteligencia artificial no es lo bastante inteligente o, más exactamente, lo bastante imaginativa o creativa como para hacernos renunciar a pensar. Las pruebas de inteligencia artificial no son lo bastante rigurosas. No hace falta inteligencia para pasar la prueba de Turing, haciéndose pasar por un interlocutor humano, ni para ganar una partida de ajedrez o de conocimientos generales. Sabrá que la inteligencia es artificial solo cuando su sexbot le diga «No». La realidad virtual es demasiado superficial y está demasiado sin pulir como para hacer que muchos de nosotros abandonemos lo real. La modificación genética es lo bastante poderosa en potencia, bajo una élite lo bastante maligna y despótica, como para crear una raza lumpen de esclavos o drones con todas las facultades críticas eliminadas. Pero cuesta ver por qué alguien habría de desear tal desarrollo, fuera de las páginas de la ciencia ficción apocalíptica, o esperar que se cumplieran las condiciones. En cualquier caso, todavía quedaría una clase maestra cognitiva para pensar por la plebe.

Así que, para bien y para mal, seguiremos teniendo nuevos pensamientos, generando nuevas ideas, concibiendo aplicaciones innovadoras. Sin embargo, puedo imaginar el fin de la aceleración característica del nuevo pensamiento de los últimos tiempos. Si mi argumento es correcto y las ideas se multiplican en tiempos de intenso intercambio cultural, mientras que el aislamiento genera inercia intelectual, entonces podemos esperar que la tasa de nuevas ideas descienda si los intercambios disminuyen. Paradójicamente, uno de los efectos de la globalización será la disminución del intercambio, ya que en un mundo perfectamente globalizado el intercambio cultural erosionará la diferencia y hará que todas las culturas se agraden cada vez más. A fines del siglo XX, la globalización era tan intensa que resultaba casi imposible para cualquier comunidad optar por no participar en ella: incluso a los grupos que se aislaban con resolución en las profundidades de la selva amazónica les costaba eludir el contacto o retirarse de la influencia del resto del mundo una vez habían establecido el contacto. Entre las consecuencias estuvieron la aparición de la cultura global, más o menos copiada de los Estados Unidos y de la Europa occidental, con gente en todas partes usando la misma ropa, consumiendo los mismos bienes, practicando la misma política, escuchando la misma música, admirando las mismas imágenes, jugando a los mismos juegos, creando y descartando las mismas relaciones y hablando o tratando de hablar el mismo lenguaje. Por supuesto, la cultura global no ha desplazado a la diversidad. Es como la malla de un apicultor, bajo la cual pulula mucha cultura. Cada episodio aglutinante provoca reacciones, con personas que recurren a la comodidad de la tradición y tratan de conservar o resucitar formas de vida amenazadas o desaparecidas. Pero, a largo plazo, la globalización fomenta y fomentará la convergencia. Los idiomas y dialectos desaparecen o se vuelven temas de las políticas de conservación, como especies en peligro de extinción. La indumentaria y las artes tradicionales se retiran a los márgenes y museos. Las religiones caducan. Las costumbres locales y los valores anticuados mueren o sobreviven como atracciones turísticas.

La tendencia llama la atención porque representa la inversión de la historia humana hasta ahora. Imagine a la criatura que yo llamo conservadora galáctica del museo del futuro contemplando nuestro pasado, mucho después de nuestra extinción, desde una inmensa distancia de espacio y tiempo, con objetividad inaccesible para nosotros, que estamos enredados en nuestra propia historia. Mientras ella arregla en su vitrina virtual lo poco que sobrevive de nuestro mundo, pídale que resuma nuestra historia. Su respuesta será breve, porque su museo es galáctico, y una especie efímera en un planeta menor será demasiado poco importante para fomentar la locuacidad. Puedo oírla decir: «Sois interesantes solo porque vuestra historia fue de divergencia. Otros animales culturales de vuestro planeta lograron poca diversidad. Sus culturas se diferenciaban muy modestamente una de otra. Cambiaron solo un poco con el tiempo. En cambio, vosotros produjisteis en masa nuevos modos de comportamiento, incluido el comportamiento mental, les disteis la vuelta, con una diversidad y rapidez asombrosas». Al menos, lo hicimos hasta el siglo XXI, cuando nuestras culturas dejaron de ser cada vez más diferentes y se volvieron dramáticamente, abrumadoramente convergentes. Tarde o temprano, a juzgar por el presente, tendremos solo una cultura mundial. Así que no tendremos con quién intercambiar e interactuar. Estaremos solos en el universo, a menos y hasta que encontremos otras culturas en otras galaxias y reanudemos el intercambio productivo. El resultado no será el fin de las ideas, sino más bien un retorno a índices normales de pensamiento innovador, como por ejemplo los de los pensadores de los capítulos 1 o 2 de este libro, que luchaban contra el aislamiento y cuyos pensamientos eran relativamente pocos y relativamente buenos.

Notas

Capítulo 1. La mente que surge de la materia: El impulso primario de las ideas

1 Hare, B. y Woods, V., (2013). *Genios. Los perros son más inteligentes de lo que pensamos.* El Azar.

2 Adam, Ch. y Tannery, P., eds. (1897-1913), *Oeuvres de Descartes.* Paris: Cerf, v. pág. 277; VIII, pág. 15.

3 Chomsky, N. (1999), *Aspectos de la teoría de la sintaxis*. Gedis.

4 Dostoievski, F. (2006), *Memorias del subsuelo.* Cátedra.

5 Fuentes, A. (2017), *The Creative Spark: How Imagination Made Humans Exceptional.* Nueva York: Dutton; Matsuzawa, T., «What is uniquely human? A view from comparative cognitive development in humans and chimpanzees», en de Waal, F. B. M. y Ferrari, P. F., eds. (2012), *The Primate Mind: Built to Connect with Other Minds.* Cambridge, MA: Harvard University Press, pp. 288-305.

6 Miller, G. (2000), *The Mating Mind: How Sexual Choice Shaped the Evolution of Human Behaviour.* Londres: Heinemann; Miller, G., Evolution of human music through sexual selection, en Wallin, N. *et al.*, eds. (1999), *The Origins of Music.* Cambridge, MA: MIT Press, pp. 329-60.

7 Bennett, M. R. y Hacker, P. M. S. (2003), *Philosophical Foundations of Neuroscience.* Oxford: Blackwell; Hacker, P. «Languages, minds and brains», en Blakemore, C. y Greenfield, S., eds. (1987), *Mindwaves: Thoughts on Identity, Mind and Consciousness*. Chichester: Wiley, pp. 485-505.

8 Esta fe en su día de moda hoy parece casi extinta. Remito a quienes la conserven *Un pie en el río* (Turner, 2016), y a las referencias que doy en él, o a Tallis, R. (2011), *Aping Mankind: Neuromania, Darwinitis and the Misrepresentation of Humanity.* Durham: Acumen, pp. 163-70.

9 Propuse este relato brevemente en un libro anterior, *Un pie en el río*. El resto de este capítulo versa en su mayoría sobre el mismo tema, con actualizaciones y reformulaciones.

10 Holloway, R. L., «The evolution of the primate brain: some aspects of quantitative relationships», Brain Research, VII (1968), pp. 121-72; Holloway, R. L., «Brain size, allometry and reorganization: a synthesis», en Hahn, M. E., Dudek, B. C. y Jensen, C., eds. (1979), *Development and Evolution of Brain Size*. Nueva York: Academic Press, pp. 59-88.

11 Healy, S. y Rowe, C., «A critique of comparative studies of brain size», Proceedings of the Royal Society, CCLXXIV (2007), pp. 453-64.

12 Agulhon, C. *et al.* (2008), «What is the role of astrocyte calcium in neurophysiology?», *Neuron,* LIX, pp. 932-46; Smith, K. (2010), «Neuroscience: settling the great glia debate», *Nature,* CCCCLXVIII , pp. 150-62.

13 Manger, P. R. *et al.*, «The mass of the human brain: is it a spandrel?», en Reynolds, S. y Gallagher, A., eds. (2012), *African Genesis: Perspectives on Hominin Evolution.* Cambridge: Cambridge University Press, pp. 205-22.

14 Grantham, T. y Nichols, S., «Evolutionary psychology: ultimate explanation and

Panglossian predictions», en Hardcastle, V., ed. (1999), *Where Biology Meets Psychology: Philosophical Essays.* Cambridge, MA: MIT Press, pp. 47-88.

15 Darwin, C. (2008), *Autobiografía.* Biblioteca Darwin, Laetoli.

16 DeCasien, A. R., Williams, S. A. y Higham, J. P., «Primate brain size is predicted by diet but not sociality», *Nature, Ecology, and Evolution*, I (2017), https://www.nature.com/articles/s41559-017-0112 (con acceso el 27 de mayo de 2017).

17 Shultz, S. y Dunbar, R. I. M., «The evolution of the social brain: anthropoid primates contrast with other vertebrates», *Proceedings of the Royal Society*, CCLXXIC (2007), pp. 453-64.

18 Fernández-Armesto, F. (2002), *Civilizaciones: la lucha del hombre por controlar la naturaleza.* Taurus.

19 Ramachandran, V. S., (2012), *Lo que el cerebro nos dice*. Paidós Ibérica.

20 Tomasello, M. y Rakoczy, H., «What makes human cognition unique? From individual to shared to collective intentionality», *Mind and Language*, XVIII (2003), pp. 121-47; Carruthers, P., «Metacognition in animals: a sceptical look», *Mind and Language*, XXIII (2008), pp. 58-89.

21 Roberts, W. A., «Introduction: cognitive time travel in people and animals', Learning and Motivation, XXXVI (2005), pp. 107-109; Suddendorf, T. y Corballis, M., «The evolution of foresight: what is mental time travel and is it uniquely human?», *Behavioral and Brain Sciences*, XXX, (2007), pp. 299-313.

22 Dickinson, N. y Clayton, N. S., «Retrospective cognition by food-caching western scrub-jays», *Learning and Motivation*, XXXVI (2005), pp. 159-76; Eichenbaum, H. *et al.*, «Episodic recollection in animals: "if it walks like a duck and quacks like a duck..."», *Learning and Motivation*, XXXVI (2005), pp. 190-207.

23 Wynne, C. D. L. (2004), *Do Animals Think?.* Princeton and Oxford: Princeton University Press, pág. 230.

24 Menzel, C. R., «Progress in the study of chimpanzee recall and episodic memory», en Terrace, H. S. y Metcalfe, J., eds. (2005), *The Missing Link in Cognition: Origins of Self-Reflective Consciousness*. Oxford: Oxford University Press, pp. 188-224.

25 Trivedi, B. P., «Scientists rethinking nature of animal memory», *National Geographic Today*, 22 de agosto de 2003; Menzil, C. R. y E. W., «Enquiries concerning chimpanzee understanding», en de Waal and Ferrari, eds., *The Primate Mind*, pp. 265-87.

26 Taylor, J. (2009), *Not a Chimp: The Hunt to Find the Genes that Make Us Human* (Oxford: Oxford University Press), pág. 11; S. Inoue, S. y Matsuzawa, T., «Working memory of numerals in chimpanzees», *Current Biology*, XVII (2007), pp. 1004-1005.

27 Silberberg, A. y Kearns, D., «Memory for the order of briefly presented numerals in humans as a function of practice», *Animal Cognition*, XII (2009), pp. 405-407.

28 Schwartz, B. L. *et al.*, «Episodic-like memory in a gorilla: a review and new findings», *Learning and Motivation*, XXXVI (2005), pp. 226-244.

29 Trivedi, «Scientists rethinking nature of animal memory».

30 Martin-Ordas, G. *et al.*, «Keeping track of time: evidence of episodic-like memory in great apes», *Animal Cognition*, XIII (2010), pp. 331-340; Martin-Ordas, G., Atance, C. y A. Louw, «The role of episodic and semantic memory in episodic foresight», *Learning and Motivation*, XLIII (2012), pp. 209-219.

31 Martin, C. F. *et al.*, «Chimpanzee choice rates in competitive games match equilibrium game theory predictions», *Scientific Reports*, 4, artículo núm. 5182, doi:10.1038/srep05182.

32 Yates, F. (2011), *El arte de la memoria*. Madrid: Ediciones Siruela.

33 Danziger, K. (2008), *Marking the Mind: A History of Memory.* Cambridge: Cambridge University Press, pp. 188-197.

34 Schacter, D. R. (2003), *Los siete pecados de la memoria: cómo olvida y recuerda la mente*. Barcelona: Ariel.

35 Arp, R. (2008), *Scenario Visualization: An Evolutionary Account of Creative Problem Solving*. Cambridge, MA: MIT Press.

36 Crosby, A. W. (2002), *Throwing Fire: Missile Projection through* History. Cambridge: Cambridge University Press, pág. 30.
37 Coren, S. (2005), *How Dogs Think*. Nueva York: Free Press, pág. 11; Coren, S. (2014), *¿Sueñan los perros? Casi todo lo que tu perro querría contarte*. Dogalia.
38 Ferrari, P. F. y Fogassi, L., «The mirror neuron system in monkeys and its implications for social cognitive function», en de Waal y Ferrari, eds., *The Primate Mind*, pp. 13-31.
39 Gurven, M. *et al.*, «Food transfers among Hiwi foragers of Venezuela: tests of reciprocity», *Human Ecology*, XXVIII (2000), pp. 175-218.
40 Kaplan, H. *et al.*, «The evolution of intelligence and the human life history», *Evolutionary Anthropology*, IX (2000), pp. 156-184; Walker, R. *et al.*, «Age dependency and hunting ability among the Ache of Eastern Paraguay», *Journal of Human Evolution*, XLII (2002), pp. 639-657, en pp. 653-655.
41 Bronowski, J. (1978), *The Visionary Eye*. Cambridge, MA: MIT Press, pág. 9.
42 Deutscher, G. (2011), *Prisma del lenguaje: cómo las palabras colorean el mundo*. Barcelona: Ariel; Pinker, S. (2012), *El instinto del lenguaje*. Alianza Editorial.
43 Spelke, E. y Hespos, S., «Conceptual precursors to language», *Nature*, CCCCXXX (2004), pp. 453-456.
44 Eco, U. (1998), *Serendipities: Language and Lunacy*. Nueva York: Columbia University Press, pág. 22.
45 Maruhashi, T., «Feeding behaviour and diet of the Japanese monkey (Macaca fuscata yakui) on Yakushima island, Japan», *Primates*, XXI (1980), pp. 141-160.
46 Bonner, J. T. (1982), *La evolución de la cultura en los animales*. Alianza Universidad.
47 de Waal, F. (1993), *La política de los chimpancés*. Madrid: Alianza Editorial.
48 Goodall, J. (1971), *In the Shadow of Man*. Boston: Houghton Mifflin, pp. 112-114.
49 Goodall, J. (1986), *The Chimpanzees of Gombe: Patterns of Behaviour*. Cambridge, MA: Harvard University Press, pp. 424-429.
50 Sapolsky, R. M. y Share, L. J., «A Pacific culture among wild baboons: its emergence and transmission», *Plos Biology*, 13 de abril de 2004, doi:10.1371/journal. Pbio.0020106.

Capítulo 2. Recolectando ideas: El pensamiento antes de la agricultura

1 Leakey, R. y Lewin, R. (1999), *Nuestros orígenes. En busca de lo que nos hace humanos*. Barcelona: Crítica; Renfrew, C. y Zubrow, E., eds., (1994) *The Ancient Mind: Elements of Cognitive Archaeology*. Cambridge: Cambridge University Press.
2 Harris, M. (1989), *Caníbales y reyes*. Alianza Editorial.
3 Corbin, A. (1990), *Le village des cannibales*. París: Aubier.
4 Sanday, P. (1986), *Divine Hunger*. Cambridge: Cambridge University Press, pp. 59-82.
5 Heródoto, *Historia*, libro 3, capítulo 38.
6 Conklin, B. (2001), *Consuming Grief: Compassionate Cannibalism in an Amazonian Society*. Austin: University of Texas Press.
7 Pancorbo, L. (2008), *El banquete humano: una historia cultural del canibalismo*. Madrid: Siglo XXI, pág. 47.
8 Hoffmann, D. L. *et al.*, «U-Th dating of carbonate crusts reveals Neanderthal origins of Iberian cave art», *Science*, CCCLIX (2018), pp. 912-915.
9 Hoffmann D. L. *et al.*, eds., «Symbolic use of marine shells and mineral pigments by Iberian Neanderthals 115 000 years ago», *Science Advances*, IV (2018), núm. 2, doi:10.1126/sciadv.aar5255.
10 Stringer, C. y Gamble, C. (2009), *En busca de los neandertales*. Barcelona: Crítica; Mellars, P. (1996), *The Neanderthal Legacy*. Princeton: Princeton University Press; Trinkaus, E. y Shipman, P. (1993), *The Neanderthals: Changing the Image of Mankind*. Nueva York: Knopf.
11 Gamble, C. (2001), *Las sociedades paleolíticas de Europa*. Barcelona: Ariel Prehistoria.

12 Kant, I. [1785] (2006), *Fundamentación de la metafísica de las costumbres*. Tecnos; y MacIntyre, A. (2006), *Historia de la ética*. Paidós, son fundamentales. Murdoch, I. (2019), *La soberanía del bien*. Taurus, es un estudio sobre el problema de si la moral es objetiva, llevado a cabo por una escritora que en sus maravillosas novelas trata la ambigüedad de la moral.
13 Jung, C. (1995), El *hombre y sus símbolos*. Paidós Ibérica.
14 Fitch, W. T. (2010), *The Evolution of Language*. Cambridge: Cambridge University Press; Pinker, S. y Bloom, P., «Natural language and natural selection», *Behavioral and Brain Sciences*, XIII (1990), pp. 707-784.
15 Goody, J. (1985), *La domesticación del pensamiento salvaje*. Akal.
16 Lévy-Bruhl, L. (1947), *Las funciones mentales en las sociedades inferiores*. B. Aires: Lautaro.
17 Lévi-Strauss, C. (1964) *El pensamiento salvaje*. México, D.F.: S.L. Fondo de cultura económica de España; P. Radin, P. (1960), *El hombre primitivo como filósofo*. Buenos Aires: Eudeba.
18 Marshack, A. (1972), *The Roots of Civilization*. Londres: Weidenfeld.
19 Sahlins, M. (1987), *Economía de la Edad de Piedra*. Akal.
20 Cook, J. (2013), *Ice-Age Art: Arrival of the Modern Mind*. Londres: British Museum Press.
21 Henshilwood, C. *et al.*, «A 100000-year-old ochre-processing workshop at Blombos Cave, South Africa», *Science*, CCCXXXIV (2011), pp. 219-222; Wadley, L., «Cemented ash as a receptacle or work surface for ochre powder production at Sibudu, South Africa, 58000 years ago», *Journal of Archaeological Science*, XXXVI (2010), pp. 2397-2406.
22 Cook, *Ice-Age Art*. *Íbidem*.
23 Las referencias completas se encuentran en: Fernández-Armesto, F., «Before the farmers: culture and climate from the emergence of Homo sapiens to about ten thousand years ago», in Christian, D., ed. (2015) *The Cambridge World History*. Cambridge: Cambridge University Press, I, pp. 313-338.
24 Niven, L., «From carcass to cave: large mammal exploitation during the Aurignacian at Vogelherd, Germany», *Journal of Human Evolution*, LIII (2007), pp. 362-382.
25 Malraux, A. (1974), *La cabeza de obsidiana*. Buenos Aires: Sur, pág. 117.
26 Bandi, H. G. (1961), *The Art of the Stone*. Baden-Baden: Holler; Mithen, S. J. (1990), *Thoughtful Foragers*. Cambridge: Cambridge University Press.
27 Hacker, P. M. S., «An intellectual entertainment: thought and language», *Philosophy*, XCII (2017), pp. 271-296; Armstrong, D. M. (1968), *A Materialist Theory of the Mind*. Londres: Routledge.
28 «Movimiento Brights», https://es.wikipedia.org/wiki/Movimiento_Brights
29 Diderot, D., «Pensées philosophiques», en Assézat, J. y Tourneur, M., ed. (1875), *Oeuvres complètes*. Paris: Garnier, I, pág. 166.
30 Diels, H. y Kranz, W. (1985), *Die Fragmente der Vorsokratiker*. Zurich: Weidmann, Fragmento 177; Cartledge, P. (1999), *Democritus*. Norma.
31 Russell, B. (1978), *Los problemas de la filosofía*. Barcelona, Labor, cap. 1.
32 Douglas, M. (1963), *The Lele of the Kasai*. Londres: Oxford University Press, pp. 210-212.
33 Radin, Paul, *El hombre primitivo como filósofo*. Endeba.
34 Nagel, T. (1980), *Mortal Questions*. Cambridge: Cambridge University Press.
35 Aristóteles, *Acerca del alma*, 411, a7-8.
36 Lewis-Williams, J. D., «Harnessing the brain: vision and shamanism in Upper Palaeolithic western Europe», en Conkey, M. W. *et al.*, eds. (1996), *Beyond Art: Pleistocene Image and Symbol*. Berkeley: University of California Press, pp. 321-342; Lewis-Williams, J. D. y Clottes, J. (2010), *Los chamanes de la prehistoria*. Barcelona: Ariel.
37 Traducción del autor.

38 Codrington, R. H. (1891), *The Melanesians: Studies in Their Anthropology and Folklore.* Oxford: Oxford University Press, introdujo el concepto de maná al mundo y Mauss, M. (1972), *Esbozo de una teoría general de la magia.* Madrid: Tecnos, publicado por primera vez en 1902, lo generalizó.
39 Malinowski, B. (1982), *Magia, ciencia y religión.* Barcelona: Ariel.
40 Hubert, H. y Mauss, M. (2019), *Ensayo sobre la naturaleza y la función del sacrificio.* Waldhuter Editores.
41 Thorndike, L. (1958), *A History of Magic and Experimental Science,* 8 vols. Nueva York: Columbia University Press.
42 Parrinder, G. (1963), *La brujería.* Buenos Aires: Eudeba, es un clásico desde el punto de vista psicológico; Baroja, J. C. (2015), *Las brujas y su mundo.* Alianza editorial, lo es desde el punto de vista antropológico, y pone un énfasis saludable en Europa.
43 Evans-Pritchard, E. E. (1976), *Brujería, magia y oráculos entre los azande.* Anagrama.
44 Levack, B., ed. (1992), *Magic and Demonology,* 12 vols. Nueva York: Garland, recoge grandes contribuciones.
45 Tzvi Abusch, I. (2002), *Mesopotamian Witchcraft: Towards a History and Understanding of Babylonian Witchcraft Beliefs and Literature.* Leiden: Brill.
46 Spaeth, B. S., «From goddess to hag: the Greek and the Roman witch in classical literature», en Stratton, K. B. y Kalleres, D. S., eds., (2014), *Daughters of Hecate: Women and Magic in the Ancient World.* Oxford: Oxford University Press, pp. 15-27.
47 Roper, L. (2004), *Witch Craze: Terror and Fantasy in Baroque Germany.* New Haven: Yale University Press; Baroja, *Las brujas y su mundo.*
48 Parrinder, *La brujería.*
49 Hennigsen, G. (2010), *El abogado de las brujas: brujería vasca e Inquisición española.* Alianza Ensayo.
50 Mar, A. (2015), *Witches of America.* Nueva York: Macmillan.
51 Tengo en mente a G. Zukav (1999), La danza de los maestros de Wu Li. Madrid: Gaia.
52 Lévi-Strauss, C. (2003), *El totemismo en la actualidad* (Madrid: Fondo de Cultura Económica de España; Durkheim, E. (2014), *Las formas elementales de la vida religiosa.* Madrid: Alianza Editorial; Lang, A. (1905) *The Secret of the Totem.* Nueva York: Longmans, Green, and Co.
53 Schele, L. y Miller, M. (1986), *The Blood of Kings: Dynasty and Ritual in Maya Art.* Fort Worth: Kimbell Art Museum.
54 Trinkaus E. *et al.* (2014), *The People of Sungir.* Oxford: Oxford University Press.
55 Flannery, K. y Markus, J. (2012), *The Creation of Inequality.* Cambridge, MA: University Press; Stuurman, S. (2017), *The Invention of Humanity: and Cultural Difference in World History.* Cambridge, MA: Harvard University Press.
56 Sahlins, M. (2017), *Cultura y razón práctica.* Barcelona: Gedisa; Wiessner, P. y Schiefenhövel, W. (2001), *Food and the Status Quest.* Oxford: Berghahn, contrasta la cultura y la ecología como «causas» rivales de la idea de festín; Dietler, M. y Hayden, B. (2001), *Feasts.* Washington DC: Smithsonian, es una magnífica colección de ensayos sobre el tema; Hayden desarrolla su teoría del festín como forma de poder en *The Power of Feasts* (Cambridge: Cambridge University Press, 2014); Jones, M. (2007), *Feast: Why Humans Share Food.* Oxford: Oxford University Press, es una visión genereal arqueológica innovadora.
57 Marshack, A. (1972), *The roots of civilization,* McGraw Hill, es un estudio muy controvertido pero insidiosamente brillante del calendario paleolítico y otras notaciones; K. Lippincott *et al.* (2000), *El tiempo a través del tiempo,* Barcelona: Grijalbo-Mondadori, catálogo de una exposición, es el mejor estudio sobre el tema. Fraser, J. T. (1966), *The Voices of Time,* Nueva York: Braziller, y *Of Time, Passion and Knowledge,* Princeton: Princeton University Press, 1990, son estudios fascinantes sobre los esfuerzos humanos para concebir y mejorar las estrategias de medición del tiempo. Como introducción general, ninguna ha superado a Lindsay, J. (1971), *The Origins of*

Astrology. Londres: Muller, aunque la controvertida obra de J. D. North ha arrojado mucha luz sobre el tema, especialmente *Stars, Minds and Fate*. Londres: Hambledon, 1989. Gauquelin, M. (1969), *Dreams and Illusions of Astrology*. Búffalo: Prometheus, que exponía las pretensiones científicas de la astrología del siglo xx.

58 Platón, Timeo , 47c.

59 Giedion, S. (1995), *El presente eterno: los comienzos del arte*, Alianza Forma, es una introducción estimulante; véase Neumayer, E. (1983), *Prehistoric Indian Rock Paintings*. Delhi: Oxford University Press, para consultar las pruebas de Jaora. Pfeiffer, J. E. (1982), *The Creative Explosion*, Nueva York: Harper and Row, es un intento estimulante de trazar los orígenes del arte y la religión de los pueblos paleolíticos en su búsqueda del orden de su mundo.

60 Whipple, K. *et al.*, eds. (2000), *The Cambridge World History of Food*, 2 vols. Cambridge: Cambridge University Press, II, pp. 1502-1509.

61 Douglas, M. (2007), *Pureza y peligro. Argentina: Nueva visión argentina*, incluye el mejor estudio disponible sobre los alimentos prohibidos; Harris, M. (2011) *Bueno para comer*, Alianza, es una interesante y aguda recopilación de estudios desde una perspectiva materialista.

62 Fernández-Armesto, F. (2003), *Near a Thousand Tables*. New York: Free Press.

63 Lévi-Strauss, C. (1981), *Las estructuras elementales del parentesco*, Paidós Ibérica, es el estudio clásico que, en esencia, ha resistido innumerables ataques; Fox, R. (2004), *Sistemas de parentesco y matrimonio*, Alianza Editorial, es un excelente estudio discrepante; Freud, S. (2011), *Tótem y tabú*, Alianza, que rastreó el origen de la prohibición de incesto hasta la inhibición psicológica, es uno de esos libros siempre dignos de admiración: genial pero equivocado.

64 Polanyi, K. (1976), *Comercio y mercado en los imperios antiguos*. Editorial Labor; Clark, J. G. D. (1986), *Symbols of Excellence*. Nueva York: Cambridge University Press; Leach, J. W. Y E., eds. (1983), *The Kula*, Cambridge: Cambridge University Press, es la mejor guía del sistema insular melanesio.

65 Polanyi, K. (2011), *La gran transformación*. S.L. Fondo de Cultura Económica de España.

66 Pospisil, L. (1967), *Kapauku Papuan Economy*. New Haven: Yale University Press; Malinowski, B. (1975), *Los argonautas del Pacífico occidental*. Península.

67 Helms, M. W. (2014), *Ulysses' Sail*. Princeton: Princeton University Press; Helms, M. W. (1993), *Craft and the Kingly Ideal*. Austin: University of Texas Press.

68 Smith, A., La riqueza de las naciones, libro 1, cap. 4.

Capítulo 3. Mentes establecidas: El pensamiento «civilizado»

1 Chauvet, J. M. (1996), *Dawn of Art*. Nueva York: Abrams; Clottes, J. (2003), *Return to Chauvet Cave: Excavating the Birthplace of Art*. Londres: Thames and Hudson.

2 Quiles, A. *et al.*, «A high-precision chronological model for the decorated Paleolithic cave of Chauvet-Pont d'Arc, Ardèche, France», *Proceedings of the National Academy of Sciences*, CXIII (2016), pp. 4670-4675.

3 Así lo creía Girard, R. (2006), *La violencia y lo sagrado*, Anagrama, que es un clásico excéntrico.

4 H. Hubert, H. y Mauss, M. (2019), *Ensayo sobre la naturaleza y la función del sacrificio*, Waldhuter editores, fijó la agenda para todos los trabajos posteriores. Si se busca un resumen moderno, véase Bourdillon, M. F. C. y Fortes, M., eds. (1980), *Sacrifice*. London: Academic Press. Ralph Lewis, B. (2001), *Ritual Sacrifice*, Stroud: Sutton, proporciona una historia general útil que se concentra en el sacrificio humano.

5 Denham, T. *et al.*, eds. (2016), *Rethinking Agriculture: Archaeological and Ethnographical Perspectives*. Nueva York: Routledge, pág. 117.

6 Originalmente lo sugerí en *Historia de la comida: alimentos, cocina y civilización*, Tusquets (2004). Posteriormente se ha puesto a prueba la hipótesis en numerosas

ocasiones sin resultados concluyentes, aunque sí sugerentes. Véase por ejemplo Lubell, D. «Prehistoric edible land snails in the Circum-Mediterranean: the archaeological evidence», en Brugal, J. J. y Desse, J., eds. (2004), *Petits animaux et sociétés humaines: Du complément alimentaire aux ressources utilitaires* (XXIVe rencontres internationales d'archéologie et d'histoire d'Antibes), Antibes: APDCA, pp. 77-98; Colonese, A. C. *et al.*, «Marine mollusc exploitation in Mediterranean prehistory: an overview», *Quaternary International*, CCXXXIV (2011), pp. 86-103; Lubell, D., «Are land snails a signature for the Mesolithic-Neolithic transition in the Circum-Mediterranean?», en Budja, M., ed., *The Neolithization of Eurasia: Paradigms, Models and Concepts Involved*, Neolithic Studies 11, Documenta Praehistorica, XXI (2004), pp. 1-24.

7 Rindos, D. (1990), *Los orígenes de la agricultura. Una perspectiva evolucionista.* Barcelona: Bellaterra ediciones; Harlan, J. (1995), *The Living Fields: Our Agricultural Heritage*. Cambridge: Cambridge University Press, pp. 239-240.

8 Coppinger, R. and L. (2018), *Perros: una nueva interpretación sobre su origen, comportamiento y evolución*. Santiago de Compostela: Ateles; Hassett, B. (2017), *Built on Bones: 15000 Years of Urban Life and Death*. London: Bloomsbury, pp. 65-66.

9 Cohen, M. N. (1994), *Crisis alimentaria de la prehistoria. La superpoblación y los orígenes de la agricultura*. Madrid: Alianza editorial; Boserup, E. (1967), *Las condiciones del desarrollo en la agricultura. La economía del cambio agrario bajo la presión demográfica.* Tecnos.

10 Sauer, C. O. (1952), *Agricultural Origins and Dispersals*. Nueva York: American Geographical Society.

11 Darwin, C. (2008), *La variación de los animales y las plantas bajo domesticación*. Madrid: Consejo Superior de Investigaciones Científicas; Los libros de la Catarata.

12 F. Trentmann, ed. (2014), *The Oxford Handbook of the History of Consumption*. Oxford: Oxford University Press.

13 Hayden, B., «Were luxury foods the first domesticates? Ethnoarchaeological from Southeast Asia», *World Archaeology*, XXXIV (1995), pp. 458-469; Hayden, B., «A new overview of domestication», en Price, T. D. y Gebauer, A., eds. (2002), *Last Hunters-First Farmers: New Perspectives on the Prehistoric Transition to Agriculture*. Santa Fe: School of American Research Press, pp. 273-299.

14 Jones, M., *Feast: Why Humans Share Food*; Jones, M., «Food globalisation in prehistory: the agrarian foundations of an interconnected continent», *Journal of the British Academy*, IV (2016), pp. 73-87.

15 Mead, M., «Warfare is only an invention - not a biological necessity», en Hunt, D., ed. (1990), *The Dolphin Reader.* Boston: Houghton Mifflin, pp. 415-421.

16 Keeley, L. H. (1996), *War Before Civilization*. Oxford: Oxford University Press, presenta una imagen irresistiblemente convincente de la violencia en el pasado remoto de la raza humana.

17 Montgomery, B. L. (1969), *Historia del arte de la guerra*. Madrid: Aguilar.

18 Vasquez, J. A., ed. (1994), *Relaciones internacionales. El pensamiento de los clásicos,* México: Limusa, contiene textos esenciales. Ardrey, R. (1966), *The Territorial Imperative,* Nueva York: Atheneum, y Lorenz, K. (1972), *Sobre la agresión. El pretendido mal,* Madrid: Siglo XXI, son los clásicos sobre la biología y la sociología de la violencia. Keegan, J. (2013), *Historia de la guerra,* Turner, y Haas, J., ed. (1990), *The Anthropology of War,* Cambridge: Cambridge University Press, ponen las pruebas en un contexto amplio.

19 Wrangham, R. y Glowacki, L., «Intergroup aggression in chimpanzees and war in nomadic hunter-gatherers», *Human Nature,* XXIII (2012), pp. 5-29.

20 Keeley, *War Before Civilization*, p. 37; Otterbein, K. F. (2004), *How War Began*. College Station: Texas A. and M. Press, pp. 11-120.

21 Mirazón Lahr, M. *et al.*, «Inter-group violence among early Holocene hunter-gatherers of West Turkana, Kenya», *Nature,* DXXIX (2016), pp. 394-398.

22 Meyer, C. *et al.*, «The massacre mass grave of Schöneck-Kilianstädten reveals new insights into collective violence in Early Neolithic Central Europe», *Proceedings of the National Academy of Sciences*, CXII (2015), pp. 11217-11222; Keeley, L. y Golitko, M., «Beating ploughshares back into swords: warfare in the Linearbandkeramik», *Antiquity*, LXXXI (2007), pp. 332-342.
23 Harlan, J. (1992), *Crops and Man*, Washington, DC: American Society of Agronomy, pág. 36.
24 Butzer, K. (1976), *Early Hydraulic Civilization in Egypt: A Study in Cultural Ecology*. Chicago: University of Chicago Press.
25 Thomas, K., ed. (2001), *The Oxford Book of Work*, Oxford: Oxford University Press, es una antología en todo momento entretenida y estimulante. Sahlins, *Economía de la Edad de Piedra*, definió el concepto de abundancia paleolítica. Si hablamos de la transición hacia la agricultura y sus efectos sobre las rutinas de trabajo, cabe destacar a Harlan, Crops and man.
26 Aristóteles, Política, 1.3.
27 King, L. W., ed. (1902), *The Seven Tablets of Creation*, London: Luzac, I, pág. 131.
28 Mumford, L. (2018), *La cultura de las ciudades*, Logroño: Pepitas de calabaza, es un clásico indispensable. Hall, P. (1999), *Cities in Civilization*, Londres: Phoenix, es básicamente una colección de casos prácticos. Si se desea ahondar en las ciudades sumerias, véase Leick, G. (2002), *Mesopotamia. La invención de la ciudad*. Paidós Ibérica. *Civilizaciones*, de Fernández-Armesto, es un amplio resumen moderno. Clark, P., ed. (2013), *The Oxford Handbook of Cities in World History*, Oxford: Oxford University Press, es un estudio casi completo. *Built on Bones*, de Hassett, pasa al galope por los desastres que se autoinfligían las poblaciones urbanas.
29 Aristóteles, Política, 3.10.
30 Dalley, S., ed. (1989), *Myths from Mesopotamia: Creation, the Flood, Gilgamesh, and Others*. Oxford: Oxford University Press, pág. 273.

31 Mann, M. (1991), *Las fuentes del poder social*, vol. 1, Alianza Editorial, ofrece una perspectiva original de los orígenes del Estado desde el punto de vista de un sociólogo con formación histórica. Earle, T. K. (1991), Chiefdoms. Nueva York: Cambridge University Press, recoge algunas disertaciones útiles.
32 Para una interpretación binarista del arte prehistórico, véase Leroi-Gourham, A. (1968), *Prehistoria del arte occidental*. Editorial Gustavo Gili.
33 Melanipo el sabio, en August Nauck, ed. (1854), *Euripidis Tragoediae superstites et deperditarum fragmenta*. Leipzig: Teubner, fragmento 484; Guthrie, W. H. C. (2012), *Historia de la filosofía griega*, I. Gredos.
34 Aristóteles, Física, 3.4, 203b.
35 Diels y Kranz, *Fragmente*, II, fragmento 8.36-37.
36 Fernández-Armesto (1999), *Historia de la verdad y una guía para perplejos*. Barcelona: Herder.
37 Zhuangzi Fung Yu-Lan (1952), *A History of the Chinese Philosophers*, trad. de D. Bodde. Princeton: Princeton University Press, 1952), I, pág. 223.
38 Van Nordern, B. W. (2011), *Introduction to Classical Chinese Philosophy*. Indianapolis: Hackett, pág. 104.
39 Hamlyn, D. W. (1984), *Metaphysics*, Cambridge: Cambridge University Press, es una introducción útil. Si se desean algunos textos clave, véase: Deutsch, E. y van Buitenen, J. A. B. (1971), *A Source Book of Vedanta*. Honolulu: University Press of Hawaii. Fodor, J. y Lepore, E. (1992), *Holism: A Shopper's Guide*, Oxford: Blackwell, da con muchas implicaciones filosóficas y prácticas.
40 Evans-Pritchard, *Brujería, magia y oráculos entre los azande*, es el caso práctico antropológico que marca la pauta. Loewe M. y Blacker, C. (1981), *Oracles and Divination*, London: Allen and Unwin, abarca un abanico amplio de culturas antiguas. Morgan, C. (1990), *Athletes and Oracles*, Cambridge: Cambridge University Press, es un estudio pionero magnífico sobre los oráculos de la antigua Grecia. Sobre las

últimas etapas de China, véase Fu-Shih Lin, «Shamans and politics», en Lagerwey, J. y Pengzhi, Lü, eds. (2010), *Early Chinese Religion*. Leiden: Brill, I, pp. 275-318.
41 Breasted, J. (1906), *Ancient Records of Egypt*. Chicago: University of Chicago Press, IV, pág. 55.
42 Pritchard, J. B., ed. (1966), *La sabiduría del Antiguo Oriente: antología de textos e ilustraciones*. Barcelona: Garriga D.L., pág. 433; Lichtheim, M. (1976), *Ancient Egyptian Literature: A Book of Readings*, II: The New Kingdom. Berkeley: University of California Press.
43 Breasted, *Ancient Records of Egypt*, I, pág. 747.
44 Pritchard, ed., *La sabiduría del Antiguo Oriente: antología de textos e ilustraciones*.
45 Roux, P. (1984), *La religion des turcs et mongols*. Paris: Payot, pp. 110-124; Grousset, R. (1991), *El imperio de las estepas*, Madrid: Editorial Edaf, continúa imbatido en lo tocante a Asia Central, y en la actualidad se ve complementado por McLynn, F. (2015), *Genghis Khan*. Boston: Da Capo, y Sinor, D. *et al.*, eds (1999, 2015), *The Cambridge History of Inner Asia*, 2 vols. Cambridge: Cambridge University Press.
46 Platón, *Fedro*, 274e-275b.
47 Goody, J. (1987), *The Interface between the Written and the Oral*, Cambridge: Cambridge University Press, es un clásico; Derrida, J. (2003), *De la gramatología*, México: Siglo XXI, se dedica al problema de qué es la escritura; Havelock, E. A. (2008), *La musa aprende a escribir*, Barcelona: Paidós Ibérica, ofrece una visión general; Yates, *El arte de la memoria*, es fascinante en lo tocante a mnemotecnia.
48 Kramer, S. N. (1963), *The Sumerians*. Chicago: University of Chicago Press, pp. 336-341; Steele, F. R., «The Code of Lipit-Ishtar», *American Journal of Archeology*, LII (1948).
49 Pritchard, J. B. (1976), *La arqueología y el Antiguo Testamento*. Buenos Aires: Eudeba. Richardson, M. E. J. (2004), *Hammurabi's Laws*, Londres: Bloomsbury, es un buen estudio sobre el texto. Saggs, E. (2000), *The Babylonians*, Berkeley: University of California Press, y Oates, J. (1989), *Babilonia*, Barcelona: Martínez Roca, son informes magníficos del trasfondo histórico.
50 Pritchard, J. B., ed. (1969), *Ancient Near Eastern Texts Relating to the Old Testament*. Princeton: Princeton University Press, pp. 8-9; Frankfort, H. *et al.* (1946), *The Intellectual Adventure of Ancient Man*. Chicago: University of Chicago Press, pp. 106-108; Goff, B. L. 1979), *Symbols of Ancient Egypt in the Late Period*. The Hague: Mouton, pág. 27.
51 Shijing, 1.9 (Odas of Wei), 112.
52 Needham, J. (1956), *Science and Civilisation in China*. Cambridge: Cambridge University Press, II, pág. 105.
53 Pritchard, ed., *La sabiduría del Antiguo Oriente: antología de textos e ilustraciones*, pp. 431-434; Lichtheim, *Ancient Egyptian Literature: A Book of Readings, II: The New Kingdom*, pp. 170-179.
54 *Mahabharata*, libro 3, sección 148.
55 Watson, B., ed. (2013), *The Complete Works of Zhuangzi*. Nueva York: Columbia University Press, pp. 66, 71, 255-256.
56 Ovidio, *Metamorfosis*, libro 1, versos 89-112.
57 Dworkin, R. (2013), *Una cuestión de principios*, Buenos Aires: Siglo XXI Editora Iberoamericana, y Walzer, M. (2016), *Las esferas de la justicia*, México D.F.: Fondo de Cultura Económica, tratan la igualdad desde la perspectiva de la jurisprudencia. Por su parte, Nozick, R. (2015), *Anarquía, Estado y utopía*, Innisfree, y Hayek, F. (1998), *Los fundamentos de la libertad*, Madrid: Unión Editorial S. A., adoptan el enfoque de la filosofía política.
58 Evans, J. D. (1971), *Prehistoric Antiquities of the Maltese Islands*, London: Athlone Press, publicó las pruebas de Tarxien. La interpretación feminista fue postulada por Stone, M. (1976), *When God Was a Woman*, Nueva York: Barnes Noble, M. Gimbutas (1991), *The Civilization of the Goddess*, San Francisco: Harper, y Gaddon, E.

W. (1989), *The Once and Future Goddess*, N. York: Harper. Para más pruebas, véase Walker, B. G. (1988), *The Woman's Dictionary of Symbols and Sacred Objects*, Londres: HarperCollins. Warner, M. (1976), *Alone of All Her Sex*, Londres: Weidenfeld and Nicolson, vincula el culto a la virgen María cristiana con la idea de diosa.

59 Nietzsche, F. (2011), *El anticristo*, cap. 48; F. Nietzsche, *The Anti-Christ, Ecce Homo, Twilight of the Idols and Other Writings*, Ridley, A. y Norman, J., eds. (2005), Cambridge: Cambridge University Press, pág. 46.

60 Lichtheim, *Ancient Egyptian Literature: A Book of Readings, I: The Old and Middle Kingdoms*, pág. 83; Gunn, B. G. (1906), *The Wisdom of the East, the Instruction of Ptah-Hotep and the Instruction of Ke'gemni: The Oldest Books in the World*. Londres: Murray, cap. 19.

61 Most, G. W., ed. (2006), *Hesiod, Theogony, Works and Days, Testimonia*. Cambridge: Cambridge University Press, pp. 67, 80-82.

62 Richardson, *Hammurabi's Laws*, pp. 164-180.

63 M. Ehrenberg (1989), *Women in Prehistory*, Norman: University of Oklahoma Press, es la mejor introducción a las pruebas arqueológicas. Bridenthal, R. *et al.*, eds. (1994), *Becoming Visible*, Nueva York: Houghton Mifflin, es una colección pionera sobre el redescubrimiento de la historia de la mujer. Sobre el contexto de las estatuillas de Harappan, Allchin, B. y R. (1982), *The Rise of Civilization in India and Pakistan*, Cambridge: Cambridge University Press, es la obra habitual. No existe ningún buen estudio general sobre el matrimonio. A partir de Elman, P., ed. (1967), *Jewish Marriage*. Londres: Soncino Press; Rauf, M. A. (1977), *The Islamic View of Women and the Family*. Nueva York: Speller; y Yalom, M. (2003), *Historia de la esposa*. Barcelona: Salamandra, se puede obtener un resumen comparativo selectivo.

64 Frankfort *et al.*, *The Intellectual Adventure*, pág. 100.

65 Churchill, W. (2003), *La guerra del Nilo: Crónica de la reconquista de Sudán*. Turner.

66 Las obras clásicas son Breasted, J. H. (1912), *Development of Religion and Thought in Ancient Egypt*. Nueva York: Scribner, y Watt, W. M. (1948), *Freewill and Predestination in Early Islam*. Londres: Luzac and Co. Para una perspectiva sobre varios tipos de pensamiento determinista, véase van Inwagen, P. (1983), *An Essay on Free Will*. Oxford: Clarendon Press.

67 Edwards, I. E. S. (2003), *Las pirámides de Egipto*. Barcelona: Crítica.

68 Texto de las pirámides 508. La traducción al inglés que cito es de Faulkner, R. O., ed. (1969), *The Ancient Egyptian Pyramid Texts*. Oxford: Oxford University Press. En la presente edición se ha traducido al castellano.

69 Pritchard, ed., *La sabiduría del Antiguo Oriente: antología de textos e ilustraciones*, pág. 36.

70 Frankfort *et al.*, *The Intellectual Adventure*, pág. 106.

71 Taylor, R. (1970), *Good and Evil*, Nueva York: Prometheus, es una instroducción general. Pritchard, ed., *La sabiduría del Antiguo Oriente: antología de textos e ilustraciones*, aporta un abanico fascinante de documentos. Frankfort, H. *et al.* (1946), *Before Philosophy*, Chicago: University of Chicago Press, es un estudio muy reflexivo sobre la ética antigua. O'Flaherty, W. D. (1976), *Origins of Evil in Hindu Mythology*, Delhi: Motilal Banarsidass, es un caso práctico interesante.

72 Mascaró, J, (1973), *Los Upanishads*, México: Ed. Diana, es una selección brillantemente traducida y accesible.

73 Buck, W., ed. (1973), *Mahabharata*. Berkeley: University of California Press, pág. 196.

74 En el contexto de la Teología Menfita, véase Quirke, S. (2004), *La religión del Antiguo Egipto*. Oberon.

75 Pritchard, ed., *La sabiduría del Antiguo Oriente: antología de textos e ilustraciones*.

76 Swami Nikhilānanda (1949), *The Upanishads: Katha, Iśa, Kena, and Mundaka*. Nueva York: Harper.

77 Price, H. H. (1953), *Thinking and Experience*, Cambridge, MA: Harvard University Press, es una buena introducción al problema de lo que significa pensar. Ryle, G. (1979), *On Thinking*, Oxford: Blackwell, propuso una famosa solución: el pensamiento es solo actividad física y química que se da en el cerebro. Cf. pp. 4-17 de la obra.

Capítulo 4. Los grandes sabios: los primeros pensadores conocidos

1 Collins, R. (2009), *La sociología de las filosofías: una teoría global del cambio intelectual*. Hacer; Guthrie, *Historia de la filosofía griega*; y Needham, *Science and Civilisation in China*, son obras de varios volúmenes con un alcance impresionante que siguen la relación entre estilos de pensamiento en las civilizaciones; Lloyd, G. E. R. (2008), *Las aspiraciones de la curiosidad*, Siglo XXI, y Lloyd, G. E. R. y Sivin, N. (2002), *The Way and the Word*, New Haven: Yale University Press, comparan el pensamiento griego y el chino directamente con la ciencia.
2 Coward, H. (1988), *Sacred Word and Sacred Text*. Maryknoll: Orbis, y Denny, F.M. y Taylor, R. L., eds., (1985), *The Holy Book in Comparative Perspective*. Columbia: University of South Carolina Press.
3 Cowell, E. B., ed. (1895-1913), *The Jataka or Stories of the Buddha's Former Birth*, 7 vols. Cambridge: Cambridge University Press, I, pp. 10, 19-20; II, pp. 89-91; IV, pp. 10-12, 86-90.
4 Hasan, H. (1928), *A History of Persian Navigation* (London: Methuen and Co., 1928), pág. 1.
5 Potts, D. T. (1991), *The Arabian Gulf in Antiquity*. Oxford: Oxford University Press.
6 Hirth, F., «The story of Chang K'ien, China's pioneer in Western Asia», *Journal of the American Oriental Society*, XXXVII (1917), pp. 89-116; Ban Gu (Pan Ku), «The memoir on Chang Ch'ien and Li Kuang-Li», en Hulsewe, A. F. P. (1979), *China in Central Asia - The Early Stage: 125 B.C.-A.D. 23*. Leiden: E. J. Brill, pp. 211, 219.
7 Mair, V. H., «Dunhuang as a funnel for Central Asian nomads into China», en Seaman, G., ed. (1989), *Ecology and Empire: Nomads in the Cultural Evolution of the Old World*. Los Ángeles: University of Southern California, pp. 143-163.
8 Whitfield, R., Whitfield, S. y Agnew, N. (2000). *Cave Temples of Mogao: Art and History on the Silk Road*. Los Ángeles: Getty Publications, 2000), pág. 18.
9 West, M. L., ed. (2010), *The Hymns of Zoroaster*. London: Tauris, 2010.
10 Seyfort Ruegg, D., «A new publication on the date and historiography of the Buddha's decease», *Bulletin of the School of Oriental and African Studies*, LXII (1999), pp. 82-87.
11 Bhandarkar, D. R. (1925), *Asoka*. Calcuta: University of Calcutta, pp. 273-336.
12 Dodds, E. R. (2019), *Los griegos y lo irracional*. Alianza editorial.
13 Dao De Jing, parte 2, 78.1.
14 Gale, R. M. (1976), *Negation and Non-being*, Oxford: Blackwell, es una introducción filosófica. Barrow, J. D. (2012), *El libro de la nada*, Barcelona: Planeta, es fascinante, de amplio alcance y bueno sobre la ciencia y la matemática del cero. Kaplan, R. (2004), *Una historia natural del cero. La nada que existe*, México: Océano, plantea un acercamiento cautivador, claro y directo a las matemáticas implicadas.
15 Mehta, R. (1970), *The Call of the Upanishads*. Delhi: Motilal Banarsidas, pp. 237-238, 418.
16 Dancy, R. M. (1991), *Two Studies in the Early Academy*. Albany: SUNY Press, pp. 67-70.
17 Atkins, P. (2011), *On Being: A Scientist's Exploration of the Great Questions of Existence*. Oxford: Oxford University Press, pág. 17. Debo una referencia a Shortt, R. (2016), *God is No Thing*. Londres: Hurst, pág. 42; Turner, D. (2013) *Thomas Aquinas: A Portrait*. New Haven: Yale University Press, pág. 142.

18 Smith, D. L. (1997), *Folklore of the Winnebago Tribe*. Norman: University of Oklahoma Press, pág. 105.
19 Cupitt, D. (1990), *Creation out of Nothing*, Londres: SCM Press, es una obra revisionista hecha por un teólogo cristiano. Ward, K. (1996), *Religion and Creation*, Oxford: Clarendon Press, plantea un punto de vista comparativo que sorprende. Atkins, P. (2018), *Conjuring the Universe: The Origins of the Laws of Nature*, Oxford: Oxford University Press, intenta ofrecer una explicación materialista.
20 Miles, J. (1996), *Dios, una biografía*. Barcelona: Planeta.
21 Evans-Pritchard, E. E., «Nuer time-reckoning», *Africa: Journal of the International African Institute*, XII (1939), pp. 189-216.
22 Gould, S. J. (1992), *La flecha del tiempo: mitos y metáforas en el descubrimiento del tiempo geológico*, Madrid: Alianza, es un estudio brillante del tema, con menciones especiales a la geología moderna y a la paleontología. Whitrow, G. J. (1990), *El tiempo en la historia*, Barcelona: Crítica, y Brandon, S. F. G. (1965), *History, Time and Deity*, Mánchester: Manchester University Press, son excelentes estudios comparativos de los conceptos de tiempo de diferentes culturas. Lippincott *et al.*, *El tiempo a través del tiempo* es un estudio completo de teorías sobre el tiempo.
23 Armstrong, K. (2006), *Una historia de Dios*, Paidós Ibérica, es un estudio de gran alcance de la historia del concepto. Goodman, L. E. (1996), *God of Abraham*, Oxford: Oxford University Press, y Gnuse, R. K. (1997), *No Other Gods*, Sheffield: Sheffield Academic Press, son estudios sobre los orígenes del concepto judío. Smith, M. S. (2001), *The Origins of Biblical Monotheism*, Oxford: Oxford University Press, es una controvertida versión revisionista este tema.
24 Dodds, M. J. (1986), *The Unchanging God of Love*, Fribourg: Editions Universitaires, es un estudio de la doctrina tal como la dio Tomás de Aquino. Los Mozi, colección cuya autoría se atribuye al maestro del mismo nombre, está disponible en muchas ediciones, la más reciente de las cuales es Burton-Watson, D., ed. (2003), *Mozi: Basic Writings*, Nueva York: Columbia University Press.
25 Cole, G. D. H., ed. (1950), *The Essential Samuel Butler*. Londres: Cape, pág. 501.
26 Frankfort *et al.*, *The Intellectual Adventure*, pág. 61.
27 Fitzgerald, C. P. (1961), *China: A Short Cultural History*. Cambridge: Cambridge University Press, pág. 98.
28 Plantinga, A., «Free will defense», en Black, M., ed. (1965), *Philosophy in America*. Ithaca: Cornell University Press; Plantinga, A. (1978), *God, Freedom and Evil*. La Haya: Eerdmans.
29 Fernández-Armesto, F., «How to be human: an historical approach», en Jeeves, M., ed. (2010), *Rethinking Human Nature*, Cambridge: Eerdmans, pp. 11-29.
30 Needham, *Science and Civilisation in China*, II, pág. 23.
31 Russell, B. (2010), *Historia de la filosofía occidental*. Barcelona: Espasa Libros.
32 Véase, por ejemplo, Benton, T. (1993), *Natural Relations*. Londres: Verso; Frey, R. G. (1980), *Interests and Rights: The Case Against Animals*. Oxford: Oxford University Press; Midgley, M. (1980), *Bestia y hombre*. Fondo de Cultura Económica de España; P. Singer (2011), *Liberación animal*. Taurus.
33 Weber, A. (1849), *The Çatapatha-Brāhmaṇa in the Mādhyandina-Çākhā, with Extracts from the Commentaries of Sāyaṇa, Harisvāmin and Dvivedānga*. Berlín, I, 3.28.
34 Platón, *La República*, 514a-520a.
35 *Ibíd.*, 479e.
36 Needham, *Science and Civilisation in China*, II, pág. 187.
37 Fernández-Armesto, F., *Historia de la verdad y una guía para perplejos* coloca el relativismo en el contexto de una historia conceptual de la verdad. Scruton, R. (2013), *Breve historia de la filosofía moderna*, RBA Libros, es una defensa fuertemente argumentada contra el relativismo. La apología moderna del relativismo más sofisticada es Rorty, R. (1996), *Objetividad, relativismo y verdad*. Barcelona: Paidós Ibérica.
38 Needham, *Science and Civilisation in China*, II, pág. 49.

39 Putnam, H. (1988), *Razón, verdad e historia*. Tecnos.
40 Burkert, W. (1972), *Lore and Science in Early Pythagoreanism*, Cambridge, MA: Harvard University Press, es un estudio estimulante; Benacerraf, P. y Putnam, H., eds. (1983), *Philosophy of Mathematics*, Cambridge: Cambridge University Press, y Bigelow, J. (1988), *The Reality of Numbers*, Oxford: Oxford University Press, son guías claras y comprometidas del trasfondo filosófico del pensamiento matemático.
41 Russell, *Historia de la filosofía occidental*.
42 Needham, *Science and Civilisation in China*, II, pág. 82.
43 Russell, *Historia de la filosofía occidental*.
44 Needham, *Science and Civilisation in China*, II, pág. 191.
45 Guthrie, *Historia de la filosofía griega*, II, es la gran autoridad: exhaustivo y muy entretenido; Platón, *Parménides*, es el diálogo que definió el debate; Dodds, *Los griegos y lo irracional*, fue una exposición pionera de los límites del racionalismo griego.
46 Lee, H. D. P. (1936), *Zeno of Elea*. Cambridge: Cambridge University Press; Barnes, J. (1992), *Los presocráticos*. Madrid: Cátedra.
47 Guthrie, W. H. C. (1981), *Aristotle*, Cambridge: Cambridge University Press, describe magníficamente el «encuentro» del autor con el pensamiento de Aristóteles.
48 Bochenski, J. M. (1985), *Historia de la lógica formal*, Madrid: Gredos, es una introducción excelente; J. Lukasiewicz (1977), *La silogística de Aristóteles*, Tecnos, es una valiosa exposición técnica; Habsmeier, C. (1998) *Science and Civilisation in China*, Cambridge: Cambridge University Press, VII, pág. 1, ayuda a establecer la lógica griega en su contexto global.
49 Needham, *Science and Civilisation in China*, II, pág. 72.
50 *The Analects of Confucius* (1938), traducción al inglés de A. Waley. Londres: Allen and Unwin, pág. 216.
51 Needham, *Science and Civilisation in China*, II, pág. 55.
52 Crombie, A. (1994), *Styles of Scientific Thinking in the European Tradition*, Londres: Duckworth, es una cantera poco manejable pero de inestimable valor sobre la tradicción occidental. Del mismo autor, (1996) *Science, Art and Nature in Medieval and Modern Thought*, Londres: Hambledon Press, sigue la pista de la tradición desde la época medieval.

53 Sivin, N. (1995), *Medicine, Philosophy and Religion in Ancient China*, Aldershot: Variorum, es una valiosa colección de ensayos sobre los vínculos entre el tao y la ciencia. Capra, F. (2000), *El tao de la física*, Sirio, es una obra inconformista pero influyente que argumenta a favor de que se haga una interpretación taoísta de la física cuántica moderna.
54 Longrigg, J. (1998), *Greek Medicine*, Londres: Duckworth, es un libro de referencia útil. Cantor, D., ed. (2001), *Reinventing Hippocrates*, Farnham: Ashgate, es una colección de ensayos estimulante. Sobre la historia de la medicina en general, ver Porter, R. (1999), *The Greatest Benefit to Mankind*, N. York: W. W. Norton, es un relato amplio, ameno y entretenidamente irreverente.
55 Needham, *Science and Civilisation in China*, II, pág. 27.
56 Rothman, D. J., Marcus, S. y Kiceluk, S. A. (1995), *Medicine and Western Civilization*. New Brunswick: Rutgers University Press, pp. 142-143.
57 Giles, L., ed. (1912), *Taoist Teachings*, traducido al inglés del *Book of Lieh-Tzü*. Londres: Murray), pág. 111.
58 Para una crítica del ateísmo, véase Maritain, J. (1959), *El alcance de la razón*. Buenos Aires: Emecé. Entre las apologías clásicas están Feuerbach, L. (1984), *Principios de la filosofía del futuro y otros escritos*, Barcelona: Humanitas; y Russell, B. (2007), *Por qué no soy cristiano*. Barcelona: Edhasa. Thrower, J. (1999), *Western Atheism: A Short History*, Amherst: Prometheus Books, es una introducción clara y concisa.
59 Guthrie, W. K. C. (2007), *Los filósofos griegos. De Tales a Aristóteles*. México: S.L. Fondo de Cultura Económica de España, pág. 63.
60 Goulet-Cazé, M. O., «La religión y los primeros cínicos», en Bracht-Brahman, R. y

Goulet-Cazé, M. O., eds. (2000), *Los cínicos. El movimiento cínico en la antigüedad y su legado.* Barcelona: Seix Barral, pág. 69.

61 Haillie, P. P., ed. (1985), *Sextus Empiricus: Selections from His Major Writings on Scepticism, Man and God.* Indianapolis: Hackett, pág. 189.

62 De Bary, W. T. *et al.*, eds. (1958), *Sources of Indian Tradition,* 2 vols. Nueva York: Columbia University Press, II, pág. 43.

63 Gerson, L., ed. (1994), *The Epicurus Reader,* Nueva York: Hackett, recoge los textos principales. Jones, H. (1992), *The Epicurean Tradition,* Londres: Routledge, rastrea la influencia de Epicúreo en la época moderna. Furley, D. J. (1987), *The Greek Cosmologists,* vol. 1, Cambridge: Cambridge University Press, es la obra base sobre los orígenes griegos de la teoría atómica. Chown, M. (2000), *The Magic Furnace,* Londres: Vintage, es una alegre historia popular de la teoría atómica. Luthy, C. *et al.*, eds. (2001), *Late Medieval and Early Modern Corpuscular Matter Theories,* Leiden: Brill, es una colección erudita fascinante que llena el hueco entre las teorías atómicas antigua y moderna.

64 Needham, *Science and Civilisation in China,* II, pág. 179.

65 Fitzgerald, C. P. (1959), *China: A Short Cultural History.* Londres: Cresset, pág. 86.

66 Mathieson, P., ed. (1916), *Epictetus: The Discourses and Manual.* Oxford: Oxford University Press, pp. 106-107; Russell, *Historia de la filosofía occidental.*

67 Long, A. A. (1997), *La filosofía helenística,* Madrid: Alianza, es especialmente bueno sobre el estoicismo. Annas, J. y Barnes, J., eds. (1985), *The Modes of Scepticism,* Cambridge: Cambridge University Press, recoge los principales textos occidentales. Barnes, J. (1990), *The Toils of Scepticism,* Cambridge: Cambridge University Press, es un interesante ensayo interpretativo.

68 Legge, J., ed. (1861-1872), *The Chinese Classics,* 5 vols. Londres: Trubner, II, pág. 190.

69 Needham, *Science and Civilisation in China,* II, pág. 19.

70 MacIntyre, A. (2001), *Tras la virtud,* Barcelona: Crítica, es una buena introducción. Wilson, E. O. (1980), *Sobre la naturaleza humana,* S.L. Fondo de Cultura Económica de España, es una de las obras más materialistas que se han escrito nunca sobre el tema. Probablemente la de un optimismo más transgresor sea De Condorcet, M. J. A. N. C. (2004), *Bosquejo de un cuadro histórico de los progresos del espíritu humano,* Madrid: Centro de Estudios Políticos y Constitucionales, escrito mientras esperaba que le ejecutaran en la guillotina.

71 Wang, H. y Chang, L. S. (1986), *The Philosophical Foundations of Han Fei's Political Theory.* Honolulu: University of Hawaii Press.

72 Ping, C. y Bloodworth, D. (1976), *The Chinese Machiavelli,* Londres: Secker and Warburg, es una animada historia popular del pensamiento político chino. Los detalles y el contexto aparecen en Schwartz, B. I. (1985), *The World of Thought in Ancient China,* Cambridge, MA: Harvard University Press, y Pines, Y. (2009), *Envisioning Eternal Empire: Chinese Political Thought of the Warring States Era.* Honolulu: University of Hawaii Press. Waley, A. (1939), *Three Ways of Thought in Ancient China,* Palo Alto: Stanford University Press, es una introducción clásica. De Grazia, S., ed. (1973), *Masters of Chinese Political Thought,* Nueva York: Viking, incluye la traducción de textos imprescindibles.

73 *La República* , 473d.

74 Popper, K. (2010), *La sociedad abierta y sus enemigos,* Paidós Ibérica, es la crítica clásica de la teoría de Platón. Reeve, C. D. C. (1988), *Philosopher-Kings,* Princeton: Princeton University Press, es un estudio histórico del fenómeno antiguo. Schofield, M. (1999), *Saving the City,* Londres y Nueva York: Routledge, estudia la idea de los reyes filósofos en la filosofía antigua.

75 *Libro de Mencio,* 18.8; Legge, ed., *The Chinese Classics,* V, pág. 357. Sobre Mencio, es especialmente bueno Hsiao, K. (2015), *History of Chinese Political Thought,* Princeton: Princeton University Press, I, pp. 143-213.

76 Aristóteles, Política, 4.4.

77 Pettit, P. (1999), *Republicanismo: Una teoría sobre la libertad y el gobierno*, Paidós Ibérica, es una introducción útil. Oldfield, A. (1990), *Citizenship and Community*, Londres y Nueva York: Routledge, y Dagger, R. (1997), *Civic Virtues*, Oxford: Oxford University Press, aportan miradas amplias hacia el republicanismo moderno.
78 Cavendish, R., «The abdication of King Farouk», *History Today*, LII (2002), pág. 55.
79 El contexto antiguo queda bien cubierto en Wiedemann, T. (1981), *Greek and Roman Slavery*. Baltimore: Johns Hopkins University Press. Pagden, A. (1988), *La caída del hombre natural*, Alianza Editorial, pone en contexto la primera evolución moderna de la doctrina -cuya obra clásica es Hanke, L. (1959), *Aristotle and the American Indians*. Londres: Hollis and Carter.
80 Loombs, A. y Burton, J., eds. (2007), *Race in Early Modern England: A Documentary Companion* (Nueva York: Palgrave Macmillan), pág. 77; Pagden, *La caída del hombre natural*.
81 Bethencourt, F. (2013), *Racisms: From the Crusades to the Twentieth Century*. Princeton: Princeton University Press.

Capítulo 5. Pensando las fes: Las ideas en época religiosa

1 Cook, M. A. (1981), *Early Muslim Dogma*, Cambridge: Cambridge University Press, es un estudio sumamente importante sobre las fuentes del pensamiento musulmán. Cook, M. A. (2007), *Una brevísima introducción al Corán*, Océano, es la mejor introducción al texto. La obra de G. A. Vermes en, por ejemplo, *Jesus in His Jewish Context*, Minneapolis: Fortress Press (2003), aunque muy criticada por exagerada, hace a Jesucristo inteligible como judío.
2 Rebenich, S. (2002), *Jerome*, Londres: Routledge, pág. 8.
3 San Agustín, *Confesiones*, cap. 16.
4 Lane Fox, R. (1986), *Pagans and Christians: In the Mediterranean World from the Second Century AD to the Conversion of Constantine*. Londres: Viking.
5 Wilson, N. G. (1975), *Saint Basil on the Value of Greek Literature*. Londres: Duckworth, pp. 19-36.
6 Gregorio Magno, Epístolas, 10:34; Evans, G. R. (1986), *The Thought of Gregory the Great*. Cambridge: Cambridge University Press, pág. 9.
7 Lewis, B. ed. (1974), *Islam*. Nueva York: Harper, II, pp. 20-21; Watt, W. M. (1951), *The Faith and Practice of Al-Ghazali*. Londres: Allen and Unwin, pp. 72-73.
8 Billington, S. (1984), *A Social History of the Fool*, Sussex: Harvester, es un breve intento de resumen. Janik, V. K. (1998), *Fools and Jesters*, Westport: Greenwood, es un compendio bibliográfico. Stewart, E. A. (1998), *Jesus the Holy Fool*, Lanham: Rowman and Littlefield, ofrece información adicional entretenida sobre Jesucristo.
9 Heissig, W. (1980), *The Religions of Mongolia*. Berkeley: University of California Press.
10 Rithven, M. (2004), *Historical Atlas of the Islamic World*. Cambridge, MA: Harvard University Press.
11 Bultmann, R. (1997), *Teología del Nuevo Testamento*. Salamanca: Ediciones Sígueme.
12 Ver Leach E. y Aycock, D. A., eds. (1983), *Structuralist Interpretations of Biblical Myth*, Cambridge: Cambridge University Press, especialmente las pp. 7-32; Frazer, J. (2011), *La rama dorada*. Fondo de Cultura Económica (México).
13 Moosa, M. (1988), *Extremist Shi'ites: The Ghulat Sects*. Syracuse: Syracuse University Press, pág. 188.
14 O'Collins, G. (2003), *La encarnación*, Santander: Sal Terrae, es un relato de la doctrina directo pero estimulante. Hume, B. (1999), *Mystery of the Incarnation*, Londres: Paraclete, es una meditación conmovedora. Davis, S. *et al.* (2002), *The Trinity*, Oxford: Oxford University Press, es una colección de ensayos espectacular.
15 *Patrologia Latina*, V, pp. 109-116.

16 Bright, W. H., ed. (1874), *The Definitions of the Catholic Faith*, Oxford y Londres: James Parker, es una obra clásica. Chadwick, H. (2006), *La Iglesia cristiana*, Barcelona: Folio, es el mejor estudio histórico, mientras que Danielou, J. (1977), *A History of Early Christian Doctrine*, Londres: Darton, Longman, and Todd, aporta el trasfondo teológico.
17 Emminghaus, J. (1978), *The Eucharist*, Collegeville, MN: Liturgical Press, es una buena introducción. Duffy, R. (1982), *Real Presence*, San Francisco: Harper and Row, presenta la doctrina católica en el contexto de los sacramentos. Rubin, M. (1991), *Corpus Christi*, Cambridge: Cambridge University Press, es un estudio brillante de la Eucaristía en la cultura de finales de la época medieval.
18 Barrett, C. K. (1994), *Paul*, Louisville: Westminster/John Knox, y Grant, M. (2000), *Saint Paul*, London: Phoenix, son relatos excelentes y entretenidos sobre el santo. Segal, A. F. (1990), *Paul the Convert*, New Haven: Yale University Press, es especialmente bueno en el trasfondo judío. Los lectores pueden confiar en Dunn, J. G. D., ed. (2003), *The Cambridge Companion to St Paul*, Cambridge: Cambridge University Press, 2003.
19 *The Fathers of the Church: St Augustine, the Retractions*, trad. M. I. Brogan, R.S.M. Washington, DC: Catholic University Press, 1968, pág. 32.
20 San Agustín, *Confesiones*, cap. 11.
21 Hasker, W. (1989), *God, Time and Knowledge*, Ithaca: Cornell University Press, es una buena introducción. Para las implicaciones teológicas, ver también: Farrelly, J. (1964), *Predestination, Grace and Free Will*, Westminster, MD: Newman Press, y Berkouwer, G. (1960), *Divine Election*, Grand Rapids: Eerdmans.
22 Son también guías igualmente indispensables: Filoramo, G. (1990), *Gnosticism*. Oxford: Blackwell; Pagels, E. (2004), *Los evangelios gnósticos*. Barcelona: Crítica; y Marcovich, M. (1988), *Studies in Graeco-Roman Religions and Gnosticism*. Leiden: Brill.

23 *Contra Haereses*, 1.24.4; Bettenson, H. y Maunder, C., eds. (2011), *Documents of the Christian Church*. Oxford: Oxford University Press, pág. 38.
24 San Augustín, *Confesiones*, cap. 2.
25 Goody, J. (2009), *La evolución de la familia y el matrimonio*. Valencia: Universitat de València. Servei de publicacions. Brown, P. (1993), *El cuerpo y la sociedad*, Barcelona: El Aleph, es una investigación brillante sobre los inicios del celibato cristiano. Ariès, P. y Bejin, A. (1987), *Sexualidades occidentales*, Ediciones Nueva Visión, tiene algo así como estatus de clásico, aunque se centra en los desafíos a la moralidad convencional.
26 Anderson, J. N. D. (1959), *Islamic Law in the Modern World*. Nueva York: New York University Press.
27 Fowden, G. (2004), *Qusayr 'Amra: Art and the Umayyad Elite in Late Antique Syria*. Berkeley: University of California Press.
28 Komaroff, L. y Carboni, S., eds. (2002), *The Legacy of Genghis Khan: Courtly Art and Culture in Western Asia*. Nueva York: Metropolitan Museum of Art, pp. 256-353.
29 Cormack, R. (1997), *Painting the Soul*, Londres: Reaktion, es un estudio animado. De la misma autora, (1985) *Writing in Gold*, Nueva York: Oxford University Press, es un estudio excelente sobre los iconos de la historia bizantina. Ware, T. (1993), *The Orthodox Church*, Londres: Penguin, es el mejor libro general sobre la historia de la ortodoxia.
30 Gayk, S. (2010), *Image, Text, and Religious Reform in Fifteenth-Century England*. Cambridge: Cambridge University Press, pp. 155-188.
31 Plotino, *Enéadas*, 2.9.16; Hendrix, J. S. (2005), *Aesthetics and the Philosophy of Spirit*. Nueva York: Lang, pág. 140.
32 En cuanto a las doctrinas de Tomás de Aquino, confío en Turner, *Thomas Aquinas*.
33 Tomás de Aquino, *Suma contra los gentiles*, 7.1.

34 Haskins, C. H., «Science at the court of the Emperor Frederick II», *American Historical Review*, XXVII (1922), pp. 669-694.
35 Gaukroger, S. (2006), *The Emergence of a Scientific Culture*. Oxford: Oxford University Press, pp. 59-76.
36 Haskins, C. H. (2013), *El renacimiento del siglo XII*, Ático de los libros, fue la obra pionera sobre el tema; Crombie, A. (1953), *Robert Grosseteste*, Oxford: Clarendon Press, es un estudio controvertido y cautivador de una figura importante; Lindberg, D. C. (2002), *Los inicios de la ciencia occidental*, Paidós Ibérica, establece el contexto general de forma admirable.
37 Gilson, E. (1955), *History of Christian Philosophy in the Middle Ages*, Nueva York: Random House, es la obra clásica; Weisheipl, J. A. (1994), *Tomás de Aquino. Vida, obras y doctrina*, Barañain: Ediciones de la Universidad de Navarra, es quizás la mejor biografía de Tomás de Aquino, aunque ahora compite con ella Turner, *Thomas Aquinas*, insuperable en lo tocante al pensamiento de Tomás de Aquino; Adams, M. M. (1987), *William Ockham*, Indianapolis: University of Notre Dame Press, es el mejor estudio general sobre Ockham.
38 Saak, E. L. (2012), *Creating Augustine*. Oxford: Oxford University Press, pp. 164-166.
39 San Agustín, *Confesiones*, 11.3.
40 Nash, R. H. (1969), *The Light of the Mind*, Lexington: University Press of Kentucky, es un estudio claro y rompedor sobre la teoría de San Agustín; Knowles, D. (1967), *What Is Mysticism?*, Londres: Burns and Oates, es la mejor introducción breve al misticismo.
41 Sarma, D. (2011), *Readings in Classic Indian Philosophy*. Nueva York: Columbia University Press, pág. 40.
42 Dumoulin, H. (2005), *Zen Buddhism: A History*. Bloomington: World Wisdom, I, pág. 85.
43 Dumoulin, Zen Buddhism, y Hoover, T. (1989), *La cultura zen*, Mondadori, son buenas introducciones; Pirsig, R. (2015), *Zen y el arte del mantenimiento de la motocicleta*, Sexto Piso, es la clásica historia del peregrinaje transamericano del autor en busca de una doctrina de «calidad».
44 Pirsig, *Zen y el arte del mantenimiento de la motocicleta*.
45 Ambrosio, Epístolas, 20:8.
46 Tierney, B. (1964), *The Crisis of Church and State 1050-1300*. Englewood Cliffs: Prentice Hall, pág. 175; Bettenson y Maunder, *Documents of the Christian Church*, pág. 121.
47 Maritain, J. (2002), *El hombre y el Estado*, Encuentro, son las reflexiones clásicas de un influyente pensador moderno sobre las relaciones entre Iglesia y Estado. Southern, R. W. (1970), *Western Society and the Church in the Middle Ages*, Londres: Penguin, es la mejor introducción a la historia de la Iglesia medieval. Murray, A. (1983), *Razón y sociedad en la Edad Media*, Taurus, ofrece un enfoque sesgado fascinante. O'Donovan, O. y J. L. (1999), *From Irenaeus to Grotius: A Sourcebook in Christian Political Thought*, Grand Rapids: Eerdmans, publica las fuentes más importantes con comentarios excelentes.
48 Brown, P., «The rise and function of the holy man in late antiquity», *Journal of Roman Studies*, LXI (1971), pp. 80-101.
49 Bettenson y Maunder, *Documents of the Christian Church*, pág. 121.
50 Ullmann, W. (1970), *The Growth of Papal Government in the Middle Ages*, Londres: Methuen, e *Historia del pensamiento político en la Edad Media*, Barcelona: Ariel (1984), condensan la obra de la mayor autoridad en la materia. Duffy, E. (1998), *Santos y pecadores. Una historia de los papas*, Madrid: Acento Editores, es una historia del pontificado sólida y amena.
51 Lloyd, G. E. R. (2010), *Aristóteles. Desarrollo y estructura de su pensamiento*. Prometeo Libros.

52 Aristóteles, *Política*, 4.3.

53 Burns and J. H. y Izbicki, T., eds. (1997), *Conciliarism and Papalism*, Cambridge: Cambridge University Press, es una recopilación importante. Ryan, J. J. (1998), *The Apostolic Conciliarism of Jean Gerson*, Atlanta: Scholars, destaca en el desarrollo de la tradición en el siglo XV. Gewirth, A. (1951), *Marsilius of Padua*, Nueva York: Columbia University Press, es el mejor estudio sobre este pensador. El mismo autor y C. J. Nedermann hicieron una buena traducción y edición del *Defensor Pacis de Marsilio* (2001, Nueva York: Columbia University Press).

54 Mabbott, J. (1955), *The State and the Citizen*, Londres: Hutchison's University Library, es una buena introducción a esta teoría política. Rawls, J. (1995), *Teoría de la justicia*, Fondo de Cultura Económica de España, es un intento impresionante de actualizar la teoría del contrato social.

55 Véase Lewis, P. S. (1985), *Essays in Later Medieval French History*, Londres: Hambledon, pp. 170-186.

56 Ibíd., pág. 174.

57 Figgis, J. R. (1942), *El derecho divino de los reyes*, México: Fondo de Cultura Económica, y Wilks, M. (2008), *The Problem of Sovereignty in the Middle Ages*, Cambridge: Cambridge University Press, son estudios destacados. Skinner, Q. (2013), *Fundamentos del pensamiento político moderno*, 2 vols., México: Fondo de Cultura Económica de España, es una guía inestimable de todos los temas relevantes de la política de finales de la Edad Media y de principios de la época moderna.

58 Keen, M. (2010), *La caballería: la vida caballeresca en la Edad Media*. Barcelona: Ariel.

59 Binski, P. (1986), *The Painted Chamber at Westminster*. Londres: Society of Antiquaries, pp. 13-15.

60 Fernández-Armesto, F. «Colón y los libros de caballería», en Martínez Shaw, C. y Pacero Torre, C., eds. (2006), *Cristóbal Colón*. Valladolid: Junta de Castilla y León, pp. 114-128.

61 Kingsley, F. E., ed. (2011), *Charles Kingsley: His Letters and Memories of His Life*, 2 vols. Cambridge, Cambridge University Press, II, pág. 461. Girouard, M. (1981), *The Return to Camelot*, New Haven: Yale University Press, es un relato fascinante y estimulante sobre el resurgimiento experimentado entre el siglo XVIII y el XX.

62 Keen, *La caballería: la vida caballeresca en la Edad Media* es la obra común; Vale, M. G. (1981), *War and Chivalry*, Londres: Duckworth, es una investigación impresionante del contexto en el que la caballería tuvo mayor impacto.

63 Lewis, B. (2004), *The Political Language of Islam*. Taurus.

64 Hillenbrand, C. (1999), *The Crusades: Islamic Perspectives*, Edimburgo: Edinburgh University Press, y Armstrong, K. (2001), *Holy War* (Nueva York: Anchor, son ambos muy legibles y fiables. Keppel, G. (2001), *La yihad: expansión y declive del islamismo*, Península, es una interesante investigación periodística de la idea de guerra santa en el islam contemporáneo. Riley-Smith, J. (2012), *¿Qué fueron las cruzadas?* Barcelona: El Acantilado, es el mejor relato de lo que creían estar haciendo los cruzados.

65 En Keen, M. (1986), *Nobles, Knights and Men-at-Arms in the Middle Ages*, Londres: Hambledon, se recopilan ensayos útiles de Maurice Keen, sobre todo en las pp. 187-221. La cita de Marlowe es de *Tamerlán el Grande*, Acto I, Escena 5, 186-190.

66 Rady, M. (2015), *Customary Law in Hungary*. Oxford: Oxford University Press, pp. 15-20.

67 Kristeller, P. O. (1993), *Pensamiento renacentista y sus fuentes*, Madrid: Fondo de Cultura Económica de España, es una breve introducción insuperable. Black, R. (2001), *Humanism and Education in Medieval and Renaissance Italy*, Cambridge: Cambridge University Press, es un estudio revisionista exhaustivo y potente que debería figurar junto a Southern, R. W. (2000), *Scholastic Humanism and the Unification of Europe*. Oxford: Wiley-Blackwell.

68 Bulliett, R. W. (1979), *Conversion to Islam in the Medieval Period: An Essay in Quantitative History.* Cambridge, MA: Harvard University Press, pp. 16-32, 64-80.
69 Bonner, A., (ed) (1993), *Ramon Llull: Vida, pensamiento y obra,* Barcelona: Sirmio, es una introducción práctica a su pensamiento. Los términos del debate sobre la conquista espiritual fueron establecidos en las décadas de 1930 y 1940 por R. Ricard (2010), *La conquista espiritual de México,* Fondo de Cultura Económica de España. Neill, S. (1964), *A History of Christian Missions,* Harmondsworth: Penguin, es el mejor relato general de la expansión del cristianismo.

Capítulo 6. De vuelta al futuro: Reflexiones sobre la peste y el frío

1 Crosby, A. W. (1991), *El intercambio transoceánico,* México: Universidad Internacional Autónoma de México, Instituto de Investigaciones Históricas.
2 No hay ningún estudio general satisfactorio sobre el tema, aunque la obra en curso de J. Belich podría serlo. Mientras tanto, véase McNeill, W. (2016), *Plagas y pueblos.* Editorial Siglo XXI; Green, M. ed., «Pandemic disease in the medieval world», *Medieval Globe,* I (2014).
3 Lamb, H. «The early medieval warm epoch and its sequel», Palaeogeography, *Palaeoclimatology, Palaeoecology,* I (1965), pp. 13-37; Lamb, H. (1995), *Climate, History and the Modern World.* Londres: Routledge; Parker, G. (2013), *El siglo maldito: Clima, guerras y catástrofes en el siglo XVII.* Barcelona: Planeta.
4 Para una visión general, véanse los ensayos recogidos en Fernández-Armesto, F., ed. (1998), *The Global Opportunity,* Aldershot: Ashgate, y (1998) *The European Opportunity,* Aldershot: Ashgate.
5 Honour, H. (1968), *Chinoiserie: The Vision of Cathay.* Nueva York: Dutton, pág. 125.
6 El siguiente párrafo se basa en Fernández-Armesto, F. (2008), *Américo.* Madrid: Tusquets, pp. 28-31.
7 Fernández-Armesto, F. (2008), *Américo. El hombre que dio su nombre a un continente.* Tusquets.
8 Oakeshott, W. (1969), *Classical Inspiration in Medieval Art.* Londres: Chapman.
9 Goody, J. (2009), *Renaissances: The One or the Many?* Cambridge: Cambridge University Press.
10 Fernández-Armesto, F. (1995), *Millennium.* Barcelona: Planeta.
11 Winckelmann, J. (1765), *Reflections on the Painting and Sculpture of the Greeks.* Londres: Millar, pág. 4; Harloe, K. (2013), *Winckelmann and the Invention of Antiquity.* Oxford: Oxford University Press. Rowland, C. H. *et al.,* eds. (2000), *The Place of the Antique in Early Modern Europe,* Chicago: University of Chicago Press, es un catálogo importante. Haskell, F. (1989), *El gusto y el arte en la antigüedad,* Madrid: Alianza Editorial, y (1984), *Patronos y pintores,* Madrid: Cátedra, condensan la obra del principal erudito en la materia.
12 Wright, W. A., ed. (1920), *Bacon's Essays.* Londres: Macmillan, pág. 204.
13 Los próximos párrafos se basan en el trabajo citado en Burke, P., Fernández-Armesto, F. y Clossey, L., «The Global Renaissance», *Journal of World History,* XXVIII (2017), pp. 1-30.
14 Fernández-Armesto, F. (2010), *Columbus on himself.* Indianápolis: Hackett, pág. 223.
15 Son libros útiles sobre Colón: W. D. y C. R. (1992), *The Worlds of Christopher Columbus.* Cambridge: Cambridge University Press; Fernández-Armesto, F. (1992), *Colón.* Barcelona: Crítica; y Martínez Shaw, C. y Parcero Torre, C., eds. (2006), *Cristóbal Colón.* Junta de Castilla y León, Consejería de Cultura y Turismo. O'Gorman, E. (2008), *La invención de América,* México: Fondo de Cultura Económica de España, es un estudio controvertido y estimulante sobre esta idea.
16 Goodman, D. y Russell, C. (1991), *The Rise of Scientific Europe,* Londres: Hodder and Stoughton, es un resumen extraordinario.

17 Ben-Zaken, A. (2010), *Cross-Cultural Scientific Exchanges in the Eastern Mediterranean, 1560-1660*. Baltimore: Johns Hopkins University Press.
18 Saliba, G. (2007), *Islamic Science and the Making of the European Renaissance*. Cambridge, MA: Harvard University Press.
19 Lindberg, D. C. (1976), *Theories of Vision from Al-kindi to Kepler*. Chicago: University of Chicago Press, pp. 18-32.
20 Cohen, H. F. (2010), *How Modern Science Came into the World. Four Civilizations, One 17th Century Breakthrough*. Ámsterdam: Amsterdam University Press. Especialmente pp. 725-729.
21 Leibniz, G. W. (1969), *Novissima Sinica*. Leipzig?.
22 Shapin, S. (2000), *La revolución científica: una interpretación alternativa*. Paidós Ibérica.
23 Evans, R. (1973), *Rudolf II and His World*. Oxford: Oxford University Press.
24 Yates, F. (1994), *Giordano Bruno y la tradición hermética*, Barcelona: Ariel, y *El arte de la memoria* son esenciales; Spence, J. (2002), El *palacio de la memoria* de Matteo Ricci: un jesuita en la China del siglo XVI, Barcelona: Tusquets Editores, es un monográfico fascinante.
25 Bacon, F. *Novum Organum*, en Spedding, J. *et al.*, eds. (2011), *The Works of Francis Bacon*, 4 vols. Cambridge: Cambridge University Press, IV, pág. 237; Jardine, L. y Stewart, A. (1999), *Hostage to Fortune: The Troubled Life of Francis Bacon*. Nueva York: Hill.
26 Huxley, T. H., «Biogenesis and abiogenesis», en (1893-1898), *Collected Essays*, 8 vols. Londres: Macmillan, VIII, pág. 229.
27 Popper, K. (2002), *La lógica de la investigación científica*. Tecnos.
28 Pagel, W. (1982), *Joan Baptista van Helmont*. Cambridge: Cambridge University Press, pág. 36.

29 Foley, R. (1993), *Working Without a Net*, Nueva York y Oxford: Oxford University Press, es un estudio provocativo sobre el contexto y la influencia de Descartes. Garber, D. (2001), *Descartes Embodied*. Cambridge: Cambridge University Press, es una interesante colección de ensayos. Gaukroger, S. (2002), *Descartes' System of Natural Philosophy*. Cambridge: Cambridge University Press, es una investigación exigente sobre el pensamiento del filósofo.
30 Cottingham, J., Stoothoff, R. y Murdoch, D., eds., (1984), *The Philosophical Writings of Descartes*. Cambridge: Cambridge University Press, I, pp. 19, 53, 145-150; II, pp. 409-417; III, pág. 337; Wilson, M. D. (1990), *Descartes*. México: Universidad Nacional Autónoma de México.
31 Macfarlane, A. y Martin, G. (2002), *La historia invisible: el vidrio, el material que cambió el mundo*. Barcelona: Océano.
32 Saliba, *Islamic Science and the Making of the European Renaissance*.
33 Dietz, J. M. (1993), *Novelties in the Heavens*, Chicago: University of Chicago Press, es una introducción cautivadora. Koestler, A. (1994), *Los sonámbulos*, Barcelona: Salvat Editores, es un relato espléndido y fascinante sobre los inicios de la tradición copernicana. Kuhn, T. (1996), *La revolución copernicana*, Barcelona: Ariel, es insuperable sobre el impacto que tuvo Copérnico.
34 Feldhay, R. (1995), *Galileo and the Church: Political Inquisition or Critical Dialogue*. Cambridge: Cambridge University Press, pp. 124-170.
35 Brewster, D. (1855), *Memoirs of the Life, Writings, and Discoveries of Sir Isaac Newton*, 2 vols. Edimburgo: Constable, II, pág. 138. Westfall, R. (1996), *Isaac Newton: una vida*, Cambridge: Cambridge University Press, es la mejor biografía, que ahora cuenta con la competencia de Fara, P. (2011), *Newton: The Making of a Genius*. Nueva York: Pan Macmillan. White, M. (1998), *The Last Sorcerer*. Reading, MA: Perseus, es una obra popular enigmáticamente sesgada hacia los intereses alquímicos de Newton. Gilbert, H. y Gilbert Smith, D. (1997), *Gravity: The Glue of the Universe*, Englewood: Teacher Ideas Press, es una cautivadora historia popular

del concepto de gravedad. La autodescripción de Newton, relatada por su compañero miembro de la Royal Society, Andrew Ramsay, fue citada en Spence, J. (1820), *Anecdotes, Observations and Characters, of Books and Men*. Londres: Murray, pág. 54.

36 Needham, *Science and Civilisation in China*, II, pág. 142.

37 Lee, S. (1904), *Great Englishmen of the Sixteenth Century*. Londres: Constable, pp. 31-36.

38 Carey, J., ed. (1999), *The Faber Book of Utopias*, Londres: Faber and Faber, es una espléndida antología de la que he extraído mis ejemplos. Kumar, K. (1991), *Utopianism*, Milton Keynes: Open University Press, es una introducción corta, sencilla y útil.

39 Maquiavelo, N., *El príncipe*, cap. 18.

40 De las traducciones al inglés de *El príncipe*, la mejor es la de D. Wootton, (1995), Indianápolis: Hackett. Mansfield, H. C. (1998), *Machiavelli's Virtue*, Chicago: University of Chicago Press, es un replanteamiento profundo y desafiante de sus fuentes de pensamiento. Skinner, Q. (2008), *Maquiavelo*, Alianza Editorial, es una pequeña introducción muy aguada.

41 Pocock, J. G. A. (2008), *El momento maquiavélico*, Tecnos, es la obra esencial. Flynn, G. Q. (2002), *Conscription and Democracy*, Westport: Greenwood, es un interesante estudio sobre la historia del reclutamiento en Gran Bretaña, Francia y los Estados Unidos.

42 De Bary *et al.*, eds., *Sources of Indian Tradition*, pág. 7.

43 *Ibíd.*, pp. 66-67; De Bary, W. T., ed. (2008), *Sources of East Asian Tradition*, 2 vols. Nueva York: Columbia University Press, II, pp. 19-21.

44 De Bary, ed., *Sources of East Asian Tradition*, presenta una selección inestimable de fuentes. Chi-chao, L. (2000), *History of Chinese Political Thought*, Abingdon: Routledge, es una buena introducción breve. Wakeman, F. (1985), *The Great Enterprise*, 2 vols., Berkeley y Los Ángeles: University of California Press, es la mejor introducción a la historia china de la época. Struve, L. (1993), *Voices from the Ming-Qing Cataclysm*, New Haven: Yale University Press, evoca este período con textos.

45 Liu, J. T. C. (1959), *Reform in Sung China: Wang-an Shih and His New Policies*. Cambridge, MA: Harvard University Press, pág. 54.

46 De Grazia, ed., *Masters of Chinese Political Thought*, incluye algunos textos de utilidad. Sobre las consecuencias de la universalidad china para las relaciones externas del país durante lo que consideramos Edad Media, Tao, J. (1988), *Two Sons of Heaven*, Tucson: University of Arizona Press, es sumamente interesante. Cohen, W. I. (2001), *East Asia at the Center*, Nueva York: Columbia University Press, es un estudio útil sobre la historia de la región en el contexto de una visión sinocéntrica del mundo. Sobre las connotaciones políticas de los mapas, confío en Black, J. (1998), *Maps and Politics*. Chicago: University of Chicago Press.

47 Cortazzi, H. (1992), *Isles of Gold: Antique Maps of Japan*. Nueva York: Weatherhill, pp. 6-38.

48 Dreyer, E. L. (1982), *Early Ming China: A Political History, 1355-1435*. Stanford: Stanford University Press, pág. 120.

49 De Bary W. T. *et al.*, eds. (2001-2005), *Sources of Japanese Tradition*, 2 vols. Nueva York: Columbia University Press, I, pág. 467; Berry, M. (1982), *Hideyoshi*. Cambridge, MA: Harvard University Press, pp. 206-216.

50 Hirobumi, I. (1906), *Commentaries on the Constitution*. Tokio: Central University. Benedict, R. (2004), *El crisantemo y la espada*, Madrid: Alianza Editorial, es el relato occidental clásico de los valores japoneses. Cortazzi, *Isles of Gold*, es una formidable introducción a la cartografía japonesa. Whitney Hall, J., ed. (1989-1993), *The Cambridge History of Japan*, 6 vols., Cambridge: Cambridge University Press, es espectacular. Sansom, G. B. (1978), *A Short Cultural History of Japan*, Stanford: Stanford University Press, es un útil estudio en un solo volumen.

51 Doak, K. M. (2007), *A History of Nationalism in Modern Japan*. Leiden: Brill, pp.

120-124; Brown, J. y J. (2006), *China, Japan, Korea: Culture and Customs*. Chárleston: Booksurge, pág. 90.

52 O'Donovan y O'Donovan, eds., *From Irenaeus to Grotius*, pág. 728.

53 Carr, C. (2003), *The Lessons of Terror: A History of Warfare against Civilians*. Nueva York: Random House, pp. 78-79.

54 Bull, H. *et al.* (1990), *Hugo Grotius and International Relations*, Oxford: Clarendon Press, es una recopilación valiosa. Existe una selección de escritos políticos de Vitoria traducidos al inglés editada por Laurence, J. y Pagden, A. (1991), *Vitoria: Political Writings*. Cambridge: Cambridge University Press.

55 Maier, C. (2016), *Once Within Borders*. Cambridge, MA: Harvard University Press, pp. 33-39.

56 Hanke, L. (1988), *La lucha por la justicia en la conquista de América*. Madrid: Istmo.

57 Lévi-Strauss, C. (1981), *Las estructuras elementales del parentesco*. Paidós Ibérica.

58 Wokler, R. «Apes and races in the Scottish Enlightenment», en Jones, P. ed. (1986), *Philosophy and Politics in the Scottish Enlightenment*. Edimburgo: Donald, pp. 145-168 para más información satírica sobre las teorías de Lord Monboddo, la novela *Melincourt*, de T. L. Peacock, es uno de los grandes logros cómicos de la literatura inglesa.

59 Barlow, N., ed. (1987), *The Works of Charles Darwin, vol. 1: Diary of the Voyage of the HMS Beagle*. Nueva York: New York University Press, pág. 109.

Capítulo 7. Las ilustraciones mundiales: El pensamiento coordinado y el mundo coordinado

1 Más fuentes de este y otros materiales sobre Maupertuis en Fernández-Armesto, *Historia de la verdad y una guía para perplejos*, pp. 152-158.

2 Maupertuis, P. L. (1738), *The Figure of the Earth, Determined from Observations Made by Order of the French King at the Polar Circle*. Londres: Cox, pp. 38-72.

3 Boudri, J. C. (2002), *What Was Mechanical about Mechanics: The Concept of Force between Metaphysics and Mechanics from Newton to Lagrange*. Dordrecht: Springer, pág. 145 n. 37.

4 Tonelli, G. «Maupertuis et la critique de la métaphysique», *Actes de la journée Maupertuis*. París: Vrin (1975), pp. 79-90.

5 Parker, *El siglo maldito: clima, guerras y catástrofes en el siglo* XVII.

6 Fernández-Armesto, F. (2014), *The World: A History*. Upper Saddle River: Pearson.

7 Blussé, L. «Chinese century: the eighteenth century in the China Sea region», *Archipel*, LVIII (1999), pp. 107-129.

8 Leibniz, *Novissima Sinica*, prefacio; Cook, D. J. y Rosemont, H., eds.(1994), *Writings on China*. Chicago y La Salle: Open Court.

9 I. Morris, en Fernández-Armesto, F., ed. (2019), *The Oxford Illustrated History of the World*. Oxford: Oxford University Press, cap. 7.

10 Gibbon, E. (2010), *Historia de la decadencia y caída del Imperio romano*. Debolsillo, cap. 1.

11 Estrabón, *Geografía*, 3.1.

12 Gibbon, *Historia de la decadencia y caída del Imperio romano*, cap. 38.

13 Langford, P. *et al.*, eds. (1981), *The Writings and Speeches of Edmund Burke*. Oxford: Clarendon Press, IX, pág. 248.

14 Hay, D. (1957), *Europe: The Emergence of an Idea*, Edimburgo: Edinburgh University Press, es una historia estupenda sobre este concepto. En Davies, N. (2014), *Reinos desaparecidos: la historia olvidada de Europa*, Londres: Bodley Head, y Fernández-Armesto, F. (1995), The Times *Illustrated History of Europe*, Londres: Times Books, se pueden encontrar historias largas y cortas respectivamente.

15 Diderot, D. (1751), «L'Art», en *L'Encyclopédie*, I, pp. 713-717.

16 Diderot, D. (1875), *Les Eleuthéromanes ou les furieux de la liberté*, en Œuvres com-

plètes. París: Claye, IX, pág. 16; Setjen, E. A. (1999), *Diderot et le défi esthétique.* París: Vrin, pág. 78.

17 Avenel, G., ed. (1879), *Œuvres complètes.* París: Le Siècle, VII, pág. 184.

18 Dykema, P. A. y Oberman, H. A., eds. (1993), *Anticlericalism in Late Medieval and Early Modern Europe*, Leiden: Brill, es una importante recopilación de ensayos. Barnett, S. J. (1999), *Idol Temples and Crafty Priests*, Nueva York: St Martin's, aborda con frescura el origen del anticlericalismo de la Ilustración. Gay, P. (1996), *The Enlightenment*, 2 vols., Nueva York: W. W. Norton, es una obra brillante que se centra en el pensamiento laico de los filósofos. La desafía como síntesis principal, al menos en lo tocante a pensamiento político, Israel, J. (2012), *La Ilustración radical*, México: Fondo de Cultura Económica. Barnett, S. J. (2004), *The Enlightenment and Religion*, Mánchester: Manchester University Press, cuestiona la primacía del laicismo en la Ilustración, tal como ha hecho más recientemente Lehner, U. (2016), *The Catholic Enlightenment: The Forgotten History of a Global Movement.* Oxford: Oxford University Press.

19 de Caritat, J. A. N. (1955), *Marquis de Condorcet, Sketch for an Historical Picture of the Progress of the Human Mind*, trad. al inglés de J. Barraclough. Londres: Weidenfeld, pág. 201.

20 Bury, J. B. (2009), *La idea del progreso*, Alianza Editorial, es un clásico insuperable, para el que supuso un reto estimulante la obra de Nisbet, R. (2009), *Historia de la idea de progreso*, Gedisa, que intenta rastrear el origen de la idea remontándose a las tradiciones cristianas de la providencia.

21 Leibniz, G. W. (1710), *Teodicea* (nueva edición de Sígueme, 2014), es el clásico; Ross, G. M. (1984), *Leibniz*, Oxford: Oxford University Press, es la mejor introducción corta a su filosofía.

22 Grice-Hutchinson, M. (2005), *La escuela de Salamanca.* Castilla Ediciones.

23 de Mercado, T. (1575), *Summa de tratos*, Libro IV: «De la antigüedad y origen de los cambios», fol. 3v. Sevilla: H. Díaz.

24 Kwarteng, K. (2015), *El oro y el caos.* Turner.

25 Magnusson, L. (1994), *Mercantilism: The Shaping of an Economic Language*, London: Routledge, es una buena introducción; no he visto la versión muy revisada, (2015), *The Political Economy of Mercantilism.* Londres: Routledge. Wallerstein, I., (2016), *El moderno sistema mundial*, vol. 2, Siglo XXI, es esencial para el trasfondo histórico, al igual que Braudel, F. (1984), *Civilización material, economía y capitalismo*, 3 vols., Madrid: Alianza Editorial.

26 Grice-Hutchinson, *La escuela de Salamanca.*

27 *Ibíd.*

28 *Ibíd.* Hay otras fuentes tempranas recogidas en Murphy, A. E. (1997), *Monetary Theory, 1601-1758.* Londres y Nueva York: Routledge. Fischer, D. (1999), *The Great Wave*, Oxford: Oxford University Press, es una historia de la inflación controvertida pero muy estimulante.

29 Smith, A. (2018), *La riqueza de las naciones.* México: Fondo de Cultura Económica, libro 4, cap. 5.

30 Smith, A., *La riqueza de las naciones*, libro 5, cap. 2.

31 Smith, A. (2013), *Teoría de los sentimientos morales.* Alianza Editorial, 4.1, 10; Otteson, J. R., ed. (2004), *Selected Philosophical Writings.* Éxeter: Academic, pág. 74.

32 Piketty, T. (2014), *El capital en el siglo XXI.* Madrid: Fondo de Cultura Económica de España.

33 Hirst, F. W. (1904), *Adam Smith.* Nueva York: Macmillan, pág. 236.

34 Friedman, D. (2013), *La maquinaria de la libertad*, Navarra: Innisfree, sitúa la obra de Smith en el contexto de la economía liberal moderna. Raphael, D. D. (1985), *Adam Smith*, Nueva York: Oxford University Press, es una buena introducción corta. Werhane, P. H. (1991), *Adam Smith and His Legacy for Modern Capitalism*, Nueva York: Oxford University Press, sigue el rastro de su influencia.

35 Höffe, O. (2015), *Thomas Hobbes*, Madrid: Ediciones Xorki, es la mejor obra. Un análisis útil de la principal obra de Hobbes se encuentra en Schmitt, ed. (2003), *El Leviatán en la teoría del Estado de Thomas Hobbes*. Comares. Rapaczynski, A. (1987), *Nature and Politics*, Ithaca: Cornell University Press, sitúa a Hobbes en el contexto de Locke y Rousseau. Malcolm, N. (2002), *Aspects of Hobbes*, Oxford: Clarendon Press, es una recopilación esclarecedora de ensayos de investigación. La cita de Aristóteles es de *Política*, 1.2.

36 Song, S. (1989), *Voltaire et la Chine*. París: Presses Universitaires de France.

37 Lach, D. F. (1993), *Asia in the Making of Europe*, vol. 3, Chicago: University of Chicago Press, es fundamental. También son importantes Ching, J. y Oxtoby, W. G. (1992), *Discovering China*. Róchester, NY: University of Rochester Press; Davis, W. W., «China, the Confucian ideal, and the European Age of Enlightenment», *Journal of the History of Ideas*, XLIV (1983), pp. 523-548; Lee, T. H. C., ed. (1991), *China and Europe: Images and Influences in Sixteenth to Eighteenth Centuries*. Hong Kong: Chinese University Press. La cita de Montesquieu es de *El espíritu de las leyes*, libro XVII, cap. 3.

38 Russell, N., «The influence of China on the Spanish Enlightenment», Tufts University PhD dissertation (2017).

39 Raynal, G. T. F., *Histoire philosophique*, I, pág. 124; citado en Israel, *La Ilustración radical*.

40 Fernández-Armesto, F. (1995), *Millennium*; (2004), *Las Américas*, Londres: Debate.

41 Fara, P. (2004), *Sex, Botany and Empire*. Cambridge: Icon, pp. 96-126.

42 Newton, M. (2002), *Savage Girls and Wild Boys: A History of Feral Children*. Londres: Faber, pp. 22, 32; Lane, H. (1995), *El niño salvaje de Aveyron*. Madrid: Alianza Editorial.

43 Ellingson, T. (2001), *The Myth of the Noble Savage*, Berkeley: University of California Press, es una útil introducción. Fairchild, H. (1928), *The Noble Savage*, Nueva York: Columbia University Press, es una historia elegante del concepto. Hodgen, M. (1964), *Early Anthropology*, Filadelfia: University of Pennsylvania Press, y Pagden, *La caída del hombre natural*, son estudios inestimables sobre las ideas generadas por la etnografía moderna.

44 Rousseau, *Discourse on the Origin of Inequality*, citado en Jones, C. (2002), *The Nation*. Londres: Penguin, pág. 29; Cranston, M. (1991), *Jean-Jacques: Early Life and Work*.Chicago: University of Chicago Press, pp. 292-293; Trachtenberg, Z. M. (1993), *Making Citizens: Rousseau's Political of Culture*. Londres: Routledge, pág. 79.

45 Israel, *La Ilustración radical*.

46 Wokler, R. (2012), *Rousseau, the Age of Enlightenment, and Their Legacies*. Princeton: Princeton University Press, pp. 1-28.

47 Rousseau, *El contrato social*, libro 1, cap. 6. O'Hagan, T. (1999), *Rousseau*, Londres: Routledge, es especialmente bueno esclareciendo este texto. Rousseau (1754), *Discurso sobre el origen de la desigualdad entre los hombres*, es el texto fundamental. Widavsky, A. (1991), *The Rise of Radical Egalitarianism*, Washington, DC: American University Press, es una introducción fabulosa. Gordon, D. (1994), *Citizens without Sovereignty*, Princeton: Princeton University Press, sigue la pista del concepto en el pensamiento francés del siglo XVIII. Fogel, R. W. (2000), *The Fourth Great Awakening*, Chicago: University of Chicago Press, es una obra provocativa que relaciona el igualitarismo americano con la tradición cristiana argumentando en favor de un futuro en el que se pueda alcanzar la igualdad. Sen, A. (1999), *Nuevo examen de la desigualdad*, Alianza Editorial, es un ensayo impresionante que actualiza la historia y plantea un reto para el futuro. Sobre la voluntad general, Levine, A. (1993), *The General Will*, Cambridge: Cambridge University Press, (1993), sigue el concepto desde Rousseau hasta el comunismo moderno. Riley, P. (1986), *The General Will before Rousseau*, Princeton: Princeton University Press, es un estudio magnífico sobre sus orígenes.

48 Rousseau, *El contrato social*, libro 1, cap. 3.
49 Keane, J. (1995), *Tom Paine*, Londres: Bloomsbury, es una buena biografía. Foner, E. (1976), *Tom Paine and Revolutionary America*, Nueva York: Oxford University Press, es un estudio clásico. Las obras más influyentes de Rousseau en este ámbito fueron el *Discurso sobre el origen de la desigualdad entre los hombres* (1754) y *Émile* (1762).
50 De Gouges, O., *Declaración de los derechos de la mujer y de la ciudadana*, artículo X. Una buena edición en francés es la de 2012, *París: République des Lettres*. Las ideas de de Gouges se ven curiosamente iluminadas en la novela *María, o los agravios de la mujer*. Johnson, C. L., ed. (2002), *The Cambridge Companion to Mary Wollstonecraft*, Cambridge: Cambridge University Press, ofrece una visión amplia y útil.
51 Francis, C. y Gontier, F., eds. (1979), *Les écrits de Simone de Beauvoir: la vie-l'écriture*. París: Gallimard, pp. 245-281.
52 Diderot, D. (1783), *Encyclopédie méthodique*. París: Pantoucke, II, pág. 222.
53 Clark, J. C. D. (1994), *The Language of Liberty*. Cambridge: Cambridge University Press.
54 Turner, F. J. (1976), *La frontera en la historia americana*. Madrid: Editorial Castilla; Turner, F. J. (1999), *Does the Frontier Experience Make America Exceptional?*, lecturas seleccionadas y presentadas por R. W. Etulain. Boston: Bedford.
55 Cranston, M. (1991), *The Noble Savage: Jean-Jacques Rousseau, 1754-1762*. Chicago: University of Chicago Press, pág. 308.
56 Burke, E. (2016), *Reflexiones sobre la revolución en Francia*, ed. F. M. Turner. Madrid: Alianza Editorial.
57 de Tocqueville, A., *La democracia en América*, introducción y vol. 1, cap. 17. Hay una edición reciente en inglés de Mansfield, H. C. y Winthrop, D.(2000). Chicago: University of Chicago Press. Schneider, J. T., ed. (2012), *The Chicago Companion to Tocqueville's Democracy in America*, Chicago: University of Chicago Press, es muy completo.
58 Williamson, C. (1960), *American Suffrage from Property to Democracy*, Princeton: Princeton University Press, resigue la historia de la franquicia americana. Bryce, J. (1888), Londres: Macmillan. En cuanto a la recepción en Europa de las ideas democráticas estadounidenses, arroja mucha luz el influyente J. Bryce (2017), *La república americana*. Madrid: Analecta, Ediciones y Libros.
59 Locke, J., *Ensayo sobre el entendimiento humano*, libro 2, cap. 1.
60 Ayer, A. J. (1992), *Lenguaje, verdad y lógica*, Valencia: Universitat de València. Servei de publicacions, es la declaración más simple del positivismo lógico. Se puede encontrar una crítica en Putnam, *Razón, verdad e historia*.
61 Spangenburg, R. y Moser, D. (1993), *The History of Science in the Eighteenth Century*, Nueva York: Facts on File, es una breve introducción popular. Donovan, A. (1993), *Antoine Lavoisier*, Oxford: Blackwell, es una buena biografía que sitúa el tema contra un relato claro de la ciencia de la época. Schofield, R. E. (1998, 2004), *The Enlightenment of Joseph Priestley y The Enlightened Joseph Priestley*, University Park: Pennsylvania State University Press, constituyen una biografía igualmente impresionante del rival de Lavoisier.
62 Pasteur, L. (1909), *La teoría de los gérmenes y sus aplicaciones en la medicina y cirugía*.
63 Reid, R. W. (1975), *Microbes and Men*, Boston: E. P. Dutton, es una historia amena de la teoría de los gérmenes. Karlen, A. (1995), *Man and Microbes*, Nueva York: Simon & Schuster, es un estudio controvertido y fatalista de la historia de plagas microbianas. Garrett, L. (1994), *The Coming Plague*, Nueva York: Farrar, Straus and Giroux, es una advertencia al mundo magníficamente escrita sobre el Estado actual de la evolución microbiana.
64 *Papers and Proceedings of the Connecticut Valley Historical Society* (1876), I, pág.

56. McClymond, M. J. y McDermott, G. R. (2012), *The Theology of Jonathan Edwards*, Oxford: Oxford University Press, es el estudio más completo.
65 *George Whitefield's Journals*. Lafayette: Sovereign Grace, 2000.
66 *Œuvres complètes* de Voltaire, ed. L. Moland (1877-1885). París: Garnier, X, pág. 403.
67 Blanning, T. (2011), *El triunfo de la música*. Barcelona: El Acantilado.
68 Baron d'Holbach, *Sistema de la naturaleza*, citado en Jones, *The Great Nation*, pp. 204-205.
69 Fernández-Armesto, *Millennium*, pp. 379-383.
70 Berlin, I. (2019), *Las raíces del romanticismo*, Taurus, es una estimulante recopilación de conferencias. Vaughan, W. (1995), *Romanticismo y arte*, Destino, es un estudio animado. Wu, D. (1999), *Companion to Romanticismo*, Oxford: Blackwell, está pensado como una ayuda para el estudio de la literatura romántica británica, aunque su utilidad es más amplia. La alusión final es a un discurso que hizo W. E. Gladstone en Liverpool el 28 de junio de 1886. Clarke, P. (1991), *A Question of Leadership*. Londres: Hamilton, pp. 34-35.

Capítulo 8. El climaterio del progreso: Las certezas del siglo xix

1 Kant, I., *Critique of Pure Reason*, Guyer, P. y Wood, A. W., eds. (1998). Cambridge: Cambridge University Press.
2 *The Collected Works of William Hazlitt*, ed. Waller, A. R. y Glover, A. (1904), Londres: Dent, X, pág. 87.
3 Malthus, T. R. (2016), *Primer ensayo sobre la población*. Alianza Editorial.
4 Hazlitt, W. (1858), *The Spirit of the Age*. Londres: Templeman, pág. 93.
5 Pyle, A., ed. (1994), *Population: Contemporary Responses to Thomas Malthus*, Bristol: Thoemmes Press, es una recopilación fascinante de las críticas más tempranas. Hollander, S. (1997), *The Economics of Thomas Robert Malthus*, Toronto: University of Toronto Press, es un estudio exhaustivo y acreditado. Bacci, M. L. (2012), *Historia mínima de la población mundial*, Barcelona: Ariel, es una introducción útil a la historia demográfica. Bashford, A. (2014), *Global Population: History, Geopolitics, and Life on Earth*, Nueva York: Columbia University Press, pone en perspectiva la ansiedad por la población.
6 Langford *et al.*, eds., *The Writings and Speeches of Edmund Burke*, IX, pág. 466.
7 Burke, *Reflexiones sobre la revolución en Francia*, es el texto fundador de la tradición. El conservadurismo que creó queda brillantemente satirizado, aunque quizás bastante caricaturizado, en la novela que T. L. Peacock escribió en 1830, *The Misfortunes of Elphin*. Oakeshott, M. (2000), *El racionalismo en la política*, México D.F.: Fondo de Cultura Económica, y Scruton, R. (2019), *The Meaning of Conservatism*, Londres: Macmillan, son declaraciones modernas destacadas. Bourke, R. (2015), *Empire and Nation: The Political Life of Edmund Burke*, Princeton: Princeton University Press, es magistral y brillante.
8 Newsome, D. (1988), *Godliness and Good Learning*. Londres: Cassell, pág. 1.
9 Halévy, E. (1952), *The Growth of Philosophic Radicalism*, Londres: Faber, continúa siendo insuperable. Dinwiddy, J. R. (1995), *Bentham*, Madrid. Alianza Editorial, es un breve introducción y Postema, G. J. (2002), *Jeremy Bentham: Moral, Political, and Legal Philosophy*, 2 vols., Aldershot: Dartmouth, es una útil recopilación de ensayos importantes sobre la materia.
10 *The Collected Letters of Thomas and Jane Welsh Carlyle*. Durham: Duke University Press (1970-en curso), XXXV, pp. 84-85.
11 Bain, A. (2011), *James Mill*. Cambridge: Cambridge University Press, pág. 266; cf. Mill, J. S. (2014), *El utilitarismo*. Alianza Editorial.
12 Smith, G. W., ed. (1998), *John Stuart Mill's Social and Political Thought*, 2 vols. Londres: Routledge, II, pág. 128.

13 Asquith, H. H. (1924), *Studies and Sketches*. Londres: Hutchinson and Co., pág. 20.
14 Mill, J. S. (2008), *Sobre la libertad*. Tecnos. Para una vivión a largo plazo del origen del liberalismo, con raíces en la tradición cristiana, véase Siedentop, L. (2017), *Inventing the Individual: The Origins of Western Liberalism*, Cambridge, MA: Harvard University Press.
15 Ryan, A. (1987), *The Philosophy of John Stuart Mill*, Londres: Macmillan, es una introducción destacada. Skorupski, J. (1991), *John Stuart Mill*, Londres: Routledge, es útil y sucinto. Cowling, M. (1990), *Mill and Liberalism*, Cambridge: Cambridge University Press, es un estudio soberbio y convincente.
16 Hellerstein, E. O. (1981), *Victorian Women*, Stanford: Stanford University Press, es una valiosa colección de pruebas. Heywood, C. (1988), *Childhood in Nineteenth-Century France*, Cambridge: Cambridge University Press, es un buen estudio del problema de las leyes laborales. de Mause, L., ed. (1994), *Historia de la infancia*, Madrid: Alianza Editorial, es una recopilación de ensayos pionera.
17 Irvine, W. (1955), *Apes, Angels and Victorians*. Nueva York: McGraw-Hill.
18 Fraquelli, S. (2008), *Radical Light: Italy's Divisionist Painters*, 1891-1910. Londres: National Gallery, pág. 158.
19 Petitfils, J. C. (1979), *Los socialismos utópicos*. Madrid: Editorial Magisterio Español. Bestor, A. E. (1950), *Backwoods Utopias, the Sectarian and Owenite Phases of Communitarian Socialism in America, 1663-1829*, Filadelfia: University of Pennsylvania Press, continúa teniendo validez en los experimentos estadounidenses sobre la tradición.
20 Norman, E. (1987), *The Victorian Christian Socialists*. Cambridge: Cambridge University Press, pág. 141.
21 Kolakowski, L. y Hampshire, S., eds. (1974), *The Socialist Idea*, Londres: Quartet, es una magnífica introducción crítica. Guarneri, C. J. (1991), *The Utopian Alternative*, Ithaca: Cornell University Press, es un buen estudio del socialismo rural en América. Parkinson, C. N. (1967), *Left Luggage*, Boston: Houghton Mifflin, es quizás la crítica al socialismo más divertida que se haya hecho jamás.
22 Ricardo, D. (2003), *Principios de economía política y tributación* [1817], Madrid: Pirámide, es la obra básica. Caravale, G. A., ed. (1985), *The Legacy of Ricardo*, Oxford: Blackwell, recoge ensayos sobre su influencia. Hollander, S. (2013), *La economía de David Ricardo*, Madrid: Fondo de Cultura Económica, es un estudio exhaustivo. Del mismo autor hay un volumen que recoge ensayos y que actualiza su trabajo en algunos aspectos: (1995), *Ricardo: The New View*, I. Abingdon: Routledge.
23 *Obras y correspondencia de David Ricardo: Folletos y artículos. 1815-1823*, Fondo de Cultura Económica (1960), IX.
24 Ricardo, *Principios de economía política y tributación Ricardo*; *The Works of David Ricardo*, Esq., MP. Londres: Murray (1846), pág. 23.
25 Esta última es la tesis fundamentada de Piketty, *El capital en el siglo XXI*.
26 Marx, K. y Engels, F. (2004), *Manifiesto del Partido Comunista*. Buenos Aires: Longseller.
27 Popper, *La sociedad abierta y sus enemigos*, vol. 2, es un estudio extraordinario y una crítica demoledora. McLellan, D. (2000), *Marx: Selected Writings*, Oxford: Oxford University Press, es una buena introducción a Marx. Wheen, F. (2018), *Karl Marx*, Debate, es una biografía animada y esclarecedora.
28 La teoría de Berkeley apareció en *Tres diálogos entre Hilas y Filonús*, publicado por primera vez en 1713. Bradley, F. H. (1961), *Apariencia y realidad*, Santiago de Chile: Universitaria, es un resumen clásico de una forma extrema de idealismo. Vesey, G., ed. (1982), *Idealism: Past and Present*, Cambridge: Cambridge University Press, trata el tema desde una perspectiva histórica.
29 Hegel, G. W. F. (2006), *La lógica de la enciclopedia*. Geraets, T. F. *et al*, eds. Buenos Aires: Leviatán; cf. (1833), *Grundlinien der Philosophie des Rechts oder Naturrecht und Staatswissenschaft im Grundrisse*. Berlín, pág. 35; Magee, G. A. (2010), *The*

Hegel Dictionary, Londres: Continuum, pp. 111 y siguientes, realiza un buen trabajo haciendo inteligibles las nociones de Hegel.
30 Hegel, G. W. F. (2004), *Lecciones sobre la filosofía de la historia universal*. Alianza Editorial.
31 Avineri, S. (1974), *Hegel's Theory of the Modern State*, Cambridge: Cambridge University Press, es una introducción clara a los conceptos clave. Weil, E. (1970), *Hegel y el Estado*, Nagelkop, ofrece una lectura empática y un debate interesante de algunos de los linajes del pensamiento político que Hegel concibió. Bendix, R. (1978), *Kings or People*, Berkeley y Los Ángeles: University of California Press, es un estudio comparativo de peso sobre el crecimiento de la soberanía popular.
32 *Thomas Carlyle's Collected Works*. Londres: Chapman (1869), I, pp. 3, 14-15.
33 Burckhardt, J. (1943), *Reflexiones sobre la historia universal* [1868]. México: Fondo de Cultura Económica de España.
34 Carlyle, T. (2017), *Sobre los héroes. El culto al héroe y lo heroico en la historia* [1840]. Sevilla: Athenaica Ediciones Universitarias.
35 Carlyle, T. (1903), *Pasado y presente*. Madrid: La España Moderna.
36 Spencer, H. (1896), *The Study of Sociology*. Nueva York: Appleton, pág. 34.
37 Chadwick, O. (1975), *The Secularization of the European Mind in the Nineteenth Century*, Cambridge: Cambridge University Press, es un estudio magnífico del contexto.
38 Carlyle, *Sobre los héroes*, es un texto representativo. Nietzsche, F. (2011), *Así habló Zaratustra* [1883], Alianza Editorial, contiene su punto de vista sobre el tema.
39 Nietzsche, *Así habló Zaratustra*, Prólogo, parte 3. Sobre Nietzsche como provocador intencionado ver Prideaux, S. (2019), *¡Soy dinamita!* Barcelona: Ariel.
40 Lampert, L. (2001), *Nietzsche's Task: An Interpretation of Beyond Good and Evil*. New Haven: Yale University Press; Nietzsche, F. (2012), *Más allá del bien y del mal*. Alianza editorial.

41 Russell, B., *Historia de la filosofía occidental*.
42 May, S. (1999), *Nietzsche's Ethics and His War on 'Morality'*. Oxford: Oxford University Press. En inglés hay disponible una buena edición de *La genealogía de la moral* en edición de K. Ansell, (1994) Cambridge: Cambridge University Press. Una recopilación de ensayos útil es la de Schacht, R., ed. (1994), *Nietzsche, Genealogy, Morality*. Berkeley: University of California Press.
43 F. Nietzsche (1985), *La voluntad de poder*. EDAF.
44 Schopenhauer, A. (2005), *El mundo como voluntad y representación*, Akal, y Nietzsche, *La voluntad de poder* son los textos fundamentales. Magee, B. (1991), *Schopenhauer*, Cátedra, es la mejor introducción. Atwell, J. E. (1995), *Schopenhauer on the Character of the World*, Berkeley: University of California Press, se centra en la doctrina de la voluntad. Hinton, D. B. (1991), *The Films of Leni Riefenstahl*, Lanham: Scarecrow, es una introducción directa a su obra.
45 Citado en Laqueur, W. (1976), *Guerrilla: A Historical and Critical Study*. Nueva York: Little Brown, pág. 135.
46 Véase Trautmann, F. (1980), *The Voice of Terror: A Biography of Johann Most*. Westport: Greenwood.
47 Este eslogan, por lo que sé registrado por primera vez en inglés en Brailsford, H. (1906), *Macedonia: Its Races and Their Future*, Londres: Methuen, pág. 116, ha pasado al acervo popular. Véase MacDermott, M. (1978), *Freedom or Death: The Life of Gotsé Delchev*. Londres: Journeyman, pág. 348; Laqueur, W. (1977), *Terrorism: A Study of National and International Political Violence*. Boston: Little, Brown, pág. 13. Brown, K. (2013), *Loyal unto Death: Trust and Terror in Revolutionary Macedonia*, Bloomington: Indiana University Press, cubre magníficamente los antecedentes de Gruev.
48 Laqueur, W. (1987), *The Age of Terrorism*, Boston: Little, Brown, es una buena introducción; Laqueur, W., ed. (1978), *The Guerrilla Reader*, Londres: Wildwood House,

y *The Terrorism Reader,* Londres: Wildwood House (1979), son antologías útiles. Wilkinson, P. (1976), *Terrorismo político,* Ediciones Felmar, es un estudio de espíritu práctico. Conrad, J. (2004), *El agente secreto,* Alianza Editorial, y Greene, G. (2007), *El cónsul honorario,* Barcelona: Edhasa, están entre las obras con un tratamiento novelístico más perspicaz del terrorismo.

49 Kropotkin, P. (1977), *Folletos revolucionarios I. Anarquismo: su filosofía y su ideal.* Barcelona: Tusquets Editores.

50 Cahm, C. (1989), *Kropotkin and the Rise of Revolutionary Anarchism.* Nueva York: Cambridge University Press. Las memorias de Kropotkin se pueden leer en *Memorias de un revolucionario.* Oviedo: KRK Ediciones (2005). Kelly, A. (1987), *Mikhail Bakunin,* New Haven: Yale University Press, probablemente sea el mejor libro sobre Bakunin. Morland, D. (1997), *Demanding the Impossible,* Londres y Washington, DC: Cassell, estudia el anarquismo del siglo XIX desde una perspectiva psicológica.

51 Thoreau, H. D., «On the duty of civil disobedience», en D. Malone-France, ed. (2012), *Political Dissent: A Global Reader.* Lanham: Lexington Books, pág. 37.

52 Rawls, *Teoría de la justicia,* 364-388. Véase Bleiker, R. (2000), *Popular Dissent, Human Agency and Global Politics.* Cambridge: Cambridge University Press; Brown, J. M. (1977), *Gandhi and Civil Disobedience.* Nueva York: Cambridge University Press.

53 Hales, E. E. Y. (1962), *La Iglesia católica y el mundo moderno,* Barcelona: Destino, es un buen punto de partida. Duncan, B. (1991), *The Church's Social Teaching,* Melbourne: Collins Dove, es un relato útil de finales del siglo XIX y principios del XX. O'Brien, D. y Shannon, T., eds. (2016), *Catholic Social Thought: Encyclicals and Documents from Pope Leo to Pope Francis,* Maryknoll: Orbis, es una recopilación de documentos muy útil. Boswell, J. S. *et al.* (2001), *Catholic Social Thought: Twilight or Renaissance?,* Leuven: Leuven University Press, es una recopilación comprometida de ensayos que abarca este campo.

54 Vidler, A. R. (1964), *A Century of Social Catholicism,* Londres: SPCK, es la obra más importante. La segunda es Misner, P. (1991), *Social Catholicism in Europe.* Nueva York: Crossroad. Wallace, L. P. (1966), *Leo XIII and the Rise of Socialism,* Durham: Duke University Press, proporciona un contexto importante. Wilkinson, A. (1998), *Christian Socialism,* Londres: SCM, sigue la influencia cristiana en la política laboral en Gran Bretaña. Miller, W. D. (1982), *Dorothy Day,* San Francisco: Harper and Row, es una buena biografía de una destacada activista social católica de la era moderna.

55 Citado en Hirst, M. (1986), *States, Countries, Provinces.* Londres: Kensal, pág. 153.

56 Leask, N., «Wandering through Eblis: absorption and containment in romantic exoticism», en Fulford, T. y Kitson, P. J., eds. (1998), *Romanticism and Colonialism: Writing and Empire, 1730-1830* (Cambridge: Cambridge University Press, pp. 165-183; Jardine, A. y N., eds. (1990), *Romanticism and the Sciences.* Cambridge: Cambridge University Press, pp. 169-185.

57 Gellner, E. (2008), *Naciones y nacionalismos.* Alianza Editorial.

58 Gellner, E. (1998), *Nacionalismo,* Barcelona: Destino, es una introducción espléndida. Anderson, B. (2006), *Comunidades imaginadas,* Fondo de Cultura Económica de España, es un estudio pionero de los nacionalismos y la identidad. Hobsbawm, E. y Ranger, T., eds. (2012), *The Invention of Tradition,* Barcelona. Crítica, es una interesante recopilación de ensayos sobre la autoextemporaneidad nacional. Pearson, R., ed. (1994), *The Longman Companion to European Nationalism, 1789-1920,* Londres: Longman, es una obra de referencia útil. Simpson, D. (1993), *Romanticism, Nationalism and the Revolt against Theory,* Chicago: University of Chicago Press, es un resumen bueno y breve. Hagendoorn, L. *et al.* (2000), *European Nations and Nationalism,* Aldershot: Ashgate, es una importante recopilación de ensayos.

59 Citado en Popper, *La sociedad abierta y sus enemigos,* I.

60 Davies, *Reinos desaparecidos: la historia olvidada de Europa.*

61 Fichte, J. G. (1988), *Discursos a la nación alemana,* Tecnos, es el texto básico. Taylor,

A. J. P. (2001), *The Course of German History*, Londres: Routledge, plantea una controversia brillante. LaVopa, A. J. (2001), *Fichte, the Self and the Calling of Philosophy*, Cambridge: Cambridge University Press, pone en contexto el pensamiento de Fichte y lo hace inteligible.

62 Macaulay, T. B. (1886), *Critical and Historical Essays*, 3 vols., Londres, 1886), II, pp. 226-227.

63 Macaulay, T. B. (1849), *The History of England*, 2 vols. Londres: Longman, II, pág. 665.

64 Macaulay, *The History of England*, es el punto de partida del mito británico del siglo XIX; Gilmour, D. (2002), *La vida imperial de Rudyard Kipling*, Barcelona: Seix Barral, es la mejor biografía de la mayor exaltación de lo británico. Davies, N. (2000), *The Isles*, Londres: Macmillan, es la mejor y más controvertida historia británica en un solo volumen.

65 En el primer acto de la obra que I. Zangwill escribió en 1908, *El crisol*.

66 Horsman, R. (1986), *La raza y el destino manifiesto*, Fondo de Cultura Económica, es una investigación animada y controvertida. Cronon, W., ed. (1994), *Under an Open Sky*, Nueva York: W. W. Norton, es un estudio magnífico sobre la colonización hacia el oeste y sus efectos ecológicos. Cronon, W. (1992), *Nature's Metropolis*, Nueva York: W. W. Norton, es un estudio apasionante sobre el crecimiento de Chicago.

67 Fernández-Armesto, F., «America can still save the world», *Spectator*, 8 de enero de 2000, pág. 18.

68 Farina, J., ed. (1983), *Hecker Studies: Essays on the Thought of Isaac Hecker*, Nueva York: Paulist Press, es una buena introducción. Portier, W. L. (1985), *Isaac Hecker and the Vatican Council*, Lewiston: Edwin Mellen, es un estudio significativo. Dolan, J. (1985), *The American Catholic Experience*, Indianápolis: University of Notre Dame Press, y Gleason, P. (1987), *Keeping Faith*, Indianápolis: University of Notre Dame Pressson, son buenas historias sobre el catolicismo en Estados Unidos.

520

69 Sardar, Z. y Wynn Davies, M. (2009), *¿Por qué la gente odia Estados Unidos?*, Gedisa, es un resumen excelente. Nye, J. S. (2002), *La paradoja del poder norteamericano*, Taurus, es un estudio minucioso y convincente.

70 Jack, I., ed. (2002), *Granta 77: What We Think of America*. Londres: Granta, pág. 9.

71 Han-yin Chen Shen, «Tseng Kuo-fan in Peking, 1840-52: his ideas on statecraft and reform», *Journal of Asian Studies*, XXVI (1967), pp. 61-80, en la pág. 71.

72 Hsu, I. (1999), *The Rise of Modern China*, Nueva York: Oxford University Press, es la mejor historia de China en los períodos relevantes. Leibo, S. A. (1985), *Transferring Technology to China*, Berkeley: University of California Press, es un estudio excelente sobre un aspecto del movimiento de autofortalecimiento. Wong, R. B. (2000), *China Transformed*, Ithaca: Cornell University Press, es esencial.

73 Citado en Holcombe, C. (2017), *Una historia de Asia oriental*. Fondo de Cultura Económica (México).

74 Yukichi, F. (1966), *Autobiography*, Nueva York: Columbia University Press, son unas memorias fascinantes de uno de los «descubridores de Occidente» japoneses. Véanse también las obras citadas en el capítulo 6.

75 «The man who was» (1889), en R. Kipling (1936), *El hándicap de la vida* Madrid: Siruela.

76 Salahuddin Ahmed, A. F. (1965), *Social Ideas and Social Change in Bengal, 1818-35*. Leiden: Brill, pág. 37.

77 Chaudhuri, S. (2004), *Renaissance and Renaissances: Europe and Bengal*, University of Cambridge Centre for South Asian Studies Occasional Papers, nº. 1, pág. 4.

78 Kopf, D. (1979), *The Brahmo Samaj and the Shaping of the Modern Indian Mind*, Princeton: Princeton University Press, es una obra profundamente esclarecedora. Haldar, G. (1972), *Vidyasagar: A Reassessment*, Nueva York: People's Publishing House, es un retrato espectacular. La introducción de M. K. Haldar al ensayo de Bankimchandra Chattopadhyaya (1977), *Renaissance and Reaction in Nineteenth-*

Century Bengal, Calcutta: Minerva, es ágil, reveladora y provocativa. Rajaretnam, M., ed. (1996), *José Rizal and the Asian Renaissance,* Kuala Lumpur: Institut Kajian Dasar, contiene ensayos sugerentes.
79 Keddie, N. (1972), *Sayyid Jamal al-Din al-Afghani.* Berkeley: University of California Press. Hourani, A. (1983), *Arabic Thought in the Liberal Age,* Cambridge: Cambridge University Press es fundamental. Z. Sardar es la encarnación actual de la tradición islámica dispuesta favorablemente hacia Occidente. Véase, por ejemplo, *Buscando desesperadamente el paraíso: Un viaje por las sociedades musulmanas del mundo,* Gedisa (2015).
80 Duncan, I., «Darwin and the savages», *Yale Journal of Criticism,* IV (1991), pp. 13-45.
81 Darwin, C. (1988), *El origen de las especies.* Espasa Libros.
82 *El origen de las especies* (1859) y *El origen del hombre y la selección en relación al sexo* (1872) expusieron la teoría y situaron en contexto a la humanidad. Eldredge, N. (1985), *Time Frames,* Nueva York: Simon & Schuster, es la mejor crítica moderna. Desmond, A. y Moore, J. (1994), *Darwin,* Nueva York: W. W. Norton, es la mejor biografía, emocionante y estimulante. Más exhaustivos y formales son los dos volúmenes de Browne, J. (2008 y 2009), *Charles Darwin.* València: Universitat de València. Servei de publicacions.
83 Bannister, R. C. (1989), *Social Darwinism: Science and Myth in Anglo-American Social Thought.* Filadelfia: Temple University Press, pág. 40.
84 Spencer, H. (1902), *An Autobiography,* 2 vols. Londres: Murray, I, pág. 502; II, pág. 50.
85 Hawkins, M. (1997), *Social Darwinism in European and American Thought.* Cambridge: Cambridge University Press, pp. 81-86.
86 Taizo, K. y Hoquet, T., «Translating "Natural Selection" in Japanese», *Bionima,* VI (2013), pp. 26-48.
87 Pick, D. (1993), *Faces of Degeneration: A European Disorder,* c. 1848-1918. Cambridge: Cambridge University Press.
88 Stepan, N. (2001), *Picturing Tropical Nature.* Ithaca: Cornell University Press.
89 Krausnick, H. *et al.* (1968), *Anatomy of the SS State.* Nueva York: Walker, pág. 13; Fernández-Armesto, *Un pie en el río.*
90 Browne, *Charles Darwin,* I.
91 Best, G. (1980), *Humanity in Warfare.* Nueva York: Columbia University Press, pp. 44-45, 108-109.
92 Hegel, G. W. F. (2017), *Fundamentos de la filosofía del Derecho.* Tecnos.
93 Bobbitt, P. (2002), *The Shield of Achilles,* Nueva York: Knopf, es una historia de la guerra de las relaciones internacionales espectacular y extremista. Heuser, B. (2002), *Reading Clausewitz,* Londres: Random House, explica su pensamiento y estudia su influencia. Howard, M. (2002), *Clausewitz,* Oxford: Oxford University Press, es una introducción sucinta y agradable.
94 von Clausewitz, C. (2005), *De la guerra.* Madrid: La esfera de los libros.
95 Ritter, G. (1969), *The Sword and the Scepter,* 2 vols., Miami: University of Miami Press, es el estudio clásico del militarismo alemán. Berghahn, V. R. (1981), *Militarism,* Leamington Spa: Berg, y Stargardt, N. (1994), *The German Idea of Militarism,* Cambridge: Cambridge University Press, son útiles introducciones al período a partir de la década de 1860. Finer, S. (1965), *The Man on Horseback,* Nueva York: Praeger, es una investigación destacada del papel social y político que desempeñaron los militares.
96 Pross, H., ed. (1959), *Die Zerstörung der deutschen Politik: Dokumente 1871-1933.* Fránkfurt: Fischer, pp. 29-31.
97 Bowler, A., «Politics as art: Italian futurism and fascism», *Theory and Society,* XX (1991), pp. 763-794.
98 Mussolini, B., *La doctrina del fascismo,* par. 3; Cohen, C. ed. (1972), *Communism,*

Fascism and Democracy: The Theoretical Foundations. Nueva New York: Random House, pp. 328-339.
99 Rolling, B. V. A., «The sin of silence», *Bulletin of the Atomic Scientists*, XXXVI (1980), nº. 9, pp. 10-13.
100 Fant, K. (1993), *Alfred Nobel*, Nueva York: Arcade, es el único estudio realmente útil sobre este hombre. Wittner, L. S. (1995-1997), *The Struggle against the Bomb*, 2 vols., Stanford: Stanford University Press, es un estudio completo del movimiento de desarme nuclear. La película que Stanley Kubrick estrenó en 1964, *Dr. Strangelove*, es una exquisita sátira de humor negro sobre la Guerra Fría.
101 Galton, F., «Hereditary talent and character», *Macmillan's Magazine*, XII (1865), pp. 157-166, 318-327; Galton, F., «Eugenics: its definition, scope, and aims», *American Journal of Sociology*, X (1904), nº. 1, pp. 1-25.
102 Galton, F. (1995), *Essays in Eugenics* [1909]. Nueva York: Garland. Quine, M. S. (1996), *Population Politics in Twentieth-Century Europe*, Londres: Routledge, establece el contexto de forma brillante. Adams, M. B., ed. (1990), *The Well-Born Science*, Nueva York: Oxford University Press, es una recopilación de ensayos importantes. Kohn, M. (1995), *The Race Gallery*, Londres: Jonathan Cape, estudia el auge de la ciencia racial. Clay, C. y Leapman, M. (1995), *Master Race*, Londres: Hodder and Stoughton, es el relato escalofriante de uno de los proyectos de eugenesia del nazismo. Bashford, *Global Population*, es indispensable.
103 Bethencourt, *Racisms*.
104 Thomson, A. (2008), *Bodies of Thought: Science, Religion, and the Soul in the Early Enlightenment*. Oxford: Oxford University Press, pág. 240.
105 de Gobineau, A. (1937), *Ensayo sobre la desigualdad de las razas humanas*, Barcelona: Editorial Apolo, es el punto de partida. Bolt, C. (1971), *Victorian Attitudes to Race*, Londres: Routledge, y Kuper, L., ed. (1975), *Race, Science and Society*, París: UNESCO, son estudios modernos excelentes.

106 Nietzsche, *Más allá del bien y del mal*.
107 Cohn-Sherbok, D. (2002), *Anti-Semitism*, Stroud: Sutton, es una historia equilibrada y rigurosa. Cohn, N. (1981), *Los demonios familiares de Europa*, Madrid: Alianza Editorial, es una investigación clásica y controvertida sobre la ascendencia del antisemitismo. Walser Smith, H. (2003), *The Butcher's Tale*, Nueva York: W. W. Norton, es un caso práctico fascinante. Pulzer, P. (1988), *The Rise of Political Anti-Semitism in Germany and Austria*, Cambridge, MA: Harvard University Press, está bien documentado y resulta convincente. Almog, S. (1990), *Nationalism and Antisemitism in Modern Europe*, Oxford: Pergamon Press, es un breve resumen.
108 Adler, F. (1909), *The Religion of Duty*. Nueva York: McClure, pág. 108.
109 Knight, M. ed. (1961), *Humanist Anthology*, Londres: Barrie and Rockliff, es una útil recopilación de textos. Chadwick, *The Secularization of the European Mind*, es un relato excelente de la «crisis de fe» del siglo XIX, del que se hace eco Wilson, A. N. (2006), *Los funerales de Dios*. Océano.
110 Kristeller, *Pensamiento renacentista y sus fuentes* es un conpendio magnífico sobre la tradición inicial y no relacionada, y se puede complementar con Burke, P. (1974), *Tradition and Innovation in Renaissance Italy*. Londres: Fontana.
111 Véase Armstrong, K. (2000), *Los orígenes del fundamentalismo en el judaísmo, el cristianismo y el islam*. Tusquets Editores.

Capítulo 9. La venganza del caos: Descosiendo la certeza

1 Chevalier, J. (1926), *Henri Bergson*. París: Plon, pág. 40. Kolakowski, L. (2019), *Bergson*, Marbot Ediciones, es la mejor introducción a Bergson. Lacey, A. R. (1989), *Bergson*, Londres: Routledge, y Mullarkey, J. (1999), *Bergson and Philosophy*, Indianápolis: University of Notre Dame Press, entran en más detalle aunque con menos elegancia.

2 Chevalier, *Henri Bergson*, pág. 62.
3 Bergson, H. (1985), *La evolución creadora*. Madrid: Espasa Libros.
4 Bergson, H. (1999), *Ensayo sobre los datos inmediatos de la conciencia* [1889]. Salamanca: Sígueme; Chevalier, *Henri Bergson*, pág. 53.
5 Bergson, H. (1911), *La perception du changement*. Oxford: Oxford University Press, pp. 18-37.
6 *Íbid.*
7 Humphrey, M. and R. (1969), *La corriente de la conciencia en la novela moderna*. Santiago de Chile: Universitaria.
8 Dantzig, T. (1954), *Henri Poincaré, Critic of Crisis*. Nueva York: Scribner, pág. 11.
9 Poincaré, H. (1946), *The Foundations of Science*. Lancaster, PA: Science Press, pág. 42.
10 *Ibid.*, pp. 208, 321.
11 Snow, C. P., «Einstein» [1968], en Goldsmith, M. *et al.*, eds. (1980), *Einstein: The First Hundred Years*. Oxford: Pergamon, pág. 111.
12 Coleman, J. A. (1954), *Relativity for the Layman*, Nueva York: William-Frederick, es una introducción entretenida. Clark, R. W. (1984), *Einstein*, Nueva York: Abrams, e Isaacson, W. (2017), *Einstein*, Debate, son dos biografías indispensables. Lucas, J. R. y Hodgson, P. E. (1990), *Spacetime and Electromagnetism*, Oxford: Oxford University Press, arroja luz sobre la física y la filosofía implicadas. Bodanis, D. (2015), *Einstein's Greatest Mistake*, Boston: Houghton, y Wazeck, M. (2014), *Einstein's Opponents*, Cambridge: Cambridge University Press, explica el declive de su influencia.
13 James, W. (2016), *Pragmatismo*. Alianza Editorial.
14 Perry, R. B. (1973), *El pensamiento y la personalidad de William James*. Buenos Aires: Ediciones Paidós.
15 James, *Pragmatismo*.
16 Peirce, C. S. (1965), *Collected Papers*, Cambridge, MA: Harvard University Press, y James, *Pragmatismo*, son los textos fundamentales. Wilson Allen, G. (1967), *William James*, Nueva York: Viking, es la mejor biografía, y Murphy, J. P. (1990), *Pragmatism from Peirce to Davidson*, Boulder: Westview, el mejor estudio.
17 La guía imprescindible es Saunders, C., ed. (2004), *The Cambridge Companion to Saussure*. Cambridge: Cambridge University Press.
18 Diamond, J. (2019), *Armas, gérmenes y acero*. Debate.
19 Boas, F. (1992), *La mentalidad del hombre primitivo*. Almagesto-Rescate.
20 Kapferer, B. y Theodossopoulos, D., eds.(2016), *Against Exoticism: Toward the Transcendence of Relativism and Universalism in Anthropology*. Nueva York: Berghahn. Boas, *La mentalidad del hombre primitivo* es el texto fundamental; Stocking, G. W. (1974), *A Franz Boas Reader*, Chicago: University of Chicago Press, es una recopilación útil. Hendry, J. (1999), *An Introduction to Social Anthropology*, Londres: Macmillan, es una buena introducción básica.
21 Crews, F. (2017), *Freud: The Making of an Illusion*. Nueva York: Metropolitan.
22 Freud, S. (2011), *Tótem y tabú*. Alianza Editorial.
23 Ellenberger, H. F. (1976), *El descubrimiento del inconsciente*. Madrid: Gredos. Gay, P. (2010), *Freud: Una vida de nuestro tiempo*, Paidós Ibérica, debería contrastarse con Masson, J. M. (1985), *El asalto a la verdad*, Barcelona: Seix Barral, y Forrester, F. (2009), *Partes de guerra: el psicoanálisis y sus pasiones*, Gedisa, así como con Crews, Freud.
24 Key, E. (1906), *El siglo de los niños*. Barcelona: Imprenta Henrich.
25 Piaget, J. (1930), *The Child's Conception of Physical Causality*, Nueva York: Harcourt, es fundamental. Boden, M. (1982), *Piaget*, Madrid: Cátedra, es una excelente introducción breve. Bryant, P. (1984), *Perception and Understanding in Young Children*, Nueva York: Basic, y Siegel, L. S. y Brainerd, C. J. (1982), *Alternativas a Piaget*, Pirámide, son obras revisionistas espectaculares. Ariès, P. y Duby, G. (2001),

Historias de la vida privada, Taurus, es una investigación de amplio alcance desafiante y a largo plazo sobre el trasfondo de la historia de las relaciones familiares. De Mause, ed., *Historia de la infancia,* es una recopilación de ensayos pionera.
26 Conrad, P. (1999), *Modern Times,* Modern Places. Nueva York: Knopf, pág. 83.
27 Foot, M. (1963), *Aneurin Bevan: A Biography,* Volume 1: 1897-1945. Londres: Faber, pág. 319.
28 Nolte, E. (1997), *Der europäische Burgerkrieg,* Múnich: Herbig, es una historia brillante del conflicto ideológico moderno. Blinkhorn, M. (2000), *Fascism and the Far Right in Europe,* Londres: Unwin, es una buena y breve introducción. Woolf, S. J., ed. (1981), *Fascism in Europe,* Londres: Methuen, es un compendio útil. Hibbert, C. (1971), *Mussolini,* Barcelona: Editorial Pomaire, sigue siendo la biografía más animada, pero Mack Smith, D. (2001), *Mussolini,* Fondo de Cultura Económica, es un trabajo serio y entretenido.

Capítulo 10. La era de la incertidumbre: Las vacilaciones del siglo xx

1 Connelly, M. J. (2008), *Fatal Misconception: The Struggle to Control the World's Population.* Cambridge, MA: Harvard University Press; Dowbiggin, I. (2008), *The Sterilization Movement and Global Fertility in the Twentieth Century.* Oxford: Oxford University Press.
2 Ahora tenemos una buena historia de la explosión del consumo: Trentmann, F. (2015), *Empire of Things.* Londres: Penguin.
3 El término fue acuñado por Alvin Toffler: véase *El «shock» del futuro.* Plaza & Janés (1973).
4 Fernández-Armesto, *Un pie en el río.*
5 von Hofmannsthal, H. (1905), *Ausgewählte Werke, II: Erzählungen und Aufsätze.* Frankfurt: Fischer, pág. 445.

6 Carneiro, R. L. (2003), *Evolutionism in Cultural Anthropology: A Critical History.* Boulder: Westview, pp. 169-170.
7 «Prof. Charles Lane Poor of Columbia explains Prof. Albert Einstein's astronomical theories», *New York Times,* 19 de noviembre de 1919.
8 Hofstadter, D. R. (2007), *Gödel, Escher, Bach: un eterno y grácil bucle.* Barcelona: Tusquets Editores.
9 Boolos, G., «Gödel's Second Incompleteness Theorem explained in words of one syllable», *Mind,* CIII (1994), pp. 1-3. Me he beneficiado de mis conversaciones sobre Quine con el señor Luke Wojtalik.
10 Platón, *La República,* X, 603.
11 Goldstein, R. (2007), *Gödel. Paradoja y vida.* Antoni Bosch Editor; ver también Gamwell, L. (2015), *Mathematics and Art,* Princeton: Princeton University Press, pág. 93. Hofstadter, *Gödel, Escher, Bach,* trata a Gödel con brillantez, aunque al servicio de un argumento en favor de la inteligencia artificial. Baaz, M. *et al.,* eds. (2011), *Kurt Gödel and the Foundations of Mathematics: Horizons of Truth,* Cambridge: Cambridge University Press, es ahora la obra de referencia.
12 Levi, P. (1986), *Survival in Auschwitz and the Reawakening,* Nueva York: Summit, pág. 11.
13 Kimball Smith, A. (1971), *A Peril and a Hope: The Scientists' Movement in America.* Cambridge, MA: MIT Press, pp. 49-50.
14 Sartre, J. P. (1957), *Existentialism and Human Emotions.* Nueva York: Philosophical Library, pp. 21-23.
15 Howells, C., ed. (1992), *The Cambridge Companion to Sartre,* Cambridge: Cambridge University Press, y Crowell, S., ed.(2012), *The Cambridge Companion to Existentialism,* Cambridge: Cambridge University Press, resigue los orígenes y los efectos. Mailer, N. (1996), *Un sueño americano,* Barcelona: Planeta, explica los horrores de un antihéroe existencial que destruye todas las vidas que toca excepto la suya.

16 Hahn, L. E. y Schlipp, P. A., eds. (1986), *The Philosophy of W. V. Quine*. Peru, IL: Open Court, pp. 427-431.

17 Orenstein, A. (2002), *W. V. Quine*, Princeton: Princeton University Press, es la mejor introducción. Gibson, R., ed. (2004), *The Cambridge Companion to W. Quine*, Cambridge: Cambridge University Press, permite seguir la pista a todas las influencias y efectos. Una crítica reveladora es la que se hace en Putnam, H. (1983), *Mente, lenguaje y realidad*, México: Instituto de Investigaciones Filosóficas. Universidad Autónoma Metropolitana-Unidad Cuajimalpa.

18 Russell, B. (2010), *Autobiografía*. Barcelona: Edhasa.

19 Wittgenstein, L. (2008), *Investigaciones filosóficas*, Barcelona: Crítica, es la mejor edición. Grayling, A. C. (2001), *Wittgenstein: A Very Short Introduction*, Oxford: Oxford University Press, combina concisión, fluidez y escepticismo.

20 de Saussure, F. (2008), *Curso de lingüística general*, Buenos Aires: Losada, es el punto de partida. *De la gramatología*, México: Siglo XXI (2003), es quizás la declaración más clara de un Derrida habitualmente opaco; una buena recopilación es *Basic Writings*. Nueva York: Routledge (2007).

21 Este párrafo y los dos siguientes están adaptados de Fernández-Armesto, «Pillars and post: the foundations and future of post-modernism», en Jencks, C., ed. (2011), *The Post-Modern Reader*. Chichester: Wiley, pp. 125-137.

22 Jacobs, J. (2011), *Muerte y vida de las grandes ciudades*. Madrid: Capitán Swing.

23 Hassan, I. (1987), *The Postmodern Turn*. Columbus: Ohio State University Press, pág. 211.

24 Foster, H. (2001), *El retorno de lo real: la vanguardia a finales de siglo*. Akal.

25 Monod, J. (1981), *El azar y la necesidad*. Barcelona: Tusquets Editores.

26 Mallow, J. V. (1986), *Science Anxiety*. Clearwater: H&H.

27 Griffin, D. R. (1988), *The Reenchantment of Science: Postmodern Proposals*. Albany: SUNY Press.

28 Prest, J. (1981), *The Garden of Eden: The Botanic Garden and the Re-Creation of Paradise*. New Haven: Yale University Press; Grove, R. (1995), *Green Imperialism: Colonial Expansion, Tropical Island Edens and the Origins of Environmentalism, 1600-1860*. Cambridge: Cambridge University Press.

29 McNeill, J. (2011), *Algo nuevo bajo el sol*. Alianza Editorial.

30 Bramwell, A. (2011), *El partido verde de Hitler: sangre y suelo, Walther Darré y la ecología nacionasocialista*. Asociación Cultural Editorial Ojeda.

31 Worster, D. (1977), *Nature's Economy*, San Francisco: Sierra Club, is a brilliant history of environmentalist thinking, supplemented by Bramwell, A. (1989), *Ecology in the Twentieth Century*. New Haven: Yale University Press. McNeill, *Algo nuevo bajo el sol*, es una historia maravillosa y preocupante sobre la mala gestión del siglo xx.

32 Kuhn, T. (2006), *La estructura de las revoluciones científicas* [1962], Madrid: Fondo de Cultura Económica de España, es fundamental. Pais, A. (1991), *Niels Bohr's Times*, Oxford: Oxford University Press, es una biografía destacada. Zukav, *La danza de los maestros de Wu Li*, es un intento controvertido pero sugerente de expresar la física moderna en los términos de la filosofía oriental.

33 Anderson, P. W. (2011), *More and Different: Notes from a Thoughtful Curmudgeon*. Singapur: World Scientific. Gleick, J. (2012), *Caos: la creación de una ciencia*, Barcelona: Crítica, es un resumen brillante y clásico de la teoría del caos. Horgan, J. (1998), *El fin de la ciencia: los límites del conocimiento en el declive de la era científica*, Paidós Ibérica, describe de forma ingeniosa los sucesos de la ciencia como prueba de sus limitaciones, y lo hace mediante entrevistas con científicos.

34 Hoff, B. (1993), *The Tao of Pooh*. Londres: Penguin.

35 Wilson, D. (1980), *Mao: The People's Emperor*. Londres: Futura, pág. 265.

36 Smith, S. A., ed. (2014), *The Oxford Handbook of the History of Communism*. Oxford: Oxford University Press, pág. 29.

37 Mao Zedong (1974), *Obras escogidas*, 5 vols. Editorial Fundamentos, II.

38 Short, P. (2017), *Mao: The Man Who Made China*, Londres: Taurus, es el mejor estudio. Chang, J. (2004), *Cisnes salvajes*, Barcelona. Circe, es un fascinante recuerdo personal de un participante y superviviente de la Revolución Cultural.
39 «Songs of the Great Depression», http://csivc.csi.cuny.edu/history/files/lavender/cherries.html, con acceso el 25 de noviembre de 2017.
40 Allen, F. (1935), The Lords of Creation. Nueva York: Harper, pp. 350-351.
41 Skidelsky, R. (2013), John Maynard Keynes, RBA Libros, es una gran biografía. Lechakman, R. (1966), The Age of Keynes, Nueva York: Random House, y Galbraith, J. K. (1981), La era de la incertidumbre, Plaza y Janés, son tributos a la influencia de Keynes. Schumpeter, J. (2015), *Capitalismo, socialismo y Democracia*, Página Indómita, fue una reacción temprana, interesante e influyente a Keynes.
42 Beveridge, W. (1989), *Seguro social y servicios afines*. Ministerio de Trabajo y Seguridad Social.
43 Harris, J. (1997), *William Beveridge*, Oxford: Oxford University Press, es una buena biografía. Fraser, D. (2009), *The Evolution of the British Welfare State*, Nueva York: Palgrave, sigue las tradiciones relevantes del pensamiento político y social moderno. Castles, F. G. y Pirson, C., eds.(2009), *The Welfare State: A Reader*, Cambridge: Polity, es una útil antología. Scott, J. C. (1999), *Seeing Like a State*, New Haven: Yale University Press, es una denuncia ferviente y brillante de la planificación estatal.
44 Keynes, J. M. (1926), *The End of Laissez-Faire*. Londres: Wolf, pág. 6.
45 Burke, *Reflexiones sobre la revolución en Francia*.
46 *Íbid*.
47 Gray, J. (1998), *Hayek on Liberty*. Londres: Routledge, pág. 59.
48 Kukathas, C. (1989), *Hayek and Modern Liberalism*, Oxford: Oxford University Press, y Kley, R. (1994), *Hayek's Social and Political Thought*, Oxford: Oxford University Press, son de ayuda. Gray, *Hayek on Liberty*, es brillante y esclarecedor; Steele, G. R. (2007), *The Economics of Friedrich Hayek*, Nueva York: Palgrave, es excepcional en su campo. Sobre la escuela de Chicago, hay ensayos útiles en Emmett, R., ed. (2010), *The Elgar Companion to the Chicago School of Economics*. Northampton, MA: Elgar. van Overfeldt, J. (2008), *The Chicago School: How the University of Chicago Assembled the Thinkers Who Revolutionized Economics and Business*, Evanston: Agate, es interesante en lo tocante a la formación de la escuela.
49 Turing, A. M., «Computing machinery and intelligence», *Mind*, LIX (1950), pp. 433-460.
50 Hofstadter, *Gödel, Escher, Bach: un eterno y grácil bucle*, es la apología de la «inteligencia artificial» más brillante, aunque en el fondo no convincente, que se ha escrito. Hafner, K. (1996), *Where Wizards Stay Up Late*, Nueva York: Simon & Schuster, es una historia animada de los orígenes de Internet. Dubbey, J. M. (2004), *The Mathematical Work of Charles Babbage*, Cambridge: Cambridge University Press, probablemente sea el mejor libro sobre Babbage.
51 Crick, F. (2003), *La búsqueda científica del alma*. Madrid: Debate.
52 Watson, J. D. (2011), *La doble hélice*, Alianza, es el relato descaradamente personal de uno de los descubridores del ADN; debería leerse junto a Maddox, B. (2002), *Rosalind Franklin*, Nueva York: HarperCollins, que explica la fascinante historia de la rival de Crick y Watson. Cabot, J. E. (2006), *Mientras el futuro te alcanza*, México: Random House Mondadori, es brillante en cuanto a «genómica» y «genotecnia».
53 Extraigo mi relato de mi libro *Un pie en el río*.
54 Wilson, E. O. (1995), *Sociobiología*. Omega.
55 *Íbid*.
56 Wilson, *Sociobiología*, es el resumen clásico. Hernstein, R. y Murray, C. (1994), *The Bell Curve*, Nueva York: Free Press, dividió la opinión con su lógica reduccionista espeluznante. Jencks, C. (1972), *Inequality*, Nueva York: Basic Books, es un buen resumen de la posición liberal tradicional.

57 Chomsky, N. (1989), *El conocimiento del lenguaje, su naturaleza, origen y uso*. Madrid. Alianza Editorial.
58 *Íbid*.
59 *Íbid*.
60 Armstrong, K. (2001), *The Battle for God*. Ballantine Books, pp. 135-198.
61 Marty, M. E. y Appleby, R. S., eds. (1991), *Fundamentalisms Observed*, Chicago: University of Chicago Press, y Marsden, G. M. (1980), *Fundamentalism and American Culture*, Nueva York: Oxford University Press, son estudios estimulantes.
62 Rolland, R. (1954), *Vida de Vivekananda. El evangelio universal*, Buenos Aires: Hachette, es una simpática introducción a los swami.
63 Hillman, E. (1968), *The Wider Ecumenism*, Nueva York: Herder and Herder, aborda el tema del ecumenismo interreligioso. Braybrooke, M. (1980), *Interfaith Organizations*, Nueva York: Edwin Mellen, es una historia útil.
64 Davis, G. (1997), *Aimé Césaire*, Cambridge: Cambridge University Press, es un estudio sobre el pensamiento del poeta. Levine, L. W. (1978), *Black Culture and Black Consciousness*, Nueva York: Oxford University Press, es una interesante historia del movimiento en los Estados Unidos. Haley, A. (1984), *Raíces*, Planeta, fue en su día una influyente peregrinación de un americano negro, que reconcilia la identidad africana con el sueño americano.
65 Berlin, I. en *New York Review of Books*, XLV, nº. 8 (1998); Hardy, H., ed. (2017), *El poder de las ideas*. Página Indómita.
66 Lijphart, A. (1989), *Democracia en las sociedades plurales*, Grupo Editor Latinoamericano, es un estudio reflexivo, convincente y esperanzador sobre los problemas. Gray, J. (1995), *Isaiah Berlin*, Valencia: Institut Alfons el Magnànim, es un estudio estimulante y discernidor del gran defensor del pluralismo moderno. Takaki, R. (1993), *A Different Mirror*, Nueva York: Little, Brown, es un relato vigoroso y cautivador sobre les Estados Unidos multiculturales.

Perspectiva de futuro. ¿El fin de las ideas?

1 Kaku, M. (2019), *El futuro de la humanidad: La terraformación de Marte, los viajes interestelares la inmortalidad y nuestro destino más allá de la tierra*. Debate.
2 Greenfield, S. (2003), *Tomorrow's People: How 21st-Century Technology Is Changing the Way We Think and Feel*. Londres: Allen Lane.

Índice onomástico

Este libro utiliza el tipo Aldus, que toma su nombre
del vanguardista impresor del Renacimiento
italiano, Aldus Manutius. Hermann Zapf
diseñó el tipo Aldus para la imprenta
Stempel en 1954, como una réplica
más ligera y elegante del
popular tipo
Palatino

Más allá de nuestras mentes
se acabó de imprimir
un día de verano de 2020,
en los talleres gráficos de Egedsa
Roís de Corella 12-16, nave 1
Sabadell (Barcelona)